普通高等学校"十三五"规划教材

U0668966

材料科学基础

Fundamentals of Materials Science

（第二版）

郑子樵　主编

中南大学出版社
www.csupress.com.cn

第二版说明

"材料科学基础"是材料科学与工程专业的主要理论基础课程。为适应我国高等教育改革和专业调整以及高素质人才培养的需要，我们于 2005 年在本校主编的《物理冶金基础》[冶金工业出版社，1985 年版（曹明盛主编）和 1997 年版（唐仁政主编）]教材基础上组织编写了这本《材料科学基础》一书。本书在内容上尝试将金属材料、无机非金属材料、高分子材料结合一起，同时兼顾结构材料和功能材料，从材料的组织结构出发，揭示材料性能与材料结构和制备工艺之间的关系，阐述各种材料的共性基础知识及个性特征。本书出版发行以来重印多次，不仅作为本校材料科学与工程本科专业的教材，而且已被国内部分兄弟院校所采用，作为相关专业的教学用书。

本书这次修订，在保持第一版章节体系基本不变的前提下，适当补充了有关基础理论和实际应用的内容，从而使本书的内容体系更加完整。如第 1 章对非晶态的内容进行了少量修改；第 2 章增加了位错应力场的解析；第 3 章增加了复合材料的界面；第 4 章增加了气－固相变与薄膜生长；第 5 章补充了单元系相图的内容；将第 8 章材料的塑性变形改为"材料的变形与断裂"，增加了弹性变形和断裂两节内容；第 10 章增加了空位在脱溶过程中的作用以及脱溶物粗化——Ostwald 熟化等内容。此外，删去了绪论以及固态相变和热加工方面的少量内容，同时对第一版中某些不太确切的描述和提法也进行了订正。

由于教学时数的限制，编入本书的内容不一定全部都在课堂上讲授，但通过课堂学习和课外自学掌握比较完整的材料科学基础理论知识，对于本专业的学生来说是必要的。

修订工作由原书各章编者共同讨论后，分别执笔完成。由于编者水平所限，修正后的本书在内容上仍难免有错漏和不妥之处，恳请读者继续批评指正。

编　者

前　言

随着材料科学的发展以及我国高等教育和教学改革的深入，为适应专业调整和高素质人才培养的需要，材料科学与工程专业的学生除了必须掌握金属材料的基础知识之外，还需掌握无机非金属材料、高分子材料以及复合材料的基础知识；除了了解结构材料之外，还应了解功能材料。我们在多次研讨的基础上组织编写了《材料科学基础》一书，作为材料类专业本科教学通用教材，以取代本校主编的仅以金属材料为研究对象的《物理冶金基础》（冶金工业出版社，1985年、1997年版）教材。

《材料科学基础》是材料科学与工程专业本科生的一门重要专业基础课。目前国内出版的这类教材版本虽然很多，但由于各个高校的专业背景和教改进程的差异，所以编入书中的内容侧重点也各不相同。本书力求将金属材料、无机非金属材料、高分子材料紧密结合，从材料的组织结构出发，揭示材料性能与材料结构和制备工艺之间的关系，全面阐述各种材料的共性基础知识及个性特征。由于各种材料的分支学科的学术背景不尽相同，诸分支学科的融合也有一个历史过程，不能一蹴而就；而金属材料的理论体系相对于其他材料来说更为成熟和严密，其理论和研究方法也正在向其他材料学科移植和渗透；同时由于教学时数限制，因此，本教材的主体仍是金属材料，同时兼顾无机非金属材料和高分子材料以及复合材料。

本书共分12章。其中，绪论，第9、10、12章由郑子樵教授编写；第1章1~5节和第4、8章由柏振海副教授编写；第2章由罗兵辉教授编写；第3、11章由余志明教授编写；第5、6章由夏长清教授编写；第1章第6~第8节和第7章由余琨副教授编写。全书由郑子樵教授主编。

在本书编写过程中，唐仁政教授、丁道云教授、刘锦文教授等人审阅了本书初稿，并提出了许多宝贵意见，谢先娇高级工程师为本书制备了金相图片，在此一并表示衷心感谢。

由于编者水平所限，编入本书的内容难免有错漏和不妥之处，恳请读者批评指正。

编　者

目　录

第 1 章　固体材料的结构

　　工程上使用的绝大部分材料都是固体材料,固体材料根据组成的原子或原子团、分子的排列可以分成两大类——晶体和非晶体。晶体材料其内部原子、离子、分子和其他原子集团按照一定集合,对称和周期性重复规律排列,而非晶体的内部原子排列不十分规则,甚至毫无规则。自然界中绝大多数固体都是晶体,晶体材料被广泛应用于各个领域,如常用的金属材料、半导体材料、磁性薄膜、光学材料、硬质材料等。通常,金属与合金,大部分陶瓷如氧化物、碳化物、氮化物等以及少数高分子材料都是晶体材料。大多数高分子材料及玻璃等原子或分子结构比较复杂的材料是非晶体,如玻璃、冰糖、沥青,其中玻璃为复杂氧化物,是典型的非晶体。也有不少陶瓷和聚合物材料常常是晶体与非晶体的混合物,两者的比例取决于材料的组成与成型工艺。

　　作为材料科学工作者,首先要熟悉材料中原子的排列方式和分布规律,其中包括固体中的原子是如何相互作用并结合起来的,晶体的特征及描述方法,晶体结构的特点,各种晶体之间的差异,以及晶体结构中缺陷的类型及其性质。这些知识不仅是学习材料科学课程的基础,也是学习其他后续专业课程如 X 射线衍射、电子衍射等必不可少的重要基础。而非晶体的有关知识安排在本章 1.6 节和 1.8 节中介绍。

1.1　原子间的键合方式

　　通常把材料的液态和固态称为凝聚态。在凝聚态下,材料的原子间的距离十分小,原子之间产生的相互作用力使原子结合在一起,或者说形成了键合。材料的许多性能在很大程度上取决于原子结合键。如金刚石和石墨都是含碳的单质,金刚石是无色坚硬的晶体,而石墨则是黑色光滑的片状物,这就是由于碳原子之间具有不同的键合方式。金属、半导体和绝缘体材料有着截然不同的导电性,也是由于它们原子结合情况不同导致具有不同的能带结构。

　　根据结合键结合力的强弱可以把结合键分为两大类,一类是结合力较强的强键力(或称主价键、一次键),包括离子键、共价键和金属键;另一类是结合力较弱的次价键(或称二次键),包括范德瓦尔斯键和氢键。根据结合键可以将材料分为金属、聚合物、陶瓷等材料种类。

1.1.1　离子键

金属元素特别是ⅠA、ⅡA族金属在满壳层外面有1~2个价电子,很容易脱离原子核,而ⅥA、ⅦA族的非金属元素原子的外壳层得到1~2个电子便可成为稳定的电子结构。当这两类元素结合时,金属元素的外层电子就会转移到非金属元素的外壳层上,使两者都得到稳定的电子结构,从而降低了体系的能量,此时金属元素和非金属元素分别形成正离子和负离子,正、负离子之间相互吸引,使原子结合在一起,形成离子键。

氯化钠是典型的离子键结合,带正电的钠离子与带负电的氯离子相互吸引,稳定地结合在一起(图1-1)。MgO陶瓷是重要的工程陶瓷,也是以离子键结合的,金属镁原子有两个价电子转移到氧原子上。此外如Mg_2Si、CuO、CrO_2、MoF_2等也是以离子键结合为主的。

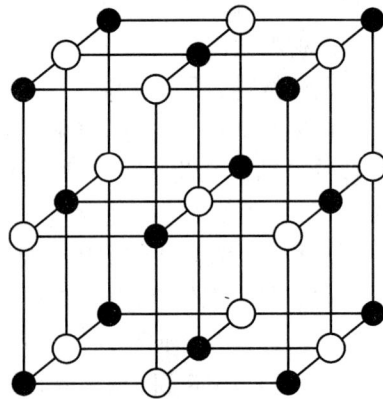

图1-1　NaCl 的晶胞

(实心点代表 Na^+,空心点代表 Cl^-)

1.1.2　共价键

价电子数为4或5的ⅣA、ⅤA族元素,外层电子离子化比较困难,如ⅣA族的碳有4个价电子,失去这4个电子达到稳定结构所需要的能量很高,因此不容易实现离子结合。在这种情况下,相邻原子间可以共同组成一个新的电子轨道,由两个原子各提供一个电子形成共用电子对,利用共用电子对来达到稳定的电子结构。金刚石是典型的共价键结合(图1-2),碳的4个价电子分别与周围4个碳原子的电子组成4个共用电子对,达到8电子的稳定结构。此时各个电子对之间是静电排斥,因而它们在空间以最大的角度分开,相互成109.5°,形成一个正四面体,碳原子分别处于四面体中心和四个顶角的位置。依靠共价键可以将许多碳原子连接成坚固的网络状大分子。共价键结合时由于电子对之间强烈的排斥力,使共价键具有明显的方向性,由于方向性不允许改变原子之间的相对位置,使材料不具有塑性,而且比较坚硬,如金刚石就是材料中最坚硬的物质之一。

此外,ⅤA、ⅥA族元素也容易形成共价键结合,对于ⅤA族元素,外壳层已经有5个价电子,只要形成3个电子对就达到稳定的电子结构。同理,ⅥA族元素只要有2个共用电子对即可形成稳定的电子结构。

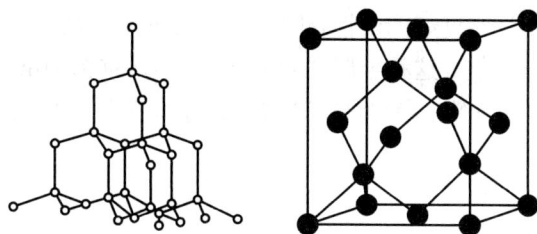

图 1-2　金刚石的原子结合

（圆点代表 C 原子）

共价键结合时，所需要的共用电子对数目等于原子获得满壳层所需的电子数，也就是说符合 $(8-N)$ 的规则，N 是元素的价电子数。当然，N 大于 4，即共用电子对数小于 4 时，不可能形成像金刚石那样的空间网络状大分子。ⅤA 族元素有 3 个共用电子，可以把元素结合成层状大分子，ⅥA 族元素有 2 个共用电子对，可以把元素结合成链状大分子。这些链状、层状大分子再依靠二次键结合起来，成为大块的固体材料，详见 1.3.8 节内容。

1.1.3　金属键

金属原子之间的结合键称为金属键。金属键的基本特点是电子共有化。金属原子容易失去外壳层价电子而具有稳定的电子结构，形成带正电荷的阳离子，当金属原子结合成晶体时，这些金属阳离子在空间规则地排列，在金属固体中的电子则是非局域性的，每个原子的价电子不再被束缚在单个原子上，电子可以在各个正离子之间自由运动，形成自由电子，即"电子云"。失去了价

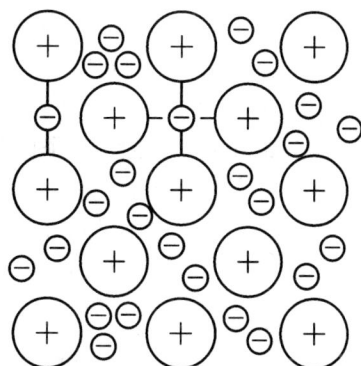

图 1-3　金属原子正常堆积时的金属键及电子云示意图

电子的金属正离子与组成电子云的自由电子之间产生静电引力。

金属在参与各类化学反应过程中所表现的行为属于单原子特性，工程技术上所应用的材料是由众多的原子组成的。在研究材料的各种行为时，除了考虑单个原子结构特点之外，更重要的是探讨由此决定的原子之间相互作用、结合方式及原子集体的特性。金属正是依靠正离子和自由电子之间的相互吸引而相互结合起来形成金属晶体（图 1-3）。

　　金属键没有方向性，正离子之间改变相对位置并不会破坏电子与正离子间的结合，因而金属具有良好的塑性。同样，金属正离子被另外一种金属正离子取代也不会破坏结合键，这种金属之间溶解的能力（称为固溶）也是金属的重要特性。此外，金属导电性、导热性、紧密排列以及金属正的电阻温度系数都直接起因于金属键结合。

1.1.4　二次键

　　一次键的三种结合方式都是依靠外层电子转移或形成电子对而形成稳定的电子结构，从而使原子相互结合起来。在另外一些情况下，原子和分子本身已经具有稳定的电子结构，如惰性气体、CH_4、CO_2、H_2 和 H_2O，分子内部靠共价键结合，分子内部具有很强的结合力，单个分子的电子结构十分稳定。然而气体分子仍然可以凝聚成液体和固体，它们的结合键本质上与一次键明显不同，不是依靠电子的转移或共享，而是依靠原子之间的偶极吸引力结合而成，这就是二次键，二次键又可以分为范德瓦尔斯键和氢键。

　　1. 范德瓦尔斯键

　　原子中的电子分布于原子核周围，并处于不断的运动状态，所以从统计的角度，电子的分布具有球形对称性，并不具有偶极矩。然而实际上由于各种因素，原子的负电荷中心与正电荷中心并不一定重叠，这种分布产生一个偶极矩（图 1-4），此外一些极性分子的正、负电性位置不一致，也有类似的偶极矩。当原子或分子互相靠近时，一个原子的偶极矩会影响另外一个原子内电子的分

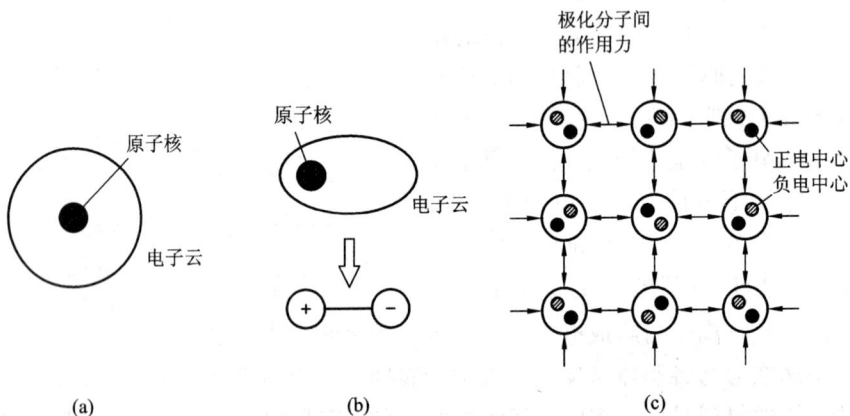

图 1-4　范德瓦尔斯键结合示意图

（a）理论电子云分布；（b）产生原子偶极矩；（c）原子或分子间范德瓦尔斯键结合

布,电子密度在靠近第一个原子的正电荷的地方要高,这样使两个原子相互静电吸引,从而使体系处于较低的能量状态。很多原子和分子的结合情况如图 1-4(c)所示。显然,这种不带电粒子之间偶极吸引的结合力远远低于上述三种化学键。然而它仍然是材料结合键的重要组成部分,这种结合称为范德瓦尔斯键。就是由于范德瓦尔斯键,大部分气体才能聚合成为液态甚至固态,但它们的稳定性非常差。例如:若将液氮倒在地面上,室温下的热扰动就可以破坏它们的结合,使它们变成气体。另外,工程材料中塑料、石蜡等也是依靠范德瓦尔斯键将大分子链结合为固体。

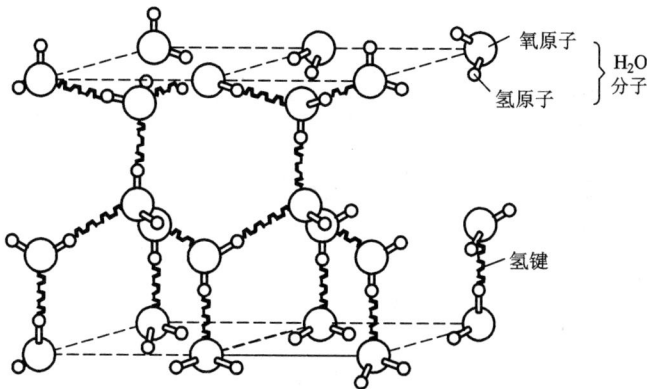

图 1-5　冰中水分子的排列及氢键结合示意图

2. 氢键

氢键的本质与范德瓦尔斯键一样,也是靠原子或分子、原子团的偶极吸引力结合起来的,只是氢键中氢原子起了关键作用。氢原子只有一个电子,当氢原子与一个电负性很强的原子或原子团 X 结合成为分子时,氢原子的电子转移至该原子的壳层上,分子的氢离子一侧实际上是一个裸露的质子,对另一个电负性较大的原子 Y 表现出强烈的吸引力。这样氢原子便在两个电负性较大的原子或原子团之间形成一个桥梁,把两者结合起来,成为氢键。所以氢键可以表达为:$X-H{\cdots}Y$,如图 1-5。

H 与 X 原子或原子团为离子键结合,与 Y 之间为氢键结合,通过氢键将 X,Y 结合起来,X,Y 可以相同或不同。水和冰是典型的氢键结合,它们的分子 H_2O 具有稳定的电子结构,但由于氢原子只有单个电子的特点使 H_2O 具有明显的极性,因此,氢与另一个水分子中的氧原子相互吸引,这一个氢原子在相邻水分子的氧原子之间起到桥梁的作用。

氢键的结合力比范德瓦尔斯键结合力要强。在带有—COOH、—OH、—NH$_2$原子团的高分子聚合物中也经常出现氢键，这些高分子聚合物依靠氢键将长链分子结合起来。氢键在一些生物分子如 DNA 中也有重要作用。

表 1-1 列出了几种结合键的比较。

表 1-1　各种结合键比较

结合键类型	实例	结合能/(eV·mol^{-1})	主要特征
离子键	LiCl	8.63	无方向性，高配位数，低温不导电，高温离子导电
	NaCl	7.94	
	KCl	7.20	
	RbCl	6.90	
共价键	金刚石	1.37	有方向性，低配位数，纯晶体低温导电率很小
	Si	1.68	
	Ge	3.87	
金属键	Sn	3.11	无方向性，高配位数，密度高，导电性高，塑性好
	Li	1.63	
	Na	1.11	
	K	0.931	
	Rb	0.852	
分子键	Ne	0.020	低熔点、沸点，压缩系数大，保留分子性质
	Ar	0.078	
氢键	H$_2$O(冰)	0.52	结合力高于无氢键的类似分子
	HF	0.30	

1.1.5　混合键

从上述可以看出，各种结合键的形成条件完全不同。但是对于某一种具体材料，只有单独一种结合键的情况并不是很多，大部分材料的内部原子结合键往往是各种结合键的混合。例如金属主要是金属键结合，但也会出现一些非金属键，如过渡族元素(特别是高熔点过渡族金属 W、Mo 等)，它们的原子结合中，也会出现少量的共价键结合，这也是过渡族金属具有高熔点的原因。又如金属与金属形成的金属间化合物(如 CuGe)，尽管组成元素都是金属，但是由于两者的电负性不一样，有一定的离子化倾向，于是构成金属键和离子键的混合键，两者的比例依据组成元素的电负性差异而定，因此它们具有一定的金属特性，但是不具有金属特有的塑性，往往很脆。

陶瓷化合物中常出现离子键与共价键混合的情况。通常金属正离子与非金属离子组成的化合物并不是纯粹的离子化合物，它们的性质不能只用离子键来解释。化合物中离子键的比例取决于组成元素的电负性差，电负性相差越大则离子键比例越高。表 1-2 给出了某些陶瓷化合物中混合键的相对比例。

表 1-2　某些陶瓷化合物中混合键的相对比例

化合物	原子对	电负性差	离子键比例/%	共价键比例/%
MgO	Mg-O	2.13	68	32
Al_2O_3	Al-O	1.83	57	43
SiO_2	Si-O	1.54	45	55
Si_3N_4	Si-N	1.14	28	72
SiC	Si-C	0.65	10	90

还有一些材料中独立存在两种类型的键。例如一些气体分子以共价键结合，而分子凝聚则依靠范德瓦尔斯键。高分子聚合物和许多有机材料的长链分子内部是共价键结合，链与链之间以范德瓦尔斯键或氢键结合。石墨（碳）的片层上是共价键结合，而片层与片层之间是范德瓦尔斯键结合。

正是由于大多数工程材料的结合键是混合的，而混合的方式、混合的比例又可以随着材料的组成而改变，因此材料的性能可以在很大的范围内变化，从而可以满足工程实际各种不同的需要。

1.1.6　结合键与材料性能

原子通过结合键结合形成晶体，不同的结合键之中，原子之间结合力的大小不相同，把两个原子完全分开所需做的功称为结合能。结合能越大，则原子结合越稳定。其中离子键、共价键的结合能最大；金属键结合次之，金属键结合中又以过渡族金属之间的结合能最大；氢键的结合能为几十 kJ/mol，范德瓦尔斯键的结合能最低，大约只有 10 kJ/mol。材料结合键的类型及结合能的大小对材料的性能有重要的影响，特别是对物理性能和力学性能。

1. 结合键与物理性能的关系

熔点的高低代表了材料稳定性的程度。材料加热时，原子振动足够破坏原子之间的稳定结合，于是发生熔化，所以熔点与结合能有较好的对应关系。共价键、离子键化合物结合能较高，其中纯共价键的金刚石有最高的熔点，金属的熔点相对较低，这是陶瓷材料比金属具有更高热稳定性的根本原因。金属中过渡族金属具有较高的熔点，特别是难熔金属 W、Mo、Ta 等熔点最高，这可能是由于这些金

属的内壳层电子没有充满，使结合键中有一定比例的共价键。具有二次键结合的
材料如聚合物等，熔点偏低，表1－3为不同材料的结合能和熔点的关系。

表1－3　几种材料的结合能和熔点

结合键类型	材料	结合能 /(kJ·mol⁻¹)	熔点 /℃	结合键类型	材料	结合能 /(kJ·mol⁻¹)	熔点 /℃
离子键	NaCl	640	801	金属键	Fe	406	1538
	MgO	1000	2800		W	849	3410
共价键	Si	450	1410	范德瓦尔斯键	Ar	7.7	－189
	金刚石	713	>3550		Cl₂	3.1	－101
金属键	Hg	68	－39	氢键	NH₃	35	－78
	Al	324	660		H₂O	51	0

在原子堆积致密程度相似的材料中，熔点越高，热膨胀系数就越小。如 Hg
的熔点为 $-39\ ℃$，线膨胀系数为 $40 \times 10^{-6}℃^{-1}$；Pb 的熔点为 327 ℃，线膨胀系数
为 $29 \times 10^{-6}℃^{-1}$；Al 的熔点为 660 ℃，线膨胀系数为 $22 \times 10^{-6}℃^{-1}$；Cu 的熔点为
1083 ℃，线膨胀系数为 $17 \times 10^{-6}℃^{-1}$；Fe 的熔点为 1539 ℃，线膨胀系数为 $12 \times 10^{-6}℃^{-1}$；W 的熔点为 3410 ℃，线膨胀系数为 $4.2 \times 10^{-6}℃^{-1}$。

材料的密度与结合键类型有关。大多数金属有较高的密度，如 Pt、W、Au
的密度在工程材料中最高，其他如 Pb、Ag、Cu、Ni、Fe 等的密度也相当高。金
属的高密度有两个原因：一个是由于金属原子有较高的相对原子质量，另一个
原因是因为金属键的结合方式没有方向性，所以金属原子中趋向于密集排列，
金属经常得到简单的原子密排结构。此外大多数金属具有光泽、高的导电性和
导热性、较好的机械强度和塑性，以及金属最有代表性的特征即正的电阻温度
系数，这些性质都可以从金属的金属键结合得到解释。

离子键和共价键结合时，原子排列不可能非常致密。共价键结合时，相邻
原子的个数要受到共价键数目的限制，离子键结合时则要满足正、负离子之间
电荷平衡的要求，它们相邻的原子数目都不如金属多，所以陶瓷材料的密度比
较低，聚合物中由于是通过二次键结合，分子之间堆垛不紧密，加上组成原子
（C、H、O）的质量比较小，在工程材料中聚合物的密度很低。与金属键结合的
金属相比，由非金属键结合的陶瓷、聚合物一般在固态下不导电，它们可以作
为绝缘体和绝热体在工程上应用。

工程材料的腐蚀是一种化学反应，实质是结合键的形成和破坏。金属腐蚀
时，金属离子离开金属就与原子外层价电子的失去有关。

2. 结合键与力学性能的关系

晶体材料的硬度与晶体的结合键有关。一般说来，共价键、离子键、金属键结合的晶体比分子键结合的晶体的硬度高。

弹性模量是表征材料在发生弹性变形时所需要施加力的大小。在给定应力下，弹性模量大的材料只发生很小的弹性应变，而弹性模量小的材料则发生比较大的弹性应变。结合能是影响弹性模量的主要因素，结合键之间的结合键能越大，则弹性模量越大，结合键能与弹性模量之间有很好的对应关系。金刚石具有最高的弹性模量，$E = 1000$ GPa，一些工程陶瓷如碳化物、氧化物、氮化物等结合键能也比较高，它们的弹性模量为 250 ~ 600 GPa，由金属键结合的金属材料弹性模量要低一些，常用金属材料的弹性模量为 70 ~ 350 GPa，而聚合物由于二次键的作用，弹性模量仅为 0.7 ~ 3.5 GPa。

工程材料的强度与结合键能也有一定的联系。一般结合键能高，强度也高一些。然而材料的强度在很大程度上还取决于材料的其他结构因素，如材料的组织，因此材料的强度可以在一个较大的范围内变化。

材料的塑性也与结合键类型有关，金属键结合的材料具有良好的塑性，而离子键、共价键结合的材料的塑性变形困难，所以陶瓷材料的塑性很差。

1.2　晶体学基本知识

晶体的内部结构称为晶体结构,晶体结构的研究经历了很长的过程。从最早发现的晶面角守恒定律(晶体相应晶面之间的夹角不变)用来区分两种外形很相似的晶体(1669 年, N. Steno)，到随后 A. Bravais 提出了晶体空间点阵学说(1885 年)，1912 年 M. Laue 又提出了晶体的 X 射线衍射方法，在 1915 年，W. H. Bragg 和 W. L. Bragg 建立了 X 射线晶体结构分析理论，而随着现代化的电子显微镜(SEM、TEM)和扫描探针显微术(STM、AFM)的出现,对晶体结构的了解也越来越多。

1.2.1　晶体的特征

1. 各向异性

晶体由于具有按照一定几何规律排列的内部结构，空间不同方向上原子排列的特征不同，如原子间距及周围环境，因而在一般情况下，单晶体的许多宏观物理量(如弹性模量、电阻率、热膨胀系数、折射率、强度及外表面化学性质等)的大小是随测试方向的不同而改变的，这个性质称为各向异性。晶体断裂的解理性就是晶体具有各向异性的最明显例子。表 1 - 4 列出了几种常用金属的单晶体在不同晶体方向测得的力学性能。

表1-4 几种单晶体金属的各向异性

材料	弹性模量/MPa		抗拉强度/MPa		延伸率/10⁻²	
	最大值	最小值	最大值	最小值	最大值	最小值
Cu	191000	66700	346	128	55	10
α-Fe	293000	125000	225	158	80	20
Mg	50600	42900	840	294	220	20

2. 晶体具有确定的熔点

熔点是晶体物质的结晶状态与非结晶状态互相转变的临界温度,晶体熔化时发生体积变化。

在相同热力学条件下,同种化学成分的气体、液体、非晶体、晶体中,晶体的内能最小,也最稳定。非晶体在一定条件下可以转化为晶体,例如玻璃经过高温、长时间加热后能形成晶态玻璃。如果将通常的晶体材料从其液态快速冷却下来,也可能得到非晶体。有些金属的晶体结构比较简单,容易结晶成为晶体,只有在极快的冷却速度下才能获得非晶体的金属或合金。但晶体不会自发地转变为非晶体。

另外,晶体有一些其他共同特征。晶体中存在不完整性,晶体内原子排列并不是理想的有序排列,而是有缺陷的;晶体也是普遍存在的,地球上大部分固体物质都是晶体;晶体的原子周期排列促成晶体有一些共同的性质,如均匀性即晶体不同部位的宏观性质相同(平移特性),自限性即晶体具有自发形成规则外形的特征,对称性等。

1.2.2 空间点阵与晶胞

晶体的基本特征是原子排列的规则性,假设理想晶体中实际原子、离子、分子或各种原子集团都是固定不动的刚性球,这些抽象的晶体的实际质点称为阵点,则晶体可以被认为是这些阵点在三维空间周期性重复排列起来的,这些用来表示晶体中原子规则排列的抽象质点就构成晶体的空间点阵。

为了形象描述空间点阵的几何图形,可以作许多平行的直线把阵点连接起来,构成一个三维的几何格架,如图1-6(a)所示。

由于晶体中原子排列具有周期性,可以从点阵中选取一个能够完全反映晶格特征的最小几何单元,这个最小的几何单元称为单位平行六面体。通常是在晶格中取一个最小的平行六面体,这个平行六面体要能够反映整个空间点阵的对称性,在不违反对称的条件下,棱边之间尽可能具有最多的直角关系,并具

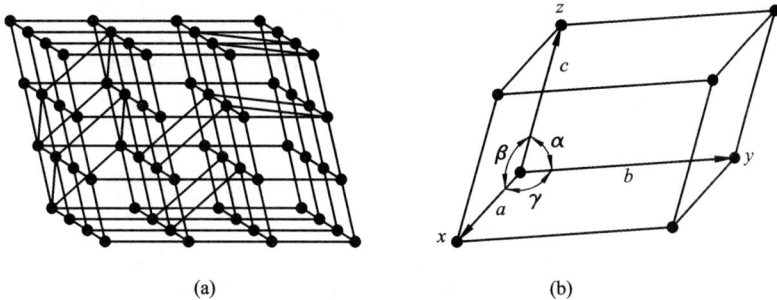

图 1 - 6　空间点阵及单位平行六面体的不同取法(a)和晶胞及晶胞参数(b)

有最小体积,这样的平行六面体作为单位平行六面体,这个单位平行六面体在空间重复堆垛就能够得到空间点阵。

必须注意,单位平行六面体只是从空间格子中抽取出来的代表单元,由抽象的几何点代表原子在空间排列的规律性来表示具体质点在空间排列的规律性,并不等于晶体内部包含的具体质点。若将形状大小与对应的单位平行六面体一致,并由实在的具体质点组成,则这样的实际晶体结构中的平行六面体单位,称为晶胞。选取晶胞时也要求能够反映出晶体的对称性。

为了描述晶胞的形状和大小,可通过晶胞角上的某一阵点,沿着三个棱边作坐标轴 x、y、z,称为晶轴,则晶胞的形状和大小可由这三个棱边的长度 a、b、c(称为点阵常数)及其夹角 α、β、γ 这 6 个参数完全表达出来,见图 1 - 6(b)。显然只要任选一个阵点作为原点,将 $\boldsymbol{a}$、$\boldsymbol{b}$、$\boldsymbol{c}$ 三个点阵矢量(称为基矢)作平移,就可以得到整个点阵。点阵中任何一个阵点的位置均可以由下列矢量表示:

$$\boldsymbol{r}_{uvw} = u\boldsymbol{a} + v\boldsymbol{b} + w\boldsymbol{c} \qquad (1-1)$$

式中,$\boldsymbol{r}_{uvw}$ 为由原点至某个阵点的矢量;u、v、w 分别为沿着三个点阵矢量方向平移的基矢数,也就是阵点在坐标轴上的坐标值。

1.2.3　晶系和布拉菲点阵

在晶体学中,根据对称性和晶胞的外形也就是棱边长度之间的关系和晶轴之间的夹角情况可以对晶系进行分类。通常是根据 6 个点阵参数的相互关系,考虑晶胞棱边长 a、b、c 是否相等,晶轴间夹角是否相等以及是否是直角,可以把空间点阵分为七种类型,称为七大晶系。所有晶体都可以归纳在这 7 个晶系中。

根据阵点的周围环境相同的要求,除了单位平行六面体的每个顶角上可以安置一个阵点之外,还可以在其他位置上安放阵点,例如在简单立方点阵的体中心放置一个阵点就构成体心立方点阵，或在组成单位平行六面体的每个表面中心放置一个阵点就构成面心立方点阵。1848 年布拉菲利用数学分析法证明晶体中的空间点阵只有 14 种，称之为布拉菲点阵。七大晶系及 14 种布拉菲点阵列于表 1 – 5 中，14 种点阵示意图如图 1 – 7。

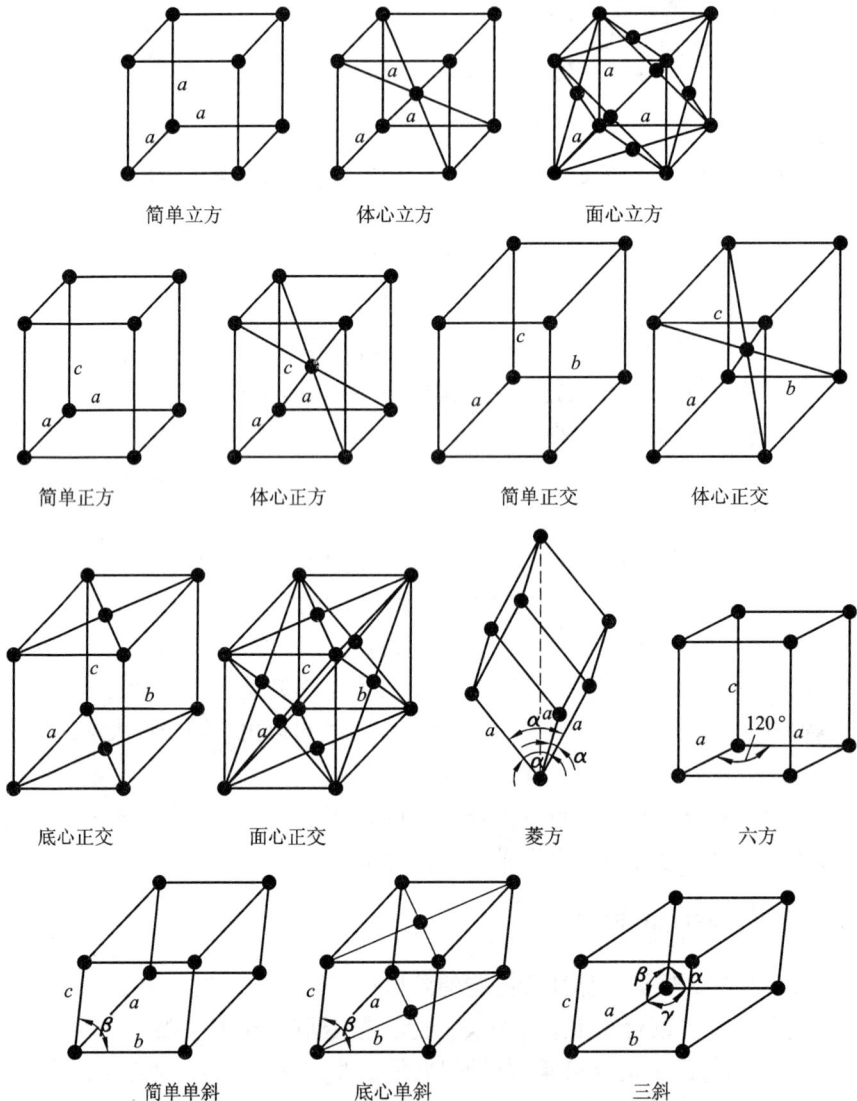

简单立方　　　　　　体心立方　　　　　　面心立方

简单正方　　　体心正方　　　简单正交　　　体心正交

底心正交　　　面心正交　　　菱方　　　六方

简单单斜　　　底心单斜　　　三斜

图 1 – 7　14 种布拉菲点阵

表 1-5 晶体的对称性和 7 种晶系及 14 种布拉菲点阵

晶系	布拉菲点阵和符号	晶胞参数关系
立方晶系	简单(P)	$a = b = c$, $\alpha = \beta = \gamma = 90°$
	体心(I)	
	面心(F)	
六方晶系	简单(P)	$a = b \neq c$, $\alpha = \beta = 90°$, $\gamma = 120°$
正方晶系（四方）	简单(P)	$a = b \neq c$, $\alpha = \beta = \gamma = 90°$
	体心(I)	
菱方晶系（三方）	简单(R)	$a = b = c$, $\alpha = \beta = \gamma \neq 90°$
正交晶系（斜方）	简单(P)	$a \neq b \neq c$, $\alpha = \beta = \gamma = 90°$
	体心(I)	
	底心(C)	
	面心(F)	
单斜晶系	简单(P)	$a \neq b \neq c$, $\alpha = \gamma = 90° \neq \beta$
	底心(C)	
三斜晶系	简单(P)	$a \neq b \neq c$, $\alpha \neq \beta \neq \gamma \neq 90°$

所有的空间点阵都包括在这 14 种点阵中，不可能存在这 14 种布拉菲点阵之外的任何形式的空间点阵。例如不可能有底心立方点阵，因为底心立方不具有立方系的对称性，它不可能存在，正方系中也没有底心正方，而底心正方可以用简单正方来表示，如图 1-8 所示。

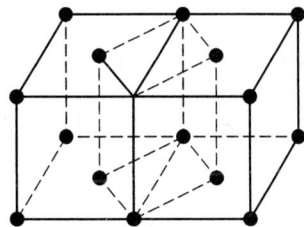

图 1-8 底心正方点阵与简单正方点阵的关系

在 14 种布拉菲点阵的晶胞中，晶胞中如果只包含一个质点，这样的晶胞称为简单晶胞，如二斜、简单正方、简单立方等。它们只在每个角上有一个质点。如果晶胞中含有一个以上的质点，则称为复合晶胞，如体心立方、面心立方等。

1.2.4 空间点阵与晶体结构的关系

空间点阵概括地表明了原子、离子、原子集团、分子等粒子在晶体结构空间中作周期分布的最基本规律。空间点阵的阵点,仅仅是抽象的几何点,空间点阵仅仅是一个抽象的几何图形。无论多么复杂的晶体结构都只有一个空间点阵。例如,金刚石晶体结构的空间点阵就是一个面心立方点阵,但决不能说金刚石晶体结构是由两个面心立方点阵穿插而成。因为这样说,就把只具有抽象几何意义的空间点阵看成了由具体的碳原子构成的图形。

　　工程材料的晶体结构与空间点阵的概念也是有区别的。空间点阵是把晶体中的质点抽象为阵点,用来描述和分析晶体结构的周期性与对称性,要求各个阵点的周围环境相同,它只能有 14 种类型。而晶体结构则是晶体中具体的质点的排列,如原子、分子或者异类原子的具体排列情况,也就是说空间点阵中的阵点本身可能是由不同质点组成各种排列情况,因此可能存在的晶体结构是无限的。例如,图 1-9 中几种不同的质点组合抽象为一个点阵时,都与(a)相同,属于同一个点阵,但是属于不同的晶体结构。

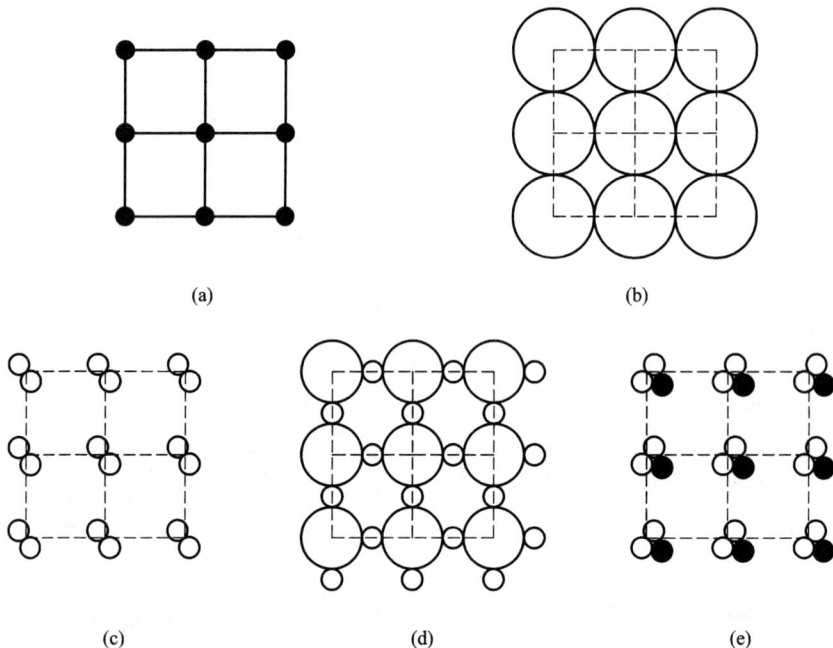

图 1-9　属于同一种空间点阵的几种不同晶体结构示意图

　　在实际晶体中,就有晶体结构不同而实际上是属于同一种晶体点阵的情况,如 Cu、NaCl 和 CaF_2 的晶体结构是不相同的,如图 1-10,但它们都属于面心立方点阵。

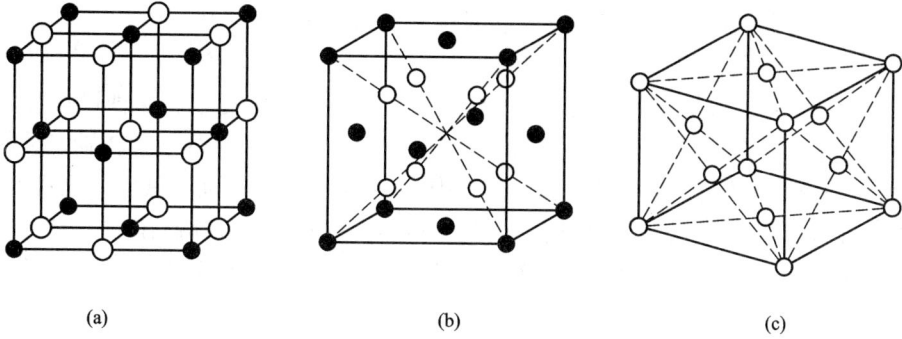

图 1 - 10　属于同一种空间点阵的不同的晶体结构

(a)NaCl；(b)CaF$_2$；(c)Cu

另外，类似的晶体结构也可能属于不同的空间点阵，如图 1 - 11。W 和电子化合物 CuZn 都是体心立方结构，但是 CuZn 属于简单立方点阵，而 W 属于体心立方结构。

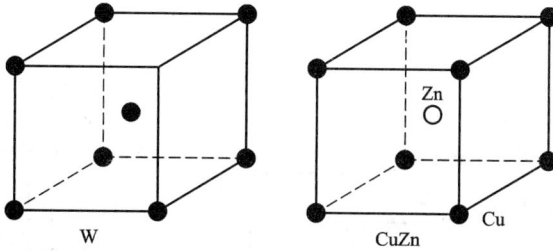

图 1 - 11　CuZn 与 W 的晶体结构相似而属于不同的空间点阵

1.2.5　晶体的对称性概念

晶体的规则外形是晶体中原子排列规则性的反映，所有的晶体都有平移周期性，即可以通过对有代表性的单元在空间平移后构造出整个晶体，而大部分晶体还有一些其他周期性排列规律，这可以用对称性来描述。生长很完整，外表面充分发展的晶体，其外形都有一定的对称性，例如雪花。对称是自然界中一个相当普遍的现象，在经过对称操作以后，物体在形式和取向两方面与原来毫无差别。研究晶体的对称性是晶体学的一个重要内容。可以将晶体的对称性分解成一些基本的对称要素，通过对这些对称要素的组合运用而构成晶体的整个对称性,晶体的对称性可以分为宏观对称和微观对称。晶体的宏观对称性是内部微观对称性的表现,与晶体的性能有深刻的内在联系。

1. 对称、对称操作、对称要素

所谓对称,就是物体经过一定操作后,它的空间性质复原。这种操作称为对称操作。对称操作一定和某个几何图形相联系,例如对称面、旋转轴、对称中心,这些面、轴、点称为对称要素。晶体的对称性要素分为宏观与微观两类。在进行对称操作时,如果至少有一点保持不动,那么这种对称操作称为宏观对称操作,与此相联系的对称要素就叫做宏观对称要素,下面简要介绍宏观对称要素的概念。

2. 晶体的宏观对称要素

(1)回转对称轴

当晶体围绕它的某一个轴旋转 $360°/n$ 后,能够与原来的位置完全重合时,这一个轴称为晶体的回转对称轴。例如当旋转180°(即 $n=2$ 时)晶体能够完全重合时,这个轴称为二次回转对称轴,传统的对称理论认为在晶体中实际可能存在的回转对称轴有 1、2、3、4、6 次五种,一般没有 5 次回转对称轴和高于 6 次的回转对称轴,如图 1 - 12 所示。对称轴通常用数字 1、2、3、4、6 作为表示符号。

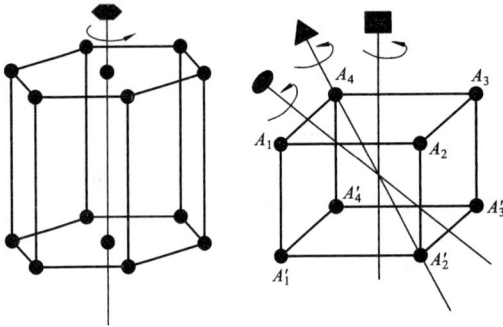

图 1 - 12　晶体的回转对称轴   图 1 - 13　对称面

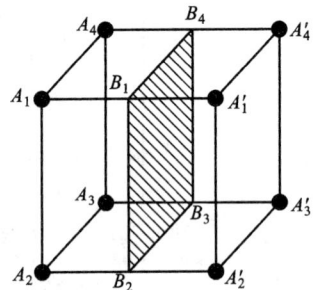

(2)对称面

如果通过晶体作一个平面,使晶体的各个对应点经过这个平面反映后能够重合,如同照镜子一样,那么这个平面称为晶体的对称面,用符号 m 表示,如图 1 - 13。

（3）对称中心

如果晶体中对应于晶体中心 O 的每一个点都可以在中心的另一边得到相应的等同点，而且每一对点的连线均通过 O 点，并被 O 点等分，则这个中心点 O 称为晶体的对称中心（或称为反演中心），用符号 Z 表示（图 1–14）。晶体的每一个点均可以以 Z 为中心作对称与其对应点重合。

（4）回转–反演轴

当晶体绕某一个轴旋转一定角度（360°/n），再以轴上的一个中心点作反演之后能够得到复原时，这个轴称之为回转–反演轴。图 1–15 中，P 围绕 BC 轴旋转 180° 与 P_3 点重合，再经过 O 点反演与 P' 重合，则称 BC 为二次回转–反演轴。回转–反演轴也只有 1 次、2 次、3 次、4 次、6 次五种，分别用符号 $\bar{1}$、$\bar{2}$、$\bar{3}$、$\bar{4}$、$\bar{6}$ 表示。

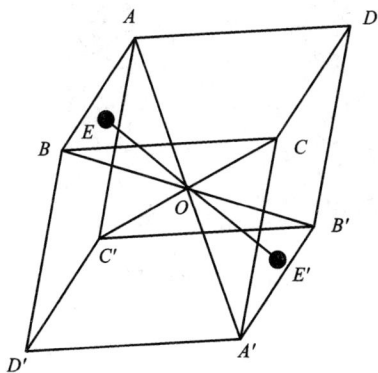

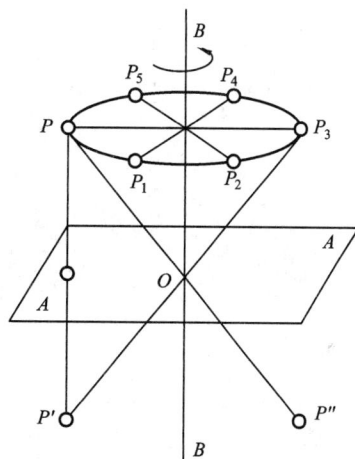

图 1–14　对称中心　　　　　　　图 1–15　回转–反演轴

3. 对称要素的组合

在这些宏观对称要素中，1，2，3，4，6，Z，m，$\bar{4}$ 是 8 种基本对称要素，它们不能分解为其他基本要素的组合。任何宏观晶体所具有的对称性都是这 8 种基本对称要素的组合，晶体的对称性可以通过这些对称要素的运用而体现，各种晶体的对称性不同，所具有的对称要素也不同。例如某些晶系（三斜晶系）的对称要素只有 1（不具有对称性）；而有些晶系（立方晶系）就有多种对称要素，如 3 个 4，4 个 3，6 个 2，以及 m、$\bar{1}$ 等。

尽管传统的晶体对称理论一直排斥 5 次和 6 次以上对称存在的可能性。但是在 1984 年，D. Shectman 首先报告了在快速凝固的 Al-Mn 合金中制备 Al_6Mn 合金相时发现了 5 次对称轴，这种合金相是具有长程定向有序而没有周期平移有序的一种封闭的正二十面体，二十面体相被认为是处于晶态与非晶态之间的一种准晶态。半径较小的 Mn 原子位于正二十面体的中心，其周围 12 个顶点为 Al 原子，形成由 20 个正三角形构成的壳层。

随后在 Al-Fe 等 Al 与其他过渡族元素构成的二元或三元合金中也找到了 5 次对称轴，而且在 $Ti_2Ni(Fe)$ 系合金、拓扑密堆相合金和金属硅化物等数十种合金中发现了准晶，并先后发现了 8 次、10 次、12 次旋转对称准晶相，这些现象与传统的晶体学对称性原理不符，因此准晶体的研究已经成为材料科学领域中一个崭新的课题，如图 1-16 为 $Al_{65}Cu_{20}Fe_{15}$ 合金中准晶形貌的扫描电镜照片和衍射斑点。

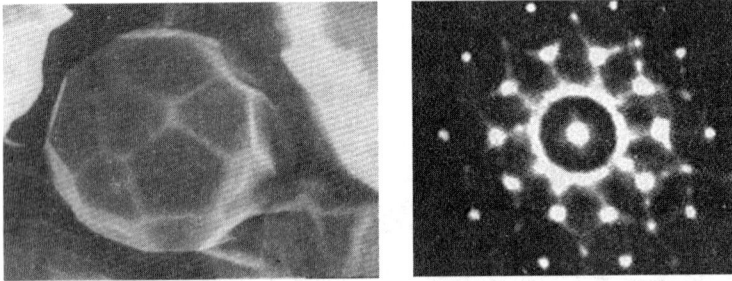

图 1-16 $Al_{65}Cu_{20}Fe_{15}$ 合金中准晶形貌的扫描电镜照片（×50000）和衍射斑点

4. 晶体的对称型分类

根据高次轴（旋转轴或旋转反演轴大于 2）的多少可将晶体划分为三个晶族；宏观对称要素经过组合可以得出晶体只能有 32 种对称类型，也就是形形色色的结晶多面体就其对称性的类型而言，总共只有 32 种，称为 32 种点群（或对称型），一种晶体只属于 32 种对称型中的一种。32 种对称型代表着各不相同的对称性，但它们之间也有一些相通的特征，根据这些主要的特征，将 32 种对称性分为 7 种晶系，属于同一种晶系的晶体，有共同的特征对称性，并从晶体中选取有相同特征的晶胞，用 3 个棱边的长度 a、b、c 和 3 个棱边的夹角 α、β、γ 这 6 个晶胞参数来描述平行六面体晶胞的形状，这也就是晶体学中要介绍的晶系和晶胞的概念。需要特别指出的是，划分晶系的依据是特征对称性而不是晶胞参数。

一般化学式简单的材料比化学式复杂的材料对称性更高。如无机材料中三分之二的对称性高于斜方对称性，而有机材料中却有85%的对称性低于斜方对称性。

不同晶族的晶体，在物理性质上（例如光学性质），有显著不同的表现，如光在高级晶族的晶体中各个方向上的传播速度相等（光性均质体），而在中、低级晶族晶体中，光在晶体中各个方向上的传播速度不相等，折射率也不相同，它们的光学性质呈现各向异性（光性非均质体）；而属于光性非均质体的中、低级晶族晶体还会出现双折射现象，而属于高级晶族的立方系的晶体没有双折射现象。其他一些发生在晶体中的压电效应、热电效应、电光效应等也都与晶体的对称性有关。

除了宏观对称要素之外，还有平移、平移与旋转结合形成的螺旋对称轴、平移和反映结合形成的滑移反映面等微观对称要素。宏观对称要素和微观对称要素在三维空间的组合，称为空间群。经过严格证明可以得出，晶体中可能存在230种空间群，任何一种晶体的微观结构属于且只属于230种空间群之一。详细内容可以参阅有关晶体学书籍。

1.2.6　晶面指数和晶向指数

在材料科学中，讨论有关晶体的生长、变形和固态相变等问题时，常常要涉及到晶体中的某些方向（晶向）和某些平面（晶面）。空间点阵中各个阵点排列起来的方向代表晶体中原子列的方向，称为晶向。通过空间点阵中的任意一组阵点的平面代表晶体中的原子平面，称为晶面。为了方便起见，人们通常用一种符号即晶向指数和晶面指数来表示不同的晶向和晶面。国际上通常用密勒（Miller）指数来表示，方法如下：

1. 晶向指数

晶向指数是表示晶体点阵中方向的指数，由晶向上阵点的坐标值决定。其确定步骤如下：

（1）建立坐标系

如图 1-17 所示，以晶胞中需要确定的晶向上的某一个阵点 O 作为原点，以过原点的晶轴作为坐标轴。一般规定从书指向读者的方向作为 x 轴的正方向，指向右边的方向作为 y 轴的正方向，指向上方的方向作为 z 轴的正方向；以晶胞的三个点阵常数 a、b、c 分别作为 x、y、z 轴的单位长度，这样便建立了坐标系。使待定晶向通过原点或过原点作一直线平行于待定晶向。

（2）确定晶胞中原子的坐标值

在通过原点的待定晶向 OP 上确定离原点最近的一个阵点在坐标系中的坐标值。

（3）将指数化为整数并加方括号表示

将三个坐标值化为最小整数 u、v、w，并加上方括号，就得到了晶向 OP 的晶向指数 $[uvw]$。如果 u、v、w 中某一个数值为负值，则将该负号标注在这个数的上方，如图 1-17 中 OP 的晶向指数为 $[11\overline{2}]$。

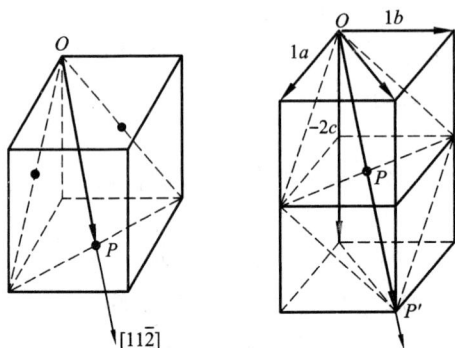

图 1-17 面心立方晶胞中
OP 和 OP' 晶向指数

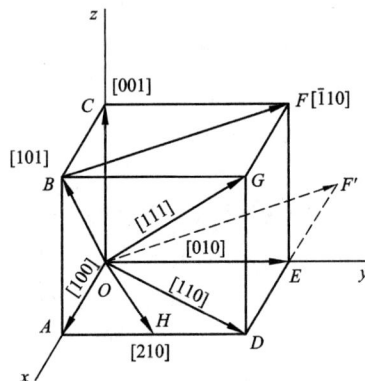

图 1-18 立方晶系中一些重要的晶向指数

对于晶向指数需要做如下说明：一个晶向指数代表着相互平行、方向一致的所有晶向；若晶体中两个晶向相互平行，方向相反，则晶向指数中的指数相同而符号相反，如 $[11\overline{1}]$ 与 $[\overline{1}\,\overline{1}1]$ 等；晶体中的原子排列情况相同，空间位向不同的一组晶向称为晶向族，用 $<uvw>$ 来表示，例如立方晶系中的 $[111]$，$[\overline{1}11]$，$[1\overline{1}1]$，$[11\overline{1}]$，$[\overline{1}\,\overline{1}1]$，$[1\overline{1}\,\overline{1}]$，$[\overline{1}1\overline{1}]$，$[\overline{1}\,\overline{1}\,\overline{1}]$8 个晶向是立方体中四个体对角线的方向，它们的原子排列情况完全相同，属于同一个晶向族，用 $<111>$ 来表示；但要注意如果不是立方晶系，改变晶向指数的顺序所表示的晶向可能是不等同的，如正交晶系中 $[100]$，$[010]$，$[001]$ 这三个晶向就不是等同晶向，因为在这三个晶向上的原子间距分别为 a，b，c，互不相等，各晶向上面的原子排列情况不同，性质也不同，所以不属于同一晶向族，图 1-18 为立方晶系中一些重要的晶向指数。

2. 晶面指数

晶面指数是表示晶体中点阵平面的指数，由晶面与三个坐标轴的截距值决定。它的密勒指数确定方法如下：

（1）建立坐标系。建立坐标系的方法与晶向指数中建立坐标系的方法类似，但要注意坐标原点的选取要便于确定截距，因此不能选在要确定的晶面上,如图 1-19。

(2)求待定晶面在坐标系中的截距。求出待定晶面在三个坐标轴上的截距,如果该晶面与某个坐标轴平行,那么它的截距视为无穷大。

(3)将截距取倒数。取三个截距值的倒数。

(4)化成整数加圆括号表示。将上述三个截距的倒数化为最小整数 h,k,l,加圆括号,即得到需要确定的晶面的晶面指数(hkl)。如果晶面在坐标轴上的截距是负值,则将负号标注在相应指数的上方。

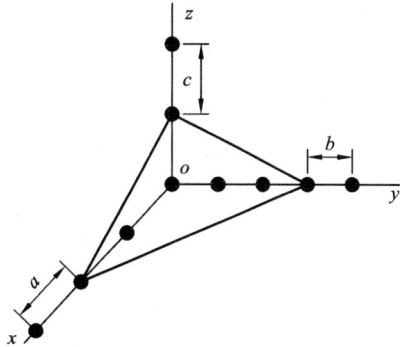

图 1-19 确定晶面指数的
坐标系、单位长度和截距

对于晶面指数也需要作如下说明:晶面指数(hkl)不是指一个晶面,而是代表着一组相互平行的晶面,相互平行的晶面之间的晶面指数相同,或数字相同而正负号相反,如(hkl)与$(\bar{h}\bar{k}\bar{l})$;晶体中具有相同的条件(这些晶面上的原子排列情况和晶面间距分别完全相同),只是空间位向不同的各个晶面总称为晶面族,用$\{hkl\}$表示。晶面族中所有晶面的性质是相同的。在立方晶系中可以用 h,k,l 三个数字的排列组合方法求得,例如:

$\{111\} = (111) + (\bar{1}11) + (1\bar{1}1) + (11\bar{1}) + (\bar{1}\bar{1}1) + (\bar{1}1\bar{1}) + (1\bar{1}\bar{1})$
$+ (\bar{1}\bar{1}\bar{1})$。

$\{100\} = (100) + (010) + (001) + (\bar{1}00) + (0\bar{1}0) + (00\bar{1})$,立方晶胞的$\{110\}$和$\{111\}$晶面族如图 1-20 所示。

若不是立方晶系,如正交晶系,由于晶面上原子排列情况不同,晶面间距不相等,因此(100)与(001)不属于同一晶面族。在立方晶系中,具有相同指数的晶面和晶向相互垂直,例如$[110] \perp (110)$,$[111] \perp (111)$等,但是这个关系同样不适合于其他晶系。

3. 六方晶系的晶面指数和晶向指数

六方晶系的晶面指数和晶向指数可以用上述方法标定,但是在三轴坐标系中,a_1,a_2 轴之间的夹角为 $120°$,c 轴与 a_1,a_2 垂直,如图 1-21 所示。用三轴坐标可以求得六方晶胞的 6 个柱面晶面指数分别是(100),(010),$(\bar{1}10)$,$(\bar{1}00)$,$(0\bar{1}0)$,$(1\bar{1}0)$。这 6 个柱面的原子排列规律是相同的,应该属于同一晶面族,但是从 6 个柱面的晶面指数反映不出来。为了更清楚地表明六方晶系的对称性,对六方晶系的晶向和晶面通常采用密勒 - 布拉菲指数表示,也就是所谓的四轴指数表示方法。

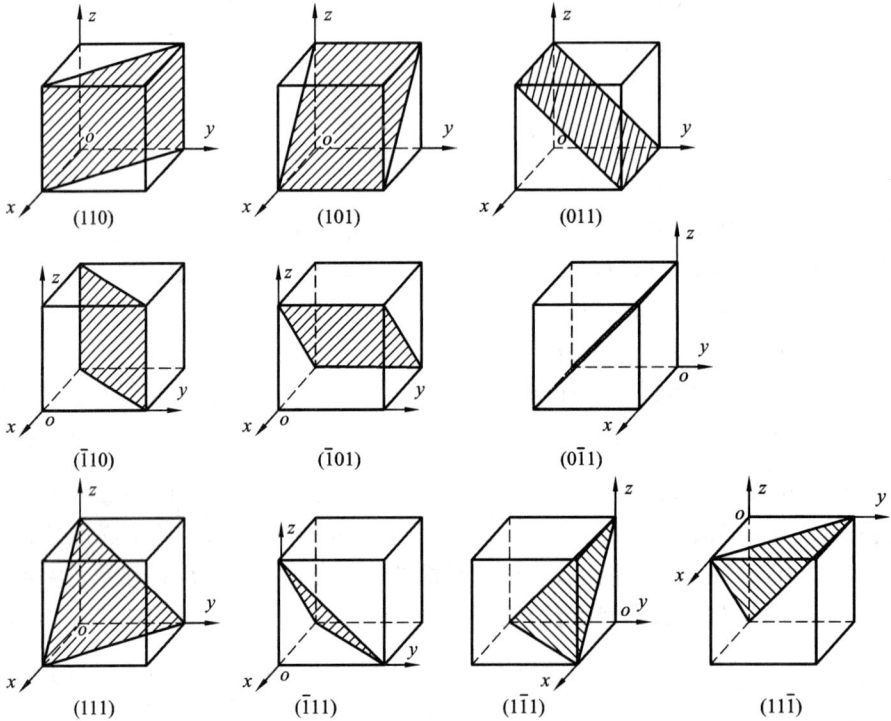

图 1-20 立方晶胞的{110}和{111}晶面族

这种表示方法是采用 a_1,a_2,a_3 与 c 4 个坐标轴,a_1,a_2,a_3 三个轴位于同一个底面上,并互成 120°,c 轴与底面垂直。晶面指数的标定方法与三轴坐标系相同,只是需要利用($hkil$)4 个数来表示。这时六方晶胞的 6 个柱面的晶面指数分别为($10\bar{1}0$),($01\bar{1}0$),($\bar{1}100$),($\bar{1}010$),($0\bar{1}10$),($1\bar{1}00$)。很明显,这六个晶面属于($1\bar{1}00$)晶面族,如图 1-21 所示。

根据几何学知识,三维空间中独立的坐标轴不超过三个,位于同一平面的 h,k,i 三个坐标值中必定有一个是不独立的,可以证明它们之间存在下列关系:

$$i = -(h + k) \tag{1-2}$$

同样，在四轴坐标系中，晶向指数的确定方法也和三轴坐标系相同，但是需要用 [$uvtw$] 4 个数值来表示。并且 u，v，t 中间也只能有两个是独立的，它们之间存在下列关系：

$$t = -(u+v) \tag{1-3}$$

根据上述关系，六方系的四轴晶向指数的标定步骤如下：从原点出发，沿着平行于 4 个晶轴的方向依次移动，最后达到待确定的晶向上的某一结点。移动的时候必须选择适当的路线，使沿着 a_3 轴移动的距离等于沿着 a_1，a_2 二轴移动的距离之和的负值，将各方向移动的距离化为最小整数值，加上方括号，就是这个晶向的晶向指数。如图 1-22 中 OA 晶向的晶向指数是 [$2\bar{1}\bar{1}0$]。

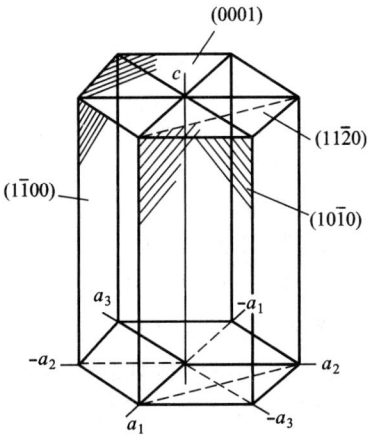

图 1-21 六方晶系的晶面指数标定

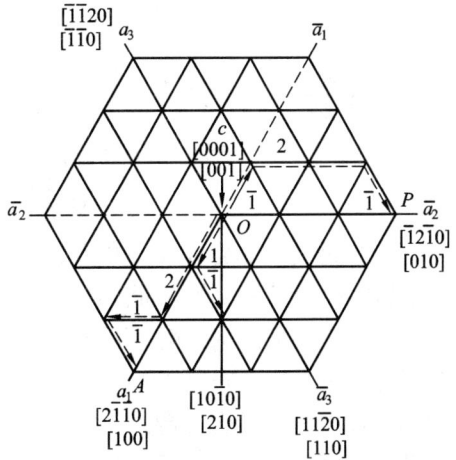

图 1-22 六方晶系的晶向指数标定

四轴指数确定晶向的优点是已知晶向指数画晶向时比较方便，而且等同的晶向可以从晶向指数反映出来，但是用这个方法标定晶向指数比较麻烦，通常是先用三轴坐标系标定出待定晶向的晶向指数 [UVW]，然后再按照下式换算成为四轴坐标系的晶向指数 [$uvtw$]。

$$u = \frac{1}{3}(2U-V)\,,\ v = \frac{1}{3}(2V-U)\,,\ t = -\frac{1}{3}(U+V)\,,\ w = W \tag{1-4}$$

1.2.7 晶面间距

晶面间距是指两个相邻的平行晶面的垂直距离。晶面间距与晶面指数和点阵常数存在一定关系。了解晶面间距及其与晶体的点阵常数和晶面指数之间的关系，对于计算 X 射线衍射图有重要意义。根据几何学可以求出当 $\alpha = \beta = \gamma = 90°$时简单晶胞($hkl$)晶面之间的晶面间距 d_{hkl} 如下：

$$d_{hkl} = \frac{1}{\sqrt{\dfrac{h^2}{a^2} + \dfrac{k^2}{b^2} + \dfrac{l^2}{c^2}}} \qquad (1-5)$$

对于正方系可以简化为

$$d_{hkl} = \frac{1}{\sqrt{\dfrac{h^2 + k^2}{a^2} + \dfrac{l^2}{c^2}}} \qquad (1-6)$$

对于立方系可以简化为

$$d_{hkl} = \frac{a}{\sqrt{h^2 + k^2 + l^2}} \qquad (1-7)$$

六方系的晶面间距为

$$d_{hkl} = \frac{1}{\sqrt{\dfrac{4}{3}\left(\dfrac{h^2 + hk + k^2}{a^2}\right) + \dfrac{l^2}{c^2}}} \qquad (1-8)$$

如果是复杂晶胞如体心立方、面心立方，在计算时应该考虑晶面层数的影响。晶体中各组晶面的晶面间距各不相同，从公式 1-5 可以看出一般晶面指数数值小的晶面间距大，面与面之间的结合力就越弱，这些晶面上的原子排列就越紧密；晶面指数的数值大，晶面间距小，则晶面上的原子排列就越稀疏，晶面与晶面之间的结合力越强。所以在外力的作用下发生塑性变形时，往往沿着这些原子密度最大的晶面和晶向优先发生滑移；而且原子密度最大的晶面也是能量最低、最稳定的，当晶体从液体中自由成长为多面体外形的时候，往往是这些密排面露在外面。

1.2.8 晶面及晶向间的夹角

在直角坐标系中，晶面及晶向之间的夹角完全可以按照几何学中平面与方向之间的矢量运算进行求解。两个任意晶面($h_1k_1l_1$)，($h_2k_2l_2$)之间的夹角 ϕ 满足下式：

$$\cos\phi = \frac{\dfrac{h_1h_2}{a^2} + \dfrac{k_1k_2}{b^2} + \dfrac{l_1l_2}{c^2}}{\left(\dfrac{h_1^2}{a^2} + \dfrac{k_1^2}{b^2} + \dfrac{l_1^2}{c^2}\right)\left(\dfrac{h_2^2}{a^2} + \dfrac{k_2^2}{b^2} + \dfrac{l_2^2}{c^2}\right)} \qquad (1-9)$$

对于立方晶系，则可以简化为

$$\cos \phi = \frac{h_1 h_2 + k_1 k_2 + l_1 l_2}{\sqrt{(h_1^2 + k_1^2 + l_1^2)(h_2^2 + k_2^2 + l_2^2)}} \qquad (1-10)$$

任意两个晶向 $[u_1 v_1 w_1]$，$[u_2 v_2 w_2]$ 之间的夹角 ϕ 满足下式：

$$\cos \phi = \frac{a^2 u_1 u_2 + b^2 v_1 v_2 + c^2 w_1 w_2}{\sqrt{(a^2 u_1^2 + b^2 v_1^2 + c^2 w_1^2)(a^2 u_2^2 + b^2 v_2^2 + c^2 w_2^2)}} \qquad (1-11)$$

对于立方晶系，则可以简化为

$$\cos \phi = \frac{u_1 u_2 + v_1 v_2 + w_1 w_2}{\sqrt{(u_1^2 + v_1^2 + w_1^2)(u_2^2 + v_2^2 + w_2^2)}} \qquad (1-12)$$

如果是求晶面 (hkl) 与晶向 $[uvw]$ 之间的夹角，则晶面与晶向之间的夹角 θ 可以认为是晶向与晶面的法线之间夹角 ϕ 的余角，即 $\theta = 90° - \phi$，对直角坐标系有下列公式

$$\cos \phi = \sin \theta = \frac{hu + kv + lw}{\sqrt{\left(\dfrac{h^2}{a^2} + \dfrac{k^2}{b^2} + \dfrac{l^2}{c^2}\right)(a^2 u^2 + b^2 v^2 + c^2 w^2)}} \qquad (1-13)$$

对于立方晶系，则可以简化为

$$\sin \theta = \frac{hu + kv + lw}{\sqrt{(h^2 + k^2 + l^2)(u^2 + v^2 + w^2)}} \qquad (1-14)$$

1.2.9　晶带

所谓晶带是指许多不同的晶面组平行于同一个晶向时，这些晶面组总称为一个晶带，或者称为共带面，被平行的晶向称为晶带轴。图 1-23 为立方晶系中的一些共带面。$(0\bar{1}0)$，(010)，(110)，(120)，$(1\bar{2}0)$ 等晶面都平行于 $[001]$，则 $(0\bar{1}0)$，(010)，(110)，(120)，$(1\bar{2}0)$ 这些晶面称为一个晶

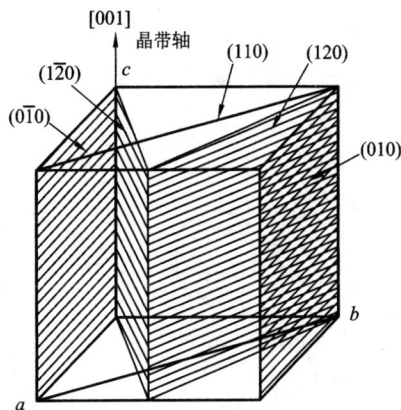

图 1-23　晶带和晶带轴

带，$[001]$ 是这个晶带的晶带轴。注意共带面中的各组晶面的指数和晶面间距并不相同，也并不包括同一晶面族中所有晶面，如 $\{100\}$ 晶面族中的 (001) 晶面就不包括在这个晶带中，因为 (001) 面不平行于 $[001]$ 方向。

因为同一晶带中的各组晶面都平行于同一个晶向，因此共带面中各个晶面

的法向都垂直晶带轴，而且处于同一平面上，上述晶带面的法向平面是(001)。

　　晶体中任一晶面至少同时属于两个晶带。如果晶带轴的指数为[uvw]，共带面中任何一个晶面族的指数为(hkl)，因为二者相互平行，必然具有下述关系：

$$hu + kv + lw = 0 \tag{1-15}$$

　　如果任意两个不平行的晶面($h_1k_1l_1$)，($h_2k_2l_2$)属于同一个晶带，这两个晶面的交线[uvw]就是晶带轴，晶带轴的指数可以按下式求解：

$$u = k_1l_2 - k_2l_1, \quad v = l_1h_2 - l_2h_1, \quad w = h_1k_2 - h_2k_1 \tag{1-16}$$

1.3　纯金属的晶体结构

　　金属晶体中的结合键是金属键，由于金属键没有方向性和饱和性，所以大多数金属晶体都具有紧密排列、对称性高的简单晶体结构。元素周期表中所有元素的晶体结构几乎都已经由实验测定出来了，绝大多数金属元素都属于三种简单的晶体结构，即面心立方、体心立方和密排六方，少数亚金属具有其他比较复杂的晶体结构。下面着重讨论金属的三种典型晶体结构。

1.3.1　典型纯金属的晶体结构

　　如果把晶体中的原子想象为刚性球，则绝大多数金属的面心立方、体心立方和密排六方的晶胞分别如图1-24、图1-25、图1-26所示。

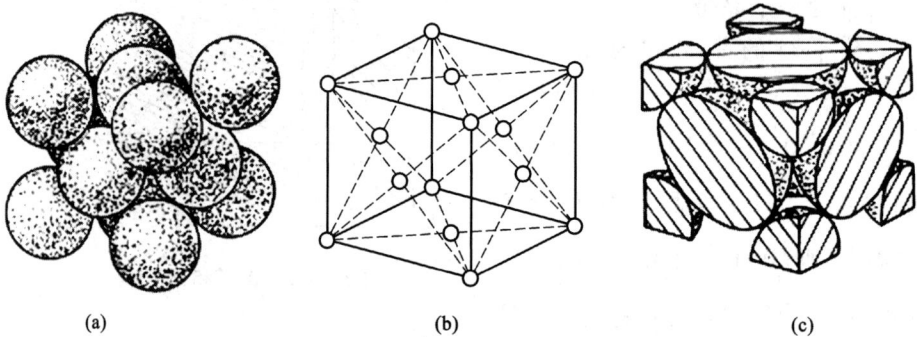

(a)　　　　　　　　　　(b)　　　　　　　　　　(c)

图1-24　面心立方晶胞示意图

(a)刚球模型；(b)晶胞模型；(c)晶胞中的原子数

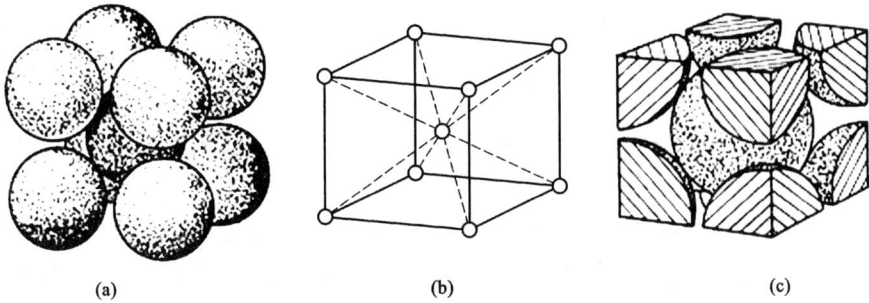

图 1 − 25　体心立方晶胞示意图

(a)刚球模型；(b)晶胞模型；(c)晶胞中的原子数

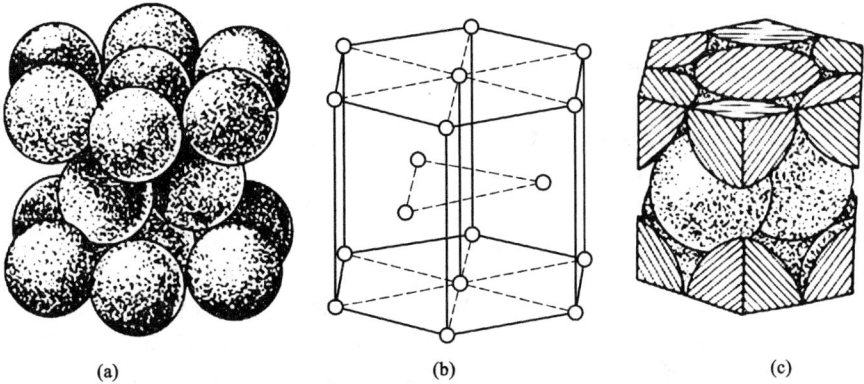

图 1 − 26　密排六方晶胞示意图

(a)刚球模型；(b)晶胞模型；(c)晶胞中的原子数

　　在常见的金属中，Al、Cu、Ni、Au、Ag、Pt、Pb、γ - Fe 等具有面心立方结构，面心立方结构用符号 fcc 或 A_1 来表示；α - Fe、δ - Fe、W、Mo、Ta、Nb、V、β - Ti 等具有体心立方结构，体心立方结构用符号 bcc 或 A_2 来表示；Mg、Zn、Cd、α - Be、α - Ti、α - Zr、α - Co 等具有密排六方结构，密排六方结构用符号 hcp 或 A_3 来表示。

1.3.2　点阵常数与原子半径 r 的关系

　　晶胞的棱边长度 a、b、c 称为点阵常数。如果把原子看作半径为 r 的刚性球，由几何学知识可以求出 a、b、c 与 r 之间的关系：

　　体心立方结构($a = b = c$)：$\sqrt{3}a = 4r$　　　　　　　　　　　　　　　(1 − 17)

面心立方结构$(a=b=c)$：$\sqrt{2}a=4r$ (1 – 18)

密排六方结构$(a=b\neq c)$：$a=2r$ (1 – 19)

点阵常数的单位是 nm，1 nm = 10^{-9} m。

具有三种典型晶体结构的常见金属及其点阵常数如表 1 – 6 所示。对于密排六方结构，按原子为相等半径的刚性球模型可以计算出其轴比为 $c/a=$ 1.633，但实际金属的轴比经常偏离这个值，这说明把金属原子看做为等半径的刚性球只是一种近似的假设。实际上原子半径随原子周围近邻的原子数和结合键的变化而变化。

表 1 – 6　一些重要金属的点阵常数*

金属	点阵类型	点阵常数/nm	金属	点阵类型	点阵常数/nm
Al	A_1	0.40496	α – Fe	A_2	0.28664
γ – Fe	A_1	0.36468(916 ℃)	Nb	A_2	0.33007
Ni	A_1	0.35236	Mo	A_2	0.31468
Cu	A_1	0.36147	W	A_2	0.31650
Rh	A_1	0.38044	α – Be	A_3	a: 0.22856，c: 0.35832，c/a: 1.5677
Pt	A_1	0.39239	Mg	A_3	a: 0.32094，c: 0.52105，c/a: 1.6235
Ag	A_1	0.40857	Zn	A_3	a: 0.26649，c: 0.49468，c/a: 1.8563
Au	A_1	0.40788	Cd	A_3	a: 0.29788，c: 0.56167，c/a: 1.8858
V	A_2	0.30782	α – Ti	A_3	a: 0.29444，c: 0.46737，c/a: 1.5873
Cr	A_2	0.28846	α – Co	A_3	a: 0.2502，c: 0.4061，c/a: 1.623

*除注明温度外，均为室温数据。

1.3.3　配位数和致密度

晶体中原子排列的紧密程度与晶体结构类型有关，为了定量地表示原子排列的紧密程度，通常采用配位数和致密度这两个参数。

配位数(CN)。在晶体中与某一个原子距离最近而且距离相等的原子个数称为配位数。

致密度(K)。晶体结构中原子的体积占总体积的百分数。在一个晶胞中，致密度就是晶胞中原子体积与晶胞体积之比值，即

$$K=\frac{nv}{V} \tag{1 – 20}$$

式中，n 是一个晶胞中的原子数；v 是一个原子的体积；V 是晶胞的体积。

而一个晶胞中含有的质点数可以按照公式计算

$$N = N_i + \frac{N_f}{2} + \frac{N_c}{8} \qquad (1-21)$$

式中，N_i 是晶胞内质点数，N_f 是晶胞面上的质点数，N_c 是晶胞角上的质点数。

三种典型金属晶体结构的特征如表 1-7 所示。应当指出，在密排六方结构中只有当 $c/a = 1.633$ 时，配位数才是 12。如果 $c/a \neq 1.633$，则有 6 个最近邻原子（同一原子层的原子）和 6 个次近邻原子（上、下层的各 3 个原子），其配位数可以表示为 6+6。

表 1-7　三种典型金属晶体结构的特征

晶体类型	原子密排面 $\{hkl\}$	原子密排方向 $\langle uvw \rangle$	晶胞中的原子数 n	配位数 CN	致密度 K
A_1	$\{111\}$	$<110>$	4	12	0.74
A_2	$\{110\}$	$<111>$	2	8,(8+6)	0.68
A_3	$\{0001\}$	$<11\bar{2}0>$	6	12,(6+6)	0.74

1.3.4　晶体中原子堆垛方式

fcc 和 hcp 晶体都是由相等半径的原子呈最紧密堆垛，它们的致密度都是 0.74，那么它们是怎么堆垛出来的，差别在哪里？我们先来看原子在一个平面上紧密堆垛的情况。

fcc 的（111）和 hcp 的（0001）的原子排列规律是完全相同的，都是等径原子球的最紧密排列原子面。如图 1-27 所示，假设这时原子所处的位置称为 A 位置。把这种密排面一层层不断向上堆垛，就在空间构成紧密堆垛的结构。但是在这种密排面上有两种间隙位置，如图 1-27 中标明的 B 位置与 C 位置。当在第一层原子上面排列第二层密排原子面时，可以排在这两个位置的任何一个位置，在第二层原子面上堆垛第三层原子的时候，同样也可能

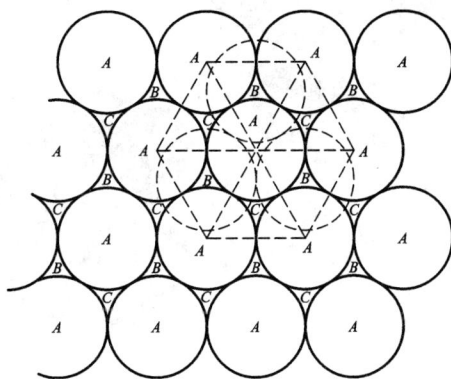

图 1-27　等径球在平面上最紧密堆垛方式

排列在两个间隙位置的任何一个位置，也就是同样可能有两种方式。依此类推，这样不断堆垛的结果，就可能产生两种不同的情况：第一种情况是第三层原子的排列位置与第一层原子排列的位置不同，第二层原子排在 B 位置，第三层原子排在 C 位置，第四层原子的位置与第一层重合，形成 $ABCABC\cdots$ 堆垛顺序，这就是 fcc 的堆垛方式，如图 1-28 所示，沿着 fcc 晶胞的体对角线 [111]方向观察可以清楚地看到这种堆垛方式。第二种情况是第三层原子的位置与第一层原子的位置重合，形成 $ABAB\cdots$ 的堆垛顺序，结合 hcp 晶胞的原子结构示意图很容易看出，密排六方结构就是这种堆垛方式，如图 1-29 所示。

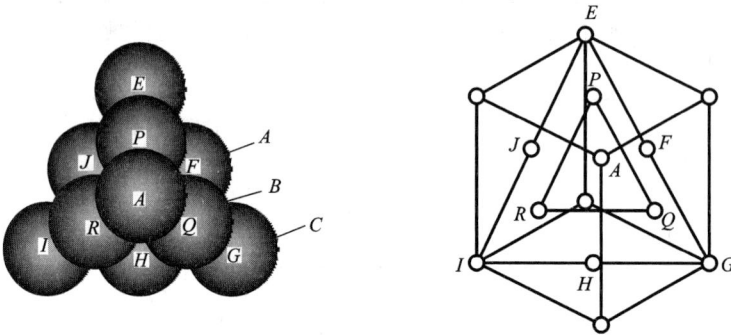

图 1-28　fcc 结构密排面的堆垛方式

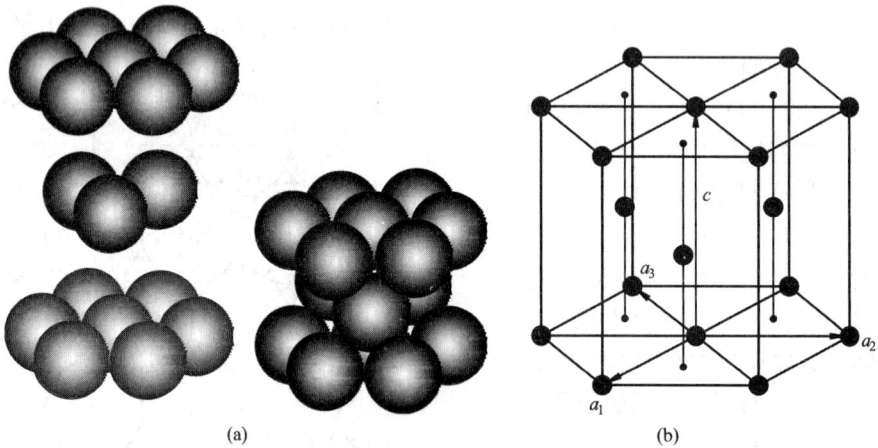

(a)　　　　　　　　　　(b)

图 1-29　hcp 结构密排面的堆垛方式

也就是说 hcp 是以 (0001) 面在空间按照 $ABAB\cdots$ 顺序堆垛而成的，而 fcc 结构是以(111)面在空间按照 *ABCABC*…顺序堆垛而成的。

对于体心立方晶胞,其原子也是通过原子排列成密排面,在密排方向上堆垛出来的。体心立方晶胞的密排面为(110),密排方向为[111]。在密排面(110)上原子不是最密排的,相邻原子之间只形成一个能稳定安放原子的凹陷处,因此只能按照 *ABABAB*…的方式堆垛而成,如图 1 − 30。

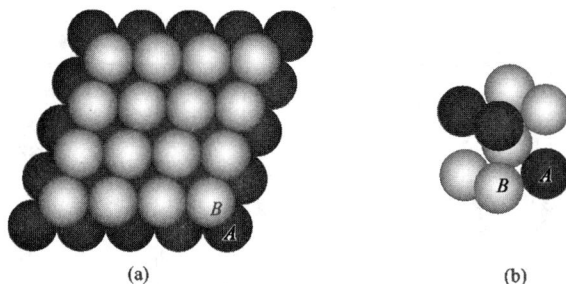

图 1 − 30　体心立方结构的堆垛方式

1.3.5　晶体结构中的间隙

从晶体中原子排列的刚球模型和对致密度的分析可以看出,金属晶体中存在许多间隙。其中位于 6 个原子所组成的八面体中间的间隙称为八面体间隙,位于以 4 个原子所组成的四面体中间的间隙称为四面体间隙。假设金属原子的半径为 r_A,间隙中所能容纳的最大的圆球的半径为 r_B,这个半径 r_B 称为间隙半径。根据如图 1 − 31 所示的刚球模型的几何关系,可以求出三种典型晶体结构中八面体间隙和四面体间隙的 r_B/r_A 值,结果见表 1 − 8 所示。

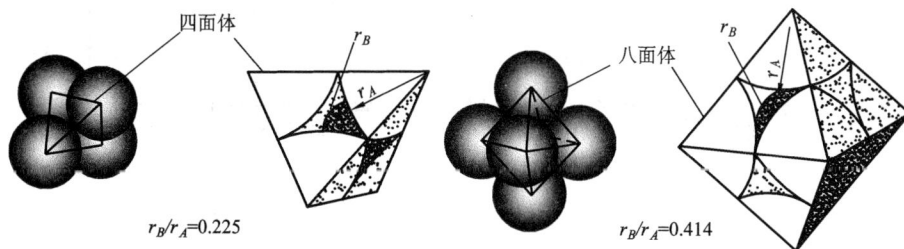

图 1 − 31　最紧密堆垛原子间隙的刚球模型——四面体间隙和八面体间隙

　　由图 1 - 32、图 1 - 33 和表 1 - 8 可见，面心立方结构中的八面体间隙和四面体间隙与密排六方结构中的同类型间隙的形状相似，都是正八面体和正四面体，在原子半径相同的条件下，两种晶体结构的同类型间隙的大小也相等，而且八面体间隙大于四面体的间隙。在体心立方结构中的八面体间隙却比四面体间隙小，而且二者的形状都是不对称的，其棱边长度不完全相等（图 1 - 34）。

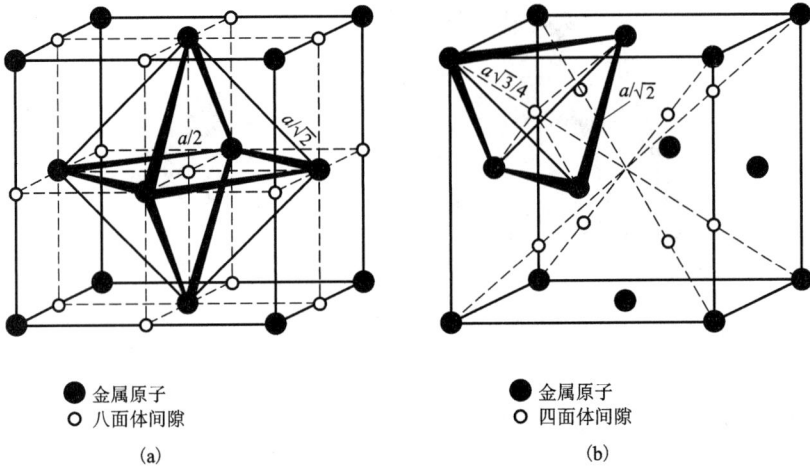

● 金属原子　　　　　　　　　　　　　　● 金属原子
○ 八面体间隙　　　　　　　　　　　　　○ 四面体间隙
(a)　　　　　　　　　　　　　　　　　　(b)

图 1 - 32　面心立方结构中的间隙

(a)八面体间隙；(b)四面体间隙

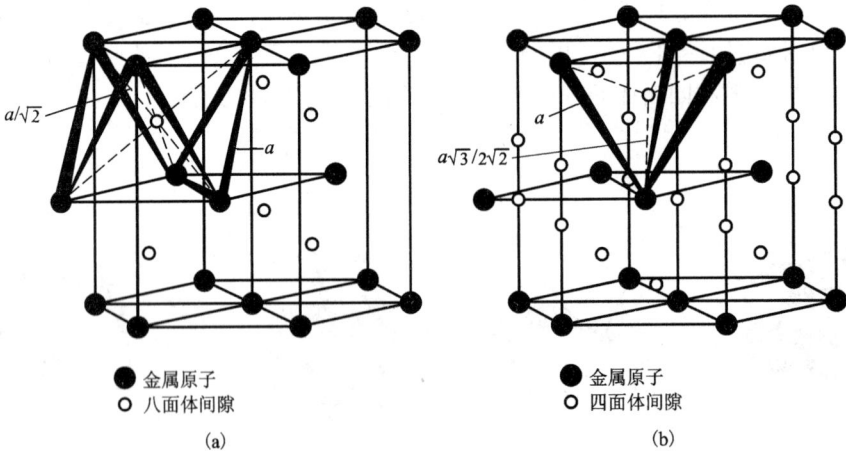

● 金属原子　　　　　　　　　　　　　　● 金属原子
○ 八面体间隙　　　　　　　　　　　　　○ 四面体间隙
(a)　　　　　　　　　　　　　　　　　　(b)

图 1 - 33　密排六方结构中的间隙

(a)八面体间隙；(b)四面体间隙

表 1 - 8　三种典型晶体结构中的间隙

晶体类型	间隙类型	一个晶胞的间隙数目	离子半径 r_A	间隙半径 r_B	r_B/r_A
A_1 (fcc)	正四面体	8	$\dfrac{\sqrt{2}}{4}a$	$\dfrac{\sqrt{3}-\sqrt{2}}{4}a$	0.225
	正八面体	4		$\dfrac{2-\sqrt{2}}{4}a$	0.414
A_2 (bcc)	四面体	12	$\dfrac{\sqrt{3}}{4}a$	$\dfrac{\sqrt{5}-\sqrt{3}}{4}a$	0.291
	扁八面体	6		$\dfrac{2-\sqrt{3}}{4}a$	0.155
A_3 (hcp)	四面体	12	$\dfrac{a}{2}$	$\dfrac{\sqrt{6}-2}{4}a$	0.225
	正八面体	6		$\dfrac{\sqrt{2}-1}{4}a$	0.414

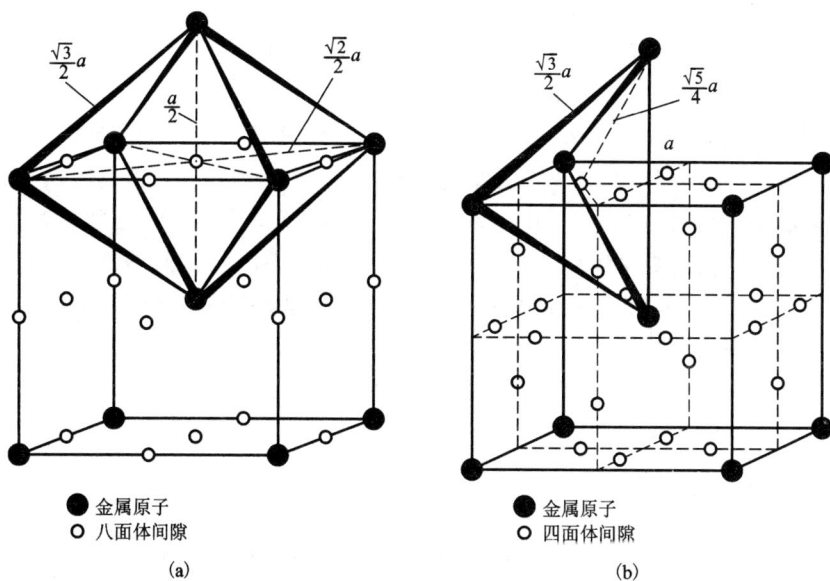

图 1 - 34　体心立方结构中的间隙

(a)八面体间隙；(b)四面体间隙

1.3.6　同素异构现象

　　相同成分的物质，常常可能有一种以上的原子排列。成分相同而结构不同的物质称为异构体。结构不同会使材料的性能不同。

　　在元素周期表中，大约有40多种元素具有两种和两种以上的晶体结构。当外界条件如温度和压力改变时，元素的晶体结构可以发生改变，金属的这种性质称为多晶型性，这种转变称为多晶型转变或同素异构转变。例如铁在912 ℃以下为体心立方结构，称为 α – Fe；在 912 ~ 1394 ℃之间为面心立方结构，称为 γ – Fe；当温度超过 1394 ℃时，又变为体心立方结构，称为 δ – Fe；在 150 kPa 高压下铁还可以具有密排六方结构，称为 ε – Fe。锡在温度低于 18 ℃时为金刚石结构的 α – Sn，也称为灰

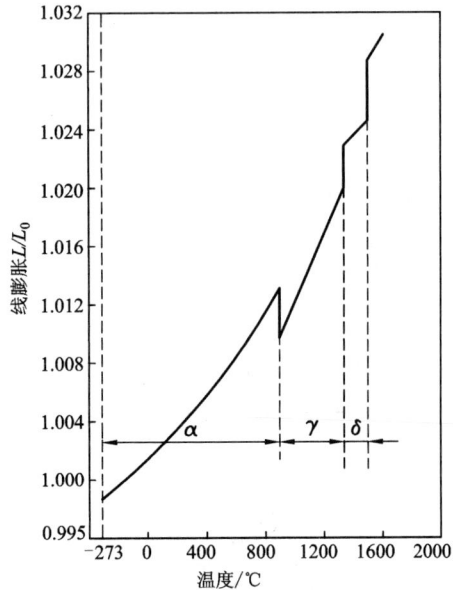

图 1 – 35　纯铁加热时的膨胀曲线

锡；而在温度高于 18 ℃时为正方结构的 β – Sn，也称为白锡。碳具有六方结构和金刚石结构两种晶型。当晶体结构改变，金属的性能如体积、强度、塑性、磁性、导电性等往往要发生突变，如图 1 – 35 纯铁加热时候的膨胀曲线。钢铁材料和钛合金等许多其他的金属材料能够通过热处理来改变性能，原因之一就是因为它们具有晶型转变。

　　与金属中的多晶型类似，在聚合物中存在非常多的异构体，并使异构体熔点和沸点等都不相同。

1.3.7　原子半径

　　当大量原子通过结合键组成紧密排列的晶体时，利用原子等径刚球堆垛模型，以相切的两个刚球的中心距离（原子间距）的一半为原子半径，其值可以根据 X 射线衍射分析测定的点阵常数求得。但是原子半径不是固定不变的，它不仅与温度、压力等外界条件有关，还受到结合键、配位数以及外层电子结构等因素的影响。

1. 温度与压力的影响

一般情况下给出的原子半径数值都是指常温、常压下的数据。当温度改变时，原子热振动及晶体内点阵缺陷平衡浓度的变化，都会使原子间距产生改变，因而影响到原子半径的大小。例如，室温下 Ag 的原子半径为 0.144429 nm，当温度升高 1 ℃时则变为 0.144432 nm。此外，晶体中的原子并非刚性接触，原子之间存在一定的可压缩性，当压力改变时也会引起原子半径的变化。

2. 结合键的影响

晶体中原子的平均间距与结合键类型及键合的强弱有关。离子键与共价键是较强的结合键，故原子间距相应较小；而范德瓦尔斯键的键能最小，因此原子间距最大。同一金属晶体分别以金属键和离子键结合时，其原子半径与离子半径有很大的差异。例如，Fe 原子的原子半径为 0.124 nm，而 Fe^{2+} 和 Fe^{3+} 的离子半径分别为 0.083 nm 和 0.067 nm。碱金属与过渡族金属相比，由于结合键较弱，因此碱金属的原子半径比离子半径大得多。

3. 配位数的影响

晶体中原子排列的密集程度与原子半径密切相关。为了便于对比原子的大小，Goldschmidt 根据原子半径随晶体中原子配位数的减少而减少的经验规律，把配位数为 12 的密排晶体的原子半径作为 1，对不同配位数时原子半径的相对值分别确定为如表 1-9 所示的结果。

表 1-9　原子半径与配位数的关系

配位数	12	10	8	6	4	2	1
原子半径	1.00	0.986	0.97	0.96	0.88	0.81	0.72
离子半径减少的百分数	—	1.4%	3%	4%	12%	19%	28%

当金属从高配位数结构向低配位数结构发生同素异构转变时，随着致密度的减少和晶体体积的膨胀，原子半径将产生收缩，减少转变时的体积变化，以维持其最低的能量状态。例如由面心立方结构的 γ - Fe 转变为体心立方结构的 α - Fe，致密度从 0.74 下降到 0.68，如果原子半径不变，应该产生 9% 的体积膨胀，但实际测出的体积膨胀只有 0.8%。

4. 原子核外层电子结构的影响

根据原子核外层电子分布的变化规律，各个元素的原子半径随原子序数的递增而呈现周期性变化的特点，如图 1-36 所示。在每一周期的开始阶段，随着原子序数的增加，原子核外层电子数目增加(电子壳层数目不变)，电子壳层逐渐被电子填满，此时原子半径逐渐减小，达到最小值之后，原子半径又随着原子序数的增加而增加。从第 1 周期到第 5 周期，每个周期内原子半径的最大值和最小值随着周期数的增加而提高。在第 6 周期镧系元素的原子半径基本不变；而稀土族以后的元素，自铪到金的原子半径几乎和上一周期相应元素的原子半径相等，这种现象称为镧族收缩。

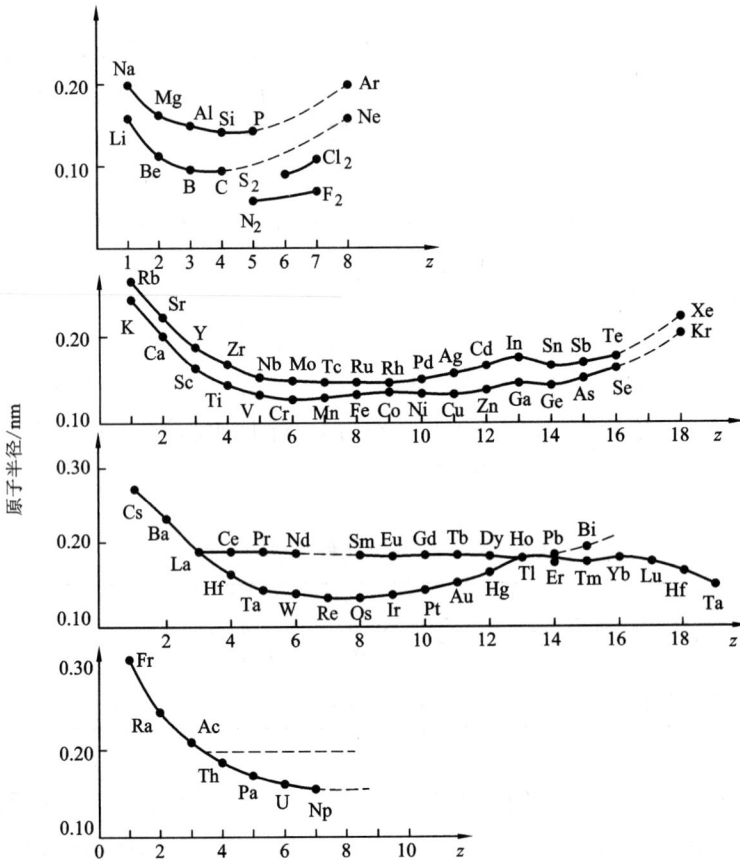

图 1-36　元素的原子半径与原子序数的关系

1.3.8　其他晶体结构

在一些半金属中原子结合还会出现其他情况，如图 1-37 所示的层状或链状结构，以及金刚石型和石墨结构等。

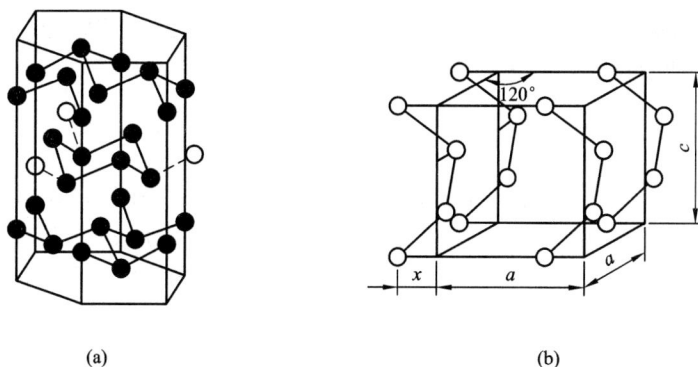

图 1 - 37　层状(锑的结构)(a)、链状(硒的结构)结构(b)

　　晶体中的原子在三维空间呈现周期性的规则排列,这仅仅是在一种理想情况下。实际上晶体中的粒子并不完全固定不动,而是每时每刻在一个固定点周围运动,由于晶体的生长条件、原子的热运动、杂质以及材料加工过程中各种因素的影响,原子排列不可能完全规则和完善,往往存在着偏离理想结构的区域,有时仅仅是局部小范围内粒子排列出现缺陷,有时甚至大范围的粒子发生错乱排列,于是完整性晶体结构转变为不完整晶体结构,甚至成为非晶体。通常把晶体中原子偏离其平衡位置而出现不完整性的区域称为晶体缺陷。对晶体缺陷的大量研究表明,缺陷处的某些原子失去了正常的相邻关系,但仍然受到原子键力的约束,排列并不是杂乱无章。因此晶体缺陷是以一定的形态存在,按一定的规律产生、发展、运动和交互作用,并且对晶体的性能和物理、化学变化有重要的影响。研究晶体缺陷是材料科学的重要内容之一,我们将在第 2章中介绍晶体缺陷的有关知识。

1.4　合金相结构

　　无论是金属材料,还是陶瓷和高分子材料,都是由不同结构的各种相组成。所谓"相"是指任一给定的物质系统中,具有同一化学成分、同一原子聚集状态和性质的均匀连续组成部分,不同相之间由界面分开。固态物质可以是单相,也可以是多相。例如固体纯金属、聚乙烯等是单相物质;当金属和其他一种或多种元素通过化学键合而形成合金材料时,一定成分的合金可以由若干不同的相组成,例如钢是由 α - Fe、Fe_3C 两相组成,普通陶瓷则是由晶体相、玻璃相和气相组成。

　　虽然固体中有各种不同的相,但从结构上可以将其分为固溶体、化合物、陶瓷晶体相、玻璃相及分子相等 5 大类。本节讨论各类晶体相的组成、结构类型、形成规律及性能特点等。

1.4.1　固溶体

固溶体是一种元素进入到另外一种元素的晶格结构中的结晶固相，其中组元含量多的称为溶剂，含量少的组元称为溶质。固溶体的晶体结构保持溶剂的晶格类型。溶质原子溶入固溶体中的数量称为固溶体的浓度，它可以在一定范围内变化，固溶体的浓度一般可以用重量百分比和原子百分比表示。在一定条件下溶质元素在固溶体中的极限浓度称为固溶体的溶解度。固溶体通常用 α，β，γ 等希腊字母来表示。

固溶体可以从不同角度进行分类。按照溶质原子在溶剂点阵中所占据的位置不同可以分为置换固溶体和间隙固溶体，如图 1 - 38 所示；按照溶解度大小又可以分为无限固溶体和有限固溶体；按照组元原子在点阵中排列是否有序可以分为无序固溶体和有序固溶体。

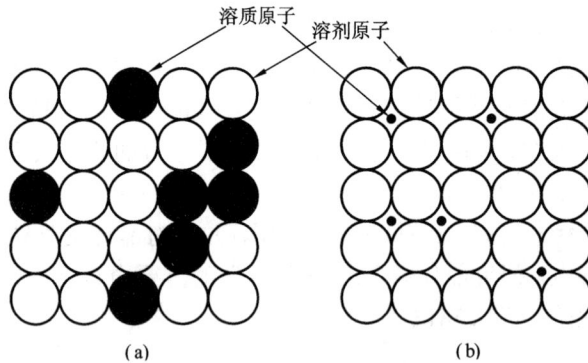

图 1 - 38　固溶体的两种类型
(a)置换固溶体；(b)间隙固溶体

1. 置换固溶体

不少金属元素彼此之间都能形成置换固溶体，并且具有或多或少的固溶度，但是不同元素的固溶度差别很大。要利用固溶方法改善金属材料的性能，就必须了解各种元素在金属中的固溶度范围。通过大量实验，Hume-Rothery 首先提出大量固溶度的三大经验规律：如果形成合金的元素的原子半径之差超过 14% ~ 15%，则固溶度极其有限；溶剂和溶质的电化学性质接近有利于相互固溶；一价贵金属与大于一价的 A 族主族元素形成合金时，两个给定元素的相互固溶度与它们各自的原子价有关。

　　事实上化学亲和力(电负性)、电子浓度和晶体结构等因素对固溶度均有明显的规律性影响。

　　(1) 原子尺寸因素

　　一般说来，溶质和溶剂的原子尺寸差别越小，越容易形成置换固溶体，并且形成固溶体的溶解度越大。这是由于两组元的原子尺寸差别越大，畸变能的增加也越大。当畸变能增加到一定程度后晶体就变得不稳定，于是溶解度就不能再增大。Hume-Rothery 提出有利于大量固溶的原子尺寸条件为两个组元的原子半径差不超过15%。考察不同合金元素在 Fe 中的溶解度可以看出，凡是与铁的原子直径相差15%以上的元素在铁中的溶解度都很小，如镁、钙、锶等；而能够与铁形成无限固溶体的元素，如镍、钴、铬、钒等，与铁的原子直径相差不超过10%；各个元素在铝中的溶解度大小也是与它们的原子直径差密切相关。

　　(2) 晶体结构因素

　　对于置换固溶体，溶质与溶剂的晶体结构类型相同是它们能够形成无限固溶体的必要条件。只有满足这个条件，溶质原子才有可能连续不断地置换溶剂晶格中的原子，而仍然保持固溶体原来的晶格类型。对于间隙固溶体，由于溶质的晶格类型不同，晶格中间隙的形状和大小也不相同，所以溶解度也有差异。一般来说，同一种间隙原子在面心立方中的溶解度大于在体心立方中的溶解度(质量分数)。

　　(3) 电负性因素(化学亲和力)

　　元素的电负性指的是从其他原子夺取电子变成负离子的能力。如果溶质原子与溶剂原子的电负性相差很大，也就是两者之间化学亲和力很大，它们往往容易形成比较稳定的化合物，如果电负性差值不大时，随着电负性差值的增加，不同原子之间的亲和力加强，有利于增大固溶度(摩尔分数)。

　　(4) 电子浓度因素

　　在合金中，两个组元的价电子总数 e 和两个组元的原子总数 a 的比值称为电子浓度，即

$$c = \frac{e}{a} = \frac{xv + (100-x)u}{100} \qquad (1-22)$$

式中：v 和 u——溶质和溶剂的原子价；

　　　　x——溶质的摩尔分数。

　　实验发现，以一价贵金属铜、金、银作为溶剂原子，加入不同原子价的溶质原子时，在原子尺寸因素同样有利的条件下，溶质原子价越高，则形成固溶体的极限固溶度越小。表 1-10 列出了以铜为溶剂原子的几种不同原子价元素的极限固溶度(摩尔分数)。

表1-10　Ⅱ~Ⅴ族元素在铜中的极限固溶度(摩尔分数)及其对应的电子浓度

合金系	溶质元素原子价	原子直径差(与大直径的相比)	实验得出的极限固溶度(摩尔分数)/10^{-2}	理论的极限固溶度(摩尔分数)/10^{-2}	电子浓度(实验数据)
Cu-Zn	2	7.2	38.8	36	1.388
Cu-Ga	3	6.6	20.0	18	1.400
Cu-Ge	4	8.5	12.0	12	1.360
Cu-Sn	4	19.5	9.2	12	1.276
Cu-As	5	6.0	6.2	9	1.258

分析可知,溶质原子价的影响实质上是由电子浓度决定的。当溶质原子为一价面心立方金属时,不同溶质元素的最大的溶解度(质量分数)所对应的电子浓度具有一定的极限值,超过极限值之后,就不能再溶解了,将会形成另外一种具有更高的电子浓度的新相。所以溶质元素的原子价越高,同样数量的溶质原子溶解时,其电子浓度增加越快,因此固溶度(摩尔分数)就越小。

(5)其他因素

其他如温度、压力、凝固时的冷却速度、机械合金化对固溶度也有很大影响。机械合金化是在高能球磨机中通入惰性气体保护下将合金粉末用磨球长时间干磨,由于磨球高能量的碰撞和碾压,粉末发生塑性变形,产生冷焊,并因严重加工硬化而破碎,新鲜的破断表面又产生新的冷焊并发生原子扩散。如此反复冷焊—破碎—再冷焊—再破碎,使合金元素粉末完全固溶于基体粉末颗粒中,最终得到含有均匀分布的合金化粉末。机械合金化可用于制造非晶、纳米晶、氧化物弥散强化高温合金、过饱和固溶体、液相不相溶合金、金属间化合物、复合材料等。

表1-11为铝-过渡元素二元结晶时冷却速度对合金元素在铝的固溶体中的溶解度影响。

表1-11　铝-过渡元素二元结晶时在铝的固溶体中的溶解度

元素	在相图中最大溶解度 A/%*	快速结晶时最大溶解度 B		过饱和度 B/A
		冷却速度/($°C\cdot s^{-1}$)	溶解度/%	
V	0.37	25000	1.18	3.2
		50000	1.22	3.3
		10^6	3.5	9.3
Cr	0.85	25000	5.5	6.5
		50000	5.7	6.7
		10^7	10	11.7

＊本书中溶解度的表示除特殊注明外,均为质量百分数。

续上表

元素	在相图中最大溶解度 $A/\%$	快速结晶时最大溶解度 B		过饱和度 B/A
		冷却速度/($℃\cdot s^{-1}$)	溶解度/%	
Fe	0.052	50000	0.2	3.8
Mn	1.82	25000	9.2	5.1
		50000	10.2	5.6
		10^6	14.4	7.9
Zr	0.28	50000	0.59	2.1
		10^6	2.5	9.0
		10^7	2.5	9.0

2. 间隙固溶体

间隙固溶体是由那些原子半径小于 0.1 nm 的非金属元素,如 H(0.046 nm)、N(0.071 nm)、C(0.077 nm)、B(0.097 nm)、O(0.060 nm)溶入到溶剂金属晶体点阵中的间隙中形成的固溶体。由于这些原子只能填在晶格的间隙位置,所以只能形成有限固溶体。

C 和 N 在铁中形成的间隙固溶体具有重要的实际意义。在面心立方的 γ-Fe 中,最大的间隙是八面体间隙,间隙半径为 $0.414R$(R 为铁原子的半径),相当于半径为 0.052 nm 的球空间。因为碳原子半径比间隙稍大,碳原子填入间隙必然会引起点阵畸变,所以碳原子不能把所有间隙填满。实际上碳原子在 γ-Fe 的最大溶解度(质量分数)仅为 0.0211。体心立方的致密度虽然低于面心立方,但是因为它的间隙数量多,因此单个间隙半径反而比面心立方的小。若以同样大小的间隙原子填入,将产生较大畸变。因此碳原子在 γ-Fe 中的固溶度(质量分数)比在 α-Fe 中要大得多(碳原子在 α-Fe 的最大溶解度的质量分数为 0.000218)。

3. 固溶体的结构特点

固溶体的一个重要特点是仍然保持溶剂的晶体结构。工业材料中绝大多数固溶体的溶剂元素都是金属,所以固溶体的晶体结构一般比较简单,如面心立方,体心立方和密排六方。但是溶质原子的溶入,会使其晶体结构发生某些方面的变化,主要表现在以下两个方面。

(1) 晶格畸变和点阵常数变化

由于溶质原子与溶剂原子存在尺寸差别,使周围溶剂原子排列的规则性在一定范围内受到干扰,产生点阵畸变。点阵畸变导致固溶体的能量增加,能量的增加值称为畸变能,畸变能引起结构状态的不稳定性。同时由于溶剂和溶质原子大小不同,使点阵产生局部畸变,从而导致点阵常数的改变。置换式固溶体的点阵常数随溶质原子的成分而连续变化,溶质原子半径大于溶剂原子时,固溶体的点阵常数随溶质原子的含量增加而增加，而溶质原子的半径小于溶剂原子的半径则引起点阵常数减少。可以用韦加(Vegard)定律来表示固溶体点阵常数 a 与成分 x 的关系

$$xa = a_1 + (a_2 - a_1)x \qquad\qquad (1-23)$$

公式中，a_1、a_2 分别表示溶剂原子和溶质原子的点阵常数，x 表示溶质的含量。但要注意由于固溶体的点阵常数不只是受尺寸因素的影响，实际金属固溶体的点阵常数与用公式 $1-23$ 求出的数值有偏离。

对于间隙式固溶体，不管溶质原子的半径比溶剂原子的半径大还是小，随着溶质原子的加入，固溶体的点阵常数总是随着溶质原子的加入而增大。

（2）溶质原子分布的微观不均匀性和长程有序

以前认为原子在固溶体中的分布是均匀、无序的。但是近年来的研究表明，所谓无序固溶体只是宏观上的一种近似说法。从微观尺度看，它们并不均匀，可能出现偏聚、短程有序的微观不均匀性和完全有序（长程有序），如图 $1-39$ 所示。究竟出现哪一种分布状态主要取决于同类原子和异类原子之间的结合能的相对大小。

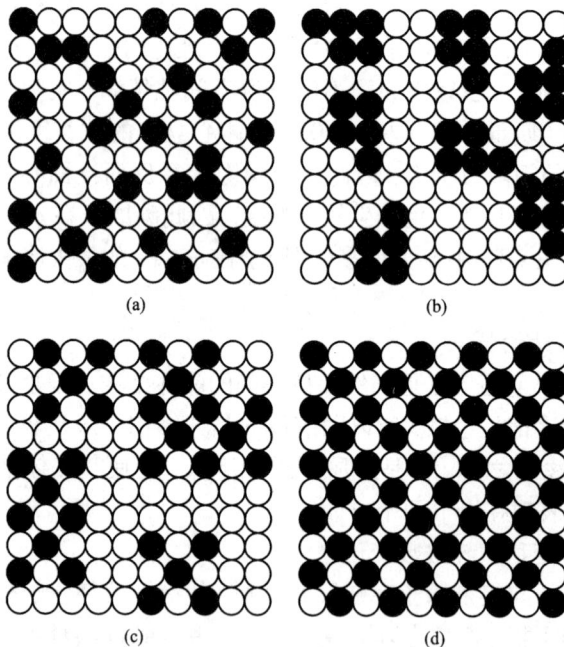

图 1-39　固溶体中溶质原子分布示意图

（a）完全无序；（b）偏聚；（c）部分有序；（d）完全有序

当同类原子间的结合能小于异类原子之间的结合能时，就会出现图 1 - 39 中(c)所示的部分有序的原子分布。这个时候若原子达到一定的含量时，则会出现完全有序分布，即形成有序固溶体(长程有序固溶体)，如图 1 - 39(d)所示。有序固溶体在 X 射线衍射图上会出现额外的衍射线条，称为超结构线条，故长程有序固溶体又称为超结构。

有序固溶体和无序固溶体之间可以相互转变。当有序固溶体加热到某一临界温度时，将转变为无序固溶体；而在缓慢冷却到这一个临界温度时，又可以转变为有序固溶体。这一转变过程称为有序化，这个临界转变温度称为有序化温度。

固溶体要达到完全有序化必须满足一定的条件。首先异类原子的相互吸引力必须大于同类原子的吸引力，以便降低有序化时的能量；其次固溶体的成分要相当于一定化学式的成分，例如 AB，A_3B，AB_3。因为只有这样才能在完全有序结构中，A，B 原子全部都按比例各自占据点阵中规定的某一位置。

如果不能完全满足上述两个条件，则会出现点阵中应该由一原子占据的位置被另外的一原子占据，或者相反，固溶体的有序程度就会降低。

另外，温度对有序度有重要影响。长程有序仅在有序化温度以下才能形成，当温度升高，热振动加剧，会使长程有序度下降。当温度高于有序化温度，就会变为无序固溶体或只有短程有序。

有序固溶体的结构类型主要是面心立方、体心立方、密排六方三类，其化学分子式多数属于 AB，A_3B，AB_3，结构示意图见图 1 - 40，图 1 - 41，图 1 - 42，图 1 - 43。表 1 - 12 为几种主要有序固溶体结构类型。

表 1 - 12　几种主要有序固溶体结构类型

结构类型	典型合金	晶胞类型	合金举例
以 fcc 为基的有序固溶体	Cu_3Au 型	$L1_2$	Ag_3Mg, Zr_3Al, Ni_3Fe, Ni_3Mn, Fe_3Pt
	CuAu I 型	$L1_0$	CuAu, FePt, NiPt, TiAl
	CuAu II 型		CuAu II
	CuPt 型	$L1_1$	CuPt
以 bcc 为基的有序固溶体	CuZn 型 (β - 黄铜)	B_2	β' - $CuZn_{II}$, β - AlNi, β - NiZn, FeCo, FeV, FeAl
	Fe_3Al 型	DO_3	Fe_3Al, α' - Fe_3Si
以 hcp 为基的有序固溶体	$MgCd_3$ 型	DO_{19}	$CdMg_3$, Ag_3In, Ti_3Al
	MgCd 型	B19	CdMg, β'' - AgCd

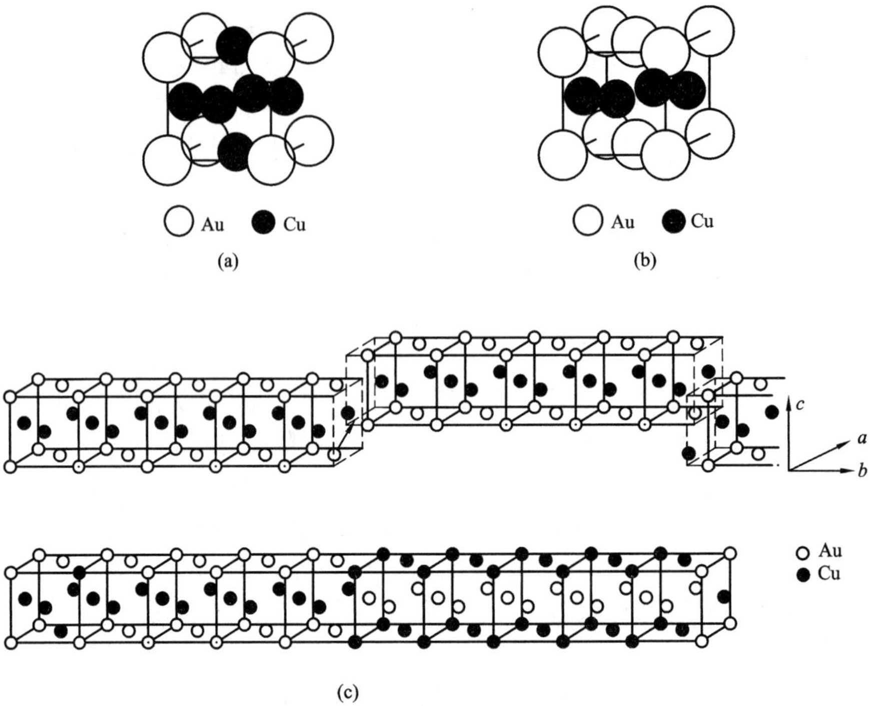

○ Au　● Cu

(a)

○ Au　● Cu

(b)

○ Au
● Cu

(c)

图 1 - 40　CuAu 型有序固溶体

（a）Cu₃Au；（b）CuAu Ⅰ 型；（c）CuAu Ⅱ 型

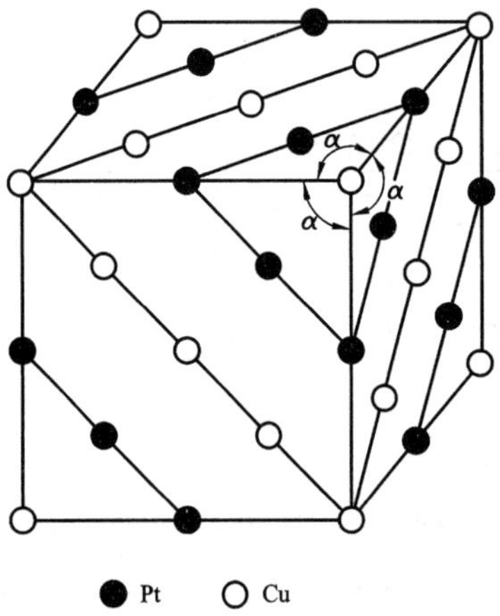

● Pt　○ Cu

图 1 - 41　CuPt 型有序固溶体

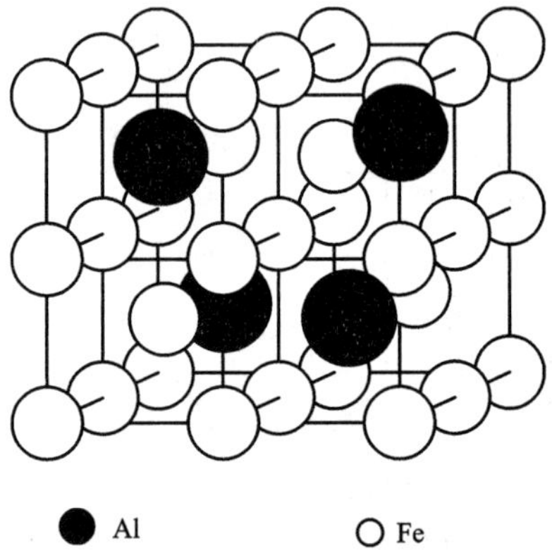

● Al　　○ Fe

图 1 - 42　Fe₃Al 型有序固溶体

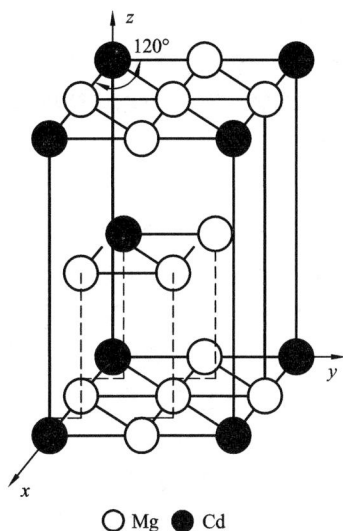

图 1 – 43　Mg₃Cd 型有序固溶体

图 1 – 44　C60 取向畴

透射电镜直接观察的结果证实，从无序到有序的转变过程是通过形核和长大完成的。核心是短程有序的微小区域，当合金缓慢经过有序化温度冷却时，各个核心缓慢独自长大，直到相互接触。每个独自长大的区域的内部原子排列都是有序的，而相互接触的地方不是有序的规则排列，恰好是同类原子相遇构成了一个明显的分界面，这种区域称为反相畴或有序畴，畴与畴的界面称为反相畴界，如图 1 – 44。

固溶体合金发生有序化转变时，对合金性能会产生影响，通常有序化转变使合金硬度和强度提高，塑性降低，电阻降低，有序化转变还对某些磁性合金的磁性和弹性性质有影响。

1.4.2　金属间化合物

金属与金属，或金属与非金属(氮、碳、氢、硼、硅)之间形成的化合物总称为金属间化合物。由于金属间化合物在相图中处于相图的中间位置，故也称为中间相。

金属间化合物的晶体结构不同于构成它的纯组元，键合方式也有不同的类型，可能有离子键、共价键，但大多数仍然属于金属键类型。典型成分的金属间化合物可以用化学分子式表示，在相图中是一根垂直线。但也有许多金属间化合物在相图中存在一个一定化学成分范围的单相区，也就是可以形成以化合物为溶剂的固溶体。

　　影响金属间化合物形成及其结构的主要因素,与固溶体一样,包括电负性、电子浓度和原子尺寸,每一种主要影响因素对应一类化合物,分别形成正常价化合物、电子化合物和尺寸因素化合物三类。

　　1. 正常价化合物

　　正常价化合物就是符合原子价规则的化合物。在这种化合物中,正离子的价电子数正好能使负离子具有稳定的电子层结构,它们的成分可以用分子式来表示。主要是由一些金属与 IVA、VA、VIA 族元素所形成。例如 2 价 Mg 和 4 价的 Pb、Sn、Ge、Si 形成的 Mg_2Pb、Mg_2Sn、Mg_2Ge、Mg_2Si 等。这些化合物的稳定性与组元的电负性差值大小有关,电负性差值越大,稳定性越高,越接近于离子键结合;电负性差值越小,越不稳定,越接近于金属键结合。在上述几种化合物中,由 Pb 到 Si 与 Mg 的电负性差值逐渐增大,所以 Mg_2Si 最稳定,熔点为 1 012 ℃;而 Mg_2Pb 中,熔点仅为 550 ℃,而且显示有典型的金属性质,电阻随温度升高而增加,金属结合键占主导地位。正常价化合物的结构类型有 NaCl 型、CaF_2 型、立方 ZnS 型(闪锌矿结构)、六方 ZnS 型(硫锌矿结构),如图 1 - 45 所示。

　　正常价化合物的固溶度范围极小,在相图中表现为一条垂直线,性质硬而脆。有的正常价化合物可以作为合金中的强化相,如 Mg_2Si 就是 6063 合金(一种 Al - Mg - Si 合金)中的重要强化相,但有些则是合金中的有害相,如钢中的 FeS 等。

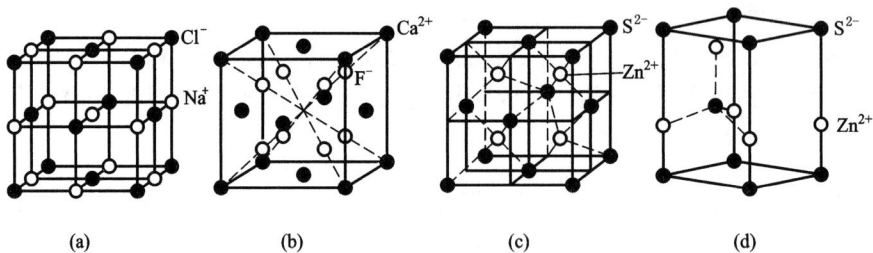

图 1 - 45　几种正常价化合物的晶胞
(a)NaCl 型;(b)CaF_2 型;(c)闪锌矿结构;(d)硫锌矿结构

　　2. 电子化合物

　　电子化合物是由 IB 族或过渡族金属元素与 IIB、IIIA、IVA 族金属元素形成的金属化合物。它不遵守化合价规律,而是按照一定电子浓度值形成,电子浓度不同，所形成化合物的晶格类型也不同。对大多数电子化合物来说，其晶体结构与电子浓度都有如下的对应关系：电子浓度为 21/14 时，具有体心立方结构，称为 β 相；电子浓度为 21/13 时，具有复杂立方晶格，称为 γ 相；电子浓度为 21/12 时，为密排六方晶格，称为 ε 相。表 1 - 13 列出了一些典型的电子化合物。对含有过渡族元素的电子化合物，计算电子浓度时，过渡族元素的价电子数看做零。

电子浓度为 21/14 的 β 相，除呈现体心立方结构外，在不同条件下还可能表现为复杂立方结构(μ 相)和密排六方结构(ξ 相)。这是因为除了受电子浓度影响外，还受原子尺寸、溶质原子价和温度等的影响。一般说来 B 族元素的原子价越高，尺寸因素影响越小，温度越低，不利于形成 β 相，而有利于形成 μ 相和 ξ 相。

电子化合物虽然可以用化学式表示，但其成分可以在一定范围内变化，可以认为电子化合物是以化合物为基的固溶体。

电子化合物以金属键为主，故有明显的金属特性。

表 1 - 13　电子化合物中电子浓度与晶体结构的关系

电子浓度 = 21/14			电子浓度 = 21/13	电子浓度 = 21/12
体心立方结构 (β 相)	复杂立方结构 (β - Mn 结构, μ 相)	密排六方结构 (ξ 相)	复杂六方结构 (γ - 黄铜结构)	密排六方结构 (ε 相)
$CuZn$			Cu_5Zn_8	$CuZn_3$
Cu_3Ga(中、高温)		Cu_3Ga(低温)	Cu_9Ga_4	
Cu_5Sn			$Cu_{31}Sn_8$	Cu_3Sn
Cu_5Si	Cu_5Si	Cu_5Ge	$Cu_{31}Si_8$	Cu_3Si
Ag_3Al(高温)	Ag_3Al(低温)	Ag_3Al(中温)		Ag_5Al_3
$AgZn$		$AgZn$	Ag_5Zn_8	$AgZn_3$
$AgCd$		$AgCd$	Ag_5Cd_8	$AgCd_3$
$AuZn$			Au_5Zn_8	$AuZn_3$
$FeAl$			Ni_5Zn_{21}	

3. 尺寸因素化合物

尺寸因素化合物主要受到组元的原子尺寸因素控制，通常是由过渡族金属与原子半径很小的非金属元素组成，后者处于化合物晶格的间隙中，也称间隙化合物。根据非金属原子与过渡族金属原子半径的比值可以将间隙化合物分为二类：当比值小于 0.59 时，化合物具有比较简单的结构，称为简单间隙化合物，简称为间隙相；当比值大于 0.59 时，形成的化合物具有非常复杂的晶格类型，称为复杂间隙化合物。

（1）简单间隙化合物

形成简单间隙化合物时，金属原子形成与其本身晶格类型不同的一种新结构，非金属原子处于该晶格的间隙之中。例如 V 为体心立方结构，当它与碳原子组成 VC，V 原子构成面心立方晶格，碳原子占据了该面心立方晶格的所有八面体间隙位置，构成了氯化钠型晶体结构，如图 1-46 所示。

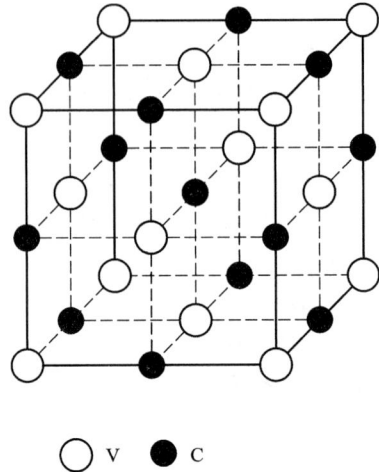

○ V ● C

图 1-46 VC 的晶体结构

简单间隙化合物的分子式通常为 M_4X，M_2X，MX，MX_2，而实际成分常常包括一定范围，这与间隙的填充程度有关。有些结构简单的间隙化合物甚至可以互相溶解，形成连续固溶体，如 TiC-ZrC，TiC-VC，TiC-NbC 等。但是如果当两种间隙相中金属原子的半径差大于等于 15%，即使两者结构相同，相互的溶解度（质量分数）也很小。钢中常见的间隙相列于表 1-14 中。

（2）复杂间隙化合物

复杂间隙化合物主要是 Cr、Mn、Fe、Co 的碳化物以及 Fe 的硼化物等。在合金钢中常见的有 M_3C 型（如 Fe_3C），M_7C_3 型（如 Cr_7C_3），$M_{23}C_6$ 型（如 $Cr_{23}C_6$），M_6C 型（如 Fe_3W_3C）等。在这些化合物中，金属原子常常可以被另外一种金属原子所置换。

表 1-14 钢中常见的间隙相与结构

分子式类型	填隙相的分子式	晶体结构	非金属原子所处的间隙位置
M_4X	Nb_4C，Fe_4N	面心立方	八面体间隙
M_2X	W_2C，Ta_2C，Fe_2N，Mo_2C	密排六方	八面体间隙
	Ta_2H，Ti_2H	密排六方	四面体间隙

续上表

分子式类型	填隙相的分子式	晶体结构	非金属原子所处的间隙位置
MX	ZrN,ZrC,TiC,TiN,TaC,WN	面心立方	八面体间隙
	TiH,NbH,ZrH	面心立方	四面体间隙
	WC,MoN	简单六方	八面体间隙
	TaH	体心立方	四面体间隙
MX_2	ZrH_2	面心立方	八面体间隙
	TiH_2	面心立方	四面体间隙

　　复杂间隙化合物的晶体结构都很复杂，有的一个晶胞中就含有几十到上百个原子。Fe_3C 是钢中很重要的一种复杂间隙化合物，通常称为渗碳体。其晶体结构如图 1 - 47 所示，它属于正交晶系。

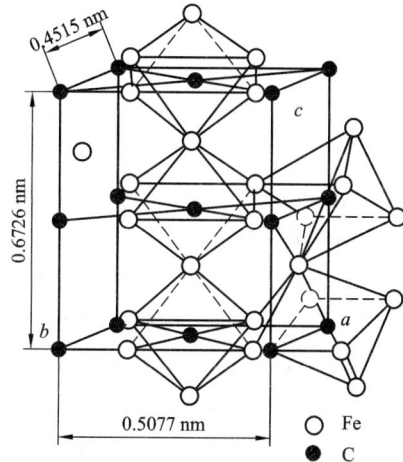

图 1 - 47　Fe_3C 的晶胞

　　（3）拓扑密堆相

　　在讨论纯金属的结构时，我们把原子看成等径的刚性球，它们在空间可以构成面心立方和密排六方两种最密堆的结构，为配位数 12，致密度 0.74 的几何密堆结构。

　　如果用大小不同的两种原子进行最紧密堆垛，通过合理搭配，就有可能达到空间利用率和配位数更高的密堆结构，这种密堆结构称为拓扑密堆结构，其配位数可以为 12、14、15、16。

　　拓扑密堆结构相的种类很多，晶体结构都非常复杂，一个晶胞中有几十个原子，常见的拓扑密堆结构如高合金化的不锈耐热钢、铁基高温合金和镍基高温合金中的 Laves 相，Ni - Cr、Cr - Mn、Fe - Cr、Fe - Mo、Fe - V、Fe - W、V - Mn、Co - W 等合金系中的 σ 相，含 Mo 的 Ni - Cr 耐热钢中的 χ 相，以及在 W、Mo、Nb 含量较高的高温合金中出现的 μ 相。在金属材料中，多数情况下它们都是有害的，应尽量避免和防止它们出现。

　　4. 金属间化合物的特性

　　虽然金属间化合物种类繁多，晶体结构十分复杂，但是它们都有共同的特性：具有极高的硬度，较高的熔点，一般塑性很差。这是因为金属间化合物中含有较多的离子键及共价键的成分。根据这一特性，绝大多数的工程材料中可以把金属间化合物作为强化合金的第二相来使用。例如一些正常价化合物和多数电子化合物可以作为有色金属的强化相。简单间隙化合物在合金钢和硬质合金中得到广泛应用。复杂间隙化合物同样是合金钢及高温合金中的重要强化相。此外，有些金属间化合物具有许多特殊的物理化学性质，诸如电学性质、磁学性质、声学性质、电子发射性质、催化性质、化学稳定性、热稳定性和高温强度等，其中已经有不少金属间化合物作为新的功能材料和耐热材料正在开发和应用，对现代科学技术的进步起着巨大的推动作用。例如 AsGa 具有比 Si 优异的半导体性能，它在信息技术领域的应用已经引起广泛关注。有一些金属间化合物，如 TiAl、Ti_3Al、Ni_3Al 等，具有随温度升高强度也升高的反常特性，只要能克服脆性较大的缺点，可以作为耐热材料使用。

　　稀土元素与 Co 的化合物如 $SmCo_5$、$CeCo_5$、RE_2Co_{17}（RE 表示稀土），是优异的新一代永磁材料，而金属间化合物 $LaNi_5$、FeTi、$MgNi_2$、Mg_2Cu、La_2Mg_{17} 等具有吸收氢并在一定条件下又释放氢的本领，可以作为储氢材料。现在还发现有几十种金属间化合物如 TiNi、CuZn、CuSi、Cu_3Al 等具有形状记忆效应，它们在紧固件、连接件、医学和生物学用材料以及热敏传感器等方面获得广泛应用。还有一些金属间化合物在腐蚀性介质中有很好的耐腐蚀性能，例如一些金属的碳化物、硼化物、氮化物等。在金属表面涂覆这种化合物保护层，可以大大延长材料在腐蚀介质中的应用范围，延长工作寿命。而 Nb_3Sn、Nb_3Ge、Nb_3Al、V_3Ga 等材料具有较高的超导转变温度和较高的临界磁场，其超导转变温度最高可以达到 120 K。

　　综上所述，金属间化合物是一个新型材料宝库，它们将对现代科学技术的进步起着重要的推动作用。

1.5　陶瓷材料的晶体相结构

　　陶瓷材料是金属元素和非金属元素化合而成的物相，如 Al_2O_3、无机玻璃、粘土制品、$Pb(Zr,Ti)O_3$ 压电材料等，金属氧化物是最常见的，有几百种化合物。

　　陶瓷化合物在热和化学环境中比它的组元更为稳定，如作为化合物的 Al_2O_3 就比单独的 Al 和 O 更为稳定。

　　由于化合物本质上比它们的相应组元包含更为复杂的原子配位，陶瓷的晶体中没有大量自由电子，电子通过共价键与相邻原子共有，或通过电子转移而形成离子键,形成以离子键或共价键为主的离子晶体(MgO,Al_2O_3)或共价晶体(SiC,Si_3N_4)。陶瓷晶体结构复杂,原子排列不紧密,配位数低。陶瓷的键合方式决定着陶瓷的力学、物理、化学性能,陶瓷比相应的金属或聚合物更硬,对变形具有更大的抗力,而往往缺乏塑性。某些陶瓷的介电性、半导体性和磁学特性对设计或利用电子线路器件特别有用。

1.5.1　离子键结合的陶瓷晶体结构

离子键结合的陶瓷晶体中,两种异号离子半径比值决定了配位数,配位数直接影响晶体结构,如表 1-15 所示。

表 1-15　结构的配位数

配位数	间隙	离子半径比
2	线性	0 ~ 0.15
3	三角形	0.155 ~ 0.225
4	四面体间隙	0.225 ~ 0.414
6	四面体间隙	0.414 ~ 0.732
8	立方体间隙	0.732 ~ 1.00

1. AX 型陶瓷晶体结构

最简单的陶瓷化合物具有数量相等的金属原子和非金属原子。它们可以是离子型化合物,如 MgO,其中两个电子从金属原子转移到非金属原子,而形成阳离子 Mg^{2+} 和阴离子 O^{2-},AX 化合物可以是共价型的,价电子在很大程度上是共用的。ZnS 是这类化合物的一个例子。

AX 化合物的特征是:A 原子只被作为直接邻居的 X 原子所配位,X 原子也只有 A 原子作为第一邻居。所以 A 和 X 原子或离子是高度有序的,在形成 AX 化合物时,主要有三种方法能够使两种原子数目相等,而且具有如上所述的有序配位。其原型为:

CN = 8 的 CsCl;CN = 6 的 NaCl;CN = 4 的 ZnS,如图 1-48。

CsCl 具有简单立方的原子排列;NaCl、ZnS 具有面心立方的排列。NaCl 可以看成由两个面心立方点阵穿插而成的超点阵,将 Na^+ 和 Cl^- 看成一个集合体,即一个结点,此结构则为 fcc 结构,单胞离子数为 4 个 Na^+ 和 4 个 Cl^-。

2. A_mX_p 型陶瓷晶体结构

并非所有的二元化合物都有相等的 A 原子和 X 原子(离子)。如氟化钙

（CaF$_2$）型结构 AX$_2$ 的 ZrO$_2$ 及 UO$_2$，ThO$_2$，CeO$_2$ 以及 Al$_2$O$_3$ 结构的 Al$_2$O$_3$ 及 Cr$_2$O$_3$，α – Fe$_2$O$_3$，Ti$_2$O$_3$，V$_2$O$_3$。CaF$_2$ 型结构是用于核燃料元件的 UO$_2$ 燃料元件的基础结构，又是 ZrO$_2$ 的一种多晶型结构，ZrO$_2$ 是有用的高温氧化物，Zr^{4+} 位于结点位置，O^{2-} 位于四面体间隙。Al$_2$O$_3$ 又称刚玉，是工业中应用最广泛的一种材料，如刀具、火花塞、金刚砂磨轮、耐酸泵和印刷线路的衬底，以及排气系统中催化剂支架的高温材料。CaF$_2$ 型结构中 A 原子具有面心立方点阵，X 原子占据 4 个 A 原子之间的间隙位置，相邻的 X 原子并不接触（图 1 – 49）。

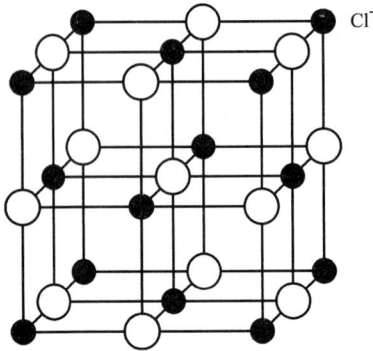

图 1 – 48　CsCl(NaCl, ZnS) 的原子排列

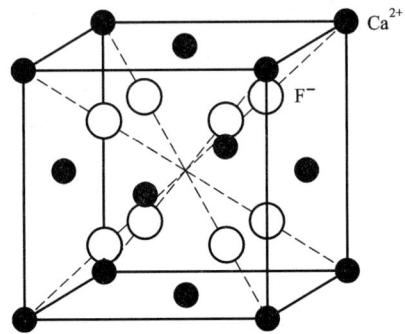

图 1 – 49　CaF$_2$ 型结构

　　Al$_2$O$_3$ 结构中 O^{2-} 离子具有密排六方的结构，O^{2-} 位于密排六方的结点上，为保持电荷平衡，三分之二的八面体间隙被 Al^{3+} 离子占据。O^{2-} 与相邻的 Al^{3+} 离子的间距很短，只有 0.191 nm，相互作用的键能很高，因此它的熔点很高，大于 2000 ℃，硬度较高（莫氏硬度为 9），能够抵抗大多数的化学试剂腐蚀。此外 Al$_2$O$_3$ 的低导电性和较高的热导率的结合使它能够用于各种电的用途中。

　　3. 复杂化合物晶体结构

　　（1）A$_m$B$_n$X$_p$ 型结构

　　由于存在三种原子从而使问题更加复杂，但是其中一些化合物是非常有用的。例如 BaTiO$_3$（图 1 – 50）用于诸如唱机中拾音器等。在 120 ℃ 以上，BaTiO$_3$ 为立方结构，Ba^{2+} 位于晶胞顶角，O^{2-} 离子位于面的中心，Ti^{4+} 位于晶胞中心。这种结构在 120 ℃ 以上是稳定的，而在 120 ℃ 以下有变化，这种变

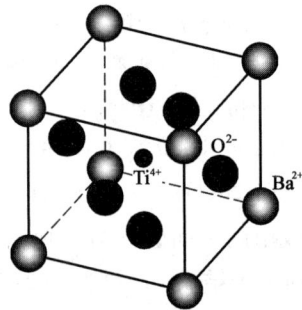

图 1 – 50　立方 BaTiO$_3$ 的结构

化使 $BaTiO_3$ 成为有用的压电材料。

复杂化合物可以是非金属基体,其中最普通的是成分为 MFe_2O_4 的铁氧体尖晶石(通常称为铁氧体),其中 M 是二价阳离子,O^{2-} 为密排(面心立方)排列,阳离子占据八面体间隙的一半和四面体间隙的八分之一。这种材料的磁特性受阳离子的影响。

(2)固溶体

离子化合物之间也可能形成固溶体。固溶体的形成主要受到尺寸适应性和电荷平衡的影响。但是并不严格,因为电荷可以进行补偿。例如在 MgO 中,如果 F^- 离子取代了 O^{2-} 离子,Li^+ 离子可同时取代 Mg^{2+} 离子,MgO 可以溶于 LiF 中。当然还可以是 Mg^{2+} 溶于 LiF 中,这时没有相应的 O^{2-} 离子,这种情况下必须包含阳离子空位,结果两个 Li^+ 离子被 Mg^{2+} 离子所替代。

4. 硅酸盐结构

许多陶瓷材料都包含硅酸盐结构。硅酸盐资源丰富、便宜,如普通水泥、砖、瓦、玻璃、搪瓷及硅酸盐矿物如长石、高岭土、滑石、镁橄榄石等,在工程上具有某些独特的性能。普通水泥是人们最熟悉的硅酸盐,它最明显的一个优点是能将岩石骨料结合成整块材料,其他许多建筑材料,例如砖、瓦、玻璃和搪瓷也都是由硅酸盐制成的。硅酸盐的其他工程应用包括电绝缘体、化学容器和增强玻璃纤维。硅酸盐的成分、结构比较复杂,其中起决定作用的是硅 – 氧间的结合,即硅酸盐四面体单元。

硅酸盐结构的基本结构单元为"SiO_4"四面体,硅原子位于 4 个氧原子四面体的间隙中。将四面体连接在一起的力包括离子键和共价键,但硅 – 氧间结合主要为离子键,还有一定的共价键成分,因此硅 – 氧四面体的结合很牢固(硅 – 氧间平均距离为 0.160 nm,小于硅氧原子半径之和)。

每个四面体的氧原子外层只有 7 个电子而不是 8 个,为 –1 价,因此还可与其他金属离子键合。有两种方法可以克服氧离子中电子的不足,一是可以从金属原子得到一个电子,这种情况下产生 SiO_4^{4-} 离子和 M^+ 离子;二是每个氧可以与第二个硅共用电子对,在这种情况下形成多个四面体配位群,共用的氧称为桥氧。每一个氧最多只能被两个 SiO_4 四面体共有,如图 1 – 51。

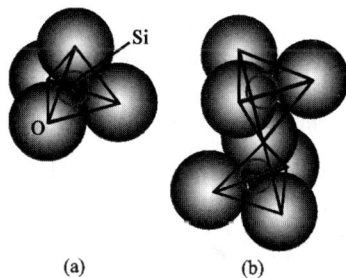

图 1 – 51 SiO_4^{4-} 的四面体排列(a)
和双四面体单元(b)

　　按照 SiO_4 四面体在空间的组合,可以将硅酸盐结构分成四类:①含有限硅氧团的岛状硅酸盐结构。有限硅氧团的硅 – 氧四面体之间不通过离子键或共价键结合,或成对连接,或连成封闭环;②链状结构。大量 SiO_4 四面体通过共顶连接形成的一维结构,分单链结构和双链结构,单链结构按一维方向的周期性分为 1,2,3,4,5,7 节链;③层状结构。由大量底面在同一平面上的硅氧四面体通过在该平面上共顶连接形成的具有六角对称的二维结构;④骨架状结构。由硅氧四面体在空间组成的三维网络结构。

　　如图 1 – 52 为几种 SiO_4 四面体在空间的组合。

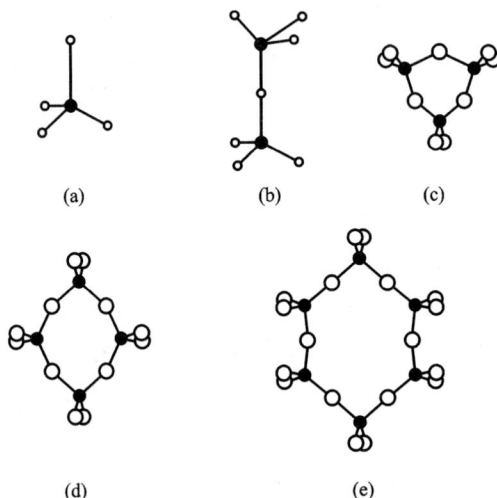

(a)　　　　　　　(b)　　　　　　　(c)

(d)　　　　　　　　　　(e)

图 1 – 52　SiO_4 四面体在空间的组合

(a)单一硅氧体;(b)成对硅氧体;(c)(d)(e)3,4,6 节硅氧体

1.5.2　共价键结合的陶瓷晶体结构

　　共价键结合的陶瓷多属于金刚石型结构,如 SiC、Si_3N_4、纯 SiO_2 高温相。纯的 SiO_2 中没有金属离子,每个氧原子是两个硅原子之间的桥接原子,同时每个硅原子位于 4 个氧原子之间。如图 1 – 53 所示,得到网络状的结构。SiC 结构中碳原子位于 fcc 结点上,还有 4 个原子位于四面体间隙,配位数为 4,不是密堆结构。

　　SiO_2(硅石)具有不同的晶体结构,正像碳有石墨和金刚石两种形式。如图 1 – 53(c)所示的结构为高温的形式。SiO_2 更普通的结构是石英,它是在许多海滩的沙子中发现的主要材料。另外一种天然硅酸盐是长石。

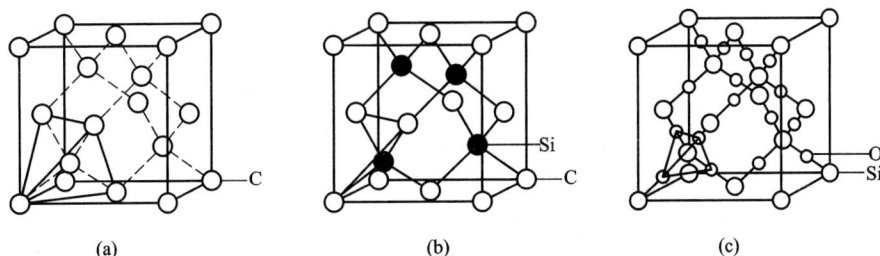

图 1-53　共价键晶体

(a)金刚石；(b)SiC；(c)高温网络结构 SiO_2

1.6　非晶态金属(金属玻璃)

固态物质除了上面讨论的各类晶体之外，还有一大类称为非晶体。从内部原子(或离子、分子)排列的特征来看，晶体结构的基本特征是原子在三维空间呈周期性排列，即存在长程有序，而非晶体中的原子排列却没有长程有序的特点。

非晶态物质包括氧化物及非氧化物玻璃、非晶态金属和合金(金属玻璃)、非晶态半导体、干凝胶、非晶态聚合物、非晶态电介质、无定型碳等。若将其分类的话，非晶态物质可分为玻璃和其他非晶态两大类。所谓玻璃，是指具有玻璃转变点(玻璃化温度)的非晶态固体，而其他非晶态则没有玻璃转变点。非晶态材料具有许多其他状态物质所没有的特性和优异性能，在很多新材料的应用领域，如光通信材料、激光材料、新型太阳能电池、高效磁性材料、输电和输能材料等方面都有广泛的应用开发前景。

本节主要讨论非晶态金属和合金(金属玻璃)的基本特征、形成条件和结构，非晶态聚合物将在 1.8.2 节讨论。

1.6.1　金属玻璃的获得与分类

合金熔体快速凝固形成金属玻璃的过程与凝固结晶过程有较大差异。首先，从凝固过程本身来看，金属玻璃凝固时，随着冷速的增大和温度的降低，熔体连续地和整体地凝固成非晶合金。而在结晶凝固时，晶体的形成经历了形核和长大两个阶段，并且通过固液界面的运动从局部到整体逐步凝固结晶。其次，从凝固过程中某些热力学量发生的变化来看，在金属玻璃形成的前后，熵是连续变化的，而作为系统吉布斯自由能 G 的二阶偏导数的定压比热 C_p

$\left(C_p = -T \dfrac{\partial^2 G}{\partial T^2} \bigg|_p \right)$（下标 p 表示压强固定）在凝固前后却不连续变化。图 1-54 根据实验测定结果表示了合金在液态（熔体）、玻璃态和晶态时的比热 C_p 随温度变化的关系。相比之下，晶体在凝固前后比热 C_p 是连续变化的，而作为系统吉布斯自由能 G 一阶偏导数的熵 $S\left(S = -\dfrac{\partial G}{\partial T} \bigg|_p \right)$ 却不连续变化，所以在结晶凝固时熔体要释放熔化潜

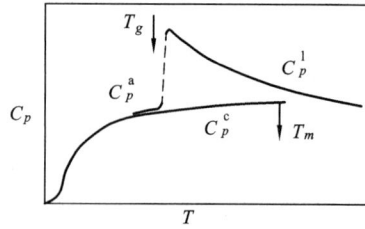

图 1-54　合金在液态、玻璃态和晶态时的
定压比热 C_p 与温度 T 的关系

上标：l 为液态，a 为玻璃态，c 为晶态，
T_m 为合金熔点，T_g 为玻璃转变温度

热 ΔH_m（对于纯金属 $\Delta H_m = T_m \Delta S$，$T_m$ 表示金属的熔点）。

正因为金属玻璃的凝固是一个连续的相变过程，所以通常把凝固过程中比热 C_p 发生突变对应的温度定义为合金的非晶形成温度或玻璃转变温度 T_g（见图 1-54）。由于金属玻璃处于亚稳状态，所以与晶态亚稳相类似，动力学因素对非晶合金的形成起着重要作用，对某一成分的合金，非晶形成温度 T_g 并不是一个常数而是受到凝固条件的影响。例如当凝固冷速从 10^3 K·s^{-1} 变化到 10^8 K·s^{-1} 时，Pd$_{77.5}$Cu$_6$Si$_{16.5}$ 金属玻璃的玻璃转变温度相应地从 666 K 增加到 719 K。

金属玻璃凝固时存在着与晶态相（包括平衡相与亚稳相）的竞争，因此只有具备不利于晶态相凝固形成的条件才能有利于非晶态的形成。与晶态亚稳相的形成相似，金属玻璃的形成也主要由凝固冷却速度和合金成分这两个合金系统外部和内部的因素决定。

1. 凝固冷却速度对金属玻璃形成的影响

对于一定成分的任何合金，当凝固冷却速度足够高、过冷熔体的温度足够低时，就有可能抑制结晶的发生而形成金属玻璃，而当凝固冷速相对较低时则将形成晶态合金。对一定成分的合金只有凝固冷速大于一定的临界冷速时才能形成金属玻璃。所以玻璃形成的临界冷速 $\dot{T}_C$ 对于预测和控制非晶合金的形成十分关键。

金属玻璃形成临界冷速 $\dot{T}_C$ 的预测方法是以经典形核理论为基础的，由于金属晶体形核后长大速度很快，所以只有完全抑制晶体的形核才能形成金属玻璃。当形核速率 $I \to 0$ 时，熔体中的原子组态将基本上保持不变，即在凝固过程中被"冻结"而形成长程无序的金属玻璃，从而抑制了晶态相的形成。

进一步求金属玻璃形成临界冷速 $\dot{T}_C$ 的过程与通常热处理时求临界淬火速度的过程类似，可以作出临界结晶时间—温度—结晶的 C 曲线，根据 C 曲线取

极值处对应的 t_n、T_n 求出金属玻璃形成临界冷速 $\dot{T}_C$：

$$\dot{T}_C = \frac{T_m - T_n}{t_n} \tag{1-24}$$

当 $\dot{T} > \dot{T}_C$ 时，结晶将完全被抑制而形成金属玻璃。表 1-16 列出了几种合金的玻璃转变温度 T_g 和相应的临界冷速 $\dot{T}_C$。其中 T_m 是合金的液相线温度。从表中的数据可知，T_g/T_m 越大，合金越容易形成金属玻璃，相应的临界冷速 $\dot{T}_C$ 越小。同时还可以看出，纯金属的临界冷速要比合金大得多。

2. 合金成分和性质对金属玻璃形成的影响

合金中原子之间的键合特性、电子结构、原子尺寸的相对大小、各组元的相对含量、合金的某些热力学性质以及相应的晶态相的结构等是决定合金的玻璃形成能力的内部因素。

表 1-16　几种合金的玻璃转变温度 T_g 和临界冷速 $\dot{T}_C$

金属与合金	T_m/K	T_g/K	T_g/T_m	$\dot{T}_C/(K \cdot s^{-1})$
Ag	1234	—	—	1010
$Fe_{83}B_{17}$	1448	760	0.52	1×10^6
$Ni_{75}Si_8B_{17}$	1340	782	0.58	1.1×10^7
$Pd_{82}Si_{18}$	1071	657	0.61	1.8×10^3
$Pd_{77.5}Cu_6Si_{16.5}$	1015	653	0.64	3.2×10^2

（1）不同组元原子之间的键合特性、电子结构和对应的晶体结构的影响

首先，金属很难形成非晶态（纯金属的玻璃转变冷速 $\dot{T}_C$ 高达 $10^{10} K \cdot s^{-1}$，合金的 $\dot{T}_C$ 一般也达 $10^6 K \cdot s^{-1}$），而许多像 SiO_2 这样的非金属化合物却很容易形成玻璃，凝固形成非晶的过程实际上是与形核结晶竞争的过程（假定物质的平衡态是晶态），而熔体中原子之间的相互作用不具有特定的方向性（不考虑电解质和离子键化合物），在结构上长程无序，所以如果某种物质对应的晶体结构复杂，原子之间的键合较强并具有特定的指向，则熔体凝固成晶体时就需要原子的组态和相互作用发生较大的变化，相比之下若形成玻璃结构在动力学

上要更容易一些。事实上，金属与合金的晶体结构一般比较简单，原子之间是以无方向的金属键结合，所以在一般条件下凝固时熔体原子很容易改变相互结合和排列的方式形成晶体，只有在很高的冷速下才能"冻结"熔体原子的组态形成金属玻璃。而很多非金属化合物的原子键合和相应的平衡相结构正好与金属相反，因此即使以很低的冷速冷却也能形成非晶态。

其次，分析各种金属和合金具有不同的玻璃形成能力也可以看出，在二元或多元合金系中，玻璃形成能力较强的合金组元之间的电负性一般相差较大，原子之间存在较强的相互作用，混合热为负值。合金中原子相互键合或作用越强，快速凝固时越容易形成金属玻璃。此外，纯金属一般比合金更不容易形成非晶态的原因除了与原子相对尺寸因素有关外，也可能与纯金属中同种原子之间的相互作用没有合金中异类原子之间的相互作用强有关。

（2）原子尺寸相对大小的影响

在玻璃形成能力较强的二元合金中，组元的原子尺寸都存在一定的差异，不同元素原子半径之比通常小于 0.88 或大于 1.21，或者原子半径之差为 15%左右。根据非晶合金微观结构的硬球随机密堆模型，在以尺寸较大的原子随机密堆形成的结构中需要尺寸较小的原子填补其中较大的空洞以便形成相对稳定的密堆结构。计算机的模拟计算也表明，由原子半径不同的原子形成的金属玻璃的热力学自由能比原子半径相同时形成的金属玻璃的热力学自由能更低。同时从凝固动力学来看，组元原子半径不同时不利于晶体长大而有利于金属玻璃的形成。

（3）合金的物理性质和热力学性质的影响

根据 Stokes – Einstein 方程，在其他有关参数一定时合金的黏度与扩散系数成反比，所以如果合金熔体的黏度越大，特别是随着熔体温度的降低黏度增长得越快，熔体在凝固时通过原子扩散满足形核结晶所需要的结构与成分条件也就越困难，因而越有利于金属玻璃的形成。

根据合金成分的不同可以把金属玻璃主要分成以下几类：

①过渡族金属元素或贵金属元素和类金属元素组成的非晶合金。这类非晶合金含有较多价格低廉的类金属元素，并且具有很好的性能，是研究得较多的一类非晶合金，其中的 $Fe_{40}Ni_{40}P_{14}B_6$、$Fe_{80}B_{20}$、$Fe_{80}P_{16}C_3B_1$ 等合金已经投入实际应用。

②元素周期表中位于各周期后部的过渡族金属元素（如 Fe、Co、Ni、Pd等）或 Cu 和位于各周期前部的过渡族金属元素（如 Ti、Zr、Nb、Ta 等）组成的非晶合金。

③以元素周期表中 ⅡA 族金属元素（Mg、Ca、Sr）为基体、B 族金属元素

（Al、Zn、Ga）为溶质的非晶合金。

④元素周期表中ⅡA族金属元素与位于各周期前部的过渡族金属元素形成的非晶合金。

⑤镧系金属元素与位于周期表中各周期前部的过渡族金属元素形成的非晶合金。

⑥铝基非晶合金。二元铝基合金一般不容易形成非晶合金，但是如果在这些二元合金中加入类金属元素 B、Si 或金属元素 Ge（Al－Ge 合金除外），组成三元合金或者由 Al 与位于周期表中各周期前部或后部的过渡族金属元素组成三元合金，则这些三元合金一般都可以形成非晶合金，例如 Al－M－Si（M＝Cr、Mo、Mn、Fe、Co 或 Ni）、Al－Fe－B、Al－Co－B、Al－M－Ge（M＝V、Cr、Mo、Mn、Fe、Co 或 Ni）、Al－A－M（A＝Fe、Co、Ni、Cu，M＝Ti、Zr、V、Hf、Nb、Ta、Cr、Mo 或 W）都可以形成金属玻璃。

除了上述几种非晶合金外，Rb、Cs 等碱金属和 O[（13～20）at%]组成的合金 Fe－B－O、Fe－B－N 等合金也可以形成非晶合金。在各种金属玻璃中，应用较多、最重要的是金属与类金属组成的非晶合金和过渡族金属之间组成的非晶合金。

1.6.2　金属玻璃结构模型

金属玻璃的许多独特性能都与它的微观结构特点有关，同时金属玻璃作为一种亚稳相，结构稳定性的大小和可能产生的结构变化对于它的应用有着重要影响，金属玻璃的粉末 X 射线衍射、中子衍射和电子衍射分析结果与晶态合金的相应衍射分析结果明显不同，是一些漫散的环而不是明锐的斑点。另一方面，金属玻璃块状样品的 X 射线衍射结果也与液态合金的衍射结果有所不同。这些事实说明，金属玻璃与晶态合金的结构截然不同，不具有长程有序的平移对称性或周期性，同时也与液态合金的结构有一定差别。研究金属玻璃的长程无序结构要比研究晶态结构复杂得多，现在还不可能完全了解非晶合金的微观结构和原子排列的细节。因此对微观结构主要采取实验观察和理论模型研究相结合的方法，即一方面通过 X 射线衍射、中子衍射、密度测定以及穆斯堡尔谱、核磁共振、高分辨透射电镜等近代实验方法了解金属玻璃微观结构的特征，同时根据观察和测定结果在对非晶合金原子排列和原子之间键合特性的细节做出各种假设的基础上建立微观结构的模型，然后借助计算机计算出与结构、密度等有关的特征信息，并与实验测定的结果比较，从而判定结构模型中假设的微观细节是否正确，以加深对金属玻璃结构的了解。

1. 金属玻璃化的理论模型

在金属玻璃微观结构的研究中，主要有以下几种模型：

(1)微晶模型

这是最早建立的金属玻璃微观结构模型之一，在非金属玻璃结构研究中原来也有类似的模型。这一模型认为金属玻璃是由许多尺寸仅为 2 nm、取向无规的微晶晶粒组成的，而 X 射线衍射、电子衍射等分析的结果只是明锐的衍射峰无限展宽而产生的。但是根据微晶模型，由于各个晶粒尺寸十分微小，所以总的晶界体积在金属玻璃中所占的比例几乎达到总体积的二分之一，而这一模型却没有提供晶界结构的细节，这使微晶模型至少在理论上是不完善的，而且根据这一模型计算出的约化径向分布函数、密度等与实验测定结果也相差较大，所以微晶模型现在已很少应用。

(2)随机密堆模型

这一模型在开始提出时是假定金属玻璃中的原子与半径相等、不可压缩的硬球类似，即原子之间的相互作用势能 $U(r)$ 当 $r \geqslant r_0$（r_0 是原子半径）时为零，而当 $r < r_0$ 时 $U(r) \to \infty$，而且原子的密排使它们之间不能再容纳任何其他原子。这一模型具体可以用实验或计算机模拟的方法建立。实验方法是，选取一定数量的不会发生变形的硬球逐个放入一个用软皮或塑料做成的袋中，并在摇晃后使袋中球的总体积达到最小，这时各个小球经过随机密排达到了长程无序条件下最大可能的密度，然后向袋中倒入蜡使各个球的位置固定，再逐个测定每个球的位置坐标，就可以确定用这一模型描述的非晶合金的具体结构。用电子计算机建立随机密堆模型的关键是确定能反映实际原子相互作用的硬球相互作用势能的类型，然后就可以计算出由一定数量的小球构成的体系的总能量，并把这一能量表示成各个小球位置的函数，最后通过求体系总能量取极小值来确定各个小球或原子的最后位置坐标。

根据随机密堆模型计算得到的径向分布函数、密度、平均最近邻原子数等许多金属玻璃结构性质与实际测定结果是基本一致的。说明随机密堆模型与金属玻璃的实际结构是基本相符的。当然，定量的比较表明这一模型与实验结果相比还存在一些差异，同时，这一模型也没有给出不同组元原子分布的具体信息。所以已经有一些工作对随机密堆模型进行了修正与改进。例如对金属－类金属型非晶合金构造了由两种半径不同的硬球组成的随机密堆模型，并且假定类金属原子位于金属原子之间的间隙中，此外还对硬球原子之间的相互作用势能进行了软势修正，即假定原子在相互作用时的行为并不完全像刚性硬球。经过这些修正与改进后，根据模型计算的结果与实验测定结果更加接近。

正是由于随机密堆模型与金属玻璃的结构是基本一致的，所以通过对随机密堆模型中原子相对位置的分析可以进一步了解许多在实验中还没有发现的非晶合金的结构信息。例如，模型中的原子排列虽然没有长程序，但是原子的分布却主要构成了五种有一定形状的多面体(称为 Bernal 多面体)，它们如图 1-55 所示。这些多面体的形状相对于正多面体有一定程度的畸变，它们的每个面都是三角形，同时各种多面体在金属玻璃中占的比例大体上是一定的，其中四面体占总体积的 48.4%，因而是金属玻璃中的主要结构单元。这些结果提供了原子排列拓扑短程序可能的具体图像。针对金属-类金属型玻璃的特点改进后的随机密堆模型也表明，类金属原子一般位于由金属原子组成的较大多面体[如图 1-55(c)、(d)、(e)所示的多面体]的间隙之中，即金属原子是以类金属原子为近邻的，这也进一步证明了非晶合金中原子的排列确实存在化学短程序。

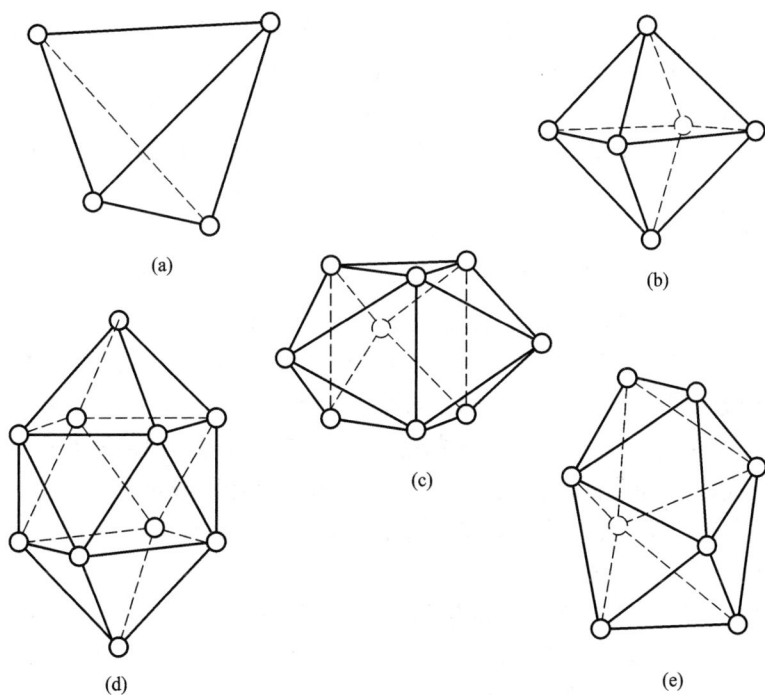

图 1-55　金属玻璃随机密堆模型中的五种多面体单元
(a)四面体;(b)八面体;(c)覆盖有三个半八面体的三角棱柱;
(d)覆盖有两个半八面体的阿基米德反棱柱;(e)四个十二面体

随机密堆模型尽管可以较好地反映金属玻璃的微观结构，但是由于这一模型中多面体单元的间隙尺寸和总间隙体积有限，所以当金属-类金属型非晶合金中类金属元素的原子半径较大、含量较多时，这一模型就不能适用了。

（3）无规网络模型

这一模型与描述非金属氧化物玻璃的有关结构有些类似，即认为金属－类金属型非晶合金的结构可以用有一定畸变的三角棱柱体单元组成的无规网络描述，其中金属原子组成棱柱体，而类金属原子位于棱柱体内，原子之间仍然形成紧密堆垛。这一模型主要用计算机模拟的方式建立，适用于描述类金属原子含量较高的金属玻璃的结构。例如，根据无规网络模型对类金属元素含量很高的 $(Ru_{84}Zr_{16})_{1-x}B_x(x=40\sim53)$ 金属玻璃计算得到的径向分布函数与根据实际测定计算得到的结果相符较好，而采用随机密堆模型计算的结果则与实际测量结果相差较大。

除了可以针对不同金属玻璃的特点分别应用随机密堆模型或无规网络模型描述其微观结构外，更细致的研究表明，金属玻璃的结构并不一定是完全均匀的，可能存在结构有所不同的"相"。例如某些金属－类金属型非晶合金，当类金属元素含量发生较大变化时可以从一种相中分解或析出另一种结构的相。而具有不同结构或成分的相的结构有时要用不同的模型描述。现在对金属玻璃中的相和相变的了解还很粗浅，许多问题还需要继续研究。

2. 金属玻璃的结构稳定性

由于非晶合金结构的复杂和研究的困难，对金属玻璃结构的研究还是比较初步的，而且大多是以某一成分的金属玻璃为对象进行具体研究，其中对金属－类金属型金属玻璃的结构研究得最多，而对其他类型的非晶合金则研究较少。

由于金属玻璃处于亚稳态，所以当加热温度超过一定温度 T_x 后就会发生稳定化转变，形成晶态合金，T_x 称为晶化温度。金属玻璃的结构稳定性不仅包括温度达到 T_x 以上时发生的晶化，还包括低温加热时发生的结构弛豫。显然，非晶合金的结构稳定性及发生稳定化转变的规律对非晶合金的应用具有重要意义。

（1）结构弛豫

快速凝固后形成的金属玻璃由于能量高、内应力大，所以在低于玻璃转化温度 T_g 和晶化温度 T_x 的较低温度下退火时，合金内部原子的相对位置会发生较小的变化，从而增加密度，减小应力，降低能量，使金属玻璃的结构逐步接近于有序度较高的亚稳"理想玻璃"结构，这种结构变化称为结构弛豫。结构弛豫现象还可以用"自由体积理论"、"局域应力理论"等来解释。由于结构弛豫涉及原子的短程扩散，需要的激活能比较低，一般约为 $100\ kJ\cdot mol^{-1}$，所以能在较低的温度下发生。在结构弛豫的同时，非晶合金的密度、比热、黏度、电阻、弹性模量等性质也会产生相应的变化，例如密度和弹性模量会有所增加，而扩散系数要减小一个数量级左右。在这些性质变化中，有些性质的变化是可逆的。已经有研究表明，与金属玻璃性质的可逆变化相联系的是弛豫过程中化学短程序发生的变化，而这些性质一般是对结构的局部微小变化比较敏感的。另一方面，与非晶合金性质的不可逆变化相联系的是拓扑短程序在弛豫过程中产生的变化，而这些性质一般对合金的整体结构变化比较敏感。在弛豫过程中金属玻璃的上述性质发生变化时大多与时间成负指数关系。

（2）晶化

金属玻璃在较高温度（高于晶化温度 T_x 时）下退火时，由于热激活的能量增大，将使非晶合金克服稳定化转变的势垒，转变成自由能更低的晶态。此外，实际非晶合金的晶化温度 T_x 还与退火时的加热速度等因素有关，所以对一定成分的非晶合金实际上存在一个晶化温度范围。晶化过程中金属玻璃的结构变化较大，一般要涉及原子的长程扩散，需要的激活能比发生结构弛豫时高，所以晶化要在较高的温度下才能进行。与晶化过程中发生的结构变化相应，合金的许多性质也会产生较大变化。已经投入实际应用的金属玻璃大体上可以分成两类，一类是在玻璃状态下使用，另一类是在经过晶化处理后以晶态合金或晶态和非晶态混合态合金的形式使用。通常作为功能材料使用的非晶合金大多属于前一类，而作为结构材料使用的非晶合金一般属于后一类。

金属玻璃的晶化过程与凝固结晶过程类似，也是一个形核和长大的过程，但是晶化是一个固态反应的过程，要受原子在固相中的扩散支配，所以晶化速度没有凝固结晶那么快；另一方面，金属玻璃比金属熔体在结构上更接近于晶态结构，所以晶化形核时形核势垒中作为主要阻力项的界面能要比凝固结晶时的固液界面能小，因而形核率一般更高，这是非晶合金晶化后晶粒十分细小的一个重要原因。

1.7　准晶体

根据一般的金属学和晶体对称理论，固态金属分为晶态金属和非晶态金属两大类，其中在晶态金属中原子是长程有序周期排列的，可以用 14 种布拉菲点阵和相应的晶胞以及倒易点阵形象地描述。当电子束入射晶态金属样品时会产生由明锐衍射斑点组成的衍射谱。另一方面，非晶态金属中原子排列是长程无序的，其结构不可能

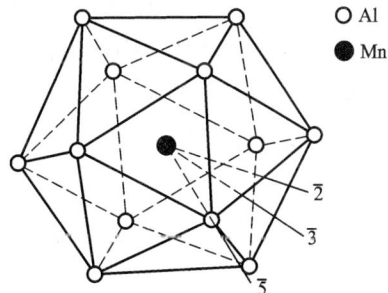

图 1 – 56　Al – Mn 合金中 IQP 的二十面体结构单元示意图

用任何周期点阵来描述，相应的电子衍射花样是由圆环组成的。1984 年美国的谢克特曼（Shechtman）等在快速凝固的 Al‒Mn、Al‒Cr、Al‒Fe 合金中观察到一种新的结构，这种结构的电子衍射谱既具有五次旋转对称性，又是由明锐的衍射斑点组成的，因此这种结构既不属于晶态金属又不属于非晶态金属，Shechtman 等观察到的这种新结构的其他衍射谱还具有二次及三次旋转对称性，即这种未知结构具有与二十面体结构相同的对称性或具有 $m\overline{3}\,\overline{5}$ 点群对称性（见图 1‒56），所以他们把这种新的结构命名为"二十面体相"。这种新结构称为准晶体（Quasicrystal），固态金属在结构上除了晶态和非晶态以外还存在介于它们之间的准晶态。

1.7.1　准晶体的结构模型

根据准晶中原子排列的准周期性的不同，可以把准晶大体上分成两类，一类是具有三维准周期性结构的准晶，例如发现最早的具有二十面体对称性的准晶（Icosahedral Quasicrystal Phase，简称为 IQP）。另一类准晶是原子的排列在两维方向上具有准周期性，而在第三维方向上原子的排列具有周期性，例如具有十面体对称性（即具有 $10/m$ 点群对称性）的准晶（Decagonal Quasicrystal Phase，简称为 DQP），具有 8 次对称、12 次对称的准晶等都属于这一类。准晶的这些对称性都是与平移对称性或周期性不相容的，正因为如此，在准晶中才会出现原子的准周期排列。上述两类准晶的结构特点见表 1‒17。准晶中发现最多、研究得也最多的是具有二十面体对称性的准晶 IQP。

准晶的结构是长程取向有序的，与没有任何长程序的非晶结构是不同的。准晶的结构还具有准周期性，准晶周期是一个无理数或一组无理数的集合。从总体上看，准晶并不具有周期性或平移对称性，准晶具有的准周期性从根本上说是与准晶具有与周期性结构不相容的对称性（例如五次对称性等）有关。与晶体或非晶体的结构类似，准晶的原子或原子团之间的间距应该尽可能小以便使整个结构有较低的能量。

表 1‒17　准晶的分类

种类	准周期性	周期性	对　　称　　性
1	三维	—	具有二十面体对称性的准晶
2	二维	一维	具有十面体对称性的准晶，具有 8 次对称的准晶，具有 12 次对称的准晶

对准晶结构的了解当然不能只限于对其总体特征的认识，但是由于实验观察手段的限制，对准晶结构的许多具体情况特别是对涉及原子排列和分布的结构细节直接了解的还很少。具体的研究方法与非晶合金结构的研究类似，也可以分成理论模型研究和实验研究两种，这些研究大多集中于对具有二十面体对称性的准晶（IQP）的结构研究。

对准晶结构提出的理论模型主要是拼砌模型。拼砌模型的基本思想是认为准晶中的原子排列虽然不具有周期性，因而不可能有晶胞，但是它们仍然是由一定的结构单元以一定的方式连接而组成的，这些结构单元就像砖块一样拼砌后既使整个结构具有准晶的对称性又要填满整个空间。根据结构单元和拼砌方式的不同，拼砌模型可以分成以下三种。

（1）准晶玻璃模型

这类模型认为，准晶与具有一定结构的晶体类似，是由一种具有准晶对称性的结构单元组成的，对于 IQP，它的结构单元就应该具有二十面体所具有的对称性。但是这种结构单元不可能填满整个空间，所以当各个结构单元按照原子之间键合取向有序的要求连接时，它们之间必然要有不少无序的原子填满间隙，称为准晶玻璃模型。例如，Al - Mn 合金中的 IQP 是由一系列取向相同、互不重叠、棱棱相连或顶点与顶点相连的二十面体结构单元非周期地连接构成的，二十面体之间的间隙中有许多无序分布的原子。在各个二十面体中，Mn 原子位于其中心，12 个 Al 原子位于各个顶点上，图 1 - 56 示意地表示了这种结构单元。Mn 与 Al 原子之间的有序键合使各个二十面体取向相同。根据这一模型计算出的电子衍射谱与实验结果是定性一致的。但是，在这类模型中对于各结构单元之间的原子位置很难作出确切的描述。

（2）完整准晶模型

这类模型认为，准晶有两种基本结构单元，当这两种结构单元以一定的方式连接时可以填满整个空间，因而不存在无序排列的原子。从数学上可证明，用两种形状不同的四边形按照一定的连接规则可以填满二维空间。图 1 - 57 表示了二维拼砌模型，其中图（a）表示了从一个菱形分割而成的两个四边形结构单元，图（b）表示了用这两种四边形拼砌成的二维图形，这种图形上的各个格点的排列不具有任何周期性，并且处处具有晶体所不允许的五次旋转对称性，这说明图 1 - 57（b）所示的图形尽管没有周期性却是长程有序的。进一步推广到三维空间，用两种菱面体结构单元按照一定的规则连接时也可得到类似于在二维空间得到的结果。已经得到广泛承认的一种完整准晶模型就是认为 IQP 是由两种菱面体结构单元按照一定的规则堆垛而成的，图 1 - 58 是这两种菱面体结构单元的示意图，其中一种是比较长而尖的菱面体，另一种是比较扁而短的菱面体。根据这种模型也可以计算到与实验结果相符较好的衍射花样。例如在 Al – Mn 合金中，Mn 原子主要位于菱面体的顶点上，而 Al 原子位于菱面体的表面和尖棱面体的三次对称轴上(见图 1 – 58)或棱上。

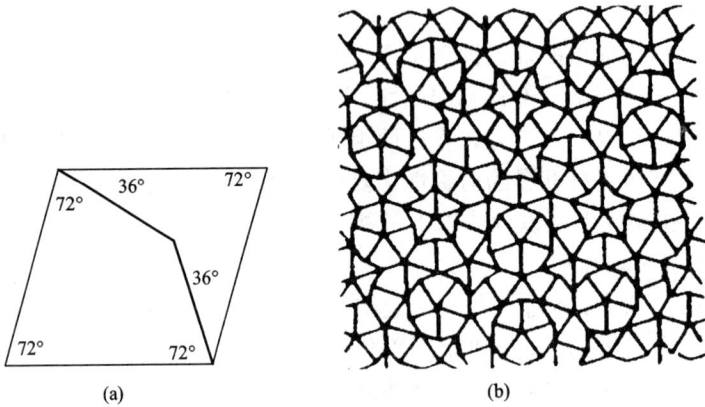

图 1 – 57　彭罗斯二维拼砌模型
(a)两种四边形结构单元；(b)用(a)四边形拼砌的平面图形

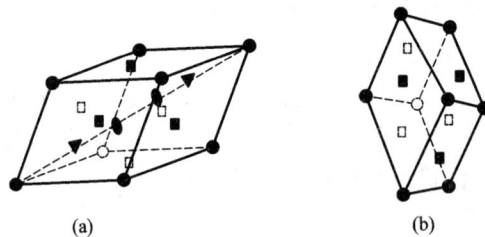

图 1 – 58　三维 IQP 拼砌模型中的菱面体结构单元
(a)尖菱面体；(b)扁菱面体
(图中圆点为 Al – Mn 合金中 Mn 原子的位置，其他符号表示 Al 原子的位置)

(3)不完整准晶模型

这种模型与完整准晶模型相差不大，它也是用两种基本的结构单元来构筑整个结构模型的，但是这两种结构单元在拼砌时并不严格遵守一定的规则，因而在某些局部出现了对称性。与完整准晶模型相比，这一模型描述的准晶存在一些结构缺陷，所以称为不完整准晶模型。由于在应用高分辨电镜等对准晶的微观结构进行的观察中确实发现准晶中存在不少结构缺陷，这些缺陷可以用准点阵在快速凝固产生的相位应变等变化加以解释，所以不完整准晶模型从原则上说更接近于实际的准晶结构。

　　与非晶合金的形成类似，应用快速凝固技术是形成准晶的主要途径，例如用熔体旋转方法、激光束表面熔化法、电子束表面熔化法等方法均可以制得准晶。除此以外，采用不属于快速凝固技术的一些方法也可以形成准晶，例如用离子注入法、离子束混合法、蒸发沉积法、非晶合金退火、多层薄晶体之间进行固态反应等方法也都可以形成准晶。

　　根据准晶的形貌、在与晶态相共存时在晶态相基体上的分布和成分偏析可以推断，准晶的形成不是像非晶合金的形成那样的连续相变，而是与晶态合金凝固类似，是包括形核和长大的一级相变过程。

　　在应用快速凝固技术制取准晶时，准晶的形成与非晶和晶态亚稳相的形成类似，主要取决于作为外部条件的凝固冷速和组元种类、含量、电子结构等内部因素。从凝固冷速与准晶形成的关系来看，由于准晶是一种亚稳相，所以必须在冷速大于一定的临界冷速时才有可能形成准晶；同时准晶的形成与非晶的凝固不同，需要经历形核和长大的过程，而这都是受原子的扩散控制的，所以当凝固冷速过高时将使准晶来不及形成而凝固成非晶。准晶形成时的凝固冷速应该足够大，以便抑制晶态相的形成或者避免已经凝固形成的准晶在冷却过程中再转变成晶态相；同时准晶形成时的冷速又应该足够小，以便准晶来得及从熔体中形核和长大。

　　另一方面，准晶的形成与合金内部的因素也密切相关。从已经发现的准晶合金的成分可以看出，准晶的形成与合金的成分直接有关，尽管现在还不清楚这一关系的本质原因。此外，准晶的形成与组元的电子结构特点、与相应的晶态结构还有一定联系。

　　总之，准晶形成能力是一个非常复杂的问题，这方面的工作还很不深入，许多问题还需要进一步研究。

1.7.2　准晶的稳定性

　　在快速凝固过程中形成的准晶与非晶一样都是亚稳相，所以当加热到一定的温度即晶化温度时也会转变为晶态相，而当加热到晶化温度以下的较低温度时，准晶也会像非晶一样产生结构弛豫，即原子的位置发生较小的变化以降低准晶的能量。

　　根据准晶晶化激活能的大小大致可以把晶化过程分成两类，一类是晶化激活能较低的晶化过程，如在 Al – Mn 合金中准晶的晶化激活能约为 160～200 kJ·mol^{-1}，它与通常晶态铝合金中的原子扩散激活能相近。这表明在准晶晶化过程中 Al 或 Mn 原子沿准晶界面的扩散起着支配作用。另一类是晶化激活能较高的晶化过程，例如在 $Al_{73}Mo_{21}Si_6$ 中 IQP 的晶化激活能约为 250 kJ·mol^{-1}，而在 $Al_{80}Mn_{20}$ 中 DQP 的晶化激活能达 400 kJ·mol^{-1}，这表明它们的晶化可能是以无溶质分配、不需长程扩散即与块状转变类似的方法进行的。

准晶晶化的温度 T_x 和晶化激活能的大小一般与合金的成分和凝固冷速的大小有关。准晶晶化的具体方式除了可以从晶化激活能的大小定性推断外，还可以通过对晶化过程的直接观察来了解准晶晶化过程的特点。观察还表明，在准晶晶化过程中还会伴随形成许多微孔隙。与非晶合金的晶化有些差不多，某些准晶合金的晶化过程也是一种台阶式的不连续转变过程，即准晶先转变为自由能较低的中间亚稳相，最后再转变成自由能最低的稳定晶态相。

与非晶化过程类似，准晶晶化的动力学过程也可以用阿伏拉米方程 $X(t) = 1 - \exp(-kt^n)$ 来描述，其中晶化体积分数 $X(t)$ 既可以直接测定，也可以通过电阻测定的方法间接求出。

1.8　高分子材料的结构

高分子材料是以有机高分子化合物为主要组分的材料，是由一种或多种简单低分子化合物聚合而成的，相对分子质量很大的化合物，又称聚合物或高聚物，包括人工合成的和天然的两大类。高分子材料通常是由 $10^3 \sim 10^5$ 个结构单元组成，因而高分子材料除具有低分子化合物所具有的结构特征（如同分异构、几何异构、旋转异构）外，还具有许多特殊的结构特点。

1.8.1　高分子链结构

高分子链的结构是指组成高分子结构单元的化学组成、键接方式、空间构型，高分子链的几何形状及构象等。

1. 高分子链组成

高分子链的组成是指构成大分子链的化学成分、结构单元的排列顺序、分子链的几何形状、高聚物分子质量及其分布。根据链节中主链化学组成的不同，高分子链主要有以下几种类型。

（1）碳链高分子

高分子主链是由相同的碳原子共价键联结而成：—C—C—C—C—C—或—C—C═C—C—。前者主链中无双键，为饱和碳链；后者主链中有双键，为不饱和碳链。它们的侧基可以是各种各样的，如氢原子、有机基团或其他取代基。属于此类聚合物的有聚烯烃、聚二烯烃等，这是最广大的聚合物类之一。

（2）杂链高分子

　　高分子主链是由两种或两种以上的原子构成的，即除碳原子外，还含有氧、氮、硫、磷、氯、氟等原子。例如：—C—C—O—C—C—，—C—C—N—C—C—或—C—C—S—C—C—。杂原子的存在能大大地改变聚合物的性能。例如，氧原子能增强分子链的柔性，因而提高聚合物的弹性；磷和氯原子能提高耐火、耐热性；氟原子能提高化学稳定性，等等。属于此类聚合物的有聚酯、聚酰胺及环氧树脂等。

　　（3）元素有机高分子

　　高分子主链一般是由无机元素硅、钛、铝、硼等原子和有机元素氧原子等组成。例如：—O—Si—O—Si—O—。它的侧基一般为有机基团。有机基团使聚合物具有较高的强度和弹性；无机原子则能提高耐热性。有机硅树脂和有机硅橡胶等均属于此类。

　　2. 高分子链的构型

　　高分子中结构单元由化学键所构成的空间排布称为分子链的构型。即使分子链组成相同，但由于取代基所处的位置不同，也可有不同的立体异构。如乙烯类高分子链可以有以下三种立体异构：

　　（1）全同立构。取代基 X 全部处于主链的同侧。

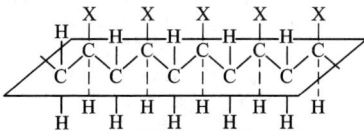

　　（2）间同立构。取代基 X 相间地分布在主链的两侧。

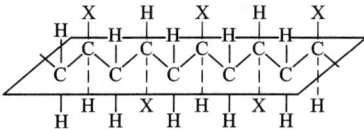

　　（3）无规立构。取代基 X 在主链两侧作无规则的分布。

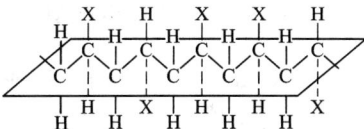

　　全同立构和间同立构属有规（等规）立构。高分子链的空间立构不同其特性亦不同，全同立构和间同立构的聚合物容易结晶，是很好的纤维材料和定向聚合材料；无规立构的聚合物很难结晶，缺乏实用价值。

1.8.2　高分子的聚集态结构

　　高聚物是由许多个大分子借分子间作用力而聚集在一起的。因此研究高分子材料性能只了解其分子结构是不够的，还必须了解这些分子是如何排列、堆砌起来的，即聚集态结构，因为聚集态结构在很大程度上决定了高分子材料的物理性能。高聚物大分子借分子间力的作用聚集成固体，又按其分子链的排列有序和无序而形成晶态和非晶态的物质。固体聚合物的结构分为晶态和非晶态（无定型）两种。

1. 晶态聚合物的结构模型

结晶性聚合物中晶区和非晶区两相共同存在，因晶体极为微小，而高分子链又很长，因此对于聚合物的晶态结构提出了两种不同的结构模型，一为缨状微晶胞模型，另一为折叠链结晶模型。

（1）缨状微晶胞模型

按照这一模型，在聚合物中，凡是高分子链平行整齐排列的区域为晶区，弯弯曲曲且运动比较自由的区域为非晶区，一个长链大分子可以交替通过几个晶区和非晶区，在晶区中，它的大小在 1～100 nm 之间，称为微晶，分子链段规则排列而呈结晶；在非晶区中，分子链段是无规蜷曲、相互缠结的，缨状结构是指晶区和非晶区的过渡区（图 1 - 59）。

根据这一模型，晶区和非晶区是不可分的，因此这个模型也被称为两相模型。这一模型可供解释结晶性聚合物中晶区和非晶区的共存，并可说明低结晶度聚合物的实验结果。但这一模型不能合理地解释单晶和球晶的结构特征。

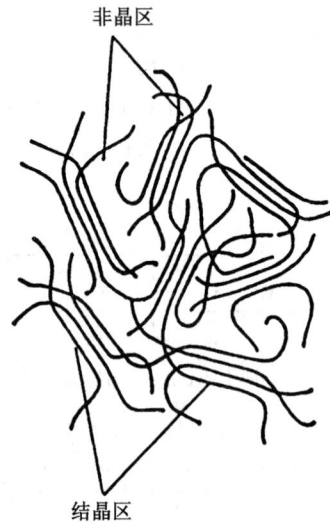

图 1 - 59　缨状微晶胞模型

（2）折叠链结晶模型

制备出聚乙烯单晶后，测得单晶的厚度约为 10 nm。电子衍射又证明，聚乙烯的高分子垂直于片晶面。于是，凯勒（Keller）认为长达数微米的高分子链垂直排列在厚度 10 nm 左右的片晶中，只能采取折叠链的形式。

这种折叠链是简短紧凑的，图 1 - 60 是凯勒提出的"近邻规则折叠链结构"模型的示意图。图中 l 称为折叠周期，聚乙烯的 l 约等于 10 nm。一个片晶中有许多高分子链，每一条高分子链都全部处在晶相中，并连续地折叠起来。链折叠弯曲处可能因应力大而损害晶格，所以折叠的长度（即片晶的厚度）不会太短；而长的高分子链为了减少表面能又力求折叠起来。为减少表面能与分子折叠时的斥力相互竞争，有自动调节折叠链长度的倾向。所以相等长度的规则折叠最为有利，是比较稳定的结构。自折叠链的单晶发现之后，大量的研究工作证明晶区的折叠链结构是高分子材料的基本规律。现今，在常压下从不同浓度的溶液或熔体结晶时，得出的不是多层堆叠的折叠链片晶，就是由折叠链片晶构成的球晶。但关于分子链的折叠方式至今尚有争议，有待进一步研究。

图 1 - 60　折叠链结构模型

（3）聚合物的结晶度

由于结晶性聚合物中晶区和非晶区的共存，因此提出了结晶度的概念，用来说明结晶部分的含量。

测定结晶度的方法有比容法、量热法、X 射线衍射法和红外光谱法等，最简单的方法是比容法或密度法。用比容法测定结晶度时，假定结晶性聚合物的比容等于结晶部分的比容和非晶部分比容的质量加和

$$v = v_c \cdot \omega + (1 - \omega) \cdot v_a \qquad (1 - 25)$$

式中：v——结晶性聚合物试样的比容；

　　　v_c——结晶部分的比容；

　　　v_a——非晶部分的比容。

上式中，ω 是结晶部分的质量分数，称为质量分数结晶度，因此测定聚合物的比容后即可计算聚合物的质量分数结晶度

$$\omega = \frac{v - v_a}{v_c - v_a} \qquad (1 - 26)$$

式中：v_c 是从聚合物的结晶晶胞尺寸计算得到的，v_a 可从聚合物熔体的比容随温度的变化外推得到。

类似地，从结晶性聚合物的密度是结晶部分的密度和非晶部分的密度的体

积加和的假定出发，可以得到

$$\rho = \nu \cdot \rho_c + (1 - \nu) \cdot \rho_a \qquad (1-27)$$

上式中，ρ、ρ_c、ρ_a 分别为聚合物试样、聚合物结晶和非晶部分的密度，ν 是结晶部分所占的体积分数，称为体积分数结晶度

$$\nu = \frac{\rho - \rho_a}{\rho_c - \rho_a} \qquad (1-28)$$

质量分数结晶度 ω 和体积分数结晶度 ν 之间的关系为

$$\omega = \frac{\rho_c}{\rho} \cdot \nu \qquad (1-29)$$

聚合物的结晶度大小与聚合物的结构以及结晶条件有关。规整结构的聚合物可以达到较高的结晶度，分支、结构不规整的聚合物的结晶度较低。从熔体急冷（淬火）的聚合物试样的结晶度较缓慢冷却的试样的结晶度低。急冷的试样在玻璃化温度以上温度处理时，可以进一步结晶，提高结晶度。

表 1-18 一些聚合物的结晶和非晶的比容

聚合物	$v_c/(\mathrm{cm^3 \cdot g^{-1}})$	$v_a/(\mathrm{cm^3 \cdot g^{-1}})$
聚乙烯	1.00	1.18
聚丙烯	1.05	1.17
聚四氟乙烯	0.43	0.50
聚三氟氯乙烯	0.46	0.52
聚乙烯醇	0.74	0.79
尼龙 66	0.81	0.92
尼龙 6	0.81	0.91
尼龙 46	0.80	0.90
聚甲醛	0.65	0.80
聚氧化乙烯	0.75	0.89
聚醚醚酮	0.76	0.79
聚对苯二甲酸乙二酯	0.69	0.75

2. 非晶态聚合物的结构模型

许多聚合物，如无规立构的聚苯乙烯、聚甲基丙烯酸甲酯等都是非晶态的，在结晶性聚合物中也都存在着非晶区。非晶态结构普遍存在于聚合物的结

构之中,非晶区结构对聚合物性能的影响是不可低估的,因此对非晶态结构的研究具有重要的理论和实际意义。对于非晶态高分子材料内部结构的研究还不充分,结构模型主要有以下两类。

(1)无序结构模型

Flory 从高分子溶液理论的研究结果推论,提出了非晶态聚合物的无规线团模型(图1-61)。按照这个模型,在非晶态聚合物中,聚合物分子链采取无规线团构象,大分子链之间是相互贯穿的,非晶态聚合物的聚集态结构是无序的。这个模型应用于聚合物橡胶弹性和粘弹性的研究都取得了相当的成功,特别是20世纪70年代以来,采用中子散射技术成功地测定了非晶态聚合物中大分子链的尺寸,与聚合物的干扰链尺寸一致,这些实验结果进一步支持了非晶态聚合的无规线团模型。

(2)局部有序结构模型

Yeh 于1972年提出了折叠链缨状胶粒模型(图1-62)。该模型认为,非晶态聚合物中存在一定程度的有序,并主要包括两部分:一是由高分子链折叠而成的粒子相,二是粒子与粒子之间的粒间相。在粒子相中,分子链互相平行排列的部分形成了有序区,尺寸为2~4 nm,当然这种排列的规整性比晶态结构要差得多;另外在有序区周围有1~2 nm宽的粒界区,它由折叠链的弯曲部分、链端、缠结点和连结链所组成。在粒间相中,分子链是完全无规的,并由高分子的无规线团、低分子化合物、高分子链的末端和"连接链"等构成,宽度为1~5 nm。该模型还认为一根分子链可以穿过几个粒子相和粒间相。

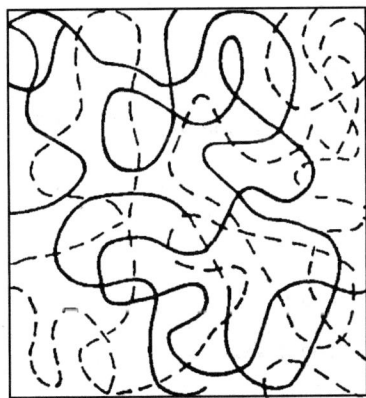

图1-61 非晶态聚合物的无规线团模型

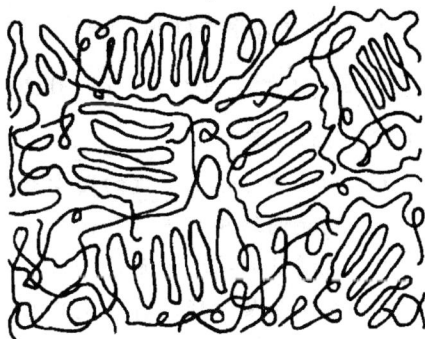

图1-62 折叠链缨状胶粒模型

习 题

1. 解释下列名词：对称，空间点阵，布拉菲点阵，固溶体，中间相，高分子化合物取代基，准晶，非晶体，拓扑密排相。

2. 空间点阵与晶体结构的关系如何？

3. 根据等径刚球模型，计算 fcc、bcc、hcp 晶胞的原子个数，致密度，配位数，原子半径与点阵常数 a 的关系。指出晶胞中的密排方向和密排面。

4. 计算面心立方结构的(111)，(110)，(100)晶面的面间距及原子密度(原子个数/单位面积)。

5. 画出一个 fcc 晶胞中的 {111} 面，并画出在(111)面上的 <110> 方向，指出其晶向指数，在一个晶胞中共有多少这样的 {111} <110> 组合(注意晶向要位于晶面上)。

6. 利用绘图和计算方法判断立方点阵的($\bar{1}$10)，(11$\bar{2}$)和($\bar{1}$3$\bar{2}$)是否属于同一晶带，若属于同一晶带，求出其晶带轴。

7. 在立方晶系中，标出(102)，(11$\bar{2}$)，($\bar{2}$13)和[110]，[11$\bar{1}$]，[1$\bar{2}$0]，[$\bar{3}$21]各晶面和晶向。

8. 钢是碳溶解在铁中的填隙固溶体。经 X 射线测定，Fe 和 C 原子半径分别为 $R_{\gamma-Fe}=0.125$ nm，$R_{\alpha-Fe}=0.124$ nm，$R_C=0.07$ nm。根据刚性球模型，则碳原子将存在于 $\gamma-Fe$ 和 $\alpha-Fe$ 晶体中的什么间隙位置？哪一种铁能溶解更多的碳？

9. 计算立方系中(011)和($\bar{1}$11)，($\bar{1}$11)和($\bar{1}$00)面的夹角。

10. Zn 为六方系结构，$a=0.26649$ nm，$c=0.49468$ nm，求(11$\bar{2}$0)和(21$\bar{3}$1)面的面间距。

11. 影响固溶体固溶度的因素有哪些？

12. 陶瓷的结构特点是什么？

13. 硅酸盐的结构基元是什么？

14. 说明金属玻璃的特性及其形成的主要影响因素。

15. 说明准晶体的特性及其与晶体、非晶体之间的区别与联系。

16. 说明晶态及非晶态聚合物模型及其区别。

第 2 章　　空位与位错

在实际晶体中,原子排列并不像理想晶体那么规则和完整。在某些局部区域,原子排列是紊乱、不规则的,这些原子排列规则性受到严重破坏的区域统称为"晶体缺陷",相对于理想晶体结构的周期性和方向性而言,晶体缺陷显得十分活跃,它的状态易受外界的影响,它们的数量及分布对材料的行为有十分重要的作用。

根据缺陷在空间的几何图像,将晶体缺陷分为三大类:

①点缺陷。属于零维缺陷,它在三维空间各方向的尺寸都很小,如空位、间隙原子和异类原子等。

②线缺陷。属于一维缺陷,它在两个方向尺寸很小,而在另一个方向上尺寸却很大,主要是位错。

③面缺陷。属于二维缺陷,它在一个方向上尺寸很小,而在另两个方向上尺寸却很大,如晶界、相界、层错和表面等。

2.1　空位

晶体中点缺陷的基本类型如图 2 - 1 所示。如果晶体中某结点上的原子空缺了,则称为空位[图 2 - 1(a)],它是晶体中最重要的点缺陷,脱位原子一般进入其他空位或者逐渐迁移至晶界或表面,这样的空位称为肖脱基(Schottky)空位。如果晶体中的原子挤入结点的空隙,则形成另一类点缺陷——间隙原子[图 2 - 1(b)],同时原来的结点位置也空缺,产生了一个空位,通常把这样一对点缺陷(空位和间隙原子)称为弗兰克耳(Frenkel)缺陷。

外来原子也可视为晶体的点缺陷,因为它的原子尺寸或化学电负性等与基体原子不一样,所以,它的引入必然导致周围晶格的畸变。如外来原子的尺寸很小,则可能挤入晶格间隙[图 2 - 1(c)],原子尺寸若与基体原子相当,则会置换晶格中的某些结点[图 2 - 1(d),(e)]。

在点缺陷中,空位是最普遍存在的一种缺陷,所以下面主要讨论空位的有关问题。

2.1.1 空位的热力学分析

空位是由原子的热运动产生的,已知晶体中的原子并非静止,而是以其平衡位置为中心不停地振动,对于某单个原子而言,其振动能量也是瞬息万变,在某瞬间原子的能量高到足以克服周围原子的束缚,离开其平衡位置从而形成空位。

在晶体中,空位并非固定不变,它处于不断的产生和消失过程中。在晶体中,空位的数量通常是用"空位浓度"衡量。所谓空位浓度,是指晶体中空位总数和结点总数的比值。根据统计热力学原理,空位浓度主要取决于温度。一定的温度对应于一定的平衡空位浓度。

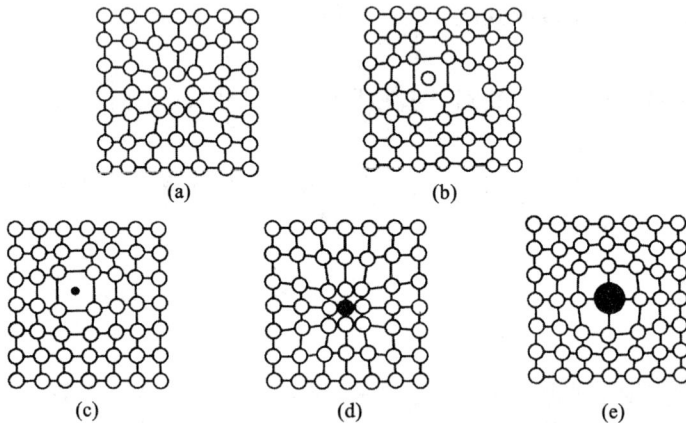

图 2-1 点缺陷的类型

根据热力学,在等温等压条件下,晶体中空位形成后亥姆霍兹自由能(ΔA)可以写成:

$$\Delta A = \Delta U - T \cdot \Delta S \qquad (2-1)$$

形成空位带来晶格畸变,引起内能 U 增加,ΔU 为正值。设一个空位带来的内能增加值为 u,它的意义也相当于形成一个空位所需的能量,即空位形成能,所以内能项增量 ΔU 应为:

$$\Delta U = nu \qquad (2-2)$$

式中,n 为空位的数量。同时空位的存在又使体系的混乱度增大,即引起熵值增加,使自由能降低,且少量空位的存在使体系的排列方式大大增加,即显著地增加熵值。熵值增加 ΔS(简称熵增)随空位数量的变化是非线性的,如

图 2 - 2 所示，熵增先随晶体中空位的增加而快速增加，空位继续增加使熵增变化逐渐变缓。ΔU 和 ΔS 这两项相反作用的结果使自由能变化 ΔA 的走向如图 2 - 2 的中间曲线所示，先随晶体中空位数目 n 的增多，自由能逐渐降低，然后又逐渐增高，这样体系中在一定温度下存在着一个平衡空位浓度，在该浓度下，体系的自由能最低。也就是说，由热振动产生的空位属于热力学平衡缺陷，晶体中存在一些空

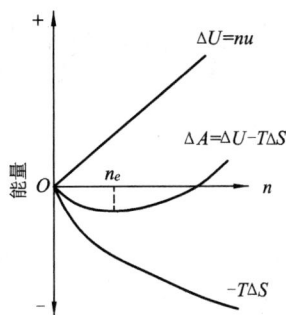

图 2 - 2　自由能随点缺陷数量的变化

位时自由能是降低的，相反，如果没有这些空位，自由能反而升高。

根据图 2 - 2，不难求得晶体中平衡空位浓度，通过计算空位数目对内能项和熵项的影响，便可求得图 2 - 2 中 ΔA 曲线的极小位置，即平衡空位数目 n_e。其结果可表示为

$$\frac{n_e}{N} = C_v = A \cdot \exp \frac{-u}{kT} \qquad (2-3)$$

式中：C_v 为平衡空位浓度；N 为晶体中的原子总数；A 是材料常数，其值常取 1；T 为体系所处的热力学温度；k 为玻尔兹曼常数，约为 8.62×10^{-5} eV·K^{-1} 或 1.38×10^{-23} J·K^{-1}；u 为空位形成能。

式(2-3)说明，温度越高，空位浓度越大。若在相同的温度下，空位形成能越大的金属，所得的平衡空位数越小。表 2 - 1 列出了一些常见金属的空位形成能，可根据此数据计算出某一金属在给定温度下的平衡空位浓度。

表 2 - 1　一些常见金属的空位形成能(u)

金属	W	Fe	Ni	Cu	Ag	Mg	Al	Pb	Sn
u/eV	2.20	1.50	1.40	1.15	1.10	0.89	0.76	0.60	0.50

注：1eV = 1.602×10^{-19}J。

2.1.2　空位的迁移

空位在晶体中并非静止不动，它可借助热激活而作无规则的运动。空位的迁移，实质上是其周围原子的逆向运动，如图 2 - 3 所示。当原子获得一定能量后，就会越过"势垒"发生迁移。这个势垒就是空位迁移能 E_m。

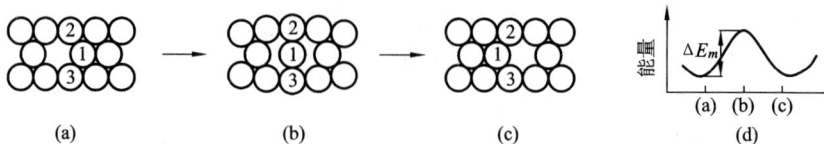

图 2 - 3　空位的移动

迁移能的估算可通过测定淬火试样在不同温度加热时电阻率下降速度变化情况予以确定。测试方式是，首先将淬火试样分别测定其电阻值，然后将试样分成两组，分别加热至 T_1 及 T_2 温度，并保持不同的加热时间 t_1 和 t_2。若加热温度和时间相互对应，并保证两组试样电阻值相同，可求得空位迁移能 E_m。

$$\ln\left(\frac{t_2}{t_1}\right) = E_m\left(\frac{1}{T_2} - \frac{1}{T_1}\right)/k \qquad (2-4)$$

式中，E_m 为空位迁移能；k 为玻尔兹曼常数。

从表 2 - 1 及表 2 - 2 可见，金属熔点越高，空位的形成能和迁移能越大。所以，在相同条件下，高熔点金属形成的空位数比低熔点金属少。

表 2 - 2　一些常见金属的空位迁移能(E_m)

金属	W	Fe	Ni	Cu	Ag	Mg	Al
E_m/eV	17.0	1.10	1.05	0.90	0.86	0.50	0.65

2.1.3　材料中空位的实际意义

空位迁移是许多材料加工工艺的基础。晶体中的原子处于不断运动的状态，当空位周围的原子的能量大至足够越过"势垒"时，就可能脱离原来的位置而跳跃至空位，从而引起空位的迁移。晶体中原子的扩散就是依靠空位迁移而实现的。在常温下由空位迁移所引起的热振动动能显著提高，再加上高温下空位浓度的增多，因此高温下原子的扩散速度十分可观。材料加工工艺不少过程都是以扩散作为基础的，例如化学热处理、均匀化处理、退火与正火、时效等过程无一不与原子的扩散相联系，如果晶体中没有空位，这些工艺根本无法进行。提高这些工艺处理温度可大幅度提高的过程的速率，也正是基于空位浓度及空位迁移速度随温度的上升呈指数上升的规律。

空位还可造成金属物理性能与力学性能的变化。最明显的是引起电阻的增加，晶体中存在的空位破坏了原子排列的规律性，使电子在传导时的散射增加，从而增加了电阻。此外，金属晶体中空位的存在，将会引起体积膨胀，密度下降。材料研究中，正是利用电阻或密度的变化测量晶体中的空位浓度或研究空位在不同条件下的变化规律。在常温下，空位对材料力学性能的影响并不大，但在高温下空位的浓度很高，空位在材料变形中的作用就不能忽略了，空位的存在及其运动是晶体发生高温蠕变的重要原因之一。此外，晶体在室温下也可能有大量非平衡空位，如高温淬火条件下得到的"过饱和空位"或经辐照处理后的空位，这些过量的空位与其他晶体缺陷发生交互作用，因而使材料强度提高，但同时也引起显著的脆性。

2.2　位错的基本类型及特征

位错是晶体中普遍存在的，也是最重要的一种缺陷。晶体中位错的基本类型为刃型位错和螺型位错，实际的位错往往是两种位错的混合，称为混合位错。下面以简单立方晶体为例加以讨论。

2.2.1　刃型位错

刃型位错可以想像为在晶体内有一原子平面中断于晶体内部，这个原子平面中断处的边沿及其周围区域就是一个刃型位错。如图 2 - 4(a)、(b)、(c)为晶体晶面和具有刃型位错原子组态的示意图。由于中断处的边沿犹如在晶体中插入一把刀刃，故称之为"刃型位错"，而在刃口处的原子列定义为"刃型位错线"。习惯上把半原子面位于某晶面的上半部位置的称为正刃型位错，以记号"⊥"表示，相反，半原子面位于某晶面下半部的称为负刃型位错，以"T"表示。当然这种规定都是相对的。

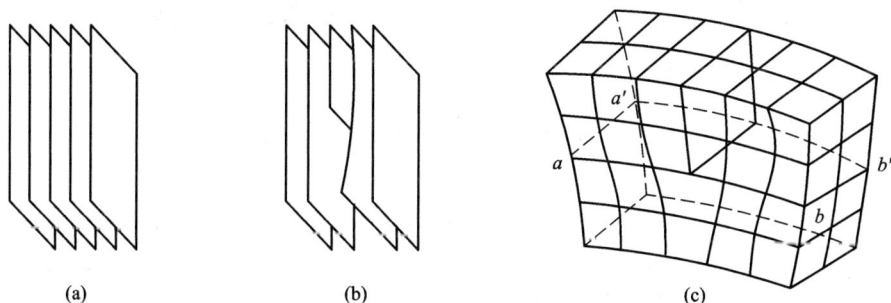

(a)　　　　　　　　　(b)　　　　　　　　　(c)

图 2 - 4　含有刃型位错的晶体结构示意图

从图 2 - 4(c)可见，在刃型位错线周围的原子不同程度地偏离了平衡位置,致使周围点阵发生了弹性畸变。对图2-4(c)中正刃型位错而言,晶面上部原子显得拥挤,受到压应力,而晶面下部原子显得稀疏,受到拉应力。

位错周围点阵畸变是对称的,位错中心的畸变度最大,随着与中心距离的增加,畸变程度逐渐减小。一般把点阵畸变程度大于正常原子间距1/4的区域宽度定义为位错宽度,其值为2~5个原子间距。位错线长度有数百个到数万个原子间距,与位错长度相比,位错宽度显得非常小,所以把位错看作是线缺陷。

晶体中的刃型位错,可能是在晶体形成过程(凝固或冷却)中产生的,但是,晶体在塑性变形时也会产生大量的刃型位错,如图2-5所示。此模型的设想是,有一个力(F)作用在晶体的右上角,促使右上角的上半部晶体沿着滑移面向左作局部移动,使原子列移动了一个原子间距,其滑移量用矢量 b 表示,从而形成一个刃型位错。从这个角度来看,可以把位错定义为晶体中已滑移区域和未滑移区域的边界。既然如此,晶体中的位错作为滑移区的边界,就不可能中断于晶体内部,它们或者中止于表面(图2-5),或者中止于晶界和相界,或者与其他位错线相交,或者自行在晶体内形成一个封闭环(图2-6),这是位错的一个重要特征。

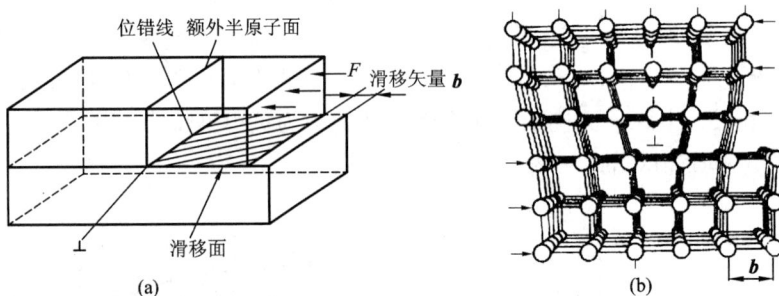

图2-5　晶体局部滑移形成的刃型位错

刃型位错不一定是直线,可以是折线或曲线。如图2-6所示,$EFGH$ 就是一个位错环,这个位错环是由于晶体中多了一片 $EFGH$ 的原子层所造成的。这种位错环多是由于空位集团崩塌而形成的。

综上所述,刃型位错具有以下几个特征:

①刃型位错是由一个多余半原子平面所形成的线缺陷。

②位错滑移矢量 b 垂直于位错线,而滑移面是位错线和滑移矢量所构成的

唯一平面。

③刃型位错线的形状可以是直线、折线和曲线。

④晶体中产生刃型位错时，其周围点阵产生弹性畸变，使晶体处于受力状态，就正刃型位错而言，滑移面上方原子受到压应力，下方原子受到拉应力。负刃型位错则刚好相反。

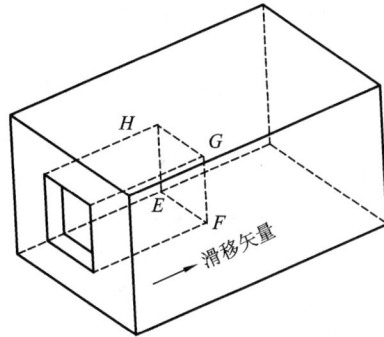

图 2-6　晶体中的纯刃型位错环

2.2.2　螺型位错

假定在一块简单立方晶体中，沿某一晶面切一刀缝，贯穿于晶体右侧至 BC 处，如图 2-7 所示，然后在晶体的右侧上部施加一切应力 τ，使右端上下两部分晶体相对滑移一个原子间距，由于 BC 线左边晶体未发生滑移，于是出现了已滑移区与未滑移区的边界 BC，见图 2-7(a)。经过这样操作后使右侧晶体上下两部分发生晶格扭动，从俯视角度看，在滑移区上下两层原子发生了错动，见图 2-7(b)，晶体点阵畸变最严重的区域内的两层原子平面变成螺旋面。畸变区的尺寸与长度相比小得多，在这畸变区范围内称为螺型位错，已滑移区和未滑移区的交线 BC 则称为螺型位错线。

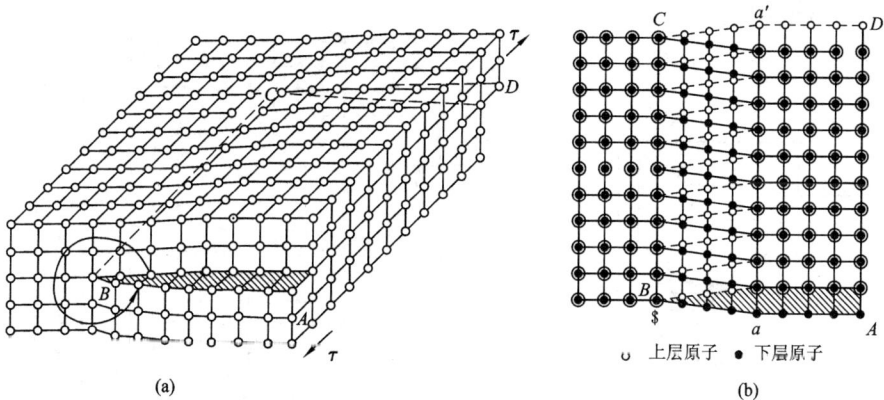

○ 上层原子　● 下层原子

(a)　　　　　　　　　(b)

图 2-7　螺型位错模型

按照螺旋面前进的方向与螺旋面旋转方向的关系可分为左、右螺型位错，符合右手定则(即右手拇指代表螺旋面前进方向，其他四指代表螺旋面旋转方向)的称为右螺型位错,符合左手定则的称为左螺型位错。如图2-7螺型位错为右螺型位错。

螺型位错与刃型位错的主要区别在于螺型位错线与滑移矢量平行,螺型位错受力时只存在平行于位错线的切应力,而无正应力,并且位错线移动方向与滑动方向相垂直。

综上所述,螺型位错具有以下特征:

①螺型位错是原子错排呈轴线对称的一种线缺陷。

②螺型位错的位错线与滑移矢量相平行,因此,其位错线只能是直线。

③螺型位错线的移动方向与晶体滑移方向、应力矢量相垂直。

2.2.3 混合位错

实际的位错常常是混合型的,其位错线与滑移矢量既不平行也不垂直,这种位错称为混合位错。如图2-8所示,晶体右上角在外力 F 作用下发生切变,在滑移面 ABC 范围内原子发生了位移,其滑移矢量用 b 表示,$\overset{\frown}{AC}$ 为已滑移区和未滑移区的边界,$\overset{\frown}{AC}$ 即是位错线,与滑移矢量成任意角度,它是晶体中较常见的一种位错。从图2-8(a)可清楚地看出它的特点,在 $\overset{\frown}{AC}$ 位错线中,靠近 A 端的位错线段平行于滑移矢量,属于纯螺型位错;靠近 C 端的位错线段垂直于滑移矢量,属于纯刃型位错,其余部分线段与滑移矢量成任意角度,均属混合位错,但每一段位错线均可分解为刃型和螺型两个分量,混合位错的原子组态如图2-8(b)所示。

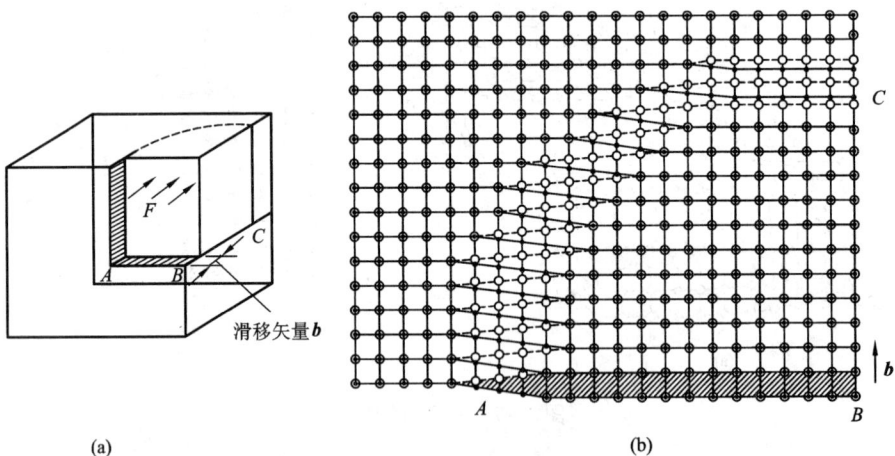

图2-8 混合位错

2.3 柏氏矢量

上节从原子模型出发初步介绍了位错的类型和特征,为了便于进一步分析位错,同时又避免繁琐的原子模型,有必要引入一个能够描述位错性质的物理量。位错是线性的点阵畸变,因此这个物理量应该把位错区原子的畸变特征表示出来,包括畸变的位置和畸变的程度,所以这个物理量应该是个矢量,这就是柏氏(Burgers)矢量,用 *b* 表示。

2.3.1 确定柏氏矢量的方法

以刃型位错为例,讨论柏氏矢量的确定方法,如图 2-9。

① 首先确定位错线的方向,一般人为地认为从纸背向纸面为正方向,反之为负方向,图 2-9(a)的刃型位错线定为正方向。

② 用右手螺旋定则确定柏氏回路的旋转方向,图 2-9(a)中刃型位错柏氏回路为逆时针旋转。

③ 选择一个含有位错的实际晶体,另选一个结构相同的理想晶体为参考,作柏氏回路,其方法是在图 2-9(a)含刃型位错的实际晶体中任取一原子 A 为出发点,按箭头方向围绕位错线作闭合回路,使起点与终点相重合,这样的回路称为柏氏回路。在理想晶体中,如图 2-9(b)也按同样的路线和步伐作回路,此时回路的终点 B 与起点 A 不重合,从 B 点到 A 点作一矢量 $\overrightarrow{BA}$,使回路闭合,该矢量则称为此位错的柏氏矢量 *b*,刃型位错的柏氏矢量与位错线垂直,并与滑移面平行。

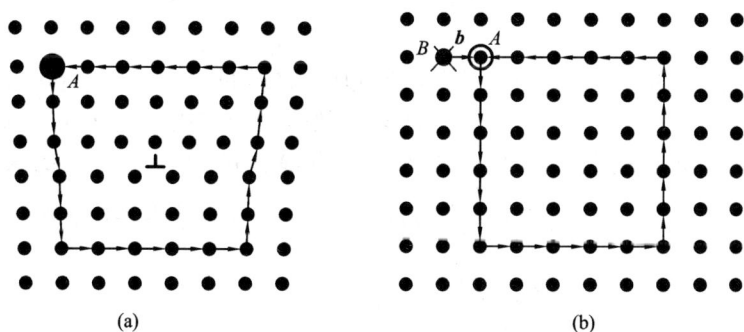

图 2-9 刃型位错的柏氏回路和柏氏矢量
(a)含有位错的晶体;(b)供比较用的理想晶体

螺型位错的柏氏矢量也可按同样的方法加以确定(图 2 - 10),由图可见螺型位错的柏氏矢量是与位错线平行的。

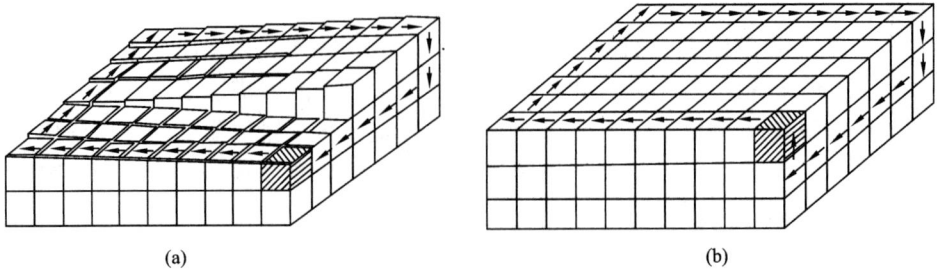

| (a) | (b) |

图 2 - 10　螺型位错的柏氏回路和柏氏矢量

根据以上讨论,从柏氏矢量和位错线之间的不同取向关系可以确定不同类型的位错。

① 刃型位错:柏氏矢量与位错线相垂直,其正负由图2 - 11(a)所示。

② 螺型位错:柏氏矢量与位错线相平行,柏氏矢量与位错线同向的则为右螺型位错,柏氏矢量与位错线反向的则为左螺型位错,如图 2 - 11(b)所示。

③ 混合位错:柏氏矢量与位错线成任意角度,如图 2 - 11(c)所示。

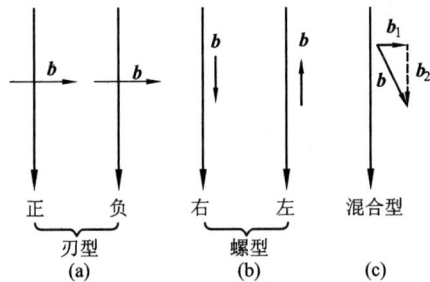

图 2 - 11　位错线与柏氏矢量的位向关系
区分位错的类型和性质

柏氏矢量的大小和方向可以用它在晶轴上的分量,即点阵矢量 a、b 和 c 来表示。对于立方晶系晶体,由于 $a = b = c$,故可用与柏氏矢量 b 同向的晶向指数来表示。例如柏氏矢量等于从体心立方晶体的原点到体心的矢量,则 $b = a/2 + b/2 + c/2$,可写成 $b = \dfrac{a}{2}[111]$。一般立方晶系中柏氏矢量可表示为 $b = \dfrac{a}{n}<uvw>$,其中 n 为正整数。

如果一个柏氏矢量 b 是另外两个柏氏矢量 $b_1 = \dfrac{a}{n}[u_1 v_1 w_1]$ 和 $b_2 = \dfrac{a}{n}[u_2 v_2 w_2]$ 之和,则按矢量加法法则有:

$$\boldsymbol{b} = \boldsymbol{b}_1 + \boldsymbol{b}_2 = \frac{a}{n}\left[u_1\ v_1\ w_1\right] + \frac{a}{n}\left[u_2\ v_2\ w_2\right] = \frac{a}{n}\left[u_1+u_2\ v_1+v_2\ w_1+w_2\right]$$

通常还用 $|b| = \frac{a}{n}\sqrt{u^2+v^2+w^2}$ 来表示位错的强度，称为柏氏矢量的大小或模，即位错的强度。

同一晶体中，柏氏矢量越大，表明该位错导致点阵畸变越严重，它所处的能量也越高。能量较高的位错通常倾向于分解为两个或多个能量较低的位错：$\boldsymbol{b}_1 \rightarrow \boldsymbol{b}_2 + \boldsymbol{b}_3$，并满足 $|b_1|^2 > |b_2|^2 + |b_3|^2$，以使系统的自由能下降。

2.3.2　柏氏矢量的特征和意义

本质上理想晶体和实际晶体柏氏回路的差异反映了位错线形成的畸变，柏氏矢量与回路起点的选择无关，也与所作柏氏回路的具体途径无关，一条位错线只有一个柏氏矢量，由此可以确定柏氏矢量描述了位错线上原子的畸变特征、畸变方向和畸变大小。

从另一角度看，位错是滑移区和未滑移区的边界，位错的畸变是由滑移面上局部滑移引起的，所以滑移区上滑移的大小和方向应与位错线上原子畸变特征是一致的，这样，柏氏矢量的另一个重要意义是指出了位错滑移后，晶体上、下部分产生相对位移的方向和大小，即滑移矢量。对于刃型位错，滑移区的滑移方向正好垂直于位错线，滑移量为一个原子间距，而螺型位错的滑移方向则平行于位错线，滑移量也是一个原子间距，它们正好和柏氏矢量 $\boldsymbol{b}$ 完全一致。柏氏矢量的这一特征为讨论塑性变形提供了方便，对于任意位错，不管其形状如何，只要知道它的柏氏矢量 $\boldsymbol{b}$，就得知晶体滑移的方向和大小，而不必从原子尺度考虑其运动细节。

任意一条位错线，不论其形状如何变化，都只有一个确定的柏氏矢量。基于这一点，可以方便地判断出任意位错上各段位错线的性质，如图 2-12 所示，根据位错线与柏氏矢量的关系，凡与 $\boldsymbol{b}$ 平行的为螺型位错，与 $\boldsymbol{b}$ 垂直的则为刃型位错，两者以任意角度 φ 相交的则为混合位错，其中刃位错分量为 $\boldsymbol{b}_e = b\sin\varphi$，螺位错分量 $\boldsymbol{b}_s = b\cos\varphi$。

几根位错线如相遇于一点，其方向朝着节点的各位错线的柏氏矢量之和等于离开节点的各位错线柏氏矢量之和，例如图 2-13 中位错线 1 朝着节点，而位错线 2 和 3 离开节点，则 2、3 位错线柏氏矢量之和（$\boldsymbol{b}_3 + \boldsymbol{b}_2$）应等于位错线 1 的柏氏矢量 $\boldsymbol{b}_1$，即 $\boldsymbol{b}_1 = \boldsymbol{b}_2 + \boldsymbol{b}_3$。

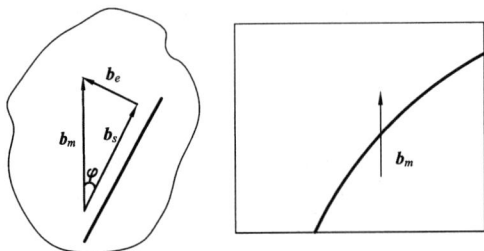

图 2 - 12　混合位错的柏氏矢量　　　　　　图 2 - 13　三位错线相遇于一点

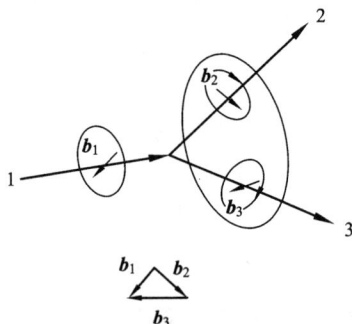

2.4　位错的运动

晶体的宏观塑性变形是通过位错运动来实现的。当晶体中存在位错时，只需用一个很小的推动力便能使位错发生滑动，从而导致金属的整体滑移，这揭示了金属实际强度和理论强度的巨大差别。因为金属的许多力学性能均与位错运动密切相关，因此，了解位错运动的有关规律对于改善和控制金属各种力学性能很有意义。

2.4.1　位错滑移的晶格阻力

在无其他缺陷和障碍物的均匀晶体中，移动单个位错所需应力是相当小的，如图 2 - 14 所示，当位错在应力作用下由位置 1 移动至位置 2 时，位错本身移动了一个原子间距，而其邻近原子却只作了很小的位移，由图可以看出处于位置 1（或 2）的位错，其两侧的原子虽然发生了不同程度的弹性畸变，但由于它们均处于对称的点阵位置，因而从两侧作用在位错上的原子力可以相互抵消，这样使 1 和 2 位置上的位错处于低能状态。然而，位错由 1 向 2 过渡时，其两侧原子排列要经历不对称状态，此时作用在位错上的力不能完全抵消，位错必须越过势垒才能移动，见图 2 - 15，这个势垒就是位错运动的阻力，称为晶格阻力。由于派尔斯（Peirls）和纳巴罗（Nabarro）估算了此阻力，所以亦称为"派 - 纳力"。

派 - 纳力（τ_p）实质上是指周期点阵中移动单个位错所需的临界切应力，其近似计算式为：

$$\tau_p = \frac{2G}{(1-\nu)}\exp\left(-\frac{2\pi w}{b}\right) = \frac{2G}{(1-\nu)}\exp\left[-\frac{2\pi a}{(1-\nu)b}\right] \qquad (2-5)$$

式中：b——柏氏矢量；

　　　G——切变模量；

　　　ν——泊松比；

　　　w——位错宽度，它等于 $a/(1-\nu)$；

　　　a——滑移面的面间距。

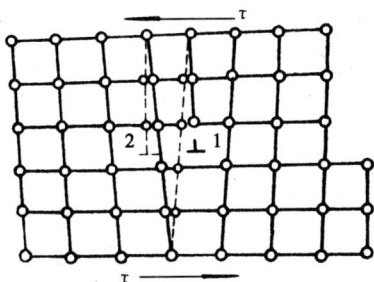

图 2 - 14　刃型位错滑移时周围原子的动作　　图 2 - 15　位错移动势能的变化

由上可得出以下几点：

① 通过位错移动使晶体滑移所需临界切应力是很小的，仅为理想晶体的 $1/100 \sim 1/1000$。

② 晶格阻力（τ_p）随着 a 值的增大和 b 值的减小而下降。在晶体中原子最密排面其面间距 a 最大，最密排方向其 b 值最小，这就很容易解释晶体塑性变形多是沿着晶体中最密排面和最密排方向进行的。

③ 晶格阻力随着位错宽度的减小而增大。离子晶体、陶瓷和共价键物质位错宽度很小，故其晶格阻力很大，表现出脆性，而塑性材料的位错宽度较大，晶格阻力则较小。

2.4.2　刃型位错的运动

刃型位错在晶体中有两种运动方式，一种是滑移，另一种是攀移。

1. 刃型位错的滑移

图 2 - 16 说明了含有刃型位错的简单立方晶体的滑移过程。在切应力作用下，位错线 AB 沿着位错线与柏氏矢量所确定的惟一平面滑移，当 AB 位错线移动至晶体表面时位错消失，形成一个原子间距的滑移台阶，其大小相当于一个

柏氏矢量的值。如果有大量位错重复此过程，就会在晶体外表面形成肉眼可见的滑移痕迹。

位错的滑移不会引起晶体体积的变化（$\Delta V = 0$），所以这种运动称为保守运动或守恒运动。

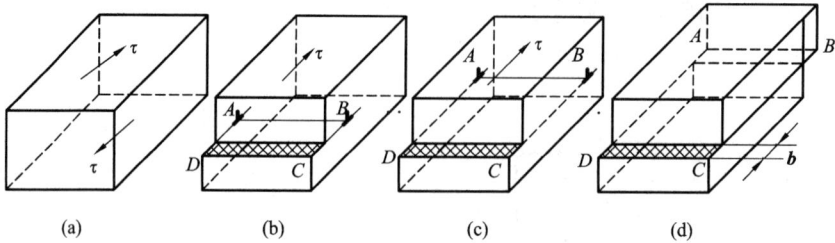

图 2 - 16　刃型位错的滑移

（a）原始状态；（b）、（c）位错滑移的中间阶段；（d）位错移出晶面，形成一个台阶

2. 刃型位错的攀移

攀移的本质是刃型位错的半原子面向上或向下运动，于是位错线亦向上或向下运动，如图 2 - 17。通常把半原子面向上移动称为正攀移，半原子面向下移动称为负攀移。攀移的机理与滑移不同，它是通过原子的扩散来实现的。如图 2 - 17（b）、（c）所示，空位反向扩散至半原子面的边缘形成割阶，随着空位反向扩散的继续，当原始位错线被空位全部占据时，原始位错线向上移动了一个原子间距，即刃型位错发生正攀移，同理，原子扩散至刃型位错半原子面的下方，使整条位错线下移了一个原子间距，位错发生了负攀移。

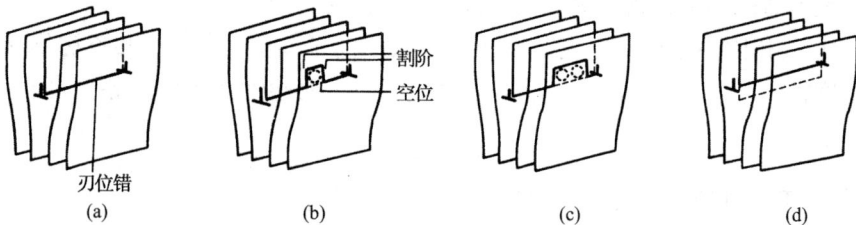

图 2 - 17　位错的正攀移过程

由于空位的迁移和原子扩散对温度十分敏感，因此位错的攀移是一个热激活的过程，通常只有在高温下攀移才对位错的运动产生重要影响。

位错滑移是在切应力作用下发生，而正应力可使位错攀移。拉应力促使负攀移,压应力造成正攀移。

刃型位错的攀移是通过空位迁移和原子扩散来实现,它必然会引起晶体体积变化。因此,位错攀移称为非保守运动或非守恒运动。

2.4.3　螺型位错的运动

螺型位错没有多余半原子面,只产生滑移,不存在攀移。如图 2 – 18 是螺型位错滑移过程的示意图,在切应力作用下,位错线沿着与切应力方向相垂直的方向运动,直至消失在晶体表面,只留下一个柏氏矢量大小的台阶。螺型位错移动方向与柏氏矢量垂直,位错线方向与柏氏矢量平行。对螺型位错的滑移

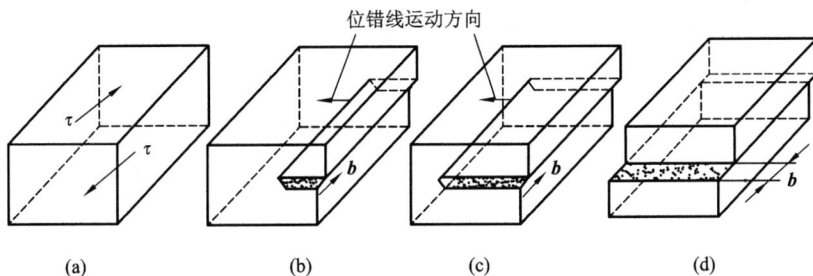

图 2 – 18　螺型位错的滑移

(a) 原始状态;(b)、(c) 位错滑移的中间阶段;(d) 位错移出晶体表面,形成台阶

而言,它没有一个固定的滑移面,螺型位错的滑移面是一系列以位错线为共同转轴的滑移面,所以螺型位错不像刃型位错那样具有确定的滑移面,理论上它可以在所有包含位错线的平面进行滑移。

图 2 – 19 表示螺型位错滑移时周围原子的移动情况。● 代表下层晶面的原子,○ 代表上层晶面的原子,原位错线处在 1 – 1 处,在切应力作用下,位错线周围的原子作小量的位移,移动到虚线所标志的位

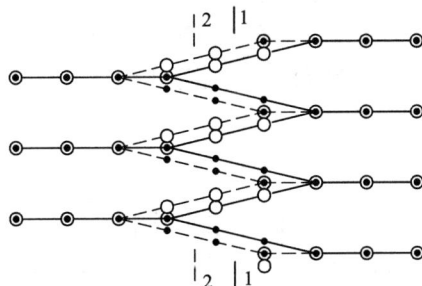

图 2 – 19　螺型位错滑移时周围原子的移动情况

置,即位错线移动到 2 – 2 处,表示位错线向左移动了一个原子间距,反映在晶体表面上即产生了一个台阶。它与刃型位错一样,由于原子移动量很小,所以,它移动所需的力也是很小的。

2.4.4 混合位错的运动

混合位错是刃型位错和螺型位错的混合型,其运动亦是两者的组合,如图 2-20 所示。1 点为纯螺型位错,2 点为纯刃型位错,$\overset{\frown}{12}$ 表示混合位错。在外力作用下滑移区不断扩大,当 $\overset{\frown}{12}$ 位错线在滑移面上滑出晶体后,上下两块晶体沿柏氏矢量方向移动了一个原子间距,形成了一个滑移台阶。

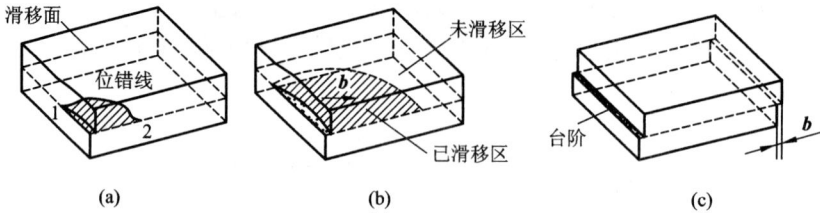

图 2-20 混合位错的滑移过程

在实际晶体中,除了以上三种位错运动,还经常有位错环运动。如图 2-21 所示,位错在滑移面上自行封闭形成位错环,位错环的柏氏矢量正好处于滑移面上。在图 2-21(c) 的 A、B 两处,位错线与柏氏矢量垂直,故为刃位错,且两处刃型位错符号相反,C、D 两处位错线与柏氏矢量平行,故为螺位错,且 C、D 两处位错的旋向相反,位错线的其余部位为混合位错。由于正、负刃型位错在同一切应力作用下滑移方向正好相反,左、右螺型位错在切应力作用下的运动方向也正好相反,符号相反的混合位错情况也是如此,所以整个位错环的运动方向是沿法线方向向外扩展(如图中箭头所示)。当位错环逐渐扩大而离开晶体时,晶体上、下部相对滑动一个台阶,其方向和大小与柏氏矢量相同[图 2-21(b)]。当然,位错环也可能反向运动而逐步缩小至消失,这取决于切应力 τ 的方向。

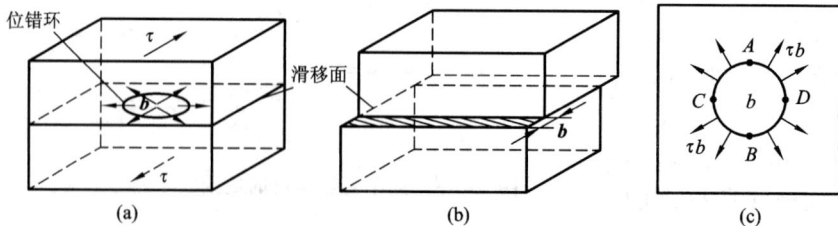

图 2-21 位错环的滑移
(a)晶体中的位错环;(b)位错环在切应力作用下的滑移;(c)位错环顶视图

2.5　位错的应力场和应变能

位错线周围的原子偏离了平衡位置，点阵发生畸变，处于高能的不平衡状态，此畸变能的增量称为位错应变能。另外，点阵畸变产生应力场，使该力场下的其他缺陷产生运动，或者说位错与其他缺陷发生了交互作用，作用的结果是降低体系的应变能。"能量"和"力"两者之间有一定联系，它们均来源于晶格畸变，能量最低状态时作用力则为零。通常在描述体系稳定程度或变化趋势时采用能量的概念说明，而在讨论体系的变化途径时则用力的概念。

位错在晶体中的存在，使其周围原子偏离平衡位置，而导致点阵畸变和弹性应力场的产生。要进一步了解位错的性质，就须讨论位错的弹性应力场，由此可推算出位错所具有的能量、位错的作用力、位错与晶体其他缺陷间交互作用等问题。

2.5.1　位错的应力场

对晶体中位错周围的弹性应力场准确地进行定量计算，是复杂而困难的。为简化起见，通常可采用弹性连续介质模型来进行计算。该模型首先假设晶体是完全弹性体，服从胡克定律；其次，把晶体看成是各向同性的；第三，近似地认为晶体内部由连续介质组成，晶体中没有空隙，因此晶体中的应力、应变、位移等量是连续的，可用连续函数表示。应注意：该模型未考虑到位错中心区的严重点阵畸变情况，因此，导出结果不适用于位错中心区，而对位错中心区以外的区域还是适用的，并已为很多实验所证实。

从材料力学中得知，固体中任一点的应力状态可用 9 个应力分量来表示，图 2-22(a)，(b)分别用直角坐标和圆柱坐标给出单元体上这些应力分量，其中 σ_{xx}，σ_{yy} 和 σ_{zz}(σ_{rr}，$\sigma_{\theta\theta}$ 和 σ_{zz})为 3 个正应力分量，而 τ_{xy}，τ_{yx}，τ_{xz}，τ_{zx}，τ_{yz} 和 τ_{zy}($\tau_{r\theta}$，$\tau_{\theta r}$，τ_{zr}，τ_{rz}，$\tau_{z\theta}$ 和 $\tau_{\theta z}$)则为 6 个切应力分量。这里应力分量中的第一个下标表示应力作用面的外法线方向，第二个下标表示应力的指向。

由于物体处于平衡状态时，$\tau_{ij} = \tau_{ji}$，即 $\tau_{xy} = \tau_{yx}$，$\tau_{yz} = \tau_{zy}$，$\tau_{zx} = \tau_{xz}$($\tau_{r\theta} = \tau_{\theta r}$，$\tau_{\theta z} = \tau_{z\theta}$，$\tau_{zr} = \tau_{rz}$)，因此实际上只要 6 个应力分量就可决定任一点的应力状态。相对应的也有 6 个应变分量，其中 ε_{xx}，ε_{yy} 和 ε_{zz} 为 3 个正应变分量，γ_{xy}，γ_{yz} 和 γ_{zx} 为 3 个切应变分量。

1. 螺型位错的应力场

设想有一各向同性材料的空心圆柱体，先把圆柱体沿 xz 面切开，然后使两个切开面沿 z 方向作相对位移 b，再把这两个面胶合起来，这样就相当于形成

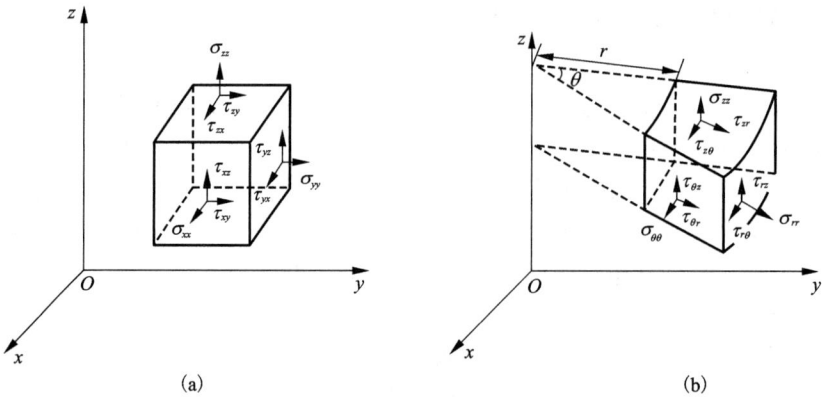

图 2 - 22　单元体上的应力分量

(a)直角坐标　(b)圆柱坐标

了一个柏氏矢量为 **b** 的螺型位错,如图 2 - 23 所示。图中 OO' 为位错线,$MNO'O$ 即为滑移面。

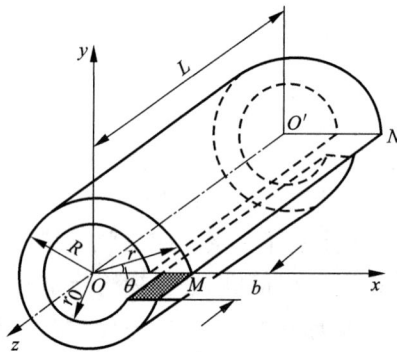

图 2 - 23　螺型位错的连续介质模型

由于圆柱体只有沿 z 方向的位移,因此只有一个切应变:$\gamma_{\theta z} = b/(2\pi r)$。而相应的切应力便为 $\tau_{z\theta} = \tau_{\theta z} = G\gamma_{\theta z} = Gb/(2\pi r)$。其余应力分量均为 0,即 $\sigma_{rr} = \sigma_{\theta\theta} = \sigma_{zz} = \tau_{r\theta} = \tau_{\theta r} = \tau_{rz} = \tau_{zr} = 0$。

若用直角坐标表示,则

$$\left.\begin{array}{l} \tau_{yz} = \tau_{zy} = \dfrac{Gb}{2\pi} \cdot \dfrac{x}{x^2 + y^2} \\[3mm] \tau_{zx} = \tau_{xz} = -\dfrac{Gb}{2\pi} \cdot \dfrac{y}{x^2 + y^2} \\[3mm] \sigma_{xx} = \sigma_{yy} = \sigma_{zz} = \tau_{xy} = \tau_{yx} = 0 \end{array}\right\} \qquad (2-6)$$

因此,螺型位错的应力场具有以下特点:

①只有切应力分量,正应力分量全为零,这表明螺型位错不会引起晶体的膨胀和收缩。

②螺型位错所产生的切应力分量只与 r 有关(成反比),而与 θ, z 无关。只要 r 一定,$\tau_{z\theta}$ 就为常数。因此,螺型位错的应力场是轴对称的,即与位错等距离的各处,其切应力值相等,并随着与位错距离的增大,应力值减小。

注意:这里当 $r \to 0$ 时,$\tau_{\theta z} \to \infty$,显然与实际情况不符,这说明上述结果不适用于位错中心的严重畸变区。

2. 刃型位错的应力场

刃型位错的应力场要比螺型位错复杂得多。同样,若将一空心的弹性圆柱体切开,使切面两侧沿径向(x 轴方向)相对位移一个 b 的距离,再将其胶合起来,于是,就形成了一个正刃型位错应力场,如图 2 – 24 所示。

根据此模型,按弹性理论可求得刃型位错诸应力分量

图 2 – 24　刃型位错的连续介质模型

$$\left.\begin{array}{l} \sigma_{xx} = D \dfrac{y(3x^2 + y^2)}{(x^2 + y^2)^2} \\[3mm] \sigma_{yy} = D \dfrac{y(x^2 - y^2)}{(x^2 + y^2)^2} \\[3mm] \sigma_{zz} = \nu(\sigma_{xx} + \sigma_{yy}) \\[3mm] \tau_{xy} = \tau_{yx} = D \dfrac{x(x^2 - y^2)}{(x^2 + y^2)^2} \\[3mm] \tau_{xz} = \tau_{zx} = \tau_{yz} = \tau_{zy} = 0 \end{array}\right\} \qquad (2-7)$$

若用圆柱坐标系,则其应力分量

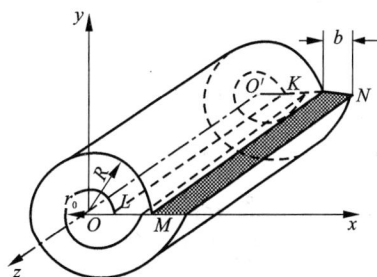

$$\left.\begin{array}{l} \sigma_{rr} = \sigma_{\theta\theta} = -D\dfrac{\sin\theta}{r} \\[2mm] \sigma_{zz} = -\nu(\sigma_{rr} + \sigma_{\theta\theta}) \\[2mm] \sigma_{r\theta} = \sigma_{\theta r} = \nu(\sigma_{xx} + \sigma_{yy}) \\[2mm] \tau_{xy} = \tau_{yx} = D\dfrac{\cos\theta}{r} \\[2mm] \tau_{rz} = \tau_{zr} = \tau_{\theta z} = \tau_{z\theta} = 0 \end{array}\right\} \qquad (2-8)$$

式中，$D = \dfrac{Gb}{2\pi(1-\nu)}$，$G$ 为切变模量；ν 为泊松比；b 为柏氏矢量的大小。

可见，刃型位错应力场具有以下特点：

（1）同时存在正应力分量与切应力分量，而且各应力分量的大小与 G 和 b 成正比，与 r 成反比，即随着位错距离的增大，应力的绝对值减小。

（2）各应力分量都是 x，y 的函数，而与 z 无关。这表明在平行于位错线的直线上，任一点的应力均相同。

（3）刃型位错的应力场对称于多余的半原子面（$y-z$ 面），即对称于 y 轴。

（4）$y = 0$ 时，$\sigma_{xx} = \sigma_{yy} = \sigma_{zz} = 0$，说明在滑移面上，没有正应力，只有切应力，而且切应力 τ_{xy} 达到极大值（$\dfrac{Gb}{2\pi(1-\nu)} \cdot \dfrac{1}{x}$）

（5）$y > 0$ 时，$\sigma_{xx} < 0$；而 $y < 0$ 时，$\sigma_{xx} > 0$。这说明正刃型位错的位错滑移面上侧为压应力，滑移面下侧为张应力。

（6）在应力场的任意位置处，$|\sigma_{xx}| > |\sigma_{yy}|$。

（7）$x = \pm y$ 时，σ_{yy}，τ_{xy} 均为 0，说明在直角坐标的两条对角线处，只有 σ_{xx}，而且在每条对角线的两侧，$\tau_{xy}(\tau_{yx})$ 及 σ_{yy} 的符号相反。

图 2-25 显示了刃型位错周围的应力分布情况。

注意：如同螺型位错一样，上述公式不能用于刃型位错的中心区。

2.5.2 位错的应变能

位错周围点阵畸变引起弹性应力场导致晶体能量的增加，这部分能量称为位错的应变能，或称为位错的能量。

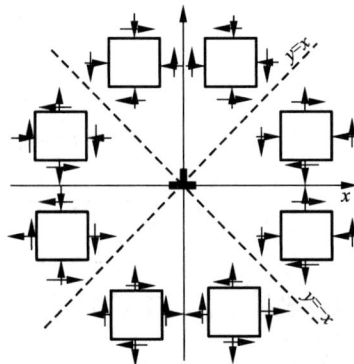

图 2-25 刃型位错各应力分量符号与位置的关系

位错的能量可分为两部分：位错中心畸变能 E_c 和位错应力场引起的弹性应变能 E_e。位错中心区域由于点阵畸变很大，不能用胡克定律，而须借助点阵模型直接考虑晶体结构和原子间的相互作用。据估算，这部分能量大约为总应变能的 $1/10 \sim 1/15$ 左右，故常予以忽略，而以中心区域以外的弹性应变能代表位错的应变能，此项能量可利用连续介质弹性模型根据单位长度位错所作的功求得。

假定图 2 - 24 所示的刃型位错系一单位长度的位错。由于在造成这个位错的过程中，沿滑移方向的位移是从 0 逐渐增加到 b 的，因而位移是个变量，同时滑移面 MN 上所受的力也随 r 而变化。故在位移过程中，当位移为 x 时，切应力 $\tau_{\theta r} = \dfrac{Gx}{2\pi(1-\nu)} \cdot \dfrac{\cos\theta}{r}$，这里 $\theta = 0$，因此，为克服切应力 $\tau_{\theta r}$ 所作的功

$$W = \int_{r_0}^{R}\int_{0}^{b} \tau_{\theta r}\,\mathrm{d}x\,\mathrm{d}r = \int_{r_0}^{R}\int_{0}^{b} \frac{Gx}{2\pi(1-\nu)} \cdot \frac{1}{r}\,\mathrm{d}x\,\mathrm{d}r = \frac{Gb^2}{4\pi(1-\nu)}\ln\frac{R}{\tau_0} \quad (2-9)$$

这就是单位长度刃型位错的应变能 E_e^e。

同理，可求得单位长度螺型位错的应变能

$$E_e^s = \frac{Gb^2}{4\pi}\ln\frac{R}{r_0}$$

而对于一个位错线与其柏氏矢量 b 成 φ 角的混合位错，可以分解为一个柏氏矢量为 $b\sin\varphi$ 的刃型位错分量和一个柏氏矢量为 $b\cos\varphi$ 的螺型位错分量。由于互相垂直的刃型位错和螺型位错之间没有相同的应力分量，它们之间没有相互作用能，因此，分别算出这两个位错分量的应变能，它们的和就是混合位错的应变能，即

$$E_e^m = E_e^e + E_e^s = \frac{Gb^2\sin^2\varphi}{4\pi(1-\nu)}\ln\frac{R}{r_o} + \frac{Gb^2\cos^2\varphi}{4\pi(1-\nu)}\ln\frac{R}{r_o} = \frac{Gb^2}{4\pi K}\ln\frac{R}{r_0} \quad (2-10)$$

式中，$K = \dfrac{1-\nu}{1-\nu\cos^2\varphi}$，称为混合位错的角度因素，$K \approx 1 \sim 0.75$。

实际上，所有的直位错的能量均可用上式表达。显然，对螺型位错，$K = 1$；刃型位错，$K = 1 - \nu$；而对混合型位错，则 $K = \dfrac{1-\nu}{1-\nu\cos^2\varphi}$。由此可见，位错应变能的大小与 r_0 和 R 有关。一般认为 r_0 与 b 值相近，约为 10^{-10} m。而 R 是位错应力场最大作用范围的半径，实际晶体中由于存在亚结构或位错网络，一般取 $R \approx 10^{-6}$ m。因此，单位长度位错的总应变能可简化为：

$$E = \alpha Gb^2 \quad (2-11)$$

式中，α 为与几何因素有关的系数，其值为 $0.5 \sim 1$。

综上所述，可得出如下结论：

（1）位错的能量包括两部分：E_c 和 E_e。位错中心区的能量 E_c 一般小于总能量的 1/10，常可忽略；而位错的弹性应变能 $E_e \propto \ln \dfrac{R}{r_o}$，随 r 缓慢地增加，所以位错具有长程应力场。

（2）位错的应变能与 b^2 成正比。因此，从能量的观点来看，晶体中具有最小 b 的位错应该是最稳定的，而 b 大的位错有可能分解为 b 小的位错，以降低系统的能量。由此，也可理解为滑移方向总是沿着原子的密排方向的。

（3）$E_e^s / E_e^e = 1 - \nu$，常用金属的 ν 约为 1/3，故螺型位错的弹性应变能约为刃型位错的 2/3。

（4）位错的能力是以位错线单位长度的能量来定义的，故位错的能量还与位错线的形状有关。由于两点间以直线为最短，所以直线位错的应变能小于弯曲位错的，即更稳定，因此，位错线有尽量变直和缩短其长度的趋势。

（5）位错的存在均会使体系的内能升高，虽然位错的存在也会引起晶体中熵值的增加，但相对来说，熵值增加有限，可以忽略不计。因此，位错的存在使晶体处于高能的不稳定状态，可见位错是热力学上不稳定的晶体缺陷。

2.6　位错的受力

2.6.1　作用在位错上的力

已知使位错滑移所需的力为切应力，其中刃型位错的切应力方向垂直于位错线，螺位错的切应力方向平行于位错线，而使位错攀移的力又为正应力，不同的应力类型及方向给讨论问题带来麻烦。在以后讨论位错源运动或晶体屈服与强化时，希望能把这些应力简单地处理成沿着位错运动的方向有一个力 F 推着位错线前进，如果能找到力 F 和位错滑移的切应力 τ 的关系，就可以简便地将作用在位错上的力在图中表示出来。

如图 2-26 所示，在滑移面上，取一段微元位错，长度为 $\mathrm{d}l$，若在切应力 τ 作用下前进了 $\mathrm{d}s$ 距离，即在 $\mathrm{d}s \cdot \mathrm{d}l$ 的面积内晶体上半部分相对于晶体的下半部分发生了滑移，滑移量为 b，这样切应力所作的功为：

$$\mathrm{d}w = \tau (\mathrm{d}s \cdot \mathrm{d}l) b$$

另外，可以想象位错在滑移面上有一作用力 F[图 2-26(b)]，其方向与位错垂直，在该力作用下位错前进了 $\mathrm{d}s$ 距离，因此作用力 F 所作的功 $\mathrm{d}w'$ 为：

$$\mathrm{d}w' = F \cdot \mathrm{d}s$$

根据虚功原理

$$dw = dw'$$

$$\tau(ds \cdot dl)b = F \cdot ds$$

所以
$$F_d = \frac{F}{dl} = \tau b \qquad (2-12)$$

式中 F_d 为单位位错线上所受的力,其大小正好为 τ_b,方向垂直于位错线,即指向位错前进的方向。以后讨论位错运动时用这个力代替切应力更为简便而直观,例如位错环在切应力作用下扩张时可表示为各段位错受到如图 2-21 所示的总是垂直于位错的法向力。

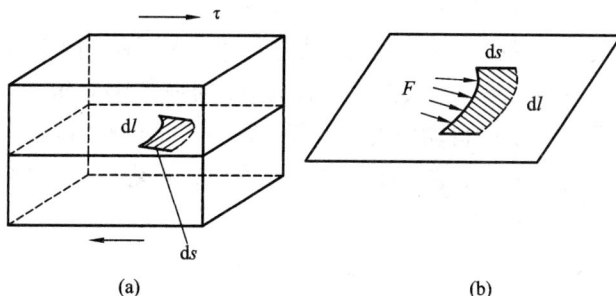

图 2-26 作用在位错上的力

对于攀移,亦可用同样的推导,使攀移进行的正应力 σ 与作用于单位位错线上的力 F_d 之间满足:

$$F_d = \sigma \cdot b \qquad (2-13)$$

作用力垂直于位错,指向位错攀移的方向。

2.6.2 位错的线张力

在物理化学中,已知表面具有表面能 γ,在降低表面能的驱动力作用下,表面膜会自动收缩,如图 2-27(a)中金属框内的肥皂膜会将活动边 AB 收回,相当于沿皂膜表面在垂直于活动边长度的方向上作用了一个力,这个降低表面能的驱动力称为表面张力 σ。物理化学已证明表面张力 σ 在数值上等于表面能 γ,它们是同一事物从不同角度提出的物理量。位错具有应变能,使位错像橡皮筋一样有自动缩短或保持直线状的趋势,好像沿位错线两端用了一个线张力 T,如图 2-27(b)所示。线张力 T 与位错应变能 U 的关系就像表面张力与表面能一样,数值上均为 αGb^2。

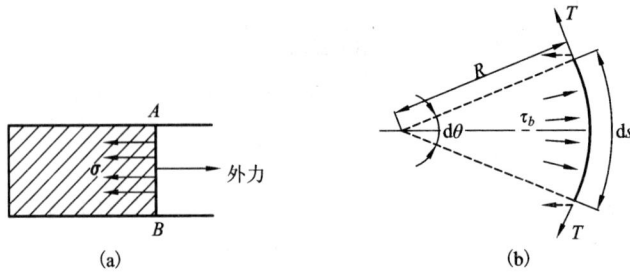

图 2 – 27　表面张力(a)和位错线张力(b)示意图

下面讨论位错的线张力和外力作用的关系。

设有一长度为 ds 的位错线段在运动过程中，由于两端被障碍物钉住而弯曲成如图 2 – 27 所示的形状，其曲率半径为 R，对应的圆心角为 $d\theta$，这段位错在自身线张力 T 作用下有自动伸直的趋势，另一方面有外加切应力 τ 存在，单位长度位错所受的力为 τ_b，它力图使位错线变弯，平衡时，外切应力和线张力在水平方向的分力相等，即：

$$\tau_b \cdot ds = 2T\sin\frac{d\theta}{2}$$

因为 $ds = R \cdot d\theta$，$d\theta$ 较小时，$\sin\dfrac{d\theta}{2} \doteq \dfrac{d\theta}{2}$，所以

$$\tau = \frac{\alpha Gb}{R}$$

取 $\alpha = 0.5$，

$$\tau = \frac{Gb}{2R} \tag{2 – 14}$$

由式(2 – 14)可知，保持位错线弯曲所需切应力与曲率半径成反比，与柏氏矢量 b 成正比。

2.7　位错与晶体缺陷的交互作用

2.7.1　位错与点缺陷之间的交互作用

1. 位错与溶质原子的交互作用

晶体中常见的点缺陷有空位、溶质原子和杂质原子等，位错与点缺陷在一起时会发生弹性、化学、电学和几何交互作用，其中以弹性交互作用最为重要。

当溶质原子处于位错的应力场之中,两者会产生弹性交互作用。这种交互作用在刃型位错中显得尤其重要,这是由刃型位错的应力特点决定的。基体中的溶质原子,不论是置换型还是间隙型,均会引起晶格畸变,间隙原子以及尺寸大于溶剂原子的溶质原子使周围基体晶格原子受到压缩应力,而尺寸小于溶剂原子的溶质又使基体晶格受到拉伸。如图 2–28(a)、(b)所示。所有这些溶质原子均可在刃型位错周围找到合适的位置,以正刃型位错为例,如图 2–28(c)、(d)所示,正刃型位错下方原子受到拉应力,原子半径较大的置换型溶质原子和间隙原子位于位错滑移面下方(即晶格受拉区)可以降低位错的应变能,同样,原子半径较小的间隙型溶质原子位于滑移面上方(晶格受压区)也可以降低位错的应变能,从而使体系处于较低的能量状态,因此位错与溶质原子的交互作用的热力学条件完全具备。至于溶质原子能否移至理想的位置,则取决于溶质原子的扩散能力。当溶质原子分布于位错的周围使位错的应变能下降,这样位错的稳定性增加了,于是晶体的强度提高。通常把溶质原子与位错交互作用后,在位错周围偏聚的现象称为科垂尔气团(Cottrell Atmosphere)。这种气团对位错有钉扎作用,产生固溶强化效应,但这种气团在高温条件下会消失,从而失去强化效果。

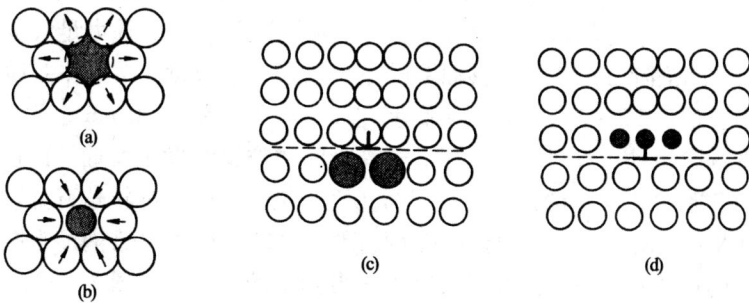

图 2–28 溶质原子与位错的交互作用

2. 位错与空位的交互作用

空位也会引起点阵畸变,空位与位错也会发生交互作用,空位通常被吸引到刃型位错的压缩区,降低位错的应变能,使位错发生攀移,这一交互作用在高温下显得十分重要,因为空位浓度随温度升高而上升。

空位与位错在一定条件下可以互相转化,以下分述其转化过程。

(1)空位盘转化成位错环

金属从高温急冷所固定下来的过饱和空位可以凝聚成空位盘,当盘的尺寸达到几十个原子间距时,就变得不稳定而发生崩塌,在四周形成一个刃型位错环(图 2–29)。该位错环的滑移面是一个环柱面,由于柏氏矢量垂直于环面,所以在位错环所处的平面上位错只攀移，这种位错称为"棱柱位错"。

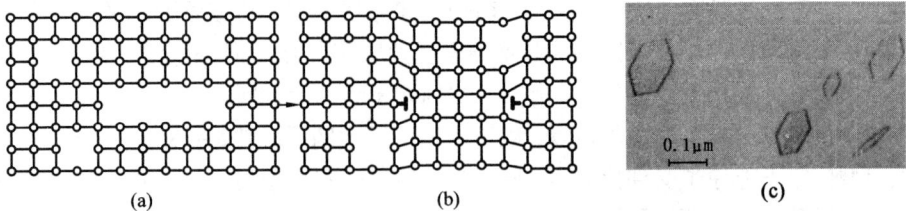

图 2-29　空位盘崩塌成刃型位错环

(a)空位凝聚成盘；(b)空位盘崩塌成位错环；(c)纯铝(650 ℃淬火)中的位错环

(2)位错在运动过程中产生空位

位错在运动过程中产生空位有两种情况，一是在平行的相邻滑移面上存在异号刃型位错，当其移到一块而互毁之后就会产生一串空位(图 2-30)。但互毁时其中任一位错线必须每隔一定距离相对攀移一个原子间距，这是产生空位的常见机制。另一产生空位的机制是两根相互垂直的螺型位错经交截后产生一小段刃型割阶，而这割阶高度足够小(一至两个原子间距)，外力足够大且温度比较高时，此割阶可以通过攀移而跟随主位错线一道移动，结果在割阶后面便留下一串空位(图 2-31)。若割阶高度在几个原子间距到 20 nm 之间，位错不可能拖着割阶运动。在外力作用下，若割阶间的位错线发生弯曲，且在上下两个滑移面和割阶相连接的位错线是异号刃型位错时，这一对异号刃型位错会相互吸引而平行地排列起来，形成位错耦(图 2-32)。这种位错耦经常断开而留下一个长的位错环，原位错线仍回复原来带割阶的状态，如图 2-32(b)所示。形成的长形位错环又可分裂成小的位错环，如图 2-32(c)所示，这也是形成位错环机制之一。

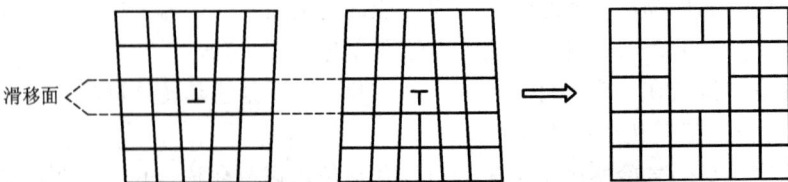

图 2-30　相邻滑移面上异号刃型位错互毁后产生空位

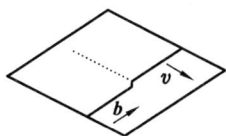

图 2 – 31 螺型位错拖着一小段割阶共同
运动，后面留下一串点缺陷

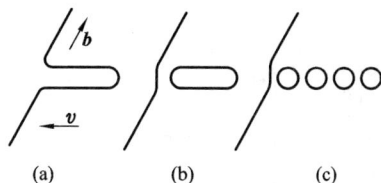

(a)   (b)   (c)

图 2 – 32 位错耦断裂成位错环

2.7.2 位错之间的交互作用

晶体中有位错存在，在位错周围必定出现应力场，应力场对处于其中的其他位错有一个作用力。位错之间彼此交互作用，将对位错的运动起牵制或促进作用，下面对不同位错间的交互作用分别进行讨论。

1. 两根平行螺型位错间的交互作用

螺型位错的应力场是纯剪切应力，切应力的方向与柏氏矢量一致，它具有径向对称性，即与螺型位错距离相等的各个位置都受到相同的切应力，其大小为 $\dfrac{Gb}{2\pi r}$。若有柏氏矢量为 b_1、b_2 同号的平行螺型位错[图 2 – 33(a)]，它们的间距为 r，那么第一根位错的切应力 τ_1 对第二根位错产生作用，单位位错线的作用力的大小 $F_d = \tau_1 b_2 = \dfrac{Gb_1 b_2}{2\pi r}$，力的方向垂直于位错线，且使位错间距逐渐拉大。同样，第二根位错也对第一根位错产生同样大小的力。所以两根平行的同号螺型位错相互排斥，排斥力随距离的增大而减小。两根平行的异号螺型位错相互吸引[图 2 – 33(b)]，直至异号位错互毁。

2. 两平行刃型位错间的交互作用

如图 2 – 34 所示，设有两平行 z 轴，相距为 $r(x, y)$ 的刃型位错 e_1，e_2，其柏氏矢量 b_1 和 b_2 均与 x 轴同向。令 e_1 位于坐标原点上，e_2 的滑移面与 e_1 的平行，且均平行于 $x - z$ 面。因此，在 e_1 的应力场中只有切应力分量 τ_{yx} 和正应力分量 σ_{xx} 对位错 e_2 起作用，分别导致 e_2 沿 x 轴方向滑移和沿 y 轴方向攀移。这两个交互作用力分别为

$$\left. \begin{aligned} f_x &= \tau_{yx} \cdot b_2 = \frac{Gb_1 b_2}{2\pi(1 - \nu)} \frac{x(x^2 - y^2)}{(x^2 + y^2)^2} \\ f_y &= -\sigma_{xx} \cdot b_2 = \frac{Gb_1 b_2}{2\pi(1 - \nu)} \frac{y(3x^2 + y^2)}{(x^2 + y^2)^2} \end{aligned} \right\} \qquad (2 - 15)$$

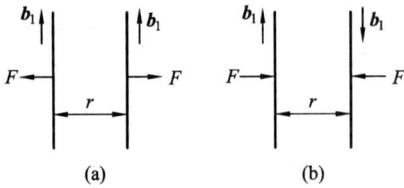

图2-33　平行螺位错间的交互作用力　　　图2-34　两平行刃型位错间的交互作用

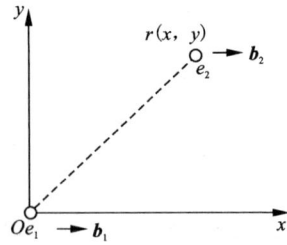

对于两个同号平行的刃型位错，滑移力 f_x 随位错 e_2 所处的位置而变化，它们之间的交互作用如图2-35(a)所示，现归纳如下：

当 $|x| > |y|$ 时，若 $x > 0$，则 $f_x > 0$；若 $x < 0$，则 $f_x < 0$，这说明当位错 e_2 位于图2-35(a)中的①，②区间时，两位错相互排斥。

当 $|x| < |y|$ 时，若 $x > 0$，则 $f_x < 0$；若 $x < 0$，则 $f_x > 0$，这说明当位错 e_2 位于图2-35(a)中的③，④区间时，两位错相互吸引。

当 $|x| = |y|$ 时，$f_x = 0$，位错 e_2 处于介稳定平衡位置，一旦偏离此位置就会受到位错 e_1 的吸引或排斥，使它偏离得更远。

当 $x = 0$ 时，即位错 e_2 处于 y 轴上时，$f_x = 0$，位错 e_2 处于稳定平衡位置，一旦偏离此位置就会受到位错 e_1 的吸引而退回原处，使位错垂直地排列起来。通常把这种呈垂直排列的位错组态称为位错墙，它可构成小角度晶界。

当 $y = 0$ 时，若 $x > 0$，则 $f_x > 0$；若 $x < 0$，则 $f_x < 0$。此时 f_x 的绝对值和 x 成反比，即处于同一滑移面上的同号刃型位错总是相互排斥的，位错间距离越小，排斥力越大。

至于攀移力 f_y，由于它与 y 同号，当位错 e_2 在位错 e_1 的滑移面上边时，受到的攀移力 f_y 是正值，即指向上；当 e_2 在 e_1 滑移面下边时，f_y 为负值，即指向下。因此，两位错沿 y 轴方向是互相排斥的。

对于两个异号的刃型位错，它们之间的交互作用力 f_x，f_y 的方向与上述同号位错时相反，而且位错 e_2 的稳定平衡位置和介稳定平衡位置正好互相对换，$|x| = |y|$ 时，e_2 处于稳定平衡位置，如图2-35(b)所示。

图2-35(c)综合地展示了两平行刃型位错间的交互作用力 f_x 与距离 x 之间的关系。图中 y 为两位错的垂直距离(即滑移面间距)，x 表示两位错的水平距离(以 y 的倍数度量)，f_x 的单位为 $\dfrac{Gb_1 b_2}{2\pi(1-\nu)y}$。可以看出，两同号位错间的作用力(图中实线)与两异号位错间的作用力(图中虚线)大小相等，方向相反。

至于异号位错的 f_y，由于它与 y 异号，所以沿 y 轴方向的两异号位错总是相互吸引，并尽可能靠近乃至最后消失。

除上述情况外，在互相平行的螺型位错与刃型位错之间，由于两者的柏氏矢量相垂直，各自的应力场均没有使对方受力的应力分量，故彼此不发生作用。

若是两平行位错中有一根或两根都是混合位错时，可将混合位错分解为刃型和螺型分量，再分别考虑它们之间作用力的关系，叠加起来就能得到总的作用力。

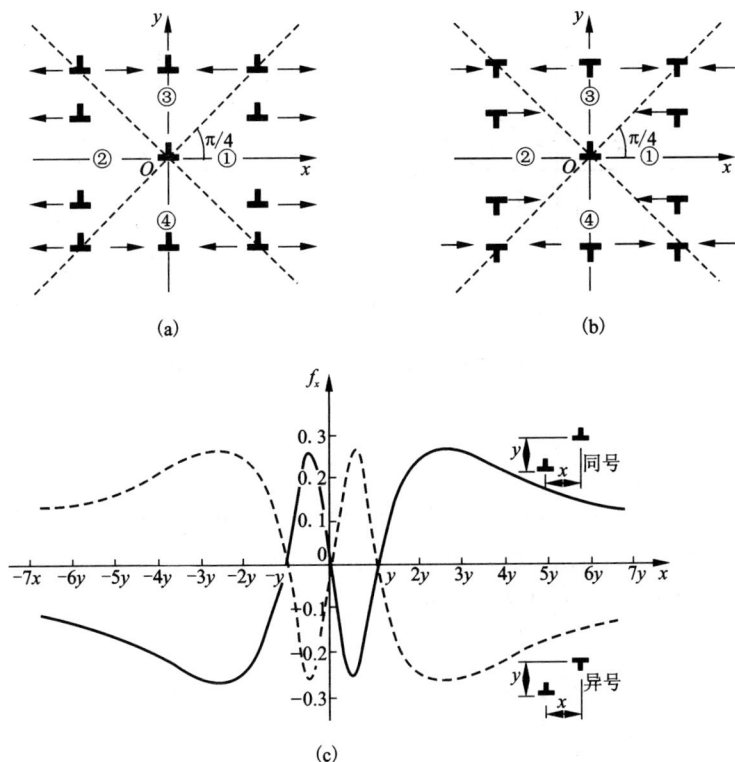

(a)　　　　　　　　　　　　　　　(b)

(c)

图 2-35　两刃型位错在 x 轴方向上的交互作用

(a)同号位错；(b)异号位错；(c)两平行刃型位错沿柏氏矢量方向的交互作用力

3. 位错的交截

晶体中有许多位错存在，在某一滑移面上有一位错运动，必然与其他位错相互切割，通常把位错互相切割的过程称为位错交截。位错交截后，位错线发生弯折，生成位错折线，如此折线处于滑移面上，称为扭折，如果此折线垂直于滑移面,则称为割阶。

(1)两刃型位错间的交截

刃型位错间的交截可能出现扭折和割阶。图 2-36 表示两个柏氏矢量相互平行的刃型位错相互交截的情况。位错线 AB 和 xy 发生交截后,AB 变为 $APP'B$,xy 变为 $xQQ'y$,可见两位错出现 PP' 和 QQ' 小台阶,PP' 台阶高度为 b_1,QQ' 台阶高度为 b_2,并且两台阶 PP' 和 QQ' 分别与 b_2 和 b_1 平行,是螺型位错,同时它们位于原位错的滑移面上,是扭折。

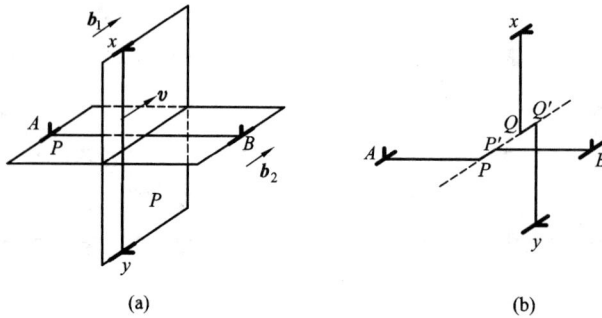

图 2-36　两柏氏矢量平行的刃型位错的交截

(a) 交截前;(b) 交截后

两柏氏矢量相互垂直的刃型位错相交截则产生割阶。如图 2-37 所示,xy $\perp AB$,$b_1 \perp b_2$。当位错 xy 向下运动与不动的位错 AB 相交截时,位错 AB 变为 $APP'B$,出现了一个台阶 PP',台阶高度为 b_1,PP' 垂直于 AB 的滑移面 P_{AB},是一个割阶,并且 PP' 垂直于 b_2,是刃型位错。

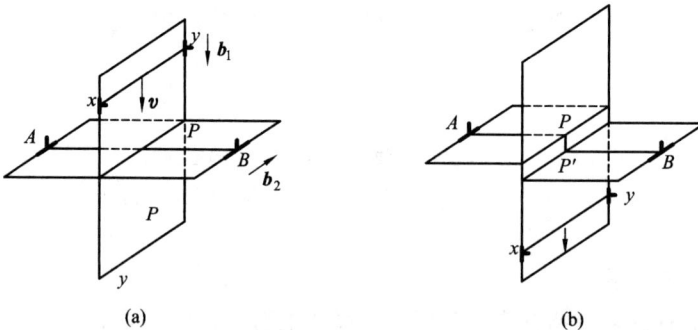

图 2-37　两柏氏矢量互相垂直的刃型位错交截

(a) 交截前;(b) 交截后

（2）刃型位错与螺型位错的交截

图 2-38 表示运动的刃型位错 AB 与不动的螺型位错 CD 相交截的情况。两位错相互垂直，其柏氏矢量也相互垂直。AB 切割 CD 后，AB 变为 AP'PB，AP' 段与 PB 段分别处于两个不同的滑移面上，PP' 台阶长度为 b_2，与柏氏矢量 b_1 垂直，故 PP' 为刃型割阶，其滑移面与原滑移面垂直，可随 AB 一起滑移。CD 变为 CQQ'D，QQ' 与柏氏矢量 b_2 垂直，是刃型位错，其滑移面是与 AB 垂直且包括 CQQ'D 的平面，即螺型位错的滑移面，所以 QQ' 是扭折。

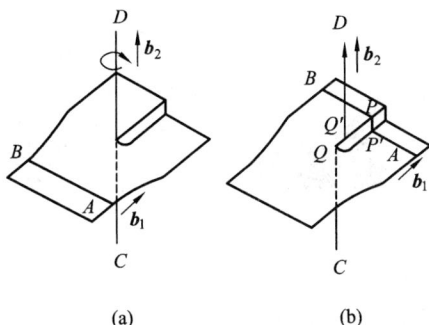

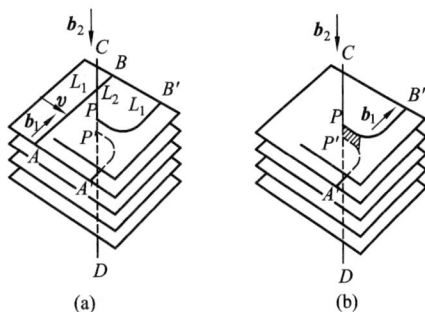

図 2-38　刃型位错与螺型位错的交截

（a）交截前；（b）交截后

図 2-39　两螺型位错的交截

（a）交截前；（b）交截后

（3）两螺型位错的交截

这是位错交截中最值得注意的一种。如图 2-39（a）所示，螺型位错 L_1 由左向右运动，遇到与之相垂直的螺型位错 L_2 发生交截，两螺型位错各自产生一刃型割阶。为简化，图 2-39（b）只画出 L_1 的割阶 PP'，它的长度为 b_2。此割阶只能在与 b_1 所组成的滑移面内沿着 b_1 方向滑移，而不能跟随螺型位错 L_1 一道滑移，只能通过攀移随着 L_1 运动。但在室温下位错攀移很困难，因此这一小段位错成为 L_1 位错运动的阻力，有人认为这是加工硬化的原因。在外力足够大且温度比较高，并且此割阶长度足够小（1～2 个原子间距）时，此割阶可以通过攀移与主位错一道运动，并在割阶后面留下一连串空位（如图 2-31 所示）。如果此割阶长度比较大，即使在高温且外力足够大的条件下，主位错也不可能拖着割阶运动，在外力作用下，割阶发生弯曲，最终留下一个长的位错环，如图 2-32 所示，形成的长位错环又可分裂成小的位错环。

2.7.3　位错的塞积

位错在运动过程中除了会与点缺陷和线缺陷发生交互作用外，还会遇到面缺陷如晶界、孪晶界、相界等而产生塞积现象。

　　如图 2－40 所示，假设在晶体内部的滑移面上有一位错源，在外力 τ_0 作用下产生一个刃型位错，它在外力作用下沿滑移面往前移动，若在前端遇到障碍物时，位错就会阻塞在障碍物前。随之，位错源又继续不断地产生其他位错，这些位错同样阻塞在障碍物之前，因而形成一个塞积群。塞积群有以下特点：

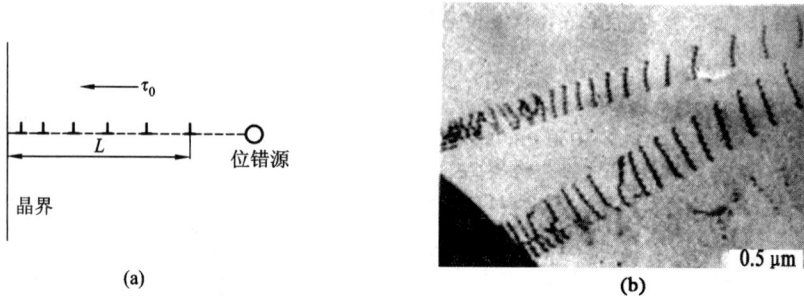

图 2－40　位错塞积群
（a）示意图；（b）不锈钢中在晶界前的位错塞积

　　①被塞积的位错群都是同号的刃型位错，位错之间相互排斥。

　　②整个位错塞积群对位错源有一个反作用力，塞积群所含有的位错数目越多，反作用力则越大。

　　③整个塞积群挤在障碍物处，障碍物会受到很大的挤压力，当这个力大到一定值时，就会把障碍物"冲垮"，这意味着晶体要开始变形。

　　可以利用虚功原理讨论障碍物所受到的力。设在外力 τ_0 作用下，塞积群每个位错移动的距离为 b，每个位错受到的力 $F = \tau_0 b$，若塞积群有 n 个位错，它所受到的合力 $F_n = n\tau_0 b$，在合力 F_n 作用下，塞积群移动 δ_x 距离所做的功 W_n 为

$$W_n = F_n \cdot \delta_x = n \cdot \tau_0 \cdot b \cdot \delta_x$$

塞积群对障碍物有个力，那么障碍物对塞积群必有个反作用力 $F_1 = \tau' \cdot b$，τ' 是障碍物对领先位错反作用力的分切应力。这个力推动塞积群移动 δ_x 距离所做的功为 W_1，则

$$W_1 = F_1 \cdot \delta_x = \tau' \cdot b \cdot \delta_x$$

根据虚功原理

$$W_1 = W_n$$

$$\tau' \cdot b \cdot \delta_x = n \cdot \tau_0 \cdot b \cdot \delta_x$$

$$\tau' = n\tau_0 \tag{2-16}$$

由上式可见,障碍物所受的分切应力是外加分切应力的 n 倍,所以在障碍物处易产生很大的应力集中,这种应力达到一定程度后可使相邻晶体屈服,也可能在障碍物前端萌生微裂纹。

2.8 位错的萌生与增殖

2.8.1 晶体中位错的萌生

在实际晶体中存在着大量的位错,它是通过不同途径而形成的。

1. 液体金属凝固形成位错

液体在凝固时出现许多枝晶,两相邻的枝晶生长过程中容易发生碰撞或受液流冲击,从而出现点阵错排,这是产生位错的一个途径。

2. 过饱和空位凝聚过程形成位错

高温下晶体中都含有大量的空位,当冷却较快时,将会保留下来形成空位片,空位片崩塌后形成位错(图 2-41)。

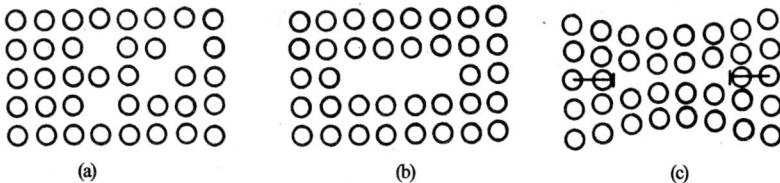

图 2-41 空位聚合形成位错

3. 局部应力集中形成位错

晶体内部的某些界面,如第二相质点、孪晶界、晶界等和微裂纹附近往往出现应力集中,当此应力足以使该局部区域发生塑性变形就会产生位错。晶体在形变过程中由于应力集中也会在局部区域形成位错。

2.8.2 晶体中位错的增殖

晶体在外力作用下会发生塑性变形,变形的实质是许多位错分别扫过滑移面,并跑出晶体表面而实现的。如果晶体在变形过程中不产生新的位错,那么晶体中的位错数将会越来越少。实际上,晶体在塑性变形过程中,位错数不是减少而是增加。例如退火状态金属的位错密度为 $10^6 \sim 10^8 \mathrm{cm}^{-2}$，而冷加工状态金属的位错密度为 $10^{10} \sim 10^{12} \mathrm{cm}^{-2}$。这说明晶体在塑性变形过程中存在原位错的增殖，源源不断地产生新位错，晶体变形时有许多种机制使位错增殖，其中以 $F-R$ 源增殖机制最为重要。

1. 弗兰克－瑞德(Frank－Read)源

$F-R$ 机制的基点是通过位错的一端或两端被固定在滑移面上的一段位错线的运动行为来阐明位错的增殖机制。假设在晶体的某一滑移面上，有一段两端被钉住的位错 AB，如图 2－42 所示。若在滑移面上，有一个与柏氏矢量相平行的外加切应力 τ，则垂直位错线的力 $F=\tau \cdot b$。AB 位错受 F 力的作用要向前滑移，因 A、B 两端固定，所以 AB 将弯曲成半圆，如图 2－43(b)所示。当圆弧超过半圆，在 A、B 两点就会产生弯曲，因为位错线各点受力相等，运动的线速度也相同，设线速度为 v，角速度为 w，它们的关系为 $v=w \cdot R$(R 为圆弧半径)，可见靠近 A、B 两点处角速度 w 较大，这样靠近 A、B 点处的位错必产生蜷曲，最后达到如图 2－43(d)所示的情况。在靠近 C、D 点的两小段位错为柏氏矢量相等的异号螺型位错，它们相互抵消形成一个闭合位错环和位错环内一小段弯曲位错线，如图 2－43(e)所示。若外力继续作用，位错环便继续向外扩张，同时环内的弯曲位错线在线张力作用下又被拉直，恢复到原始状态。如果应力持续作用，则上述过程不断重复，不断产生新的位错环，AB 位错线就成为位错的增殖源，简称 $F-R$ 源。

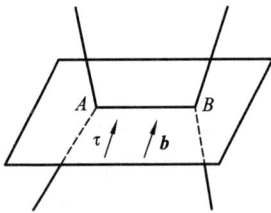

图 2－42　F－R 源结构

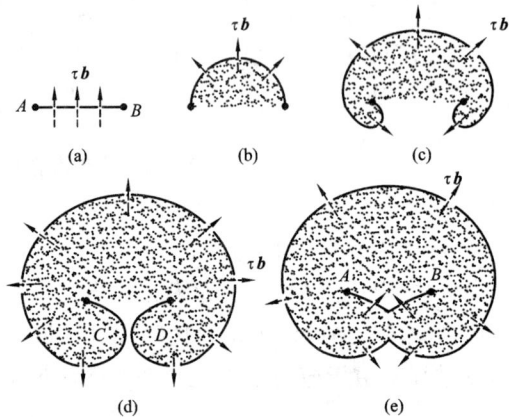

图 2－43　F－R 源的位错增殖机制

2. 开动 F－R 源所需的分切应力

上面提到位错源的增殖是靠 F－R 源的开动，其所需的分切应力由以下两部分组成。

（1）滑移的晶格阻力

F－R源开动的实质是位错的滑动，位错的滑动需要克服周围原子的阻力，此阻力就是晶格阻力，即派－纳力，所以克服派－纳力所需施加的切应力为：

$$\tau_p = \frac{2G}{(1-\nu)}\exp\left[-\frac{2\pi a}{(1-\nu)b}\right] = \frac{2G}{(1-\nu)}\exp\left[-\frac{2\pi w}{b}\right]$$

式中：w——位错宽度；

　　　b——柏氏矢量；

　　　G——切变模量；

　　　ν——泊松比。

由上式可见，原子严重错排宽度越大，克服派－纳力所需的切应力越小。

（2）位错源弯曲的切应力

在本章2.6.2节提及，位错弯曲时，为保持平衡，克服位错的线张力所需的切应力 $\tau = \frac{Gb}{2R}$，当位错处于直线状态时，$R = \infty$，此时所需的切应力最小，当位错弯曲成半圆时，$R = L/2$，$\tau = \frac{Gb}{L}$，位错线继续弯曲，$R < L/2$，切应力由大变小，因此，位错呈半圆形时是个临界位置。位错增殖克服线张力所需的临界切应力 τ_C 为

$$\tau_C = \frac{Gb}{L} \tag{2-17}$$

式中 L 为位错线长，可见只有外加切应力略大于临界切应力 τ_C 时，位错才能向外扩张，起到 F－R 源增殖作用。在塑性变形过程中，会产生越来越多的位错，它们之间如果发生交截，就会使可动位错越来越短，对开动位错源所需的临界切应力就越来越高，这也是加工硬化的原因之一。

除了上述 F－R 源增殖机制外，还有其他方式的位错增殖机制，例如攀移机制，双交滑移机制等，本章不作详细讨论。

2.9 实际晶体中的位错组态

2.9.1 fcc，bcc，hcp 晶体中单位位错的柏氏矢量

前面介绍位错的基本概念时都是以简单立方晶体为对象进行讨论的，而且都是以晶体的点阵矢量作为柏氏矢量。但是，常见的实际金属晶体多是面心立方晶体、体心立方晶体和密排六方晶体，它们比简单立方晶体具有较密排的晶

体结构,所以它们会出现一些特殊的位错组态(如不全位错、堆垛层错、扩展位错等)。在简单立方晶体结构中的位错,其柏氏矢量 $\vec{b}$ 总是等于点阵矢量,即连接点阵中最邻近的两结点的矢量(单位点阵矢量),在实际晶体中的柏氏矢量,除了等于单位点阵矢量外,大多是大于或小于单位点阵矢量。根据柏氏矢量的不同,可把位错分为以下几种形式:

①柏氏矢量恰好等于单位点阵矢量的称为单位位错。

②柏氏矢量为单位点阵矢量整数倍的称为全位错。

③柏氏矢量不等于单位点阵矢量或其整数倍的称为不全位错或部分位错。

对面心立方晶体,单位位错的柏氏矢量为 $\dfrac{a}{2}\langle 110 \rangle$,$|\boldsymbol{b}| = \dfrac{\sqrt{2}}{2}a$($a$ 为晶体点阵常数),体心立方晶体单位位错的柏氏矢量为 $\dfrac{a}{2}\langle 111 \rangle$,$|\boldsymbol{b}| = \dfrac{\sqrt{3}}{2}a$,密排立方晶体单位位错的柏氏矢量为 $\dfrac{a}{3}\langle 11\bar{2}0 \rangle$,$|\boldsymbol{b}| = a$。

2.9.2 层错

"层错"是指在密排晶体结构中的整层密排面上的原子发生了错排,这是实际晶体在滑移过程中所造成的一种缺陷。面心立方晶体和密排六方晶体都有两种不同类型的层错——"抽出型层错"和"插入型层错"。下面主要讨论面心立方晶体的层错。

面心立方晶体结构可以看成是由许多密排原子面按一定顺序堆垛而成的,它的堆垛顺序是按 *ABCABC*……顺序堆垛,如图 2 – 44 所示。而密排六方结构的密排面则按 *ABAB*……顺序堆垛。为了直观醒目,用三角形符号表示堆垛顺序。例如用正三角形 △ 表示 *ABC* 堆垛次序(即 *AB*,*BC*,*CA*)。用倒三角形 ▽ 表示相反的堆垛次序(即 *BA*,*CB*,*AC*)。于是,面心立方结构可以用 △△△△……表示;而密排六方则表示为 △▽△▽……如果在面心立方结构的正常堆垛顺序中抽走一层 *C*,堆垛次序将发生如下的变化。箭头所指位置代表"抽出型层错",表示 *CA* 层堆垛次序被破坏出现了层错,相当于 *C* 层(111)原子面垂直下落一个面间距 $\dfrac{\sqrt{3}}{3}a$,使 *C* 层原子落在 *B* 层位置上,如图 2 – 45 所示,形成了 *A* 和 *C* 层原子的弯曲晶面。

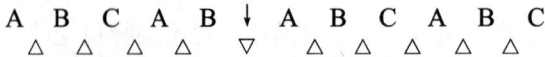

A B C A B ↓ A B C A B C
  △ △ △ △ ▽ △ △ △ △ △

抽出型层错也可以看成是 *B* 层原子沿 $[\bar{2}11]$ 方向移动了 $\dfrac{a}{6}[\bar{2}11]$ 距离而

造成的。如果在正常堆垛顺序中插入一层 A 原子,即出现两层原子发生错排,称为"插入型层错"。可见

A B C A B ↓ A ↓ C A B C A
　　　△　　△　　　▽　　　▽　　△　　△　　△

一个插入型层错相当于两个抽出型层错。在面心立方晶体结构中的层错可看成是嵌入了薄层密排六方结构。同理,密排六方结构中的层错则可看成是嵌入了薄层的面心立方结构。

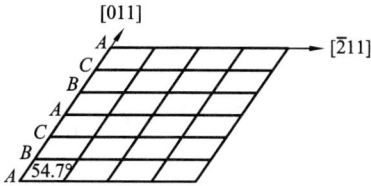

图 2 – 44　面心立方密排原子面堆垛投影面

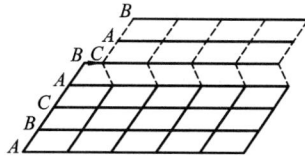

图 2 – 45　面心立方密排原子面抽走 C 层的投影图

层错是一种晶格缺陷,它破坏了晶体周期排列的完整性,从而引起能量升高。通常,把产生单位面积层错所需的能量称为"层错能"。原子发生错排仅产生很少的点阵畸变,所以层错能相对于晶界能($\sim 5 \times 10^{-4} \mathrm{J \cdot cm^{-2}}$)而言是比较小的(见表 2 – 3)。层错能愈小的金属,出现层错的几率愈大。例如,在面心立方金属中,不锈钢和 α – 黄铜可以见到大量的层错,而铝则看不到。

表 2 – 3　某些金属和合金的层错能

金　属	Ni	Al	Cu	Au	Ag	黄铜 (Zn 的摩尔 分数为 0.2)	不锈钢
层错能/($\mathrm{J \cdot cm^{-2}}$)	4×10^{-5}	2×10^{-5}	7×10^{-6}	6.6×10^{-6}	2×10^{-6}	3.5×10^{-6}	1.3×10^{-6}

2.9.3　不全位错

除了单位位错以外,晶体中还可能形成一些柏氏矢量小于点阵矢量的位错,即柏氏矢量不是从一个原子到另一个原子位置,而是从原子位置到结点之间的某一位置,这类位错称为不全位错。晶体中往往只在局部区域出现层错,而不贯穿整个晶体,于是,在层错区与完整晶体的交界处就会出现不全位错。

在面心立方晶体中有两种不同类型的不全位错，即肖克莱(Shockley)不全位错和弗兰克(Frank)不全位错。

1. 肖克莱不全位错

如图 2-46 所示，采用(111)面在($\bar{1}$01)面上的投影进行分析。在 M 点右侧为完整晶体，其密排面的堆垛顺序为 $ABCABC\cdots$ 左侧晶体因滑移引起第四层 A 原子沿 $[1\bar{2}1]$ 方向滑移了 1/3 原子间距，而原子间距为 $\frac{\sqrt{6}}{2}a$，所以第四层原子的滑移距离为 $\frac{1}{3} \cdot \frac{\sqrt{6}}{2}a = \frac{\sqrt{6}}{6}a$，这种滑移是不均匀的，且中止于晶体中部的 M 处。于是，在层错与完整晶体交界处就是不全位错，其柏氏矢量是 $\frac{a}{6}[1\bar{2}1]$，大小为 $\frac{\sqrt{6}}{6}a$。位错线 M 垂直于纸面的($\bar{1}$01)晶面，它与柏氏矢量垂直，所以是一个刃型的肖克莱不全位错。这类位错可以在具有堆垛层错的(111)面上滑移，所以属于可动位错，其滑移可引起层错面的扩大或缩小。但它不能攀移，因为其攀移必须携带整个层错运动。

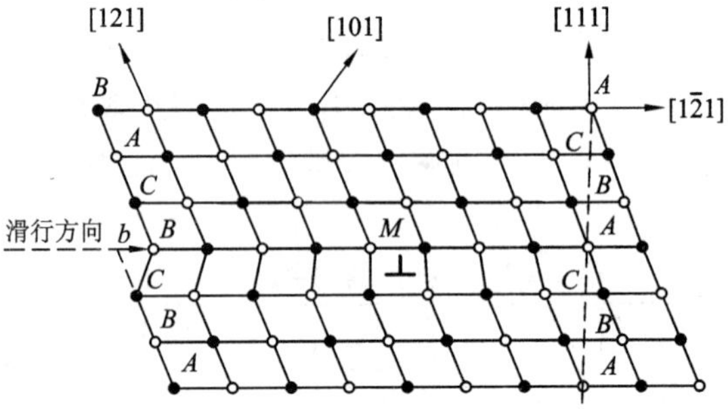

图 2-46　面心立方晶体中的肖克莱不全位错，图面($\bar{1}$01)与位错线垂直，
层错在不全位错左侧，小黑点和圆圈代表处于不同($\bar{1}$01)面上的原子的投影

2. 弗兰克不全位错

在面心立方晶体中插入或抽出一层(111)面，都会形成堆垛层错，如果插入或抽出的不是整个原子面(如图 2-47 及图 2-48)，而是其中的一部分(即半原子面)，那么，在层错区和完整晶体交界处就会出现不全位错，其柏氏矢量为 $\frac{a}{3}\langle 111 \rangle$，其大小为 $\frac{\sqrt{3}}{3}a$。这种不全位错称为弗兰克不全位错。通常把插入型

的不全位错称为正弗兰克不全位错(图 2 - 47),而把抽出型的不全位错称为负弗兰克不全位错(图 2 - 48)。

　　弗兰克不全位错的柏氏矢量与层错面和位错线相垂直,所以是纯刃型位错。但是,由于柏氏矢量与位错线所构成的平面不在{111}滑移面上,所以它不能滑移,只能借助原子扩散进行攀移。面心立方晶体的几种位错特点概况如表 2 - 4。

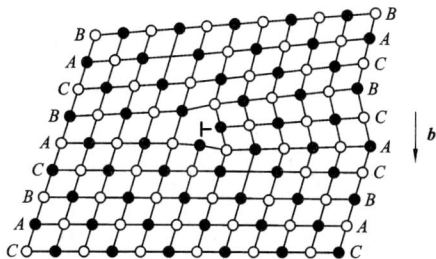

图 2 - 47　正弗兰克不全位错　　　　　图 2 - 48　负弗兰克不全位错

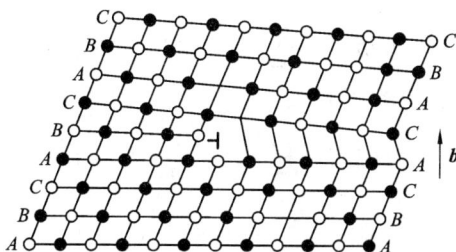

表 2 - 4　面心立方晶体中的几种位错特点

位错名称	全位错	肖克莱位错	弗兰克位错
存在的位错类型	刃、螺、混	刃、螺、混	刃
柏氏矢量	$\frac{a}{2}\langle 110\rangle$	$\frac{a}{6}\langle 112\rangle$	$\frac{a}{3}\langle 111\rangle$
位错线	空间曲线	{111}面上任意曲线	{111}面上任意曲线
可能运动方式	滑移、攀移	滑移(可动位错)	攀移(不可动位错)

2.9.4　位错反应与扩展位错

1. 位错反应

　　位错具有很高的能量,因此它是不稳定的,在实际晶体中,组态不稳定的位错可以转化成组态稳定的位错,这种位错之间的相互转化称为位错反应。位错反应的结果是降低体系的自由能。

　　位错反应的可能性,取决于以下两个必要条件:

　　(1)几何条件

　　$\sum b_{前} = \sum b_{后}$,即反应前后位错在三维方向的分矢量之和必须相等。

　　(2)能量条件

　　$\sum b_{前}^2 > \sum b_{后}^2$,即位错反应后应变能必须降低,这是反应的驱动力。

以位错反应 $\dfrac{a}{2}[\bar{1}10]\rightarrow\dfrac{a}{6}[\bar{1}2\bar{1}]+\dfrac{a}{6}[\bar{2}11]$ 加以说明。

(1)几何条件

反应前：$\dfrac{a}{2}[\bar{1}10]$

反应后：$\dfrac{a}{6}[\bar{1}2\bar{1}]+\dfrac{a}{6}[\bar{2}11]=\dfrac{a}{6}[\bar{3}30]=\dfrac{a}{2}[\bar{1}10]$

$\sum\boldsymbol{b}_{前}=\sum\boldsymbol{b}_{后}$，满足几何条件。

(2)能量条件

反应前：$\sum b^2=\left[\dfrac{a}{2}\sqrt{(-1)^2+1^2+0^2}\right]^2=\dfrac{1}{2}a^2$

反应后：$\sum b^2=\left[\dfrac{a}{6}\sqrt{(-1)^2+2^2+(-1)^2}\right]^2+\left[\dfrac{a}{6}\sqrt{(-2)^2+1^2+1^2}\right]^2$

$$=\dfrac{1}{3}a^2$$

$\sum b_{前}^2>\sum b_{后}^2$，满足能量条件。

故该位错反应能进行。

2. 扩展位错

前面讨论过，不全位错是层错区与正常堆垛区的分界线，所以一个不全位错总是和一个层错相连。在讨论弗兰克位错和肖克莱位错时，曾局限于层错的一端终止在晶体表面，而另一端终止在晶体内引起的不全位错。如果层错两端都终止在晶体内部，即一个层错的两端与两个不全位错相连接。像这样两个不全位错之间夹有一个层错的位错组态称为"扩展位错"，如图 2－49 所示，其表示式为

$$\boldsymbol{b}_1\Longleftrightarrow\boldsymbol{b}_2+\boldsymbol{b}_3+层错$$

下面以面心立方晶体扩展位错的形成过程加以讨论。如图 2－50(a)表示面心立方晶体中 ABC 三层原子堆垛顺序及原子相对的位置。设晶体中的位错在外加切应力作用下，$\boldsymbol{b}_1$ 位错在(111)面上沿[10$\bar{1}$]方向滑移时，晶面上的原子则需从 $C\rightarrow C'$ 进行位移，在此过程中需要越过 B 原子的高峰，那么，这就需要提供一个较高的能量。假若把这个过程分成两个步骤进行，即先从 C 位置沿一低谷滑到邻近的 A 位置，然后再从 A 位置沿另一低谷滑到 C' 位置。很明显，后一过程虽然曲折，但比较平坦，它所需的能量是低的，最终结果却是一致的，这个过程可以用下式表示：

$$\boldsymbol{b}_1\Longleftrightarrow\boldsymbol{b}_2+\boldsymbol{b}_3+层错$$

$$\frac{a}{2}[10\overline{1}] \rightarrow \frac{a}{6}[11\overline{2}] + \frac{a}{6}[2\overline{1}\,\overline{1}] + 层错 \qquad (2-18)$$

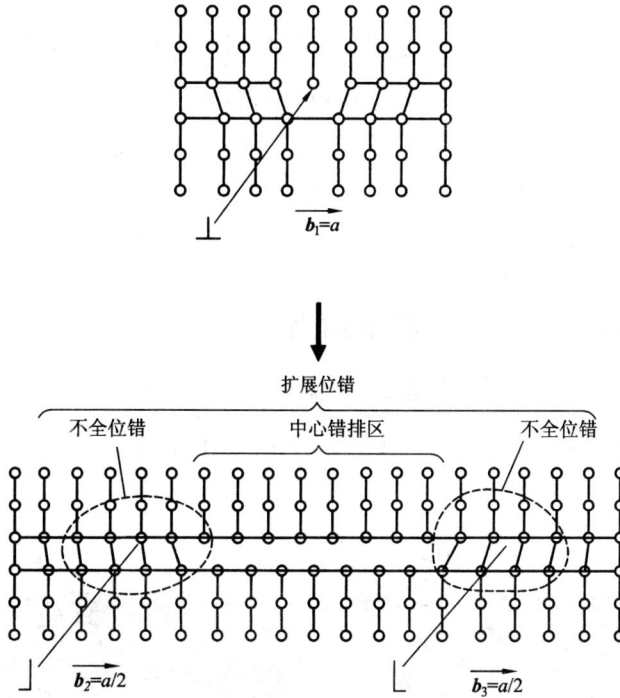

图 2-49 由一个全位错分解成扩展位错

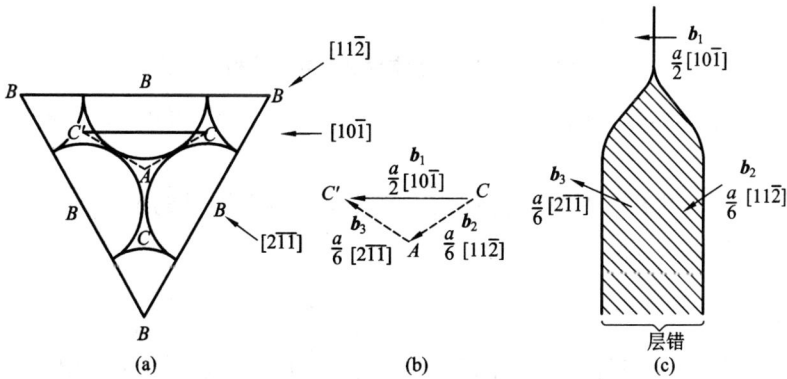

图 2-50 面心立方晶体中的扩展位错

亦即，一个全位错可以分解成两个肖克莱不全位错，其中夹个层错。根据位错反应的条件，式(2-18)的反应是满足条件的。

亦可用图 2-51 说明分位错产生层错的原因。如果是全位错滑移[图 2-51(a)的 aa'线]，由于其柏氏矢量值为 $\frac{a}{2}[\bar{1}10]$，位错滑移过的区域内滑移面(假设为 A 位置)上方的原子从 B 位置仍然进入 B 位置，点阵排列没有变化，不存在层错现象。如果全位错分解为分位错，情况就不同了，如图 2-51(b)中一条位错线已分解成两条，其中 $\frac{1}{6}[\bar{1}2\bar{1}]$ 分位错的滑移矢量是从 B 位置到 C 位置，于是使滑移区内原子在滑移面上、下的正常排列次序遭到破坏，成为 $ABCA\updownarrow CABC$。原子在滑移面的错排直到第二根分位错 $\frac{1}{6}[\bar{2}11]$ 再度滑移，原子从 C 位置又回到 B 位置，才重新恢复为正常序列。两条分位错滑移的合成效果与全位错完全一致，最终使晶体沿 $[\bar{1}10]$ 晶向滑移一个原子间距。

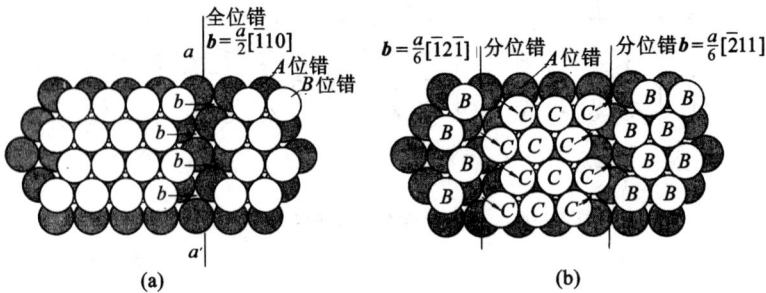

图 2-51 面心立方晶体全位错与分位错的滑移

(a) $b=\frac{a}{2}[\bar{1}10]$ 全位错的滑移；(b) $b=\frac{a}{6}[\bar{1}2\bar{1}]$ 及 $\frac{a}{6}[\bar{2}11]$ 分位错的滑移及其间的层错

式(2-18)中反应后两个肖克莱不全位错是两个同号的位错分量，它们之间要互相排斥，其排斥力近似为

$$F=\frac{G(\boldsymbol{b}_2\cdot\boldsymbol{b}_3)}{2\pi d} \qquad (2-19)$$

式中，$\boldsymbol{b}_2$，$\boldsymbol{b}_3$ 为反应后两个肖克莱不全位错的柏氏矢量；d 为两个不全位错间的距离，即扩展位错宽度。当此斥力等于比层错能(单位面积层错能)γ 时，位错宽度达到平衡，则

$$F = \gamma = \frac{G(\boldsymbol{b}_2 \cdot \boldsymbol{b}_3)}{2\pi d}$$

$$d = \frac{G(\boldsymbol{b}_2 \cdot \boldsymbol{b}_3)}{2\pi\gamma} \qquad (2-20)$$

从上式可见,扩展位错的宽度与金属的比层错能 γ 成反比,γ 大则不易形成扩展位错,反之则易形成扩展位错,金属的层错能的大小及扩展位错宽度对塑性变形过程及材料的强化起重要作用。

3. 位错的束集

所谓束集就是扩展位错所形成的两个不全位错重新合并为一个单位位错的过程。面心立方晶体的交滑移可形成位错束集。图 2-52 表示面心立方晶体一个螺型位错的束集过程。图 2-52(a) 表示在 $(\bar{1}11)$ 面上有一个由 $\frac{1}{6}[12\bar{1}]$ 和 $\frac{1}{6}[211]$ 两个不全位错当中夹个层错区所组成的扩展位错。假如在 $(\bar{1}11)$ 面上无外加切应力,则两个不全位错停止不动。若在 $(\bar{1}11)$ 面上 $[110]$ 方向获得一个临界分切应力 τ_0,于是在 $(\bar{1}11)$ 和 $(1\bar{1}1)$ 晶面相交处的扩展位错中某一段将收缩成为 $2l_0$ 直线的全位错($2l_0$ 为全位错线长度),如图 2-52(b) 所示,这就

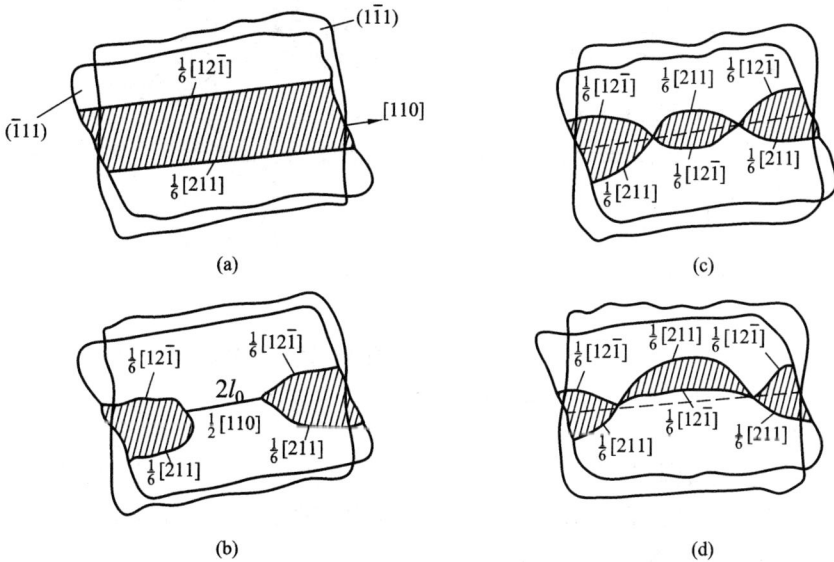

图 2-52　一个扩展螺型位错的束集过程

是位错的束集过程。若在外切应力继续作用下，长度为 $2l_o$ 的全位错在 $(1\bar{1}1)$ 面又会分解为由两个不全位错所组成的扩展位错，如图 2-52(c) 所示。在外切应力继续作用下，在 $(1\bar{1}1)$ 面的扩展位错逐渐增大，最终扩展位错完全处于 $(1\bar{1}1)$ 面上运动，这样就构成了位错开始在 $(\bar{1}11)$ 面上，继而过渡到 $(1\bar{1}1)$ 面上运动的交滑移。在金属中，层错能越低，层错宽度就越大，就越不容易产生束集，越难产生交滑移。热激活有助于束集的实现，升高温度可促进扩展位错的交滑移。

2.9.5　位错的实际观察

目前已有多种实验技术用于观察晶体中的位错，目前最常用的为透射电镜法。

这是现代研究金属晶体位错最有效的方法。一般 100 kV 的电镜，必须制备厚度 100 nm 以下的金属薄膜试详。通常把样品加工成 0.1~0.5 mm 的薄片，经机械研磨、化学抛光和电解抛光的方法减薄到 100 μm 左右，最终在双喷减薄仪上穿孔减薄即可供透射电镜观察。简单原理如 2-53 所示。

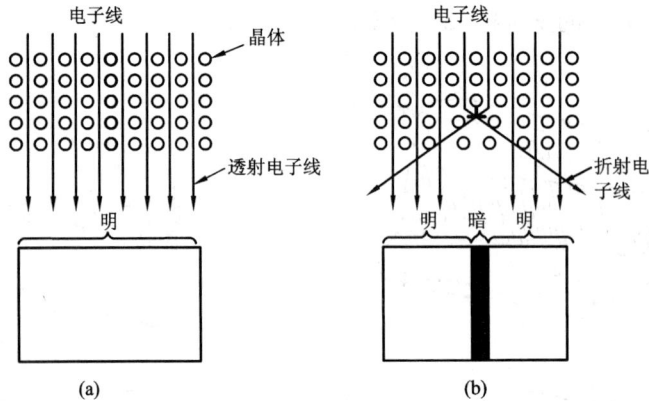

图 2-53　透射电镜直接观察位错的原理图

(a) 无位错试样；(b) 有位错的试样

位错是一种晶格缺陷，电子束通过晶体缺陷与完整区所产生的布拉格衍射强度不相同。由于在位错处的点阵发生了局部弯曲，射入位错附近的电子束就会产生一定角度衍射，相应地减弱了透射的电子束，使含有位错线的位置出现黑线条，其他部分为明亮的。图 2-54 和图 2-55 为用透射电子显微镜观察到的不锈钢中多组平行位错和位错网络。

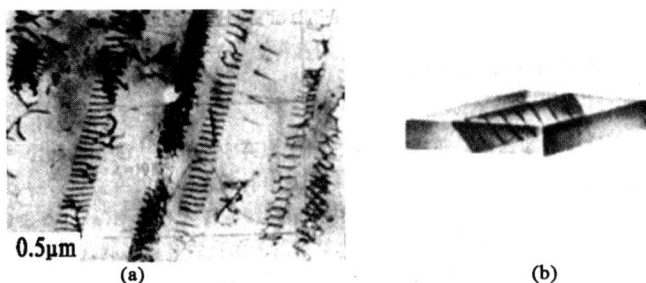

图 2 – 54

(a) 18Cr – 8Ni 不锈钢中多组平行排列位错的电镜照片；

(b) 在薄膜中排列在滑移面上的位错示意图

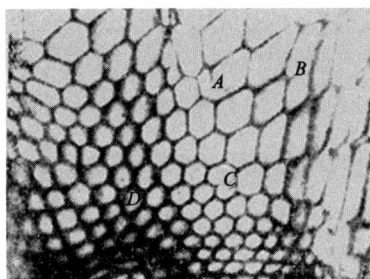

图 2 – 55　透射电镜观察到的位错网络

其中 A、B、C、D 表示位错离开网络与表面相交

习　题

1. 解释以下基本概念：肖脱基空位、弗兰克耳空位、刃型位错、螺型位错、混合位错、柏氏矢量、位错密度、位错的滑移、位错的攀移、弗兰克 – 瑞德源、派 – 纳力、单位位错、不全位错、堆垛层错、位错反应、扩展位错。

2. 纯铁的空位形成能为 $105\ \mathrm{kJ \cdot mol^{-1}}$。将纯铁加热到 850 ℃后激冷至室温(20 ℃)，假设高温下的空位能全部保留，试求过饱和空位浓度与室温平衡空位浓度的比值。

3. 计算银晶体接近熔点时多少个结点上会出现一个空位(已知：银的熔点为 960 ℃，银的空位形成能为 1.10 eV)。

4. 割阶或扭折对原位错线运动有何影响？

5. 如图 2 – 56，某晶体的滑移面上有一柏氏矢量为 **b** 的位错环，并受到一

均匀切应力 τ。

  (1)分析该位错环各段位错的结构类型。

  (2)求各段位错线所受的力的大小及方向。

  (3)在 τ 的作用下,该位错环将如何运动?

  (4)在 τ 的作用下,若使此位错环在晶体中稳定不动,其最小半径应为多大?

  6. 在面心立方晶体中,把两个平行且同号的单位螺型位错从相距 100 nm 推进到 3 nm 时需要用多少功(已知晶体点阵常数 $a = 0.3$ nm, $G = 7 \times 10^{10}$ Pa)?

  7. 在简单立方晶体的(100)面上有一个 $b = a[001]$ 的螺位错。如果它(a)被(001)面上 $b = a[010]$ 的刃位错交割,(b)被(001)面上 $b = a[100]$ 的螺位错交割,试问在这两种情形下每个位错上会形成割阶还是弯折?

图 2 – 56

  8. 一个 $b = \dfrac{a}{2}[\bar{1}10]$ 的螺位错在(111)面上运动。若在运动过程中遇到障碍物而发生交滑移,请指出交滑移系统。

  9. 面心立方晶体中,在(111)面上的单位位错 $b = \dfrac{a}{2}[\bar{1}10]$,在(111)面上分解为两个肖克莱不全位错,请写出该位错反应,并证明所形成的扩展位错的宽度由下式给出:

$$d_s \approx \frac{Gb^2}{24\pi\gamma}$$

（G 为切变模量,γ 为层错能）

  10. 在面心立方晶体中,(111)晶面和(11$\bar{1}$)晶面上分别形成一个扩展位错:

(111)晶面:$\dfrac{a}{2}[10\bar{1}] \rightarrow \dfrac{a}{6}[2\bar{1}\bar{1}] + \dfrac{a}{6}[11\bar{2}]$

(11$\bar{1}$)晶面:$\dfrac{a}{2}[011] \rightarrow \dfrac{a}{6}[\bar{1}21] + \dfrac{a}{6}[112]$

  (1)两个扩展位错在各自晶面上滑动时,其领先位错相遇发生位错反应,求出新位错的柏氏矢量;

  (2)用图解说明上述位错反应过程;

  (3)分析新位错的组态性质。

  11. 总结位错理论在材料科学中的应用。

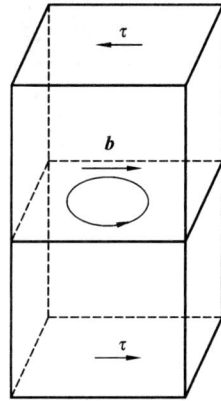

第 3 章　材料的表面与界面

从晶体学的观点来看，界面是三维晶格周期性排列从一种规律转变成另一种规律的几何分界面。而在物理学中，则需考虑到原子势场的转变只能在一定的空间完成，因而将界面视为两相之间的过渡区。在物理化学中，则将界面称为界面相。

通常将气相（或真空）与凝聚相之间的分界面称为表面（surface），将凝聚相与凝聚相之间的分界面称为界面（interface）。

3.1　材料的表面

广义上的表面可视为一种特殊的界面，即凝聚相与气相（或真空）之间的界面。材料表面在材料的服役和制备过程中起着举足轻重的作用，如催化、腐蚀、磨损、吸附等现象只发生在表面上；光－电、声－电、压－电转换现象都与表面密不可分；此外，表面在晶体生长中起着决定性的作用。

3.1.1　表面晶体学

从晶体学的角度来看，表面是几何面，没有厚度。这里，主要介绍晶态物质的表面结构。固体材料通常以晶态和非晶态的形式存在于自然界，表面晶体学描述的是晶态物质表面的几何结构。

1. 理想表面

理想表面是一种理论结构完整的二维点阵平面。我们讨论理想表面时，忽略了晶体内部的周期势场中断的影响，也忽略表面原子的热运动以及出现的缺陷和扩散现象，又忽略外界环境的作用，即将表面视为暴露在外的晶面。

（1）二维晶格的周期性和对称性

与三维情况一样，为了研究晶体表面结构的规律，我们用一个点代表一个基元（即周期性结构中的最基本的重复单元），这个点称为格点。格点在平面上沿两个不相重合的方向周期性地排列所形成的无限平面点阵称为二维网格或二维晶格或二维格子。

二维晶格的周期性可以用一个平移群来表示。图 3－1 为一个二维网格。任选一个格点为原点（O），二维网格中的任何格点都可以由原点通过下列平移而获得：

$$T = na + mb \qquad\qquad (3-1)$$

式中 a 和 b 是两个不相重合的单位矢量，称为二维格子的基矢，n 和 m 为任意整数，即

$$n,m = 0, \pm 1, \pm 2, \cdots \qquad\qquad (3-2)$$

由 a 和 b 所构成的平行四边形称为元格，它是二维周期性排列的最小重复单元。整个二维格子可以视为元格在平面内作周期的排列而成。或者说，对于任意一组选定的 n 和 m 值，可完成一个平移对称操作，得到任何格点均全同于初始格点。

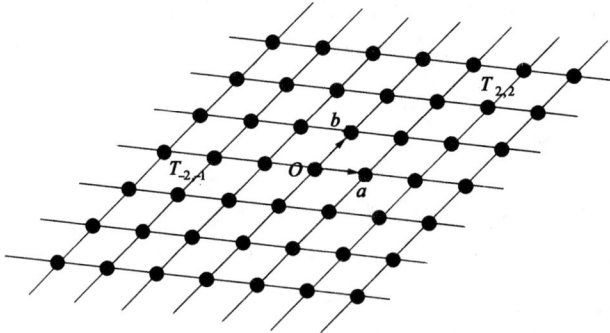

图 3-1   二维网络

除了平移操作以外，还可以有旋转对称和镜面反映对称操作。旋转对称操作是指绕通过点阵平面某一固定点的垂直轴旋转的对称操作，其旋转角 $\theta = 2\pi/n$。其中，n 为非零正整数，称为旋转对称的度数。与三维晶格中的情况相同，由于周期性的限制，旋转对称操作的度数只能取 1，2，3，4，6。

镜面反映对称操作是对某一条固定的线作镜像反映，是格点具有镜面对称性。在二维点阵中只存在一种镜面反映操作，以 m 表示，在图形中以直线标出。

旋转与镜面反映操作可组合产生 10 个二维点群（2D point group），如图 3-2 所示，图中小圆圈代表等价点的位置，数字代表旋转度数，m 表示镜面。

正如周期性对对称操作有限制一样，点群的对称性对基矢 a 和 b 之间的关系也有一定的制约。例如，4 度旋转对称的格子必然是正方格子；3 度和 6 度旋转对称的格子必然是正六角形格子。因此，二维格子总共只有 5 种形式，称为 5 种二维布拉菲（Bravais）格子，见图 3-3。表 3-1 列出了这 5 种二维布拉菲格子的基矢 a 和 b 关系的特点。

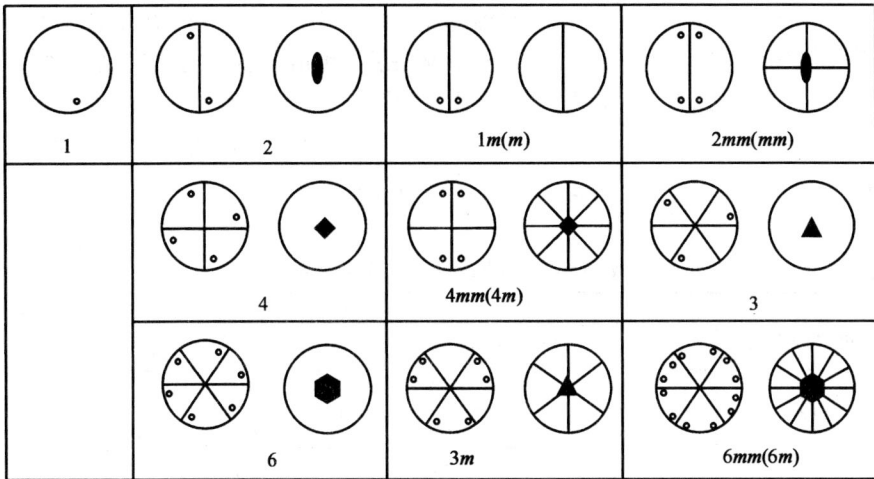

图 3－2　二维点阵中的 10 种点群

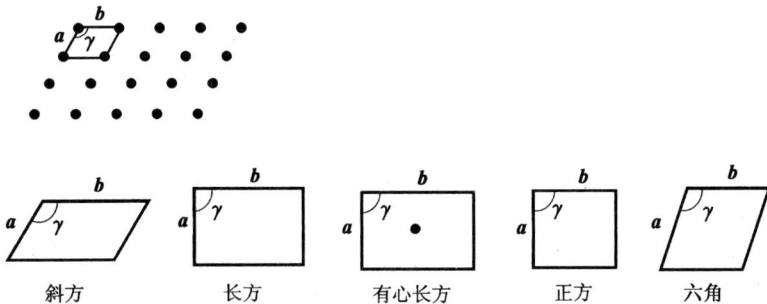

图 3－3　二维布拉菲格子

表 3－1　二维布拉菲格子

名称	格子符号	基矢	晶系
斜方形	P	$a \neq b$; $\gamma \neq 90°$	斜方
长方形	P	$a \neq b$; $\gamma = 90°$	长方
有心长方形	C	$a \neq b$; $\gamma = 90°$	长方
正方形	P	$a = b$; $\gamma = 90°$	正方
六角形	P	$a \neq b$; $\gamma = 120°$	六角

　　二维点阵除了平移群和点群两种基本对称操作以外，还存在镜像滑移群。镜像滑移对称操作是对某一直线作镜像反映后，再沿此线平行方向滑移半个平移基矢。该直线称为镜像滑移线，符号为"g"。

　　镜像滑移群与点群结合，可以得到 17 种对称群，称为二维空间群（2D space group）。表 3 - 2 列出了 17 种二维空间群。

表 3 - 2　二维点阵、点群和空间群

点阵符号	点群符号	空间群符号		序号
		全称	简称	
斜方	1	$p1$	$p1$	1
	2	$p211$	$p2$	2
正交	$1m$	$p1m1$	pm	3
		$p1g1$	pg	4
		$c1m1$	cm	5
	$2mm$	$p2mm$	pmm	6
		$p2mg$	pmg	7
		$p2gg$	pgg	8
		$c2mm$	cmm	9
正方	4	$p4$	$p4$	10
	$4mm$	$p4mm$	$p4m$	11
		$p4gm$	$p4g$	12
六角	3	$p3$	$p3$	13
	$3m$	$p3m1$	$p3m1$	14
		$p31m$	$p31m$	15
	6	$p6$	$p6$	16
	$6mm$	$p6mm$	$p6m$	17

　　（2）理想表面的晶体结构

　　定义原子的表面致密度（planar packing fractor）为单胞中某一表面上原子的总面积（A_a）与该表面面积（A_s）之比。

$$\rho_A = \frac{A_a}{A_s} \qquad (3-3)$$

每一种晶体结构都对应于一种原子密排的表面。如面心立方晶体的原子密排表面为{111}面[图3-4(a)],体心立方和金刚石结构晶体的原子密排表面为{110}面[图3-4(b),(d)],简单立方晶体的密排表面为{100}面[图3-4(c)]。容易发现,它们的原子的表面致密度依次为:0.91,0.83,0.77,0.42。很明显,随着组成晶体的原子之间的键的方向性的增强,密排表面的原子的面密度越来越低。

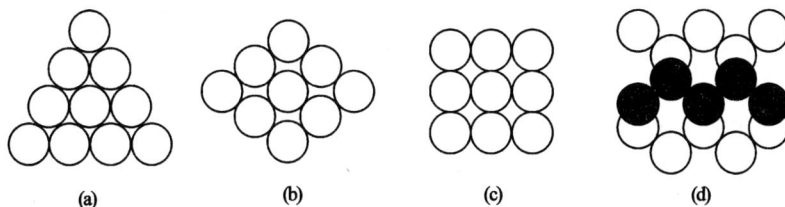

图3-4　几种立方晶体的密排表面

表3-3　几种晶体不同表面的原子表面致密度

晶体结构	简单立方			体心立方			面心立方		
	$d_0 = a$			$d_0 = (\sqrt{3}/2)a$			$d_0 = (\sqrt{2}/2)a$		
	(100)	(110)	(111)	(100)	(110)	(111)	(100)	(110)	(111)
表面结构									
表面致密度 (ρ_A)	0.77	0.55	0.45	0.59	0.83	0.34	0.77	0.55	0.9

注:d_0 为原子直径,a 为点阵常数。

2. 清洁表面

清洁表面(clean surface)。在真空中分开晶体,或将已有表面在真空中经离子轰击、高温脱附后得到的表面。这种表面没有吸附其他种类原子,只存在表面原子的排列的变化。这种表面只能在超高真空条件($10^{-6} \sim 10^{-9}$Pa)下才能发现。

(1)表面重构

严格意义上的理想表面是不存在的。形成晶体表面时悬空键的存在,使得理想表面处于高能的不稳定状态。为了降低表面自由能,表面原子的位置必然发生变化。这种变化的结果,使得在平行于表面的平面内,表面原子的平移对称性与理想表面显著不同,这种表面结构的变化称为表面重构(surface reconstruction)。

为了描述重构现象,通常是将表面重构后的晶格与理想表面进行比较。理想表面晶格的周期性由下式表示,即

$$T = na + mb \qquad (3-4)$$

式中 a 和 b 为表面晶格基矢,n、m 为任意整数。表面原子产生重构以后,表面晶格的周期性为

$$T_r = n'a_r + m'b_r \qquad (3-5)$$

式中 a_r 和 b_r 为表面晶格基矢,n'、m' 为任意整数。

如果表面重构后表面原子位置的变化,使得当 p 和 q 为整数时,有

$$a_r = pa, \ b_r = qb \qquad (3-6)$$

则上述表面重构可表示为:

$$R(hkl) - (p \times q) - D \qquad (3-7)$$

式中 R 表示材料的符号,(hkl) 为发生重构的表面,D 为表面覆盖物或表面沉积物质的符号。若 D 与 R 相同则 D 可省略。图 3-5 为立方晶体 (111) 表面上的表面重构的情况,右上角为 (2×2) 重构,记为 $R(111) - (2\times2)$;左下角为有心 (2×2) 重构,记为 $R(111) - c(2\times2)$;右下角的重构,因 $|a| = |b|$,$|a_r| = |b_r| = \sqrt{3}|a|$,相对原始坐标 a 和 b,新坐标 a_r 和 b_r 转动了 30°,所以,标为 $R(111) - (\sqrt{3} \times \sqrt{3}) - 30°$。

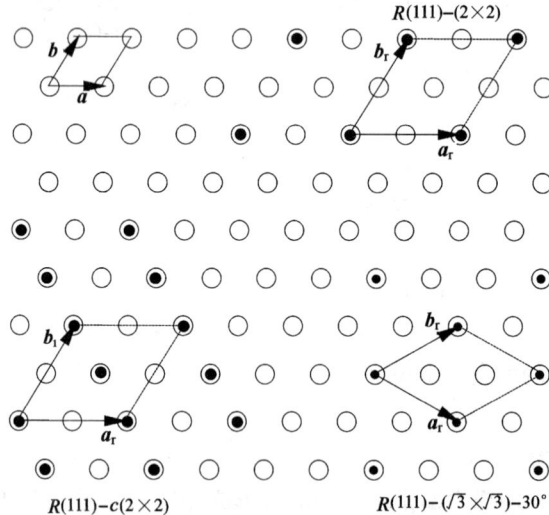

图 3-5 立方系晶体 (111) 表面重构示意图

大量研究表明，单晶硅的(100)面的 Si 原子，在超高真空中将产生 2×1 和 2×2 的重构，分别记为 Si(100) – (2×1) 和 Si(100) – (2×2)。图 3–6 给出了这些表面重构。

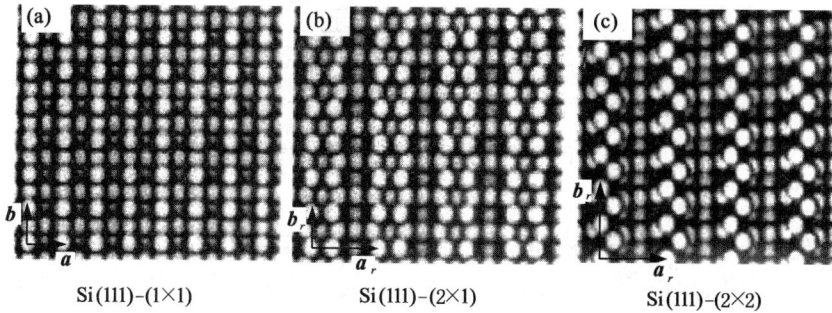

图 3–6　单晶硅(100)表面原子的表面重构

（2）表面弛豫

晶体的三维周期性在表面处中断，表面上原子的配位情况发生了变化，并且表面原子附近的电荷分布也有改变，使表面原子所在的力场与体内原子不同。因此，表面上的原子会发生相对正常位置的上或下的位移，以降低体系的能量。表面原子的这种位移称为表面弛豫(surface relaxation)。

表面弛豫的显著特征是表面第一层原子与第二层原子之间的距离改变，越深入体相，弛豫效应越弱，并且迅速消失。通常，只考虑第一层的弛豫效应，这种弛豫能改变键角，但不影响表面单胞，所以不影响反应表面结构的低能电子衍射(LEED)图像。

（3）表面台阶结构

清洁表面实际上是不完整表面，必然存在各种各样的缺陷。图 3–7 为单晶表面的 TLK 模型，其中的 T 代表低晶面指数的平台(terrace)，L 表示单原子高度的台阶(ledge)，K 表示单原子尺度的扭折(kink)。除了平台、台阶和扭折以外，还存在吸附在表面的原子以及表面空位。

3. 吸附表面

与体相原子不同，固体表面的原子有一部分键被切断，以悬空键(dangling bonds)的形式存在，使表面具有较高的自由能。为降低表面自由能，除了表面原子的几何位置发生变化(表面重构和表面弛豫)以外，还通过吸附外来原子或分子来降低表面自由能，以使表面处于更稳定的状态。

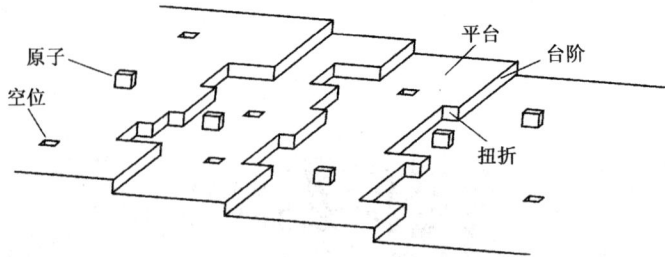

图 3 - 7　表面缺陷的 TLK 模型

　　造成外来原子或分子在固体表面发生吸附的作用力与单个原子或分子之间的相互作用力本质上没有区别,不同之处仅在于表面原子参加了固体的体相结构。外来原子或分子在固体表面吸附,如果吸附作用由范德瓦尔斯力所致,则为物理吸附;如果吸附作用是由表面化学键引起,则为化学吸附。表 3 - 4 列出了物理吸附和化学吸附的主要区别。

表 3 - 4　物理吸附和化学吸附的主要区别

	物理吸附	化学吸附
吸附热/$(kJ \cdot mol^{-1})$	1 ~ 40	40 ~ 400
吸附力	范德瓦尔斯力,弱	化学键力,强
吸附层	单分子层或多分子层	单分子层
吸附选择性	无	有
吸附速率	快	慢
吸附活化能	无	高
吸附温度	低	高

3.1.2　表面热力学

1. 表面自由能(γ)

　　表面自由能是晶体表面的最基本最重要的性质之一,对诸多表面现象以及与表面有关的性质和过程,如生长速度、晶体形状、粉末烧结、催化效应、吸附、表面偏聚和晶界形成等具有重要意义。

　　玻恩(Born)等人于 1919 年首次给出固体表面自由能的定义:在真空条件下,经过一个等温可逆过程做功将一晶体沿(hkl)面分开,得到两个相等的新表面，其面积为 $2A_{hkl}$，如果该过程所做的功为 W_{hkl}，则固体的表面自由能（surface free energy，简称 SFE）为

$$\gamma_{hkl} = \frac{W_{hkl}}{2A_{hkl}} \qquad (3-8)$$

利用式（3-8）测定晶体表面自由能最简单的方法，是将单晶在真空中解理，通过测定其解理功（W_{hkl}）和解理面积（A_{hkl}）而获得。

显然，试验测定晶体不同表面的表面自由能有相当的难度。为了理解和描述晶体表面能及其方向性的本质，人们进行了大量的理论研究。

设有一个简单立方晶体，在其上形成一个 A 表面，A 与（100）面的夹角为 θ，见图 3-8。若取基面上的单位长度为 1，那么对应的 A 表面上产生的断键数 $n_b(\theta)$ 应为

$$n_b(\theta) = \frac{1}{a^2}(1 + \tan\theta) \qquad (3-9)$$

式中 a 为点阵常数。设每根键的键能为 E_b，考虑到表面积等于 $\frac{1}{\cos\theta}$ 的 A 表面的表面自由能 γ_θ 为

$$\gamma = \left[\frac{1}{a^2}(1 + \tan\theta) \times \frac{E_b}{2}\right] \div \frac{1}{\cos\theta} \qquad (3-10)$$

即

$$\gamma_\theta = \frac{E_b}{2a^2}(\cos\theta + \sin\theta) \qquad (3-11)$$

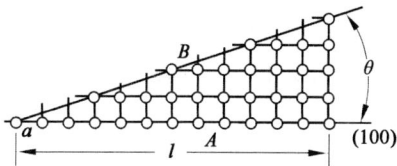

图 3-8　简单立方晶体表面断键模型

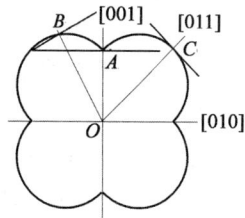

图 3-9　简单立方晶体[100]表面族的表面自由能极图

式（3-11）表明，对简单立方晶体来说，{110}面的表面自由能大于{100}的表面自由能。利用式（3-11），可以绘出表面自由能与晶体取向的关系，如图 3-9 所示，称为表面自由能极图或 Wulff 图。极图曲线上的每一个点均对应于一个经过该点且垂直于该点与原点的连线的表面，其表面自由能的大小等于

该连线的长度。例如,图 3-9 中 A 点对应表面 A[(001)表面],其表面自由能的大小由线段 OA 的长度决定;B 点对应表面 B,表面自由能由 OB 的长度决定;C 点对应(011)表面,表面自由能由 OC 的长度决定。借助 Wulff 图,可以方便、清楚地了解表面自由能的各向异性。

2. 晶体表面自由能的各向异性

式(3-11)仅仅给出了简单立方晶体中满足 $n \cdot \langle 100 \rangle = 0$($n$ 为表面的法线矢量)的表面的表面自由能,并不适合其他表面。为了寻求晶体表面自由能的一般表达式,长期以来,人们做了大量的工作。Sundguist 通过研究指出:面心立方结构晶体的 {111} 表面自由能最低;体心立方晶体的 {110} 表面自由能最低。考虑到面心立方的 {111} 表面和体心立方晶体的 {110} 表面均是原子密度最低的表面,所以得出结论,认为晶体的表面自由能随着表面原子密度(即单位面积上原子的数量)的增大而减小。式(3-14)和图(3-9)似乎也证实了这一点。但是,理论研究告诉我们,晶体表面自由能的大小取决于键能的大小和键的长短,而它的方向性则取决于表面断键密度(即单位表面上的断键数量),而不是表面原子密度。

前已叙及,表面自由能等于产生单位表面所需做的功。本质上,宏观上产生一个表面的过程就是将固体内部的原子移动到表面的过程,如直接"分开"固体而得到新的表面。微观上,这一"分开"过程等同于切断表面上原子的结合键的过程。显然,分开晶体所需做的功等于切断表面所有原子的结合键所需功的总和。考虑到断键所需的功应与键能相等,固体表面自由能则可以表示为单位面积上的断键功。显然,理想情况下影响晶体表面自由能的因素只有以下两个:

①键能 E_b。E_b 代表的是原子间的结合能的大小,为标量。

②单位面积上键的数量 $n_b(hkl)$,即 (hkl) 面上键的面密度。很明显,$n_b(hkl)$ 是矢量,与表面的取向有关。

所以,对于固体(晶体)来说,在微观上可以找到一个与式(3-8)等效的表达式来描述其表面自由能,即

$$\gamma_{hkl} = n_b(hkl) \cdot \frac{E_b}{2} \qquad (3-12)$$

式中,E_b 为键能,$n_b(hkl)$ 为单位面积上键的数量。

从式(3-12)出发,可以得出用 Miller 指数、键能(E_b)和键长(d_0)表示的晶体表面自由能的表达式(详细推导过程超出本书范围,见有关参考文献)。表3-5 列出了几种常见晶体的表面自由能。

表 3 − 5　常见晶体的表面自由能

晶　体	简单立方	面心立方	金刚石结构
表面自由能 （γ_{hkl}）	$\gamma_{hkl} = \dfrac{(h+k+l)}{(h^2+k^2+l^2)^{1/2}}\dfrac{E_b}{2d_0^2}$	$\gamma_{hkl} = \dfrac{(2h+k)}{(h^2+k^2+l^2)^{1/2}}\dfrac{E_b}{d_0^2}$	$\gamma_{hkl} = \dfrac{h}{(h^2+k^2+l^2)^{1/2}}\dfrac{E_b}{4d_0^2}$

注：d_0 为键长，E_b 为键能。

对于简单立方晶体来说，其表面自由能为

$$\gamma_{hkl} = \frac{h+k+l}{\sqrt{h^2+k^2+l^2}}\frac{E_b}{2d_0^2} \tag{3-13}$$

式中 d_0 为键长。式(3 − 13)精确完整
地给出了三维情况下晶体的表面自由
能。容易证明，式(3 − 11)就是式
(3 − 13)的二维表达式(作为练习，读
者可以自行证明，见练习题 4)。
图 3 − 10 为根据式(3 − 13)得出的简
单立方晶体的三维表面自由能极图。
图 3 − 9 就是用(110)面切割该 3D 极
图而得到的。

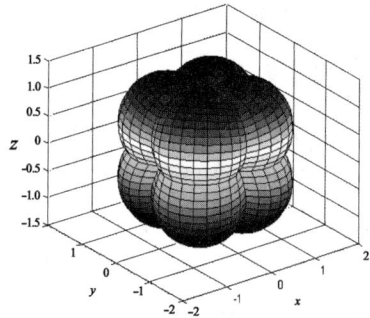

**图 3 − 10　简单立方晶体的
三维表面自由能极图**

3. 晶体的平衡形状

表面自由能是趋向最小的。所
以，对于表面自由能各向同性的液体来说，其形状总是趋向为球形。定义在体
积恒定情况下表面自由能最小的形状为平衡形状。平衡形状的热力学条件可用
数学表达式表示如下

$$\sum \gamma_i A_i = \text{min.} \tag{3-14}$$

式中 γ_i 和 A_i 分别是第 i 个表面的表面自由能和表面面积。上式称为平衡形状
的 Gibbs 条件。

对表面自由能各向同性的物质来说，其平衡形状为球形。但是，对于表面
自由能各向异性的晶体来说，平衡形状则呈现出不同的几何形状。容易证明，
晶体的平衡形状就是 Wulff 图中的最大的内接多边形。理论上，每一种结构的
晶体均对应有一个平衡形状。例如：对于简单立方结构的晶体来说，平衡形状
为 6 个 {100} 面围成的立方体；而立方四面体结构的金刚石的平衡形状为 8 个
{111} 围成的正八面体。表 3 − 6 列出了常见立方结构晶体的平衡形状。

表 3 - 6　　立方结构晶体的平衡形状及其表面

晶 体	简单立方	面心立方	体心立方	金刚石结构
平衡形状	立方体	截顶正八面体	斜方十二面体	正八面体
表面	$6 \times \{100\}$	$8 \times \{111\} + 6 \times \{100\}$	$12 \times \{110\}$	$8 \times \{111\}$

应该指出,一般情况下我们所见到的晶体形状都是它的生长形状,即晶体生长过程中止时呈现的形状。生长形状不仅与晶体结构有关,同时还强烈地受晶体的生长条件影响。由于生长过程是在亚稳态或远离平衡态的条件下进行的,晶体的生长形貌与其平衡形貌大相径庭。例如,金刚石晶体的平衡形状为 8 个 $\{111\}$ 面围成的正八面体,而它的生长形状则呈现出从立方体到截顶正八面体等不同几何形状。

3.1.3　实际表面

实际表面(real surface)是暴露在未加控制的大气环境中的表面,或者经过一定加工处理(如切割、抛光、研磨等)后,保持在常温常压下的表面。

1. 表面粗糙度

表面的不平整程度(表面最高点与最低点之间的距离,起伏的形状)大于 10 mm 时为形状误差;1 ~ 10 mm 时为波纹度;小于 1 mm 时则称为表面粗糙度(surface roughness)。

对于薄膜、陶瓷和多孔材料等,除了表面不平整外,还存在表面气孔、裂缝、内表面等,表面粗糙度是由粗糙系数 R 进行度量的。R 定义为

$$R = A_r/A_g \qquad\qquad (3 - 15)$$

式中 A_g 为几何表面面积,A_r 为包括内表面等在内的实际表面积。

材料的表面粗糙系数与加工方式有密切的关系。如,$R = 6$ 的铝箔,抛光后,$R = 1.6$;阳极氧化后,$R = 200 \sim 900$。

除式(3 - 15)外,表面隆起的平均高度和表面隆起的平均宽度也可以用来表示表面粗糙度,如图 3 - 11 所示。表面加工处理

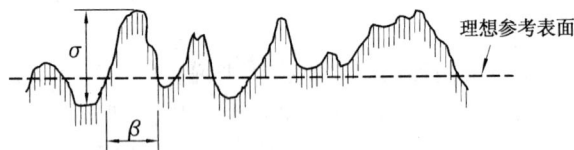

图 3 - 11　表面隆起高度、宽度示意图

方法对材料表面粗糙度的影响列在表 3 - 7 中,表中 σ 是表面隆起的平均高度,β 是隆起的平均宽度。此外,还有多种描述表面粗糙度的方法。

表 3 - 7　表面加工方法与表面粗糙度的关系

处理方法	$\sigma/\mu m$	$\beta/\mu m$	$(\sigma/\beta)^{0.5}$
表面喷砂	1.4	13	0.33
金相抛光	0.14	150	0.03
	0.06	240	0.016
细抛光	0.014	480	0.006

　　表面粗糙度的测量方法有激光光斑法、光波干涉法、激光全息干涉法等，分别适用于不同粗糙度范围的测量。

　　应该指出，表面粗糙度以前称为表面光洁度。因为光洁度这个概念不确切，无论怎样平整光滑的表面，在显微镜下观察时总是不平整的，后来将光洁度改称为粗糙度。

　　2. 表面成分

　　(1)表面杂质的偏析与耗尽

　　研究发现，表面区的杂质(溶质)原子浓度与晶体内部的浓度不一样。当表面杂质浓度比体内大时，称为偏析(segregation)；当表面杂质浓度比体内小时，称为耗尽(depletion)。

　　表面原子的能量只有比体内原子高时，才能停留在表面，否则它将会"拽"到体内去。所以，表面(界面)有附加的表面(界面)能。如果杂质原子在表面能使表面自由能降低，就会形成偏析；反之，则形成耗尽。

　　偏析程度可用梅克林(McAllen)公式描述：

$$\frac{C}{1-C} = C_0 \exp\frac{-\Delta G}{kT} \qquad (3-16)$$

式中 C_0 为杂质(溶质)的平均饱和摩尔分数，C 为偏析浓度，ΔG 为偏析自由能。由于杂质浓度通常很小($C \ll 1$)，故式(3-16)近似为

$$C \approx C_0 \exp\frac{-\Delta G}{kT} \qquad (3-17)$$

　　若 $\Delta G < 0$，杂质停留在表面使体系自由能降低，由式(3-17)可知，有 $C > C_0$，形成偏析；若 $\Delta G > 0$，杂质停留在表面使体系自由能升高，则有 $C > C_0$，形成耗尽。式(3-17)描述的偏析是根据热力学方法得出，偏析区为原子尺度(纳米级)，称为平衡偏析。

　　实际上，表面区成分的偏析主要发生在几十纳米到几个微米的范围，这种

偏析称为非平衡偏析。产生非平衡偏析的主要原因是：表面区内存在许多空位、晶格畸变等缺陷，它们形成了明显的应力场并引起相应的畸变能，与主成分原子半径不同的各种杂质，进入畸变区域后，将有利于减少畸变能，从而使表面区的自由能降低，故形成各种非平衡偏析。

（2）金属与合金的表面成分

大多数金属都容易氧化，它们存在于大气中时，往往首先在表面形成氧化层。一般而言，大气中的金属与合金的表面的组成为：

$$高价氧化物/低价氧化物/金属（合金）$$

铜的表面在 1000 ℃以下为 $CuO/Cu_2O/Cu$，1000 ℃以上为 CuO/Cu。铁的表面，在 570 ℃以上时的组成为 $Fe_2O_3/Fe_3O_4/FeO/Fe$；570 ℃以下时为 $Fe_2O_3/Fe_3O_4/Fe$。

对于合金来说，表面成分除了受环境温度和氧气分压的影响外，合金组分的浓度也对表面成分有较大的作用。例如，$Fe-Ni$ 合金，在 1500 ℃下，其表面成分受合金中 Cr 原子的影响的表现为：当合金中含有 5% Cr 时，表面组成为 $Fe_2O_3/Fe_3O_4/FeO/FeO \cdot Cr_2O_3/Fe \cdot Cr_2O_3/（Fe+Cr）$；当合金中含有 10% Cr 时，表面组成为 $Fe_2O_3/Fe_3O_4/FeO/FeO \cdot Cr_2O_3/（Fe+Cr）$；当合金中含有 25% Cr 时，表面组成为 $Cr_2O_3/（Fe+Cr）$。

3. 表面组织

经过切削、挤压、研磨、抛光等加工后材料的表面，在相当宽的表面层范围内，晶粒的大小、畸变程度等显微组织特征有明显的变化。具体表现在：

（1）表面层晶粒尺寸的变化

在切磨、抛光等机械加工时，会产生大量的热能，这些热能通常能使表面区局部熔化，然后又迅速冷却而结晶。结果造成了表面层约 1 μm 范围内的晶粒尺寸的不均匀。

（2）贝尔比层

材料经抛光后，表面形成厚度约 5～100 nm 的光亮而致密层，称为贝尔比层。金属和合金的贝尔比层中往往存在非晶、微晶和金属氧化物，所以抛光后的表面平整、光亮、坚硬并具有良好的耐蚀性。

图 3-12 为经过机械加工后金属（合金）表面区的组织示意图。表面氧化物层的厚度为 10～100 nm，贝尔比层的厚度为 5～100 nm，严重畸变区为 1～2 μm，强烈畸变区为 5～10 μm，轻微畸变区为 20～50 μm。此外，还有残留损伤区可达 100 μm。

氧化物层（10~100 nm）

贝尔比层（5~100 nm）

严重畸变区（1~2 μm）

强烈畸变区（5~10 μm）

轻微畸变区（20~50 μm）

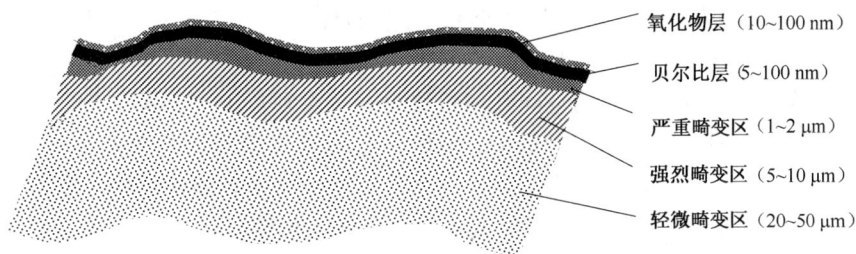

图 3 – 12　金属试样抛光后的表面组织示意图

3.2　材料的界面

3.2.1　界面的定义和种类

晶粒与晶粒之间、相与相之间的交界面称为界面(boundary or interface)。对于单相固态凝聚体来说，若是多晶结构，晶粒与晶粒的交界区称为晶界或晶粒间界(grain boundary，GB)。若凝聚体是多相系统，各相之间的交界面称为相界(phase boundary，PB)。

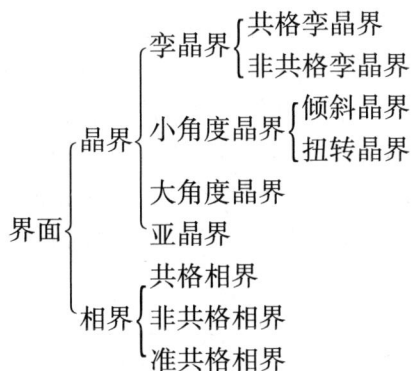

界面 —
- 晶界 —
  - 孪晶界 —
    - 共格孪晶界
    - 非共格孪晶界
  - 小角度晶界 —
    - 倾斜晶界
    - 扭转晶界
  - 大角度晶界
  - 亚晶界
- 相界 —
  - 共格相界
  - 非共格相界
  - 准共格相界

界面现象在材料、超晶格材料、薄膜材料、涂覆材料比较普遍，对这些材料的性能起着非常大的影响作用，如复合材料中的界面层(相)对发挥材料的功能(力、电、光、热、声、磁等)起着传递、阻挡、吸收、散射和诱导作用，从而导致复合材料中各组分之间呈现协同作用。

3.2.2　晶界

前已述及，晶界(GB)是相对单相多晶材料而言的。根据晶界的晶体学特点，原子排列的相位差（晶界角大小），有孪晶界、小角度晶界、大角度晶界、亚晶界4种类型。

晶界相对于两侧晶体的空间几何位置有五个宏观自由度，其中三个自由度决定一个晶体相对另一晶体的取向；另两个自由度决定界面相对晶体的取向，显然，这五个自由度都是旋转自由度。为了完整地描述界面的结构，还需要三个相互垂直的平移自由度，以描述两个晶体的相对位置。这三个平移变量是微观变量，是确定体系自由能所必需的。

1. 孪晶

在一些单晶材料或多晶材料的局部范围，存在两部分晶体，从原子排列上看，这两部分晶体的关系通过某个几何面互相成为镜面对称，在对称面附近，原子排列发生二维的畸变。这个对称面称为孪晶界（twin boundary），又称双晶界。

如果孪晶界正好是孪生面，则它是共格孪晶界，如图3-13(a)所示，此时界面能很低。反之，若孪晶界与孪生面不重合，则它是非共格孪晶界，如图3-13(b)所示，其界面能高得多。

在层错或孪晶面处的缺陷区，原子畸变发生在原子尺度，而且两边都有固定的相位，所以，可以认为是一种轻微的畸变。但对单晶材料来说（特别是完整程度较高的 Si、Ga、As 等微电子材料），层错对载流子寿命、原子扩散的均匀性等都有严重影响。所以，在微电子单晶材料中，层错是一种重要的缺陷。对于多晶材料和陶瓷材料来说，其他缺陷的浓度远远超过层错和孪晶，以往的研究较少地提及层错和孪晶的影响。随着电子显微镜和扫描探针分析技术的发展，20世纪90年代以来，已注意到氧化物中层错和孪晶的研究。如在认识高温超导、压敏电阻等性能时，开始考虑到层错和双晶的作用和影响。

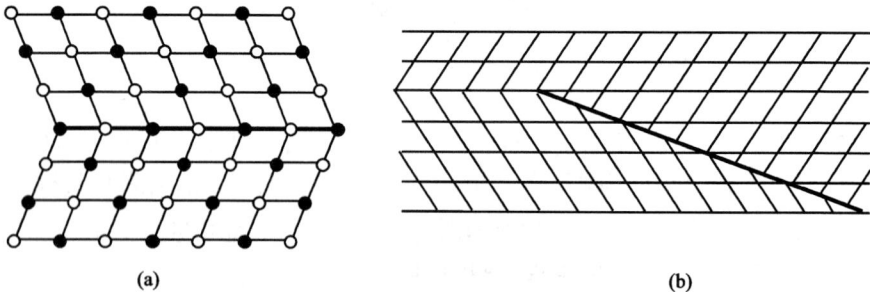

(a)   (b)

图3-13   面心立方的双晶面

(a)共格孪晶界；(b)非共格孪晶界

2. 小角度晶界

(1) 倾斜 (转) 晶界

从晶体几何学的角度来看，两晶
粒交接后，各晶粒原子排列的位向差
的角度称为晶界角。图 3 – 14 给出了
两晶粒形成晶界角的示意图，晶粒 1 的
(111) 面与晶界面的夹角为 θ_1，晶粒 2
的 (111) 面与晶界面的夹角为 θ_2，此

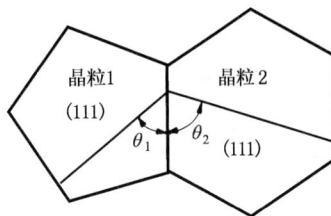

图 3 – 14　晶界角示意图

时，晶界角 $\theta = \theta_1 + \theta_2$。$\theta_1 = \theta_2$ 时称为对称晶界，否则为非对称晶界。$\theta \geqslant 10°$ 称
为大角度晶界，$\theta < 10°$ 称为小角度晶界。

从晶体几何学的原理考虑，对于小角度晶界，可以设想在一单晶内设置一
界面，并使界面一侧的晶体围绕一个位于界面内的轴旋转 θ 角。这样形成的晶
界称为倾斜晶界 (tilt boundary)。倾斜晶界的特点是，将晶界一侧的晶体绕倾转
轴反向转动 θ 角时，则其点阵与晶界另一侧晶体的点阵完全重合。

令 $\boldsymbol{u}$ 为倾转轴方向上的单位矢量，$\boldsymbol{\theta}$ 为转动矢量，则有

$$\boldsymbol{\theta} = \theta\boldsymbol{u} \qquad\qquad (3 – 18)$$

若 $\boldsymbol{n}$ 为界面平面法线方向上的单位矢量，则对倾斜晶界有下面的关系

$$\boldsymbol{u} \cdot \boldsymbol{n} = 0 \qquad\qquad (3 – 19)$$

对于 $\theta < 10°$，特别是晶界角为几度的倾斜晶界，它们的结构可以较好地用
位错模型来描述，这时的晶界可以视为是一系列相距一定距离的刃位错所构
成，如图 3 – 15 所示。由刃位错交插而成的晶界称为倾斜晶界。显然，形成倾
斜晶界时晶粒转动的旋转轴与晶界面平行，满足式 (3 – 19)。同时晶界应有一
定的宽度，而层错则只有一个原子层的厚度。

倾斜晶界上的位错间距可由下式给出

$$\frac{b}{D} = 2\sin\frac{\theta}{2} \approx \theta \qquad\qquad (3 – 20)$$

式中 b 为柏格斯矢量，D 为位错间距 (见图 3 – 15)。事实上，式 (3 – 20) 不仅适
用于简单立方晶体的界面，也适用于其他类型的晶体。

以上分析表明，两晶粒之间的倾转晶界，是由一系列刃位错构成的。这些
刃位错相互平行，其柏格斯矢量等于点阵的平移矢量。晶界角 θ 取决于位错的
间距。该模型已被晶界位错蚀坑的研究所证明。

以上讨论的是对称倾斜晶界。这种晶界只需要一个变量 θ 就能完全描述，
因而是一个自由度的晶界。下面考虑较为复杂的情况，设晶界自身围绕倾转轴
旋转，截面和两晶粒 [100] 方向间的平均角度为 φ，则得到非对称倾斜晶界，如

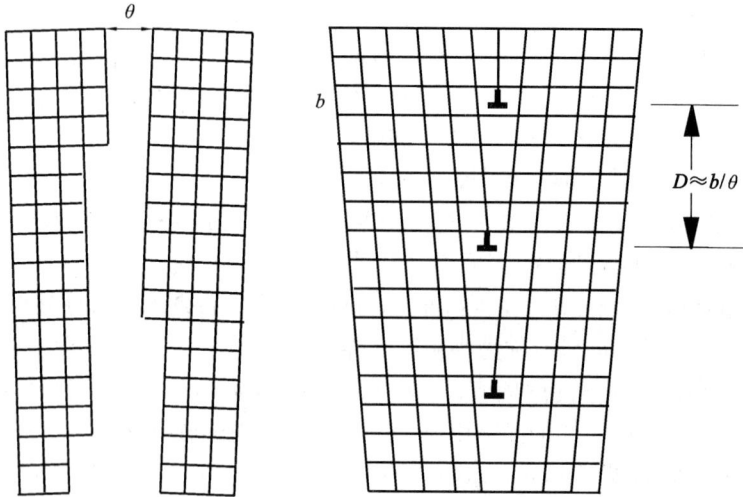

图 3 – 15　倾斜晶界示意图

图 3 – 16 所示。这种界面具有两个自由度。此时，界面与两个晶粒[100]方向之间的夹角分别为($\varphi + \theta/2$)和($\varphi - \theta/2$)。

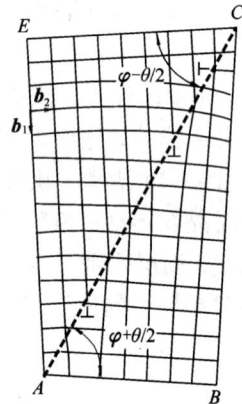

图 3 – 16　非对称倾斜晶界

与图 3 – 15 相比，图 3 – 16 的显著不同在于，有两组原子面终止在界面上。所以，非对称倾斜晶界是由两个不同系列的刃位错组成，图中分别标记为⊥和⊦。其中，标记为⊥的位错密度($\rho_\perp$)为

$$\rho_\perp = \frac{1}{b} \frac{EC - AB}{AC}$$

$$= \frac{1}{b}\left[\cos\left(\varphi - \frac{\theta}{2}\right) - \cos\left(\varphi + \frac{\theta}{2}\right)\right]$$

$$= \frac{2}{b}\sin\frac{\theta}{2}\sin\varphi \approx \frac{\theta}{b}\sin\varphi \qquad (3 – 21)$$

同样，标记为⊦的位错密度($\rho_\vdash$)为

$$\rho_\vdash = \frac{1}{b}\frac{BC - AE}{AC} = \frac{1}{b}\left[\sin\left(\varphi + \frac{\theta}{2}\right) - \sin\left(\varphi - \frac{\theta}{2}\right)\right] \approx \frac{\theta}{b}\cos\varphi \quad (3 – 22)$$

(2)扭转晶界

小角度晶界的另一种类型是由螺位错构成的晶界，称为扭转晶界

(twist boundary)。形成这种界面的旋转轴垂直于晶界平面,即满足 $u \cdot n = 1$。
图 3-17 给出了两个面心立方晶粒之间的扭转晶界,图中的界面是两个晶粒的
公共面{100},它与纸平面重合。图中的圆圈表示晶界下方紧邻的原子平面上
的原子,黑点表示晶界上方紧邻的原子平面上的原子。由图可见,此晶界是由
两组相互垂直交叉的螺位错构成的,其中每组内的螺位错相互平行。单纯一组
螺位错会造成晶体的剪切应变,因而不稳定。第二组螺位错造成的剪切应变可
以阻碍前一组位错的剪切应变的扩展,从而形成两个反向旋转晶粒之间的界
面。每组螺位错之间的距离,仍符合式(3-20)。

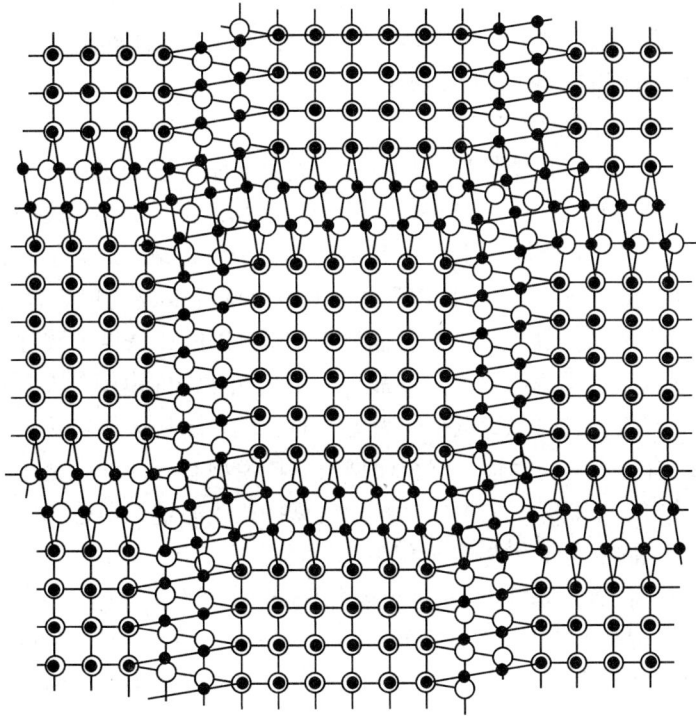

图 3-17　扭转晶界示意图

　　一般地,小角度晶界可以由倾侧晶界和扭转晶界组成,这时的晶界就成为
一个曲面。利用位错来描述晶界是有限度的,当晶界角大于 10°,就不能单纯
用位错模型了。

3. 大角度晶界

由于大角度晶界处原子排列十分复杂，很难用一个模型来描述。人们根据从肥皂泡模拟的图形以及对晶界性能的测量结果，提出过一些晶界模型。下面是目前取得共识的两种大角度晶界模型。

(1)过冷液体模型

该模型认为，晶界处原子排列与过冷液体(非晶态玻璃)相似，即长程无序而短程有序。根据这个模型，晶界上的原子处于亚稳状态，原子的活动性比较强。据此，可解释晶界扩散速度比晶内快的事实。但实验中还发现，有些晶界的扩散是各向异性的，而且晶界的范围较窄，只有2~3个原子宽，这些现象无法用过冷液体模型进行解释，因此过冷液体模型一度被放弃。20世纪80年代人们发现，在一些多成分陶瓷烧结体中，用过冷液体模型可以解释较多的实验结果，因而该模型再度受到重视。

(2)小岛模型

莫特(Mott)根据场离子显微镜对大角度晶界进行研究的实验结果，提出了大角度晶界小岛模型。莫特模型认为在大角度晶界区存在原子排列匹配较好，具有晶态特征的"岛"，其尺寸几个到几十个原子距离。它们分布在原子匹配较差，具有接近非晶特征的"海"中。小岛模型可以成功地解释晶界区快速的扩散，还因为"岛"具有晶态的各向异性，而可以解释晶界扩散时的各向异性。

我国学者葛庭燧对大角度晶界提出过无序群的模型，认为大角度晶界中有排列比较整齐的区域，也有较为疏松的区域。疏松区域被称为无序群，类似非晶态，有较大的流动性。这个模型与莫特模型有异曲同工之处，葛庭燧注重的是无序群，即莫特模型中的"海"，而莫特关注的重点则是"岛"。

(3)晶界重合位置点阵模型

重合位置点阵模型是1964年由Brandon等人提出的。该模型指出，晶界是由晶格(晶体)绕某一特殊轴旋转一定角度而形成的，转动后的晶格上的某些原子与原点阵的某些阵点重合，形成所谓的超点阵结构，这种点阵称为重合位置点阵(coincidence site lattice, CSL)，简称重位点阵。图3-18给出面心立方晶体的{100}面绕<100>轴，旋转$\theta = 36.9°$形成的CSL。图中，黑点代表静止的晶体，圆圈代表旋转晶体，重位点阵用+表示。通常，CSL的单胞都比原单胞大。容易证明，图3-18所示的重位点阵的点阵常数是原点阵的$\sqrt{5}$倍。

对于一定的转轴和转角，两个晶体的相互匹配程度，可以用普通阵点面密度和重位阵点面密度之比Σ来描述。Σ称为重合位置的多重性，它等于CSL单胞面积与原晶体单胞面积之比，即

$$\Sigma = \frac{A_{\text{CSL}}}{A_{\text{OL}}} \tag{3-23}$$

式中，A_{CSL} 和 A_{OL} 分别为 CSL 单胞和原晶体单胞的面积。显然，Σ 值越大，则重合位置越少，若 17 个阵点中有 1 个阵点重合，则 $\Sigma=17$；$\Sigma=1$ 表示完全重合。图 3-18 中所示的 CSL，容易发现 $\Sigma=5$（作为练习，读者可以自行证明）。

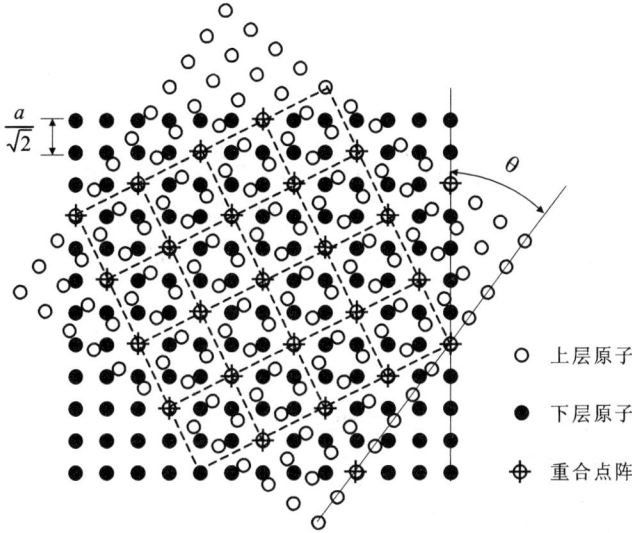

图 3-18　重合位置点阵模型示意图（*fcc* 的{100}面）

下面，讨论采用数学方法来描述重合位置的多重性。在立方系中，两个相同晶体的 CSL 可以用一公共转动轴 $[uvw]$ 来描述，其转动角为

$$\theta = 2\arctan\left(\frac{m}{n}\sqrt{u^2+v^2+w^2}\right) \tag{3-24}$$

式中 m 和 n 为不能互约的整数。Σ 则可表示为

$$\Sigma = n^2 + m^2(u^2+v^2+w^2) \tag{3-25}$$

若由此式计算得到的 Σ 是偶数，则应除以 2，直到得到奇数为止。表 3-8 给出了立方晶体围绕 $[100]$ 轴和 $[111]$ 轴旋转后的 CSL 关系。

重位点阵模型认为，在晶界中的原子与原始点阵重叠越多，则界面能越小，所以越稳定，出现的几率也就越大。然而，重位界面是很难精确达到的。如果两晶粒的相对位置偏离了重位关系，一般情况是通过晶体少量变形来实现精确的重位。

表 3 – 8　立方系晶体中的 CSL 关系

[100]轴				[111]轴			
$\theta(°)$	m	n	Σ	$\theta(°)$	m	n	Σ
0	0	1	1	0	0	1	1
36.9	1	3	5	60	1	3	3
90	1	1	1	120	1	1	1
180	1	0	1	180	1	0	3

4. 亚晶界

X 射线衍射实验发现,在每一个晶粒内的原子排列的位向也不完全一致。实际上,一个晶粒是由一些位向差只有几分到几度的小晶块组成。这种小晶块称为亚晶粒。相邻亚晶粒之间的界面称为亚晶界。通常,亚晶粒的平均尺寸在 1 μm 左右。

3.2.3　相界

当系统内含有两个或两个以上的相,且处于热力学平衡时,不同相之间的界面称相界(phase boundary,PB)。

1. 非共格相界

两相结构不同或晶格常数差别很大时,两相的交界区称为非共格相界。如 α – Fe_2O_3 具有刚玉结构,β – Fe_2O_3 具有尖晶石结构。两相的交界面就是非共格相界。

非共格相界区原子的排列基本上是无序的,类似于大角度晶界。以 α – Fe_2O_3 和 γ – Fe_2O_3 为例,在靠近 α – Fe_2O_3 的一侧,晶界上的原子排列成类似刚玉的结构;在靠近 γ – Fe_2O_3 的一侧,晶界上的原子排列成类似尖晶石的结构。在中间过渡区内,原子的排列既不是刚玉结构,也不是尖晶石结构,而是它们的畸变态。非共格相界的过渡区较宽,而且具有较大的界面能,处于一种不稳定状态,这种相界往往是造成多相材料开裂的原因。在材料的烧结过程中,一般不希望这种界面出现。

2. 共格相界

两相结构相同,晶格常数差别较小的情况下,设相界两侧晶体的晶格常数分别为 a_1 和 a_2,且 $a_1 > a_2$。形成相界时,晶格常数较大的晶体略为缩小,使得晶格常数为 $a_1 - \delta a$;晶格常数较小的晶体略为扩大,使得晶格常数为 $a_2 + \delta a$,从而实现晶界两侧原子连贯的结合,如图 3 – 19 所示。所形成的相界称为共格相界。

　　共格相界面两侧的晶体具有共同的点阵面，其原子排列完全有序，两点阵的晶向和晶面有严格的对应关系，类似于孪晶界。共格相界的界面能主要是界面处晶格形变引起的弹性畸变能。

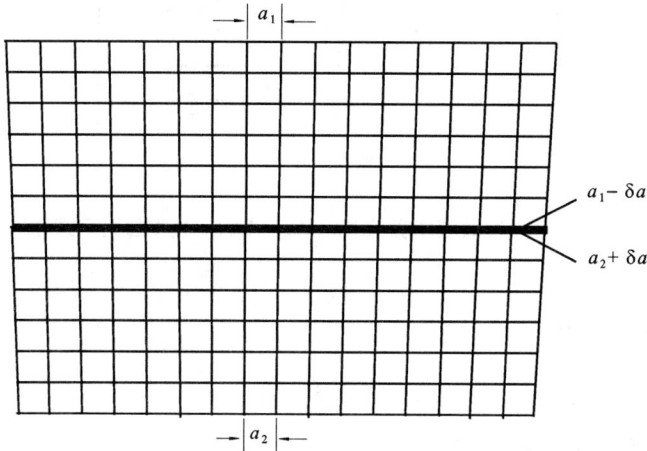

图 3 – 19　共格相界示意图

3. 准共格相界

　　若两相有相同的晶体结构，但晶格常数有一定的差别（≤10%）。这时，如果相界处原子的排布也像共格相界一样，通过晶格常数的变动而形成相界，这种变动引起的畸变能太大，会使系统处于不稳定状态。所以，在准共格相界中，原子的排列，就会通过晶格的收缩或扩张而形成特殊排列的位错，作为两相的过渡区，如图 3 – 20 所示。图中，过渡区的位错称为失配位错（misfit dislocation），又称 Van der Merwe 失配位错。准共格相界又称为半共格相界。

　　若材料 B 的晶格常数 b 大于材料 A 的晶格常数 a，Van der Merwe 失配位错的距离 D 为

$$D = \frac{ab}{b-a} \tag{3-26}$$

　　由上式可知，若 $a = b$，则 $D \to \infty$，此时不存在失配位错；当 a 与 b 差别很大时，失配位错间距减小，相界过渡区位错密度很大。

　　准共格相界能主要由弹性畸变能和不同相之间的化学相互作用能两部分组成。

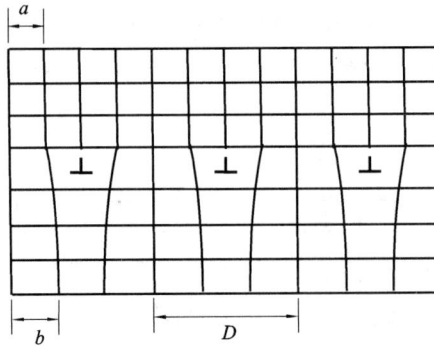

图 3 – 20　准共格相界与 Van der Merwe 失配位错示意图

3.2.4　多晶材料中的界面

1. 多晶材料中的相平衡(多相共存界面)

首先考察两个非共格相相界之间的平衡问题。考虑 α 相的一个晶界和 α、β 两相之间的平衡,参见图 3 – 21。显然,α、β 两相平衡时需满足以下关系

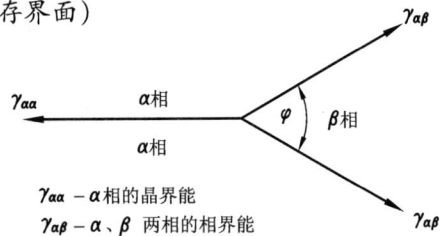

$\gamma_{\alpha\alpha}$ – α 相的晶界能
$\gamma_{\alpha\beta}$ – α、β 两相的相界能

图 3 – 21　晶界与相界的平衡示意图

$$\gamma_{\alpha\alpha} = 2\gamma_{\alpha\beta}\cos\frac{\varphi}{2} \qquad (3-27)$$

上式中 $\gamma_{\alpha\alpha}$ 和 $\gamma_{\alpha\beta}$ 分别为 α 相的晶界能和 α、β 两相的相界能;φ 称为二面角,其值取决于 $\gamma_{\alpha\alpha}$ 和 $\gamma_{\alpha\beta}$ 的比值。二面角的大小对第二相(杂质)在母相中的分布和晶粒的形貌有一定的影响。数学上来说,当 $\gamma_{\alpha\alpha} < 0.5\gamma_{\alpha\beta}$ 时,方程(3 – 27)有解。下面分四种情况进行讨论:

①$0 < \gamma_{\alpha\alpha}/\gamma_{\alpha\beta} < 1$,这时,$180° > \varphi > 120°$,第二相在母相中呈圆形,称为第二相对母相不湿润;

②$1 < \gamma_{\alpha\alpha}/\gamma_{\alpha\beta} < \sqrt{3}$,这时,$120° > \varphi > 60°$,第二相在母相三晶粒的交界处,沿晶界部分渗进去;

③$\sqrt{3} < \gamma_{\alpha\alpha}/\gamma_{\alpha\beta} < 2$,这时,$60° > \varphi > 0°$,第二相在母相三晶粒的交界处形成三角状,随着二面角的减小第二相铺展得越开;

④$2 < \gamma_{\alpha\alpha}/\gamma_{\alpha\beta}$,$\varphi = 0°$,第二相将在母相的晶界区铺开。

第二相(杂质)在母相中的分布对材料的性质有极大的影响。金属和合金

中存在氧化物杂质相时，若 $\gamma_{\alpha\alpha}/\gamma_{\alpha\beta}$ 的值使 $\varphi > 120°$ 时，这些氧化物就会在晶界处呈柱状分布。当 $\varphi < 60°$ 时，氧化物会在晶界上铺展开来。图 3 - 22 示意地给出了二面角的大小对第二相形态的影响。

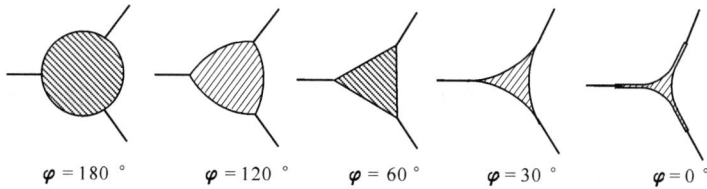

$$\varphi = 180° \qquad \varphi = 120° \qquad \varphi = 60° \qquad \varphi = 30° \qquad \varphi = 0°$$

图 3 - 22　二面角对第二相形态的影响示意图

2. 多晶材料中的晶界性质
(1) 低能晶界

多晶材料中的晶界，大多是大角度晶界，原子排列的情况相当复杂。理论和实践都表明，在多晶材料中的大角度晶界是一些低能晶界(low energy boundary)。早期人们曾认为，既然是大角度晶界，晶界角的大小应该是随机的。大量的实验观测表明，实际的晶界角度并非如此。不同晶界之间的界面能差别很大，多晶系统中，平衡条件仍然遵守自由能最小的原则，不可能是晶界角度都可能出现。

图 3 - 23 示意地给出三个晶粒相交处的力平衡关系，三晶粒的交点称为三叉点。三叉点上力平衡关系为：

$$\frac{\gamma_1}{\sin \varphi_1} = \frac{\gamma_2}{\sin \varphi_2} = \frac{\gamma_3}{\sin \varphi_3} \qquad (3-28)$$

式中 γ_1，γ_2 和 γ_3 分别为各晶粒的晶界能，φ_1，φ_2 和 φ_3 分别为两两晶粒之间的晶面角。

总的来说，大角度晶界都是一些低能晶界，晶界能都比较接近，因而有 $\gamma_1 \approx \gamma_2 \approx \gamma_3$，另一方面 $\varphi_1 + \varphi_2 + \varphi_3 = 360°$。所以，由 (3 - 28) 式可知 $\varphi_1 \approx \varphi_2 \approx \varphi_3 \approx 120°$。这被许多实验所证实。

若晶界上有四个或更多的晶粒相交，则晶界能对应的界面张力得不到平衡，只要条件有利(如温度足够高、时间足够长)，这种结构就会分解成晶面角为约 120° 的结构，如图 3 - 24 所示。一般说来，在多晶材料中，三个以上晶粒相交于一点的情形是不稳定的。

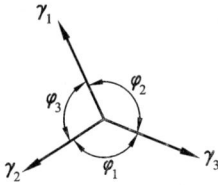

图3-23　三叉点处力平衡条件　　　图3-24　由于界面力引起的晶粒的运动

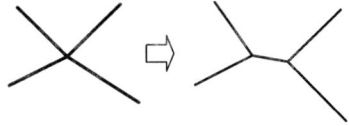

（2）晶界处的成分

从总体上来看，晶界处原子排列比较疏松，并处于畸变状态，聚集着大量位错，有较强的应力场。晶界处的化学势也相对较低，所以各类杂质有往晶界处运动的趋势，从而可在晶界处形成一种非平衡偏析，或称为晶界偏析，有时也称为内吸附。一些材料中，杂质浓度可低到$(1 \sim 10) \times 10^{-5}$。但在晶界处，偏析浓度可高达 1% ~5%。偏析浓度是正常浓度的五万倍以上。

除了非平衡偏析之外，还存在一种由于溶质原子与晶界结合能高于晶内所导致的平衡偏析。与表面平衡偏析相似，有类似式（3-17）的公式描述晶界平衡偏析。

氢通过金属表面后在界面处产生晶界偏析，从而使材料的强度降低的现象称为氢脆。由于氢原子较小，它在表面溶解后，通过晶界处存在的位错等缺陷向内部扩散，使得氢原子在晶界分布。这样，晶粒间的结合情况就会恶化，导致材料容易沿晶界开裂或强度降低。

对金属材料来说，也存在晶界杂质偏析增加材料强度的情况。例如，在多晶镍材料中，硫的晶界偏析使其强度减小，而硼的偏析则使其强度增大。

离子晶体作为功能材料，晶界效应显得格外突出。例如，$BaTiO_3$ 作为温度敏感材料，只有在多晶的情况下才具有正的温度系数，单晶则没有此效应。

（3）晶界电荷

许多离子晶体的结构单元是带电的，对应的缺陷（如空位、杂质等）也带电，所以晶界处也带电，这已获得实验的证实。如 MgO 中若存在高价正离子杂质，则晶界带负电；Al_2O_3 中若有低价杂质（如 MnO），则晶界带正电。晶界电荷的存在会产生晶界区局部电场，使晶粒中形成空间电荷区。

3.2.5　复合材料的界面

复合材料的界面是通过物理和化学作用把两种或两种以上异质、异形和异性的材料复合起来所形成的。一般把基体和增强物之间化学成分有显著变化的构成彼此结合的、能传递载荷作用的区域称之为界面。界面不是简单的几何面,而是一个具有一定厚度的过渡区域。一般说这个区域是从增强体内部性质不同的那一点开始到基体性质相一致的某点为止。该区域的材料结构与性能应该不同于组分材料的任意一个,可简称该区域为界面相或界面层。界面和界面相是有区别的,但习惯上把界面相的问题统称为界面问题。界面相厚度很小,它可以是几个 nm 到几百个 nm。

由于增强体细小所以界面区域所占面积比例很大,因此界面的性质、结构、完整性对复合材料性能影响很大。

复合材料的界面特征,可以概括为以下几种效应:

①传递效应:界面传递力的作用,将外力传递给增强物,起到基体与增强材料之间桥梁的作用。

②阻断效应:界面有阻止裂纹扩展,减缓应力集中的作用。

③不连续效应:在界面处产生物理性能不连续的现象,如,抗电性,电磁感应性。

④散射和吸收效应:光波声波等在界面处散射和吸收,从而产生透光性,隔声性。

⑤诱导效应:一种物质的表面结构使与之接触的另一种物质的表面结构发生改变。

复合材料的界面结合类型可以大致分机械结合、静电作用、界面扩散和界面反应等。

所谓机械结合是指增强材料与基体结合时,两种材料的表面相互接触,由于表面的粗糙而产生机械锚固,靠机械摩擦力保持表面的结合。纤维表面较粗糙且基体与纤维表面嵌合好的机械结合好的界面,最突出的例子是硼纤维增强铝基复合材料。

静电作用则是指复合材料的增强材料与基体的表面带有异性电荷时,在基体与增强材料之间(如金属与聚合物)将产生静电引力,形成两者的结合。氢键可看作是一种静电作用,因静电作用距离有限,表面的污染会大大减弱这种作用。

扩散或溶解结合是指在复合材料制造的过程中基体与增强体之间首先发生润湿,在两种材料表面发生原子或分子的相互扩散,甚至溶解,所形成的结合方式。

界面反应结合是指增强材料与基体之间的表面原子,在一定的热力学和动力学条件下会发生界面反应,形成不同于原组元成分及结构的界面反应层的结合。

通过基体改性和改进复合条件能有效地改变界面结合状态和断裂破坏的特征。例如 SiC 纤维强化玻璃陶瓷中，通常在晶化处理时会在界面产生裂纹，若在基体中添加一定量的 Nb，在界面会形成数微米的 NbC，获得最佳的界面，达到了陶瓷高韧化的目的。又如在铝合金基体中加入能与 C 生成更稳定碳化物的合金元素，如 Zr，Nb，Mo，Cr，Ti 和 V 等，它们除改进对碳纤维的润湿性外，对纤维影响很小，并减少了 Al_4C_3 有害化合物的生成，改善界面结合，提高复合材料强度。

习 题

1. 如何理解"不能简单地将表面视为体相的中止"？

2. 固体(晶体)表面自由能的本质是什么？

3. 计算金刚石结构(cth)晶体的三个低指数表面上原子的表面致密度。

4. 已知简单立方晶体的表面自由能为 $\gamma_{hkl} = \dfrac{h+k+l}{\sqrt{h^2+k^2+l^2}} \cdot \dfrac{E_b}{2d_0^2}$，式中，$E_b$ 是键能，d_0 为键长，证明对于所有满足关系 $\boldsymbol{n} \cdot [100] = 0$ 的表面($\boldsymbol{n}$ 为表面的法线矢量)，有 $\gamma_\theta = \dfrac{E_b}{\sqrt{2}d_0}(\cos\theta + \sin\theta)$，式中 θ 为表面与(001)的夹角(参见图 3 – 8)。

5. 什么是晶体的平衡形状？证明平衡形状就是表面自由能极图中的内接多边形。

6. 已知 N_b 个金原子组成一个形状为立方体的晶粒时，表面原子个数为 N_s。求当 N_b 分别为 10^3 和 10^{24} 时 N_s/N_b 的比值。

7. 计算图 3 – 18 所示的 CSL 的多重性 Σ。

8. 试解释式(3 – 16)和式(3 – 17)偏析自由能(ΔG)的物理意义。

第 4 章 材料的凝固

　　物质从液态冷却转变为固态的过程叫做凝固，凝固后的物质可以是晶体，也可以是非晶体。如果凝固后的物质是晶体，则这种凝固称为结晶。凝固后是否形成晶体，主要由液态物质的黏度和冷却速度决定。一般来说黏度大的物质如高分子材料容易形成非晶体，而黏度小的物质如金属和合金容易形成晶体；冷却速度也有直接的影响，如果冷却速度达到 $10^7℃ \cdot s^{-1}$，金属也能获得非晶态。

　　通常凝固条件下，金属及其合金凝固后都是晶体，因此也称金属及合金的凝固为结晶。金属制品在其加工制造的最初阶段，一般都要熔炼后铸造，使其成为铸锭或铸件。铸锭(件)及焊接件的组织和性能与凝固过程有密切的关系。因此研究结晶过程，已经成为提高金属机械性能和工艺性能的主要手段之一；由于结晶过程是一个相变过程，了解结晶过程同时也为研究固态金属中的相变奠定基础，当然在固态条件下也可能发生通常称为再结晶的晶体成长现象，有关知识可以参考本书的第 9.3 节。本章主要阐述纯金属在凝固过程中的基本规律以及如何利用这些规律来控制金属的组织，同时简要介绍高分子材料的凝固过程。

4.1 金属液态结构与性能特点

　　液态是介于固态和气态之间的一种物质状态，像固态那样具有一定的体积、不易被压缩，又像气体那样没有固定的形状、具有流动性和各向同性。人们对固态和气态结构的认识比较完善，有比较成熟的理论用于建立微观结构与宏观性质之间的关系。而对于液态结构的认识很不够，至今仍未有一个比较全面、完善的理论。

　　固态金属材料的宏观性能主要是由其微观组织决定的，金属材料铸造后的微观组织又主要是由凝固前熔体结构本身和冷却速度决定的。同样合金成分在不同的凝固条件下可以获得不同的微观结构，从而使材料具有不同的宏观性能。一种固体材料的获得，绝大多数要经历由液态到固态的凝固过程。早在 20 世纪 50 年代，前苏联著名冶金学家 C·M·沃罗诺夫以及更早一些时候(1936 年)A·C·库什尼尔斯基已经提出了组织的遗传性问题(组织的遗传性是指熔体的组织和缺陷，在液态合金中加入可以改变元素之间的相互作用的合金元素，液态金属的结构如过冷度、净化程度会对凝固后铸件或毛坯的组织和缺陷及性能有影响）。但是，由于液态结构和性质研究的复杂性，以往的研究工作仅仅局限于夹杂、气体、微量元素等异质组成对最终组织的影响。直到最近人们才逐渐认识到，即使在纯净的熔体体系中，液态结构变化对凝固以后的材料组织、性能和铸锭(件)质量也存在直接和重要的影响。而从熔体结构控制的角度来改善和控制凝固尚是经验性的，远远没有形成系统的理论。实验发现液态和固体结构之间的联系不仅仅是在小尺寸范围存在相似形，而且对于某些熔体来说在较大尺寸范围上也存在关联。认识这种关联对于了解液固相变的微观机制，把握相变的条件和方向，生产高质量的材料或产生新的物相(如准晶、非晶、亚稳相等)具有重要意义。

4.1.1　液态金属与固态金属的比较

1. 金属熔化时体积的变化

表4-1列出了一些金属熔化时体积的变化。从表中可以看出，金属熔化时体积的增加在2.5%~5%之间，最大也不超过6%(也有少数非密排结构的金属如Sb、Bi、Ga、Ge等熔化时体积有少量收缩)。体积的增大可以认为是由两部分引起：一部分是质点间距离加大，另一部分是形成了大量空位。

此外，液态金属和固态金属一样具有很小的可压塑性，同时随着压力增加，液态金属的压缩系数逐渐接近固态金属。这也表明液态金属质点间距虽然比固态略大，但其值已经很小，外界给液态金属施加压力时只表现出很小的压缩系数。相反气态有很大的压缩系数，表明气体质点间距很大。

表4-1　某些金属熔化时的体积变化

金属名称	晶体结构	熔点/℃	熔化时体积变化率/%
Ag	面心立方	960.5	4.99
Al	面心立方	660.2	6.6
Fe	体心立方/面心立方	1536	3.0
Cu	面心立方	1083	4.15
Mg	密排六方	650	4.1
Bi	菱方	271	-3.25
Li	体心立方	179	1.5

2. 熔化时热容的变化

金属在固 – 液转变时热容量变化不大。部分金属在熔点附近的热容量见表 4 – 2。由表可见，在液体中质点热运动的特点与固体很接近。然而毕竟发生了相变，热容仍有突变，只是这种变化很小而已。

表 4 – 2　某些金属在熔点附近的摩尔热容/$[J \cdot (mol \cdot K)^{-1}]$

金属	Fe	Mn	Cr	Ni	Al
固态 $C_{p,m}$	41.8	46.4	42.6	35.7	32.6
液态 $C_{p,m}$	34.1	46.4	40.5	35.7	29.3

3. 熔化热和熔化熵的变化

某些金属的熔化潜热(H_m)及气化潜热(H_b)见表 4 – 3，由表可见，金属的熔化潜热远小于其气化潜热。金属的气化潜热与熔化潜热的比值 H_b/H_m 都较大，如铝、金都在 27 左右。熔化热包含内能的变化以及由体积变化引起的膨胀功两部分。因为金属熔化时体积变化很小，故膨胀功不大，熔化热主要反映了内能的变化。内能包括动能和势能，其中固态和液态质点的动能由于在熔点时温度相等，可以认为是接近的，所以内能的变化主要反映了势能或质点间相互作用力的变化。

表 4 – 3　某些金属的熔化潜热及气化潜热/$(kJ \cdot mol^{-1})$

金属	熔点℃	熔化潜热 H_m	沸点℃	气化潜热 H_b	H_b/H_m
Ag	960.5	11.2	2212	258	23
Al	660	10.4	2480	291	27.8
Au	1063	12.8	2950	342	26.7
Cd	321	6.4	765	99.5	15.6
Fe	1536	15.2	3070	340	22.4
Mg	650	8.69	1103	115	16.0

当金属处于熔点温度 T_m 时，液固两相的自由能 G_L 与 G_S 相等。由于

$$G = H - TS \tag{4-1}$$

则有

$$H_L - T_m S_L = H_S - T_m S_S \tag{4-2}$$

式中，H_L、H_S 分别为液体和固体的焓，S_L、S_S 分别为液体和固体的熵。

式(4-2)变换后有

$$\Delta S = S_L - S_S = \frac{H_L - H_S}{T_m} \qquad (4-3)$$

又在恒压下

$$H_L - H_S = H_m$$

所以

$$\Delta S = S_L - S_S = \frac{H_m}{T_m} \qquad (4-4)$$

表4-4中列出了部分金属从室温(25 ℃)至熔点的熵变，以及它们的熔化熵。对这二者进行比较时，可以看到熔化时熵的增加是比较大的。考虑到金属熔化时配位数改变很小这一情况，可以得到这样的结论：金属熔化时，原子间距或最近邻原子数目没有多大变化，然而无序程度则大为增加。

表4-4 某些金属加热时的熵变/$(kJ \cdot mol^{-1})$

金属	从 298 K 到熔点的熵变 ΔS	熔化熵 ΔS_m	$\Delta S_m / \Delta S$
Mg	31.5	7.0	0.31
Al	31.4	11.5	0.37
Au	40.9	9.24	0.23
Cd	18.9	10.3	0.54
Fe	64.8	8.36	0.13

4.1.2 金属液态结构

对于金属晶体可以抽象出 14 种空间点阵来描绘，而对于液态金属，由于其所处的特殊状态，人们对其微观结构认识还比较浅，对于其与固态之间本质的、内在的联系还比较模糊。因此，人们采用各种方法如射线(X 射线、中子)衍射和理论计算(分子动力学模拟)等方法对金属液态结构进行了研究，结果发现宏观上金属和合金的液态结构是均匀、各向同性的。而当缩小到原子尺寸时，金属和合金的液态结构是不均匀的，熔体中原子存在着原子围绕平衡中心以频率 $\upsilon = 10^{12} s^{-1}$ 的振动和单个原子从一些平衡位置向另一些位置活化迁移的过程。

X 射线衍射分析给出了液态金属中的原子分布，即提供了原子间距和配位数。表4-5列出某些金属熔点时结构的测定结果。结果表明：① 液体中原子之间的平均距离比固体中稍大一点；② 液体中原子的配位数比密排结构的固体的配位数减少，通常在 8～11 的范围内，即熔化时体积略为膨胀，但对于非密排结构的晶体，如 Ga、Ge、Sb 和 Bi 等液态时配位数反而增大，即熔化后体积略为收缩；③ 液态中原子排列混乱程度增加。

表 4 - 5 熔点时金属的原子距离和配位数

金属	液态		固态	
	原子间距/nm	配位数	原子间距/nm	配位数
Al	0.296	10 ~ 11	0.286	12
Zn	0.294	11	0.265,0.294	6 + 6
Cd	0.306	8	0.297,0.330	6 + 6
Au	0.286	11	0.288	12
Bi	0.322	7 ~ 8	0.309,0.346	3 + 3

所以说，液态结构的主要特征是长程无序，晶体的熔化消除了原子在空间排列的三维周期性，但在一定程度上仍然保持原子排列的短程有序，因此在金属熔体中，每个局部区域的能量和结构都处于不断的变化中，液态中部分原子的排列方式与固态金属相似，构成短程有序的晶态小集团。这些小集团不稳定，尺寸大小不相等，时而产生，时而消失，也就是存在所谓的结构起伏；另一方面，金属液体中微观区域的自由能也是变化的，和结构起伏一样，总是此起彼伏，也就是存在能量起伏，如果是在合金系统中，还会存在成分起伏现象。

由于液体金属的结构与固态金属的差异，其物理性质如黏度、表面张力和扩散系数、热导率、电导率、蒸气压等与固态金属相比，均有较大改变，并对有液态金属参与的反应速度，液态金属中气泡及非金属夹杂物的生成、长大及排除，熔渣与金属的分离等金属熔炼、浇注及凝固过程有重要影响。利用温度对熔体结构的影响，可以通过控制金属熔体预结晶状态和冷却速度，显著改善金属材料的组织、性能及质量，如可以借助过热作用来人为地改变熔体结构，在冷却和凝固过程中得到理想的组织，从而改善材料和制品的铸态组织、结构和性能，为挖掘材料的性能潜力开辟了一条有效的新途径。

4.2 金属结晶的基本规律

4.2.1 金属结晶的微观现象

金属铸件一般由不同位向的晶粒构成。通过无机物如氯化铵饱和水溶液的结晶，可以相似地描述金属结晶的一般过程。如图 4-1 是表示结晶过程的示意图。将液态金属冷却到熔点以下某个温度等温停留，液态金属并不立即开始结晶(图 a)，而是经过一段时间后才出现第一批晶核，这个时间称为孕育期；晶核形成后便不断长大(图 b)，同时又有一批新的晶核形成和长大(图 c)；就这样不断形核，不断长大，使液态金属越来越少(图 d)。正在长大的晶体彼此相遇时，长大便停止。直到所有晶体都彼此相遇，液态金属消耗完毕，结晶过程即完成(图 e)。以一个晶核形成长大的晶体称为一个晶粒，晶粒与晶粒的界面称为晶界。金属的结晶与其他晶体的结晶一样，是形核与长大的过程，形核与长大交错重叠进行。金属结晶完成后获得多晶粒的组织，由于各个晶核随机生成，所以各个晶粒的位向各不相同。如果在结晶过程中只有一颗晶核形成或长大，而不出现第二颗晶核，那么由这一颗晶核长大的金属，就是一颗金属单晶体。

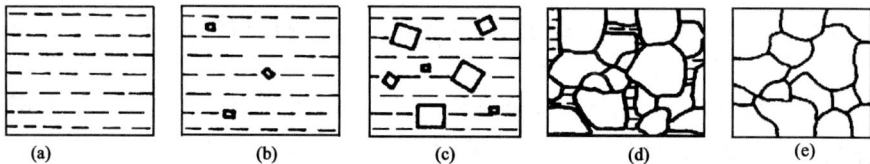

图 4-1　结晶过程的示意图

(a)液体；(b)形核；(c)长大；(d)形成晶粒；(e)结晶完毕

4.2.2　金属结晶的宏观现象

虽然人们还无法直接观察到金属结晶的微观过程，但是伴随金属结晶时产生的某些热学性质的变化，如结晶潜热的释放，熔化熵的变化，这些宏观特征已成为研究金属结晶过程的重要手段。

1. 冷却曲线与金属结晶的过冷现象

利用如图 4-2 所示的装置，将金属加热熔化成液态，然后缓慢冷却。在冷却过程中每隔一定时间记录一次温度，最后将结果绘制成温度-时间关系曲线，如图 4-3 所示。这条曲线称为冷却曲线，这种测定冷却曲线的方法叫做热分析法。

由图 4-3 可见，当液体金属缓慢冷却至理论凝固温度 T_m(即金属的熔点)时，金属液体并没有开始凝固，当温度降低到熔点以下某个温度 T_n 时才开始结晶，这个温度 T_n 叫做金属的实际开始结晶温度；随后由于在结晶时释放出结晶潜热使金属的温度迅速回升，一直回升到接近熔点时，由于液态金属变为固态金属时释放的结晶潜热与冷却过程中金属向外界散发的热量相等，形成一个平台，结晶过程在恒温下进行。在非常缓慢冷却的条件下，平台温度比熔点略微低一点，但两者相差甚小，为 $0.01 \sim 0.05$ ℃，故一般可忽略这个差异，可以把平台温度看作理论结晶温度。

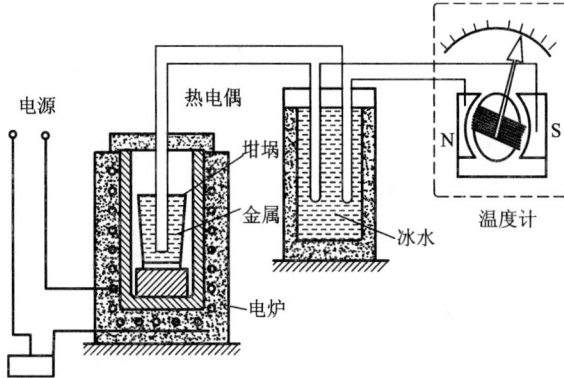

图 4-2　热分析实验装置示意图

由于纯金属的实际结晶温度总是低于理论结晶温度 T_m，这个现象称为过冷。实际开始结晶温度 T_n 与理论结晶温度 T_m 之间的差 $\Delta T = T_m - T_n$，称为过冷度。显然过冷度越大，则实际开始结晶温度越低。

金属的过冷度并不是一个恒定值，而是受金属中的杂质和冷却速度的影响。金属纯度越高，过冷度越大；冷却速度越快，过冷度也越大。

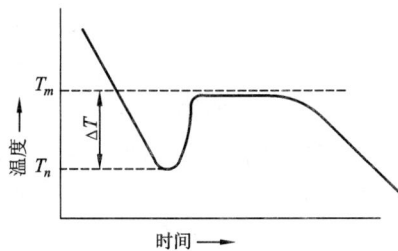

图 4-3　纯金属的冷却曲线

过冷现象是金属结晶中的重要现象。金属要结晶必须过冷，不过冷就不能结晶。所以过冷是结晶的必要条件。

2. 晶核的形成

过冷液态金属中短程规则排列的晶态小集团就是晶胚，只有几何尺寸达到一定程度的晶胚才能成为新相成长的核心，这些核心称为晶核。在母相中形成等于或大于一定临界尺寸大小的新相晶核的过程称为形核。在液体金属中形成固体晶核时有两种方式，即均匀形核和非均匀形核。在过冷的液态金属中，依靠液态金属本身的能量变化获得驱动力，由晶胚直接成核的过程，称为均匀形核；而在过冷的液态金属中，晶胚依附在其他物质表面上形成晶核的过程，称为非均匀形核。两者比较起来，均匀形核困难而非均匀形核比较容易，而且由于实际金属液体中不可避免的总是存在杂质和外表面，因此凝固时形核主要是非均匀形核。由于非均匀形核的原理建立在均匀形核的基础上，我们先讨论均匀形核的有关知识。

（1）均匀形核

过冷液态金属中出现的晶胚是否可以转变成晶核，这个涉及到结晶过程中能量的变化规律，在均匀形核过程中晶核的形成与结构起伏和能量起伏有关。

①晶核形成时能量的变化。自由能是随温度、压力而变化的，根据热力学知识，自由能与温度和压力存在如下关系：

$$dG = VdP - SdT$$

其中，V 为体积，P 为压力。

在冶金系统中，压力可视为常数，即 $dP = 0$，因此有 $(dG/dT)_p = -S$，由于液相原子的紊乱程度比固相原子的高，液相的熵值大于固相的熵值，而且随温度的变化也大，液相与固相的自由能随温度的变化曲线必然相交，可以表示为如图 4-4。

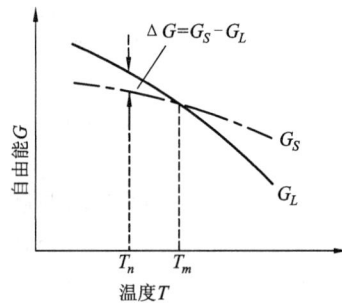

图中交点表示金属的熔点温度 T_m，此时两相的自由能相等，即 $G_L = G_S$，表示两相平衡共存，当 $T < T_m$ 时，固相的

图 4-4 液态和固态金属的自由能–温度曲线

自由能比液相的自由能低，这时液、固两相的自由能差值是两相间发生相转变即凝固的驱动力。

此时液相向固相转变时的单位体积自由能的变化 ΔG_V 为

$$\Delta G_V = G_S - G_L = (H_S - T \times S_S) - (H_L - T \times S_L)$$
$$= (H_S - H_L) - T \times (S_S - S_L)$$

当凝固温度与 T_m 相差不大时，$H_S - H_L$ 可以近似认为等于熔化潜热 H_m，则

$$\Delta G_V = H_m - T \times \Delta S \tag{4-5}$$

在熔点温度即 $T = T_m$ 时，因为两相处于平衡状态，故 $\Delta G_V = 0$，因此有

$$\Delta S = \frac{H_m}{T_m} \tag{4-6}$$

将式（4-6）代入式（4-5），有

$$\Delta G_V = H_m - T\frac{H_m}{T_m} = \frac{H_m(T_m - T)}{T_m}$$

所以
$$\Delta G_V = \frac{H_m \Delta T}{T_m} \qquad (4-7)$$

即 ΔG_V 与 ΔT 呈直线关系,过冷度越大,液态和固态的自由能差值越大,相变驱动力越大,凝固过程就越快。

当过冷液态金属中出现一个晶胚时,一部分液态原子转移为晶胚内部的原子,由于这些原子处于平衡位置上,其自由能比过冷的液态原子能量低,这部分降低的自由能称为体积自由能,而另一部分液态原子转移到晶胚的表面上,这些原子受力不对称,偏离平衡位置,自由能反而比过冷液态原子高,这部分由于晶胚形成导致界面出现而增加的自由能称为表面自由能。因此当过冷液体中形成一个晶胚时,相邻原子的微小体积变化引起自由能降低,这部分自由能的降低是结晶的驱动力,使晶胚存在和长大;而晶胚表面层原子引起自由能增加,表面自由能的增加是结晶的阻力,将促使晶胚熔化和消失。所以晶胚形成时总的自由能变化,决定着晶胚能不能长大。

假设晶胚为球形,半径为 r,表面积为 S,体积为 V。当过冷液体中出现一个晶胚时,总的自由能变化为
$$\Delta G = -V\Delta G_V + \sigma S \qquad (4-8)$$
式中:ΔG_V 为单位体积固、液相自由能之差;σ 为单位面积自由能,也就是比表面能。

即
$$\Delta G = -\frac{4}{3}\pi r^3 \Delta G_V + 4\pi r^2 \sigma \qquad (4-9)$$

由式(4-9)可知,体积自由能的降低与 r^3 成正比,而表面自由能的增加与 r^2 成正比。所以随着晶胚半径 r 的增大,ΔG_V 要比 ΔG_S 变化更快。总的自由能与晶胚半径 r 的变化关系如图 4-5 所示。

从图 4-5 可以看出晶胚成核时能量变化的基本规律:当晶胚较小时,总的自由能随着晶胚半径 r 的增大而增加,显然这种晶胚不能长大,形成后也会立即消失。当晶胚尺寸

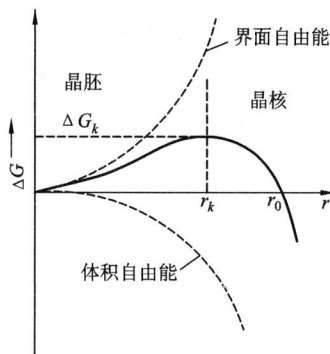

图 4-5　晶胚半径 r 与自由能 ΔG 的关系

超过半径 r_k 时,总的自由能不再增加,而是随着晶胚的长大而降低,所以这种

晶胚是稳定的，称为晶核，可以长大。

②临界晶核。根据自由能与晶胚半径 r 的变化关系，可以知道半径小于 r_k 的晶胚不能稳定长大成核；大于 r_k 的晶胚才能成核；等于 r_k 的晶胚既可能消失，又有可能稳定长大成核。所以把半径为 r_k 的晶胚称为临界晶核，其半径 r_k 称为临界晶核半径。金属凝固时，形成的晶核尺寸必须等于或大于临界晶核。

临界晶核半径不仅取决于金属本性，还取决于过冷度，r_k 的大小可以由式 (4-9) 计算。对半径 r 求偏导数，并令其等于零，即

$$\frac{\partial \Delta G}{\partial r} = 0 \qquad\qquad (4-10)$$

则可求得

$$r_k = \frac{2\sigma}{\Delta G_V} \qquad\qquad (4-11)$$

由式 (4-11) 可知，临界晶核半径与形核时单位面积的表面自由能 σ 成正比，与单位体积自由能的变化 ΔG_V 成反比。通过减少 σ 和增大 ΔG_V 都能使临界晶核半径变小。

将公式 (4-7) 代入公式 (4-11) 得

$$r_k = \frac{2\sigma T_m}{H_m \Delta T} \qquad\qquad (4-12)$$

式 (4-12) 表明，临界晶核半径与过冷度成反比，过冷度越大，临界晶核半径越小。这对生产实践有重要的意义，在铸造生产中，往往通过增大过冷度，减少临界晶核半径，来提高单位体积内晶胚的成核率，达到细化晶粒的目的，从而改善材料的机械性能。

③形核功。据上所述，过冷液态金属中，晶胚成核的条件，也就是晶胚尺寸必须大于临界晶核半径。在结晶过程中，当晶胚半径处于 $r_k \sim r_0$ 之间时，虽然它的长大会使系统的自由能降低，但它是在自由能大于 0 的条件下形成的，即形成临界晶核时，体积自由能的降低还不能完全补偿表面自由能的增加，还有一部分表面自由能必须由外界即周围的液态对这一形核区做功来供给。这一部分使晶胚形核时由外界提供的能量，称为形核功。

形核功是过冷液体金属开始形核时的主要障碍，故从液体开始凝固时需要一定的孕育期，道理就在此。在金属液体中形核功在没有外界供给能量的条件下，形核功依靠液体本身存在的能量起伏来供给。由于一般所指系统的自由能是宏观的平均能量，在一定温度下，有一定的自由能值与之相对应。但是系统中小区域在某一个瞬间的自由能，一个区域与另一个区域的每一个瞬间互不相

同，有高有低，符合统计分布规律。液体金属中微观区域自由能的变化和其中的结构起伏类似，是局部区域有能量起伏的动态平衡。当高能原子附上低能量的晶胚或相邻晶胚互相拼接长大时，可以释放一部分能量，这就为形核时所需要的形核功提供了能量。

在过冷液态金属中，形成具有 $r_k \sim r_0$ 范围内的晶胚所需要的形核功是不同的，其中临界形核尺寸的晶胚形核功最大，称为临界形核功。将式(4-7)、式(4-12)代入式(4-10)求得临界形核功 ΔG^* 的大小：

$$\Delta G^* = -\frac{4}{3}\pi r_k^3 \Delta G_V + 4\pi r_k^2 \sigma_s = -\frac{16\pi}{3}\frac{\sigma^3 T_m^2}{(H_m \Delta T)^2} \tag{4-13}$$

化简后可得
$$\Delta G^* = \frac{1}{3}\sigma S^* \tag{4-14}$$

式中：S^* 为球状临界晶核的表面积。

式(4-14)说明了一个重要规律，临界形核功 ΔG^* 的大小恰好等于形成临界晶核时表面自由能的 1/3。就是说形成临界形核时，体积自由能的降低只是补偿了表面自由能增加的 2/3，还有 1/3 的表面自由能必须由结晶体系中能量起伏提供。结晶过程中的能量变化如图 4-6 所示。大于临界晶核的晶胚形成时，所需要提供的形核功小于临界形核功。

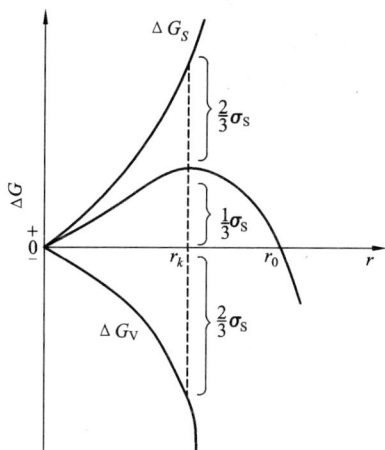

图 4-6　临界形核功与表面自由能的关系

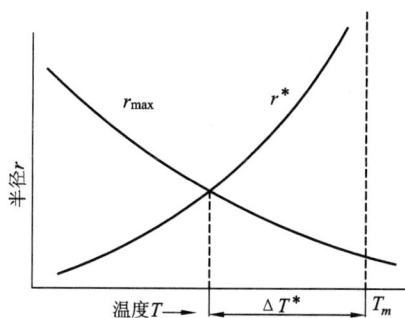

图 4-7　最大晶胚尺寸 r_{max} 和临界晶核
半径 r^* 与过冷度 ΔT 的关系

这个公式还表明，对于一定的金属，临界形核功主要取决于过冷度。过冷度越大，临界形核功越小，形成临界晶核时所需要的能量起伏越小，晶胚的成核率增加。

综上所述，均匀形核是在过冷液态金属中，依靠结构起伏形成尺寸大于临界晶核的晶胚，同时还必须依靠能量起伏获得形成临界晶核所需要的形核功，才能形成稳定的晶核。结构起伏与能量起伏是均匀形核的必要条件；同时均匀形核还必须在一定过冷条件下进行。这是由于在一定的过冷度下，才有相当于临界晶核大小的晶胚出现。而晶胚的最大尺寸与过冷度有关，它随着过冷度的增大而增大，如图 4-7 所示。图 4-7 中两条曲线的交点是均匀形核的临界过冷度 ΔT^*。当实际过冷度 $\Delta T < \Delta T^*$ 时，最大的晶胚的尺寸都小于临界晶核半径，故难以形核；只有当 $\Delta T > \Delta T^*$ 时，不仅最大尺寸的晶胚，还包括部分较小尺寸的晶胚也超过了 r^*，这种晶胚才能稳定形核。

④形核率。形核率是指单位时间、单位体积内所形成的晶核数目。形核率受两方面控制：一方面随着过冷度增加，临界晶核半径和形核功都减少，需要的能量起伏减少，稳定晶核容易形成。由于系统中能量起伏所提供的能量超过形核功 ΔG^* 的微小体积的几率与 $\exp(-\Delta G^*/kT)$ 成正比，故随着过冷度增大，形核率也越大。另一方面随着过冷度的增大，原子扩散速度减慢，由于晶胚的形成是原子由液相向固相的扩散过程，而原子的扩散需要克服一定的能垒 Q（图 4-8），所以液态金属中出现大于临界晶核的晶胚几率与 $\exp(-Q/kT)$ 成反比，其中 Q 值随温度改变很小，可以近似看成一个常数，故随着过冷度的增加，形核率将减少。

综上所述，总的形核率可以用下述公式表示

$$N = C\exp(-\Delta G^*/kT)\exp(-Q/kT) \qquad (4-15)$$

式中： C——常数；

ΔG^*——形核功；

Q——原子液相、固相界面的扩散激活能，也就是原子由液相转入固相时所需要的能量；

k——坡耳兹曼常数；

T——绝对温度。

形核率与过冷度的关系也可以用图 4-9 来表示。

从图 4-9 中可以看出，当过冷度较小时，形核率主要受能量起伏的几率因子 $\exp(-\Delta G^*/kT)$ 控制，随着过冷度的增加，形核率急剧增加；但是当过冷度很大时,形核率主要受到原子扩散的几率因子 $\exp(-Q/kT)$ 所控制,故随着过冷度的增加,形核率反而下降。由曲线可知,形核率随过冷度的变化有一个极大值,超过极点后,形核率又随着过冷度的进一步增大而减少。对于金属晶体,其均匀形核率与过冷度的关系,如图 4-10 所示。

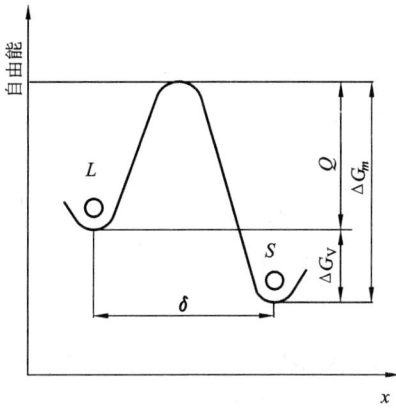

图 4-8　液相原子向固相
扩散要克服的能垒示意图

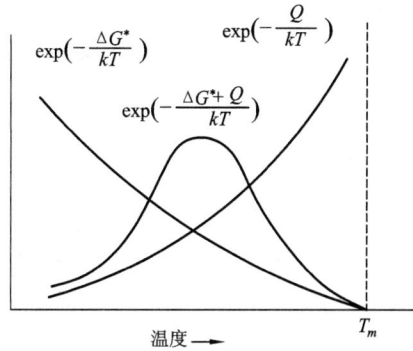

图 4-9　形核率与过冷度的关系

图 4-10 表明,在达到某一过冷度之前,液态金属中基本不形核,而当达到一定的过冷度时,形核率突然增加,此时的过冷度为有效过冷度 ΔT_P。由于金属的晶体结构简单,凝固倾向很大,在达到很大的过冷度之前,液态金属已经凝固完毕,因此不存在曲线的下降部分。

由于一般液态金属中总是存在杂质,同时凝固也会从"模壁"开始,实现均匀形核是十分困难的,

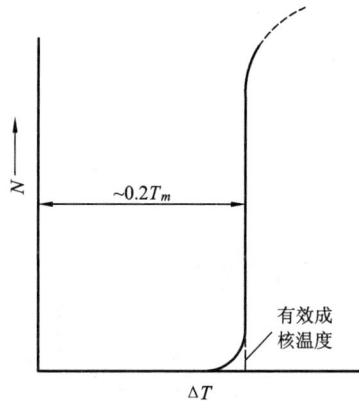

图 4-10　金属的形核率与过冷度的关系

必须将液态金属碎化成直径为 10~56 μm 的小液滴,这种液滴的凝固一般按均匀形核的方式进行。大量实验结果表明,纯金属均匀形核的有效过冷度 ΔT_P 约等于 $0.2T_m$(绝对温度)。近年来有人求出公式的解,也获得近似的结果,一些常见金属液滴的均匀形核的有效过冷度 ΔT_P 如表 4-6 所示。

表 4-6　常见金属液滴均匀形核的有效过冷度

金属	熔点 T_m/K	过冷度 $\Delta T/℃$	$\Delta T/T_m$	金属	熔点 T_m/K	过冷度 $\Delta T/℃$	$\Delta T/T_m$
Hg	234.2	58	0.287	Ag	1233.7	227	0.184
Ca	303	76	0.250	Au	1336	230	0.172
Sn	505.7	105	0.208	Cu	1356	236	0.174
Bi	544	90	0.166	Mn	1493	308	0.206
Pb	600.7	80	0.133	Ni	1725	319	0.185
Sb	903	135	0.150	Co	1763	330	0.187
Al	931.7	130	0.140	Fe	1803	295	0.164
Ga	1231.7	227	0.184	Pt	2043	370	0.181

　　应该指出,均匀形核所需要的过冷度的大小,对于不同研究者有不同的数值。佩雷派茨柯(Perepezko)等人认为,根据目前的实验结果,均匀形核的最大过冷度应该由 $0.2T_m$ 提高到 $0.33T_m$ 左右。

　　(2)非均匀形核

　　如前所述,液态金属均匀形核所需要的过冷度很大,例如纯铝为 130 ℃,纯铁为 295 ℃。然而在生产实际中却不是这样,所需要的过冷度一般不超过 20 ℃。金属实际凝固的过冷度都远低于均匀形核时的过冷度,这是由于即使纯金属中也含有许多杂质原子,而且实际凝固时一般都与结晶的模壁有接触,金属实际凝固时都是非均匀形核。如图 4-11 为纯铝结晶后的晶粒,图 4-12 为纯镁在结晶时以含 Zr 的细化剂为核心长大而成的晶粒。

图 4-11　纯铝结晶后的晶粒

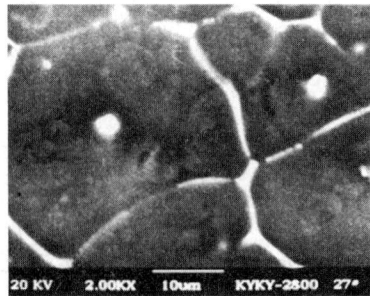

图 4-12　纯镁结晶时的晶核及晶粒

1）非均匀形核的形核功

分析非均匀形核时自由能的变化可以求出形核功。如图 4 – 13 为非均匀形核的示意图，表示在 S 相的基底上形成球冠状的 α 晶核，其曲率半径为 r，晶核表面与基底面的接触角为 θ（称为润湿角）。σ_{LS}，$\sigma_{L\alpha}$ 和 $\sigma_{\alpha S}$ 分别表示液相 L 与基底 S、液相 L 与晶核 α、晶核 α 和基底 S 之间的界面能。在纯金属中，表面能可以用表面张力表示。当晶核稳定存在时，在晶核 α、液相 L 和基底 S 的交接处，三种表面张力之间存在平衡关系：

$$\sigma_{LS} = \sigma_{\alpha S} + \sigma_{L\alpha}\cos\theta \tag{4 – 16}$$

形成一个晶核 α 时，总的自由能变化仍为

$$\Delta G_S = -\Delta G_V V + \Sigma\sigma A \tag{4 – 17}$$

根据几何学知识，晶核 α 的体积为

$$V_\alpha = \frac{4\pi}{3}r^3(2 - 3\cos\theta + \cos^3\theta) \tag{4 – 18}$$

晶核 α（球冠）的表面积为：

$$A_{L\alpha} = 2\pi r^2(1 - \cos\theta) \tag{4 – 19}$$

晶核 α 与基底 S 之间的界面面积为：

$$A_{\alpha S} = \pi r^2(1 - \cos^2\theta) \tag{4 – 20}$$

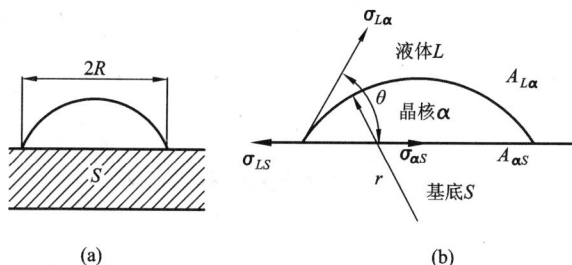

图 4 – 13　非均匀形核示意图

把式（4 – 16），式（4 – 18），式（4 – 19），式（4 – 20）代入式（4 – 17），整理后有

$$\Delta G_S = \left(-\frac{4\pi}{3}r^3\Delta G_V + 4\pi r^2\sigma_{L\alpha}\right) \times \frac{2 - 3\cos\theta + \cos^3\theta}{4} \tag{4 – 21}$$

将式（4 – 21）与式（4 – 13）比较，两者仅差一项系数。按照处理均匀形核同样的方法，求出非均匀形核时临界晶核半径和形核功分别为

$$r_S^* = \frac{2\sigma_{L\alpha}}{\Delta G_V} \tag{4-22}$$

$$\Delta G_S^* = \frac{2 - 3\cos\theta + \cos^3\theta}{4}\Delta G^* \tag{4-23}$$

比较非均匀形核与均匀形核的临界形核功, 得到

$$\frac{\Delta G_S^*}{\Delta G^*} = \frac{2 - 3\cos\theta + \cos^3\theta}{4} \tag{4-24}$$

从式(4-24)可以看出:

当 $\theta = 0°$ 时, $\Delta G_S^* = 0$, 说明固体杂质相当于现成的晶核, 而不需要形核功;

$\theta = \pi$ 时, $\Delta G_S^* = \Delta G^*$, 说明固体杂质表面不起促进晶胚形核的作用;

一般情况下, θ 在 $0° \sim 180°$ 之间变化, 所以 $\Delta G_S^* < \Delta G^*$。

也就是非均匀形核比均匀形核所需要的形核功小, 而且随着 θ 的减小而减少, 如图 4-14 所示为不同润湿角时的晶胚的形状。

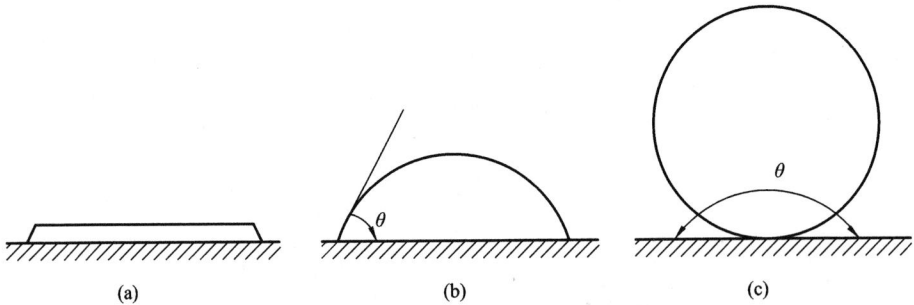

图 4-14　不同润湿角的晶胚的形状

2) 非均匀形核的形核率

非均匀形核的形核率, 除主要受到过冷度的影响之外, 还受到液体内悬浮的固体质点性质、数量、形貌及其他物理因素的影响。

● 过冷度的影响。由于非均匀形核的形核功小于均匀形核时的形核功, 所以非均匀形核所需要的能量起伏比均匀形核的小得多, 凝固时所需要的过冷度也远远低于均匀形核时所需要的过冷度。非均匀形核时形核率的表达式与均匀形核时形核率的表达式相似, 但是其形核率与过冷度的关系有其自己的特点, 如图 4-15 所示。图表明, 非均匀形核时, 其过冷度较小, 而且形核率达到最大值后, 还要下降一段然后才中断; 这是由于晶核形成后沿着基体很快铺展, 使得可以提供形核的基底的面积减少, 以至于完全消失。图中表明达到最

大形核率所需要的过冷度，非均匀形核时所需过冷度比均匀形核要小得多，一般要小 10 倍左右。

生产上往往通过改变冷却条件，控制过冷度来增大形核率，达到改善晶粒度的目的。例如采用降低铸型的温度，采用蓄热多、散热快的金属模，局部加冷铁以及采用水冷铸型等。应该指出，以上工艺中采用增大过冷度的方法只对小件或薄壁件有效，而对较大的或厚壁件并不适合。

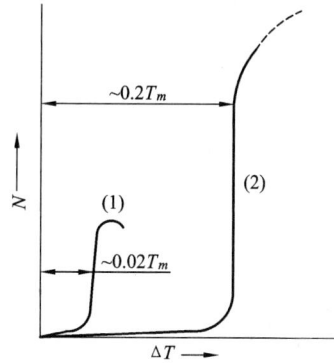

图 4 - 15　非均匀形核与均匀形核的
形核率随过冷度变化的比较

• 固体杂质结构的影响。对比均匀形核和非均匀形核时的临界晶核半径可以看出，在相同过冷度下，非均匀形核的临界晶核半径与均匀形核的临界晶核半径完全相同。但是在曲率半径相等的条件下，非均匀形核所需要的晶胚体积和表面积要小得多，并且随着 θ 角的减小而减少，如图 4 - 14 所示。θ 角越小，晶胚成核的体积越小，这样使液体中有更多的小尺寸的晶胚变成晶核，从而大大提高形核率。所以润湿角是判断固体杂质或其他界面能否促进晶胚成核及促进程度的一个参量。

• 润湿角。θ 角的大小取决于液体、晶核以及固体杂质三者之间的表面能的相对大小。当液态金属一定时，σ_{La} 便固定不变，θ 角将取决于 $\sigma_{LS} - \sigma_{\alpha S}$ 的差值。为了获得小的 θ 角，使 $\cos\theta$ 趋于 0，就必须使固体杂质与晶核之间的比表面能 $\sigma_{\alpha S}$ 远小于固体杂质与液体的表面能 σ_{LS}。而 $\sigma_{\alpha S}$ 要小，就必须要使晶核与固体杂质的结构接近，也就是它们之间符合点阵匹配的原则："结构相似，（原子间距）大小相当。"它们匹配得越好，促进形核的作用越显著。工业生产中往往在浇注之前加入形核剂，就是增加非均匀形核的形核率，以达到细化晶粒的目的。例如锆能够促进镁的非均匀形核作用，就是因为锆和镁都具有密排六方的晶体结构，而原子间距也很接近，镁的点阵常数 $a = 0.3202$ nm，$c = 0.5199$ nm，锆的点阵常数 $a = 0.322$ nm，$c = 0.5123$ nm。铜合金中采用铁及铁合金作为晶粒细化剂；铝合金中可以采用 AlTi 合金和稀土元素作为晶粒细化剂，如图 4 - 16 是镁中加入形核剂前后的显微组织，可以看出镁的晶粒得到很大的细化。

应该指出，目前生产上有许多形核剂并不完全符合点阵匹配的原则，在形核剂的选用上主要还是依靠实践效果来决定。比如碳化钨能大大促进金的非均匀形核，可是金为面心立方晶格，而碳化钨具有扁六方晶格，两者晶格截然不同，但是面心立方晶格的 {111} 与六方晶格的 {0001} 都是最密排面，原子排列完全相同，而且晶面上的原子间距也非常相近，它们之间的表面张力很小，有利于促进形核。

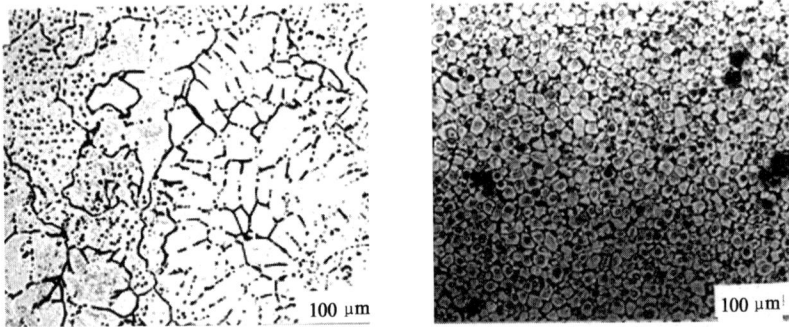

图4-16　Mg-3Al合金添加形核剂前后的晶粒对比

● 固体杂质表面形貌的影响。固体杂质表面的形貌各不相同，有的是凸曲面，有的是凹曲面，有的是深孔。因此在这些基面上形核有不同的形核率。如图4-17是三种不同形状的固体杂质形成三个晶胚，并具有相同的曲率半径和润湿角。从图中可以发现，三个晶胚的

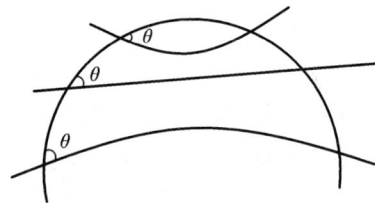

**图4-17　不同形状的固体杂质
表面形核时的晶胚大小**

体积都不相同。凹曲面上的晶胚体积最小，凸曲面上的晶胚体积最大。显然凹曲面上形成较小的晶胚便可以达到临界曲率，在这种曲面上的晶胚容易形核，形核率高；相反在凸面上的晶胚难于形核，故形核率较低。因此对于相同的固体杂质，在凹曲面上形核需要的过冷度比在平面或凸曲面上形核需要的过冷度都要小。固体杂质表面（或模壁）上的微裂缝，相当于深孔，在这个地方形成晶胚相当于一种特殊情况。在这种微裂纹上形核是最容易的，可以在很小的过冷度下首先形核。另外，模壁的光滑程度对形核率也有影响。粗糙的模壁相当于存在无数的台阶，在台阶处形核所需要的形核功最小，因此可以提高晶胚的成核率。

● 物理因素的影响。非均匀形核的形核率还受其他一系列物理因素的影响。液相宏观流动会增加形核率；施加强电场或强磁场也会增加形核率。这是因为液体金属中已经凝固的核心（小晶体）受到冲击振动会碎裂成几个核心，或

者生长的晶体枝芽被打碎,或者模壁附近产生的晶核被冲刷走,这个效果称为晶核的机械增殖。还有就是过冷的液态金属在核心出现以前,由于受到机械作用的影响,可以使核心提前形成。

生产上采用的提高形核率的方法很多。例如用机械的方法使铸型振动和转动;使金属液体流经振动的浇注槽;对金属熔体进行超声波搅拌;用旋转磁场造成晶体与液体相对运动来提高形核率,都能获得细晶粒的组织。

4.3 晶核的长大

在过冷液态金属中,一旦出现的晶胚变成晶核后,晶核立即开始长大。晶核或晶体的长大主要与液-固界面的结构以及液-固界面前沿液相中的温度分布有关。金属制件凝固以后的组织取决于形核与长大两个过程,形核主要影响晶粒的大小,而形核后的晶粒长大主要影响长大的方式和组织形态。

4.3.1 晶核长大的条件

晶核长大的过程就是液体中原子迁移到晶体表面,也就是液/固界面向液体推移的过程。根据热力学条件,金属结晶必须在过冷的条件下进行,形核以及晶核长大都需要过冷度。如图 4-18 所示为液-固界面的示意图。

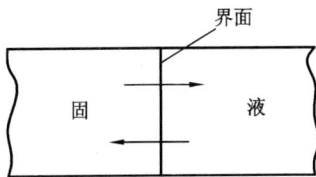

图 4-18 液-固界面的原子迁移

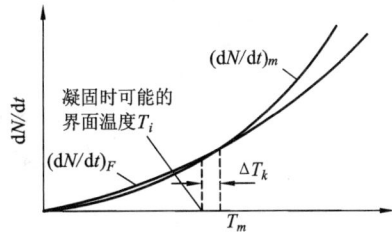

图 4-19 温度对熔化和凝固速度的影响

假设这个液-固界面处于平衡状态,没有移动,这时界面的固体一边的原子迁移到液体中(熔化)的速度$(dN/dt)_m$与界面液体一边的原子迁移到固体上(凝固)的速度$(dN/dt)_F$相等。如图 4-19 表示不同温度下的熔化与凝固速度的关系。图 4-19 中 T_m 为金属的熔点,若界面的温度 T_i 等于熔点 T_m,则晶核不能长大;要使晶核长大,则界面温度 T_i 必须在 T_m 以下的某一温度,以满足 $(dN/dt)_F > (dN/dt)_m$ 的条件。因此液/固界面要继续向液体中移动,就必须在液/固界面前沿液体中有一定的过冷度,这种过冷度称为动态过冷度 ΔT_k。实验表明，晶体长大所需要的动态过冷度远小于形核时所需要的临界过冷度，对于一般金属，动态过冷度为 $0.01 \sim 0.05 \ \text{℃}$。

4.3.2　液 - 固界面的微观结构

晶体长大过程中，要使液 - 固界面稳定迁移，就必须要使界面能量始终保持最低的状态。实验表明，有两种界面结构能量最低，即光滑界面和粗糙界面。所谓粗糙界面结构，在液 - 固界面上的原子排列比较混乱，原子分布高低不平，仅在几个原子厚度的界面上，液、固两相原子各占位置的一半。但从宏观来看，界面反而比较平直，不出现曲折的小平面，故也称为非小平面界面，或是称为非结晶学界面。常用的金属的结晶界面均属于粗糙界面，如 Fe，Al，Cu，Ag 等，如图 4 - 20(a)；所谓光滑界面，是指在液 - 固界面上的原子排列比较规则，液体与固体在界面处截然分开，从微观来看界面是光滑的，但在宏观上它往往是由若干小平面组成，所以也叫小平面界面，或称为结晶学界面。属于光滑界面结构的物质主要是无机化合物和亚金属，如 Sb、As、Bi、Ga、Si、Ge 等，如图 4 - 20(b)。

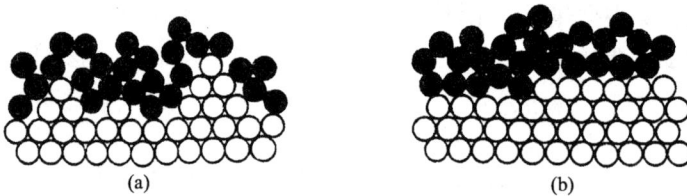

(a)　　　　　　　　　　　　　　(b)

图 4 - 20　液 - 固界面的微观结构

(a)粗糙界面；(b)光滑界面

4.3.3　晶体长大的机制

当晶体长大时，液态原子添加到固相上长大的方式与固 - 液界面的微观结构有关，固 - 液界面的微观结构不同，晶体长大的机制也不同。一般认为晶体的生长是通过单个或若干个原子同时依附到晶体表面上，并且按照晶格规则排列与晶体连接起来。

1. 垂直长大方式

这种长大方式是针对粗糙界面结构提出来的。在几个原子厚度的界面上，约有一半位置是空着的，所以从液相扩散过来的原子很容易填入空位中与晶体连接起来，使晶体连续地在垂直于界面的方向上生长。研究表明，这种长大方式在垂直界面的方向上长大速度非常快,例如一般金属定向凝固的长大速率约为 10^{-2} cm/s。所以按照这个方式成长,需要的动态过冷度很小,约等于 $0.01 \sim 0.05\ ℃$,这种成长机理适用于大多数金属。当然成长速度与过冷度和热量的传导速率有关,过冷度越大,散热效率越快,成长速度越快。

2. 二维台阶长大方式

这种长大方式是针对光滑界面结构提出的。这种界面结构由于界面上空位数目与被占据位置的数目的比例要么很小,要么很大,由液相扩散来的原子不容易与晶体牢固结合。如在光滑界面上有一个原子,如图 4-21 所示,由于相邻原子很少,难以稳定结合,

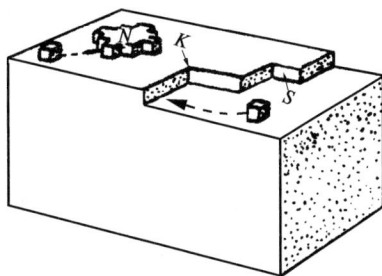

图 4-21 在晶体的密排面上形成二维晶核长大

N—二维晶核;S—台阶;K—弯结

这个原子随时可能返回到液相中,故平滑界面很难以垂直长大方式进行推移。如果液态原子扩散至相邻原子较多的台阶处时,则结合比较稳定。所以平滑界面主要依靠小台阶接纳液体原子,以横向生长方式向前推移,直到覆盖完整个表面。因此称为台阶生长机制或横向生长机制。晶体的进一步长大,必须在新的界面上重新形成二维晶核或台阶,如此反复进行。由于形成二维晶核需要较大的形核功,而在二维晶核的侧面生长时比较容易,所以生长不能连续进行,也就是晶面的生长是断续的层状生长。按照这种方式晶体成长速度很慢,受到生长过程中二维形核的制约。实验发现大部分气相生长和某些溶液生长属于这种生长机制,在金属中某些金属和半金属中也有这种成长方式,特别是过冷度很大时,二维晶核的形核速度很大,以至在晶面上形成很多晶核,此时的界面结构事实上已经成为粗糙界面,在这种情况下,长大速度与粗糙界面的相同,其长大方式也与粗糙界面一样。

3. 晶体缺陷生长机制

在结晶过程中,由于光滑界面出现的某些原子排列不规则而引起台阶生长,人们对 Si,Ge,Bi 等具有平滑固-液界面的晶体成长进行实际观察,发现它们的生长可以连续进行,如图 4-22 中所示的碳化硅晶体螺旋成长。

这种永不消失的台阶的形成方式有两种:一种是晶体内部存在的螺型位错模型,晶体成长只在台阶处的侧面进行,如图 4-22(a) 所示。当台阶围绕整个平面生长一圈或长大一圈之后,又出现高一层的台阶,如此反复,总是沿着台阶螺旋生长,晶体中的缺陷螺型位错为晶体生长提供了永不消失的台阶源。另

一种方式是晶体中存在孪晶时，孪晶的两个晶面呈一凹角交接于孪晶面，构成一个永不消失的沟槽，沟槽就相当于台阶，晶体成长就在沟槽两边进行，如图 4-22(d)。按照这种成长机理，由于它们的成长只限于侧面，其成长速度仍较慢，平滑界面成长需要的动态过冷度比较大，约为 1~2 ℃。近年科学家们在液相外延的 GaAs 某些晶面上和 NaCl 晶体中也发现了刃型位错作为晶体生长台阶源的证据，目前这方面的工作还在继续深入研究。

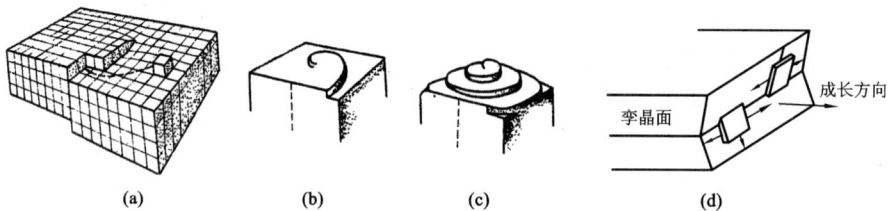

图 4-22　光滑界面的螺型位错和孪晶的沟槽成长方式示意图

以上讨论了几种晶体长大的方式，都是从不同界面结构进行讨论的；如果从整个结晶过程中的宏观界面考虑，在不同晶粒之间，和一个晶粒的不同界面上，尽管以某种长大方式为主，但还存在着其他长大方式。因此一个晶粒各个界面的长大速度不会一致，有的相差很大。通常以宏观界面推移速度的平均值来表示晶体长大的速率，它和过冷度的关系与形核率和过冷度的关系很相似，如图 4-23 所示。

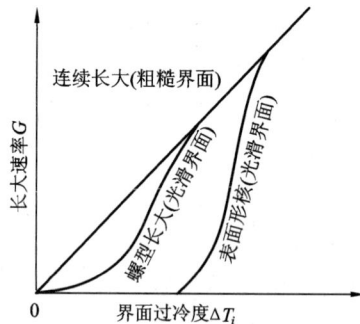

图 4-23　界面过冷度(ΔT_i)对原子级粗糙界面和光滑界面长大速率的影响

4.3.4　纯金属长大的形态

纯金属凝固时长大形态，是指长大过程中液-固界面的形态。研究表明长大形态主要有两种类型，也就是平面状长大和树枝状长大。这两种长大形态主要取决于液-固界面结构的类型和界面前沿液相中温度分布的特征。

1. 液 – 固界面前沿液相中的温度梯度

一般情况下，液态金属在铸型中凝固时，模壁附近散热快，温度最低，首先凝固；越靠近型腔中心，温度越高。这就造成液 – 固界面前沿液相中的温度随着离开界面的距离增加而升高，而过冷度却随着离开界面距离的增加而减少，如图

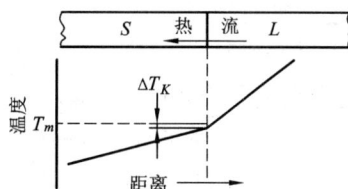

图 4 – 24　液 – 固界面液体中的正温度梯度

4 – 24所示，这样的温度分布称为正温度梯度。

在某些特殊情况下，结晶不是从型壁开始，而是在型腔内，当达到一定的过冷度后，开始凝固。此时，在界面上产生的结晶潜热可以通过固相，也可以通过液相散热，这样，在液 – 固界面前沿液相的温度随着离开界面距离的增加而降低，过冷度随着离开界面距离的增加而增大，这样的温度分布称为负温度梯度，如图 4 – 25 所示。

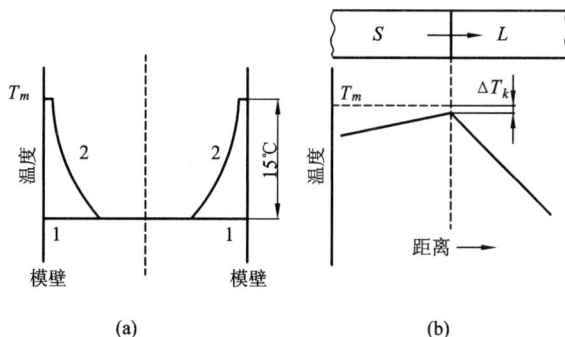

(a)　　　　　　　　　　(b)

图 4 – 25　液 – 固界面液体中的负温度梯度

如将纯 Sn 熔化，注入模型中，让它缓慢而均匀地冷却，使整个液体过冷到熔点以下约 15 ℃，如图曲线 1。当在模壁上开始形核并向液体中成长时，由于结晶时释放出凝固潜热，液 – 固界面的温度升高，并保持在 $(T_m - \Delta T_k)$ 温度。因为 Sn 界面的动态过冷度 ΔT_k 一般小于 1 ℃，所以界面前沿的温度分布如曲线 2 所示。当界面向中心移动时，界面前沿的液体就表现为负温度梯度，如图 4 – 25(b) 所示。

2. 温度梯度对液 – 固界面长大时的形态影响

(1) 平面状长大形态

平面状长大就是液 – 固界面始终保持平直的表面向液相中长大，长大中的

晶体也一直保持规则的形态。在正温度梯度条件下，对于粗糙界面结构的晶体都具有这种平面状长大形态。

在正温度梯度下，对于光滑界面结构的晶体，液－固界面成台阶状（锯齿状）。这种台阶平面是固态晶体的一定晶面与 T_m 等温线成一定角度相交，如图4－26(a)所示。尽管如此，这种台阶一旦进入到界面前沿的液体中，在正温度梯度下，也是导致过冷度减少，因而这种台阶也不能过多地突出到液体中。从宏观来看，液－固界面与 T_m 等温线仍保持平行，所以这种界面的特征也相似于平面状形态的特征。

造成粗糙界面的平面状长大形态的主要原因，是由于粗糙界面上空位较多，界面的推进也没有择优取向，其界面与熔点 T_m 等温线平行，如图4－26(b)所示。在正温度梯度条件下，当界面上局部小区域在偶然扰动下有突出而进入到界面前沿的液体中，由于是正温度分布，界面前沿液体的温度升高，致使过冷度减少，它的长大速度整个就会减慢甚至停下来，被熔化掉或被后面的界面长大追上而被拉平，突出部分消失，并保持等温，界面恢复平直，所以液－固界面始终保持平面的稳定状态。

当然，这是在纯金属中的情况，至于在合金系中因为溶质原子的分布会影响到界面形态的变化，将在第5章中加以学习。

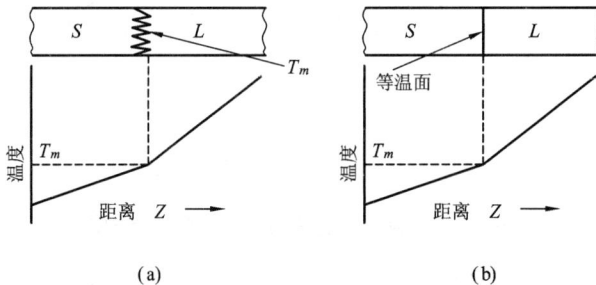

图 4－26　正温度梯度纯金属凝固的界面形态
(a)光滑界面；(b)粗糙界面

(2)树枝状长大形态

树枝状长大就是液－固界面上始终像树枝那样向液体中长大，并不断地分枝发展，如图4－27所示。在负温度梯度条件下，一般具有粗糙界面的晶体都具有这种树枝状长大形态。

造成树枝状长大形态的主要原因，是在负温度梯度下，液－固界面不再保持稳定状态。当界面上微小区域有偶然突起而进入到过冷液体中时，由于温度梯度小于零，过冷度增大，对晶体生长有利，长大速率越来越大；而它本身生长时释放出结晶潜热，不利于其附近的晶体生长，只能在较远的地方形成另外一个突起。通常把首先长出的晶枝称为一次轴(晶轴)，在一次轴成长变粗的同时，由于释放潜热使晶枝侧旁液体中也出现负温度梯度，于是在一次轴上又会长出小枝来，称为二次轴，在二次轴上再长出三次轴……由此而形成树枝状骨架，故称为树枝晶(简称枝晶)。每一个枝晶长成一个晶粒。如果是高纯金属，结晶完毕后，枝与枝之间的接触面上全部被金属填满，整个连接在一起而分不出枝状了，只能看到几个晶粒的边界(晶界)。如果金属不纯，则在枝与枝之间最后凝固的地方留下较多的杂质，其树枝状轮廓很明显。

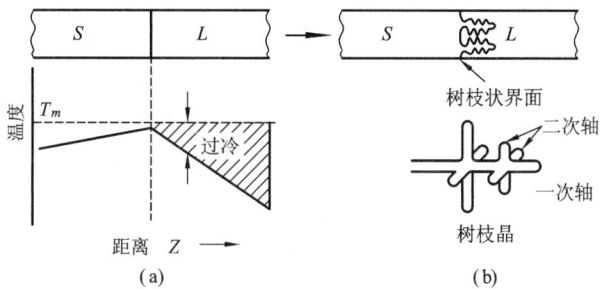

图 4 - 27　负温度梯度时的过冷情况与在负温度梯度时的树枝状长大示意图

如图 4 - 28 为纯铜树枝状结晶过程中倒掉液态金属后观察到的树枝状晶体。

图 4 - 28　纯铜的树枝状结晶

图 4 - 29　锑锭表面的树枝状晶体　×1

对于具有粗糙界面结构的金属,其树枝状长大形态最为显著,对于具有光滑界面的晶体来说,也会出现树枝状长大的情形,但是一般不明显,如纯锑出现较大带有小平面的树枝状长大形态,如图 4 – 29 所示;铋是长针状树枝长大形态。而一些熔化熵较高的晶体仍然保持"台阶"状长大形态。

树枝状长大具有特定的方向性,它主要取决于晶体结构。面心立方和体心立方结构的物质,其长大方向均为 <100>;体心正方结构长大方向为 <110>;而密排六方结构为 $<10\bar{1}0>$。这是因为从热力学原理讲,开始形核时的界面应该是能量最低的晶面露在表面。例如在面心立方结构中,开始形成的晶核为具有 |111| 的八面体,这样就显示出互相垂直的 <100> 方向的六个尖端。由于界面处液体中为负温度梯度,尖端处的过冷度较大,成长速度很快,故很快可以从 <100> 方向长出一次轴来。

枝晶分枝多少和枝的粗细,通常可以用枝臂间距大小来描述,具体量度是用邻近的两根二次轴中心线之间的距离表示。枝臂间距大小对材料的机械性能影响很大,因为它关系着溶质和杂质的分布以及亚晶粒的粗细。影响枝臂间距大小的主要因素是冷却速度,冷却速度越大,分枝越多,枝臂间距越小。表 4 – 7 列出了铸造铝合金 Al7SiO·5MgO·2Ti(质量分数)的枝臂间距与机械性能之间的关系。试样离模壁越远,冷却速度越慢,枝臂间距越大,强度极限和伸长率显著降低。

表 4 – 7　铸造铝合金枝臂间距与机械性能的关系

试样离模壁距离 /cm	枝臂间距 /μm	强度极限 /MPa	屈服极限 /MPa	伸长率 /%
20.32	100	323.4	295.3	1
↑	↑	↑	↑	↑
2.54	35	365.6	295.3	11

4.4　结晶理论的应用

4.4.1　铸锭的组织及控制

对铸件来说,铸态组织直接影响到它的机械性能。对铸锭来说,铸态组织不仅影响它的加工性能,还影响到最终制品的力学性能。铸态组织包括晶粒大小、形状和取向、合金元素和杂质分布以及铸造缺陷等。

1. 典型铸锭组织

铸锭组织通常由表面细晶区、柱状晶区和中心等轴晶区三部分组成，如图4-30所示。

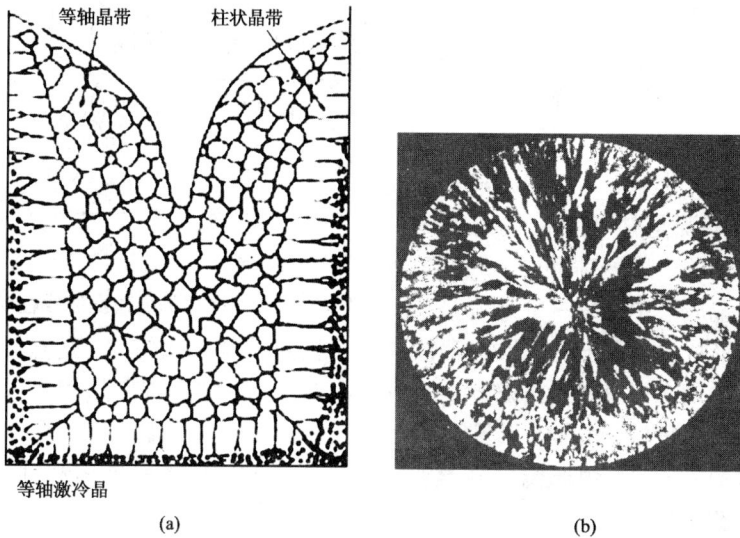

等轴晶带　　柱状晶带

等轴激冷晶

(a)　　　　　　　　　　　　　　(b)

图 4-30　铸锭的三个晶区示意图(a)和有三个晶区的铸锭宏观组织(b)

2. 各个晶区的形成机理

当熔融的金属注入铸型后，热量通过铸型散热，与模壁接触的金属液迅速冷却，因此凝固首先在型壁处优先进行，由于过冷度很大，模壁又有可以促进非均匀形核的作用，因此形核率很高，晶核可以向不同方向长大，故形成表面细等轴晶层。由于液体的运动以及液体沿着型壁对流，晶粒从型壁游离。这些游离后的晶粒沿着型壁沉淀，一部分在温度较低的型壁面上形成表层的激冷晶带，另一部分在液体中不断地运动，最后对流减弱，晶粒的游离随之停止，形成稳定的凝固壳，细小等轴晶的激冷层形成后，模壁温度升高，金属液接触的不是模壁而是形成的细晶层，金属液的热量必须通过细晶层再经过模壁向外散热，冷却速度明显下降，散热的方向性增强。由于沿着垂直模壁方向散热最快，细晶层中那些主轴与模壁垂直的枝晶就优先长大，可能超越取向不太有利的相邻晶粒，如图4-31所示，柱状晶开始成长，这样形成较为粗大的、大致与模壁垂直的柱状晶带。这种晶体学位向趋于一致的铸态组织称为"铸造织构"。具有铸造织构的材料在性能上会反映出各向异性。

中心等轴晶区的形成。柱状晶凝固后，随着散热速度减慢，剩余金属液体内部温差变小，可能出现各处温度都降低到熔点以下的情况。当金属液体中存在许多游离晶体，在液体中浮游着的游离晶体具备长大条件时，就会向各个方向长大，形成中心轴晶区。游离晶体的一个来源是柱状晶区的柱状晶枝被流动的金属液体冲刷，局部脱落卷入金属液中；另一个来源是

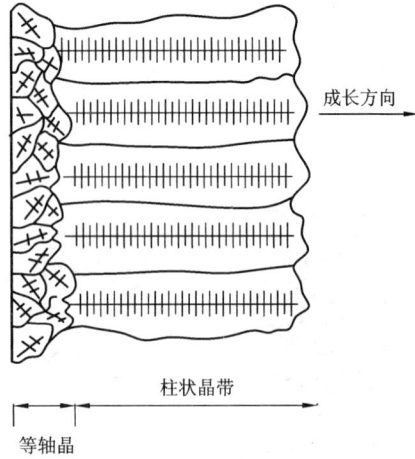

图 4-31 由激冷层的晶粒发展成柱状晶

柱状晶枝形成时，由于晶枝根部常常较窄而且溶质含量比较高，熔点较低，温度的偶然波动会使这些地方熔化，从而与枝干分离，成为游离晶体。这些游离晶体在移动过程中，由于金属液温度不均匀，当移动到低温区时，晶体长大成为无取向的等轴晶，由于温度较高，长大后的晶粒粗大；如果移动到高温区，则可能重新熔化，如图 4-32。

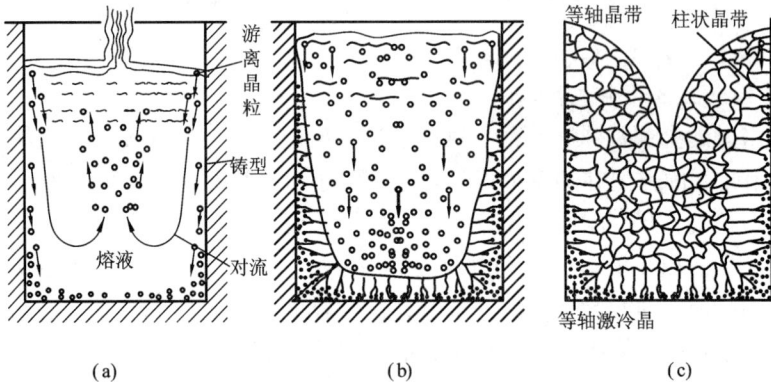

图 4-32 中心等轴晶区晶核的形成

3. 铸态组织的控制

铸造金属的宏观组织大致由柱状晶、等轴晶或这二者的混合物组成。柱状晶区的晶体内部杂质较少，组织致密，但是晶粒与晶粒之间的界面比较平直，

彼此结合不强。如果界面上还存在少量不溶杂质，则材料结合极为脆弱，特别是互相垂直的两组柱状晶的交界面更为脆弱，这些脆弱面成为"弱面"，轧制时，容易沿着弱面开裂，因此除了塑性较好的金属及合金如铜、铝及合金，即使全部为柱状晶，也能顺利通过轧制而不开裂，可加大柱状晶区；对塑性较差的金属和合金，如钢铁、镍合金，要避免形成柱状晶，否则在热轧时容易开裂而产生废品。等轴晶的特点是没有明显的弱面，各个晶粒的取向不同，其交界处互相搭扣，在加工时不容易开裂。这一点对铸锭特别是铸件十分重要，故一般要求获得等轴晶组织。

　　可以通过改变浇注工艺来控制铸锭的三个晶区的尺寸，有时甚至可以得到完全由柱状晶或完全由等轴晶组成的铸锭，完全由柱状晶区组成的组织称为"穿晶组织"。一般不纯物质（包括杂质和添加元素）越多，浇注温度越低，越容易形成等轴晶。而浇注温度越高，越容易形成柱状晶；铸型冷却能力过大，组织就成为柱状晶。另外如果铸型内的熔液在静止状态下凝固，则容易形成柱状晶，相反如果凝固时熔液激烈运动，则容易产生等轴晶。

　　柱状晶区的发展程度主要受中心等轴晶区出现的控制，通常是通过控制中心等轴晶的形成来控制柱状晶的长大。随着浇注温度的提高，增大了温度梯度，将造成柱状晶区扩大；铸模的散热能力较快时，温度梯度增大，快速散热将使柱状晶迅速生长，中心等轴晶区的晶粒细化，且等轴晶区的尺寸减小，甚至可能形成没有中心等轴区的穿晶组织；通过电磁搅拌、机械振动、加压浇注以及离心浇铸等方法，可大大增强金属液体的流动，促进温度均匀和柱状晶局部冲断，导致等轴晶区增宽和晶粒细化；合金的化学成分也影响柱状晶区的大小，一般高纯度金属以及凝固温度范围较小的合金，形成柱状晶区的倾向性较大；控制散热的方向性，有利于柱状晶区的发展和枝晶长度的增加，而均匀散热则有利于等轴晶区的增宽；在金属熔体中添加形核剂不仅可以扩大等轴晶区，而且使晶粒细化。

　　金属凝固后的晶粒大小对铸锭的性能有显著影响。在室温条件下，对一般金属材料而言，晶粒越小，它的强度、硬度、塑性以及韧性都可能越高。因此控制铸件的晶粒大小具有重要的实际意义。目前工业生产中大多采用晶粒度等级来表示晶粒的大小，一级晶粒度最粗，平均直径为 0.25 mm；八级晶粒度最细，平均直径为 0.02 mm。通常在放大 100 倍的金相显微镜下，用标准晶粒度等级进行比较评级。

　　由讨论过的结晶理论，如果金属结晶时单位体积中的晶粒数为 Z_V，则 Z_V 取决于形核率 N 和长大速度 V_g 这两个重要因素。可以计算它们之间的关系：

$$Z_V = 0.9(N/V_g)^{3/4} \qquad (4-25)$$

而单位面积中的晶粒数 Z_s 为

$$Z_s = 1.1(N/V_g)^{1/2} \qquad (4-26)$$

因此控制晶粒度主要从控制形核率 N 和长大速度 V_g 着手。金属结晶时的 N 和 V_g 均随着过冷度的增加而增大,但是形核率的增长率大于生长速度的增长率。增加过冷度会提高 N/V_g 的比值,使 Z_V 值增大,从而细化晶粒。在实际生产上增加过冷度的工艺措施主要有降低熔液的浇注温度,选择吸热能力和导热性较大的铸模材料。

由于用增加冷却速度来细化晶粒的方法只适用于小工件,对于大工件往往采用添加形核剂的办法,以增大形核率 N 的值。选择形核剂一般要求符合点阵匹配原则。表 4-8 列出了一些金属的常用形核剂。

表 4-8 一些金属的形核剂

金属	形核剂	备注
Al 合金	Al-Ti-B, Al-Ti, Al-B, 或 Ti, B 卤化物	AlB_2, TiB_2, TiC 晶核; $TiAl_3$ 包晶
Cu 合金	Fe 或 Fe 的合金	富 Fe 的包晶晶核
Mg、Mg-Zr 合金	Zr 合金或 Zr 的盐类	Zr 或富 Zr 的 Mg 包晶晶核
Sn 合金	Ge 或 In	
Pb 合金	S, Se, Te	
Al-Si 过共晶合金	CuP, $PNCl_2$, Na	细化初晶硅

另外,晶粒的细化还可以采用机械振动、超声波振动、电磁搅拌等措施。如在其他条件相同时,金属模比砂模导热性好,浇铸时液体在金属模中过冷度大,因而形核率大,铸锭组织比砂模铸造的组织细小;高温浇铸时会使铸模温度更高,使液体的过冷度降低,形核数目减少,而低温浇铸会使形核率增大,铸锭组织比高温浇铸细小;浇铸薄件时由于热容量小,导热条件好,散热速度快,铸锭组织比浇铸厚件时细小;而采用振动时可以增加结晶核心,晶粒比不采用振动时细小。但应该注意,铸型振动使合金的晶粒细化只是靠近型壁的振动和液面的振动在起作用,而消耗大量的能量使铸型整体振动是没有必要的。振动的时间应该使游离的晶粒不会由于熔化而消失,能够形成沉淀为止。搅拌的作用和注意事项同振动。

4.4.2　单晶体的制备

单晶体不仅在研究工作中十分重要,而且在工业生产中的应用也越来越广泛。单晶硅和单晶锗是电子元件和激光元件的主要原料,在计算机、集成光学、光纤通信、红外成像等方面有重要应用;在航空喷气发动机叶片等特殊零件上也开始应用金属的单晶体,因此单晶体的制备是一项十分重要的技术。

单晶体的制备主要有直接从过饱和溶液中生长单晶体的溶液生长法,将相应原料熔化后再固化制备单晶体的熔体生长法,将蒸气压较高的物质加热蒸发成过饱和蒸气,然后冷凝结晶得到单晶体的气相生长法以及采用高压或再结晶制备单晶体的固相生长法。其中熔体生长法是一种采用最广泛的生长法,已发展成包括提拉法、下降法、尖端形核法等几十种技术的单晶体制备方法。

单晶体就是由一颗晶粒构成的晶体。其制备原理就是使液体结晶时只形成一个晶核,再由这个晶核长成一块晶体。为此要求材料必须非常纯净,工艺上必须控制结晶速度十分缓慢,如图4-33(a)为用尖端形核法制备单晶体的过程。采用高频电阻加热的方法,将材料装入一个带尖头的容器中熔化,然后将容器从炉中缓慢拉出,容器的尖头首先从加热线圈中移出来缓慢冷却,在尖头部分产生一个晶核。容器继续向炉外移动时,由这个晶核长成单晶体。

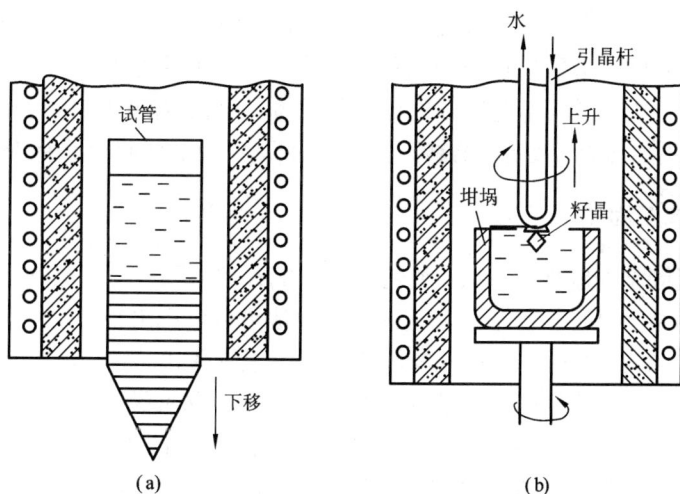

图4-33　单晶体的制备原理图

(a)尖端形核法;(b)提拉法

如图4-33(b)为采用垂直提拉法制备单晶体,这是生产大单晶体的主要方法。这个方法是先将原料在坩埚中加热熔化，温度保持在稍稍高于熔点温度，将籽晶夹在杆上，使它与液体表面接触，然后缓慢降低温度，同时籽晶杆一边旋转，一边上升，这样溶液就以籽晶为晶核不断长大而形成单晶体，如图 4-34 为顶部籽晶法生产的钛酸钡单晶。

图 4-34　顶部籽晶法生产的钛酸钡单晶

　　而随着宇航技术的发展和空间实验室的建立，在没有重力影响、没有杂质污染、高真空的外太空实验站已经进行了晶体材料制备试验，在外太空由于重力加速度非常小，熔体中不同组元之间的密度和相同组元之间因为浓度梯度和温度梯度造成的密度差别很小，自然对流和物质的上浮、下沉及分层偏析现象几乎消失，而且由于太空的超高真空和超低温（在飞行器的背阴面温度低达 -200 ℃），可制取高纯材料，实现快速凝固。因此空间实验室可进行金属的无容器悬浮熔炼和在悬浮状态下凝固，制备高纯净度的金属、密度差别大的多相铸造材料、复合材料，制备多孔发泡材料，制备大过冷快凝的非晶和微晶材料，开发新的铸造工艺和加工工艺。我国中国科学院的物理研究所和沈阳金属研究所等六家单位在神舟一号宇宙飞船上搭载进行了空间晶体的生长研究。例如在高频阶段比硅单晶体具有更好性能的 GaAs 半导体材料由于为二元化合物，在地面上由于重力作用影响不能得到理想的单晶体。而在空间的晶体生长可以获得没有偏析，更加均匀、致密的材料。并且利用 GaAs 单晶体制成了半导体器件。

4.4.3　定向凝固技术

　　定向凝固是控制冷却方式，使铸件从一端开始凝固，按一定方向逐步向另一端发展的结晶过程。目前这种定向凝固方法可以生产出整个制件都是由同一方向的柱状晶构成的零件，如涡轮叶片等。由于沿柱状晶轴向的性能比其他方向的性能要好，而叶片的工作条件恰好要求沿这个方向受到最大的负荷，这样的叶片具有良好的使用性能。为了获得单向的柱状晶，必须采用定向凝固技术。如图 4-35 为快速逐步凝固法实现定向凝固的示意图。

　　金属液体注入模型中后，保持几分钟以达到热稳定，在这段时间内沿着铸件轴向造成一定的温度梯度，在用水激冷的铜板表面开始凝固，然后把水冷的铜板连同铸型以一定的速度从加热区退出，直到铸件完全凝固。用这种方法获得的柱状晶组织细小，性能优良。图 4-36 为采用定向凝固方法制取的高温合金柱状晶。

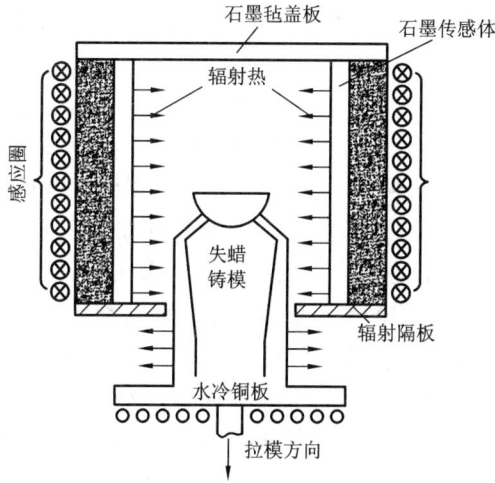

图 4 - 35　定向凝固装置示意图

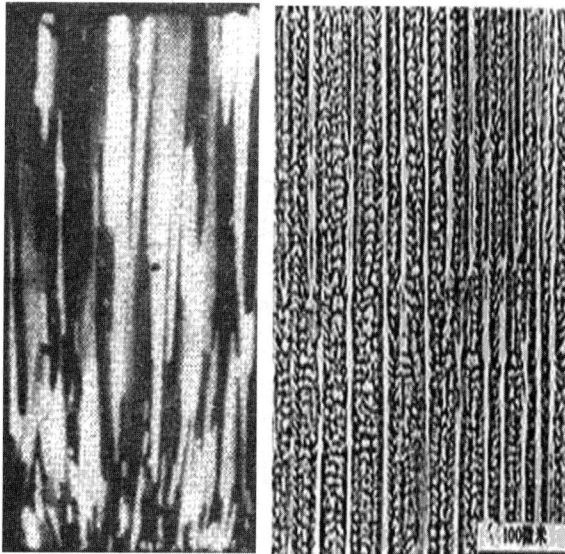

图 4 - 36　高温合金柱状晶

4.4.4　急冷凝固

利用急冷凝固技术可以制备出非晶态合金、微晶合金及准晶态合金，为高技术领域所需的新材料的获取开辟了一条新路。急冷凝固技术是设法将熔体分割成尺寸很小的部分，增大熔体的散热面积，再进行高强度冷却，使熔体在短时间内凝固以获得与模铸材料结构、组织、性能显著不同的新材料的凝固方法。

急冷凝固方法按工艺原理可分为三类，即模冷技术、雾化技术和表面快冷技术。模冷技术是将熔体分离成连续和不连续的，截面尺寸很小的熔体流，使其与散热条件良好的冷模接触而得到迅速凝固，得到很薄的丝或带。如平面流铸造法、熔体拖拉法。雾化技术是把熔体在离心力、机械力或高速流体冲击力作用下，分散成尺寸极小的雾状熔滴，并使熔滴在与流体或冷模接触中凝固，得到急冷凝固的粉末。常用的有离心雾化法、双辊雾化法。由模冷技术和雾化技术所得的制品多为薄片、线体、粉末。要得到尺寸较大的急冷凝固材料的制品用于制造零件，还需将粉末等利用固结成型技术如冷、热挤压法，冲击波压实法等使之在保持快冷的微观组织结构条件下，压制成致密的制品。

表面快冷技术是通过高密度的能束(如激光或高能电子束)扫描工件表面使工件表面熔化，然后通过工件自身吸热、散热使表层得到快速冷却。也可利用高能电子束加热金属粉末使之熔化变成熔滴喷射到工件表面，利用工件自冷，熔滴迅速冷凝沉积在工件表面上，如等离子喷涂沉积法。图 4-37 所示为几种急冷凝固装置示意图。

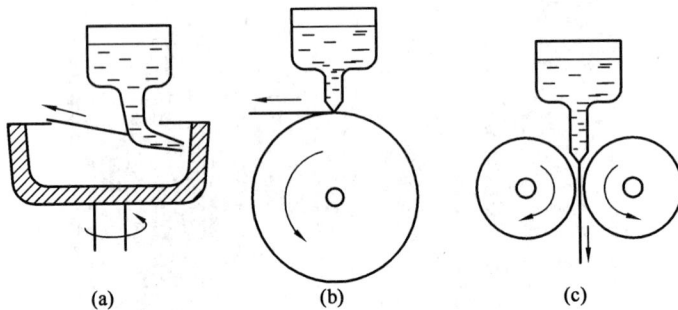

图 4-37　急冷凝固装置示意图
(a)离心法；(b)单辊法；(c)双辊法

利用急冷技术可以获得晶粒尺寸达微米和纳米的超细晶粒合金材料，称之为微晶合金和纳晶合金。急冷凝固的晶态合金的晶粒大小随冷速增加而减小。作为结构用的微晶合金制备都是由急冷产品通过冷热挤压、冲击波压实法来制备的。微晶结构材料因晶粒细小，成分均匀，空位、位错、层错密度大，形成了新的亚稳相等因素而具有高强度、高硬度、良好的韧性、较高的耐磨性、耐蚀性及抗氧化性、抗辐射稳定性等优良性能。

伴随急冷技术的发展和研究，于 1984 年首次发现了有五次对称轴的晶体，原子在晶体内部长程有序，具有准周期性，介于晶体与非晶体之间，称为准晶。准晶也遵循形核、长大规律完成液、固转变，相变受原子扩散控制。准晶只能在一定冷速范围内形成。已经在 Al – Mn、Al – Co、Al – Mn – Fe、Al – V、Al – Mn – Si、Pd – U – Si 等合金中都发现了准晶体。

若冷却速度足够快，可以将液态结构保留到室温，制得非晶态金属，目前液态急冷法是制备非晶态金属的主要方法，目前已经能够制备宽度为几个毫米的薄带非晶态金属材料。

4.5 聚合物的凝固

聚合物从液态转变为固态的过程主要由其大分子链的结构决定。巨型分子的运动不像金属原子可单独运动，它牵涉到几百个原子。温度降低时，热扰动减少，原子在凝固点以下进入过冷液体范围，但是仍维持液体的结构，此时由于温度降低使黏度增大，且分子之间的自由空间减少，使流动不容易，导致聚合物液体的凝固过程很缓慢，而且分子内结合键在液体和固体中都是特定的，使液体分子不容易组合成晶体排列。无序的分子、具有边块的分子及链分枝的分子、有弧形基体的分子结晶可能性都很低。只有结构上是规则的分子才能形成晶体。而聚合物液体的原子或分子的重排为连续的，在剪应力作用下液体会流动，分子间因为这种流动性引起所占据自由空间增大，使堆积密度减少。

对于完全没有结晶能力的聚合物，从液态冷至玻璃化温度 T_g 后，就凝固成非晶态固体，T_g 随冷却速度的增大而降低。对于易结晶的聚合物，从液态冷至熔点 T_m 和 T_g 之间的任一温度都可结晶，其结晶过程也是晶核形成与长大的过程。晶核形成也分为均匀形核和非均匀形核。均匀形核是由液体中大分子链段经热运动而形成有序排列的链束；非均匀形核是外来杂质、容器壁等吸附液体中大分子链段作有序排列而形成晶核。晶核形成与长大速率也随温度的降低而增大，并分别在某一温度时出现最大值。

经冷却而不结晶的聚合物，最后会达到 T_g 点，此时，聚合体会变得相当硬而脆。在比体积 – 温度曲线上，曲线斜率会出现不连续性。此斜率改变的点即为 T_g，也称为玻璃点，这是所有玻璃的典型特征。在低于 T_g 时，非结晶态的聚合物为玻璃态，变得很坚硬，其他性质也有明显改变。

T_g 对聚合物而言尤其重要。如聚苯乙烯的 T_g 大约是 100 ℃（见表4 – 9），故在室温时，它呈玻璃状且很脆；而橡胶的 T_g 为 – 73 ℃，故在最严寒的冬天，仍是柔软且易变形的。几种聚合物的玻璃化转变温度如表4 – 9所示。

表 4-9　一些线性聚合物的玻璃化温度

聚合物	$T_g/℃$（非晶性的）	$T_m/℃$（如果结晶时）
聚乙烯	-120	140
聚丁二烯	-70	*
聚丙烯	-15	175
尼龙 6/6	50	265
聚氯乙烯	85	210
聚苯乙烯	100	240

4.6　气-固相变与薄膜生长

随着气相沉积技术被广泛用于制备各种功能性薄膜材料，材料的气-固相变也日益显示出其重要性。气-固相变虽与液-固相变有诸多相似性，但其蒸发和凝聚的控制，转变产物的结构和形态均有自身的特点。本节围绕气相沉积中的气-固相变，讨论沉积中两个基本过程：蒸发和凝聚（沉积）的热力学条件、凝聚过程中的形核与生长。

4.6.1　蒸发和凝聚的热力学条件

把金属气相近似地看成是理想气体，则有

$$dG = -SdT + VdP$$

在恒温（$dT = 0$）时，

$$\Delta G = \int_{P_e}^{P} VdP$$

式中，P_e 为饱和蒸气压，P 为实际压强。

对于理想气体

$$PV = nRT$$

所以

$$\Delta G = \int_{P_e}^{P} \frac{nRT}{P} dP$$

积分得

$$\Delta G = nRT\ln \frac{P}{P_e} \tag{4-27}$$

由(4-27)式中,当$P < P_e$,$\Delta G < 0$,蒸发过程可以进行;当$P > P_e$,则凝聚过程可进行。由于蒸发源处的材料在高温加热时,材料的蒸气压很高,真空容器中的气压远小于该材料的蒸气压,因此满足蒸发条件。当该材料的蒸发气体原子碰到低温的基片时,此时材料在基片上的蒸气压很低,真空容器中的气压远大于该材料的蒸气压,因此满足凝聚条件。

4.6.2　形核

一般的蒸发镀膜设备,如图4-38所示,材料在镀膜时,高温的蒸发原子飞向未加热的基片(室温温度),由于原子接触基片后温度急剧降低,此时气体原子的蒸气压也随之快速下降,以至真空罩中的气压远高于蒸发材料的蒸气压,气体原子将凝聚。当气体原子凝聚到某晶粒临界尺寸时,原子就可不断依附于其表面而生长。

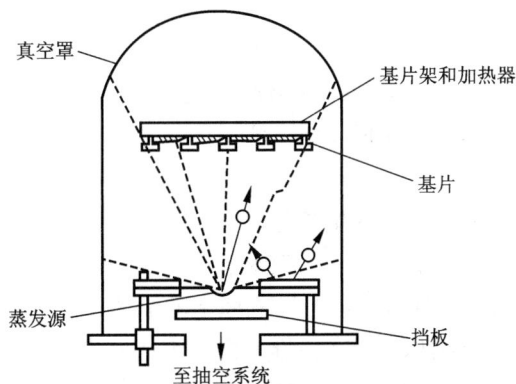

图 4-38　真空蒸发镀膜设备示意图

气相凝结的晶核,其临界尺寸可与液相凝固时同样的处理。当晶核为球形时,

$$r_c = \frac{2\sigma}{\Delta G_V}$$

式中,σ 为表面能,ΔG_V 为单位体积自由能。

值得指出的是,由于气相沉积的冷速很大,一般为$10^7 \sim 10^{10} \, \mathrm{K/s}$,过冷度比凝固时大得多,因此,气相沉积的临界晶粒尺寸很小,同时,由于气体原的热能在大的基片上快速散发,因而晶粒不易长大。室温沉积(即基片未加热)的晶粒大多为纳米尺寸晶粒,甚至为非晶,尤其是合金和高熔点化合物较易得到非晶。基片加热时沉积，晶粒才能显著长大。

　　与凝固类似，气相沉积的形核率也受形核功因子和原子扩散几率因子共同影响。由于气相沉积过冷度很大，因此，形核率主要受形核功因子的影响，尤其是当基片未加热时，容易得到细晶。

4.6.3　薄膜的生长方式

　　薄膜生长有三种基本类型：①三维生长；②二维生长；③层核生长，如图4-39所示。

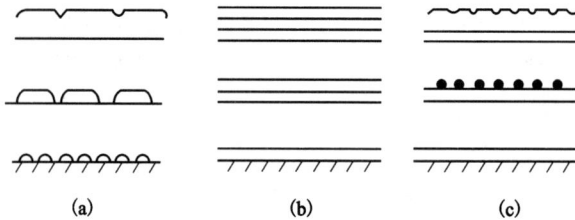

图4-39　薄膜生长的三种类型

(a)三维生长；(b)二维生长；(c)层核生长

　　在三维生长模型中，薄膜的生长过程可分为形核阶段、小岛阶段、网络阶段和连续薄膜阶段。其生长过程为：吸附于基片表面的沉积原子通过在基片表面的迁移，结合形成原子团簇，甚至形成稳定的晶核。各个稳定晶核通过捕获吸附原子或直接接受入射原子，在三维方向长大而成为小岛。小岛在生长过程中相遇合并成大岛，大岛进而形成网状薄膜。网状薄膜中的沟道，通过网状薄膜的生长或新的小岛在沟道中的形成，最终沟道逐渐填满而形成连续薄膜。

　　在二维生长模型中，基片为单晶体，吸附原子可与晶体形成共格外延生长。共格外延生长分为同结构外延生长和异结构外延生长。所谓同结构外延生长，指的是沉积薄膜以与基片相同的晶格类型，在它们的特定晶面（通常是低指数的密排面）上生长。而异结构外延生长则为沉积薄膜以与基片不同的晶格类型，在它们的特定晶面上形成共格界面生长。

　　以上两种生长模型的结合就是层核生长，即首先在基片表面形成1~2个原子层，这种二维结构受基片晶格强烈的影响，晶格错配导致较大的晶格畸变，尔后在其上吸附原子以三维模型生长成小岛，并最终形成连续薄膜。

　　除了真空蒸发镀膜外，溅射镀膜是最常用的物理气相沉积方法。溅射过程需要在真空系统中通入少量惰性气体（如氩气），在作为阴极的溅射材料（称为靶)和作为阳极的基片之间,施加高电压使氩气形成辉光放电并产生离子(Ar$^+$),Ar$^+$离子在电场中加速后轰击靶材(阴极),溅射出靶材的原子沉积到基片上形成薄膜。

习　题

1. 解释下列名词:过冷,过冷度,形核功,温度梯度,树枝晶。

2. 过冷,过冷度,动态过冷度对结晶过程有何影响?

3. 已知当球状晶核在金属液中形成时,整体自由能的变化 $\Delta G = 4\pi r^2 \sigma + \frac{4}{3}\pi r^3 \Delta G_V$。公式中 r 为球状晶核的半径,σ 为液态中晶核的比表面能,ΔG_V 为单位体积晶核形成时放出的体积自由能。求 ΔG 达到最大时的球状晶核半径的最大值 r^* 及 ΔG 的最大值 ΔG^*,并证明 ΔG^* 与临界晶核的体积 V^* 之间的关系为:$\Delta G^* = \dfrac{V^* \Delta G_V}{2}$。

4. 均匀形核与非均匀形核有何异同点? 简述润湿角 θ、杂质颗粒的晶体结构和表面形态对非均匀形核的影响。

5. 某金属的熔化潜热为 $L_m/T_m = 8.4$ J·mol^{-1}/K,摩尔体积 $V_m = 8$ cm^3·mol^{-1},表面能 $\sigma = 5 \times 10^{-5}$ J·cm^{-2},当过冷度 $\Delta T = 10$ ℃ 时,求其形核的临界半径。

6. 说明晶体成长形状与温度梯度的关系。

7. 说明获得单晶或全部柱状晶的方法及注意事项。

8. 根据凝固理论,试述细化晶粒的基本途径。

9. 试根据凝固理论,分析通常铸锭组织的特点。

10. 简述液态金属结晶时,过冷度与临界晶核半径,形核功及形核率的关系。

11. 高聚物和金属材料的凝固有何不同?

第5章　单元系、二元系相图
及合金的凝固组织

　　由一种元素或化合物构成的晶体称为单组元晶体或纯晶体,该体系称为单元系。对于纯晶体材料而言,随着温度和压力的变化,材料的组成相会发生变化。从一种相到另一种相的转变称为相变,由液相至固相的转变称为凝固。如果凝固后的固体是晶体,则又可称之为结晶;而由不同固相之间的转变称为固态相变,由气相到固相的转变称为气-固相变,这些相变的规律可借助相图直观简明地表示出来。单元系相图表示了在热力学平衡条件下,所存在的相与温度和压力之间的对应关系,理解这些关系有助于预测材料的性能。

　　由两种以上的金属或金属和非金属元素熔合(或烧结)在一起而具有金属特性的物质称为合金。根据组成合金的组元数目,又可分为二元合金、三元合金,四元以上合金称多元合金。

　　合金材料的性能主要是由金属的本性及其结构、组织状态所决定,认识材料的性能与其结构、组织之间的关系,并通过合金化、熔铸、压力加工和热处理等工艺过程对组织、结构进行合理的控制,从而将有效控制合金材料的性能。合金相图正是研究合金中各种相结构和组织的形成和变化规律的一种有效工具。

　　二元系相图是用图的形式表明一个二元合金系的成分、温度和相态之间的关系。也就是说,从相图上可以清楚地了解该二元系任一组成的合金在各温度下所存在的相态、相成分和各个相的含量,以及当温度变化时,将发生什么类型的相转变,在什么温度转变等等。这些知识在材料科学中是极为重要的,例如,当制订合金的熔铸、热加工和热处理等工艺时,或当研究某合金元素的作用和存在状态,以及合金的性能与组织的关系时,都需要参考相图。所以对材料工作者来说,相图是一个不可缺少的重要工具之一,必须很好地掌握它。

5.1　单元系相图

　　单元系相图是通过几何图形描述:由单一组元构成的体系在不同温度和压力条件下可能存在的相及多相的平衡。现以 H_2O 为例,说明单元系相图的表示和测定方法。

H_2O 可以以气态(水汽)、液态(水)和固态(冰)的形式存在。绘制 H_2O 的相图，首先在不同温度和压力条件下，测出水－气、冰－气和水－冰两相平衡时相应的温度和压力，然后，以温度为横坐标，压力为纵坐标作图，把每一个数据都在图上标出一个点，再将这些点连接起来，得到如图5－1(a)所示的 H_2O 相图。

图5－1(a)中有三条曲线：水和蒸气共存的平衡曲线 O_1C；冰和水气共存的平衡曲线 O_1B；水与冰共存的平衡曲线 O_1A。他们将相图分为3个区域：水气区、水区和冰区。在每个区中只有一相存在。在 O_1A，O_1B 和 O_1C 三条曲线上，两相平衡(共存)。O_1A，O_1B 和 O_1C 三条曲线交于 O_1 点，它是气、水、冰三相平衡点。

如果外界压力保持恒定(如一个标准大气压)，那么单元系相图只要一个温度轴来表示，如 H_2O 的情况见图5－1(b)，在气、水、冰的各单相区内，温度可在一定范围内变动。在熔点和沸点处，两相共存，故温度不能变动，即相变为恒温过程。

在单元系中，除了可以出现气、液、固三相之间的转变外，某些物质还可能出现固态中的同素异构转变。例如，图5－2(a)是纯铁相图，其中 $\delta-Fe$ 和 $\alpha-Fe$ 是体心立方结构，两者点阵常数略有不同，而 $\gamma-Fe$ 是面心立方结构。图中三个相之间有两条晶型转变线把它们分开。对金属一般只考虑沸点以下的温度范围，同时外界压力通常为一个标准大气压，因此，纯金属相图可以用温度轴来表示，见图5－2(b)。T_m(1538℃)是纯铁的熔点；A_4 点(1394℃)是 $\delta-Fe$ 和 $\gamma-Fe$ 的转变点；A_3 点(912℃)是 $\gamma-Fe$ 和 $\alpha-Fe$ 的转变点；A_2 点(768℃)是磁性转变点。

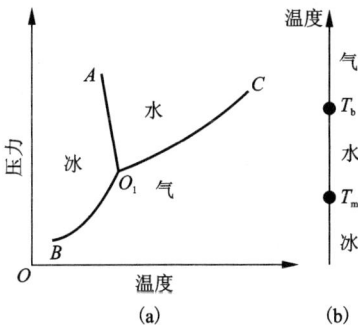

图5－1　H_2O 相图

(a)温度与压力都变化的情况；
(b)压力恒定，仅温度变化的情况

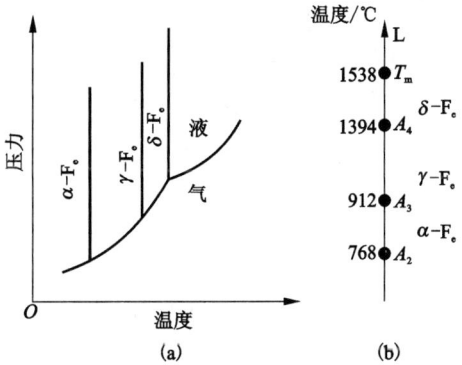

图5－2　纯铁相图

(a)温度与压力都变化的情况；
(b)压力恒定，仅温度变化的情况

　　除了某些纯金属,如铁等具有同素异构转变之外,在某些化合物中也有类似的转变,称为同分异构转变或多晶型转变。由于化合物结构较金属复杂,因此,更容易出现多晶型转变。例如,全同聚丙烯在不同的结晶温度下,可形成单斜(α 型),六方(β 型)和三方(γ 型)3 种晶型。又如在硅酸盐材料中,用途最广、用量最大的 SiO_2 在不同温度和压力下可有 4 种晶体结构的出现,即 α - 石英、β - 石英、β_2 - 鳞石英、β - 方石英,如图 5 - 3 所示。

　　上述相图中的曲线所表示的两相平衡时温度和压力的定量关系,可由克劳修斯(Clausius) - 克拉珀龙(Clapeyron)方程决定,即

$$\frac{\mathrm{d}P}{\mathrm{d}T} = \frac{\Delta H}{T \Delta V_m} \tag{5-1}$$

式中,ΔH 为相变潜热,ΔV_m 为摩尔体积变化,T 是两相平衡温度。多数晶体由液相变为固相或高温固相变为低温固相时,会放热和收缩,即 $\Delta H < 0$ 和 $\Delta V_m < 0$,由此 $\frac{\mathrm{d}p}{\mathrm{d}T} > 0$,故相界线的斜率为正。但也有少数晶体凝固时或高温相变为低温相时,$\Delta H < 0$,而 $\Delta V_m > 0$,得 $\frac{\mathrm{d}p}{\mathrm{d}T} < 0$,则相界线的斜率为负,例如,图 5 - 1(a)中水和冰的相界线(AO_1)斜率为负。对于固态中的同素异构转变,由于 ΔV_m 常很小,所以固相线通常几乎是垂直的,见图 5 - 2 和图 5 - 3。

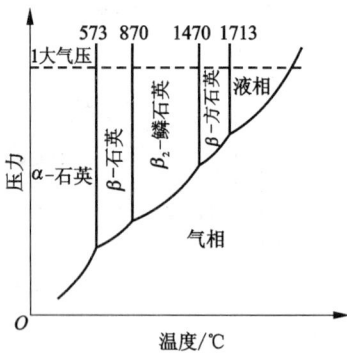

图 5 - 3　SiO_2 相图

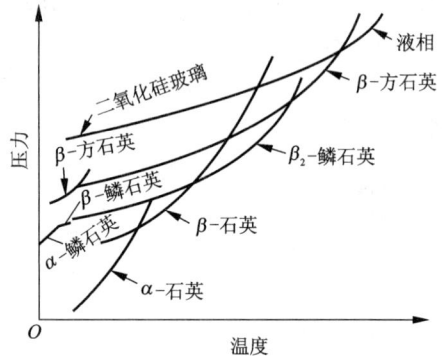

图 5 - 4　SiO_2 亚稳相图

　　上述讨论的是平衡相之间的转变图,但有些物质的相之间达到平衡有时需要很长时间,稳定相形成速度甚慢,因而会在稳定相形成前,先形成自由能较稳定相高的亚稳相,这称为奥斯特瓦尔德(Ostwald)阶段。例如,图 5 - 3 所示的 SiO_2 相图,在一个标准大气压时,α - 石英 $\Longleftrightarrow$ β - 石英在 573℃ 转变能较快的进行,而且是可逆的,但图中示出的其他相变却是缓慢的,不可逆的,其原

因是前者是位移型转变,后者是重建型转变。为实际应用方便,有时可扩充相图,使其同时包含可能出现的亚稳型二氧化硅,如图 5 - 4 所示,这样就不是平衡相图了。表 5 - 1 列出了 SiO_2 中可能出现的多晶型转变。室温下的稳定晶型是低温型石英,它在 573℃时由位移型转变成高温型石英;在 867℃时通过重建型转变缓慢地变成稳定的高温型鳞石英;直至 1470℃,高温型鳞石英又一次通过重建型转变成为高温方石英。从高温冷却下来时,方石英和鳞石英会通过位移型转变形成亚稳相:高温型方石英在 200 ~ 270℃时转变为低温型方石英;高温型鳞石英在 160℃时转变成中间型鳞石英,后者到 105℃时再转变长低温型鳞石英。

表 5 - 1　二氧化硅的多晶型转变

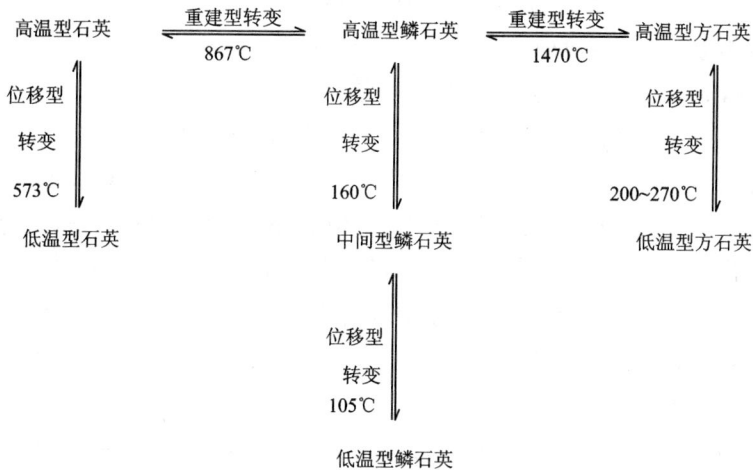

高温型石英	⇄　重建型转变　⇄ 867℃	高温型鳞石英	⇄　重建型转变　⇄ 1470℃	高温型方石英
位移型 转变 573℃ ↕		位移型 转变 160℃ ↕		位移型 转变 200~270℃ ↕
低温型石英		中间型鳞石英		低温型方石英
		位移型 转变 105℃ ↕		
		低温型鳞石英		

5.2　二元相图的表示方法

5.2.1　二元合金中存在的相

1. 相

在一个体系中,性质相同的均匀部分称为"相"。相与相之间有明显的界面分开。例如冰和水,它们各自为性质相同的均匀部分,但冰和水的性质是不同的，且有界面分开，所以冰和水是两种不同的相态。又如食盐水溶液是一个相，若在饱和溶液中析出食盐晶体则成为两个相。

必须注意，相与相之间必存在界面，但反过来并不正确。同一相的液体，分成许多液滴，仍属同一相；同一相的固体，分成许多块，也仍属同一相；合金中同一相的不同晶粒间也存在界面，所以有界面分开的不一定都是两种相。此外，在合金中，同一相中由于成分偏聚，可能造成各微区的成分并不完全均匀；由于存在结构缺陷，也可能造成各微区的性质并不完全相同。

2. 合金相种类

在合金中，多数金属在液态下都能互相溶解而形成均匀的溶液。但也有在液态下只能部分互相溶解，达到饱和溶解度后就不再溶解，而形成有界面分开的成分不同的两种溶液，好像油和水混合在一起一样。例如铝和镉、铜和铅，在一定温度和成分范围内，均形成浓度不同和有界面分开的两层溶液。还有两组元在液态几乎完全不溶解的，如 Al – Ti、W – Cu、Fe – Bi 等。

与溶液相似，固态时溶质原子(离子或分子)溶入溶剂的晶体点阵中所形成的相称为"固溶体"。固溶体的晶体结构就是溶剂的晶体结构。溶质原子溶入溶剂晶体中的方式有两种，一种是溶质原子置换溶剂原子，称为"置换固溶体"；另一种是溶质原子填入溶剂晶体点阵的间隙中，称为"填隙固溶体"。

构成合金的各组元间除相互溶解形成溶体(液溶体、固溶体)外，还可能发生化学相互作用，形成晶体结构不同于组成元素的新相。这些新相有自己独特的结构和性质，它们的单相区均位于相图的中间部位，所以把它们统称为"中间相"，又称为"金属间化合物"。

3. 相平衡条件与相律

一个相转变为其他相的过程称为"相变"。如果从宏观上看，系统中同时共存的各相在长时间内不互相转化，可视之为处于"相平衡"状态。实际上，这种平衡属于动态平衡，从微观上看，即使在平衡状态，组元仍会不停地通过各相界面进行转移，只不过同一时间内相互迁移的速度相等而已。

在平衡条件下，合金的组元数和相数之间存在着一定的关系，这种关系称为"相律"。

热力学告诉我们，化学位差是组元在各相间转移的驱动力，组元转移会引起体系自由能变化。在 α、β 两相平衡系统中的平衡条件为

$$\mu_i^{\alpha} = \mu_i^{\beta} \qquad (5-2)$$

即平衡时，同一组元在两相中的化学位相等。

若合金中有 C 个组元，P 个相，则它们的平衡条件为

$$\left.\begin{array}{l}\mu_1^\alpha = \mu_1^\beta = \mu_1^\gamma = \cdots = \mu_1^p \\ \mu_2^\alpha = \mu_2^\beta = \mu_2^\gamma = \cdots = \mu_2^p \\ \quad\vdots \qquad\qquad\qquad\qquad \vdots \\ \mu_c^\alpha = \mu_c^\beta = \mu_c^\gamma = \cdots = \mu_c^p\end{array}\right\}\qquad (5-3)$$

相律的数学表达为

$$f = C - P + 2 \qquad (5-4)$$

式中 C 为合金系组元数，P 为平衡共存的相数，f 为自由度，2 表示温度与压力两个因素。自由度是指平衡系中不改变相数的前提下可独立变化的因素数目。在研究不包括气相反应在内的合金相变时，压力的影响不大，故相律的表达式 (5-4) 可改写为

$$f = C - P + 1 \qquad (5-5)$$

根据式 (5-5)，对于纯金属最多只有两相平衡；而二元系则存在三相平衡，此时自由度等于零（自由度不能为负）。

相律是分析、检验相图的理论，也是冶金等大工业生产的理论基础之一，它具有普遍指导意义。

5.2.2　二元相图的表示、含义和杠杆定律

二元合金的相态是由其成分和所处的温度及压力等外界条件决定的。欲用图形表明其相态变化，需要采用成分、温度和压力三根坐标轴。二元相图是表示恒压（一个大气压）下的状态，因而是采用温度和成分为坐标的平面图。因为相图中表明的是热力学平衡状态，故又称为平衡图。

以 Bi – Cd 二元系为例，二元相图表示法如图 5 – 5 所示。纵坐标表示温度，横坐标表示成分（或浓度）。横坐标的左、右两端点分别代表纯 Bi 和纯 Cd，从左至右表示合金中含 Cd 量逐渐增加，含 Bi 量相应地减少。横坐标上任一点即代表某一成分的合金。例如 x_1 合金的含 Cd 量为 75%，相当于横坐标左边的 Qp 线段，含 Bi 量为 25%，相当于右边的 pr 线段；x_2 合金含 20% Cd，80% Bi。

表示合金成分的方法有两种，即质量分数和摩尔分数，二者的换算公式如下：

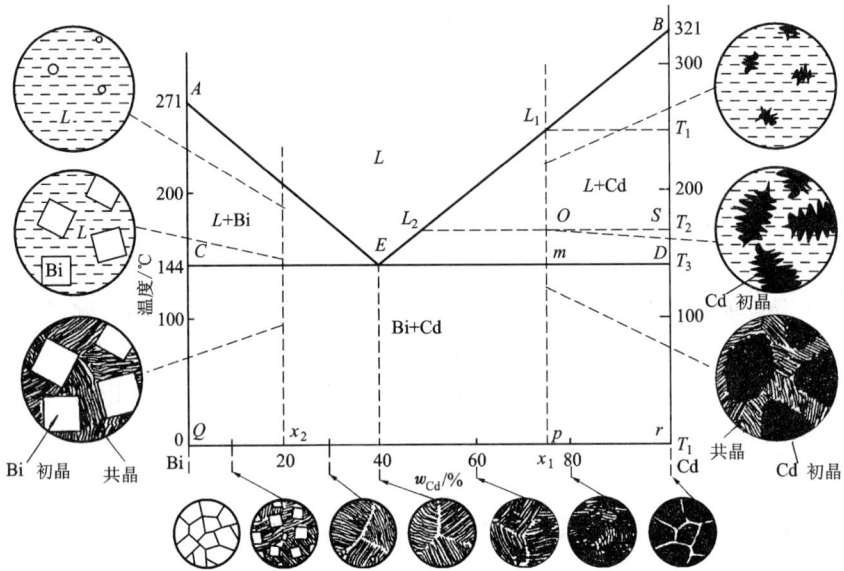

图 5 – 5　Bi – Cd 相图及各成分合金的组织变化示意图

$$w_A = \frac{a_A x_A}{a_A x_A + a_B x_B} \times 100\%$$

$$w_B = \frac{a_B x_B}{a_A x_A + a_B x_B} \times 100\%$$

$$x_A = \frac{w_A / a_A}{w_A / a_A + w_B / a_B} \times 100\%$$

$$x_B = \frac{w_B / a_B}{w_A / a_A + w_B / a_B} \times 100\%$$

$$(5 - 6)$$

式中：w_A 和 w_B 分别表示 A 和 B 组元的质量分数；a_A 和 a_B 分别表示 A 和 B 组元的摩尔量；x_A 和 x_B 分别表示 A 和 B 组元的摩尔分数。

　　二元相图中的线条表示相转变温度和平衡相的成分（或称浓度），被线条所划分的区域称为相区，在各相区内注明了合金存在的相态。从相图上可以一目了然地看出任一成分的合金在任一温度下所存在的相态，在什么温度下发生相转变及其转变类型等。例如图 5 – 5 中的合金从高温液态冷却下来，冷至 T_1 温度时碰上 BE 线，开始发生凝固，在 T_1 和 T_3 温度之间，为液相 L 和 Cd 晶体组成，至 T_3 温度碰上 CD 线，全部凝固完毕，为 Bi + Cd 两相组成。因为 Bi 和 Cd

在固态下几乎互不溶解，可以看成是纯 Bi 和纯 Cd，因此 Bi 和 Cd 两种晶体的相对含量就是合金成分的各自含量，即含 75% Cd，25% Bi。如果将成分坐标当作杠杆，以合金成分点为支点，两相的成分点分别为重点和力点，则与力学上的杠杆定律一样，即 $Cd/Bi = Qp/pr$，计算两相的质量分数：

$$Cd = 75/100 \times 100\%$$

$$Bi = 25/100 \times 100\%$$

故称为杠杆定律。如果欲求在 T_2 温度下 x_1 合金中的 L 和 Cd 的含量，可在 T_2 温度作一水平线，与此相区的两条边界线的交点 L_2 和 S，即分别为 L 和 Cd 的成分点，于是以 L_2S 连线为杠杆，即可求出两相的质量分数：

$$L = OS/L_2S \times 100\%$$

$$Cd = L_2O/L_2S \times 100\%$$

因为 BE 线以上为液相，在其以下凝固出固相来，故称 BE 线为液相线。同理，x_2 合金冷却至 AE 线就开始凝固出固相 Bi 来，所以 AE 线也为液相线。在 AE 和 BE 两线的交点 E，Cd 和 Bi 两相可共同从液相中凝固出来，故称为共晶点，E 点成分合金称为共晶合金，E 点温度称为共晶温度。在共晶温度以下，全部液体都凝固完毕，故称 CED 水平线为固相线，又称共晶线。

从液相中首先凝固出一个固相来，长成树枝状（Cd）或方块状（Bi），称为初晶；再从液相中共同凝固出来两种固相，互相交替排列，在组织形态上有其特点，称为共晶组织。但共晶组织中的 Cd 相与初晶 Cd 相属于同一种相，性质完全一样，只因为它们的凝固条件不同，故其形态有所不同。在描述共晶（或共析）系合金的组织时，经常碰到两个含义不同的名词：相组成物和组织组成物。前者是把相看作构成合金组织的基本单元，如固态的合金是由 Cd 相和 Bi 相两相所组成，Cd 相占 75%，Bi 相占 25%；后者是按组织形貌的特征来划分构成合金组织的单元，如固态的 x_1 合金是由初晶 Cd 和共晶（Cd + Bi）所组成。相组成物和组织组成物中各组成单元的含量均可按杠杆定律进行计算。例如计算 x_1 合金在共晶温度的组织组成物的质量分数时，可采用下式：

$$Cd_{初晶} = Em/ED \times 100\% = 35/60 \times 100\% = 58.3\%$$

$$(Cd + Bi)_{共晶} = mD/ED \times 100\% = 25/60 \times 100\% = 41.7\%$$

一般愈靠近共晶点 E 的合金，共晶组织的量愈多，而共晶合金则全部为共晶组织。图 5-2 下面的组织示意图说明随合金成分变化，其固态组织组成物的变化情况。左右两边的组织示意图表示 x_1 和 x_2 合金在不同温度下的组织变化。注意：Cd 的初晶呈树枝状，而 Bi 的初晶却呈方块状。

对于相组成物或组织组成物比重很接近的合金，如果其成分不知道，也可以根据合金的金相组织中的相组成物或组织组成物所占面积百分数来大致估算其成分。

最后要着重指出，只有在平衡结晶条件下才能运用杠杆定律。

5.2.3 用实验方法测绘二元相图

到目前为止，手册中的合金相图都是用实验方法测绘出来的。因为合金中发生的所有相转变都同时伴随着某种物理、化学性质的变化，所以就有可能利用测定合金的某种物理、化学性质随温度的变化来找出它们的相变点。测定相图常用的物理化学方法有：热分析法、X 射线分析法、金相组织法、硬度法、电阻法、热膨胀法、磁性法等。精确地测定一个相图，往往需要选用几种方法，互相配合，取长补短。下面以热分析和金相组织法为例说明相图的测绘。

1. 热分析法

热分析法是测定合金的冷却(或加热)曲线的方法。现以 Cu - Ni 相图为例说明之。首先选取几种有代表性的合金，如图 5 - 6(a)所示，分别测绘出它们的冷却曲线，获得各合金的相变临界点。然后将各合金的临界点对应地绘在成分 - 温度图上，再将各合金的同类临界点连接起来，即可绘出 Cu - Ni 相图，如图 5 - 6(b)所示。上面的线条称液相线，下面的线条称固相线，三个相区的相名称注明在相图中。

2. 金相组织法

金相组织法一般可用来测定固相线和固溶度线。所谓金相组织法，就是通过观察一系列成分的合金在不同温度下的组织变化情况，以确定其相变温度。所以首先就要制备出能代表某一成分的合金在各种温度下的组织试样。图5 - 7表示用金相组织法测定固相线的方法。先熔铸几种合金试样，放在低于固相线温度下经过长时间的退火处理，使其成分达到完全均匀，然后将每种试样分组放在固相线上、下不同温度进行加热，再淬火(激冷)。淬火的目的是将加热温度的组织固定到室温下来。试样经过抛光与侵蚀，最后在显微镜下观察其组织变化情况。凡是在固相线以下温度淬火的组织保持和退火状态一样，没有任何相变痕迹。若是在超过固相线以上温度淬火，其晶粒边角处就发生了部分熔化现象。这两种现象的分界线即为固相线。用这种方法测定的固相线温度可精确到 ±2 ℃，一般是略为偏高。

(a)

(b)

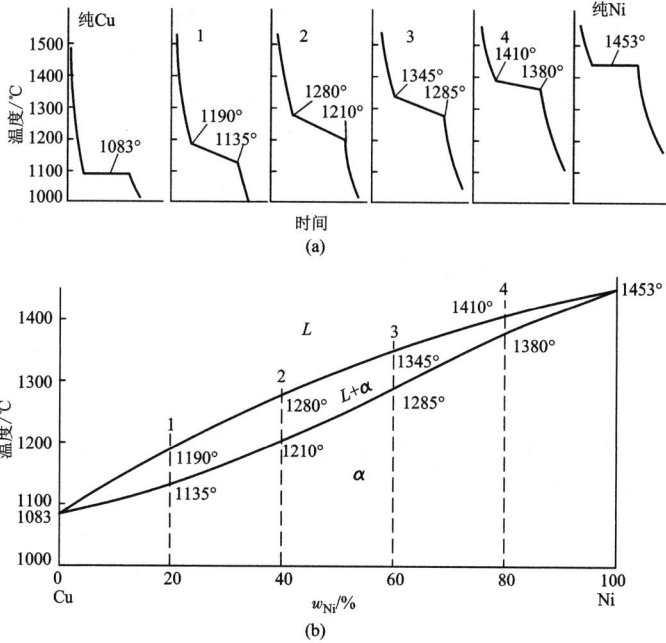

图 5 - 6 用热分析法测绘 Cu - Ni 相图

注：图中 9 0 指℃

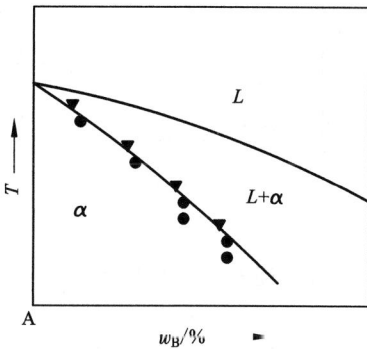

图 5 - 7 用金相组织法测定固相线

●—淬火加热时没有变化；▼—出现部分熔化现象

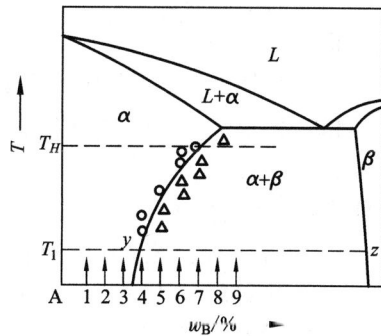

图 5 - 8 用金相组织法测定固溶度线

○—α 相合金；△—α + β 两相合金

图5-8表示用金相组织法测定固溶度线。处理试样与上面类似，先将可能属于固溶度线附近的各种成分合金的熔铸试样放在略低于固相线温度(如 T_H)进行均匀化退火，使 α 固溶体成分均匀，并使 β 相尽可能地都溶解到 α 相中去，达到平衡成分后进行淬火。再将每种试样分组放在固溶度线上、下不同温度进行加热和淬火，最后观察试样的组织。对同一成分在不同温度的试样和在同一温度的不同成分试样鉴别其单相和两相组织的分界处，即可确定其固溶度线。

5.3　匀晶相图及固溶体合金的凝固和组织

5.3.1　相图分析

组成匀晶相图的两个组元在液态和固态都能在整个成分范围内完全互相溶解，分别形成无限液溶体和固溶体。形成这类相图的合金系有 Cu – Ni、Au – Ag、Bi – Sb、W – Mo、Ti – Zr、Ti – Hf 等。

匀晶相图可以具有极小点或极大点(图 5 – 9)，具有极小点的合金系有 Ti – Zr、Au – Cu、Cr – Mo、Fe – Co 等，在金属系中很少见到具有极大点的匀晶相图。对应于极小和极大点的合金的凝固过程为等温反应。

Cu – Ni 相图示于图 5 – 10，它是由一条液相线和一条固相线组成。在液相线以上区域，合金处于液态，在固相线以下区域，合金处于固态，在液相线和固相线之间，合金处于液、固两相平衡。相图中的所有线条既表示合金的相变温度，又表示平衡相的成分(浓度)，相区则表示在该区的温度和成分范围内，合金所存在的相态。在两相区中，自由度 $f=1$，两个相成分和温度三个参变数仅有一个可以独立改变，其中一个固定后，其余两个也随之固定。例如，当固定在 T_2 温度时(图 5 – 10)，两平衡相的成分即由该温度水平线与该相区的边界线相交的两点 L_2 和 α_2 所决定。

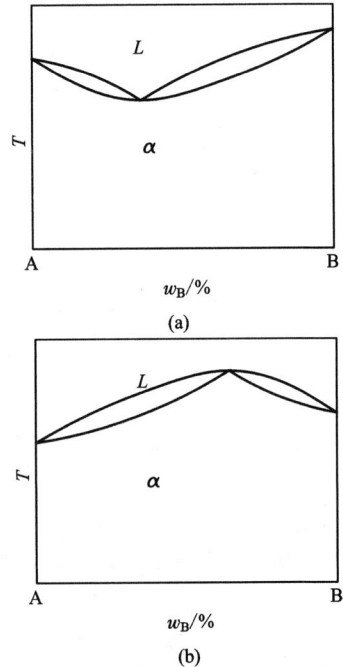

(a)

(b)

图 5 – 9　匀晶相图
(a)具有极小点的匀晶相图；
(b)具有极大点的匀晶相图

5.3.2 固溶体合金的平衡凝固和组织

平衡凝固是指合金从液态很缓慢地冷却,使合金在相变过程中能有充分时间进行组元间的互相扩散,达到平衡相的均匀成分。现以图 5 - 10 的 x 合金为例说明之。当合金冷至略低于液相线 T_1 线时,开始凝固出 α_1 成分的固相来。由于 α_1 中的含 Ni 量比 x 合金高,故其近旁液体中的含 Ni 量必然降低,通过扩散达到平衡后的液体成分为 L_1,此时的凝固量很少。当温度降至 T_2 温度时,凝固出来的固相成分沿固相线变至 α_2,与之平衡的液相成分则沿液相线变至 L_2。若在 T_2 温度保温,两相内部均达到平衡成分 L_2 和 α_2,建立稳定平衡后,凝固过程就停止了。此时两相的含量分别为

$$L_2 = \alpha_2 o / L_2 \alpha_2 \times 100\%$$
$$\alpha_2 = L_2 o / L_2 \alpha_2 \times 100\%$$

欲使凝固过程继续进行,必须再降低温度,直到温度下降至 T_4,遇到固相线后,凝固才完毕。凝固完毕后的固相成分为 α_4,相当于原合金成分,其组织为均匀的 α 固溶体晶粒。凝固过程的组织变化示于图 5 - 10。

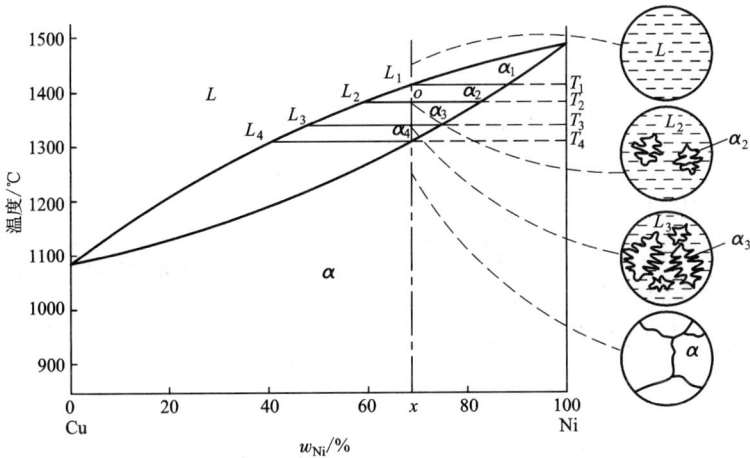

图 5 - 10 固溶体合金的平衡凝固过程及其组织变化

由上述可见,固溶体合金凝固过程有两个特点(与纯金属比较):①固溶体合金凝固时析出的固相成分与原液相成分不同;②固溶体合金凝固需在一定温度范围内进行,在此温度范围的每一温度下,只能凝固出来一定数量的固相。随着温度的降低,固相的量增加,同时,固相和液相的成分也分别沿固相线和液相线而连续地改变,直至遇上固相线,才凝固完毕。

由于第一个特点，固溶体合金凝固形核时，除了与纯金属形核一样需要能量起伏和结构起伏外，还需要成分起伏，故固溶体合金形核比纯金属困难，容易过冷。过冷度愈大，形核所需要的成分起伏则愈小，形核就愈容易。由于第二个特点，固溶体合金凝固须依赖于异类原子的互相扩散，因为除了两相界面间的原子扩散外，两相内部均需有一个均匀成分的原子扩散过程，这就需要时间，所以其凝固速度比纯金属慢。

5.3.3 固溶体合金的非平衡凝固和组织

在工业生产中，液态合金经浇铸后（铸锭或铸件），冷却较快，一般是几分钟，最多是几小时就已经凝固完毕，不可能达到平衡凝固。下面就分析固溶体合金的非平衡凝固过程及其对组织的影响。如图 5 - 11 所示，当冷却较快时，设液相中能够进行均匀扩散，而固相中的均匀扩散来不及进行。x 合金过冷至 T_1 温度时开始凝固，首先析出的固相成分为 α_1，液相成分变至 L_1。当冷至 T_2 温度时，析出的固相成分为 α_2，与之平衡的液相成分变为 L_2。这时析出的 α_2 是覆盖在 α_1 上面，由于时间短，晶体内外不可能扩散均匀，故晶体的平均成分为 α'_2。而液体中的扩散较快，设其能扩散均匀，成分为 L_2。当温度降至 T_3 时，析出的固相成分为 α_3。按

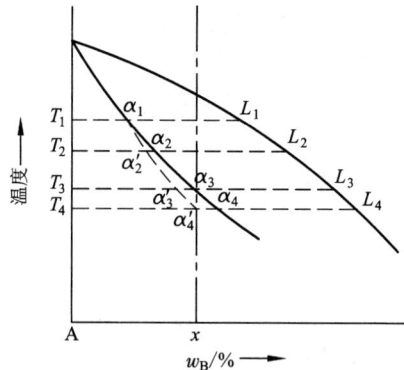

图 5 - 11　固溶体合金的非平衡凝固

照平衡凝固，T_3 温度已相当于凝固完毕的固相线温度，应该全部液体都在此温度凝固完毕。但由于在每一温度下的固相成分并未扩散均匀，所以实际的固相成分只能取其平均成分，故偏离于固相线（虚线所示），还有相当于 $\alpha'_3\alpha_3$ 量的液体尚未凝固。如果停留在 T_3 温度进行长期保温，让固相中的成分有充分时间扩散均匀，就可凝固完毕。但实际情况是没有时间让它扩散均匀，温度已经下降，以至到 T_4 温度才全部凝固完毕。这时固相的平均成分达到 α'_4，与合金原始成分一致。

若将每一温度下固相平均成分点连接起来，则得到图 5 - 11 虚线所示的 $\alpha_1\alpha'_2\alpha'_3\alpha'_4$ 固相平均成分线，它偏离在固相线的下方。必须注意，固相平均成分线与固相线的意义是不同的，固相线与冷却速度无关，位置固定，而固相平均成分线却随冷却速度的改变而移动，冷却速度愈大，偏离于固相线愈远，冷

却极其缓慢时，达到平衡凝固，又与固相线重合。

　　由于先后从液体中凝固出来的固相成分不同，加之冷速快，固相中均匀扩散来不及进行，结果使得晶粒内部化学成分不均匀，先凝固的晶体中心含 Ni 量高，后凝固的晶体外层部分含 Cu 量高，如图 5 - 12 所示。图 5 - 12(a) 为铸态 Ni - Cu 合金经抛光、侵蚀后，由于不同成分的侵蚀程度不同，而显示出枝晶形状，其先凝固的树枝状骨架(白色)含 Ni 量较高，后凝固的枝与枝之间(黑色)含 Cu 量较高；图 5 - 12(b) 为两个枝臂间的电子探针显微分析照片，证明枝臂中心含 Ni 高，枝与枝之间含 Cu 高。这种在晶粒内部的成分不均匀现象称为晶内偏析(或枝晶偏析)。

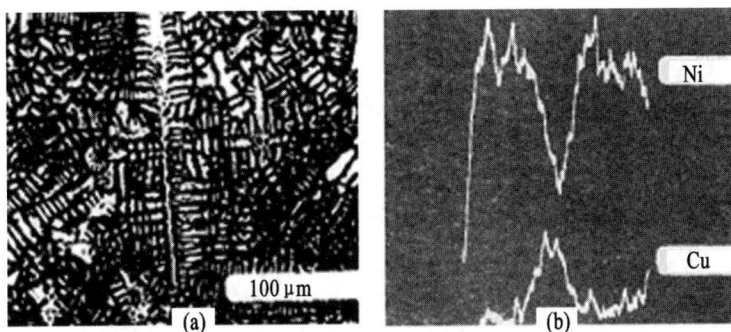

图 5 - 12　Ni - Cu 合金的枝晶偏析

(a)铸造组织(枝晶偏析)；(b)相邻两枝臂间的电子探针扫描图像

　　如果合金中存在严重的晶内偏析，会导致合金的塑性显著下降，难于压力加工。为消除晶内偏析，可以将铸态合金加热至略低于固相线的温度进行长时间的均匀化退火，使异类原子互相充分扩散均匀。由图 5 - 13(a) 可见，铸态 Ni - Cu 合金经均匀化退火后的晶粒组织是均匀的，电子探针扫描图像[图 5 - 13(b)]也证明经过均匀化退火后晶粒内部的成分是均匀的。

　　晶内偏析程度决定于浇铸时的冷却速度、偏析元素的扩散能力以及相图上液相线与固相线之间的距离。当其他条件相同时，冷却速度愈快，原子扩散愈难以充分进行，晶内偏析就愈显著。但是当过冷度极大时，晶内偏析反而减弱。这是因为开始凝固温度愈低，其凝固出来的固相成分愈接近于原合金成分。若过冷至固相线温度时，则析出的固相成分就是原合金成分，不过在生产条件下，很难达到这样大的过冷度。元素的扩散能力愈低，晶内偏析愈大。合金相图上液相线与固相线之间的距离愈大，晶内偏析愈严重，Cu - Sn 合金(参考图 5 -45)的晶内偏析比 Cu - Zn 合金(参考图 5 -50)严重，主要原因就在于此。

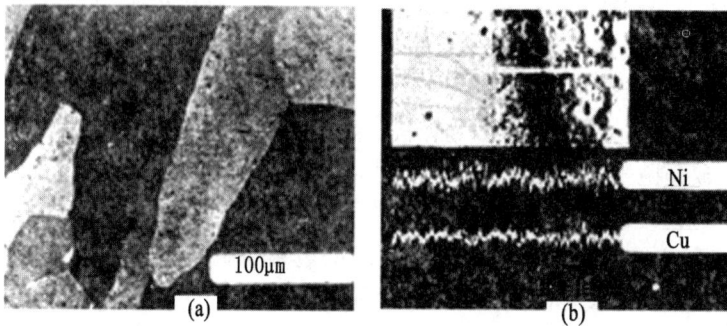

图 5 – 13　图 5 – 9 的组织经均匀化退火后的晶粒组织(a)
及穿过晶粒的电子探针扫描图像(b)

5.3.4　固溶体合金凝固过程中的溶质分布

如前所述,合金凝固时,要发生溶质的重新分布,这不但会引起晶内偏析
(微观偏析)和宏观偏析,而且对长大形态也将发生影响,故合金的晶粒长大比
纯金属复杂得多。在讨论溶质分布之前,先介绍溶质的平衡分配系数 k_0。平衡
分配系数 k_0 定义为:在一定温度下,固、液两平衡相中溶质浓度之比值,即

$$k_0 = C_S / C_L \qquad\qquad (5 - 7)$$

式中 C_S、C_L 为固、液相的平衡浓度。假定液相线与固相线为直线,则 k_0 为常
数。如图 5 – 14 所示,如果随溶质浓度增加,合金系中的液相温度和固相温度
降低如图 5 – 14(a)所示,则 $k_0 < 1$;反之如图 5 – 14(b)所示,则 $k_0 > 1$。下面
以 $k_0 < 1$ 的相图为例进行讨论。

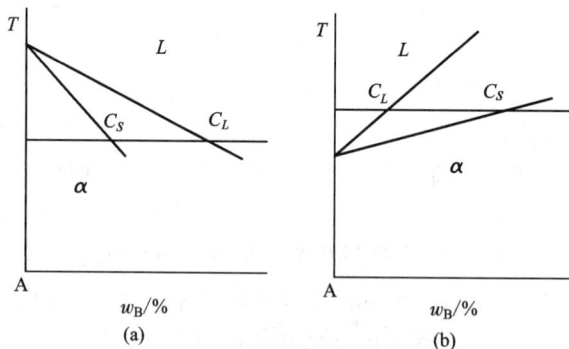

图 5 – 14　$k_0 < 1$ 的相图(a)及 $k_0 > 1$ 的相图(b)

为便于研究，假定水平圆棒自左端向右逐渐凝固，并假设固、液界面保持平面。如果冷却极为缓慢，达到了平衡凝固状态，即在凝固过程中，在每一个温度下，液体和固体中的溶质原子都能够充分混合均匀，虽然先后凝固出来的固体成分不同，但凝固完毕后，固体中各处的成分均变为原合金成分 C_0，不存在溶质的偏析，如图 5 - 15 中的 a 水平线所示。

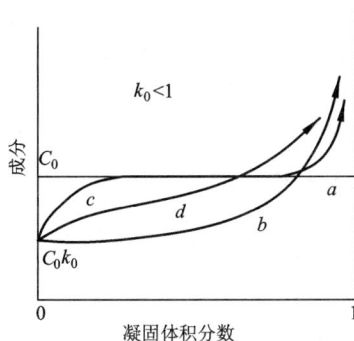

图 5 - 15　C_0 合金凝固后的溶质分布曲线

a 水平线为平衡凝固；b 线为液体中溶质完全混合；
c 线为液体中溶质仅借扩散而混合；
d 线为液体中溶质部分地混合

实际上要达到平衡凝固是极困难的。特别是在固相中，成分的均匀化靠原子扩散来完成，所以溶质是不可能达到完全均匀的。一般金属在稍低于熔点时，其固体中的扩散系数很小，约为 $10^{-8} cm^2 \cdot s^{-1}$，而液体中的扩散系数却大得多，约为 $10^{-5} cm^2 \cdot s^{-1}$。所以在讨论金属合金的实际凝固问题时，一般不考虑固相内部的原子扩散，即把凝固过程中先后析出的固相成分看作没有变化，而仅讨论液相中的溶质原子混合均匀程度的问题。

当合金从熔体进行凝固时，液体中溶质的混合有两种传输机制：扩散和液体的自然对流（或者加上搅拌）。比较起来，前者比后者要慢得多。当合金液凝固时，由于液体具有低黏度和高密度，总是会有一定的自然对流产生而促使溶质混合。但是当液体在管中流动时有一个基本特性，就是管中间部分的液体流速尽管很大，而靠近管壁处的液体流速却几乎为零，即在管壁处总是存在着一薄层无流动的边界层。这样的边界层在凝固时的固、液界面处的液体中也总是同样存在的，故在界面的法线方向不可能有原子的对流传输。在边界层中，溶质只能通过缓慢的扩散过程传输到边界层外面的对流液体中去。而扩散传输往往不能将凝固所排出的溶质同时都输送到对流的液体中去，结果在边界层中就产生了溶质的聚集，如图 5 - 16(a) 中的虚线所示。在边界层以外的液体，由于有对流混合而获得均匀的液体成分 $(C_L)_B$。由于固、液界面上总是达到或接近局部平衡，故 $(C_S)_i = k_0 (C_L)_i$。因为有溶质聚集而使 $(C_L)_i$ 迅速上升，从而 $(C_S)_i$ 也随之迅速升高。所以固体成分的升高要比不存在溶质聚集时快 [图 5 - 16(a)]。由此可见，边界层的溶质聚集对凝固合金棒的成分分布具有很大的影响。

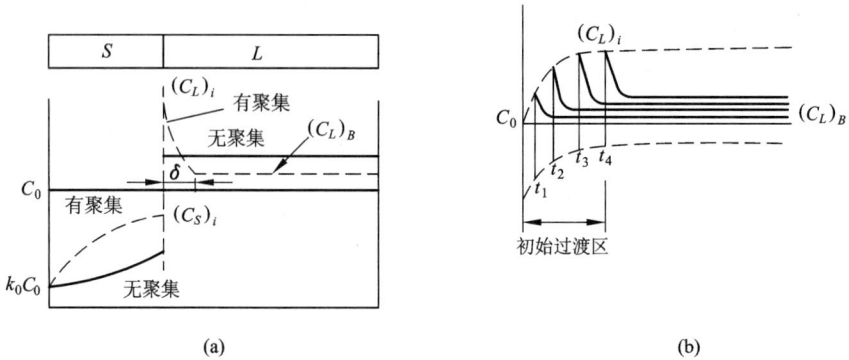

图 5 – 16　凝固过程中溶质的聚集现象

(a)固、液边界层的溶质聚集对凝固圆棒成分的影响;(b)初始过渡区的建立

边界层的开始建立过程如图 5 – 16(b)所示。溶质开始从凝固界面连续不断地排入边界层液体中,从而使溶质在界面上富集愈来愈多,边界层的浓度梯度也愈来愈大,因此原子的下坡扩散速度也愈来愈快。当从固体界面输出溶质的速度等于溶质从界面层扩散出去的速度时,达到稳定状态。这种达到稳定状态后的凝固过程,称为稳态凝固过程。于是 $(C_L)_i/(C_L)_B$ 比值变为常数。从凝固开始至建立稳定的边界层的这一段长度称为“初始过渡区”。

在稳态凝固过程中,常常采用“有效分配系数 k_e”,它定义为

$$k_e = \frac{凝固时固、液界面处固相的溶质浓度 (C_S)_i}{边界层以外的液体平均溶质浓度 (C_L)_B}$$

在初始过渡区建立后的稳态凝固过程中, k_e 为常数。利用扩散方程可推导出 k_e 与平衡分配系数 k_0、凝固速度 R、边界层厚度 δ 以及扩散系数 D 之间存在下列关系

$$k_e = \frac{k_0}{k_0 + (1 - k_0)\exp\left(\dfrac{-R\delta}{D}\right)} \tag{5 – 8}$$

当 k_0 为定值时, k_e 随 $R\delta/D$ 的变化示于图 5 – 17。由图可见,当 $R\delta/D$ 从小增大时, k_e 由最小值 k_0 增大至 1。这里可将液体混合区分为三种情况:

①当凝固速度非常缓慢时, $R\delta/D \to 0$,则 $k_e \to k_0$,即为液体中溶质完全混合的情况;

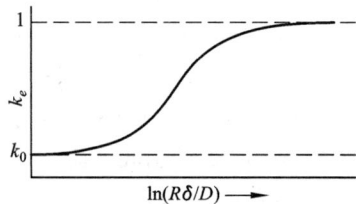

图 5 – 17　k_e 方程的图解

②如果凝固速度很大，$\exp\left(\dfrac{-R\delta}{D}\right) \to 0$，则 $k_e \to 1$，此为液体中溶质仅有通过扩散而混合的情况；

③当凝固速度介于上面二者中间，即 $k_0 < k_e < 1$，此为液体中溶质部分混合的情况。

通常把这些凝固过程统称为正常凝固过程。下面对这三种液体混合情况下凝固时的溶质分布分别进行讨论。

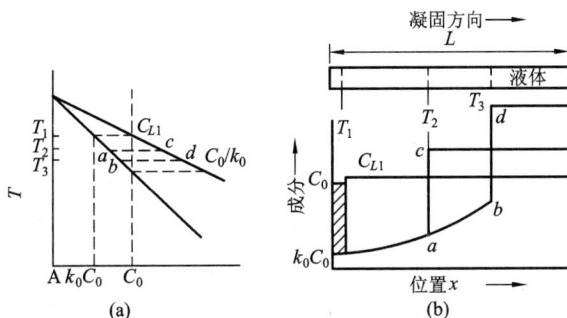

图 5 – 18　（a）$k_0 < 1$ 的相图；（b）C_0 合金自圆棒左端凝固时的溶质分布

1. 液体中溶质完全混合的情况

如果凝固过程非常缓慢，凝固时排出至界面的溶质，通过扩散、对流甚至搅拌而使液体中的溶质完全混合均匀，如图 5 – 18 所示。在 T_1 温度开始凝固时，固相成分为 $k_0 C_0$，液相成分为 C_{L1}。当温度降至 T_2 时，析出的固相成分为 a，液相成分变为 c。当温度降至 T_3 时，析出的固相成分为 b，液相成分为 d。由于固相中几乎不进行原子扩散，故先后凝固部分的成分分布仍保持 $k_0 C_0 \to a \to b$，而液相成分却在每一温度下都是完全混合均匀的。凝固完毕后，合金圆棒中的溶质分布曲线如图 5 – 15 中 b 线所示。合金中的大量溶质被排出并富集于圆棒的右端，而左端则获得纯化。这种圆棒从左端至右端的宏观范围内存在的成分不均匀现象，称为宏观偏析。在这种凝固条件下，固体圆棒离左端距离 x 处的溶质浓度 $C_S(x)$ 可用下列方程表示

$$C_S(x) = k_0 C_0 \left(1 - \frac{x}{L}\right)^{k_0 - 1} \tag{5–9}$$

与其平衡对应的液体成分 $C_L(x)$ 则为

$$C_L(x) = C_0 \left(1 - \frac{x}{L}\right)^{k_0 - 1} \tag{5–10}$$

式中 L 为合金棒长度。

2. 液体中溶质仅借扩散而混合的情况

当凝固速度很大时，凝固所排出的溶质富集于界面处液体中，如果无对流

和搅拌作用，仅靠液体中的浓度梯度所引起的原子扩散，则是一个较缓慢的过程。其扩散速度随浓度梯度增大而增快。在凝固初期，由于浓度梯度较小，其扩散速度也较小，于是在固相中出现初始浓度过渡区（$k_0 C_0 - C_0$）。设液体过冷至固

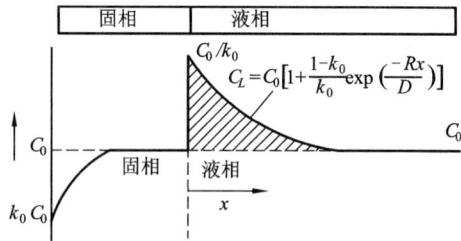

图 5 – 19　溶质仅借扩散混合时的溶质分布情况

相线温度后，溶质被排出至界面的速度恰好等于溶质离开界面的扩散速度时，保持稳定凝固状态，即固相成分保持原合金成分 C_0，固、液界面处的液相成分保持 C_0/k_0。由于扩散进行很慢，在边界层以外的液体成分仍保持为 C_0，如图 5 – 19 所示。直到凝固临近终了，最后剩余的少量液体，其浓度开始升高，故圆棒末端又有一个浓度升高区。凝固完毕后圆棒的溶质浓度分布曲线如图 5 – 15c 线所示。

在稳定凝固状态下，边界层液体中的溶质分布方程为

$$C_L = C_0 \Big[1 + \frac{1 - k_0}{k_0} \exp\Big(\frac{-Rx}{D} \Big) \Big] \qquad (5 - 11)$$

式中 C_L 为液体离固、液界面 x 处的溶质浓度，R 为凝固速度，D 为溶质在液体中的扩散系数。

由式（5 – 11）可见，边界层液体中的溶质分布受控于 R、D 和 k_0 等因素。图 5 – 20 示意地说明边界层液体中的溶质分布随 R、D 和 k_0 而变化的情况。明显看出，当凝固速度快，溶质的扩散系数小时，溶质分布曲线就变得陡而短；当 k_e 很小时，固、液界面上的溶质浓度增高。

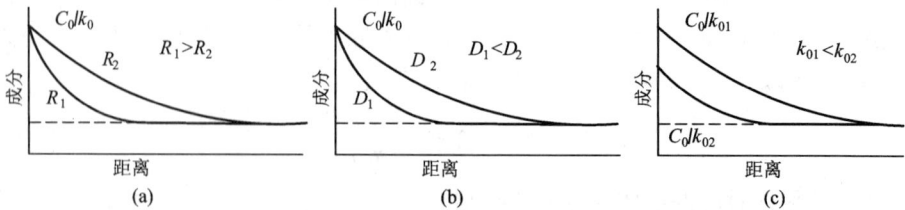

图 5 – 20　下列参数变化时，固、液界面前沿溶质浓度的变化

（a）不同的 R；（b）不同的 D；（c）不同的 k_0

3. 液体中溶质部分混合的情况

要非常缓慢地凝固才能实现液体中溶质的完全混合，这是很难达到的。在一般情况下，借扩散和对流的作用只能达到部分混合，介于前二者之间。由于对流仅对离开边界层的液体混合有作用，而对边界层以内的法线方向的原子传输作用不大，故穿过边界层的溶质传输只能由缓慢的扩散机制承担，结果在界面层造成溶质的聚集，如图 5-16(a) 的虚线所示，边界层以外的液体，则因对流而获得均匀混合。当界面层的溶质输入和输出相等，达到稳定时，界面上的液体成分与均匀的液体成分之比 $(C_L)_i / (C_L)_B$ 为常数。界面层厚度 δ 随混合作用的加强而减小，当强烈搅拌时约为 10^{-2} mm，自然对流时约为 1 mm。与完全混合比较，因为边界层液体中溶质的聚集使 $(C_L)_i$ 迅速升高，从而凝固的固体浓度 $(C_S)_i$ 也随之升高。但是固、液界面上仍处于局部平衡，即 $(C_S)_i = k_0(C_L)_i$。凝固完毕后的溶质分布曲线示于图 5-15 中 d 线。部分混合的溶质分布曲线也可以用类似于完全混合的方程(5-9)表示：

$$C_S = k_e C_0 \left(1 - \frac{x}{L}\right)^{k_e - 1} \tag{5-12}$$

即将式(5-9)中的平衡分配系数 k_0 改为有效分配系数 k_e。

5.3.5　区域熔炼

前已指出，正常凝固可使圆棒的初始凝固部分获得提纯的效果。在上世纪 50 年代初期，人们就利用这一原理，创造出区域熔炼技术，并获得了良好的提纯效果。区域熔炼并不是一次把金属圆棒全部熔化，而是将圆棒分成小段逐步进行熔化和凝固，也就是使金属棒从一端向另一端顺序地进行局部熔化，凝固过程也随之顺序地进

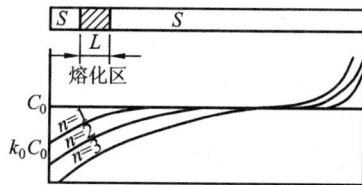

图 5-21　由区域熔炼获得的沿圆棒的成分变化

n 为区域熔炼次数

行。当熔化区走完一遍之后，圆棒中的杂质就富集到另一端，如图 5-21 所示。区域熔炼一次的效果虽然比正常凝固的效果小，但是可以反复进行多次，最后可获得很高纯度的金属材料。例如，对 $k_0 < 0.1$ 的杂质，只需反复进行五次区域熔炼，即可将圆棒的前半部分中的杂质平均含量降低约 1000 倍。区域熔炼对去除 $k_0 < 0.5$ 的杂质元素非常有效，已广泛应用于需要高纯度的半导体材料、金属、金属化合物及有机物等的提纯。

5.3.6 成分过冷及其对晶体成长形状和铸锭组织的影响

在纯金属凝固过程中,当温度梯度为正时,固、液界面呈平面状成长;当温度梯度为负时,界面呈树枝状成长。而在固溶体合金凝固时,即使在正温度梯度下,也发现有树枝状成长,还有呈胞状成长。这些形状出现的原因,是由于固溶体合金凝固时,溶质在固、液界面聚集,从而产生成分过冷的缘故。

1. 成分过冷的产生

图 5 - 22 表示 $k_0 < 1$ 的合金 C_0 在圆棒形锭模中自左至右作定向凝固,当左端温度降至 T_0 时,开始析出的固相成分为 $k_0 C_0$,随着温度降低,界面处液相和固相的浓度分别沿液相线和固相线变化。设固、液界面温度降至固相线的 T_i 温度后保持不变,溶质仅靠扩散混合而达到稳定凝固时,界面上的固相成分为 C_0,液相成分 C_0/k_0,而远离界面的液体成分仍为合金成分 C_0,从而在界面前沿形成一溶质浓度变化区[图 5 - 22(b)],其中距界面 x 处的溶质浓度 C_L 可用式(5 - 11)表示。

从相图可知,液相线温度是随溶质浓度增加而降低。如果将界面前沿的不同溶质浓度所对应的液相线温度绘于 $T - x$ 坐标中,则如图 5 - 22(c) 的 $T_L(x)$ 线所示,它为界面前沿的实际液相线温度曲线。

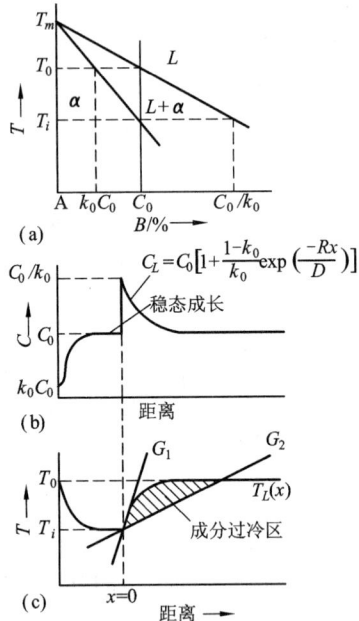

$$C_L = C_0 \left[1 + \frac{1-k_0}{k_0} \exp\left(\frac{-Rx}{D}\right) \right]$$

图 5 - 22

(a) $k_0 < 1$ 的相图;

(b) 沿锭棒纵向的溶质分布;

(c) 界面前沿的实际液相线温度
和在不同温度梯度下产生的成分过冷

现求此实际液相线温度的数学表达式。假定相图的液相线为直线,其斜率为 m(相当于每 1% 溶质浓度所降低的温度数,为负值),则液相线随浓度变化的温度 T_L 为

$$T_L = T_A - m C_L \tag{5-13}$$

式中 T_A 为纯 A 的熔点,将式(5-11)代入,得

$$T_L = T_A - mC_0\left(1 + \frac{1 - k_0}{k_0}\exp\frac{-Rx}{D}\right) \tag{5-14}$$

此即界面前沿各点浓度所对应的液相线温度方程。C_0 成分合金在稳态凝固时，界面温度 T_i 为

$$T_i = T_A - mC_0/k_0 \tag{5-15}$$

将式(5-15)代入式(5-14)可写成

$$T_L = T_i + \frac{mC_0(1 - k_0)}{k_0}\left(1 - \exp\frac{-Rx}{D}\right) \tag{5-16}$$

而界面前沿液体中的实际温度分布可表示为

$$T = T_i + Gx \tag{5-17}$$

式中 G 为温度梯度，根据冷却速度不同，而具有不同的斜率。由图 5-22(c) 可见，G_2 虽呈正温度梯度，但在界面前沿的熔体中却低于实际液相线温度，而产生一定的过冷区(影线区)。在一定距离范围内，其过冷度还随 x 距离增加而增大。这种过冷完全是由于界面前沿液相中的成分差别所引起的，故称为成分过冷。温度梯度增大，成分过冷度减小。当温度梯度增至某一临界值(如 G_1)后，则成分过冷消失，G_1 称为临界温度梯度。

由式(5-16)和(5-17)可知，只有当 $T < T_L$ 时，才会产生成分过冷。而 $T = T_L$ 是产生成分过冷的临界条件，即

$$T_i + Gx = T_i + \frac{mC_0(1 - k_0)}{k_0}\left(1 - \exp\frac{-Rx}{D}\right)$$

对液体而言，D 很大，即 $\left(\dfrac{-Rx}{D}\right)$ 很小，由级数展开得 $1 - \exp\dfrac{-Rx}{D} \approx \dfrac{Rx}{D}$，于是上式可近似地写成

$$\frac{G}{R} = \frac{mC_0}{D} \cdot \frac{1 - k_0}{k_0} \tag{5-18}$$

欲使产生成分过冷，必须 $\dfrac{G}{R} < \dfrac{mC_0}{D} \cdot \dfrac{1 - k_0}{k_0}$。

对一定合金系而言，其 m、k_0 和 D 为定值，则有利于产生成分过冷的条件是：液体中的温度梯度小，成长速度大，合金元素含量较高。图 5-23 表示不同温度梯度和成长速度对成分过冷的影响。当成长速度一定时，例如，$R = 0.017\mathrm{cm} \cdot \mathrm{s}^{-1}$，其临界温度梯度 $G = 225\ ℃ \cdot \mathrm{cm}^{-1}$，当 $G < 225\ ℃ \cdot \mathrm{cm}^{-1}$ 时，G 减小，成分过冷区增大；当成长速度减小，实际液相线变平缓，成分过冷区减小。

如果合金系不同，则液相线愈陡，液体中的 D 值愈小，$k_0 < 1$ 时 k_0 值愈小，或 $k_0 > 1$ 时 k_0 值愈大，则产生成分过冷的倾向愈大。

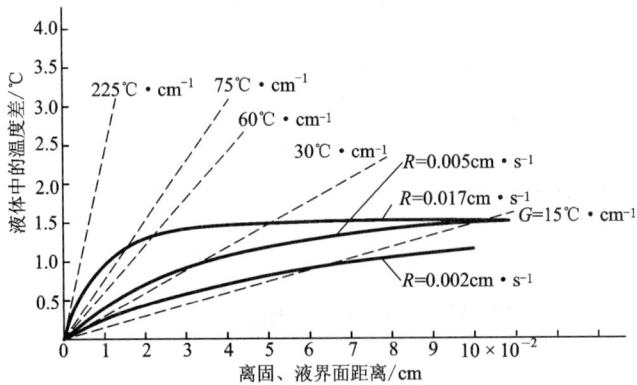

图 5-23 温度梯度 G 和成长速度 R 对成分过冷的影响

2. 成分过冷对晶体成长形状和铸锭组织的影响

固溶体合金凝固时，在正温度梯度下，由于固、液界面前沿存在成分过冷，随着成分过冷度从小变大，而使界面成长形状从平直界面向胞状和树枝状发展。设固、液界面原为平直面，其前沿存在一定的成分过冷区。如果在界平面的某一点偶然长出一个凸瘤，则凸瘤尖端将伸入成分过冷区中，从而更加速凸瘤成长而超前发展，如图 5-24（a）所示。其超前的最大距离不能超过成分过冷区，一般约为 0.01～0.1cm。凸瘤成长的同时，在其固、液界面的顶端和侧面排出溶质原子。由于侧面液体中的溶质量增加，从而阻止了它的侧向成长，并使凸瘤能保持稳定的形状。由于凸瘤成长受到过冷区范围的限制，故凸瘤总是保持在一定的长度范围内，不能无限制地单独发展，也可说是等待其他凸瘤一齐发展。这样一个个凸瘤形成，一直扩展到整个界面，形成所谓胞状界面，如图 5-24（b）所示。胞的纵截面具有光滑的边缘和抛物线似的形状［图 5-24（b）］，其横截面常见的有两种形态，即扁片状图 5-21（c）或圆柱状图 5-25

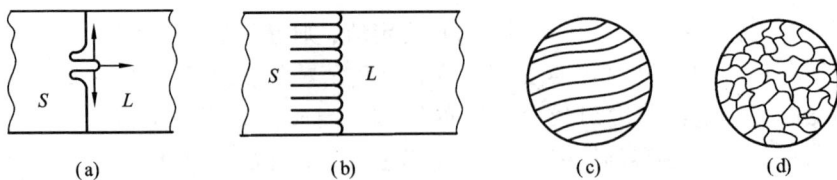

图 5-24 胞状晶形成示意图

（a）胞的形状；（b）胞晶成长的纵向视图；（c）、（d）胞的横向视图：扁片状和圆柱状

(d)或规则的六边形(图 5 - 25)。当成分过冷进一步增大时,胞状组织变得不规则,逐渐发展为胞状树枝晶和树枝晶。图 5 - 25 表示成分过冷大小对界面成长形状的影响。因为呈平直界面成长所需要的温度梯度很大,一般难于达到。一般铸锭和铸件中的温度梯度小于 $3 \sim 5 \ ℃ \cdot cm^{-1}$,因此在工业生产中,固溶体合金凝固总是形成胞状树枝晶或树枝晶。

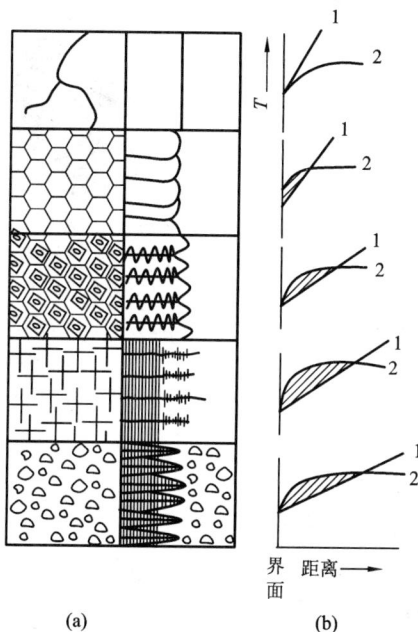

图 5 - 25 成分过冷大小对固、液界面形状的影响
(a)晶体成长形态:右边为纵截面,左边为横截面;(b)成分过冷区

在铸造生产特别是铸件生产中,常希望获得全部细等轴晶,使产品的成分均匀和综合性能好。第 4 章曾指出,获得细等轴晶的有效办法是采用有效的变质剂,使在凝固前形成大量的非均匀晶核。如果再应用成分过冷原理,使铸锭在凝固前沿的成分过冷区顺次形成新晶核带,如图 5 - 26 所示,即可顺次形成细等轴晶,而不是柱状晶。形核带大小可通过控制温度梯度、成长速度和合金成分进行调整,例如温度梯度减小,成分过冷区增大,形核带的宽度增加。如果再添加一种有效的形核剂,使恰在过冷区中形核,就可以获得全部细等轴晶。

尽管目前还缺乏形核剂效力与过冷度关系的资料,需要凭试验确定,但这种概念对解决许多实际问题还是很有启发意义。例如对高纯铝加入 0.5% Cu

使产生成分过冷,再添加0.01% Ti作形核剂,可以显著细化晶粒,如图5-27所示。

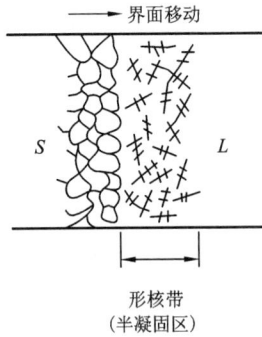

图5-26　固、液界面
前沿的形核带示意图

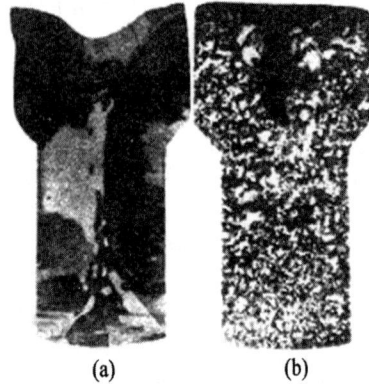

图5-27　高纯铝的晶粒细化
(a)高纯铝的粗晶粒组织;
(b)高纯铝中加入0.5% Cu和
0.01% Ti后获得细晶粒组织

当定向凝固时,适当控制温度梯度、成长速度和合金成分,可以控制铸锭组织是柱状晶或是等轴晶。图5-28表示Al-Mg合金的定向凝固铸锭组织与合金成分、温度梯度和晶体成长速度的关系。当含Mg量固定时,随着$G/R^{1/2}$增大,铸锭组织由等轴晶向柱状晶发展,因为$G/R^{1/2}$增加,成分过冷区减小,有利于柱状晶发展;当$G/R^{1/2}$

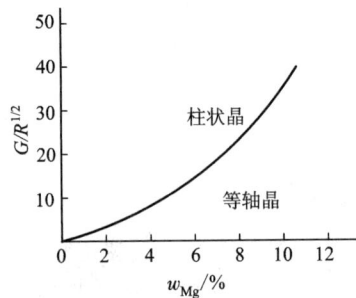

图5-28　Al-Mg合金定向凝固时,
铸锭组织从柱状晶过渡到等轴晶的条件

固定时,随Mg含量增加,铸锭组织由柱状晶向等轴晶过渡,因为合金中溶质浓度增加,凝固温度范围增大,成分过冷区增大,有利等轴晶形成。

5.4　共晶相图及共晶系合金的凝固和组织

5.4.1　相图分析

简单的共晶相图已举例示于图5-5,一般的共晶相图如图5-29所示。该图表示两组元在固态只能部分地互相溶解，形成有限的固溶体 α 和 β，并具有共晶转变。这类相图的实例有 Ag – Cu、Pb – Sn、Al – Si、Al – Sn、Cd – Sn、Au – Pt 等，现以 Ag – Cu 相图为例进行讨论。

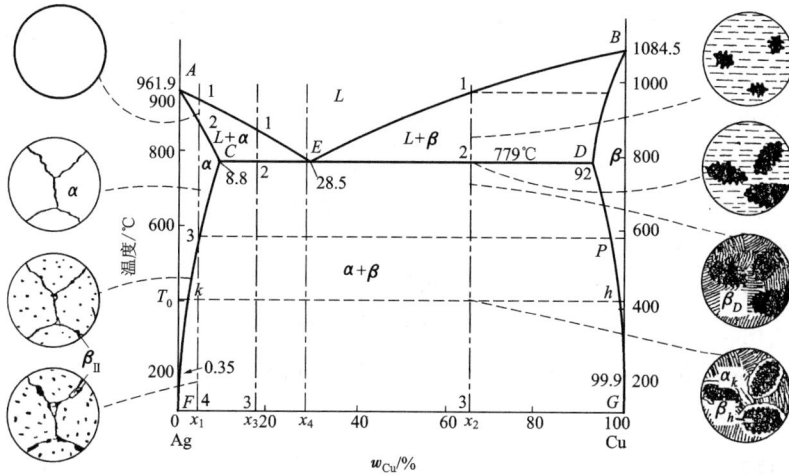

图 5 – 29　Ag – Cu 共晶相图及合金的凝固

首先分析线条的意义，图中的 AE 和 BE 线分别表示从液体开始析出 α 和 β 的液相线，AC 和 BD 分别表示 α 和 β 凝固完毕的固相线，CED 水平线表示三相平衡：$L_E \Longleftrightarrow \alpha_C + \beta_D$，从液体同时析出两个固相 α + β，故称共晶线，亦为固相线。根据相律，二元系的三相平衡，自由度为零（$f = 2 - 3 + 1 = 0$），所以进行共晶反应时，温度和相成分都恒定不变。CF 和 DG 线称为固溶度线，分别表示 α 和 β 固溶体的溶解度随温度的降低而减少。

再分析相区，二元系仅有三种相区：单相区、两相区和三相区。单相区的自由度 $f = 2$，即温度和相成分均可独立变化；两相区表示两相平衡，$f = 2 - 2 + 1 = 1$，即温度和两相的成分这三个参数仅有一个可以独立变化，固定一个参数，则其他两个随之就固定不变了。例如在 T_0 温度时，α 和 β 相的成分分别为 k 和 h；三相区为一条水平线。

5.4.2　共晶系合金的平衡凝固和组织

按照合金的凝固特性，可将该系合金区分为两种类型：固溶体合金和共晶型合金。C 点左边和 D 点右边的合金属于固溶体合金，其凝固过程和组织特征与前述的固溶体合金完全一样，仅在固态继续冷却时不同；CD 线中间的合金在凝固时均有共晶反应发生,属于共晶型合金。E 点合金称为共晶合金,C、E 之间的合金称为亚共晶合金,D、E 之间的合金称为过共晶合金。现举例说明各类合金的凝固过程和组织特征,Ag - Cu 合金的显微组织如图 5 - 30。

1. x_1 合金

当 x_1 合金从高温液体冷却时,冷至 1 温度开始凝固,析出 α 相,冷至 2 温度,凝固完毕,为单相固溶体晶粒。在 2、3 温度间没有相变发生,组织不变。冷至 3 温度遇上固溶度线,开始从 α 相析出次晶 β_{II} 来,求取 β_{II} 的成分可通过 3 点作水平线,交于 $\alpha + \beta$ 相区的另一边界线的 p 点,即为 β_{II} 的成分。随着温度降低,析出 β_{II} 量增多,同时,α 和 β_{II} 的成分分别沿 $3F$ 和 pG 变化。至 4 温度时,α 和 β_{II} 的百分量为

$$\alpha = 4G/FG \times 100\%$$

$$\beta_{II} = F4/FG \times 100\%$$

β_{II} 次晶优先从 α 晶界析出,其次是晶粒内的缺陷地方(图 5 - 29)。

2. x_2 合金

x_2 合金属过共晶合金,当合金从高温液体冷至 1 温度时,开始析出 β 相,随着温度降低,析出的 β 相增多,L 和 β 的成分分别沿 BE 和 BD 线变化。当冷至 2 温度时,β 相成分变至 D 点,L 相成分变至 E 点,E 为 AE 和 BE 线的交点,α 和 β 两相同时达到饱和,于是进行共晶反应:$L_E \Longleftrightarrow \alpha_C + \beta_D$。三相平衡为等温反应,全部液体在此温度凝固完毕。在共晶反应前从液体中单独析出的 β 相称为初晶,以区别于共晶中的 β 相。凝固完毕后的组织为 $\beta_{初晶} + (\alpha + \beta)_{共晶}$。各组织组成物的百分量为

$$\beta_{初晶} = E2/ED \times 100\%$$

$$(\alpha + \beta)_{共晶} = 2D/ED \times 100\%$$

共晶中的 β 相和初晶 β 的成分、性质均相同,仅形貌不同,这是由于凝固条件不同的缘故。所以其相组成物的百分量为

$$\alpha = 2D/CD \times 100\%$$

$$\beta = C2/CD \times 100\%$$

当合金再从 2 温度继续冷却时,由于 α 和 β 两相的溶解度均随温度降低而减少(分别沿 CF 和 DG 线变化),故从 α 相内不断析出次晶 β_{II},从 β 相内不断析出次晶 α_{II},到 3 温度时,α 和 β 的成分分别为 F 和 G。相组成物的量发生了变化,但组织组成物的特征仍保持原样,其相对量计算与共晶温度时相同。这是因为共晶中两相分别析出的次晶 β_{II} 和 α_{II} 各附在共晶中的 β 和 α 相上,对组织改变不明显。只有在初晶 β 周围看到一薄层 α_{II} 次晶,但对初晶 β 的外形改变甚

小，可以忽略不计。过共晶 Ag－Cu 合金的典型显微组织示于图 5－30(b)。

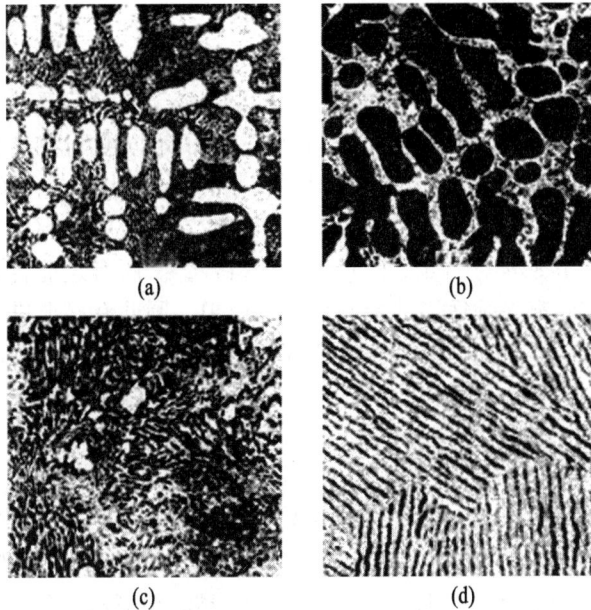

(a)　　　　　　　　(b)

(c)　　　　　　　　(d)

图 5－30　Ag－Cu 合金的显微组织

(a)亚共晶合金；(b)过共晶合金；(c)一般铸态的共晶合金；(d)共晶合金定向凝固的横截面

3. x_3 合金

x_3 合金属于亚共晶合金，其凝固过程和组织特征与 x_2 合金基本上是一样的，也是先析出初晶，然后再析出共晶。所不同的仅在于其初晶不是 β 相，而是 α 相罢了。其显微组织示于图 5－30(a)，为 α 初晶和($\alpha+\beta$)共晶的混合组织。关于初晶的形貌，一般说来，如果初晶相的固、液界面呈粗糙界面，其形貌呈树枝状，而在显微组织中表现为各分枝的截面，多呈不连续不规则的椭圆形，仅当试样表面恰好通过枝晶主轴时，才能显示出一个完整的枝晶形貌。Ag－Cu合金 α 和 β 初晶皆呈树枝状。如果初晶相的固、液界面呈平滑界面，其形貌则呈较规则的多边形，如方块、三角形、针状或条状等。

4. x_4 合金

x_4 合金属于共晶合金，当冷至共晶温度时，发生共晶转变：$L_E \rightarrow \alpha_C + \beta_D$，全部凝固成共晶组织。共晶组织的基本特征是两相交替排列，组织较细密，如图 5－30(c)(d)所示。(c)为一般铸造的共晶组织，注意共晶晶粒的形核中心；

(d)为共晶合金定向凝固的横截面,呈片层状。

共晶合金具有许多优良性能,例如,①有良好的流动性,能很好地填充铸模。②在一个合金系中,共晶的熔点最低,从而可使熔化和铸造工艺简化,降低能源消耗和坩埚腐蚀。焊料和保险丝材料要求熔点低,就可利用共晶熔点最低的特性配制各种易熔合金,例如铅和锡的共晶熔点为183 ℃,若制成铅、锡和铋三元共晶,其熔点降至96 ℃。③近年来利用定向凝固使共晶两相获得细而均匀的定向排列,可制造共晶复合材料,更提高了共晶合金的重要性。因此,共晶系合金在铸造工业中是极为重要的。现在工业中应用最普遍的共晶型合金有铸铁和铝硅系铸造合金,以及各种焊料合金。所有这些合金在生产时要获得优良的性能,都必须适当地控制合金的组织。因此有必要进一步研究共晶组织的形成机理,以及如何控制获得全部共晶组织或者初晶加共晶复合组织的条件。

5.4.3　共晶组织及其形成机理

共晶组织的基本特征是两相交替排列,但两相的形态却是多种多样的,如图 5 – 31 所示,有层片状、棒状(或带状)、纤维状(或点状)、针状、螺旋状、蛛网状及骨骼状(枝状)等。因此,过去有人按共晶组织形态进行分类,这种分类虽然可以描述各系共晶组织的相似性和差异,但不能说明各类共晶组织形成的本质原因。在研究纯金属凝固时知道,晶体的成长形态与固、液界面结构(或熔化熵)有关,利用它来研究共晶成长的组织形态就可以说明一些本质问题。如果按共晶两相的固、液界面特性进行分类,可将共晶组织形成的体系分成三类:①粗糙 – 粗糙界面(即金属 – 金属型)共晶;②粗糙 – 平滑界面(即金属 – 非金属型)共晶;③平滑 – 平滑界面(非金属 – 非金属型)共晶。对金属合金而言,只涉及前两类共晶,现分别讨论于下。

1. 粗糙 – 粗糙界面共晶(金属 – 金属型共晶,规则共晶)

这类共晶包括金属 – 金属共晶和许多金属 – 金属间化合物共晶。当合金较纯时,它们往往呈简单规则的组织形态:层片状,棒状或纤维状[图 5 – 31(a)至(c)],故又称为规则共晶。当各个相从其液体中成长时,其固、液界面都是粗糙型,原子添加上去受晶体学平面的影响,即可均匀成长。两相并排凝固时,影响其成长形态的主要因素是热流方向和两组元在液体中的强烈互相扩散,以及少量地受两相间晶体位向关系的影响。因为在一般铸造的凝固过程中,影响晶体成长的参数均随时间而变化,不便于控制和研究,下面所讨论的理论和实验结果,主要得之于稳态的定向凝固。

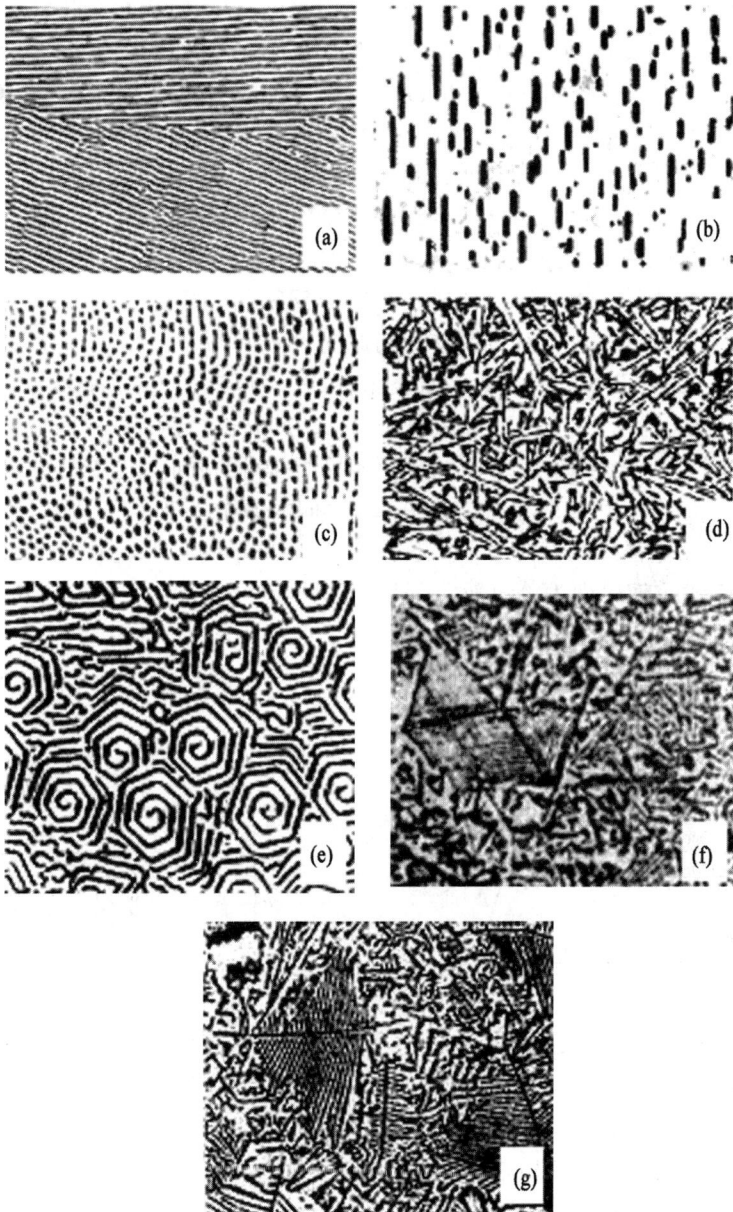

图 5 – 31　各种形态的共晶组织

(a)层片状(Cd – Sn)，×250；(b)棒状；(c)纤维状(Al – Ni)(横截面)，×150；
(d)针状(Al – Si)，×100；(e)螺旋状(Zn – MgZn₂)，×500；(f)蛛网状(Al – Si)，×100；
(g)骨骼状(Al – Ge)，×500

　　共晶合金的形核也需要有一定的过冷,设过冷至 T_2 温度(图 5－32)。液体中的 α 和 β 均已达到过饱和,力求形核析出。在一般情况下,总是有一相领先析出,称为领先相。现设领先相为 α,首先 α 相从液体中形核并成长,其成分为 h。由于 α_h 相的含 B 量比原液体少,其剩余的 B 量被排出在界面近旁的液体中,使界面液体的含 B 量增加到 k,这就增大了 β 相的过饱和度,于是促使 β 相在 α 相上形核长大。此时 β 相的成分为含 B 量更高的 j 点,而 β 相界面液体中的成分则变至含 A 量更高的 j 点。此含 A 量较高的液体又有利于析出 α 相,所以 α 相又在 β 相近旁形核成长。这样反复的互相促进,交替形核成长,结果就形成 α 和 β 相间排列的晶体。与此同时,α 和 β 两相还要并肩向液体中成长。由于两相交替并列,α 相界面的液体成分为 k,β 相界面的液体成分为 j,两相间的横向浓度差为 $j-k$。如果单相 α(或 β)成长的话,其界面液体中的纵向浓度差应为 $k-e$(或 $j-e$),故共晶两相界面前沿的横向浓度差比纵向浓度差约大一倍。加之 α 和 β 两相紧靠在一起,横向的原子扩散距离很短,故在两相前沿液体中产生强烈的横向原子扩散,如图 5－33 所示,从而促使两相并列竞争成长。其固、液界面为等温面,其成长方向与散热方向一致。因为共晶成长的固、液界面液体中的横向浓度差大,原子扩散距离短,所以在同样条件下,共晶凝固速度比单相溶体要快得多。

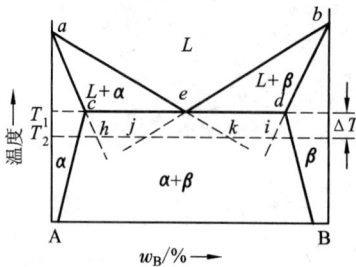

图 5－32　共晶凝固时的
固、液界面的平衡相浓度

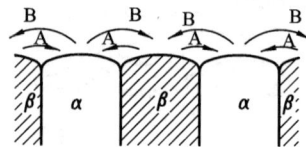

图 5－33　层状共晶成长时
界面前沿的横向原子扩散

　　共晶成长的原子扩散是靠两相不断成长来维持的,因此每一相成长都受另一相的影响,只有两相同时存在共同成长时才称为共晶凝固。共晶凝固所共同构成的共晶领域,称为共晶晶粒或共晶团。在每一个共晶晶粒内,为了降低界面能,两相之间一般都存在一定的晶体学位向关系,例如 Al－$CuAl_2$ 共晶的位向关系为 $(111)_{Al}//(211)_{CuAl_2}$,$[110]_{Al}//[120]_{CuAl_2}$;Pb－Sn 共晶在稳态成长时的优先位向关系为 $(0\bar{1}0)_{Sn}//(1\bar{1}\bar{1})_{Pb}//$ 层片界面,$[211]_{Sn}//[211]_{Pb}$ 为成长方向。

应该指出，一个共晶晶粒中的每一单片层并不是都需要单独形核，经 X 射线和电子衍射证明，各片层间多半是通过搭桥连接起来的，即是说，各片层是由一个晶核成长时，经过搭桥分枝形成的。图 5 - 34 和图 5 - 35 示意地说明片层共晶和球团共晶的形核和搭桥分枝情况。

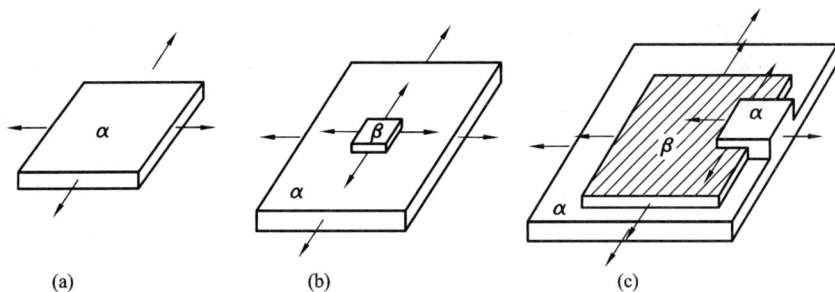

图 5 - 34 片层共晶形核和成长时的搭桥分枝示意图

(a)单独的 α 片；(b)β 相在 α 片上形核；(c)α 相在片边缘搭桥分枝

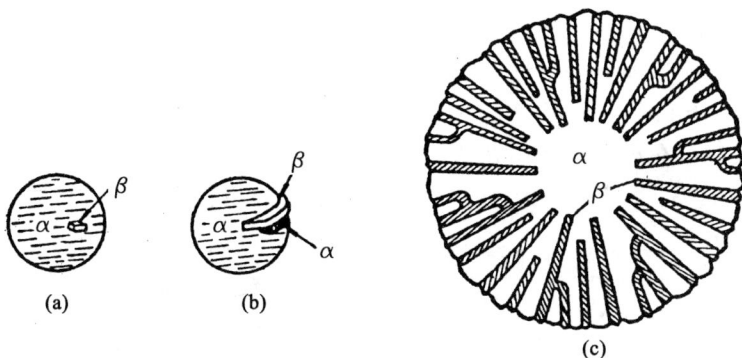

图 5 - 35 球团共晶形核和成长时的搭桥分枝示意图

(a)β 相在 α 相上形核；(b)两相搭桥分枝成长；(c)球团成长前沿的分枝情况

共晶组织的粗细以共晶中的片层厚度(即共晶中邻近两相单片厚度之和)表示。实验证明，共晶的片层厚度(λ)与其成长速度(R)的平方根成反比，即

$$\lambda = kR^{-1/2} \quad (k \text{ 为常数}) \tag{5 - 19}$$

而成长速度又取决于固、液界面的过冷度，过冷度愈大，成长速度愈大，片层厚度愈薄。因为 α 和 β 两相成长时，B 和 A 两组元分别被排出于界面液体中，一定的成长速率建立起一定的横向浓度差，恰好使两组元的横向扩散量足以维持一定的片层厚度的成长。长速加快，相当于扩散的时间减少，只好靠缩小片

层厚度以短扩散距离来适应其成长。

规则共晶究竟呈层片状还是棒状,主要决定于两个因素——共晶中两相的相对量(体积分数)及其相间界面能,还会受凝固条件的影响。

共晶成长时,应具有最低的界面能。根据数学推导可知,棒状结构的总界面积随共晶中一相的体积分数增加而增加较快,而层片状结构的变化却较小。当共晶中一相的体积分数在30%以下时,形成棒状的总界面面积比形成层片状的为小,故从总界面能低来看,应有利于形成棒状共晶;而当共晶中一相的体积分数达30%~50%时,则形成层片状的总界面面积较棒状为小,因而有利于层片状共晶的形成。

如果两相界面能的各向异性较大时,由于层片状共晶中的两相可采取具有最低界面能的取向关系,以降低其界面能,因此有些共晶合金,其中一相的体积小于30%,也可获得层片状共晶,这是由于降低界面能比增加界面积占优势之故。

规则共晶成长时,在某些条件下,也可能产生不稳定的界面。图5-36表示从稳定界面产生的两种不稳定界面。图5-36(a)为单相不稳定,两共晶相之一从共晶界面单独长出去了,导致出现初晶加共晶的显微组织。在中等成长速度时,产生这种不稳定性的原因是由于局部液体成分偏离于共晶成分的结果。图5-36(b)为两相不稳定,当有第三组元被排出在两相界面前沿而产生成分过冷区,在某一临界 G/R 值下,如同固溶体合金一样,也会产生胞状共晶或树枝状共晶,图5-37为 Al-CuAl$_2$ 合金的胞状共晶和树枝状共晶组织。

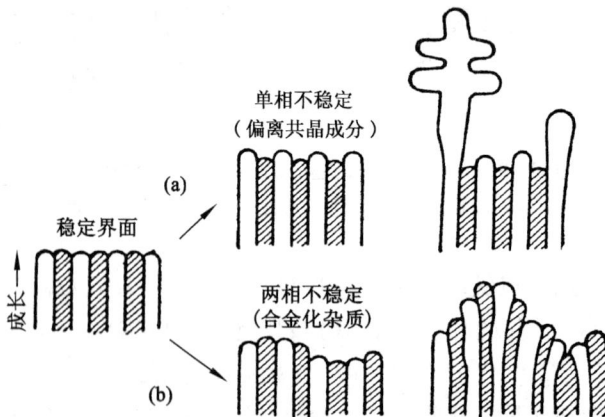

图5-36 从平面的共晶面产生的两种不稳定性

(a)单相不稳定性(偏离于共晶成分);(b)两相不稳定性(第三组元的影响)

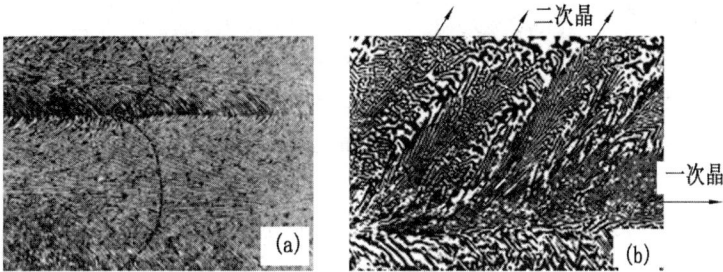

图 5 - 37　Al - CuAl₂ 共晶合金的纵截面

（a）胞状共晶组织；（b）树枝状共晶组织

对这类共晶采用定向凝固，适当地控制凝固条件（G/R），可获得两相具有一定方向和间距的纤维状共晶组织，制成复合材料，可以大大地提高材料的室温和高温强度。这已成为共晶合金应用的新领域，提高了共晶合金的重要性。

2. 粗糙 - 平滑界面共晶（金属 - 非金属型共晶，不规则或复杂规则共晶）

这类共晶主要是指金属 - 非金属型共晶，现在工业上广泛应用的 Fe - C 系和 Al - Si 系两类铸造合金即属于这类共晶。这类共晶具有不规则或复杂规则的组织形态［图 5 - 31（d）至（g）］。导致共晶组织呈不规则形态的主要原因是非金属相晶体结构上的特性不同，使其成长时具有明显的各向异性。比较两类共晶定向凝固的特性时，首先发现其固、液界面的形态差别很大，第一类共晶呈等温界面，两相排列整齐（图 5 - 33），凝固后的组织是完全规则的，其层片厚度仅受成长速度的影响；第二类共晶则呈

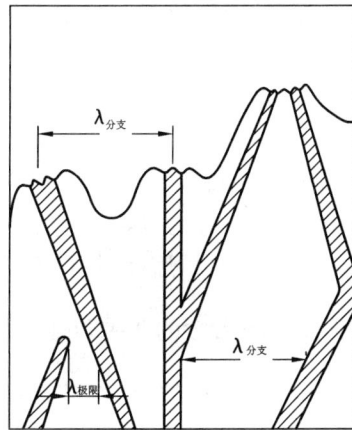

图 5 - 38　Al - Si 共晶成长形貌示意图

非等温界面，不但两相排列参差不齐（图 5 - 38），非金属相本身的位向也不相同，而且组织粗大，非金属相两枝间的平均间距（λ）大，并且两枝间的大、小间距差别也较大，在一定凝固条件下，大、小间距总保持在一定范围内变动。还发现这类共晶的平均间距（λ）和界面过冷度（ΔT）除与第一类共晶一样受成长速度（R）的影响外，还受温度梯度（G）的影响。对 Al - Si 合金，其相互关系为

$$\lambda \approx AR^{-1/2}G^{-1/3} \tag{5-20}$$

$$\Delta T \approx BR^{1/2}G^{-1/2} \tag{5-21}$$

式中 A、B 为常数。

今以 Al – Si 系为例说明第二类共晶成长界面的特性。如果按照相的固、液界面的动态过冷度大小(平滑界面为 1~2 ℃,粗糙界面为 0.01~0.05 ℃),共晶成长中的 Al 相(粗糙界面)应长在界面前头,Si 相(平滑界面)应落在后头。但实际情况恰好相反,长在界面前头的是 Si 相而不是 Al 相。实验测定界面的过冷度证明,这类共晶界面的过冷,主要来源于成分过冷,动态过冷所占分量很少。所以只可能从两相的体积分数和成分过冷说明之。Al – Si 系的共晶点只含 12.7% Si,二者的相互固溶度很少,故 Al 相的体积分数远大于 Si 相,共晶成长时两相的固、液界面前沿所排出的溶质量差别也很大。因 Si 相界面排出的 Al 浓度高,导致更大的成分过冷而加速 Si 的成长,而 Al 相界面较宽,不但所排出的 Si 量少,成分过冷小,而且 Si 原子不易扩散去阻止 Al 的成长。因此当 Al 相界面达到一定宽度之后,其中间部分就出现凹陷,落后于界面前沿。由于 Si 相成长的各向异性,分支成长时,其中有些毗邻枝的间距是愈长愈离开远,而另一些枝却愈长愈接近,如图 5 – 38 所示,那些间距随成长而远离的晶枝,其前沿堆积的溶质增多,因而成分过冷也随之增大,当达到一定间距($\lambda_{分支}$)时,就变得不稳定而产生分支,以避免枝间距过大;而那些愈长愈接近的晶枝,则达到一定极限值时,Si 量耗尽就停止成长,所以界面的 Si 晶枝总是保持在 $\lambda_{极限}$ 至 $\lambda_{分支}$ 范围内变动。Si 长成以 {111} 为界面的薄带状晶体,由于各晶枝的取向不同,故在显微组织上表现为分散和不规则的 Si 相。实际上在每个共晶领域内的 Si 晶基本上都是连成一个整体,如图 5 – 39 所示,其中图(a)和(c)为成长速度较慢的硅晶,呈粗片状;图(b)和(d)为成长速度较快的硅晶,呈细纤维状。

5.4.4 共晶系合金的非平衡凝固和组织

在实际生产中,往往冷却速度较快,凝固时的原子扩散过程不能充分进行,致使共晶系合金的凝固过程和显微组织与正常状态发生了偏离。

1. "伪共晶组织"的形成

在平衡凝固条件下,只有共晶成分的合金才能获得全部共晶组织,在共晶点左右的其他合金均获得初晶加共晶的混合组织。但在非平衡凝固时,共晶合金可能获得亚(或过)共晶组织,非共晶合金也可能获得全部共晶组织,这种由非共晶合金所获得的全部共晶组织称为"伪非晶组织"。通常将形成全部共晶组织的成分和温度范围称为"伪共晶区"或"配对区",如图 5 – 40 所示的影线区。由图可见,伪共晶区的成分范围随过冷度增大而增宽。在金属合金系中,伪共晶区有两类形状:①随温度降低,伪共晶区相对于共晶点呈近乎对称地扩大,金属 – 金属共晶如 Pb – Sn、Ag – Cu 和 Cd – Zn 系属于这一类;②伪共晶区

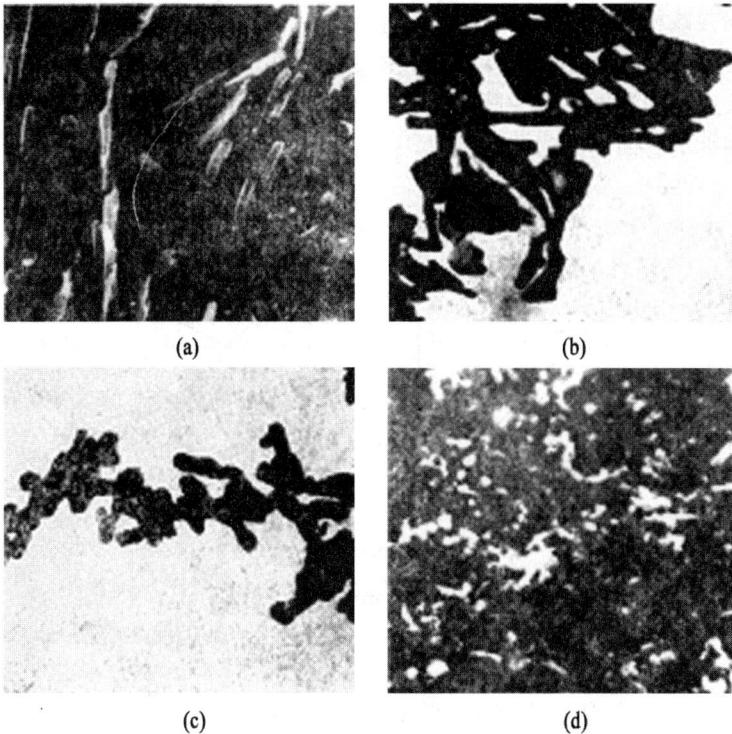

图 5 – 39　Al – Si 共晶中 Si 相的形貌

（a）深腐蚀铝基体后的 Si 片的扫描电镜照片，×5000（R：240 $\mu m \cdot s^{-1}$；G：11 ℃ · mm^{-1}）；

（b）深腐蚀铝基体后的 Si 纤维的扫描电镜照片，×5000（R：1200 $\mu m \cdot s^{-1}$；G：11 ℃ · mm^{-1}）；

（c）从共晶中萃取的 Si 片的透射电镜照片，×6000（R：240 $\mu m \cdot s^{-1}$；G：11 ℃ · mm^{-1}）

（d）从共晶中萃取的 Si 纤维的透射电镜照片，×6000（R：1200 $\mu m \cdot s^{-1}$；G：11 ℃ · mm^{-1}）

偏向一边歪斜地扩大，金属 – 非金属（或亚金属）共晶如 Al – Si、Fe – C 和 Sn – Bi 系属于这一类。一般来说，第一类伪共晶区形成的共晶具有规则的组织形态，第二类伪共晶区形成的共晶具有不规则的组织形态。但是也有一些例外，例如，Al – Al_3Ni、Ni – Ni_3Nb、Al – Al_9Co、Zn – $Zn_{15}Ti$ 等虽具有歪斜伪共晶区，属于粗糙 – 平滑界面型共晶，但却具有规则的共晶组织，其原因目前尚不清楚。

　　伪共晶区形状的不同，主要由其组成相的结晶动力学特性所决定，即比较共晶中两个相单独的成长速率和共晶成长速率与过冷度的关系。如果两个相的单独成长速率与过冷度的关系差别不大，则伪共晶区向共晶点下面两边呈对称性地扩大［图 5 – 40（a）］；如果两个相的结晶速率与过冷度的关系差别很大，那么，结晶速率随过冷度增加而降低较快的相就会被抑制，这样就使伪共晶区歪斜地偏向该相的一边[图5-40(b)]。那么，是什么因素影响相的结晶速率呢？主要是各相本身的晶体结构及其固、液界面形态。晶体结构复杂和平滑界面的成长速率随温度下降而降低较快。所以，歪斜的伪共晶区往往偏向晶体结构复杂和平滑界面的一边。

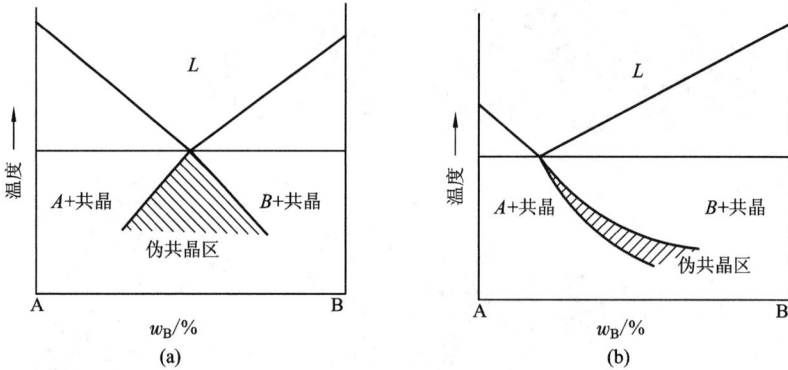

图5-40   两类伪共晶区相图

(a)粗糙-粗糙界面系的对称型伪共晶区；(b)粗糙-平滑界面系的歪斜伪共晶区

如果已知一个合金系的伪共晶区形状，就有利于控制合金中的显微组织。例如 Al-Si 系的伪共晶区歪斜于 Si 的一边(图5-41)，这就可以理解为什么一般铸造的共晶(甚至过共晶)合金也可获得亚共晶组织，但过共晶合金一定要过冷至伪共晶区才可获得全部共晶组织。Al-Si 合金中，由于片状 Si 晶粒性脆，使合金的机械性质变坏，不能用于实际。如果使粗的片状 Si 变成细的纤维状，则可大大提高合金的韧性和强度，使合金从液态激冷(淬火)可获得纤维状 Si 组织[图5-39(b)(d)]。工业上常采用加入少量 Na、P 或 Sr 进行变质处理，变质处理后也可获得细小分支的 Si 纤维组织。图5-42

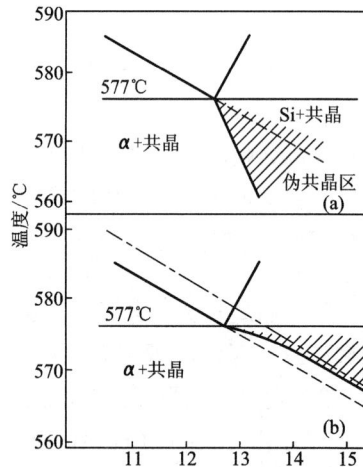

图5-41   Al-Si 系的伪共晶区

(a)Al-Si 系等轴成长时的伪共晶区；

(b)加钠盐变质后伪共晶区往右上移，

并使铝的液相线也往上移

为 Al-Si 过共晶合金加 Na 盐变质前后的光学显微组织。加 Na 盐变质后的伪共晶区上升至 Al 的液相线的延伸线以上区域[图 5 - 41(b)]，这样就使过共晶合金缓冷也可获得伪共晶或亚共晶组织。Na 的变质作用认为主要是选择性吸附在 Si 晶体的孪晶面{111}凹槽处而阻止其成长，并促使产生更多的分支，同时提高 Al 的界面过冷度，导致 Al 加速成长，变成超前相，从而也迫使 Si 形成更多的分支，使 Si 晶获得细化。另外还曾从增加 Si 晶核形成数目来分析钠盐的变质作用，认为有如下几点原因：①降低了 Si 晶的表面能，使晶核易于形成；②由于 Si 晶界面吸附有变质剂，抑制了 Si 晶成长，相对地使形核率增大；③变质剂开始抑制晶核的形成，使过冷度增大，因此形核率增加。

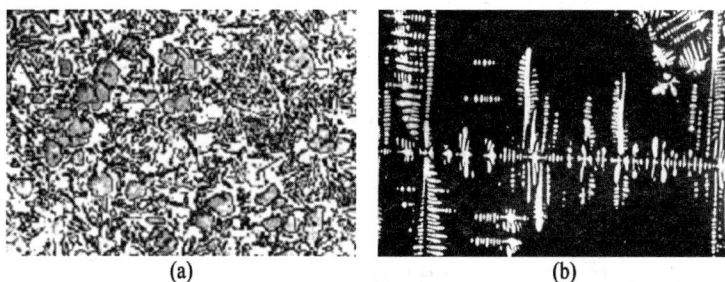

图 5 - 42　过共晶 Al - Si 合金的显微组织
(a)未加钠，×200；(b)加钠变质后，×200

　　具有对称性伪共晶区(第一类)的合金系，由于随过冷度增大，伪共晶区对称地扩大，故非平衡凝固的亚(或过)共晶合金的组织中，共晶组织的量往往比平衡状态多。过冷至伪共晶区，则获得全部伪共晶组织。

　　2. 非平衡共晶组织

　　图 5 - 43(a)为 Al - Cu 系相图的一部分。其中 Al - 4% Cu 合金在平衡状态下凝固刚完成时，应形成单相 α 晶粒，但在铸态下由于冷却较快，固相平均成分线偏离于固相线，冷到共晶温度尚未凝固完毕，还有少量液体保留至共晶温度以下形成共晶组织[图 5 - 43(b)]。这种共晶组织处于亚稳定状态，只要再加热至略低于共晶温度进行长时间的均匀化退火处理，它又会溶入 α 固溶体中[图 5 - 43(c)]。经过均匀化退火之后，可以提高合金的塑性，有利于压力加工。

　　3. 离异共晶

　　靠近固溶度极限的亚共晶或过共晶合金，由于初晶的量很多，而共晶的量很少。在共晶转变时，共晶中与初晶相同的那个相即附着在初晶相之上，而剩下的另一相则单独存在于初晶晶粒的晶界处，从而失去了共晶组织的特征，这种被分离开来的共晶组织称为离异共晶。离异共晶可以在平衡条件下获得，也可以在非平衡条件下获得，图 5 – 43(b)所示，即为 Al – 4% Cu 合金在非平衡条件凝固获得的离异共晶组织。

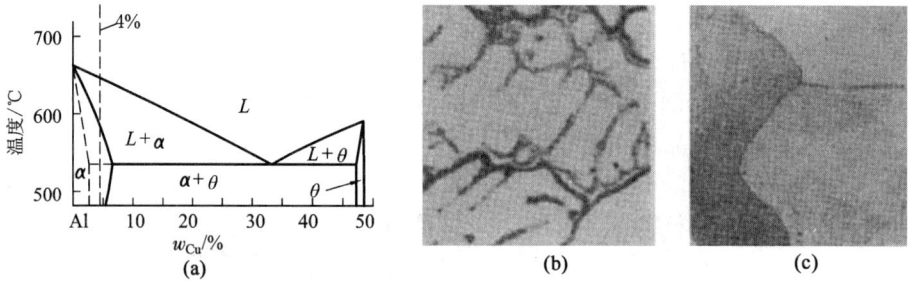

图 5 – 43

(a) Al – Cu 相图；(b) Al – 4% Cu 合金的铸态组织；(c) 经均匀化退火后的组织

5.5 包晶相图及其合金的凝固和组织

5.5.1 相图分析

Pt – Ag 相图(图 5 – 44)是这类相图的典型代表，其特点是：两组元在液态能无限互溶，在固态只能部分互溶，形成有限固溶体，并具有三相平衡的包晶转变。图中 AD 和 AN 分别为 α 相的液相线和固相线，DB 和 MB 分别为 β 相的液相线和固相线，DMN 水平线为包晶转变线，NP 和 MQ 分别为 α 和 β 相的固溶度线。

此类相图的独特处是 DMN 包晶线和此线上的 M 包晶点。所有位于此线中间的合金冷却到包晶温度时，都发生二元包晶反应：$L_D + \alpha_N \rightleftharpoons \beta_M$，此反应为三相平衡的等温反应。包晶线与共晶线不同之处在于：①共晶反应为分解型 $L \rightarrow \alpha + \beta$，包晶反应为合成型 $L + \alpha \rightarrow \beta$；②共晶线为固相线，线上的合金在共晶温度全部凝固完毕，而包晶线仅有 MN 线段为固相线，而 MD 线段并非固相线，此线段上的合金在包晶温度进行包晶转变后，还有过剩的液体，它将在继续冷却时凝固成 β 相；③凡进行共晶转变后的组织均为两相混合物，组织较细，而进行包晶转变后的组织，只有在 MN 线段的合金在包晶转变后为 $\alpha + \beta$ 两相混合物，但组织较粗，而在 DM 线段的合金，凝固完毕后则为单相 β；④共晶反应中的液相(反应相)成分点位于共晶线的中间，而两个固相(生成相)则位于共晶线的两端。包晶反应中的两个反应相(L 和 α)的成分点却位于包晶线的两端，而一个生成相则位于包晶线中间。具有包晶反应的实际二元合金系很多，例如，Cu – Zn、Cu – Sn、Fe – C、Ag – Zn、Ag – Sn 等系。

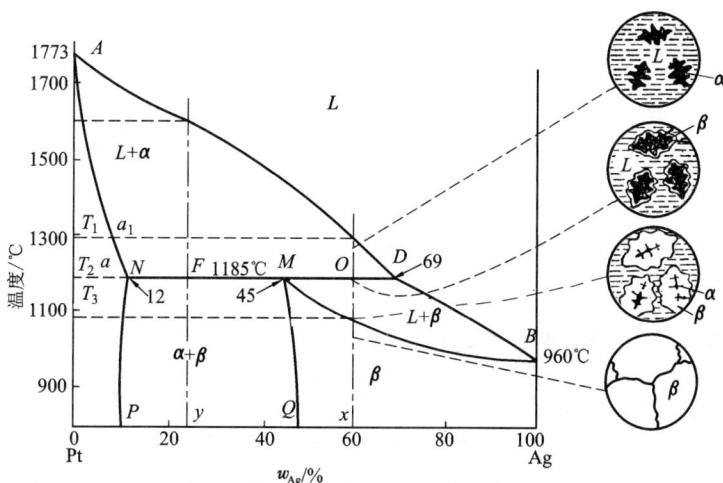

图 5 – 44　Pt – Ag 相图及合金的凝固

5.5.2　包晶系合金的平衡凝固和组织

所有位于 N 点左边和 D 点右边的合金都属于固溶体合金，其凝固过程和组织与第一类匀晶相图的合金一样，不再讨论。这里只研究具有包晶转变的合金的凝固特点。

例如，图 5 – 44 中 x 合金从高温液态冷却下来，当冷至 T_1 温度时，开始析出 α 相，随着温度降低，α 相析出的量增多，液相和 α 相的成分分别沿 AD 和 AN 线变化，当冷至 T_2 温度时，达到 DMN 包晶线，于是发生包晶转变，即 $L_D + \alpha_N \rightarrow \beta_M$。包晶转变为三相平衡，自由度数为零，故为等温反应。包晶转变前的液体量相当于 NO 线段，α 相的量相当于 OD 线段。而形成 β 相所需要的液体量和 α 相量的比例却为 NM/MD，显然 $NO > NM$，$OD < MD$，所以进行包晶转变后，尚有过剩的液体，此过剩液体随温度降低而直接析出 β 相，直到 T_3 温度，全部凝固完毕。x 合金凝固过程的组织变化示意图绘于图 5 – 44 右边。

当进行包晶转变时，由于包晶反应是由 α 相和液相相互作用而形成 β 相，从形核功的观点来看，一般是 β 相依附在 α 相表面形核所需要的形核功比它单独形核所需要的为小，因此 β 相多依附在 α 相上形核成长，并且很快地 β 相就

把 α 相包围起来,而将 α 相和液相分隔开,这就是包晶反应名称的由来。不过也有第二相从液体中形核成长的,例如,Al – Mn 合金的包晶反应 $L + \gamma \rightarrow \beta$,就是属于这种情况。

y 合金的凝固过程在 T_2 温度以上与 x 合金相同,不同的就是析出 α 初晶的量较多,到 T_2 温度时,α 初晶和液体的量分别相当于 FD 和 FN 线段,显然 $FD > MD$,$FN < MN$,所以进行包晶转变后,液体完全消失,最后的组织为两相混合物($\alpha + \beta$)。

包晶点 M 成分的合金进行包晶转变后,液体和 α 相均消失,全部变成 β 单相组织。

凝固完毕后继续降低温度时的相转变与第二类共晶相图的合金相同,不再讨论。

5.5.3　包晶系合金的非平衡凝固和组织

如上所述,当 x 合金进行包晶转变时,β 相很快就将 α 相包围起来,从而使 α 相和液相被 β 相分隔开。欲继续进行包晶转变,则必须通过 β 相层进行原子扩散,液体才能和 α 继续相互作用形成 β 相。因固相中的原子扩散比液相中困难得多,所以包晶反应是一个很缓慢的过程。如果冷却速度较快,包晶转变就将被抑制而不能继续进行,留下的液体在温度低于包晶温度后,将直接析出 β 相,于是未转变的 α 相就保留在 β 相中间。

图 5 – 45(a)为富 Sn 端的 Cu – Sn 部分相图,(b)为 Cu – 65at% Sn 合金的非平衡凝固组织。按照平衡凝固,初晶 ε 相在 415 ℃进行包晶转变 $L + \varepsilon \rightarrow \eta$ 时,

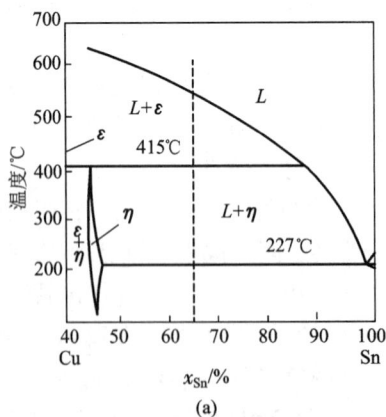

(a)　　　　　　　　　　　　　　　(b)

图 5 – 45　Cu – Sn 相图(a)以及 Cu – 65%Sn(原子)合金的非平衡组织(b)

应该全部消失,凝固完毕后的组织为 η 初晶和($\eta + \mathrm{Sn}$)二元共晶。但由于冷速较快,包晶反应不完全,温度已下降,剩余的液体不再和 ε 相作用发生包晶转变,而是直接析出 η 相,当温度降至共晶温度(227 ℃),最后进行共晶反应,凝固完毕,形成三层组织:白色为 η 相,白色中间的灰色相为 ε 相,白色外面的基体为($\eta + \mathrm{Sn}$)共晶。

5.5.4 包晶转变的实际应用

对某些合金加变质剂使晶粒获得细化的作用,一般认为是包晶转变的功劳。例如在 Al 及 Al 合金中添加少量 Ti,可获得显著的细化晶粒效果。由 Al – Ti 相图可以看出(图 5 – 46),当添加 Ti

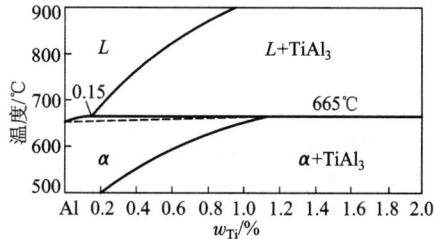

图 5 – 46 Al – Ti 相图的富 Al 部分

量超过 0.15% 时,合金首先从液体中析出初晶 $\mathrm{TiAl_3}$,然后在 665 ℃ 发生包晶转变:$L + \mathrm{TiAl_3} \rightarrow \alpha$。如果 $\mathrm{TiAl_3}$ 相对 α 相起非均匀形核作用,则 α 相变依附于 $\mathrm{TiAl_3}$ 形核。由于从液体中析出的 $\mathrm{TiAl_3}$ 粒子细小而弥散,其非均匀形核效果很好,故细化晶粒作用显著。同样,在 Cu 及 Cu 合金中添加少量 Fe,在 Mg 合金中添加少量 Zr,均因在包晶转变前形成大量细小的化合物,起非均匀形核作用,从而获得良好的细化晶粒效果。

5.6 偏晶相图及其合金的凝固和组织

Cu – Pb 相图属于这类相图(图 5 – 47),其特点是在一定的成分和温度范围内,二组元在液态下也呈有限溶解,即存在两种浓度不同的液相 $L_1 + L_2$ 共存的区域(MED),并在 BMD 水平线上发生偏晶反应 $L_1 \rightleftharpoons L_2 + \mathrm{Cu}$,故 BD 线称为偏晶线,M 点称为偏晶点。偏晶反应与共晶反应类似,都为由一相分解成另两相,所不同的只是两个生成相中有一个是液相。图中下面的一条水平线为共晶线,因为共晶点(99.94% Pb)和共晶温度(326 ℃)与纯 Pb 和它的熔点(327 ℃)很接近,图上难于表示出来。

现在讨论 Cu – 36% Pb 偏晶合金的一般凝固过程,当合金从液态冷至偏晶温度(955 ℃)时,开始发生偏晶转变 $L_1 \rightarrow L_2 + \mathrm{Cu}$,偏晶转变也是等温转变。在

Cu 相成长的同时，由于 Cu 相界旁液体富集 Pb 组元，即有利于形成 L_2。如果 L_2 是围绕着 Cu 相成长，全部把 Cu 相包围起来，则像前节所述的包晶转变情况相似，Cu 相成长就可能被抑制。不过液相的抑制作用远不如包晶转变的固相抑制作用强。这样一直到 L_1 全部分解为 L_2 + Cu 两相，偏晶转变结束。继续冷却时，再从液相 L_2 中析出 Cu，一直到降至共晶温度(326 ℃)，剩余的液体发生共晶转变，全部凝固完毕。因为共晶成分靠近纯 Pb，其中少量的 Cu 相即附着在初晶 Cu 上，故看不出共晶组织特征，凝固后的显微组织如图 5 –47(b)所示。白色为 Cu 枝晶，黑色基体为 Pb。

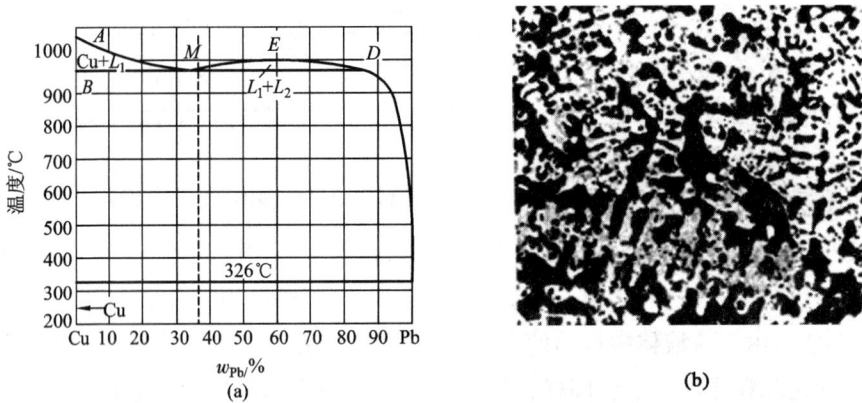

图 5 –47　Cu – Pb 相图(a)及偏晶成分合金的铸态组织(b)，×50

由于 Cu 和 Pb 两组元的比重差别较大，该合金在凝固过程中，先析出的固相 Cu 与含 Pb 多的液相之间的比重差别也很大，因此比重小的 Cu 晶体就有可能上浮至铸锭的上部，使凝固后的合金锭上部含 Cu 多，下部含 Cu 少，这种在宏观区域的成分不均匀现象称为偏析或区域偏析。在结晶过程中，由于两相比重不同而造成铸锭(或铸件)上下部分的化学成分不均匀现象称为比重偏析。显然，固、液相的比重差别愈大，凝固温度间隔愈大，冷速愈慢时，比重偏析愈严重。因此，该系合金在缓慢冷却时，容易产生比重偏析。防止的方法是充分搅拌和尽快地冷却。

在一般铸造凝固条件下，偏晶合金所得到的两相组织呈混乱排列，如果采用定向凝固且控制适当时，则与共晶一样，也可以获得几何规则排列的两相纤维状组织，如图 5 –48 所示。

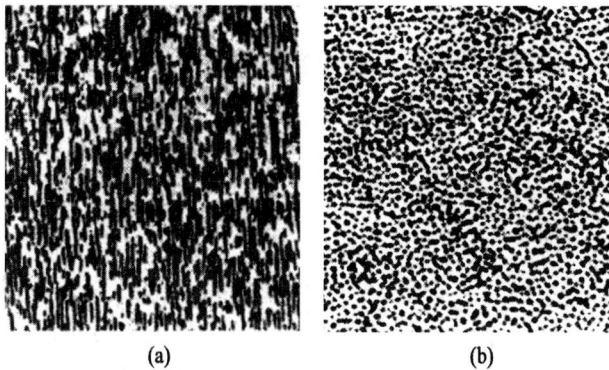

图 5 - 48　Cu - Pb 偏晶合金定向凝固的纤维状组织

(a)纵截面；(b)横截面，×375

5.7　形成化合物的二元相图

在某些二元合金系中，常形成一个或几个化合物。由于它们在相图中都居于中间位置，故又称中间相。根据化合物的稳定性可分为稳定化合物和不稳定化合物两种。所谓稳定化合物是指它具有一定的熔点，在熔点温度以下，它保持自己固有的结构而不发生分解，而不稳定化合物则当加热至一定温度时，不是发生本身的熔化，而是分解为两个相。它们在相图中各自表现出不同特征，现举例分述于下。

5.7.1　形成稳定化合物的二元相图

图 5 - 49 为 Mg - Si 相图，Mg 和 Si 形成一个稳定化合物。在相图中表示为一条垂直线，说明该化合物的成分是固定的，不能溶解组成它的任何一种组元。其熔点为 1087 ℃。若把稳定化合物 Mg_2Si 看作一个独立组元，则将 Mg - Si 相图分成两个独立相图，左边是 Mg - Mg_2Si 相图，右边为 Mg_2Si - Si 二元相图。如果化合物对其组元有一定的溶解度，将形成以化合物为基的固溶体，则化合物在相图中具有一定的成分范围。

5.7.2　形成不稳定化合物的二元相图

图 5 - 50 为 Cu - Zn 相图，Cu 和 Zn 形成一系列的不稳定化合物 β、γ、δ 和 ε 等。这些不稳定化合物都是由包晶转变形成的，也可以说，所有由包晶转变形成的中间相均属不稳定化合物。不稳定化合物不能视为独立组元而把相图划

分为几个独立相图。许多不稳定化合物对组元有一定溶解度范围，因而表现为一定的成分区间，如果对其组元不发生溶解，则在相图上为一条垂直线。

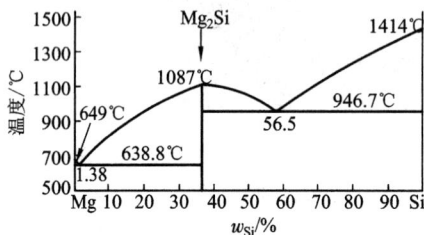

图 5 – 49　Mg – Si 相图

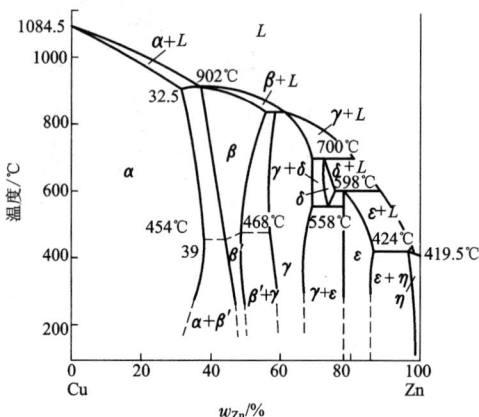

图 5 – 50　Cu – Zn 相图

5.8　具有固态转变的二元相图

在有些二元系合金中，当液体凝固完毕后继续降低温度时，在固态下还会继续发生各类型的相转变，常见的有共析转变、包析转变、偏析转变、熔晶、有序 – 无序转变及固溶体脱溶等。现分别说明它们在相图上的特征。

5.8.1　具有共析转变的相图

图 5 – 58 Fe – Fe$_3$C 相图中的 PSK 水平线即为共析线，S 点为共析点，共析转变式为 $A_S \rightarrow F_P +$ Fe$_3$C。与共晶线 ECD 和共晶转变 $L_C \rightarrow A_E +$ Fe$_3$C 比较，二者反应的形式相似，都是由一相分解为两相的三相平衡等温转变，三相成分点在相图上的分布也是一样，所不同的就是共析转变前的相是固相而不是

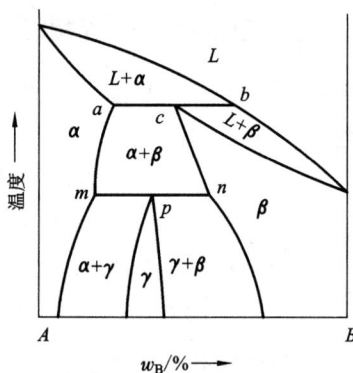

图 5 – 51　具有包晶和包析转变的二元相图

液相。正因为是由固相分解，其原子扩散比较困难，晶核的形成和长大速率较慢，容易产生较大的过冷，所以共析组织远比共晶组织细密，但仍为两相交叠

排列的混合组织(图 5 - 61)。共析转变对合金的热处理强化有重大意义，钢铁和钛合金的热处理就是建立在共析转变的基础上。

5.8.2　具有包析转变的相图

包析转变在相图上的特征与包晶转变类似，所不同的就是将包晶转变中的液相改成固相即可。图 5 - 51 示出具有包晶和包析转变的二元相图，图中 acb 和 mpn 水平线分别为包晶线和包析线，包晶反应和包析反应分别为 $L_b + \alpha_a \rightarrow \beta_c$ 和 $\alpha_m + \beta_n \rightarrow \gamma_p$，转变后的组织特征也相类似，只是包析转变更难于进行完全。

5.8.3　具有偏析转变的相图

Al - Zn 相图(图 5 - 52)具有偏析转变：$\alpha_2 \rightarrow \alpha_1 + \beta$，类似于偏晶转变：$L_1 \rightarrow L_2 + \beta$。由于它是由一个固相分解为两个固相，也有人称它为共析转变。但是 α_1 和 α_2 为同一个相，只是浓度不同罢了。

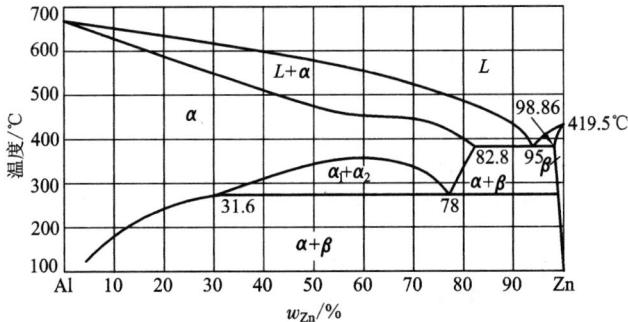

图 5 - 52　具有偏析转变的 Al - Zn 相图

5.8.4　具有熔晶转变的相图

图 5 - 53 示出具有熔晶转变的二元相图，图 arb 水平线为熔晶线，r 点为熔晶点，熔晶转变式为 $\beta_r \rightarrow \alpha_a + L_b$。已经凝固完毕的 β 相，在熔晶温度又分解为一个液相和另一个固相，这种熔晶现象称熔晶转变。Cu - Sn 相图就是具有熔晶转变的相图。

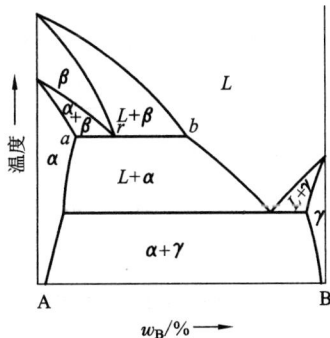

图 5 - 53　具有熔晶转变的二元相图

5.8.5 具有无序－有序转变的相图

Cu－Au 相图(图 5－54)具有几个无序－有序转变，在较高温时，Cu 和 Au
金形成无限固溶体，但在一定成分和温度范围内会发生无序－有序转变。有序
固溶体就是两种原子在晶体中呈规则排列，各占据自己一定的位置，类似于化
合物，又称超结构。图中的 α' (AuCu$_3$)、α''_1 (AuCuI)、α''_2 (AuCuII) 和 α'''
(Au$_3$Cu)均为有序固溶体，α 则为无序固溶体。注意，有些相图上的无序－有
序转变是用虚线表示，如图 5－50Cu－Zn 相图中的 β 相无序－有序转变是用虚
线表示的。

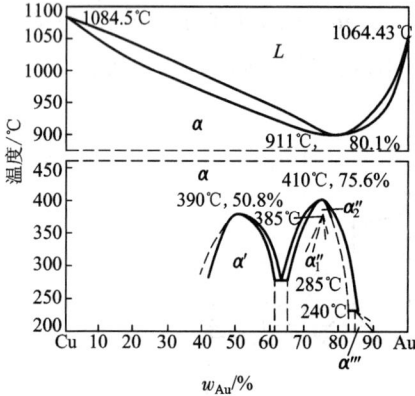

图 5－54　Cu－Au 相图

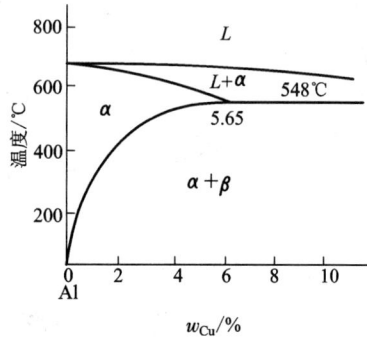

图 5－55　Al－Cu 相图的一部分

5.8.6 具有固溶度变化的相图

图 5－55 为富 Al 部分的 Al－Cu 相图。在 548 ℃共晶温度时，Cu 在固态
Al 中的溶解度为 5.65% 。当温度降低时，固溶度减少，室温时的固溶度仅
0.1% 。因此，随着温度降低，将从 α 固溶体中析出 CuAl$_2$(θ)次晶，析出次晶
的过程称为固溶体的脱溶过程。适当地控制脱溶过程，即控制次晶的析出程度
和弥散度，可以显著地提高合金的强度。铝合金和部分铜合金的热处理强化就
是建立在固溶体脱溶的基础上。

5.8.7 具有磁性转变的相图

合金中的某些相因温度改变而发生磁性转变，在相图中常用虚线表示，如
Fe－Fe$_3$C 相图，770 ℃和 230 ℃的虚线分别为铁素体和 Fe$_3$C 的磁性转变温度。

综上所述，可将二元相图中三相平衡的等温转变区分为两类：分解型等温转变，合成型等温转变。两类等温转变所包括的转变类型、反应式和相图特征分别列入表 5 – 2。

表 5 – 2　二元相图各类等温转变类型、反应式和相图特征

等温转变类型		反应式	相图特征
分解型	共晶转变	$L \Longleftrightarrow \alpha + \beta$	α ⟍ L ⟋ β
	共析转变	$\gamma \Longleftrightarrow \alpha + \beta$	α ⟍ γ ⟋ β
	偏晶转变	$L_1 \Longleftrightarrow L_2 + \alpha$	α ⟍ L_1 ⟋ L_2
	偏析转变	$\alpha_1 \Longleftrightarrow \alpha_2 + \beta$	α_2 ⟍ α_1 ⟋ β
	熔晶转变	$\beta \Longleftrightarrow \alpha + L$	α ⟍ β ⟋ L
合成型	包晶转变	$L + \alpha \Longleftrightarrow \beta$	L ⟋ ⟍ α ／β＼
	包析转变	$\alpha + \beta \Longleftrightarrow \gamma$	α ⟋ ⟍ β ／γ＼
	合晶转变	$L_1 + L_2 \Longleftrightarrow \alpha$	L_1 ⟋ ⟍ L_2 ／α＼

5.9　如何分析和使用二元相图

实际的二元合金相图线条繁多，初看起来似乎非常复杂，难以分析。其实，它就是由上述各类基本相图综合而成。只要我们掌握了这些基本相图的特点和某些规律，就能化繁为简，易于分析和使用任何复杂的二元相图。现将分析二元相图的方法归纳于下。

5.9.1　相图中的线条和相区分析

相图中的所有线条都是代表发生相转变的温度和平衡相的成分。合金在加

热或冷却过程中，每碰到一条线，都表示将发生某种相转变，并且，相成分随温度的改变也是沿着这些线条变化的。

相图中由线条围成相区，每一相区代表相型相同的状态。二元相图中的相区有单相区、两相区和三相区三种。单相区代表一种具有独特结构和性质的相的成分和温度范围。若是单相区为一根垂直线，则表示该相的成分不变。两相区的两个相就是两边相邻的两个单相区的相，其边界线分别表示该两相的平衡成分，如果边界线是倾斜的而不是垂直的，则表示两相的成分和相对量均随温度改变而发生变化，即发生两个相互溶解或析出的变化。

在二元相图中，三相区必为一水平线，表示等温反应，三个单相区分别交于水平线上的三个点，即水平线的两个端点和线中间一点，水平线上下方分别与三个两相区毗邻，根据与水平线相连的三个单相区的类别和分布特点，即可确定三相平衡的类型（参考表 5 – 2）。

相图内两个毗邻相区的相数差总是等于 1，不能大于 1，也不能等于零，即单相区与两相区或两相区与三相区总是交叠相间的。相数差大于 1 的相区只能相交于一点。图 5 – 56 示出三相区的几种错误画法。与水平线端点毗邻的单相区边界线的延伸线必须分别进入两相区内，如图 5 – 57 中 h 点所示。如果画成进入单相区（图 5 – 57 中 g 点），则是错误的，这可以利用热力学原理给予证明。

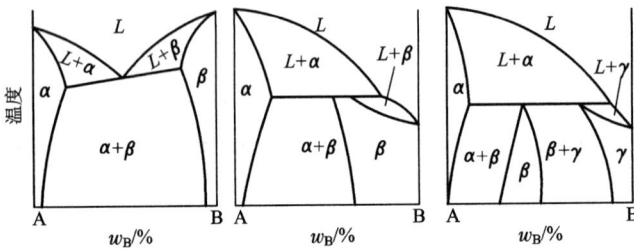

图 5 – 56　二元相图中三相区的几种错误画法

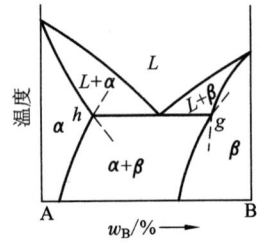

图 5 – 57　与水平线端点交界的单相区边界线规则

5.9.2　结合 Fe – Fe₃C 相图分析合金的平衡凝固过程及其组织变化

当分析某具体合金随温度变化而发生的相转变过程时，凡在单相区内，合金是由单相组成，相的均匀成分就是合金成分。当进入两相区后，则变成由两相组成，两相的成分随温度改变分别沿其边界线变化，两相的相对量可按杠杆定律计算。当合金碰到水平线时，即进行三相平衡反应，合金在进行三相反应过程中,不能应用杠杆定律计算各相的相对量。相图仅表示平衡状态,按相图分析合金处于平衡状态下的相和组织变化是较准确的。下面以铁碳相图为例说明平衡状态合金的组织变化。

铁碳相图对研究钢铁材料的组织和性能、制订热加工和热处理工艺、分析废品产生和工件破坏的原因,都有重要的参考作用。

图 5 - 58 为 Fe - Fe$_3$C 相图。Fe 在固态下有三种同素异构转变:低于 912 ℃ 为 bcc 结构的 α - Fe,在 912 ~ 1394 ℃ 为 fcc 结构的 γ - Fe,在 1394 ~ 1538 ℃ 又为 bcc 结构的 δ - Fe。加入碳后,碳能不同程度地部分溶解在各种固态铁中,溶解碳以后的 α - Fe 称铁素体,用符号 F 表示,γ - Fe 称奥氏体,用符号 A 表示。此外碳与铁还能形成 Fe$_3$C、Fe$_2$C 等一系列化合物。钢中的 Fe$_3$C 称渗碳体。相图中有三种等温反应:

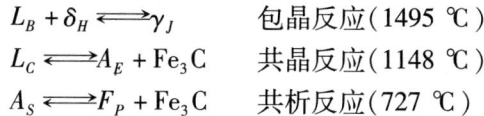

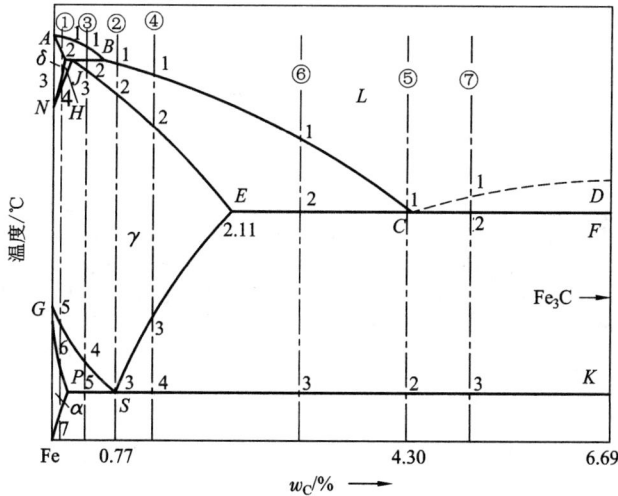

$$L_B + \delta_H \Longleftrightarrow \gamma_J \qquad 包晶反应(1495 ℃)$$
$$L_C \Longleftrightarrow A_E + Fe_3C \qquad 共晶反应(1148 ℃)$$
$$A_S \Longleftrightarrow F_P + Fe_3C \qquad 共析反应(727 ℃)$$

图 5 - 58 Fe - Fe$_3$C 相图和典型合金的组织转变分析

工业上应用最广泛的碳钢、铸铁和工业纯铁均可近似地用 Fe - Fe$_3$C 相图来分析。含碳量少于 0.0218% 的为工业纯铁,含碳量在 0.0218% ~ 2.11% 范围的为碳钢,含碳量大于 2.11% 的为铸铁。根据相变和组织特征将碳钢区分为共析钢(0.77% C)、亚共析钢(0.0218% ~ 0.77% C)和过共析钢(0.77% ~

2.11%C)。同样，铸铁也可区分为共晶铸铁(4.30%C)、亚共晶铸铁(2.11% ~4.30%C)和过共晶铸铁(4.30%~6.69%C)。根据碳的存在状态又将铸铁区分为白口铸铁和灰口铸铁两种。全部碳都以 Fe_3C 形态存在时称为白口铸铁，部分或全部碳以石墨形态存在时称为灰口铸铁。$Fe-Fe_3C$ 相图仅是 $Fe-C$ 相图的一种亚稳定状态。现举几种典型合金说明从高温冷却时的平衡组织转变过程。

1. 含0.01%C的工业纯铁(图5-58①)

图5-59示意地表示①合金从高温冷却时，在各个温度区间的组织转变过程。在1~2温度区间，合金按固溶体凝固方式析出 δ 固溶体，在2~3区间，δ 固溶体不变。从3温度开始，发生 $\delta \rightarrow A$ 转变，奥氏体优先在 δ 晶界上形核成长，到4温度时，全部变成 A 晶粒，在4~5区间，A 晶粒不变。从5~6区间又发生 $A \rightarrow F$ 转变，铁素体也是优先在 A 晶界上形核成长。在6~7区间，全部为铁素体晶粒，在7温度以下，又将从铁素体析出 Fe_3C，这种从铁素体中析出的 Fe_3C 称为三次渗碳体$(Fe_3C)_{III}$。

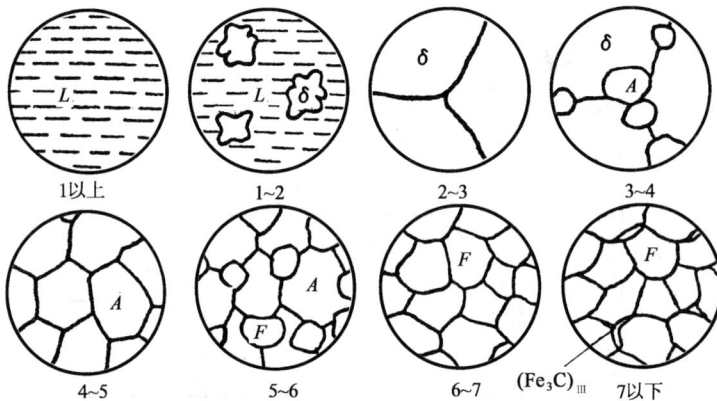

图5-59 ①合金(0.01%C)从高温冷却时的相转变过程示意图

2. 含0.77%C的共析钢(图5-58②)

共析钢从高温液态冷却时的组织转变过程示意图见图5-60。在1~2区间，凝固成奥氏体晶粒。在2~3区间，A 晶粒不变。在3温度发生共析转变：$A_S \rightarrow F_P + Fe_3C$，铁碳合金中共析转变产物称为珠光体，用 P 表示，它是铁素体和渗碳体两相交叠排列的细层片状组织，类似珠贝花纹，故名珠光体。珠光体的金相组织示于图5-61。

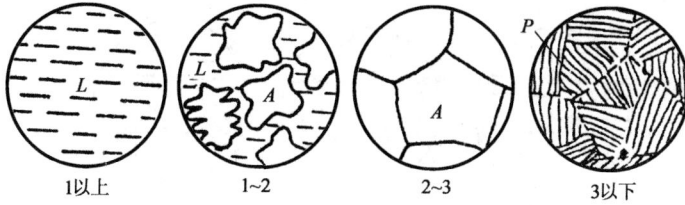

1以上　　　　1~2　　　　2~3　　　　3以下

图 5 - 60　②共析钢(0.77%C)冷却时的相转变过程示意图

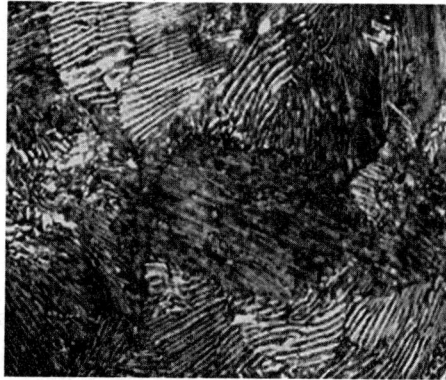

图 5 - 61　共析钢的显微组织，×1000

3. 亚共析钢(图 5 - 58③)

图 5 - 62 为图 5 - 58③亚共析钢的相转变过程示意图。在 1 ~ 2 区间，凝固出 δ 相，到 2 温度时，发生包晶转变：$L_B + \delta_H \rightarrow A_J$。包晶转变结束后，有过剩的液体在 2 ~ 3 区间直接析出 A，在 3 ~ 4 区间，全部为 A 晶粒，在 4 ~ 5 区间，优先从 A 晶界析出先共析铁素体，A 和 F 的成分分别沿 GS 和 GP 线变化。到 5 温度时，A 发生共析转变：$A_S \rightarrow F_P + Fe_3C$，形成珠光体 P。冷至 5 温度以下，从 F 中析出$(Fe_3C)_{III}$，但由于其析出数量很少，并不改变组织形态。最后获得的组织为先共析铁素体 + 珠光体，如图 5 - 63 所示。

4. 过共析钢(图 5 - 58④)

图 5 - 64 为图 5 - 58④过共析钢相转变过程示意图。在 1 ~ 3 区间的相转变过程和②共析钢一样。在 3 ~ 4 区间，从 A 的晶界上优先析出先共析渗碳体，称为二次渗碳体$(Fe_3C)_{II}$，呈网状分布。A 的成分沿 ES 线变化，到 4 温度时，发生共析转变：$A_S \rightarrow F_P + Fe_3C$，形成珠光体。最后获得的组织为$(Fe_3C)_{II} + P$，如图 5 - 65 所示。

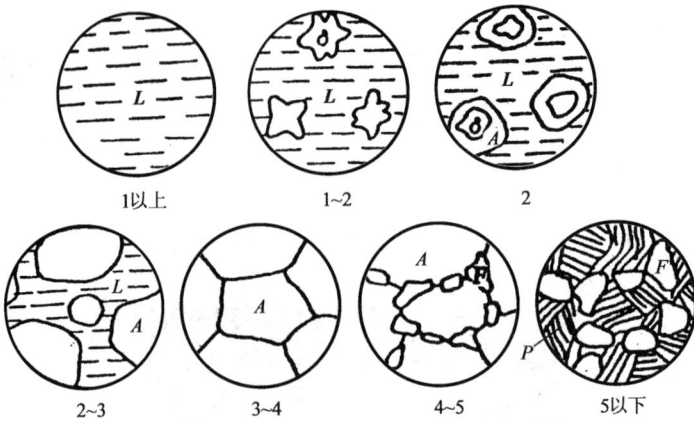

图 5-62 亚共析钢(图 5-58③)冷却时的相变过程示意图

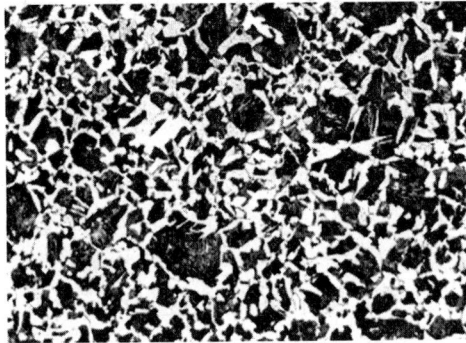

图 5-63 亚共析钢的显微组织，×1000

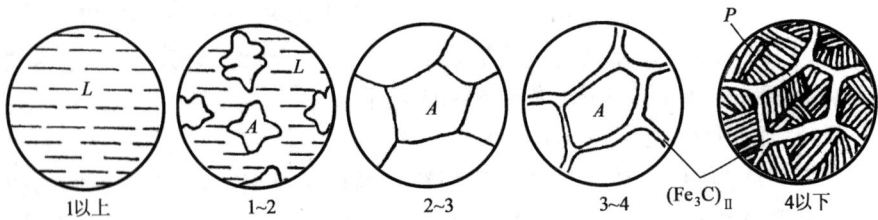

图 5-64 过共析钢(图 5-58④)冷却时的相转变过程示意图

图 5 - 65 过共析钢的显微组织，×1000

5. 亚共晶白口铸铁(图 5 - 58⑥)

亚共晶白口铸铁的凝固过程示意图示于图 5 - 66。在 1~2 区间，析出 A 初晶，呈树枝状，液体和奥氏体的成分分别沿 BD 和 JE 线变化。到 2 温度时，发生共晶转变：$L_C \rightarrow A_E + Fe_3C$，铸铁中的共晶体称为莱氏体(Ld)。在 2~3 区间，从 A 中析出二次渗碳体，从莱氏体中析出的 $(Fe_3C)_{II}$ 即附着在其原来的 Fe_3C 上，已分辨不出；从 A 初晶中析出的 $(Fe_3C)_{II}$ 也只能见到其晶粒周边有较宽的 Fe_3C 区域。到 3 温度时，A 发生共析转变：$A_S \rightarrow F_P + Fe_3C$，形成珠光体。其最后的显微组织如图 5 - 67 所示。过共晶白口铸铁(图 5 - 58⑦)的相转变过程与亚共晶铸铁类似，所不同的就是初晶改为一次渗碳体 $(Fe_3C)_I$，呈长条状。其显微组织如图 5 - 68 所示。

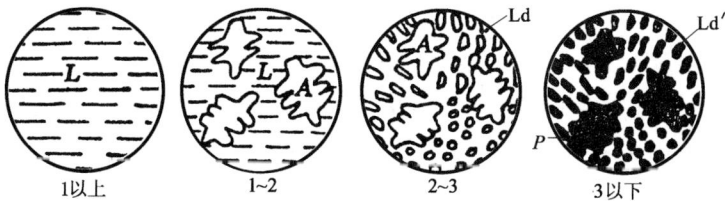

图 5 - 66 亚共晶白口铸铁(图 5 - 58⑥)冷却时的相转变过程示意图

图5-67 亚共晶白口铸铁的
显微组织,×500

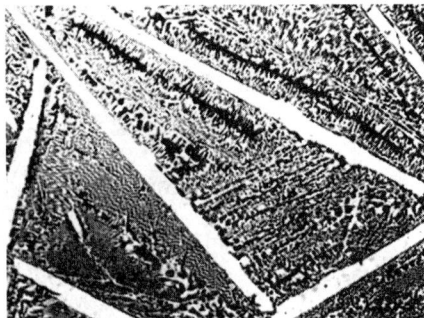

图5-68 过共晶白口铸铁的
显微组织,×500

5.9.3 Cu-Sn合金系相图

Cu-Sn合金是工业上常用的铜合金(锡青铜)。图5-69为Cu-Sn合金系相图,从图中可以看出,图中只有非稳定中间相。图中共有5个单相区,其中的 γ 为 Cu_3Sn、δ 为 $Cu_{31}Sn_8$、ε 为 Cu_3Sn,ξ 为 $Cu_{20}Sn_6$、η 和 η' 为 Cu_6Sn_5,η' 为有序相。以上各相都有一定的固溶度。图中有11条水平线,对应的恒温反应如下:

Ⅰ包晶反应: $L+\alpha \rightleftharpoons \beta$

Ⅱ包晶反应: $L+\beta \rightleftharpoons \gamma$

Ⅲ包晶反应: $L+\varepsilon \rightleftharpoons \eta$

Ⅳ共析反应: $\beta \rightleftharpoons \alpha+\gamma$

Ⅴ共析反应: $\gamma \rightleftharpoons \alpha+\delta$

Ⅵ共析反应: $\delta \rightleftharpoons \alpha+\varepsilon$

Ⅶ共析反应: $\xi \rightleftharpoons \delta+\varepsilon$

Ⅷ包析反应: $\gamma+\varepsilon \rightleftharpoons \xi$

Ⅸ包析反应: $\gamma+\xi \rightleftharpoons \delta$

Ⅹ熔晶反应: $\gamma \rightleftharpoons \varepsilon+L$

Ⅺ共晶反应: $L \rightleftharpoons \eta+\theta$

另外,图中还有一条水平线,即有序-无序转变线,在有序-无序转变温度(186~189℃)发生 $\eta \rightleftharpoons \eta'$ 转变。

成分为O的合金结晶过程如下(图5-69):

$$L \xrightarrow[L \to \alpha]{t_1 \sim t_2} L + \alpha \xrightarrow[L \to \alpha \rightleftharpoons \beta]{t_2} \alpha + \beta \xrightarrow[\beta \to \alpha]{t_2 \sim t_3} \alpha + \beta(\beta \text{ 相减少})$$

$$\xrightarrow[\beta \rightleftharpoons (\alpha + \gamma)]{t_3} \alpha + \gamma \xrightarrow[\gamma \to \alpha]{t_3 \sim t_4} \alpha + \gamma(\alpha \text{ 相增多}) \xrightarrow[\gamma \rightleftharpoons (\alpha + \delta)]{t_4} \alpha + \delta$$

$$\xrightarrow[\alpha \to \delta]{t_4 \sim t_5} \alpha + \delta(\delta \text{ 相增多}) \xrightarrow[\delta \rightleftharpoons (\alpha + \varepsilon)]{t_5} \alpha + \varepsilon \xrightarrow[\alpha \to \varepsilon]{t < t_5} \alpha + \varepsilon$$

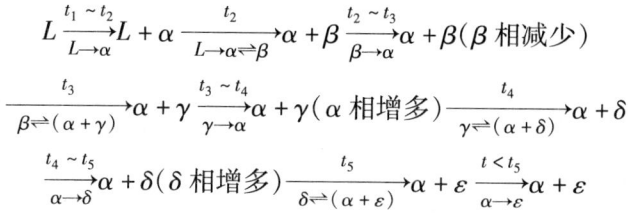

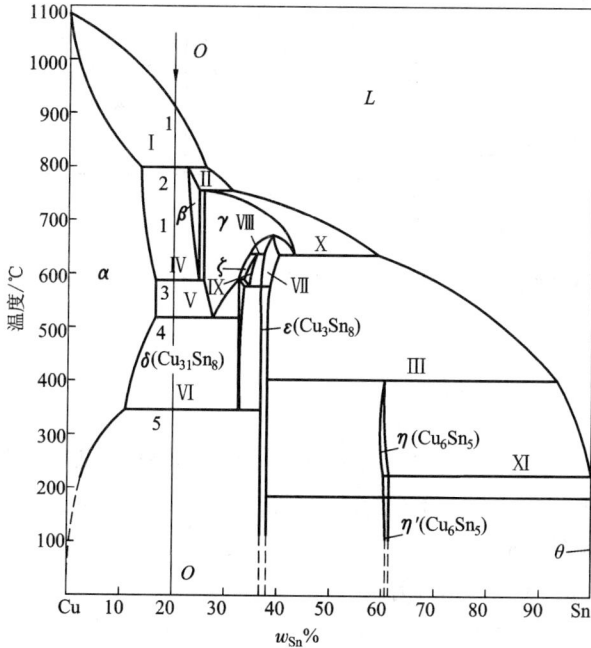

图 5 - 69   Cu - Sn 相图

5.9.4 $Mg_2SiO_4 - SiO_2$ 系相图

碱土金属硅酸盐中，特别是硅酸镁，早已进入陶瓷的生产中，图 5 - 70 是 $Mg_2SiO_4 - SiO_2$ 系相图。

图中有两个液相 L_1、L_2，三个固相 Mg_2SiO_4、$MgSiO_3$、SiO_2。有三个恒温反应：

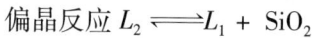

偏晶反应 $L_2 \rightleftharpoons L_1 + SiO_2$

包晶反应 $L + Mg_2SiO_4 \rightleftharpoons MgSiO_3$

共晶反应 $L \rightleftharpoons MgSiO_3 + SiO_2$

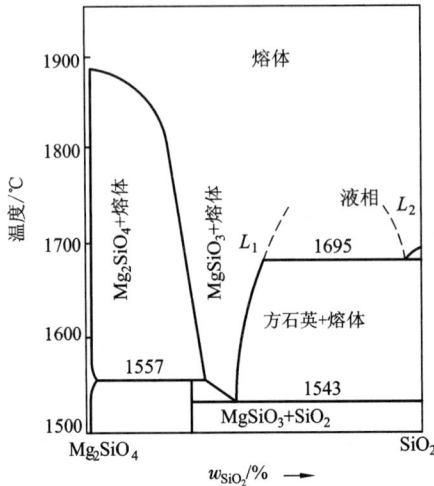

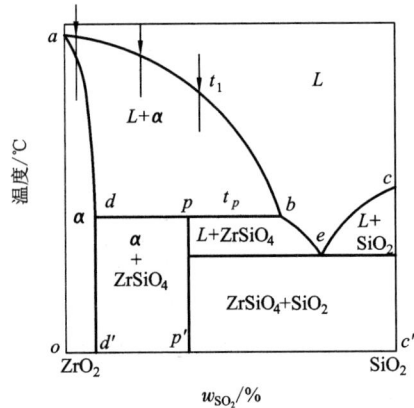

图 5 -70　$Mg_2SiO_4 - SiO_2$ 系相图　　　　图 5 -71　$ZrO_2 - SiO_2$ 系相图

5.9.5　$ZrO_2 - SiO_2$ 系相图

如图 5 -71，图中有四个单相：L、α、$ZrSiO_4$、SiO_2。其中 α 相为以 ZrO_2 为基的固溶体，由 Si^{4+} 与 Zr^{4+} 等价置换而形成；$ZrSiO_4$（锆莫石）是不稳定化合物。此系统有两个恒温反应

包晶反应：$L + \alpha \rightleftharpoons ZrSiO_4$

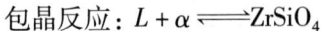

共晶反应：$L_e \rightleftharpoons ZrSiO_4 + SiO_2$

从图 5 -71 中可以看出：

① 成分在 $o \sim d'$ 范围内：只发生匀晶反应（$L \rightarrow \alpha$），Si^{4+} 等价置换 Zr^{4+}，形成以 ZrO_2 为基的固溶体。

② 成分在 $d \sim p$ 范围内：高温从熔体中析出 α，冷至 t_p 温度时为 $L_p + \alpha_d$。在温度 t_p 发生包晶反应 $L_b + \alpha_d \rightleftharpoons ZrSiO_4$，反应完成后有剩余 α 相，t_p 温度以下的组成为 $\alpha + ZrSiO_4$。

③ 成分在 $p \sim b$ 范围内：高温从熔体中析出 α，在 t_p 发生包晶反应 $L_b + \alpha_d \rightleftharpoons ZrSiO_4$，包晶反应完成后有残余熔体剩余，此时组织为（$L + ZrSiO_4$）。在 $t_p \sim t_e$ 温度范围内，熔体中不断析出 $ZrSiO_4$。至 t_e 温度时，熔体成分达 e 点，发生共晶反应 $L_e \overset{t_e}{\rightleftharpoons} (ZrSiO_4 + SiO_2)$，共晶反应完成后组织为：锆莫石（$ZrSiO_4$）+ 共晶体（锆莫石 + 石英）。

其过程如下：

$$\text{熔体}(L) \xrightarrow[L \to \alpha]{t_1 \sim t_p} \text{熔体}(L) + \alpha \xrightarrow[L_b + \alpha_d \rightleftharpoons \text{ZrSiO}_4]{t_p} \text{熔体}(L) + \text{锆莫石}(\text{ZrSiO}_4)$$

$$\xrightarrow[L \to \text{ZrSiO}_4]{t_p \sim t_e} \text{熔体}(L) + \text{锆莫石} \xrightarrow[L_e \rightleftharpoons (\text{ZrSiO}_4 + \text{SiO}_2)]{t_e} \text{锆莫石} +$$

共晶体(锆莫石 + 石英) $\xrightarrow{t < t_e}$ 锆莫石 + 共晶体

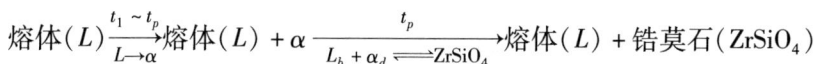

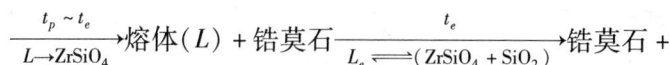

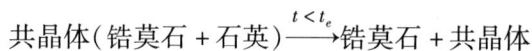

若取成分为 $x(p < x < b)$，则在 $t < t_e$ 时的组织组成物相对量：

$$w_{共晶} = \frac{x - p'}{e - p'} \times 100\% ; \qquad w_{\text{ZrSiO}_4} = \frac{e - x}{e - p'} \times 100\%$$

相的相对量：

$$w_{\text{SiO}_2} = \frac{x - p'}{c' - p'} \times 100\% ; \qquad w_{\text{ZrSiO}_4} = \frac{c' - x}{c' - p'} \times 100\%$$

5.10 相图热力学基础

相图是描述系统中各相的平衡存在条件以及相与相之间平衡关系的一种简明的图解。系统的不同状态或各相都各有其稳定存在的成分、温度及压力范围，超过这个范围，就可能发生状态或相的转变，处于这个范围内就呈稳定平衡或相平衡。

系统中的相平衡与所有其他物理、化学中的平衡，如力平衡、热平衡、化学平衡一样，都遵从一般热力学规律。相图是以热力学为基础的。相图热力学理论对于指导相图的建立、正确理解分析和应用相图等具有十分重要的作用。

5.10.1 吉布斯自由能与成分的关系

当一个给定系统内发生任意无限小可逆变化时，系统内能变化可用如下通式描述：

$$du = TdS - pdV + \sum_i^k M_i dx_i \tag{5-22}$$

式中，M_i 代表组元 i 的化学位，或称偏摩尔吉布斯自由能；x_i 为组元 i 的摩尔分数。

由热力学基本理论可知，吉布斯自由能

$$G = H - TS = u + pV - TS \tag{5-23}$$

对式(5-23)取全微分

$$dG = du + pdV + Vdp - TdS - SdT \tag{5-24}$$

将式(5-22)代入式(5-24)得

$$dG = Vdp - SdT + \sum_{i}^{k} M_i dx_i \tag{5-25}$$

此式即为组分可变体系的吉布斯自由能的微分式,是热力学的基本方程式。

当温度和压力恒定时,自由能主要受成分控制,成分对自由能的影响,当然也不外是通过成分对内能和熵的影响而起作用的。

下面以二元系为例,对此问题作一简单讨论。

当 A、B 两种金属组元混合而形成固溶体时,可引起自由能的变化。取热力学温度为 T,吉布斯自由能的改变值为:

$$\Delta G_m = \Delta H_m - T\Delta S_m \tag{5-26}$$

式中, $\Delta G_m = G - G_0$, G_0 为 A、B 金属组元混合前的吉布斯自由能总和,显然

$$G_0 = \mu_A^0 x_A + \mu_B^0 x_B \tag{5-27}$$

式中, μ_A^0 、 μ_B^0 分别为 A、B 金属在 T 时的化学位; x_A 及 x_B 分别为 A、B 金属组元的摩尔分数,且 $x_A + x_B = 1$ 。

据式(5-26)及式(5-27)得:

$$G = G_0 + \Delta G_m = \mu_A^0 x_A + \mu_B^0 x_B + \Delta H_m - T\Delta S_m \tag{5-28}$$

式中, ΔS_m 为混合熵,即形成固溶体后系统熵的增量:

$$\Delta S_m = S_{AB} - S_A - S_B \tag{5-29}$$

式中, S_{AB} 为固溶体的熵值; S_A 及 S_B 分别为固溶前纯组元 A、B 的熵。由熵的统计热力学定义: $S = k\ln W$,上式可写为:

$$\Delta S_m = k(\ln W_{AB} - \ln W_A - \ln W_B) \tag{5-30}$$

式中, k 为玻尔兹曼常数; W_{AB} 表示固溶体中 N_A 个 A 原子和 N_B 个 B 原子互相混合的任意排列方式的总数目。

$$W_{AB} = (N_A + N_B)! / N_A! N_B!$$
$$\ln W_{AB} = \ln[(N_A + N_B)! / N_A! N_B!] \tag{5-31}$$

利用 Stiring 公式: $\ln N! = N\ln N - N$,简化上式得

$$S_{AB} = -(N_A + N_B)k\left(\frac{N_A}{N_A + N_B}\ln\frac{N_A}{N_A + N_B} + \frac{N_B}{N_A + N_B}\ln\frac{N_B}{N_A + N_B}\right)$$
$$= -R(x_A\ln x_A + x_B\ln x_B) \tag{5-32}$$

R 为气体常数, $R = Nk$ 。

由于 W_A 及 W_B 是同类原子的排列,所以 $W_A = 1$, $\ln W_A = 0$; $W_B = 1$, $\ln W_B = 0$,将式(5-32)代入式(5-28),即得固溶体的吉布斯自由能表达式:

$$G = \mu_A^0 x_A + \mu_B^0 x_B + RT(x_A\ln x_A + x_B\ln x_B) + \Delta H_m \tag{5-33}$$

如果是理想溶体,由于形成时没有热效应,因而热焓的增量 $\Delta H_m = 0$,所以理想溶体的吉布斯自由能

$$G = \mu_A^0 x_A + \mu_B^0 x_B + RT(x_A \ln x_A + x_B \ln x_B) \tag{5-34}$$

$\Delta H_m > 0$，为具有吸热效应的固溶体；$\Delta H_m < 0$，为具有放热效应的固溶体。图 5 - 72 表示了三种情况固溶体的吉布斯自由能 - 成分曲线。对于 $\Delta H_m > 0$ 的情况，在某一温度范围内自由能 - 成分曲线出现两个极小值[如图 5 - 72(c)]，说明此种固溶体有一定的溶解度间隙，在两个极小值成分范围内的合金都要分解为两个成分不同的固溶体。

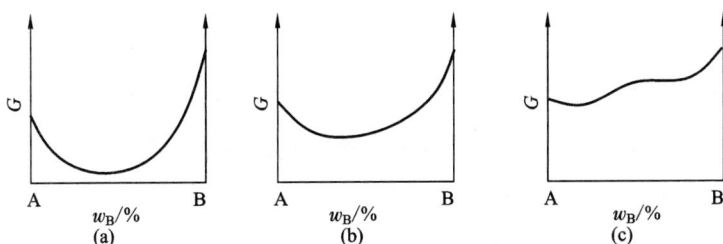

图 5 - 72　二元溶体的三种吉布斯自由能 - 成分曲线

(a) $\Delta H_m < 0$；(b) $\Delta H_m = 0$；(c) $\Delta H_m > 0$

稀薄固溶体往往可以作为理想溶体来考虑。一般说来，在稀薄固溶体中，溶质的微量增加对内能的影响很小，但却可以使熵值显著增加。从式(5 - 32)中可以看出，x_A(或 x_B)等于 0.5 时混合熵最大；当 $x_A \to 0(x_B \to 1)$ 或 $x_B \to 0(x_A \to 1)$时，曲线的斜率很大(图 5 - 73)，这意味着两组元间相互完全不溶解的情况是很难存在的，同时也说明了要想得到很纯物质是相当困难的。

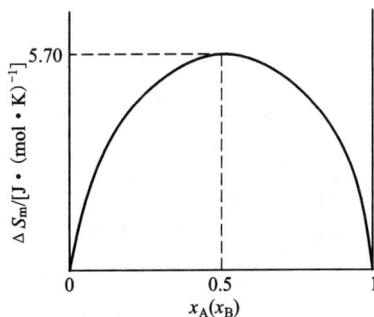

图 5 - 73　混合熵和浓度的关系

5.10.2　克劳修斯 - 克莱普隆方程

设在一定温度和压力下，某物质处于两相平衡状态，若温度改变 dT，压力相应地改变 dP 之后，两相仍呈平衡状态。根据等温定压下的平衡条件 $\Delta G = 0$，考虑 1 mol 物质吉布斯自由能变化，由于是平衡状态

$$\Delta G = G_2 - G_1 = 0, \ \text{即} \ dG_2 = dG_1 \tag{5-35}$$

按

$$dG = -SdT + VdP$$

应用式(5 - 35)得

$$-S_1 dT + V_1 dP = -S_2 dT + V_2 dp \tag{5-36}$$

即
$$\frac{dP}{dT} = \frac{S_2 - S_1}{V_2 - V_1} = \frac{\Delta S}{\Delta V} \tag{5-37}$$

因为过程是在恒温恒压下进行

$$\Delta S = \int_1^2 \frac{dQ}{T} = \int_1^2 \frac{dH}{T} = \frac{\Delta H}{T} \tag{5-38}$$

代入(5-37)式得

$$\frac{dp}{dT} = \frac{\Delta H}{T\Delta V} \tag{5-39}$$

此式即为克劳修斯 - 克莱普隆方程,适应于任何物质的两相平衡体系。在一元系的 $p-T$ 相图中,$\frac{dp}{dT}$ 表示每一条两相平衡曲线的斜率,其大小与 ΔH 及 ΔV 有关。ΔH 可为蒸发热、熔化热或升华热,ΔV 为参加反应的相的摩尔体积差。

如果是从固相或液相过渡到气相,前者的体积与后者相比可以忽略,按气体方程式 $V = RT/p$ 代入式(5-39)得

$$\frac{dp}{dT} = \frac{p\Delta H}{RT^2}, \text{ 或 } \ln p = K - \frac{\Delta H}{RT}$$

$$\lg p = \frac{A}{T} + B\lg T + C \tag{5-40}$$

式(5-40)即为蒸气压方程式,式中 K、A、B、C 为积分常数。

液 - 固转变及晶体的多型性转变其体积变化 ΔV 远较固 - 气及液 - 气转变为小,所以前两种转变的两者平衡线的斜率要比后两者大得多,如图 5-74 中的 BS_1 线和 DS_2 线。

一般金属(除 Bi、Sb 外)凝固时,$\Delta V < 0$,$\Delta H < 0$,按式(5-39),$\frac{dp}{dT} > 0$,可见增加压强可使金属的熔点升高。而冰例外,冰熔化时 $\Delta V < 0$,而 $\Delta H > 0$,则 $\frac{dp}{dT} < 0$,在冰

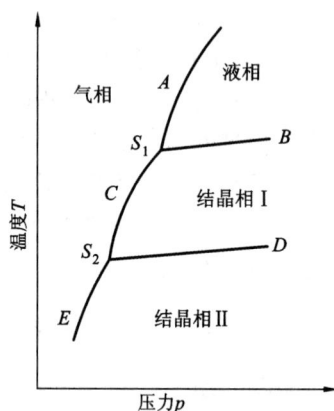

图 5-74 一元系统相图

的 $p-T$ 图上反映为随压强增加而熔点下降,滑冰时冰刀对冰面施加的较大压强,可使冰在较低温度下熔化而起到润滑作用。

5.10.3　相平衡条件

1. 化学位

化学位也称偏摩尔吉布斯自由能,它是温度、压力、成分的函数。对于一个多组元多相系统,组元 i 在相 j 中的化学位可用下式表示

$$\mu_i^{(j)} = \frac{\partial G_j}{\partial x_i} \tag{5-41}$$

式中, x_i 为组元 i 的摩尔浓度; G_j 为相 j 的吉布斯自由能。

化学位可视作某组元从某相中逸出的能力,组元 i 在某相中化学位越高,它向化学位较低的一相转移倾向越大,当组元 i 在各相的化学位相等时,即处于平衡状态。因此化学位可作为系统状态变化是否平衡或不可逆过程的一个判据。

对于二元系,若溶体的吉布斯自由能 – 成分曲线已知,可采用切线法求取两个组元的化学位(图 5 – 75),如溶体的成分为 x,可过曲线上与此成分(x)对

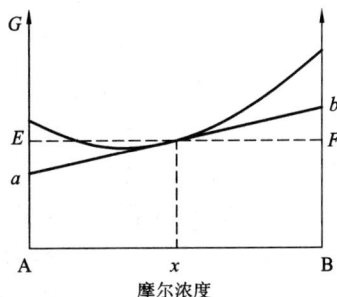

图 5 – 75　由切线求 μ_A、μ_B

应点作切线,切线与纵轴的交点 a、b 的吉布斯自由能值便是组元 A、B 在成分为 x 溶体中的化学位,即

$$\mu_A = G - x_B \frac{\mathrm{d}G}{\mathrm{d}x_B} = Aa$$

$$\mu_B = G - x_A \frac{\mathrm{d}G}{\mathrm{d}x_A} = Bb \tag{5-42}$$

2. 相图中的相平衡

(1) 多相平衡条件

多组元系统中多相平衡的条件是,任一组元在各相中的化学位相等:

$$\mu_i^{(1)} = \mu_i^{(2)} = \mu_i^{(3)} = \cdots = \mu_i^{(k)} \tag{5-43}$$

式中,上标为系统中相的编号。

这个结论容易理解,如果组元在各相中的化学位不相等,这个组元就会从化学位高的相中向化学位低的相发生迁移,使系统的吉布斯自由能降低,直到它在各相中的化学位相等为止。可见,溶体中化学位梯度是物质迁移的驱动力。

(2) 一元系统的相平衡

① 一元系统的两相平衡。根据相律 $f = C - p + 2$，一元系统两相平衡时，自由度 $f = 1$，即温度和压力只能有一个可以独立变动，所以一元系的两相平衡共存的关系，在 p – T 图上表现为一曲线，曲线的斜率 $\dfrac{\mathrm{d}p}{\mathrm{d}T}$ 由克劳修斯 – 克莱普隆方程描述。

纯物质的两相平衡包括液 (L) – 固 (S) 平衡、固 (S) – 气 (G) 平衡、液 (L) – 气 (G) 平衡、固 (S) – 固 (S) 平衡，如纯金属的铸造 ($L \rightleftharpoons S$)、气相沉积 ($G \rightleftharpoons S$)、液体的蒸发 ($L \rightleftharpoons G$) 等。

② 一元系统的三相平衡。一元系统三相平衡共存时，自由度 $f = 0$，它只能存在于某一温度及压力下，只要温度或压力稍有偏离，就会迫使一个相甚至两个相消失，因此一元系统的三相平衡共存，在 P – T 图上仅表现为一个点，即三相点，如图 5 – 76 所示。

利用式 (5 – 40) 可以求出三相点的温度或方程中的其他参量。

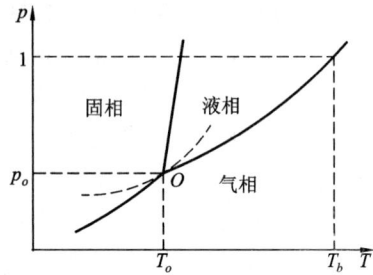

图 5 – 76　锌的相图

[例题]　已知固态锌的蒸气压随温度变化可以用下式表示

$$\lg p = -\frac{6850}{T} - 0.755 \lg T + 11.24$$

液态锌的蒸气压随温度变化为

$$\lg p = -\frac{6620}{T} - 1.255 \lg T + 12.34$$

求液 – 固 – 气三相共存点的温度及压力。

解： 设压力为 p_0，温度为 T_0 时锌的液、固、气三相平衡共存，液 – 气及固 – 气两相平衡线交于一点 $O(p_0 、 T_0)$。

由于　　　　　　　　　　　　$\lg p_0 = \lg P_0$

　　　　　　　　$(S - G)$　　　　$(L - G)$

故　　$-\dfrac{6850}{T_0} - 0.755 \lg T_0 + 11.24 = -\dfrac{6620}{T_0} - 1.255 \lg T_0 + 12.34$

即　　　　　　　　　　$\dfrac{230}{T_0} + 1.1 = 0.5 \lg T_0$

解得　　　　　　　　　　　$T_0 = 708 \text{ K}$

将 $T_0 = 708 \text{ K}$ 代入液态、固态锌的蒸气压方程，即可算出三相点的气压值

$$\lg p_0 = -\frac{6850}{T_0} - 0.755\lg T_0 + 11.24 \approx -0.587$$

解得
$$p_0 \approx \frac{0.2588}{760} \approx 3.4 \times 10^{-6}\text{MPa}$$

（3）二元系统的相平衡

① 公切线法则。对于二元系统，若在等温恒压条件下处于两相（α、β）平衡共存状态，根据化学位相等的要求，可对两个相的吉布斯自由能曲线作公切线（图 5－77）。公切线在两条曲线上切点所对应的坐标值，便是恒压下两个相在给定温度的平衡成分，即在两切点（x_B^α、x_B^β）之间成分范围内的二元合金，具有切点成分的相平衡共存时系统的吉布斯自由能最低，此即公切线法则。在切点处 $\mu_A^\alpha = \mu_A^\beta$，$\mu_B^\alpha = \mu_B^\beta$，而且 $\dfrac{\partial G_\alpha}{\partial x} = \dfrac{\partial G_\beta}{\partial x}$。

② 二元系两相平衡。根据公切线法则，若体系处于两相平衡状态，两平衡相的吉布斯自由能曲线的公切线上必有两个切点，在两切点成分范围内，系统处于两相平衡状态，组成两相混合物，此混合物的吉布斯自由能处于切线上，当成分在两切点间变动时，两平衡相的成分不变，只是其相对量作相应改变，并可由杠杆定律求得。

③ 二元系统的三相平衡。三相平衡共存的条件是公切线同时相切于三个相的吉布斯自由能曲线。公切线上的三个切点分别对应三个平衡相的成分，如图 5－78 所示。

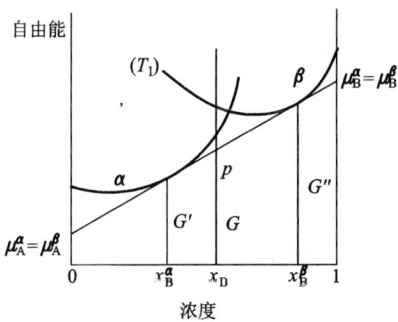

图 5－77　二元系的两相平衡

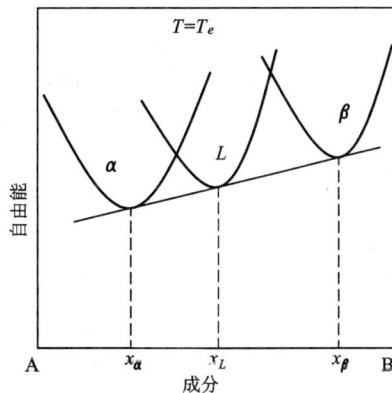

图 5－78　公切线法则的三相平衡

如果系统存在有中间相，各相在某一温度下的吉布斯自由能曲线如图 5－79所示。图 5－79(a)所示的二元系除了固溶体 α 相及 δ 相外，还存在中间相β、γ，对这些吉布斯自由能成分曲线分别引公切线 ab、cd、ef，可把系统分为 α、α+β、β、β+γ、γ、γ+δ、δ 几个区域，表明此温度时随成分变化，其平衡相亦作相应的变化。如果中间相与接近于某一特定成分 A_mB_n 的化合物相似，此中间相的吉布斯自由能曲线具有很尖锐的极小值[图 5-79(b)]。

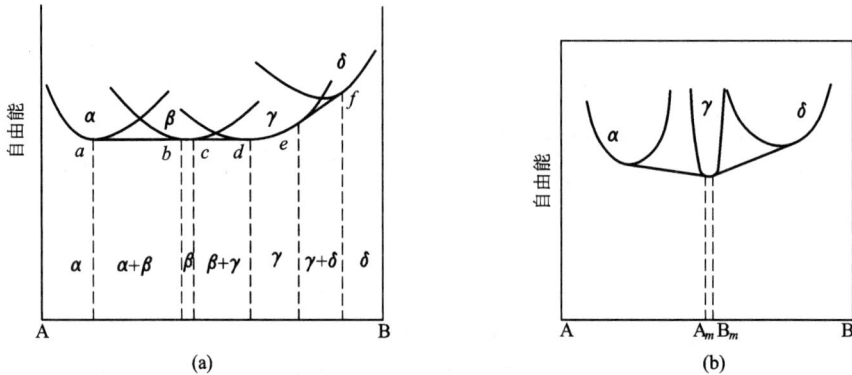

图 5-79　有中间相存在时的吉布斯自由能曲线

(a)中间相占有一定的浓度范围；(b)中间相具有固定不变的成分

5.10.4　吉布斯自由能曲线与相图

图 5-80 示意地说明了吉布斯自由能曲线与匀晶相图的关系；图 5-81 及图 5-82 说明了吉布斯自由能曲线与共晶及包晶相图的关系。

图 5-83 是具有调幅分解的二元合金相图。所谓调幅分解，是单相固溶体分解为两相混合物的一种特殊方式，其特殊之点是在这一分解过程中不需要新相的形核。

如图中所示，在 T_C 温度以上的任何温度单相固溶体的吉布斯自由能曲线都如图 5-80(e)所示的简单 U 形。在 T_C 以下其吉布斯自由能曲线开始出现两个极小点，对此曲线作公切线，得到两个切点，如图 5-83(c)中的 a、b 点及图 5-83(d)中的 c、d 点。因此在相图上形成了称为固溶度间隙的曲线 cahbd，固溶体在此曲线以下将分解为 $\alpha_1 + \alpha_2$ 两相[图 5-83(e)]。图中的虚线 ha'c'm 及 hb'd'n 是不同温度下固溶体吉布斯自由能曲线的拐点$\left(\dfrac{\mathrm{d}^2G}{\mathrm{d}x^2}=0\right)$的连线，称为调幅曲线。在调幅曲线成分范围内，固溶体将自发地分离成两个结构相同而成分不同的 α_1 和 α_2 两相，这种固溶体的分解不需要成核阶段，可以说是一种自发的偏聚，即一部分为溶质原子的富集区，另一部分为溶质原子的贫乏区。

固溶体的这种分解方式即所谓的调幅分解。调幅分解区域是极小的，只有在电子显微镜下才能观察到。

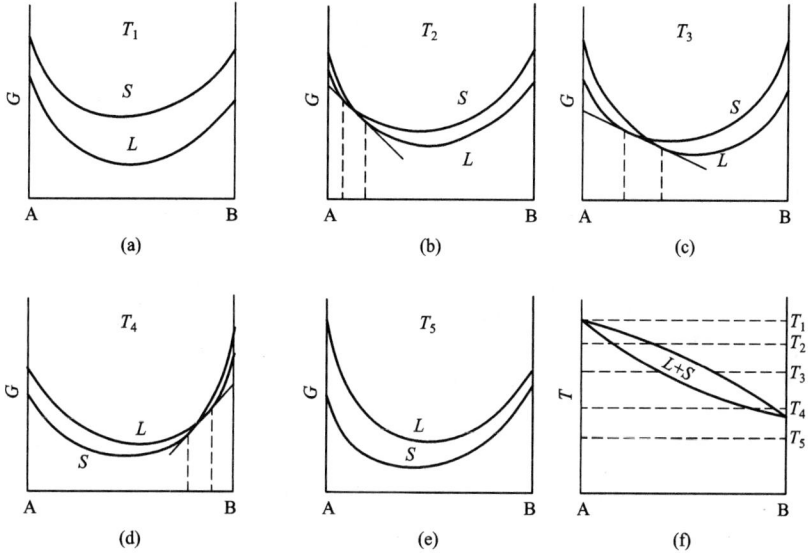

图 5 - 80　匀晶相图在五个不同温度下的吉布斯自由能曲线

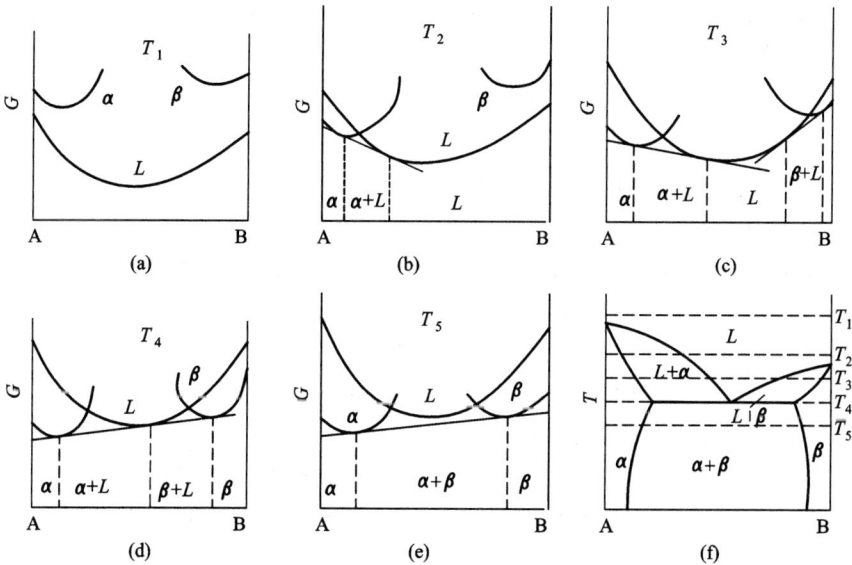

图 5 - 81　简单共晶相图的吉布斯自由能曲线图

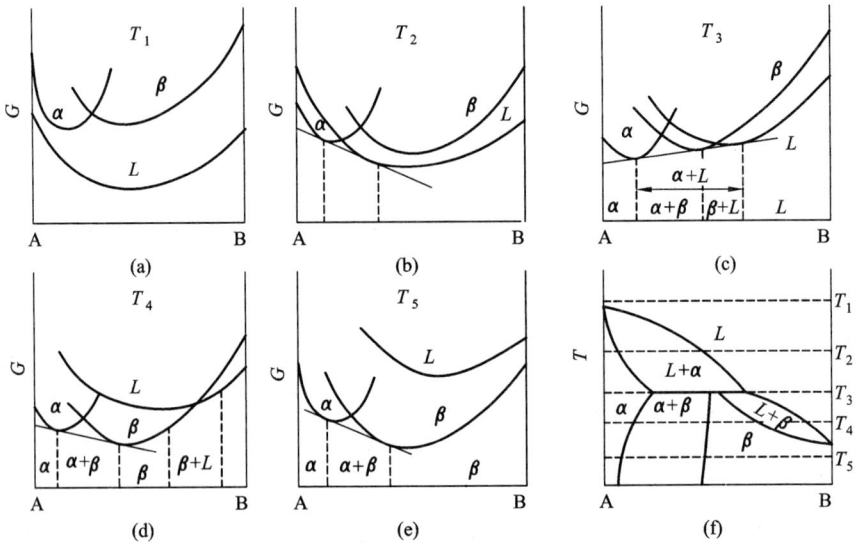

图 5 – 82　包晶相图的吉布斯自由能曲线图

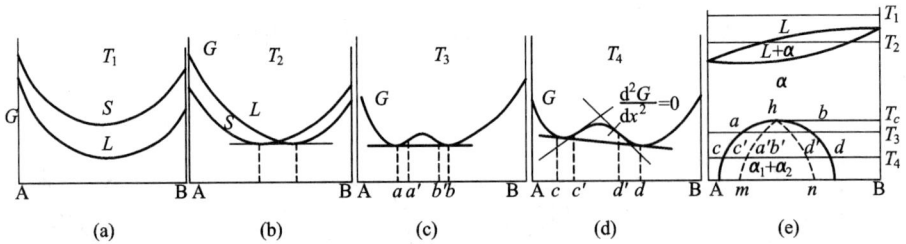

图 5 – 83　具有调幅分解的相图的吉布斯自由能曲线图

若固溶体在固溶度间隙曲线 cahbd 及调幅曲线之间进行分解，分解过程则将按一般形核过程进行脱溶分解。可见固溶体在调幅线以内或以外分解时，其分解机理与分解产物的形态都具有不同的特点。

调幅分解发生在调幅线（拐点连线）以内的原因可以作如下解释。

设固溶体 α 的吉布斯自由能为 G_α，成分为 x，在某温度下分解为成分为 $(x+\Delta x)$ 的 α_1 与成分为 $(x-\Delta x)$ 的 α_2 相，此时合金的总吉布斯自由能应为两相吉布斯自由能的平均值，故固溶体分解前后吉布斯自由能的变化为

$$\Delta G = G_{\alpha_1+\alpha_2} - G_\alpha = \frac{1}{2}\left[\,G(x+\Delta x) + G(x-\Delta x)\,\right] - G_\alpha(x)$$

将上式按泰勒级数展开，取其前三项

$$\Delta G \approx \frac{1}{2} \Big[G(x) + \frac{dG}{dx}(\Delta x) + \frac{d^2 G}{dx^2}(\Delta x)^2 + G(x) +$$

$$\frac{dG}{dx}(-\Delta x) + \frac{d^2 G}{dx^2}(-\Delta x)^2 \Big] - G_\alpha(x)$$

$$= \frac{1}{2} \frac{d^2 G}{dx^2}(\Delta x)^2 \qquad (5-44)$$

如在拐点以外切点以内区域[图 5-83(d)]，$\frac{d^2 G}{dx^2} > 0$，从式(5-44)可以看出 $\Delta G > 0$，说明任意小的成分起伏，都将使体系吉布斯自由能增高，此吉布斯自由能增量是固溶体分解为两相时所要克服的能垒，即形成稳定晶核的形核功，新相晶核一般在某些结构缺陷处(如位错、晶界等)形成。

但是，在调幅线以内，$\frac{d^2 G}{dx^2} < 0$，$\Delta G < 0$，即在此范围的合金，任意小的成分起伏都会使体系的吉布斯自由能下降，使母相不稳定，进行不具能垒的调幅分解，通过溶质的上坡扩散使浓度起伏区直接长大为新相。

习 题

1. Bi(熔点为 271.5 ℃)和 Sb(熔点为 630.7 ℃)在液态和固态时能彼此无限溶解，含 50% Bi 合金在 520 ℃时开始凝固出含 87% Sb 的固相，含 80% Bi 合金在 400 ℃开始凝固出含 64% Sb 的固相。根据上述条件：

(1)用坐标纸绘出 Bi-Sb 相图，并标出各线和各相区的名称；

(2)从相图上确定含 40% Sb 合金的开始凝固和凝固完毕温度，并求出它在 400 ℃时的平衡相成分及其相对量。

2. 在正温度梯度下，为什么纯金属凝固时不能呈树枝状成长，而固溶体合金能呈树枝状成长？

3. 将一个 $k_0 < 1$ 的固溶体合金长试棒由一端作定向凝固，其固、液界面保持平直状，希望①获得最大程度的提纯效果；②获得一段成分均匀的试棒。试分别说明各个的最佳凝固条件，并绘出其凝固后的成分分布示意图。

4. Pb(熔点为 327.5 ℃)和 Sn(熔点为 232 ℃)的共晶成分为 61.9% Sn。在共晶温度时(183 ℃)，Sn 在 Pb 中的固溶度为 19.2%，Pb 在 Sn 中的固溶度为 2.5%；在室温时，Pb 中尚能固溶 1% Sn，而 Sn 中几乎不能固溶 Pb。根据上述条件：

(1)用坐标纸绘出 Pb-Sn 相图，并标明各点、线和相区的名称；

(2)绘出含40%Sn合金的冷却曲线及各温度阶段的组织示意图,并计算合金在共晶温度和室温下的相组成物和组织组成物的重量百分数。并指出当快速冷却时对合金显微组织的影响;

(3)另一合金含20at%Sn,请回答与(2)问同样的问题(Pb和Sn的原子量分别为208和120)。

5. Ni(熔点为1455 ℃)与Re(熔点为3186 ℃)在液态时完全互溶,而在固态时仅部分互溶,并组成简单包晶相图。在包晶温度(1622 ℃)时,液相成分为(36%Re),α – Ni和β – Re的成分分别为40%Re和94%Re;在2400 ℃时液相和β相的成分分别为58%Re和98%Re;在1200 ℃时,α和β相的成分分别为33%Re和96%Re;在800 ℃时,α和β的成分分别为32%Re和97%Re。根据上述条件:

(1)绘出Ni – Re相图(最低温度可画至800 ℃);

(2)分别绘出38%Re和60%Re合金的冷却曲线和各温度阶段的组织示意图;

(3)绘出上述两合金在800 ℃时的非平衡状态的组织示意图,并说明与其平衡组织的差别。

6. 填写图5 – 84中Al – Mn相图的两相区,并写出相图中各三相等温平衡反应式。

7. 由实验获得A – B二元系的液相线和各等温反应的成分范围(图5 – 85)。在不违背相律的情况下,试将此相图绘完,并填写其中各相区的相名称(自己假设名称),写出各等温反应式。

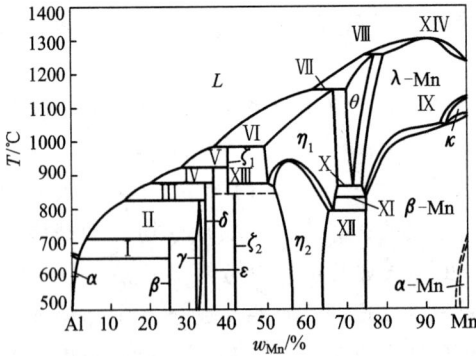

图5 – 84　Al – Mn相图

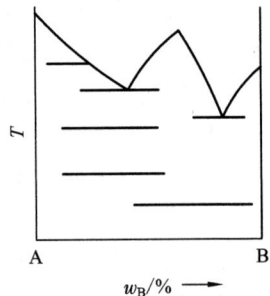

图5 – 85

8. 试根据相律和相区接触规则指出图5 – 86中的错误之处,并加以改正。

9. (1)绘出图5-32中各相在 T_2 温度下的成分-自由能曲线,并标注各成分区间的相组成;

(2)根据这些自由能曲线证明单相区的边界线 ac 和 bd 的延伸线必须分别进入两相($\alpha+\beta$),不能进入单相区(α 或 β)。

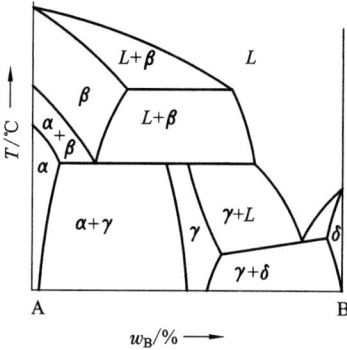

图 5-86

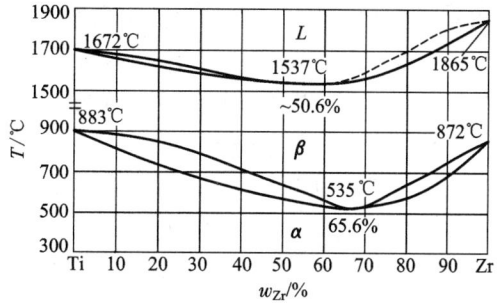

图 5-87　Ti-Zr 相图

10. 示意地分别绘出 Ti-Zr 系(图5-87)在 1600 ℃、1537 ℃、1000 ℃、700 ℃和535 ℃各相的成分-自由能曲线,并标出各成分区间的相组成。

11. 示意地分别绘出 Fe-Fe₃C 系(图5-58)在 1200 ℃、1148 ℃、910 ℃、727 ℃和500 ℃的成分-自由能曲线,并标出各温度下的相区分布。

12. 绘出含碳0.4%和1.2%的钢的冷却曲线(参考图5-58)和组织示意图,并计算其在室温下的相组成物和组织组成物的相对量。

13. 试比较固溶体溶混间隙的平衡分解和调幅分解的条件、过程和组织上的区别。

第6章 三元系相图

  工业上应用的金属材料大多数都是二元以上的合金，即使是二元合金，由于还存在杂质，当研究杂质的影响时，也可以当作三元合金来讨论（杂质作为第三组元）。所以在研究合金的成分、组织和性质之间的关系，以及制订合金的生产工艺时，除了参考二元相图外，还需要参考三元相图。

  完整的三元相图是一个立体模型，它包括表示三个组元含量的浓度平面和垂直于此平面的温度坐标，图形比较复杂，类型也很多。要实测一个完整的三元相图，工作量很繁重，加之应用立体图形并不方便，也不必要，因此，在研究和分析合金时，往往只需要参考那些有实用价值的截面和投影图，即各种等温截面、变温截面及各相区在浓度三角形上的投影图。立体的三元相图也就是由许多这样的截面和投影图组合而成的。本章的主要任务是：扼要地介绍几种基本类型的三元相图立体模型；着重分析和应用各种等温截面、变温截面和各相区在浓度三角形上的投影图；了解图中具体合金在某温度所存在的相态，以及当温度变化时的相变过程和所获得的组织状态等。

6.1 三元相图的成分表示法

  二元合金的成分可用一条直线表示，三元合金的成分则需用一平面表示，通常是用等边三角形或直角坐标表示。图 6-1 为等边三角形成分表示法，三角形的三个顶点 A、B、C 分别表示三个纯组元，三角形的边 AB、BC、CA 分别表示三个二元系的合金成分，三角形内的任一点都代表某一成分的三元合金。下面介绍三角形内任一点 x 合金的成分求法。设等边三角形的三边 AB、BC、CA 按顺时针方向分别代表三组元 B、C、A 的含量。根据等边三角形的几何特性，由 x 点分别作三边的平行线，顺序交于三边的三线段之和等于三角形的任一边长（图 6-1），即

$$xa + xb + xc = AB = BC = CA = 合金的总量（100\%）$$

$xa = Cb$，代表 A 组元的含量；$xb = Ac$，代表 B 组元的含量；$xc = Ba$，代表 C 组元的含量。这样就很方便地由 x 点分别作各组元对边的平行线，交截于代表各组元的一边上，就可以直接读出 x 合金中 A、B、C 各组元的百分含量分别为

20%、40%、40%。反过来，若已知合金中三个组元的百分含量，欲求该合金
在三角形内的位置，也可从代表各组元浓度线上的相应点，分别作其对边的平
行线，从这些平行线的交点即可读出合金的成分。因为三角形是代表三元合金
的浓度，故称为浓度三角形。

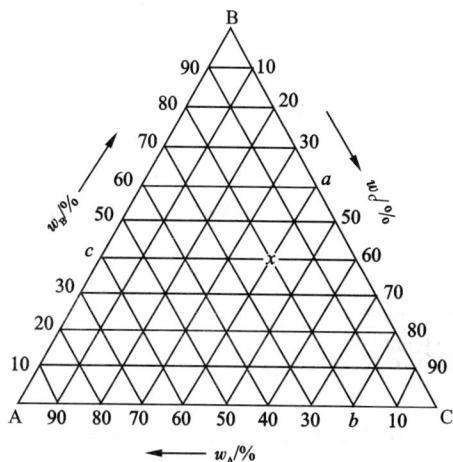

图 6-1　三元相图的浓度三角形　　　　　图 6-2　浓度三角形中的特性线

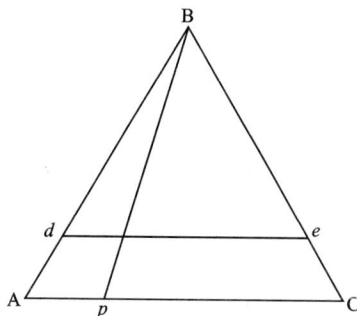

　　在等边三角形中，还有两种具有某一定特性的线：①平行于三角形一边的
直线上的所有合金，含此线对应顶角的组元的量相等，如图 6-2 所示，平行于
AC 边的 de 线上的所有合金，含 B 组元的量都为 Ad%。②通过三角形一顶角
的直线上的全部合金，所含此线两旁的两组元的量的比值相等，如图 6-2 中
Bp 线上的全部合金，含 A 和 C 两组元的比值相等，即 A/C = Cp/Ap。
　　当三元合金中的一个组元或两个组元的含量很少时，还有用等腰三角形或
直角坐标表示三元合金的成分。当一组元的含量较少，而另两组元的含量较多
时，合金成分点就靠近三角形的一边。为了清晰地表示相图，而将等腰三角形
的两腰放大，如图 6-3 所示。实际应用时，只取靠 AB 边的一部分，于是就成
为等腰梯形。合金 o 成分的求得与等边三角形的求法一样，即 A、B、C 的含量
分别为 Ba(30%)、Ab(60%)、Ac(10%)。当合金成分以一组元为主，其他二
组元的量很少时，例如铝中的硅含量仅千分之几，铁含量仅万分之几，则可采
用直角坐标，而且可取不同标尺，如图 6-4 所示。合金中的两组元可利用垂线
从直角坐标上求得，其余即为另一组元。例如图 6-4 中的 x 合金含 0.8% Si，
0.06% Fe，Al = (100 - 0.8 - 0.06)% = 99.14%。

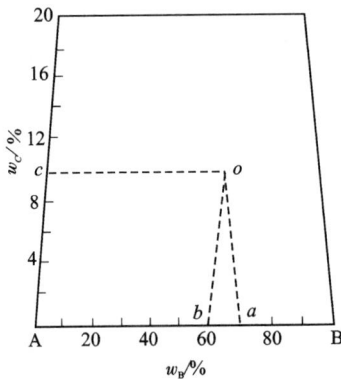

图6-3　用等腰三角形表示三元合金成分

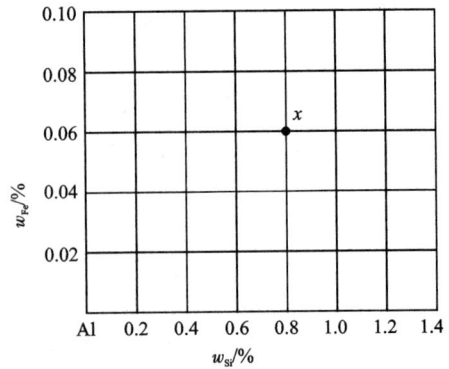

图6-4　用垂直坐标表示成分

6.2　三元相图的杠杆定律和重心法则

　　三元相图的杠杆定律和重心法则除了用来计算平衡相的百分含量外，还可以帮助我们分析合金在温度变化过程中的相成分变化规律及三元合金重熔配料等问题。

6.2.1　杠杆定律

　　当一个三元合金 O 分解为两个不同成分的平衡相 D 和 E 时，如图6-5所示，此 D、E 和 O 三点必然位于一条直线上，且 D 和 E 两相的重量比与其到 O 点的距离成反比，即 $D/E = OE/OD$，或 $D = OE/DE \times 100\%$，$E = OD/OE \times 100\%$。这就是所谓的杠杆定律，又称直线定律。如果已知一合金 O 在液体冷凝过程中，

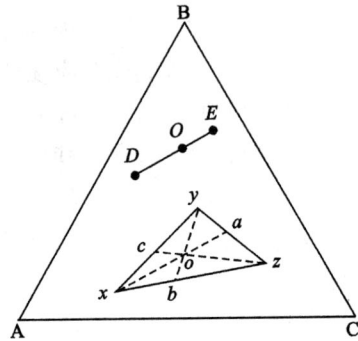

图6-5　三元相图的杠杆定律和重心法则

析出相 D 的成分不变时，则液相的成分一定沿着 DO 的延长线上变化。

6.2.2　重心法则

　　当一个三元合金 o 分解为三个不同成分的平衡相 x、y 和 z 时，如图6-5所示，此 o 合金的成分点必然位于由 x、y 和 z 三相成分点所连成的三角形内。

此时 x、y 和 z 三相的重量百分数可分别按杠杆定律进行计算

$$x = oa/ax \times 100\% \quad (a \text{ 点相当于 } y \text{ 和 } z \text{ 两相之和的成分点})$$

$$y = ob/by \times 100\% \quad (b \text{ 点相当于 } x \text{ 和 } z \text{ 两相之和的成分点})$$

$$z = oc/cz \times 100\% \quad (c \text{ 点相当于 } x \text{ 和 } y \text{ 两相之和的成分点})$$

当算出 x 的含量之后，y 和 z 的含量也可以利用 yz 作杠杆计算

$$y = az/yz \times (100 - x) \times 100\% = az/yz \times ox/ax \times 100\%$$

$$z = ay/yz \times (100 - x) \times 100\% = ay/yz \times ox/ax \times 100\%$$

反之，如果将已知成分和重量的三个合金 x、y 和 z 熔合成一个 o 合金时，此 o 合金只能位于 xyz 三角形内，不能配制出位于三角形以外的任何合金。计算表明，o 点正好位于三角形的质量重心，故称为重心法则。

6.3　匀晶三元相图

6.3.1　相图的空间模型

形成这类相图的三个组元在液态和固态下均能无限地互相溶解，形成均匀的溶液和固溶体，如图 6 – 6 所示。空间模型的三个侧面为三个匀晶型二元相图，三个二元相图的液相线连成三元相图的液相面，三条固相线连成固相面，这类相图就是由液相面和固相面构成。在液相面以上区域均为液相，在固相面以下区间均为固相，在液相面和固相面之间为液相和固相共存的两相区。

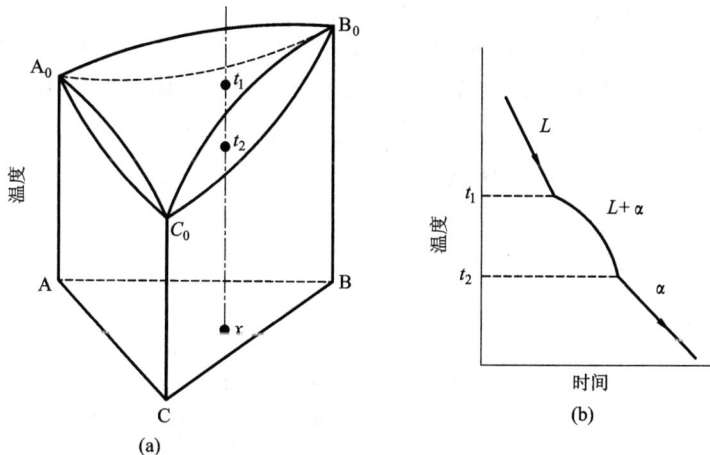

图 6 – 6　匀晶三元系相图

(a)匀晶型三元相图的空间模型；(b)x 合金的冷却曲线

6.3.2 合金的凝固过程及组织

设 x 合金[图 6-6(a)]从高温的均匀液态缓慢冷却,当冷至与液相面相遇于 t_1 时,开始凝固,继续冷却,凝固的固相量增多,一直到温度降至与固相面相遇于 t_2 时,凝固完毕。图 6-6(b)示出 x 合金的冷却曲线,它与二元固溶体合金完全相似。

x 合金在凝固过程中,液、固两相的成分分别沿液相面和固相面呈曲线变化(图 6-7),液相成分沿 $L_1L_2L_3L_4$ 变化,固相成分沿 $\alpha_1\alpha_2\alpha_3\alpha_4$ 变化,投影到浓度三角形上则呈蝴蝶形。如果冷却速度很慢,液、固两相中的原子扩散能充分进行,则获得成分均匀的 α 固溶体晶粒;如果冷速较快,液、固两相中的原子扩散进行不完全,则和二元固溶体合金一样,获得具有枝晶偏析的组织。欲使其成分均匀,需进行均匀化退火。

从三元相图空间模型很难看出合金的具体相变温度、相变过程中的相成分变化,以及计算各平衡相的百分含量。

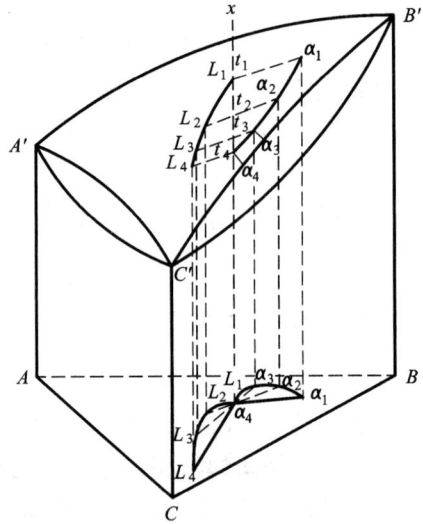

图 6-7 x 合金凝固过程中的相成分变化

因此,实际应用的不是相图的空间模型,而是空间模型的某些等温截面、变温截面以及各种相区和等温线的投影图,即将立体图解剖为平面,以便于一目了然,实际应用。在实验测定三元相图时,也是首先测出一系列截面,然后根据这些截面建立空间模型。由于空间模型无多大实用价值,一般相图资料均不绘制三元空间模型。但是在开始学习时,需要结合空间模型来进行分析,以便更正确地理解和应用各种截面和投影图。

6.3.3 等温截面(或水平截面)

等温截面是表示三元系在某一温度下的状态,例如图 6-8(b)即表示 ABC 三元系[图 6-8(a)]的 t_1 温度等温截面,就是在立体模型中插入一个 t_1 温度水平面 DEF,该面与液相面和固相面分别交截于 L_1L_2 和 $\alpha_1\alpha_2$ 线段,将此两条交线投影到浓度三角形上,即得 t_1 温度的等温截面。交线 L_1L_2 和 $\alpha_1\alpha_2$ 将三元系划分为三个不同的相区,L_1L_2 线左边为液相区(L),$\alpha_1\alpha_2$ 线右边为固相区

(α)，L_1L_2 和 $\alpha_1\alpha_2$ 两线之间为两相区（$L+\alpha$）。于是，三元系中各种合金在 t_1 温度下存在的状态就可一目了然。

在等温截面的两相区中，根据相律 $f=2$，温度固定后，还有一个相的一个成分可以独立变化，或者是液相成分沿 L_1L_2 线变化，或者是固相成分沿 $\alpha_1\alpha_2$ 线变化。即是说，在此温度下，处于平衡的两相可以有不同的相成分。但是，每一固定成分的液相只有一固定成分的固相与之平衡，此每对平衡相成分点的连接线简称为连线或共轭线，在等温截面的两相区中都连有这种连线，如图 6-8(b)所示。

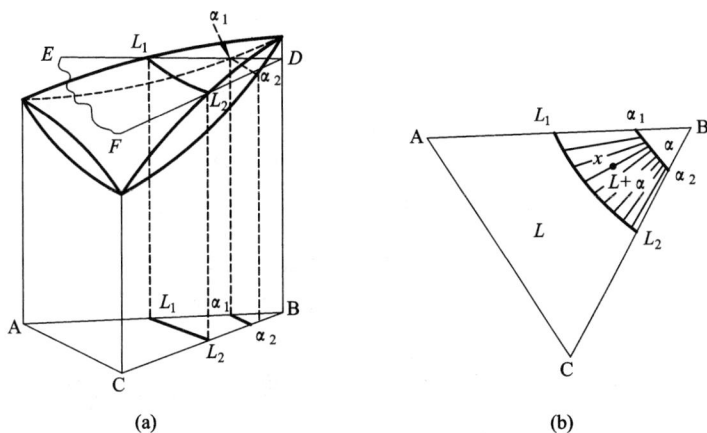

图 6-8　从立体模型截取等温截面(a)及 t_1 温度的等温截面(b)

两相区的连线如何连法呢？应该用实验确定。因为三元系两相平衡时的自由度为 2，温度固定后，只需测定两个平衡相中任一相的一个组元含量，就可以完全确定两平衡相的成分。例如 6-9(a)为 t_1 温度的等温截面，设合金 x 在 t_1 温度分解为 $L+\alpha$ 两个相，则 L 和 α 的成分一定分别位于 L_1L_2 和 $\alpha_1\alpha_2$ 线上，此时两相平衡的连线仍然画不出来。若已测出 α 中的含 C 量为 $x_c\%$，则 α 的成分一定位于平行于 AB 边的虚线上，此虚线与 $\alpha_1\alpha_2$ 线的交点 n，即为 α 的成分点。然后根据杠杆定律，连接 n 和 x 点并延长与 L_1L_2 线交于 m 点，即为液相的成分点，此 mn 线即为两相区中的一条连线。必须注意，两相区中的连线彼此不能相交，呈放射状。

是否可以通过一顶点（如 B）连成放射状呢？不可以。从二元固溶体合金凝固时知道，当固、液两相平衡时，固相中含高熔点组元的量(C_A^α)比液相中的(C_A^L)高，含低熔点组元则(C_C)相反，即

$$C_A^\alpha > C_A^L, \quad C_C^\alpha < C_C^L; \quad \text{所以 } C_A^\alpha / C_C^\alpha > C_A^L / C_C^L$$

在三元系中也存在同样规律。根据此规律，连线不可能与通过顶点的 Bxf 直线一致，因为该线上的所有相，其 C_A/C_C 比值相等，不符合上述规律。所以通过 x 点的正确连线位置一定是液相成分点 m 位于 Bxf 线的下方，而固相成分点 n 位于 Bxf 线的上方，这样，$C_A^\alpha / C_C^\alpha > C_A^L / C_C^L$，才符合上述规律。

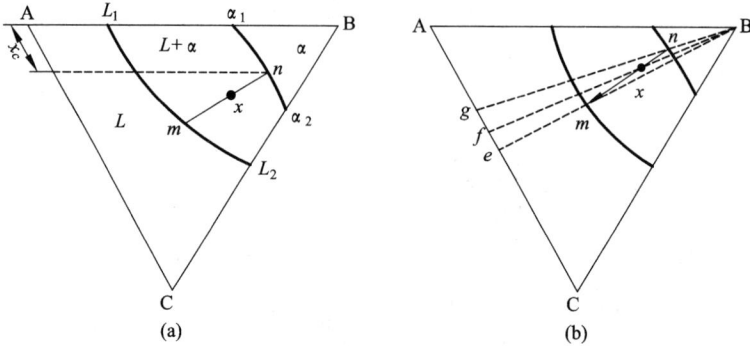

图 6 – 9　两相区中的连线(共轭线)

(a)确定连线的方法；(b)连线方向的判定

已知 x 合金两平衡相的成分为 m 和 n，就可以应用杠杆定律计算两个相的百分含量

$$L = nx/mn \times 100\%, \quad \alpha = mx/mn \times 100\%$$

等温截面的功用有二，①表示在某温度下三元系中各种合金所存在的相态；②表示平衡相的成分，并可以应用杠杆定律计算平衡相的相对量。

如果将一系列等温截面与液相面的交线(称液相等温线)和固相面的交线(称固相等温线)分别投影到浓度三角形上，即获得液相等温线和固相等温线投影图，分别表示该系合金的开始凝固温度和凝固完毕温度。此外，还可从图上看出相界面各处的坡度情况。

6.3.4　变温截面(或垂直截面)

变温截面是表示三元系中某组合金在不同温度下的状态，也就是说当温度改变时，其相态的变化情况。例如图 6 – 10(a)，插入 EF(平行于 BC 边)和 BG(通过一顶点)两个垂直截面，分别与液相面和固相面交于 L_1L_2 和 $\alpha_1\alpha_2$、bL_3 和 $b\alpha_3$。将此交线绘于该截面上，即得变温截面，又称垂直截面，如图 6 – 10(b)(c)所示。从形状和意义上看，它与二元相图类似，纵坐标表示温度，横坐标表示合金成分,图中的线条同样表示相变温度,可以与二元相图一样分析合金的相变过程。但是必须注意,这里有很重要的一点与二元相图不同,就是在变温截面上不能表示相的成分,因为平衡相的成分不是都落在一个变温截面上,因此在变温截面上就不能应用杠杆定律计算平衡相的百分含量。

匀晶型三元相图也有具有极大点和极小点的相图。作为匀晶型相图的实例有 Au – Ag – Pd、Au – Ag – Pt、Au – Pt – Cu、Cu – Ni – Pt 等。

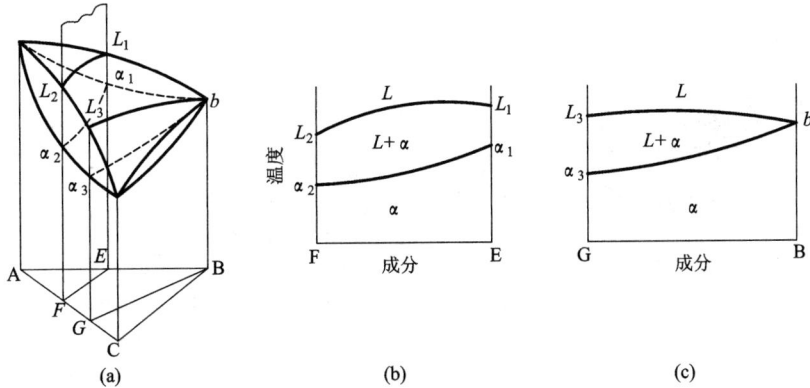

图 6 – 10　匀晶三元相图的变温截面

(a)截取 EF 和 BG 变温截面;(b)EF 变温截面;(c)BG 变温截面

6.4　简单共晶三元相图

6.4.1　相图的空间模型

三组元在液态能无限互溶,在固态几乎完全互不溶解,形成简单的三元共晶系,其空间模型如图 6 – 11 所示。A – B、B – C 和 A – C 分别组成简单的二元共晶系。形成三元系时,由 A – B 和 A – C 两个二元系中的 A 初晶液相线组成三元系的 A 初晶液相面($A_0e_1Ee_3$),由 A – B 和 B – C 两个二元系中的 B 初晶液相线组成三元系的 B 初晶液相面($B_0e_1Ee_2$),由 B – C 和 A – C 两个二元系中的 C 初晶液相线组成三元系的 C 初晶液相面($C_0e_2Ee_3$)。三个液相面彼此相交于三条线 e_1E、e_2E 和 e_3E,称为二元共晶线或单变量线,表示三相平衡的液相成分线,其反应式分别为 $L \rightleftharpoons A + B$,$L \rightleftharpoons B + C$,$L \rightleftharpoons A + C$。三个液相面共交于一点 E,称为三元共晶点,代表四相平衡的液相成分点,其反应式为 $L \rightleftharpoons A + B + C$。

在三元系中，因四相平衡的自由度数为零，故为等温反应，即图 6-11(a) 的 abc 三角形水平面，四相的成分点分别为 E、a、b 和 c。三相平衡具有一温度间隔，因其自由度数为 1，状态变数为温度或一相中的一组元，所以三相平衡有开始面和完毕面。图 6-12 示出 $L \rightleftharpoons A+B$ 反应的开始面，即 e_1EaA_1 和 e_1EbB_1 两个面，其完毕面与三元共晶等温面 aEb 重叠。该三元系空间模型的结构为三个(A、B 和 C)初晶面，三组六个二元共晶开始面，一个三元共晶水平面。二元共晶完毕面与三元共晶面合在一起，即二元共晶反应完毕也就是三元共晶反应开始。

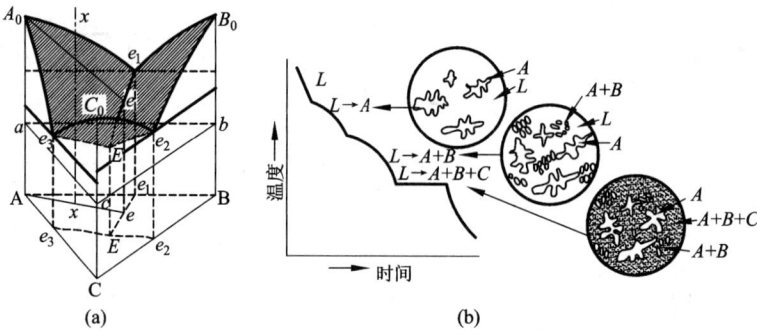

图 6-11 简单共晶型三元相图的空间模型(a)
及 x 合金的冷却曲线和凝固过程的组织变化示意图(b)

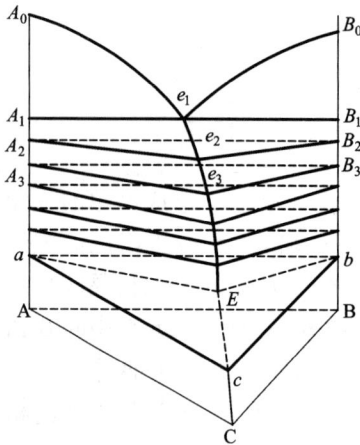

图 6-12 二元共晶开始面的构成

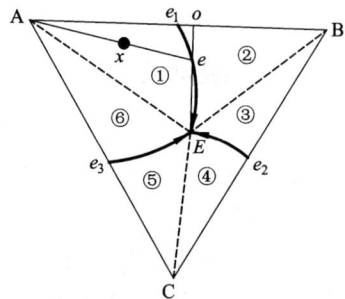

图 6-13 图 6-11 各种相区界面
在浓度三角形上的投影图

如果将空间模型的各种相区界面投影到浓度三角形上,如图 6－13 所示,后面简称投影图。三个液相面(初晶面)和三组二元共晶开始面的投影将整个三元系划分为性质不同的 6 个区、6 条线。6 个区以及 E 点所代表的合金各形成不同的组织类型,它们凝固完毕后的组织特点列于表 6－1。

表 6－1　图 6－13 中各种区、线、点的合金凝固后的组织

区　　域	组　　　织
①区	$A_{初晶} + (A+B)_{二元共晶} + (A+B+C)_{三元共晶}$
②区	$B_{初晶} + (A+B)_{二元共晶} + (A+B+C)_{三元共晶}$
③区	$B_{初晶} + (B+C)_{二元共晶} + (A+B+C)_{三元共晶}$
④区	$C_{初晶} + (B+C)_{二元共晶} + (A+B+C)_{三元共晶}$
⑤区	$C_{初晶} + (A+C)_{二元共晶} + (A+B+C)_{三元共晶}$
⑥区	$A_{初晶} + (A+C)_{二元共晶} + (A+B+C)_{三元共晶}$
AE 线	$A_{初晶} \qquad\qquad\ + (A+B+C)_{三元共晶}$
BE 线	$B_{初晶} \qquad\qquad\ + (A+B+C)_{三元共晶}$
CE 线	$C_{初晶} \qquad\qquad\ + (A+B+C)_{三元共晶}$
e_1E 线	$(A+B)_{二元共晶} + (A+B+C)_{三元共晶}$
e_2E 线	$(B+C)_{二元共晶} + (A+B+C)_{三元共晶}$
e_3E 线	$(A+C)_{二元共晶} + (A+B+C)_{三元共晶}$
E 点	$(A+B+C)_{三元共晶}$

6.4.2　合金的凝固过程和组织

以图 6－11 的 x 合金为例说明从高温冷却时的凝固过程和组织。当 x 合金冷却至液相面温度 t_1 时,开始析出初晶 A,继续冷却,析出的 A 量增加。由于初晶 A 的成分不变,所以在析出初晶的过程中,液相成分应沿着 A 和 x 的连线的延线上变化(图 6－13)。当液相成分变至与二元共晶线 e_1E 相交于 e 点时,温度恰好降至二元共晶开始面上,初晶 A 析出完毕,e 点成分的液体开始析出二元共晶(A＋B)。继续冷却,析出二元共晶的量增多,液相成分沿 e_1E 线变化。当液相成分变至 E 点时,温度也降至三元共晶温度,二元共晶凝固完毕,剩余的 E 点成分的液体全部在恒温下凝固成三元共晶(A＋B＋C)。凝固完毕后,x 合金的组织为 $A_{初晶} + (A+B)_{二元共晶} + (A+B+C)_{三元共晶}$。图 6－11(b)示出 x 合金的冷却曲线及凝固过程的组织变化示意图。

应该指出,在不同温度析出的二元共晶成分是不同的,如图 6－14 所示,

当液体成分为 e 点时，析出的二元共晶成分就是从 e 点作 e_1eE 曲线的切线交 AB 边上的 m 点，e_1E 线上每一点液体析出的二元共晶成分都可用作切线的方法确定，在 E 点作切线交 AB 边于 n 代表最后析出的二元共晶成分，即是说，x 合金析出的二元共晶成分

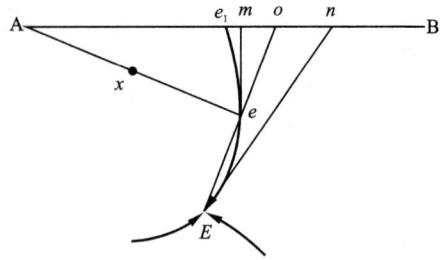

图 6-14   二元共晶成分点的确定

按先后次序从 m 变至 n，其平均成分则为 Ee 连线的延线与 AB 边相交的 o 点。

从图 6-13 可以计算 x 合金各组织组成物的含量：$A_{初晶} = ex/Ae \times 100\%$，$(A + B)_{二元共晶} = eE/Eo \times Ax/Ae \times 100\%$，$(A + B + C)_{三元共晶} = eo/Eo \times Ax/Ae \times 100\%$。

6.4.3　等温截面

假设该系中三组元 A、B 和 C 的熔点分别为 900 ℃、850 ℃ 和 790 ℃，三个二元共晶 e_1、e_2 和 e_3 的熔点分别为 780 ℃、720 ℃ 和 700 ℃，三元共晶 E 的熔点为 550 ℃。图 6-15 表示作出的 800 ℃、750 ℃、650 ℃ 和 500 ℃ 等温截面。800 ℃ 截面仅截取两个液相面，750 ℃ 截面除截取三个液相面外，还截取 $(A + B)$ 二元共晶开始面，故出现 ABk 三相区；650 ℃ 截取三个二元共晶开始面，故出现三个三相区；500 ℃ 截面低于三元共晶温度，虽然截不到空间模型的任何面（即为 ABC 三角形），但为了表示各区合金凝固后的组织特点，还是将各种相面的交线（特性线）投影在截面上。分析等温截面时，注意各种相区的特点，在两相区中连有连线，表示平衡两相的成分，三相区则为一三角形，三顶点代表三相的成分点。

6.4.4　变温截面

图 6-16(a) 表示平行于 AB 边的 cd 垂直平面与空间模型中各种面的交线，即变温截面；(b) 为对应于投影图的特性线，分析 cd 变温截面的性质特点和应用。cd 截面与投影图中三条特性线的交点 p、e_1' 和 q，从表 6-1 知道，e_1' 点合金没有初晶，只有二元共晶和三元共晶，p 和 q 点合金没有二元共晶，只有初晶和三元共晶，这三种合金在凝固过程中的相变温度和相变特征在变温截面上就更一目了然。分析变温截面上合金的冷凝过程与二元相图类似，例如 x 合金从高温冷至 1 温度时，开始析出初晶 B，冷至 2 温度时，开始析出二元共晶 $(A + B)$，冷至 3 温度时，析出三元共晶 $(A + B + C)$，凝固完毕后的组织为：$B_{初晶}$ +

$(A+B)_{二元共晶}+(A+B+C)_{三元共晶}$。必须注意，在变温截面上不能分析相变过程中的相成分变化，因为它们的成分不在此截面上变化，所以不能应用杠杆定律计算相和组织的相对量。

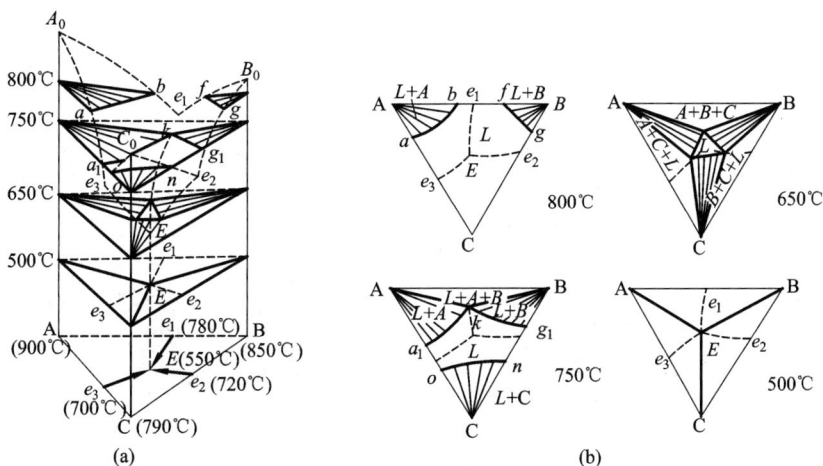

图 6 – 15　简单共晶三元相图的等温面

(a)从空间模型截取等温截面；(b)800 ℃、750 ℃、650 ℃ 和 500 ℃等温截面

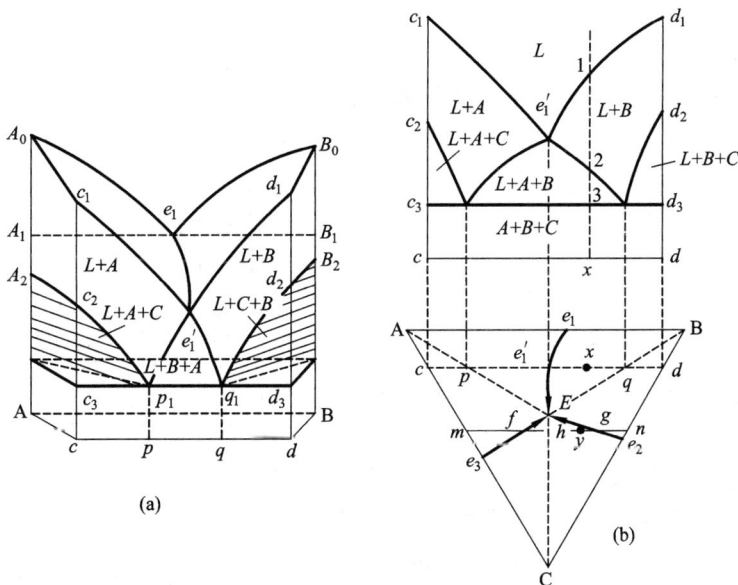

图 6 – 16　平行于 *AB* 边的 *cd* 变温截面

图 6 - 17 示出通过顶角 A 的 Ab 变温截面,分析方法与上面一样,不再重复。但要注意一点,Ab 变温截面上的 A_1g_1 水平线并不表示等温转变,它仅表示 Ag 线段上的合金都在 A_1g_1 温度开始析出二元共晶,都到三元共晶温度才凝固完毕。

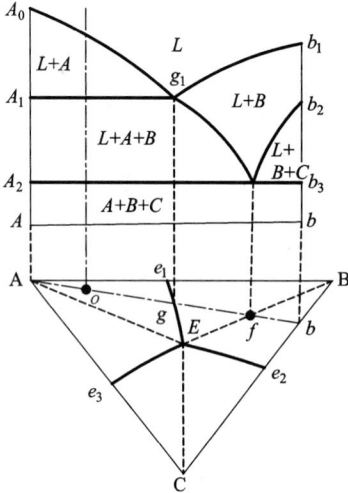

图 6 - 17　通过顶角 A 的 Ab 变温截面

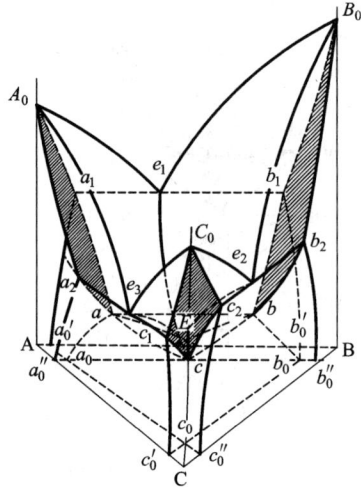

图 6 - 18　固态有限溶解的
三元共晶相图的空间模型

6.5　固态有限溶解的三元共晶相图

6.5.1　相图的空间模型

固态有限溶解的共晶型三元相图的空间模型如图 6 - 18 所示,与图 6 - 11 比较,由于三个纯组元 A、B、C 均形成有限固溶体 α、β、γ,因而使模型复杂化。三个液相面的形状完全和图 6 - 11 一样:$A_0e_1Ee_3A_0$(α 初晶面)、$B_0e_1Ee_2B_0$(β 初晶面)和 $C_0e_2Ee_3C_0$(γ 初晶面)。图 6 - 11 中只有一个三元共晶固相面,本系则有三种不同的固相面:①三个固溶体固相面:$A_0a_1aa_2A_0$(α)、$B_0b_1bb_2B_0$(β)

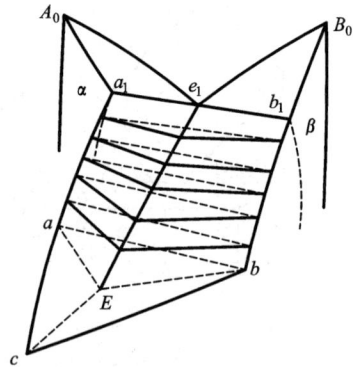

图 6 - 19　($\alpha + \beta$)二元共晶开始
和完毕面的构成

和 $C_0c_1cc_2C_0(\gamma)$；②一个三元共晶固相面(abc)；③三个二元共晶完毕固相面：
$a_1abb_1a_1(\alpha+\beta)$、$b_2bcc_2b_2(\beta+\gamma)$ 和 $a_2acc_1a_2(\alpha+\gamma)$。也有三组二元共晶开始
面：$a_1aEe_1b_1b(\alpha+\beta)$、$b_2bEe_2c_2c(\beta+\gamma)$ 和 $c_1cEe_3a_2a(\alpha+\gamma)$。图 6-19 示出($\alpha$
$+\beta$)二元共晶开始和完毕面的构成。

　　此外，在凝固完毕以后，当温度继续降低时，固态下的 α、β 和 γ 的溶解度
还随温度降低而减少。图 6-20 示出 α 和 β 的固溶度面：$a_1a'_0a_0aa_1$ 和
$b_1b'_0b_0bb_1$ 为 α 和 β 相互平衡的固溶度面，$a_2a''_0a_0aa_2$ 为 α 和 γ 平衡的固溶度
面，$b_2b''_0b_0bb_2$ 为 β 和 γ 平衡的固溶度面。aa_0、bb_0 和 cc_0 为 α、β 和 γ 三相平衡
的固溶度线，即成分相当于 aa_0 线上的 α 固溶体当温度降低时，将从 α 相中同
时析出 $\beta_{II}+\gamma_{II}$ 两种次晶来，因此称 aa_0 线为同析线。同样，bb_0 和 cc_0 线上的
合金当温度降低时，亦分别从 β 和 γ 相中同时析出 $\alpha_{II}+\gamma_{II}$ 和 $\alpha_{II}+\beta_{II}$ 两种次
晶来，亦称同析线。图 6-21 表示三元共晶凝固完毕后，平衡的三个固相随温
度降低的成分变化情况，称为同析三角台。

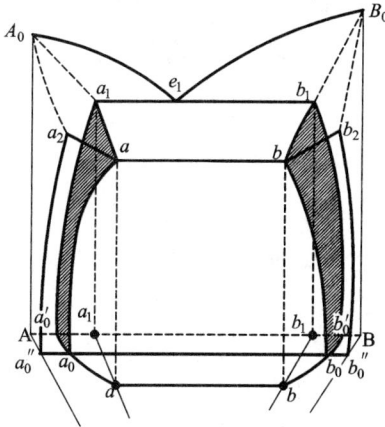

图 6-20　α 和 β 相的固溶度面

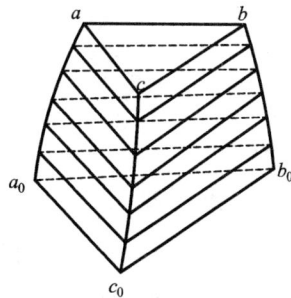

图 6-21　α、β 和 γ 三相的同析三角台

　　将图 6-18 空间模型的各种相区界面分别投影到浓度三角形上，则如
图 6-22 所示，(a)表示三个液相面的投影，将三元系划分为三个初晶区(α、β
和 γ)。(b)表示三组二元共晶开始面和完毕面，以及 α、β 和 γ 固相面的投影，
二元共晶区的线条为等温线，即在各温度下平衡共存的三相成分点的连接线。
abc 为三元共晶固相面区。(c)表示三元共晶面(abc)和六个固溶度面
$a_1aa_2a''_0a_0a'_0$，$b_1bb_2b''_0b_0b'_0$，$c_1cc_2c''_0c_0c'_0$，abb_0a_0，bcc_0b_0 和 acc_0a_0 的投影，从
三角形 abc 到 $a_0b_0c_0$ 为同析三角台的投影。(d)表示各种相区界面均投影在浓

度三角形上，而将该系合金划分为许多凝固过程和组织不同的区域。了解各种相区界面投影情况之后，就很容易分析各区合金的凝固过程和组织。

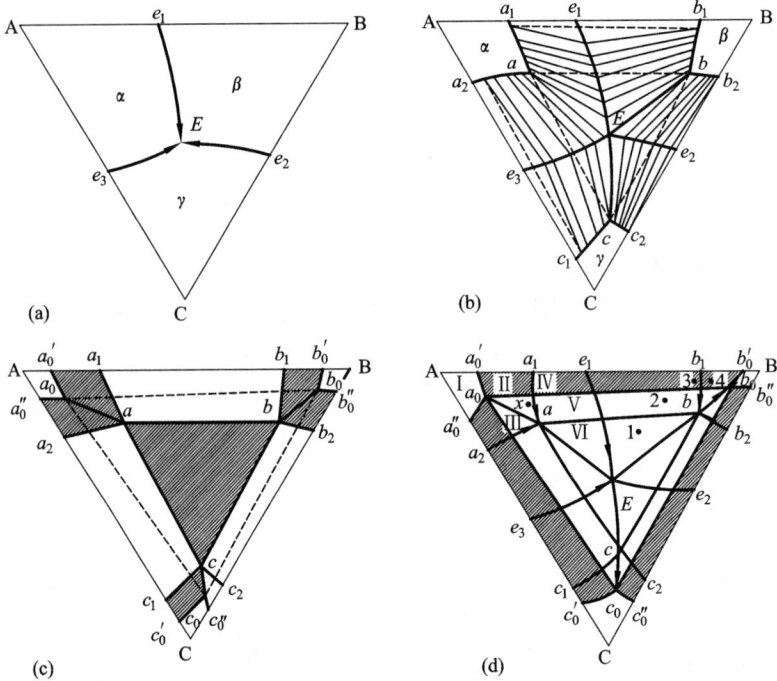

图 6-22　图 6-18 的各种相区界面在浓度三角形上的投影图

6.5.2　合金的凝固过程和组织

对该系合金的凝固过程分两阶段进行讨论：液体凝固和固态溶解度变化。

1. 液体凝固阶段

图 6-22(b)中 α、β 和 γ 三个固溶体区的合金的凝固过程与匀晶相图(图 6-6)完全一样。abc 三角形内的合金的凝固过程与简单共晶相图(图 6-11)基本类似，所不同的就是析出的三个固相为固溶体而不是纯组元，因此在初晶和二元共晶凝固过程中，各相的成分均发生变化。每两个单相固溶体之间的三个区(aba_1b_1、bcc_2b_2 和 acc_1a_2)内的合金在进行二元共晶反应后就全部凝固完毕，没有三元共晶反应。现举例说明之。

图 6-23 中的 Q 合金，当从高温冷至 β 初晶面上的 q_1 点温度时，开始析出 β 初晶，β 相的成分通过实验确定为 β_1，随着温度下降，液相成分沿 q_1e 曲线变

化，固相成分沿 $\beta_1\beta_2$ 曲线变化。当温度降至 q_2 即二元共晶开始面上的一点时，液相成分变至 e_1E 线上的 e 点，固相成分变到 b_1b 线上的 β_2 点，此时开始析出二元共晶（$L\rightarrow\alpha+\beta$），α 相的成分通过连等温连线三角形确定为 a_1a 线上的 α_2 点。温度继续降低，二元共晶的量增多，液相成分沿 e_1E 线变化，β 相成分沿 β_2b 线变化，α 相成分沿 α_2a 线变化。当到达三元共晶温度时，液相成分变至 E 点，然后 E 点成分的液体全部凝固成三元共晶（$L\rightarrow\alpha+\beta+\gamma$），凝固完毕。

图中 P 合金位于三元共晶面的顶点 a 和三元共晶点 E 的连线上，请读者自己分析它的凝固过程。

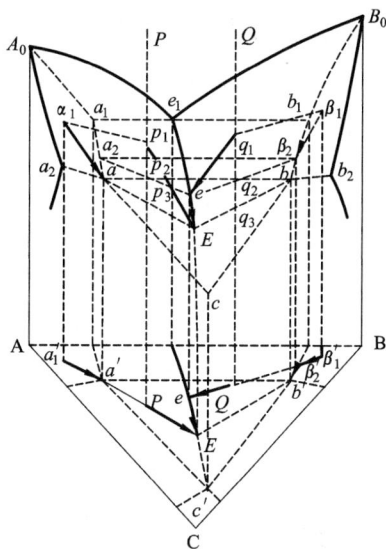

图 6-23　合金凝固过程的相成分变化

2. **固态相变阶段**

在 A-B 二元系中（图 6-18），α 和 β 的固溶度变化分别沿 $a_1a'_0$ 和 $b_1b'_0$ 固溶度线变化，在三元系中，则沿 $a_1aa_0a'_0$ 和 $b_1bb_0b'_0$ 固溶度面变化。这两个曲面投影到浓度三角形中，如图 6-22(d) 所示。固溶体成分位于这两个曲面内，将有 β_{II} 和 α_{II} 次晶分别从 α 和 β 相中析出。因为是相互析出，故用 $\alpha\leftrightarrow\beta$ 符号表示。同样，在 A-C 一边的 $aa_2a''_0a_0$ 和 $cc_1c'_0c_0$ 两固溶度面之间，有 $\alpha\leftrightarrow\gamma$ 相互析出；在 B-C 一边的 $bb_2b''_0b_0$ 和 $cc_2c''_0c_0$ 两固溶度面之间，有 $\beta\leftrightarrow\gamma$ 相互析出。成分在 aa_0 线上的固溶体将同时析出 β_{II} 和 γ_{II} 次晶。同样，成分在 bb_0 和 cc_0 线上的固溶体将分别同时析出（$\alpha_{II}+\gamma_{II}$）或同时析出（$\alpha_{II}+\beta_{II}$）两种次晶，因此称此三条线为同析线。三条同析线组成同析三角台（图 6-21），凡在三角台内的合金，各相都有同时析出两种次晶的变化，这种三个相互析出的反应用 $\alpha\overset{\longleftrightarrow}{\underset{\gamma}{}}\beta$ 符号表示。

例如图 6-22(d) III区中的 x 合金的相变过程为，首先从液体凝固完毕后为单相 α 固溶体，继续冷却，碰到固溶度面时，先从 α 相中析出 β_{II} 次晶，当 α 相成分变到 aa_0 线上时，再从 α 相中同时析出（$\beta_{II}+\gamma_{II}$）两种次晶，β_{II} 和 γ_{II} 的成分分别位于 bb_0 和 cc_0 线上。再降低温度时，α、β 和 γ 的成分分别沿 aa_0、bb_0

和 cc_0 线变化,而发生三相交互析出 $\alpha \underset{\gamma}{\overset{\beta}{\rightleftarrows}}$。

综上所述,将图 6 - 22(d) 中有代表性的 Ⅰ ~ Ⅵ 区合金的凝固过程和形成的相组成物列于表 6 - 2。

表 6 - 2　图 6 - 22(d) 中 Ⅰ ~ Ⅳ 区合金的凝固过程和形成的相组成物

合金区	冷却通过的反应面	反应和形成的相组成物
Ⅰ	$A_0e_1Ee_3$ 液相面 $A_0a_1aa_2$ 固相面	$L \rightarrow \alpha_{初晶}$ α(凝固完毕);α(室温)
Ⅱ	$A_0e_1Ee_3$ 液相面 $A_0a_1aa_2$ 固相面 $a_1aa_0a'_0$ 固溶度面	$L \rightarrow \alpha_{初晶}$ α(凝固完毕) $\alpha \leftrightarrow \beta$ $\alpha + \beta$(室温)
Ⅲ	$A_0e_1Ee_3$ 液相面 $A_0a_1aa_2$ 固相面 $a_1aa_0a'_0$ 固溶度面 aa_0,bb_0,cc_0 同析三角棱	$L \rightarrow \alpha_{初晶}$ α(凝固完毕) $\alpha \leftrightarrow \beta$ $\alpha \underset{\gamma}{\overset{\beta}{\rightleftarrows}}$ $\alpha + \beta + \gamma$(室温)
Ⅳ	$A_0e_1Ee_3$ 液相面 a_1e_1Ea 二元共晶开始 a_1b_1ba 二元共晶完毕面 $a_1aa_0a'_0$,$b_1bb_0b'_0$ 固溶度面	$L \rightarrow \alpha_{初晶}$ $L \rightarrow (\alpha+\beta)_{二元共晶}$ $(\alpha+\beta)_{二元共晶}$(凝固完毕) $\alpha \leftrightarrow \beta$ $\alpha + \beta$(室温)
Ⅴ	$A_0e_1Ee_3$ 液相面 a_1e_1Ea 二元共晶开始 a_1b_1ba 二元共晶完毕面 $a_1aa_0a'_0$,$b_1bb_0b'_0$ 固溶度面 aa_0,bb_0,cc_0 同析三角棱	$L \rightarrow \alpha_{初晶}$ $L \rightarrow (\alpha+\beta)_{二元共晶}$ $(\alpha+\beta)_{二元共晶}$(凝固完毕) $\alpha \leftrightarrow \beta$ $\alpha \underset{\gamma}{\overset{\beta}{\rightleftarrows}}$ $\alpha + \beta + \gamma$(室温)
Ⅵ	$A_0e_1Ee_3$ 液相面 a_1e_1Ea 二元共晶开始面 abc 三元共晶面 aa_0,bb_0,cc_0 同析三角棱	$L \rightarrow \alpha$ $L \rightarrow (\alpha+\beta)_{二元共晶}$ $L \rightarrow (\alpha+\beta+\gamma)_{三元共晶}$ $\alpha \underset{\gamma}{\overset{\beta}{\rightleftarrows}}$ $\alpha + \beta + \gamma$(室温)

6.5.3　等温截面

设各组元和共晶凝固温度分别为：A 为 750℃，B 为 800℃，C 为 700℃；二元共晶 e_1 为 600℃，e_2 为 550℃，e_3 为 400℃；三元共晶 E 为 300℃。图 6 - 24 示出 650℃、400℃、350℃、300℃ 和 100℃ 等温截面。650℃ 截面仅截取三个初晶的液相面和固相面。400℃ 截面已部分截取 A - B、B - C 的二元共晶开始和完毕面，而刚接触 A - C 的二元共晶开始面。350℃ 截面已部分截取 A - B、B - C 和 A - C 三组二元共晶开始和完毕面。300℃ 截面在三元共晶反应前为三个相邻的三相区，液相成分位于中间 E 点，三元共晶反应后，三个三相区合为一个，液相消失。100℃ 截面中，三个单相区缩小，而三相区却扩大，说明三个相的固溶度均随温度降低而减少。

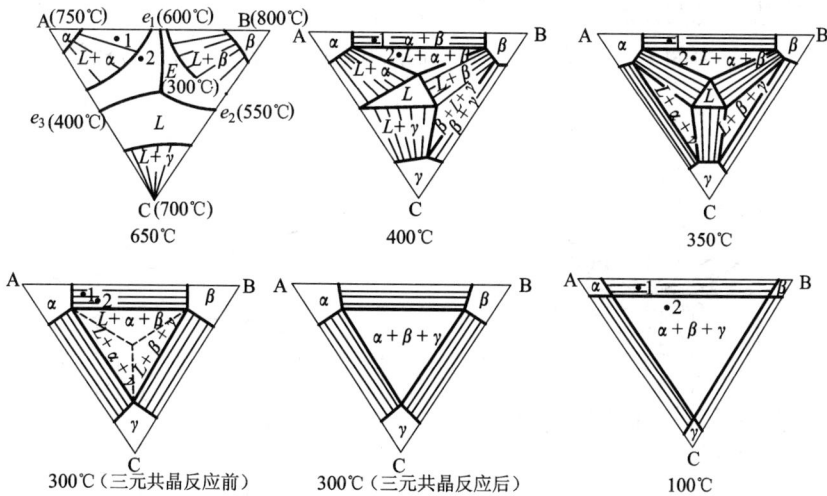

图 6 - 24　图 6 - 18 的各种等温截面

6.5.4　变温截面

图 6 - 25、6 - 26 示出图 6 - 18 的两个变温截面，把变温截面和相区界面投影图结合起来分析合金的凝固过程。例如图 6 - 25 中 e 点成分的 x_1 合金，冷凝时没有初晶，一开始就析出二元共晶，然后再析出三元共晶凝固完毕。f 点成分的 x_2 合金，冷凝时开始析出 α 初晶，不经过二元共晶阶段，就进行三元共晶凝固完毕。位于 $f \sim h$ 之间的 x_3 合金，则首先析出 α 初晶，然后析出二元共晶

$(\alpha + \gamma)$，最后析出三元共晶。所有发生三元共晶凝固完毕后的合金，当继续降低温度时，都有两种次晶同时从一个相中析出，即发生 $\alpha \longleftrightarrow \beta$ ↘↗ γ 反应。位于 $h \sim j$ 之间的 x_4 合金，首先析出初晶 α，然后析出 $(\alpha + \gamma)$ 二元共晶就凝固完毕，没有三元共晶反应。当固态继续冷却时，则首先是 α 和相互析出次晶，即 $\alpha \leftrightarrow \gamma$，然后同时析出两种次晶，即 $\alpha \longleftrightarrow \beta$ ↘↗ γ 。位于 $j \sim x$ 间的 x_5 合金，其液体凝固过程与 x_4 合金相同，但从固态继续冷却时，在截面上不碰到任何线条，似乎再没有相变发生，这只说明不再有新相产生，但因为 α 和 γ 两相的溶解度随温度降低而减少，故 α 和 γ 仍相互析出次晶，这一点在投影图中则明显可见。

　　从固态中析出的次晶在显微组织中的特征，一般只在较粗大的初晶中才能够反映出来，而在细小的二元共晶和三元共晶组织中则不明显，因为析出的次晶均附着在二元共晶和三元共晶中的同类相上去了。

　　图 6-26 中的 $x_6 \sim x_8$ 合金在冷却时的相变过程请读者自己分析。

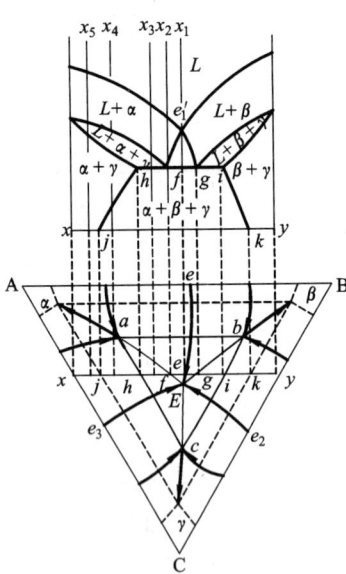

图 6-25　xy 变温截面　　　　　　　　图 6-26　op 变温截面

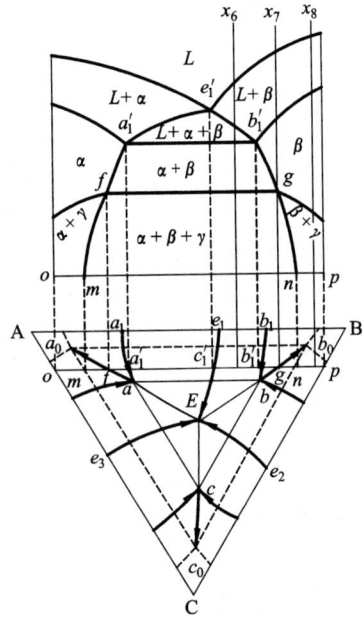

6.6　具有包共晶反应的三元相图

6.6.1　相图的空间模型

包晶共晶反应 $L + A \Longleftrightarrow M + C$ 为四相平衡，其反应物似二元包晶反应，生成物似二元共晶反应，故称包共晶反应。图 6-27 示出此类相图之一例，为简便起见，设三组元 A、B、C 和化合物 M 在固态下互不溶解，A-B 二元系形成一个不稳定化合物 M，具有二元包晶和二元共晶反应，A-C 和 B-C 两二元系均为简单共晶系。A-B-C 三元系的空间模型结构为：

①四个液相面：A 初晶面 $A_0 n_1 P_1 e_3$，M 初晶面 $n_1 P_1 E_1 e_1$，B 初晶面 $B_0 e_1 E_1 e_2$，C 初晶面 $C_0 e_2 E_1 P_1 e_3$。将液相面投影到浓度三角形上，获得五条单变量线（图 6-28），而将 ABC 三角形区分为四个初晶区，其中 $e_1 E$、$e_2 E$、$e_3 P$ 和 PE 等四条线分别表示形成（M+B）、（B+C）、（A+C）和（M+C）二元共晶反应；nP 线表示二元包晶反应（$L + A \Longleftrightarrow M$）。每一条单变量线均代表三相平衡中的液相成分。

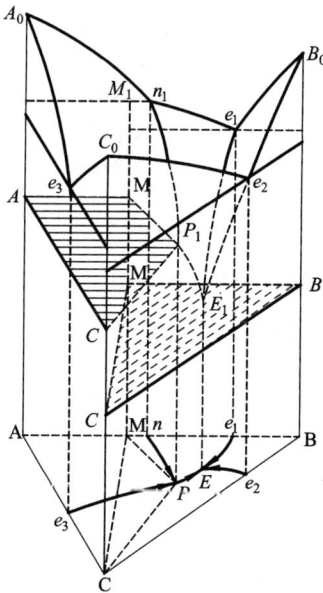

图 6-27　具有包共晶反应的三元相图

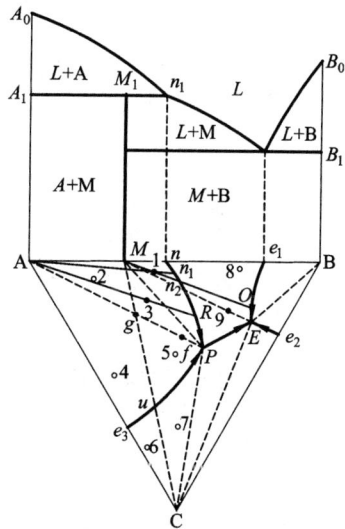

图 6-28　图 6-27 的各种相区界面在浓度三角形上的投影图

②三相平衡反应开始面和结束面：四组二元共晶开始面的构成情况与图 6 -11简单共晶系一样，二元共晶结束面均与四相平衡水平面重合，未另标出。二元包晶反应开始面和结束面的构成如图 6 - 29 所示，(a)表示空间模型中不同温度的二元包晶反应的连线三角形，A_1A 边与 n_1P_1 边的连线构成包晶反应开始面，M_1M 边与 n_1P_1 边的连线构成包晶反应结束面，将这两种面投影到浓度三角形上则如(b)图所示。

单变量线表示三相平衡中的液相成分，三条单变量线的交点则表示四相平衡中的液相成分。此相图中有两个四相平衡点：P 点为包共晶反应 $L+A \Longleftrightarrow M +C$，$E$ 点为三元共晶反应 $L \Longrightarrow M+B+C$。三元系中的四相平衡为等温反应，故为两个水平面：P_1MAC 和 MBC。注意这两个水平面有重叠的一部分 MPC，表示位于 MPC 区内的合金在凝固过程中，先发生包共晶反应，然后再发生三元共晶反应。

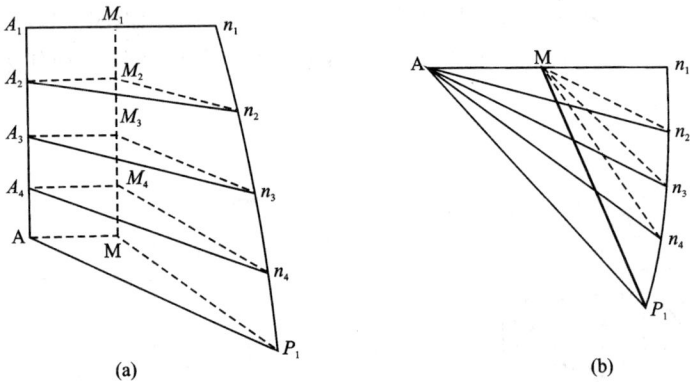

图 6 - 29　图 6 - 27 中二元包晶反应开始面和结束面的构成(a)
及二元包晶反应开始面和结束面在浓度三角形上的投影(b)

6.6.2　合金的凝固过程和组织

图 6 -28 中标注各点合金的凝固过程和相组成物列于表 6 - 3，现举其中的 1 和 3 合金为例说明之。

1 合金：当合金液从高温冷却时，碰到 A 液相面，开始析出初晶 A，然后液相成分沿 A1 延线上变化(图 6 -28)，当变至与 nP 线相交于 n_1 时，初晶析出完毕，开始进行二元包晶反应($L+A \rightarrow M$)，于是液相成分沿 nP 线变化。当液相成分变至 n_2 时，合金点位于 Mn_2 线上，所以 A 相消失，剩余的液体直接析出 M

初晶，于是液相成分沿 Mn_2 延线上变化，一直变至与 e_1E 线的交点 O，再开始进行二元共晶反应($L→M+B$)，然后液相成分沿 e_1E 线变化，当变至 E 点，最后进行三元共晶反应($L→M+B+C$)，全部凝固完毕。最后的组织为 $M_{初晶}$ + $(M+B)_{二元共晶}+(M+B+C)_{三元共晶}$。

表 6-3　图 6-28 标注各点所在区合金的凝固过程和相组成物

合金点（区）	凝固过程及相组成物
$1(nMP$ 区$)$	$L→A$，$L+A→M$，$L→M$，$L→M+B$，$L_E→M+B+C$。室温相组成物为：$M+B+C$
$2(AgM$ 区$)$	$L→A$，$L+A→M$，$L_p+A→M+C$。室温相组成物为：$A+M+C$
$3(gMP$ 区$)$	$L→A$，$L+A→M$，$L_p+A→M+C$，$L→M+C$，$L_E→M+B+C$。室温相组成物为：$M+B+C$
$4(Ae_3ug$ 区$)$	$L→A$，$L→A+C$，$L_p+A→M+C$。室温相组成物为：$A+M+C$
$5(uPg$ 区$)$	$L→A$，$L→A+C$，$L_p+A→M+C$，$L→M+C$，$L_E→M+B+C$。室温相组成物为：$M+B+C$
$6(Ce_3u$ 区$)$	$L→C$，$L→A+C$，$L_p+A→M+C$。室温相组成物为：$A+M+C$
$7(CuP$ 区$)$	$L→C$，$L→A+C$，$L_p+A→M+C$，$L→M+C$，$L_E→M+B+C$。室温相组成物为：$M+B+C$
$8(ne_1EM$ 区$)$	$L→M$，$L→M+B$，$L_E→M+B+C$。室温相组成物为：$M+B+C$
$9(ME$ 线$)$	$L→M$，$L→M+B+C$。室温相组成物为：$M+B+C$
$g(AP$ 与 MC 交点$)$	$L→A$，$L_p+A→M+C$。室温相组成物为：$M+C$
$f(gP$ 线$)$	$L→A$，$L_p+A→M+C$，$L→M+C$，$L_E→M+B+C$。室温相组成物为：$M+B+C$
$u(e_3P$ 与 MC 交点$)$	$L→A+C$，$L_p+A→M+C$。室温相组成物为：$M+C$

3 合金：当 3 合金从高温液态冷却时，首先析出初晶 A，液相成分沿 A3 延线变化，当变至与 nP 线交于 R 点时，开始进行二元包晶反应($L+A→M$)，于是液相成分沿 nP 线变化，当变至 P 点时，进行包共晶反应($L+Λ→M+C$)，因为合金位于 MPC 三角形中，所以 A 相消失，还有过剩的液体，在继续冷却时进行二元共晶反应($L→M+C$)，液相成分沿 PE 变化，当变至 E 点时，最后进行三元共晶反应($L→M+B+C$)，全部凝固完毕。

6.6.3 等温截面

图 6 - 30 示出图 6 - 27 的几个温度的等温截面：(a)除截取四个初晶面外，还截取了部分二元包晶反应；(b)又增加截取部分二元共晶反应($L \rightarrow M + B$)，(c)和(d)均为包共晶温度截面，(c)表示包共晶反应前的状态，四相区 $AMPC$ 是由 $A + M + L$ 和 $A + C + L$ 两个三相区所组成，(d)表示包共晶反应完毕状态，四相区 $AMPC$ 变成由 $A + M + C$ 和 $M + C + L$ 两个三相区所组成。

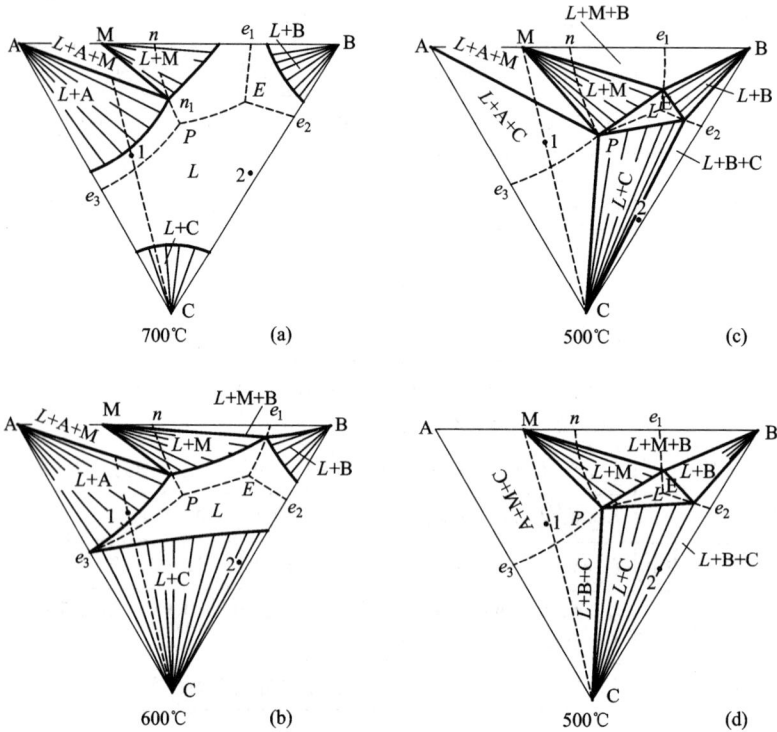

图 6 - 30   图 6 - 27 的几个等温截面

6.6.4 变温截面

图 6 - 31 表示图 6 - 27 系的 mk 变温截面，截面上的 1 ~ 7 点为截面与相面投影图的各特性线的交点，这些点的合金在凝固过程中有其一定的特殊性。下面分析截面中各线段的意义及典型合金的凝固过程。

①三条液相线 $m_3 4'$、$4'6'$ 和 $k_3 6'$ 分别表示三个液相面 A、M 和 B。

②$m_1 3'$ 水平线表示包共晶反应 $L + A \rightleftharpoons M + C$。其中 $m_1 2''$ 线段上的合金经过包共晶反应后，液相消失，还剩余有 A，故凝固完毕后为 $A + M + C$ 三相。而 $2'3'$ 线段因与 $2'k_1$ 重叠，故经包共晶反应后，A 相消失，还剩余有液体。继续冷却时，此液体进行二元共晶反应 $(L \to M + C)$，一直至 $2'k_1$ 水平线，进行三元共晶反应 $(L \to M + B + C)$，最后凝固完毕。

③截面中的其余线段，除 $4'3'$ 线段表示三相平衡完毕外，均表示三相平衡开始，线段下面的三相区就是代表反应的三个相。

④分析 x 和 y 合金的凝固过程：当 x 合金从高温冷却，碰上截面中五条线段，故有五个临界点，表示有五种不同的相变反应发生。温度自 x_1 至 x_2 析出初晶 A；$x_2 \sim x_3$ 进行二元包晶反应 $(L + A \to M)$，A 相消失；$x_3 \sim x_4$ 析出 M 相；$x_4 \sim x_5$ 进行二元共晶反应 $(L \to M + C)$；在 x_5 温度时，进行三元共晶反应 $(L \to M + B + C)$，全部凝固完毕。

y 合金从高温冷却时，虽然在截面中只碰上四条线段，但也有五种不同的相变反应发生。就是由于 y_3 温度代表了三种反应，即二元包晶反应结束、包共晶反应过程和二元共晶反应开始，其余临界点与 x 合金类似。

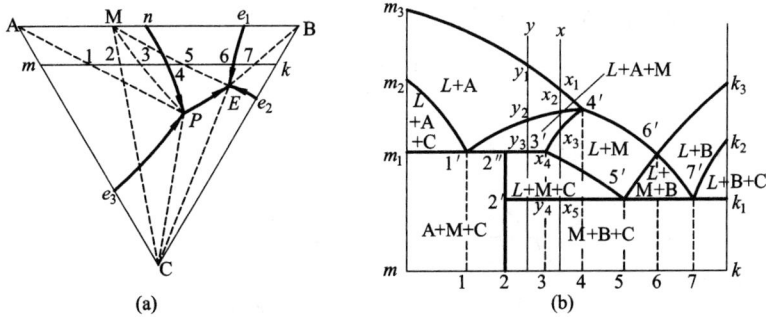

图 6 - 31　图 6 - 27 的 mk 变温截面

6.6.5　固相具有固溶度时的相区界面投影图

图 6 - 27 中的各个固相如果都存在一定的固溶度范围，则其各种相区界面在浓度三角形上的投影图如图 6 - 32 所示，其中包共晶反应时各相的成分为 $L_p + \alpha_a \to M_{d1} + \gamma_{c1}$，三元共晶反应时各相的成分为：$L_E \to M_{d2} + \gamma_{c2} + \beta_b$。其中 $d_1 d_2$ 和 $c_1 c_2$ 之间的相区为 $M + \gamma$ 两相区，相当于二元共晶 $(L_{p-E} \to M_{d1-d2} + \gamma_{c1-c2})$ 完毕面的投影。

现分析图 6 - 32 中 x 合金的凝固过程，当从高温冷却时，首先从液体中凝

固出 α 初晶,当液体成分变至 nP 线上时,开始发生二元包晶反应($L + \alpha \to$ M),当液体成分变至 P 点时,则发生包共晶反应($L_p + \alpha_a \to M_{d1} + \gamma_{c1}$),包共晶反应进行完毕后,α 相消失,还有多余的液体,于是就进行二元共晶反应($L \to M + \gamma$),当合金冷至与二元共晶完毕面接触时,全部液体凝固完毕。

6.7　具有三元包晶反应的三元相图

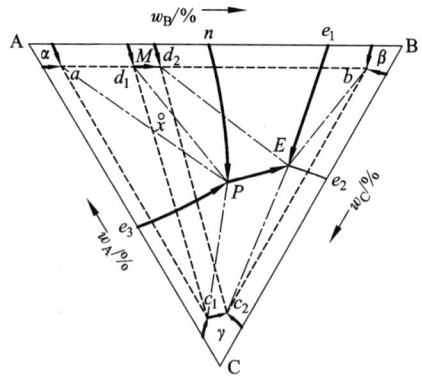

图 6-32　图 6-27 中各相形成固溶体时,
各种相区界面的投影图

具有三元包晶反应($L + \alpha + \beta \leftrightarrows \gamma$)相图的空间模型如图 6-33 所示,A-B 系具有二元共晶反应,B-C 和 A-C 系具有二元包晶反应,二元共晶反应温度远高于二元包晶温度,相图的空间结构如下:

三个液相面:$A_0 e_1 PP_2$(α 液相面),$B_0 e_1 PP_1$(β 液相面),$PP_1 C_0 P_2$(γ 液相面)。

三个单相固相面:$A_0 a_1 aa_2$(α 固相面),$B_0 b_1 bb_2$(β 固相面),$cc_1 C_0 c_2$(γ 固相面)。

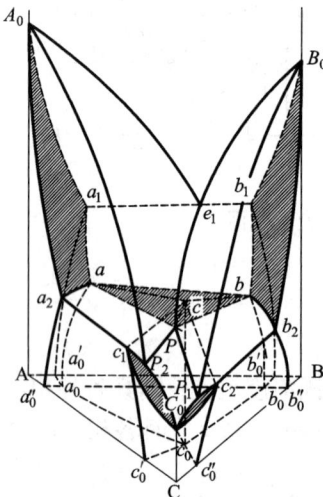

图 6-33　具有三元包晶反应的三元相图

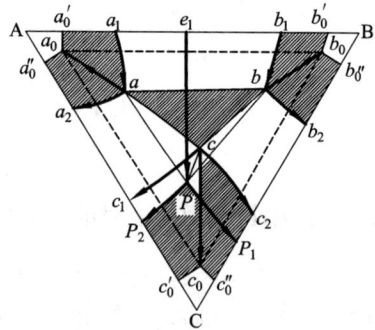

图 6-34　图 6-33 的各种相区界面投影图

一个三元包晶反应水平面：abP。

一组二元共晶开始面和完毕面：$a_1aPe_1b_1bP$（开始面）和 a_1abb_1（完毕面）。

两组二元包晶反应开始面和完毕面：$PP_2a_2a(L+\alpha\rightarrow\gamma$ 开始面$)$，$cc_1a_2a(L+\alpha\rightarrow\gamma$ 完毕面$)$；$PP_1b_2b(L+\beta\rightarrow\gamma$ 开始面$)$，$cc_2b_2b(L+\beta\rightarrow\gamma$ 完毕面$)$。

6 个单相固溶度面：$a_1aa_0a'_0(\alpha\rightarrow\beta)$，$a_2aa_0a''_0(\alpha\rightarrow\gamma)$，$b_1bb_0b'_0(\beta\rightarrow\alpha)$，$b_2bb_0b''_0(\beta\rightarrow\gamma)$，$cc_1c'_0c_0(\gamma\rightarrow\alpha)$，$cc_2c''_0c_0(\gamma\rightarrow\beta)$。

将以上各种相区界面投影至浓度三角形，并用箭头表明冷却时相成分的走向，则如图 6-34 所示。与三元包晶反应点(P)相连的三条单变量线为一个箭头进来，两个箭头出去，与前述的三元共晶点(E)和包共晶反应点(P)各具有不同的特点。这里着重研究一下三元包晶反应前后的三相平衡情况。三元包晶反应平面为三角形 abP，三角形的顶点 a、b 和 P 分别代表反应相 α、β 和 L 的成分点，生成 γ 相的成分点位于三角形的中间 c 点，如图 6-35 所示，(a)表示三元包晶反应前的三相平衡($L\rightleftharpoons\alpha+\beta$)；(b)表示三元包晶反应过程中的四相平衡($L+\alpha+\beta\rightarrow\gamma$)；(c)表示三元包晶反应后所形成的三个三相平衡区。

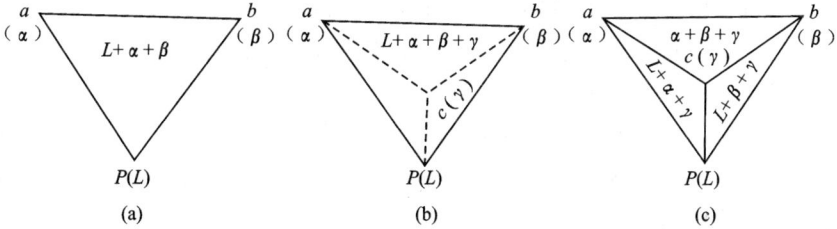

图 6-35　三元包晶反应前后的相平衡情况

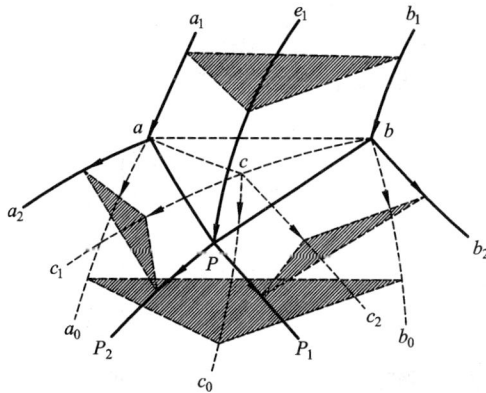

图 6-36　三元包晶反应前后的四个三相平衡区的空间结构

关于三元包晶反应前后的四个三相平衡区的空间结构如图 6 – 36 所示，在三元包晶反应平面上面为一个二元共晶反应三角管（$L_{e_1-P} \Longleftrightarrow \alpha_{a_1-a} + \beta_{b_1-b}$），下面为两个二元包晶反应三角管（$L_{P-P_2} + \alpha_{a-a_2} \Longleftrightarrow \gamma_{c-c_1}$，$L_{P-P_1} + \beta_{b-b_2} \Longleftrightarrow \gamma_{c-c_2}$）和一个固溶度变化三角管（$\alpha_{a-a_0} + \beta_{b-b_0} + \gamma_{c-c_0}$）。这里应注意二元共晶三角管和二元包晶三角管随温度下降而变化的特点。

6.8　形成稳定化合物的三元相图

6.8.1　形成一个稳定化合物的三元相图简化法

如果 A – B 系形成一个二元化合物 M，而且 A、B、C 和 M 彼此间在固态下均不互相溶解，形成简单的二元共晶系，如图 6 – 37 所示。在三元系中，也和二元系一样，可以把它看作由两个简单的三元共晶系合并而成，即由 MC 边分开为两个独立的三元系 A – M – C 和 M – B – C。该系合金的凝固过程所呈现的规律完全和 6.4 一样，不再重述。

M – C 的变温截面示于图 6 – 38，它与三元系的一般变温截面性质不同，而与一般二元系性质相同，能够在图上表示相成分变化，故可视为由 C 组元和 M 化合物组成的二元系，这样的二元系称伪二元系。只有当化合物与第三组元形成伪二元系时，才能将三元系简化成两个三元系来进行分析。如果稳定化合物不能与第三组元形成伪二元系，而和三元系的一般变温截面性质一样，则没有简化三元系的作用。

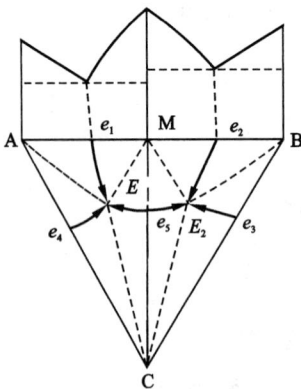

图 6 – 37　形成一个二元稳定化合物
简化成两个简单共晶三元系

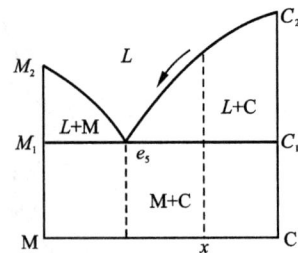

图 6 – 38　图 6 – 37 的 MC 变温截面
（M – C 伪二元系）

如果是形成一个稳定的三元化合物 D，而 A、B、C 和 D 彼此间在固态下均互不溶解，而形成简单的二元共晶系(图 6 - 39)。这样就可以将 A - B - C 三元系简化成三个独立的简单三元系来进行研究。

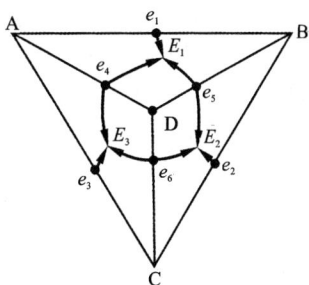

图 6 - 39　形成一个稳定三元
化合物的三元系简化法

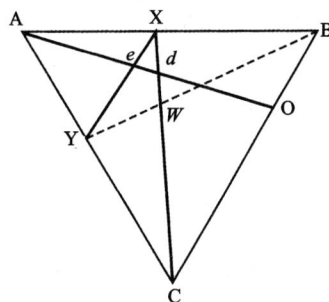

图 6 - 40　形成两个二元化合物的三元系简化法

6.8.2　形成几个稳定化合物的三元相图简化法

设三元系中有两个二元系各形成一个稳定二元化合物 X 和 Y，如图 6 - 40 所示。如果按照上述方法简化成几个三元系，则发现 CX 和 BY 两种划分交叉的情况，按照 CX 划分法，可将 A - B - C 三元系划分为 A - X - Y、C - X - Y 和 X - B - C 三个三元系，则 B 和 Y 两相不能同时存在于一个三元合金内；若按照 BY 划分法，可将 A - B - C 三元系划分为 A - X - Y、B - X - Y 和 B - C - Y 三个三元系，则 C 和 X 两相不能同时存在于一个三元合金中。如果这两种划分法都成立的话，则其交点 W 合金将会同时出现五相平衡(C、X、B、Y 和液相)，根据相律，三元系最多只能存在四相平衡，所以，CX 和 BY 两种划分法不能同时存在，只有一种是正确的，另一种是错误的。如何判断谁对谁错呢？通过实验确定。取 W 合金分析，如果合金中存在的是 C 和 X 两个相，没有 B 和 Y 相，则 CX 划分是正确的，BY 划分是错误的；反之，如果合金中出现的是 B 和 Y 两个相，则 BY 划分是正确的，而 CX 是错误的。

这种划分三角形的简化法除方便研究外，还可以解决在二元合金中加入第三组元时的化学反应方向问题。例如图 6 - 40，在只存在 CX 划分的情况下，在 B - C 二元合金 O 中加入 A 组元，当加入量少时，位于 BCX 三元系内，所以首先生成的化合物为 X，而不是 Y。当 A 组元加入量超过 d 点后，进入 CXY 三元系中，才又生成 Y 化合物，此时 B 相消失。当 A 组元加入量超过 e 点，则进入

AXY 三元系中，B 和 C 两相均消失，出现 A、X 和 Y 三相。

6.9 三元相图总结

以上仅举了几种典型三元相图为例说明其空间结构模型，等温截面，变温截面，三元合金在凝固过程中的两相平衡、三相平衡、四相平衡以及各种相面在浓度三角形上的投影和相区接触等的规律性。掌握了这些规律，就可以举一反三，触类旁通，对其他三元系进行分析了。现将某些规律性再归纳如下。

6.9.1 三元系的两相平衡

三元系的两相平衡，自由度数为 2，无论在等温截面或变温截面上都截取一对曲线为边界的区域。在等温截面上，平衡两相的成分由两相区的连线确定，可以应用杠杆定律计算相的百分含量；当温度变化时，如果其中一相的成分不变，则另一相的成分沿不变相的成分点与合金成分点的连线的延线上变化。如果两相的成分均随温度改变而变化，则两相成分各自沿曲线变化。在变温截面上只能判定两相转变的温度范围，不反映平衡相的成分，故不能应用杠杆定律计算相的含量。

6.9.2 三元系的三相平衡

三元系的三相平衡，其自由度数为 1。三相平衡在等温截面中具有直线边三角形(见图 6-24，图 6-30)，三顶点即为三个相的成分点，各连接一个单相区，三边各邻接一个两相区，可以应用重心法则计算各相的百分含量。三相平衡在变温截面上，如果三相区的边界均与两相邻接，则呈曲线边三角形(图 6-26)，三角形的顶点并不代表三个相的成分，所以不能应用重心法则计算相的含量。如果三相区的边界与四相区邻接时，则不一定呈三角形(图 6-31)。

如何判断三相平衡为二元共晶反应还是二元包晶反应呢？一是从三相空间结构的接线三角形随温度下降的移动规律进行判定。如图 6-41 所示，(a)表示二元共晶反应连线三角形的移动规律：冷却时，$L\alpha$ 和 $L\beta$ 两边走在前面，$\alpha\beta$ 边跟在后面。(b)表示二元包晶反应连线三角形的移动规律：冷却时 $L\beta$ 一边走在前面，而 $L\alpha$ 和 $\alpha\beta$ 两边跟在后面。因为走在前面的边与三相平衡反应之前的两相平衡相当，而走在后面的边与三相平衡反应之后的两相平衡相当，故前者为二元共晶反应，后者为二元包晶反应(可与图 6-36 进行比较)。另一方面还可从变温截面上三相区的曲边三角形判定，如图 6-42 所示，(a)表示二元共晶反应三相区结构的特点，即 $L\alpha$ 和 $L\beta$ 两边在上方，$\alpha\beta$ 边在下方。(b)表示二元包晶反应三相区结构的特点，即 $L\beta$ 一边在上方，而 $L\alpha$ 和 $\alpha\beta$ 两边在下方。因为上方的边是表示三相平衡前的两相平衡，下方的边是表示三相平衡后的两相平衡，故(a)为二元共晶反应，(b)为二元包晶反应。注意，这种判断法只有当三相区的三顶点各与单相区邻接时才是正确的。如果三顶点邻接相区不是单相区，则不能完全据此判定，而需要根据邻接相区间的相互转变性质推断(举例分析见下节)。

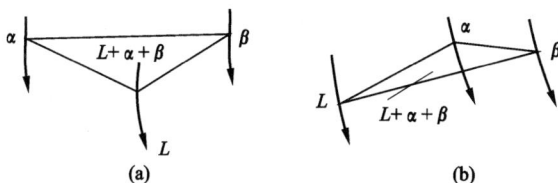

图 6 – 41　从三相空间的接线三角形走向判定三相平衡反应

(a)二元共晶反应；(b)二元包晶反应

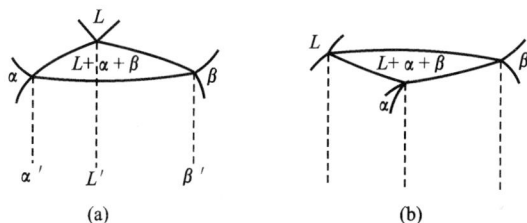

图 6 – 42　从变温截面的三相区特点判定三相平衡反应

(a)二元共晶反应；(b)二元包晶反应

　　还可以根据投影图上相成分点的连线与单变量线的关系进行判断。如图 6 – 22中 e_1E 线上的反应，其两边的相分别为 α 和 β，α 相成分点为 a_0，β 相成分点为 b_0，a_0b_0 的连线经过 e_1E，则此线发生共晶反应；而在图 6 – 32 中，np 线两边的相分别为 α 相和 M 相，α 相成分点在 a 点，M 相成分点在 d_1 点，ad_1 的连线的延长线经过 np，则 np 线上发生的反应为包晶反应，且靠近 np 线的相 M 为生成相，即发生的包晶反应为 $L+\alpha\rightarrow M$。

6.9.3　三元系的四相平衡

　　三元系的四相平衡，自由度数为零，为等温反应。如果四相平衡中有一相是液体，另三相是固体，则四相平衡可能有三种类型：

$$L \rightleftharpoons \alpha + \beta + \gamma \qquad 三元共晶反应$$
$$L + \alpha \rightleftharpoons \beta + \gamma \qquad 包共晶反应$$
$$L + \alpha + \beta \rightleftharpoons \gamma \qquad 三元包晶反应$$

三种四相平衡在等温截面中的相成分分布及反应前后的三相平衡相区分布示于图 6－43，(a)表示四相平衡时的相成分分布：三元共晶反应为一个液相分解为三个不同的固相，液相成分点位于三个固相成分点连接的三角形之中；三元包晶反应恰好相反，由一个液相和两个固相合成为一个固相，此合成相的成分点位于反应前三相的成分点连接的三角形之中；包共晶反应的四相成分点连接为四边形，反应左边的两相和反应右边的两相分别位于四边形的对角线的两个端点。四相成分点分别组成的三角形恰好代表四相平衡前、后的三相平衡情况，如图 6－43(b)、(c)所示。三元共晶反应前为三个小三角形 $L\alpha\beta$、$L\alpha\gamma$ 和 $L\beta\gamma$ 所代表的三个三相平衡，反应后则为一个大三角形 $\alpha\beta\gamma$ 所代表的三相平衡；三元包晶反应前、后的三相平衡情况恰好与三元共晶反应相反，包共晶反应前为两个三角形 $L\alpha\beta$ 和 $L\alpha\gamma$ 所代表的三相平衡，反应后则为另两个三角形 $\alpha\beta\gamma$ 和 $L\beta\gamma$ 所代表的三相平衡。

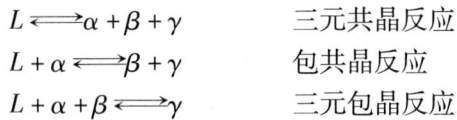

反应类型	三元共晶反应 $L \leftrightarrows \alpha + \beta + \gamma$	包共晶反应 $L + \alpha \leftrightarrows \beta + \gamma$	三元包晶反应 $L + \alpha + \beta \leftrightarrows \gamma$
(a) 四相平衡时的相成分			
(b) 反应前的三相平衡			
(c) 反应后的三相平衡			

图 6－43　三元系三种四相平衡的相成分点和反应前、后的三相平衡情况

从液相面投影图的三条单变量线随温度下降的走向很容易判断四相平衡点所属的类型，如图 6－44 所示。如果三条单变量线的走向汇聚于一点，则为三元共晶反应(a)；如果是两条单变量线走向交点，而另一条单变量线从交点走

开，则为包共晶反应(b)；如果是一条单变量线走向交点，而另两条单变量线
从交点走开，则为三元包晶反应(c)。

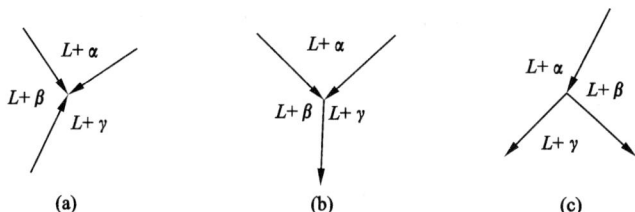

图6–44　根据三条单变量线的走向判断四相平衡类型
$(a)L\rightleftharpoons\alpha+\beta+\gamma$；　$(b)L+\alpha\rightleftharpoons\beta+\gamma$；　$(c)L+\alpha+\beta\rightleftharpoons\gamma$

　　在变温截面上，四相平衡为一水平线。如果四相平衡水平线通过四个三相
区，则可根据四个三相区在水平线上下的分布情况判断四相平衡的类型，如图
6–45所示。如果水平线上面邻接三个三相区，下面邻接一个三相区，则为三
元共晶反应，见图(a)及图6–25；如果水平线上、下方各邻接两个三相区，则
为包共晶反应，见图(b)及图6–31；如果水平线上面邻接一个三相区，下面邻
接三个三相区，则为三元包晶反应，见图(c)。应该指出，如果截面上的四相平
衡水平线不能截过四个三相区，就不能单纯应用此法进行判断。

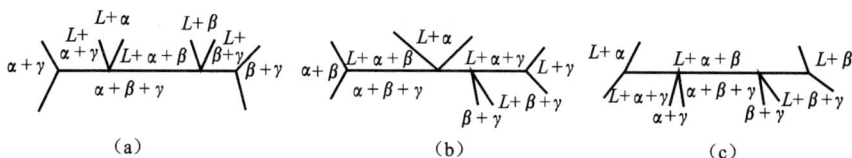

图6–45　从截过四个三相区的变温截面上判断四相平衡类型
$(a)L\rightleftharpoons\alpha+\beta+\gamma$；$(b)L+\alpha\rightleftharpoons\beta+\gamma$；$(c)L+\alpha+\beta\rightleftharpoons\gamma$

　　如果四相平衡均为固相，则将上述三种四相平衡中的液相改为δ相，反应
名称中的"晶"字改为"析"字即可：

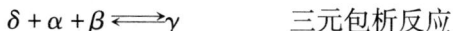

$$\delta\rightleftharpoons\alpha+\beta+\gamma\qquad 三元共析反应$$
$$\delta+\alpha\rightleftharpoons\beta+\gamma\qquad 包共析反应$$
$$\delta+\alpha+\beta\rightleftharpoons\gamma\qquad 三元包析反应$$

在相图上表现的特征也与上述三种类型完全相似。

6.9.4 液相面投影图

液相面的交线就是三相平衡的液相成分单变量，根据它随温度下降的走向和互相汇合的情况，可以判断四相平衡的类型，前节已经讨论，这里仅举一实例说明之。图6-46示出Cu-Al-Ni系的液相面投影图，图中的各单变量线和四相平衡点的反应式列入表6-4。

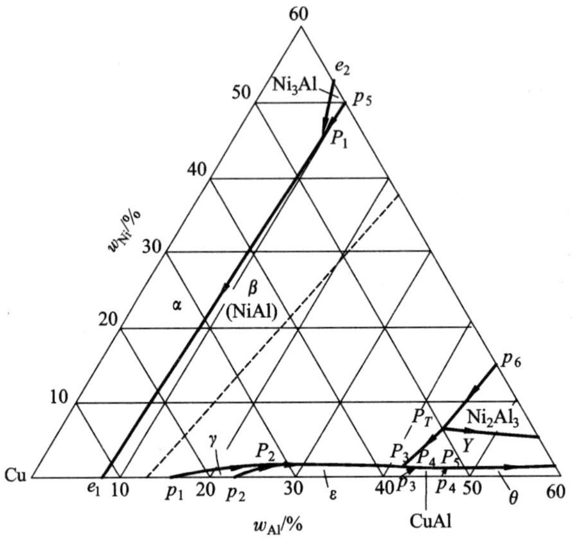

图 6-46 Cu-Al-Ni 系的液相面投影图

6.9.5 三元相图中的相区接邻规则

在三元相图的空间模型中，相数差为1的两个相区均以面交界，相数差为2和相数相等的两个相区只能交于一条线，相数差为3的两个相区只能交于一点。四相平衡的等温平面应视为一个无限薄的相区空间。在截面上的相区接邻规则为：相数差为1的相邻相区以线段交界，相数差大于1和等于零的相邻相区只能交于一点。

在等温截面上，单相区和两相区的一对交界线的延长线必须分别进入两个两相区或都进入三相区，如图6-47(a)、(b)所示。如果交界线的延长线一条进入两相区，而另一条进入三相区，或都进入单相区，如图6-47(c)、(d)所示，则是错误的。这和二元系的单相区相界规则一样，可由热力学证明。

表 6－4　Cu－Al－Ni 系的三相平衡和四相平衡反应系统图

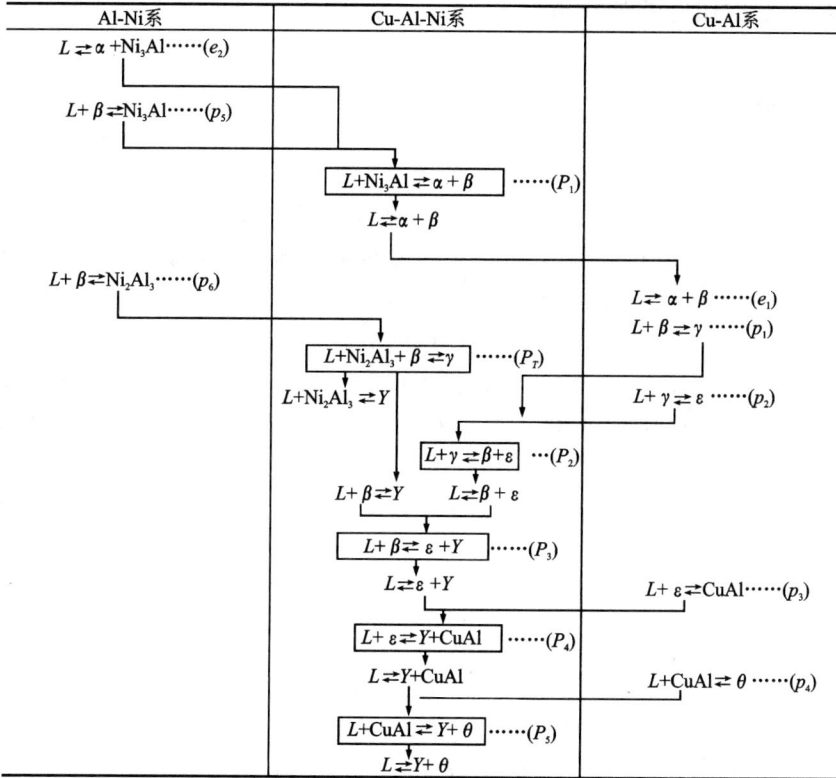

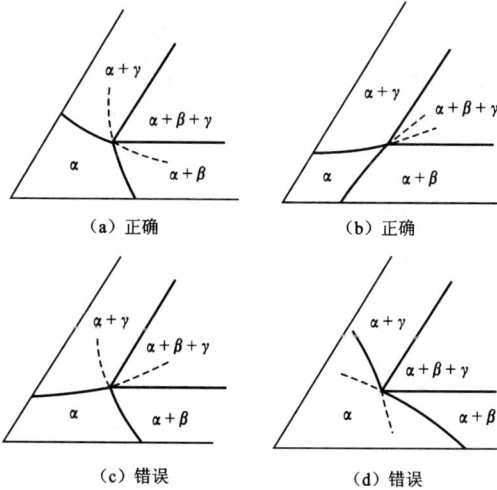

Al-Ni系	Cu-Al-Ni系	Cu-Al系
$L \rightleftharpoons \alpha + Ni_3Al \cdots (e_2)$		
$L + \beta \rightleftharpoons Ni_3Al \cdots (p_5)$		
	$\boxed{L + Ni_3Al \rightleftharpoons \alpha + \beta} \cdots (P_1)$	
	$L \rightleftharpoons \alpha + \beta$	
		$L \rightleftharpoons \alpha + \beta \cdots (e_1)$
$L + \beta \rightleftharpoons Ni_2Al_3 \cdots (p_6)$		$L + \beta \rightleftharpoons \gamma \cdots (p_1)$
	$\boxed{L + Ni_2Al_3 + \beta \rightleftharpoons \gamma} \cdots (P_7)$	
	$L + Ni_2Al_3 \rightleftharpoons Y$	$L + \gamma \rightleftharpoons \varepsilon \cdots (p_2)$
	$\boxed{L + \gamma \rightleftharpoons \beta + \varepsilon} \cdots (P_2)$	
	$L + \beta \rightleftharpoons Y \qquad L \rightleftharpoons \beta + \varepsilon$	
	$\boxed{L + \beta \rightleftharpoons \varepsilon + Y} \cdots (P_3)$	
	$L \rightleftharpoons \varepsilon + Y$	$L + \varepsilon \rightleftharpoons CuAl \cdots (p_3)$
	$\boxed{L + \varepsilon \rightleftharpoons Y + CuAl} \cdots (P_4)$	
	$L \rightleftharpoons Y + CuAl$	$L + CuAl \rightleftharpoons \theta \cdots (p_4)$
	$\boxed{L + CuAl \rightleftharpoons Y + \theta} \cdots (P_5)$	
	$L \rightleftharpoons Y + \theta$	

（a）正确　　　　　　　　　（b）正确

（c）错误　　　　　　　　　（d）错误

图 6－47　三元系等温截面上的单相区边界线的走向规则

6.10 三元相图实例分析

6.10.1 Pb – Sn – Bi 系

Pb – Sn – Bi 系为低熔点合金系之一，其最低熔点的三元共晶温度为99.5 ℃。选择不同熔点的易熔合金以制做保险丝、焊料时，常需参考该系相图。图6-48(a)示出 Pb – Sn – Bi 系的各种相区界面在浓度三角形中的投影图。Pb – Sn 系和 Sn – Bi 系均为二元共晶系；Pb – Bi 系形成一个不稳定化合物 β，为具有二元包晶反应和二元共晶反应的二元系[图6-48(b)]。在固态下，Pb、Sn 和 β 相都具有一定固溶度范围，分别形成 α、δ 和 β 相区，而 Bi 的固溶度很少，形成的相区很窄。Pb – Sn – Bi 三元系中具有两个四相平衡：一个包共晶反应和一个三元共晶反应。图中标注温度的线为液相面的等温线，供选择不同熔点合金时参考。图中单变量线的三相平衡和四相平衡点的反应式分别为：

$$e_1P \text{ 线}: L \Longleftrightarrow \alpha + \delta$$
$$pP \text{ 线}: L + \alpha \Longleftrightarrow \beta$$
$$e_3E \text{ 线}: L \Longleftrightarrow \beta + \gamma$$
$$e_2E \text{ 线}: L \Longleftrightarrow \gamma + \delta$$
$$PE \text{ 线}: L \Longleftrightarrow \beta + \delta$$
$$P \text{ 点}: L + \alpha_1 \Longleftrightarrow \delta_1 + \beta_1$$
$$E \text{ 点}: L \Longleftrightarrow \delta_2 + \beta_2 + \gamma$$

进行包共晶反应（$L_P + \alpha_1 \rightarrow \beta_1 + \delta_1$）时，四个相的成分分别为：

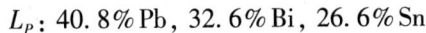

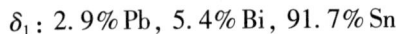

$$L_P: 40.8\% Pb, 32.6\% Bi, 26.6\% Sn$$
$$\alpha_1: 70.6\% Pb, 20.0\% Bi, 9.4\% Sn$$
$$\beta_1: 63.9\% Pb, 27.9\% Bi, 8.2\% Sn$$
$$\delta_1: 2.9\% Pb, 5.4\% Bi, 91.7\% Sn$$

进行三元共晶反应（$L_E \rightarrow \delta_2 + \beta_2 + \gamma$）时，四个相的成分分别为：

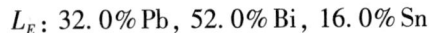

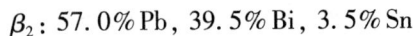

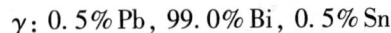

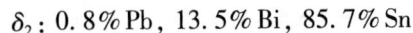

$$L_E: 32.0\% Pb, 52.0\% Bi, 16.0\% Sn$$
$$\beta_2: 57.0\% Pb, 39.5\% Bi, 3.5\% Sn$$
$$\gamma: 0.5\% Pb, 99.0\% Bi, 0.5\% Sn$$
$$\delta_2: 0.8\% Pb, 13.5\% Bi, 85.7\% Sn$$

对图6-48(a)中标注的1、2、3和4合金，请读者估计它们的开始凝固温度，分析它们的凝固过程和组织特点。

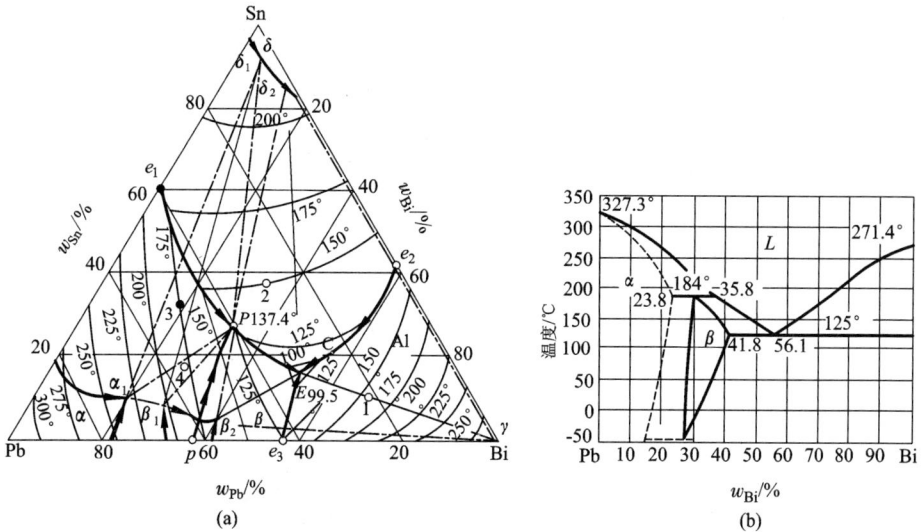

图 6 - 48

（a）Pb - Sn - Bi 三元系各相区界面在浓度三角形中的投影图；（b）Pb - Bi 二元相图

注：图中°指℃

6.10.2　Al - Cu - Mg 系

工业上广泛应用的硬铝合金就是 Al - Cu - Mg 系合金。图 6 - 49 为 Al - Cu - Mg 系富 Al 角的主要相图，（a）表示液相面的投影面，（b）表示固相面的投影图，（c）为 430 ℃等温截面，（d）为固溶度面等温线投影图，表示随温度下降时固溶度变化情况。

图（a）中的五个液相面为：α（Al 固溶体）、θ（$CuAl_2$）、S（$CuMgAl_2$）、$T[Mg_{32}(Al, Cu)_{49}]$ 和 β（Mg_2Al_3）。它们之间的各条单变量线和四相平衡点的反应式如下：

$$e_1E_1 \text{ 线：} L \Longleftrightarrow \alpha + \theta$$

$$P_2E_1 \text{ 线：} L \Longleftrightarrow \theta + S$$

$$E_1e_3P \text{ 线：} L \Longleftrightarrow \alpha + S$$

$$e_3 \text{ 点：为 Al - S 伪二元系的二元共晶点}$$

$$P_1P \text{ 线：} L \Longleftrightarrow T + S$$

$$PE_2 \text{ 线：} L \Longleftrightarrow \alpha + T$$

$$e_2E_2 \text{ 线：} L \Longleftrightarrow \alpha + \beta$$

$$E_3E_2 \text{ 线：} L \Longleftrightarrow \beta + T$$

$$E_1 \text{ 点}: L \underset{508\,℃}{\overset{}{\rightleftharpoons}} \alpha + \theta + S$$

$$E_2 \text{ 点}: L \underset{450\,℃}{\overset{}{\rightleftharpoons}} \alpha + \beta + T$$

$$P \text{ 点}: L + S \underset{467\,℃}{\overset{}{\rightleftharpoons}} \alpha + T$$

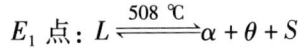

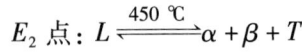

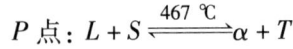

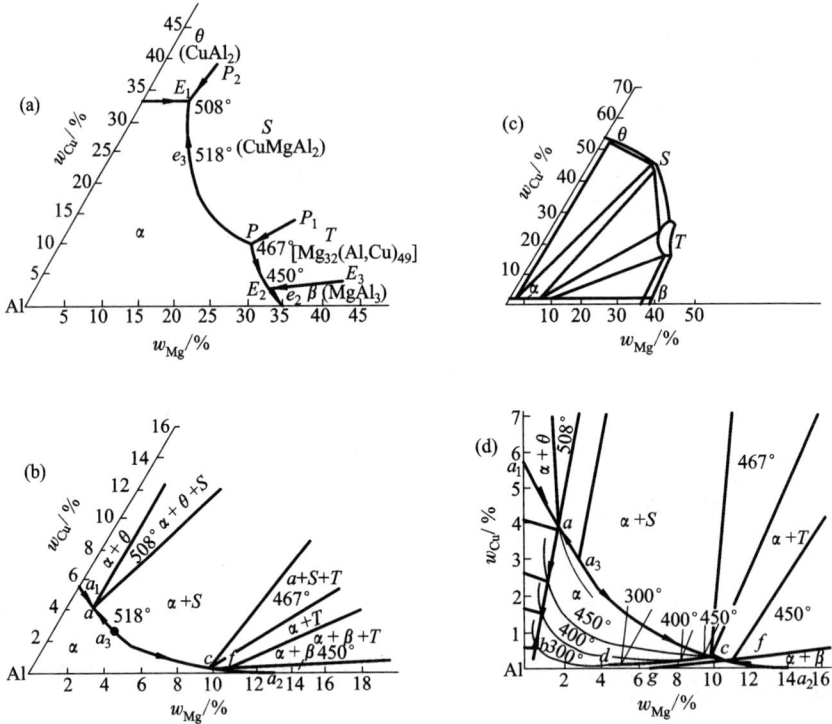

图 6 – 49   Al – Cu – Mg 三元相图的富铝角

注：图中(°)指℃

图(b)中的 $a_1aa_3cfa_2$ 线表示 α 相的最大固溶度。图(c)430 ℃等温截面中仅列出各单相区的名称，两相区和三相区的名称均未列出。根据相区接邻规则，两个单相区之间的相区即为该两相组成的两相区，三相区一定是三角形，三个顶点连接三个单相区，就可以把图中的两相和三相区填出来。

图(d)中的 $a_1aa_3cfa_2$ 线的箭头方向表示固溶体在凝固过程中的成分变化。凝固完毕后，随着温度降低，固溶度减少，ab、cd 和 fg 线分别表示从铝固溶体中同时析出两种次晶($\theta + S$)、($S + T$)和($T + \beta$)的同析线。

工业上应用的硬铝合金，经常采用淬火和时效热处理工艺来提高强度。淬火就是将固态合金加热至固溶度线以上和固相线以下，使形成均匀的固溶体，然后放在冷水或盐水中激冷,把高温固溶体状态保留至室温,即获得过饱和固溶体。这种饱和固溶体是不稳定的,力求析出第二相来。适当地控制第二相的析出程度和弥散度,就可使合金显著强化。控制的方法就是采用不同的温度进行时效,或放在室温停留(称自然时效),或加热至某温度保温(称人工时效)。应该注意,采用淬火和时效的热处理工艺来显著提高合金强度的必要条件是固溶度随温度的降低而减少。但是具备此条件的合金,并非都能经过淬火和时效而获得显著强化,还要看析出第二相的强化效果如何。图 6 – 50 表示含 95% Al 的截面上的合金(Cu + Mg 的含量为 5%)经淬火和时效后的强度变化,显然 θ 和 S 相的强化效果最大,并且当两个相同时存在的联合效果更大。T 相和 β 相的强化效果不明显。所以 Al – Cu – Mg 系合金,其成分均位于室温下的 Al + θ + S 三相区和 Al + S 或 Al + θ 两相区中。

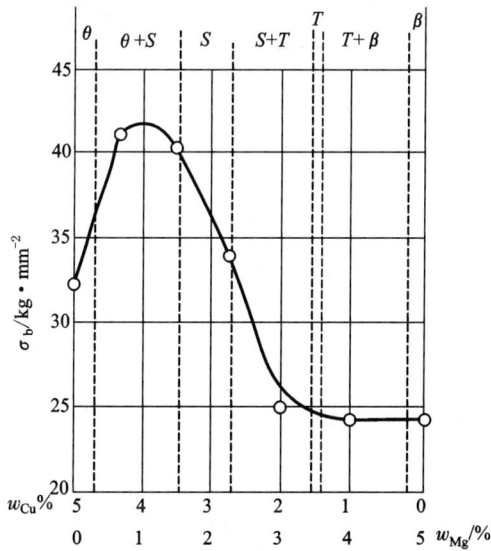

图 6 – 50　Al – Cu – Mg 系 95% Al + 5%(Cu + Mg)截面上的合金经淬火和时效后的强度

6.10.3　W – C – Co 系

W – C – Co 系相图是研究钨钴硬质合金组织变化的基础,图 6 – 51(a)为该系在 1400 ℃的等温截面,图中列出了各个单相区,其中两相区和三相区空着,请读者自己填写。(b)为该系亚稳平衡的液相面投影图。浓度三角形边上注明的 e 和 p 分别表示单变量线的二元共晶和包晶反应。其中四相平衡反应式为:

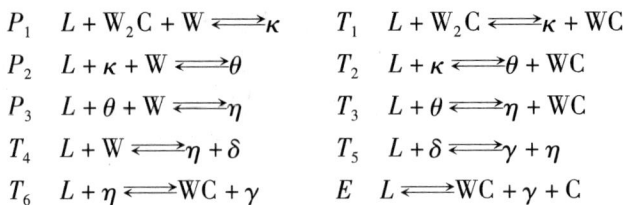

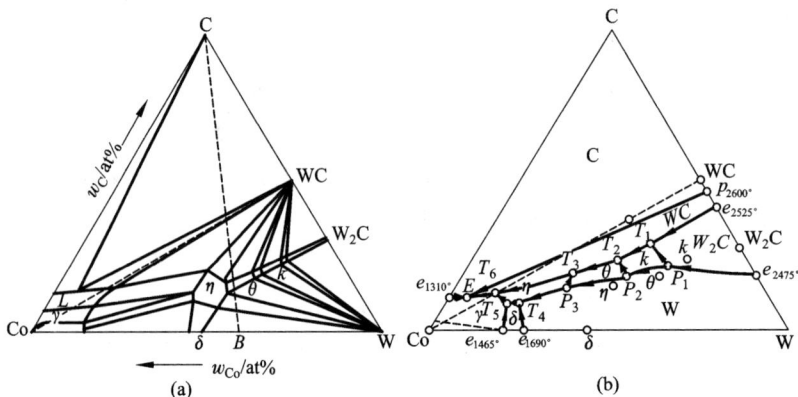

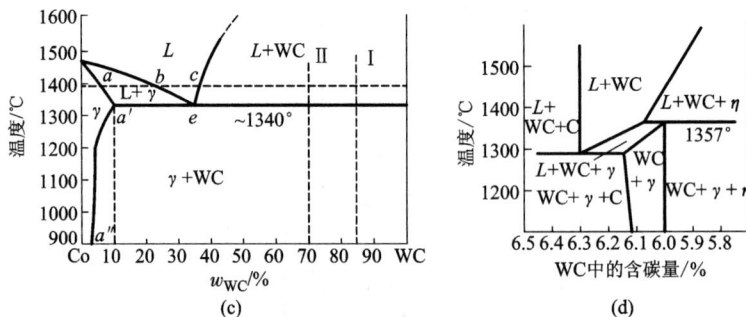

$$P_1 \quad L + W_2C + W \rightleftharpoons \kappa \qquad T_1 \quad L + W_2C \rightleftharpoons \kappa + WC$$

$$P_2 \quad L + \kappa + W \rightleftharpoons \theta \qquad T_2 \quad L + \kappa \rightleftharpoons \theta + WC$$

$$P_3 \quad L + \theta + W \rightleftharpoons \eta \qquad T_3 \quad L + \theta \rightleftharpoons \eta + WC$$

$$T_4 \quad L + W \rightleftharpoons \eta + \delta \qquad T_5 \quad L + \delta \rightleftharpoons \gamma + \eta$$

$$T_6 \quad L + \eta \rightleftharpoons WC + \gamma \qquad E \quad L \rightleftharpoons WC + \gamma + C$$

图 6-51

(a) W-C-Co 系的 1400 ℃ 等温截面，CB 虚线相当于 84% WC，16% Co；

(b) W-C-Co 亚稳平衡的液相面投影图；

(c) 综合简化的 Co-WC 变温截面；(d) 图(a) 中的 CB 变温截面的一部分

注：图中 ° 为 ℃

(c) 表示综合简化的 Co-WC 变温截面，利用该截面，可以分析钨钴硬质合金压块在 1400 ℃ 进行烧结时的相转变情况。例如合金 Ⅱ 压块在 1400 ℃ 烧结时，其相转变情况如下：开始加热时，随着温度的升高，WC 逐渐熔解到 Co 固溶体 γ 中，其固溶度沿 $a''a'$ 线变化。当温度升至 1340 ℃ 后，WC 和 α' 点成分的 γ 相开始发生共晶熔化，即 WC + $\gamma \rightarrow L$，出现 e 点成分的液体。当在 1400 ℃ 保温时，WC 和 γ 继续相互作用，直到全部 γ 都变成液体，其成分变至 c 点，达到两相平衡 $L \rightleftharpoons WC$，这时液相的含量约为 $L = 30/(100-38) = 0.47$（c 点取含 WC38%）。合金烧结后进行冷却时，应先从液体中析出 WC，然后进行二元共晶转变，凝固完成。其组织应为 WC + $(\gamma + WC)_{二元共晶}$。但实际上由于冷却较慢，共晶中的 WC 相可能都依附在早已存在的 WC 初晶上了，故有时看不出共晶组织特征。

图(d)为图(a)中的 CB 变温截面的一部分。在图中的 WC + γ 两相区内，WC 中的含碳量范围为 6.06% ~ 6.12%；在两相区上面，有一个包共晶反应：$L + \eta \rightleftharpoons WC + \gamma$；左边的水平线为三元共晶反应：$L \rightleftharpoons WC + \gamma + C$。

在钨钴硬质合金中总是不希望产生 η 相和石墨，烧结后必须保证为 WC + γ 两相。从(d)截面图可见，除了保证含碳量不超过 6.06% ~ 6.12% 范围外，还需在 1400 ℃烧结后慢冷，以使在 1357 ℃的包共晶反应进行完全，否则，如果冷却快了，包共晶反应进行不完全，η 相就有可能残留一部分。

6.10.4 Fe – Cr – C 系

工业上广泛应用的铬不锈钢(0Cr13、1Cr13 和 2Cr13)及高碳高铬型模具钢 (Cr12)均属 Fe – Cr – C 系三元合金。图 6 – 52 为 Fe – Cr – C 系含 13%Cr 的变温截面，看来线条繁多，比较复杂，但只要应用上述规律逐区分析，也就不难了。

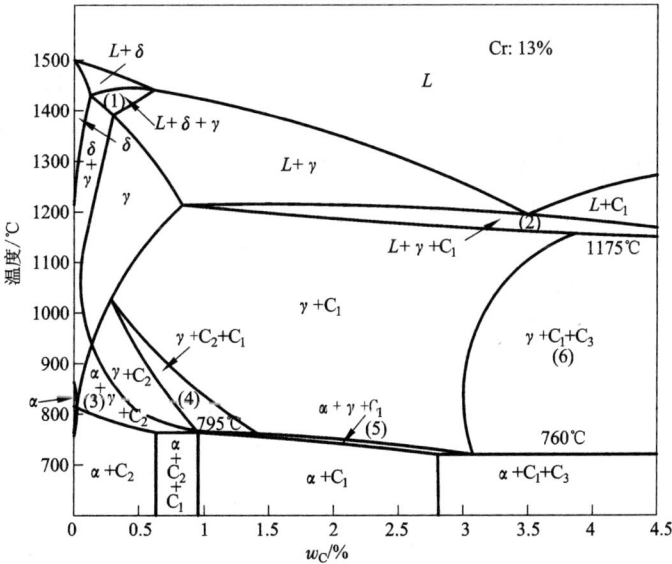

图 6 – 52　Fe – Cr – C 系含 13%Cr 的变温截面

图中的四个单相区 L、δ、γ 和 α 均为铁的液溶体和固溶体，C_1、C_2 和 C_3 分别表示 $(Cr, Fe)_7C_3$、$(Cr, Fe)_{23}C_6$ 和 $(Cr, Fe)_3C$ 等合金碳化物。图中的单相区和两相区容易了解，不再分析。下面仅分析三相区和四相区的特点，以及典型合金冷却时的相变过程。

图中的三相区(1~6区)和四相平衡等温线的反应式分列于下：

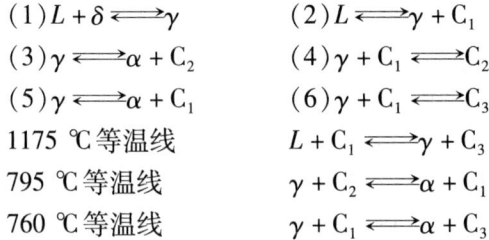

$$(1)\ L+\delta \Longleftrightarrow \gamma \qquad\qquad (2)\ L \Longleftrightarrow \gamma + C_1$$

$$(3)\ \gamma \Longleftrightarrow \alpha + C_2 \qquad\qquad (4)\ \gamma + C_1 \Longleftrightarrow C_2$$

$$(5)\ \gamma \Longleftrightarrow \alpha + C_1 \qquad\qquad (6)\ \gamma + C_1 \Longleftrightarrow C_3$$

1175 ℃等温线 $L + C_1 \Longleftrightarrow \gamma + C_3$

795 ℃等温线 $\gamma + C_2 \Longleftrightarrow \alpha + C_1$

760 ℃等温线 $\gamma + C_1 \Longleftrightarrow \alpha + C_3$

根据三相区的三边分布特点判断其反应类型，(1)区的三顶点与三个单相区接邻，其 $L\delta$ 边位于三相区的上面，而另两边 $L\gamma$ 和 $\delta\gamma$ 位于下面，故可判定为包晶反应 $L+\delta \Longleftrightarrow \gamma$。(2)和(3)区类似，因与四相平衡等温线接邻，而呈四边形，虽然不能按(1)区那样分析来判断其反应类型，但可根据其接邻相区间的相互转变关系进行推断。例如，(2)区 $(L+\gamma+C_1)$ 上方接邻一个单相区 L，其两旁的两个两相区 $(L+\gamma)$ 和 $(\gamma+C_1)$ 的边界恰好位于(2)区的上面，而(2)区下面又为 $(\gamma+C_1)$ 两相，也就是说合金以高温冷却经过(2)区后，只有 L 是消失相，而 γ 和 C_1 都是生成相，由此可以推断(2)区是共晶反应 $L \Longleftrightarrow \gamma+C_1$；同理可以推断(3)区为共析反应 $\gamma \Longleftrightarrow \alpha+C_2$。(5)区 $(\alpha+\gamma+C_1)$ 也呈四边形，但与(2)、(3)区有点区别，上面没有单相区接邻，而与一个两相区 $(\gamma+C_1)$ 和一个三相区 $(\gamma+C_2+C_1)$ 接邻。根据从上而下的三个相区 $(\gamma+C_1)$、$(\alpha+\gamma+C_1)$ 和 $(\alpha+C_1)$ 之间的转变分析，合金冷却时，应该是 γ 相消失，而生成 α 相。至于 C_1 相，因为三个相区中都有此相，尚不能决断它是析出相，还是溶解相。但从碳钢中知道，碳在 $\gamma-Fe$ 中的溶解度要比在 $\alpha-Fe$ 中大得多，当从 γ 转变为 α 时，多余的碳是以碳化铁形式或从 γ 中单独析出，或发生共析分解 $\gamma \rightarrow \alpha + Fe_3C$。因此也可以推断(5)区是发生共析反应 $\gamma \Longleftrightarrow \alpha+C_1$。(4)区 $(\gamma+C_2+C_1)$ 虽然与四个相区接邻，但呈三角形，其上面为一个两相区 $(\gamma+C_1)$，而左下方为另一个两相区 $(\gamma+C_2)$，说明合金从高温冷却时，C_1 是消失相，C_2 是生成相，于是可以判断(4)区是包析反应 $\gamma+C_1 \Longleftrightarrow C_2$。(6)区因图形不全，无法分析，根据有关手册注释为包析反应 $\gamma+C_1 \Longleftrightarrow C_3$。

三条四相平衡等温线中，只有795 ℃等温线截取四个三相区，上面和下面各分布两个，从而可判断为包共析反应。因其左上方为 $\alpha+\gamma+C_2$ 三相区，左下方为 $\alpha+C_1+C_2$ 三相区，说明合金冷却经过这两个相区间时，γ 相消失，而

生成相为 C_1；其右上方为 $\gamma + C_1 + C_2$ 三相区，右下方为 $\alpha + \gamma + C_1$ 三相区，说明合金冷却经过这两个相区间时，C_2 消失相，而生成相为 α。等温线上方消失的两相应为反应相，而下方生成的两相应为生成相，故四相平衡反应式为 $\gamma + C_2 \Longleftrightarrow \alpha + C_1$。1175 ℃ 和 760 ℃ 等温线由于未截取接邻的全部三相区，无法判断其反应类型，查阅有关手册得到其反应式分别为 $L + C_1 \Longleftrightarrow \gamma + C_3$ 和 $\gamma + C_1 \Longleftrightarrow \alpha + C_3$。

现分析典型合金的相变过程。2Cr13 不锈钢（13% Cr，0.20% C）从液态冷却时依次发生的相转变如下：①$L \to \delta$；②$L + \delta \to \gamma$；③$\delta \to \gamma$；④$\gamma \to C_2$；⑤$\gamma \to \alpha + C_2$；⑥$\alpha \to C_2$。其室温平衡组织为珠光体（共析体）和碳化物。

含 13% Cr，2% C 模具钢冷却时依次发生的相转变如下：①$L \to \gamma$；②$L \to \gamma + C_1$；③$\gamma \to C_1$；④$\gamma \to \alpha + C_1$；⑤$\alpha \to C_1$。其室温平衡组织为珠光体初晶和莱氏体（共晶体），与亚共晶白口铸铁的组织相同。

6.10.5　$MgO - Al_2O_3 - SiO_2$ 系

图 6 - 53 为 $MgO - Al_2O_3 - SiO_2$ 系液相面投影图。

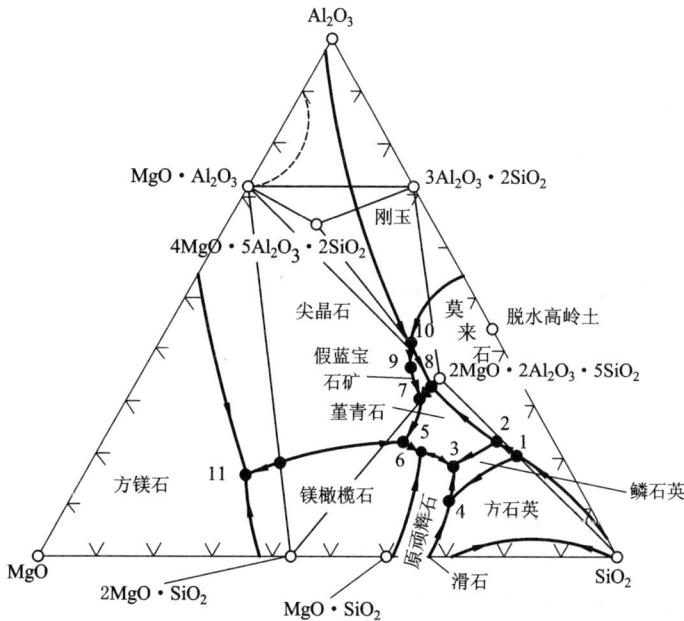

图 6 - 53　$MgO - Al_2O_3 - SiO_2$ 系液相面投影图

　　图中有四种二元化合物：$MgO \cdot SiO_2$（原顽辉石），分解温度为 1830 K；$2MgO \cdot SiO_2$（镁橄榄石），分解温度为 2173 K；$3Al_2O_3 \cdot 2SiO_2$（莫来石），分解温度为 2123 K；$MgO \cdot Al_2O_3$（尖晶石），分解温度为 2408 K。图中还有两种三元化合物：$2MgO \cdot 2Al_2O_3 \cdot 5SiO_2$（董青石），分解温度为 1813K；$4MgO \cdot 5Al_2O_3 \cdot 2SiO_2$（假蓝宝石），分解温度为 1748K。

　　表 6 − 5 列出了图中各点的四相平衡转变及转变温度。

表 6 − 5　$MgO - Al_2O_3 - SiO_2$ 三元系中四相平衡转变

图上标志	四相平衡转变	转变温度 /K	组元的质量分数		
			MgO	Al_2O_3	SiO_2
1	方石英 $+ L \Longleftrightarrow$ 鳞石英 + 莫来石	1743 ± 5	0.055	0.18	0.765
2	$3Al_2O_3 \cdot SiO_2 + L \Longleftrightarrow \alpha -$ 鳞石英 + 董青石	1713 ± 5	0.095	0.225	0.68
3	$L \Longleftrightarrow MgO \cdot SiO_2 + \alpha -$ 鳞石英 + 董青石	1708 ± 5	0.205	0.175	0.62
4	方石英 $+ L \Longleftrightarrow$ 鳞石英 + 原顽辉石	1743 ± 5	0.265	0.085	0.65
5	$L \Longleftrightarrow 2MgO \cdot 2SiO_2 + MgO \cdot SiO_2 +$ 董青石	1633 ± 5	0.25	0.21	0.54
6	$MgO \cdot Al_2O_3 + L \Longleftrightarrow 2MgO \cdot SiO_2 +$ 董青石	1643 ± 5	0.255	0.23	0.515
7	假蓝宝石 $+ L \Longleftrightarrow$ 董青石 + 尖晶石	1726 ± 5	0.175	0.335	0.49
8	莫来石 $+ L \Longleftrightarrow$ 董青石 + 假蓝宝石	1733 ± 5	0.165	0.345	0.49
9	$MgO \cdot Al_2O_3 +$ 莫来石 $+ L \Longleftrightarrow$ 假蓝宝石	1755 ± 5	0.17	0.37	0.46
10	刚玉 $+ L \Longleftrightarrow$ 莫来石 + 尖晶石	1851 ± 5	0.15	0.42	0.43
11	$L \Longleftrightarrow MgO + MgO \cdot Al_2O_3 + 2MgO \cdot SiO_2$	1973 ± 5	0.51	0.20	0.29

习　题

　　1. 先在图 6 − 1 中找出 P(70% A，10% B，20% C)，Q(30% A，50% B，50% C)和 N(30% A，10% B，60% C)合金的位置，然后 5 kg P 合金和 10 kg N 合金熔合在一起，试问新合金的成分为何？

　　2. 现有 P(20% A，50% B，30% C)和 Q(60% A，10% B，30% C)两种合金旧料，欲配制 S、T 和 W 三种合金各 3 kg，其成分分别为：(30% A，40% B，30% C)，(30% A，20% B，50% C)和(50% A，40% B，10% C)，试问需要多少旧

料和新料(新料纯金属,仅作补足成分用)?

3. 试比较匀晶型三元相图的变温截面与二元相图的异同,并举合金的凝固过程为例说明。

4. 绘出图6-16(b)中的 mn 变温截面,并分析 f 和 y 合金的结晶过程,绘出它们的冷却曲线和组织示意图。

5. 绘出图6-22(d)中的1、2、3和4合金的冷却曲线和室温下的组织示意图。

6. 说明图6-23中 P 合金的凝固过程,绘出其冷却曲线和室温组织示意图。

7. 写出图6-24中1和2合金在各温度下存在的相态。

8. 绘出图6-25中 x_2、x_3 和 x_4 合金的冷却曲线和凝固完毕后的组织示意图。

9. 绘出图6-26中 x_6、x_7、x_8 合金的冷却曲线和室温下的组织示意图。

10. 绘出图6-28中4、7和 g 合金的冷却曲线和组织示意图。

11. 写出图6-30中1、2合金在各温度下的存在相态。

12. 绘出图6-31(b)中2、3、4合金的冷却曲线和室温组织图。

13. 绘出图6-48(a)中1~4合金的冷却曲线和组织示意图。

14. 图6-54为 Fe-W-C 系的液相面投影图,写出其中各四相平衡反应式。

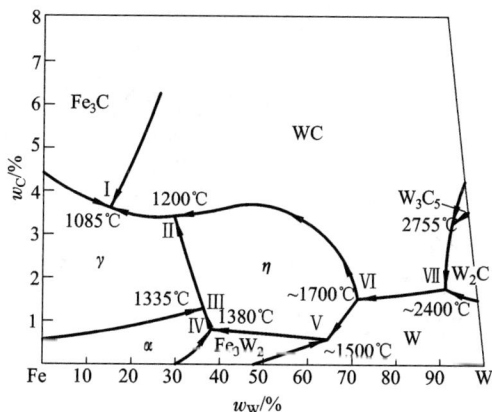

图6-54 Fe-W-C 系的液相面投影图

15. (1)填写图6-49(c)中各空白相区的相;

（2）根据图 6 - 49 说明 Al - Cu - Mg 系合金 1(Al - 4Cu - 2Mg) , 2(Al - 6Cu - 2Mg) , 3(Al - 4Cu - 1Mg) , 4(Al - 6Cu - 1Mg) 合金从高温冷却下来的相转变过程;

（3）根据图 6 - 50 各相对铝合金的实际热处理效果, 比较这些合金的热处理效果大小。

16. （1）填写图 6 - 51(a) 中各空白相区的相;

（2）根据图 6 - 51(c) 分析 YG15(15% Co, 85% WC) 硬质合金压块在 1400 ℃ 烧结时(包括加热, 保温和冷却) 的相转变情况, 并计算它在 1400 ℃ 达到固、液两相平衡时液相的含量;

（3）根据图 6 - 51(d) 分析烧结钨钴硬合金时, 应如何从 WC 原料选择和烧结工艺上避免产生 η 相和石墨。

17. 利用 Fe - 13% Cr - C 变温截面(图 6 - 52) 分析含碳 0.5% 和 1.2% 合金冷却时的相转变过程, 绘出它们的冷却曲线和室温组织示意图。

18. 图 6 - 55 为 Al - Mg - Si 系富铝角的固溶度面的等温线投影图, 试指出其中 1, 2, 3 合金在 559、550、500、400 ℃ 和 200 ℃ 时的存在相态, 并分析当温度降低时的相转变过程。

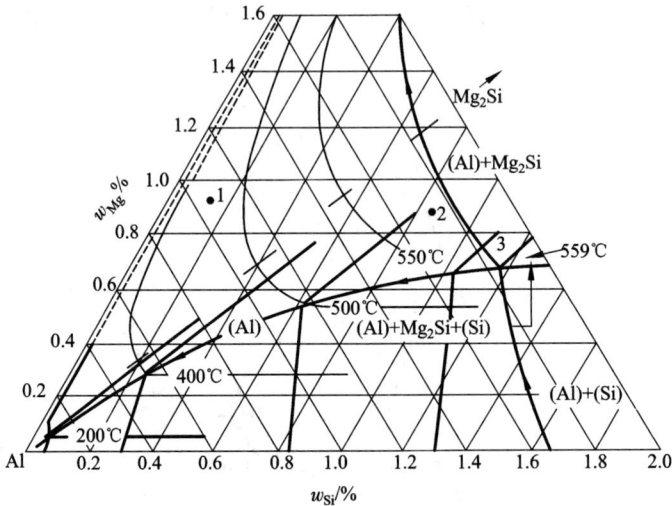

图 6 - 55 Al - Mg - Si 系富铝角的固溶度面投影图

第 7 章　固体材料中的扩散

　　原子(或分子)在晶体中不断在平衡位置附近作周期性振动,当外界提供一定的能量时,原子(或分子)可以从点阵中的一个平衡位置跳跃到另一新的位置(每秒约跳跃 10^8 次)。这种原子的短距离或长距离迁移的微观过程以及由于大量原子的迁移引起物质的宏观流动,称为"扩散"。固体中原子迁移的唯一方式是扩散,因此讨论固体中的扩散现象十分重要。

　　金属材料的生产和使用过程中许多问题与扩散现象密切相关,例如金属的凝固、偏析、成分均匀化、各种扩散型固态相变、渗碳、烧结、氧化、脱碳、焊接、高温蠕变等都包含着原子在晶体中的迁移过程,受原子的扩散所控制。扩散问题是复杂的,涉及的范围广泛。本章着重讨论固态金属中扩散的一般规律、扩散机制、影响扩散过程的主要因素以及提供一些扩散在实际生产中应用的实例。

7.1　扩散方程

　　把扩散系统看成是连续的介质,菲克(Adolf Fick)在研究扩散问题时提出两种扩散形式,一种是"稳态扩散",即在一定区域内,浓度不随时间变化($\frac{\partial C}{\partial t}$ =0);另一种是浓度随时间改变($\frac{\partial C}{\partial t} \neq 0$),称为"非稳态扩散"。只需要建立扩散方程和求出方程的解,就可以研究扩散过程中扩散物质的浓度分布和时间的关系。

7.1.1　菲克第一定律

　　虽然固体金属中单个原子的运动是毫无规律的,但从大量原子的统计来看,却可能存在原子的扩散流。例如一根沿纵向存在浓度梯度的单相合金棒,经过高温加热一段时间后,溶

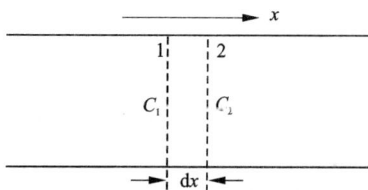

图 7 -1　菲克第一定律的推导

质原子将由浓度高的一侧向浓度低的一侧移动,使合金棒沿纵向浓度梯度减

小,溶质原子在棒中的分布变得比较均匀(图7-1)。

菲克指出:单位时间内通过垂直于扩散方向的某一单位面积截面的扩散物质流量(扩散通量 J),与此处的浓度梯度成正比,这一规律称为菲克第一定律(扩散第一定律),其数学表达式为式(7-1),称为扩散第一方程。

$$J = -D\frac{\partial C}{\partial x} \tag{7-1}$$

式中 x 为沿扩散方向的距离; C 是体积浓度,即单位体积物体中扩散物质的质量,单位为 $kg \cdot m^{-3}$; D 称为扩散系数,量纲是长度 ^{2}/时间,通常为 $cm^2 \cdot s^{-1}$。负号表示扩散物质流动的方向与浓度梯度方向相反。扩散通量 J 的单位是 $g \cdot m^{-2} \cdot s^{-1}$。

为表示 x, y, z 三个方向的扩散通量,菲克第一定律普遍式可写成:

$$J_x = -D_x\frac{\partial C}{\partial x}$$

$$J_y = -D_y\frac{\partial C}{\partial y} \tag{7-2}$$

$$J_z = -D_z\frac{\partial C}{\partial z}$$

式中 $\frac{\partial C}{\partial x}$, $\frac{\partial C}{\partial y}$, $\frac{\partial C}{\partial z}$ 为 x, y, z 三个方向的浓度梯度。由菲克第一定律可知,只要金属中存在浓度梯度,就会引起原子的扩散。

菲克第一定律只在稳态扩散条件下适用,即局限于处理扩散过程中浓度不随时间变化的扩散问题。一些气体在金属中的扩散就属于这种类型。如在一容器内金属膜片两侧接触的气压互不相同,一侧气压 P_1 比较高,另一侧气压 P_0 比较低(图7-2),经过长时间之后,则出现稳态扩散,即单位时间内从高压一侧进入金属膜中的气体的量等于从低压一侧离开金属膜的量,并且不随时间改变。此时,溶解在金属膜片内部各点的气体浓度也不随时间改变,即 $\frac{\partial C}{\partial t} = 0$。

根据菲克第一定律,由于 J 和 D 均为常数,因此 $\frac{\partial C}{\partial x}$ 也是常数,可写成 $\frac{\partial C}{\partial x} = \frac{\Delta C}{\Delta x} = \frac{C_0 - C_1}{\Delta x}$, C_1 和 C_0 分别为金属膜中在 x 方向相距为 Δx 的两个面上的气体浓度,而且 $C_1 > C_0$。尽管扩散气体在金属中的浓度难以测定,但是如果金属膜的每一侧都与它所接触的气体达到平衡,则每一侧面上的浓度将与压强 P 保持一定的比例关系。对于 H_2 或 N_2 这类双原子气体,可以用 Sivert 定律描述,即 $C = S\sqrt{p}$,式中 S 是比例常数,它等于单位压强下气体在金属中的溶解度,若与 C_1、

C_0 对应的压强分别为 p_1、p_0，则

$$J = -DS \frac{\sqrt{p_0} - \sqrt{p_1}}{\Delta x} \qquad (7-3)$$

如果测出 p_0，p_1，J 和 Δx，而 S 已知，则利用 (7-3) 可计算出 D 的值。相反，如果已知 p_0，p_1，D，S 和 Δx，则可计算出 J。

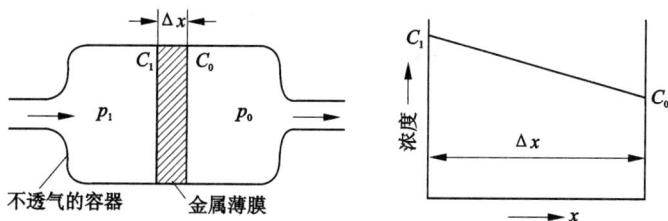

图 7-2　气体的稳态扩散

7.1.2　菲克第二定律

如果扩散物质的通量 J 不是一个常数，而是随时间以及 x 方向各点的位置而变化，则该情况下流经两个垂直于 x 轴相距为 dx 的平面 1 和平面 2 (图 7-3) 上的通量并不相等，是一种"非稳态

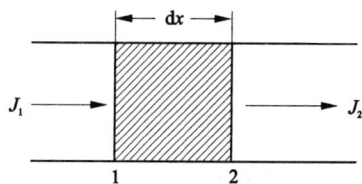

图 7-3　菲克第二定律的推导

扩散"，实际中遇到的大多数重要的扩散属于这种类型。研究这种扩散，除了利用式 (7-1) 外，还应根据扩散物质质量平衡导出菲克第二定律的微分方程式。

图 7-3 阴影部分表示由相距 dx 的两个垂直于 x 轴的平面获取的微小体积，J_1 和 J_2 分别表示流入小体积和流出小体积的扩散物质通量，由质量平衡关系可知：

（微小体积中积存的物质量）=（流入的物质量）-（流出的物质量）

通过平面 1 的流量为：

$$J_1 = -D \frac{\partial C}{\partial x} \qquad (7-4)$$

通过平面 2 的流量为：

$$J_2 = J_1 + \frac{\partial J}{\partial x} dx \qquad (7-5)$$

稳态扩散时，$J_1 = J_2$，$\dfrac{\partial J}{\partial x} = 0$；非稳态扩散时，$J_1 \neq J_2$，$\dfrac{\partial J}{\partial x} \neq 0$。

设小体积两平面的面积为 A，则小体积内物质的

$$积存速率 = J_1 A - J_2 A = -\frac{\partial J}{\partial x} A \mathrm{d}x \tag{7-6}$$

微小体积内的物质积存速率还可用体积浓度 C 的变化率来表示，在小体积 $A\mathrm{d}x$ 内物质积存速率为：

$$\frac{\partial(CA\mathrm{d}x)}{\partial t} = \frac{\partial C}{\partial t} A \mathrm{d}x \tag{7-7}$$

联系式(7-6)则有：

$$\frac{\partial C}{\partial t} = -\frac{\partial J}{\partial x} \tag{7-8}$$

将式(7-1)代入，可得：

$$\frac{\partial C}{\partial t} = \frac{\partial}{\partial x}\left(D\,\frac{\partial C}{\partial x} \right) \tag{7-9}$$

这就是菲克第二定律的表达式，称为扩散第二方程。如果 D 和浓度无关，则式(7-9)写成：

$$\frac{\partial C}{\partial t} = D\,\frac{\partial^2 C}{\partial x^2} \tag{7-10}$$

根据以上的讨论，扩散是由浓度梯度所引起的，这种扩散称为化学扩散。

对于 x, y, z 三维空间中的扩散，如果介质是各向同性的，则式(7-9)写成

$$\frac{\partial C}{\partial t} = \frac{\partial}{\partial x}\left(D\,\frac{\partial C}{\partial x} \right) + \frac{\partial}{\partial y}\left(D\,\frac{\partial C}{\partial y} \right) + \frac{\partial}{\partial z}\left(D\,\frac{\partial C}{\partial z} \right) \tag{7-11}$$

若 D 与浓度无关，式(7-11)写成：

$$\frac{\partial C}{\partial t} = D\left(\frac{\partial^2 C}{\partial x^2} + \frac{\partial^2 C}{\partial y^2} + \frac{\partial^2 C}{\partial z^2} \right) \tag{7-12}$$

对于各向异性的介质，各个方向的扩散系数不同，设在 x, y, z 三个方向的扩散系数依次为 D_x, D_y, D_z，式(7-11)应写成：

$$\frac{\partial C}{\partial t} = D_x\,\frac{\partial^2 C}{\partial x^2} + D_y\,\frac{\partial^2 C}{\partial y^2} + D_z\,\frac{\partial^2 C}{\partial z^2} \tag{7-13}$$

采用直角坐标不方便时，如探讨固溶体中球形沉淀时，可使用球坐标 r, θ, ϕ，经坐标变换后，式(7-11)为：

$$\frac{\partial C}{\partial t} = \frac{D}{r^2}\left[\frac{\partial}{\partial r}\left(r^2\,\frac{\partial C}{\partial r} \right) + \frac{1}{\sin\theta}\,\frac{\partial}{\partial \theta}\left(\sin\theta\,\frac{\partial C}{\partial \theta} \right) + \frac{1}{\sin^2\theta}\,\frac{\partial^2 C}{\partial \phi^2} \right] \tag{7-14}$$

对于球对称的扩散，$\dfrac{\partial C}{\partial \theta} = 0$，$\dfrac{\partial^2 C}{\partial \phi^2} = 0$，所以上式简化为：

$$\frac{\partial C}{\partial t} = D\left(\frac{\partial^2 C}{\partial r^2} + \frac{2}{r}\frac{\partial C}{\partial r}\right) \qquad (7-15)$$

7.1.3　菲克第二方程的解

菲克第二定律以微分形式给出了浓度与空间、时间的关系。对式(7-10)求解，便可得到浓度与空间、时间之间的解析表达式。对于不同的扩散问题，可采用不同的求解方法。

1. 无限大物体中的扩散

假设把 A、B 两根无限长、截面一致且成分均匀的(令 A 的浓度为 C_2、B 的浓度为 C_1，而且 $C_2 > C_1$)金属棒对焊起来，构成一扩散耦，令焊接面垂直于扩散方向轴，然后让这个扩散耦在高温进行适当的扩散，使分界面附近的浓度有显著的改变，而试样两端的浓度仍保持它们原来的数值，不受扩散的

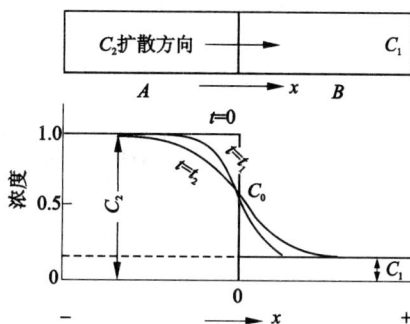

图 7-4　扩散耦及其中浓度的分布

影响(图7-4)。由于此时扩散区远较试样为小，试样两端的浓度梯度 $\frac{dC}{dx}=0$，可以把试样看作为沿 $\pm x$ 方向无限长，是属于无限大物体中的扩散。假设 D 与浓度无关，为一常数，并把坐标原点($x=0$)选择在焊接面上，此时的初始条件为：

$$t=0, x>0, \text{则 } C=C_1$$
$$x<0, \text{则 } C=C_2$$

边界条件为：

$$t\geqslant 0, x=\infty, \text{则 } C=C_1$$
$$x=-\infty, \text{则 } C=C_2$$

可求出经过 t 时间扩散之后，沿轴方向的浓度分布，也就是说可求出满足以上边界条件的菲克第二方程的解。

令 $\lambda = x/\sqrt{t}$，代入式(7-10)，则

$$D\frac{\partial^2 C}{\partial x^2} = D\frac{d^2 C}{d\lambda^2}\left(\frac{\partial \lambda}{\partial x}\right)^2 = D\frac{d^2 C}{d\lambda^2}\times\frac{1}{t} \qquad (7-16)$$

$$\frac{\partial C}{\partial t} = \frac{dC}{d\lambda}\times\frac{\partial \lambda}{\partial t} = -\frac{dC}{d\lambda}\times\frac{x}{2t^{3/2}} \qquad (7-17)$$

于是式(7-10)变换为:

$$2D\frac{d^2C}{d\lambda^2}\times\frac{1}{t}=-\frac{dC}{d\lambda}\times\frac{x}{2t^{3/2}}$$

$$-2D\frac{d^2C}{d\lambda^2}=\frac{dC}{d\lambda}\times\lambda \tag{7-18}$$

令$\dfrac{dC}{d\lambda}=A\exp(-\alpha\lambda^n)$,代入上式,得

$$-2DA\left[-\alpha n\lambda^{(n-1)}\right]\exp(-\alpha\lambda^n)=A\lambda\exp(-\alpha\lambda^n) \tag{7-19}$$

令$n=2$,$\alpha=\dfrac{1}{4D}$,代入上式左边,化简后得

$$2DA\frac{2}{4D}\exp\left(\frac{-\lambda^2}{4D}\right)=A\exp(-\alpha\lambda^n) \tag{7-20}$$

此时
$$\frac{dC}{d\lambda}=A\exp\left(\frac{-\lambda^2}{4D}\right) \tag{7-21}$$

将上式两边积分,得

$$C=\int_0^\lambda A\exp\left(\frac{-\lambda^2}{4D}\right)d\lambda+B=A\int_0^\lambda\exp\left(\frac{-\lambda^2}{4D}\right)d\lambda+B \tag{7-22}$$

令$\beta=\lambda/2\sqrt{D}=x/2\sqrt{Dt}$,则式(7-22)可写成为:

$$C=A\times2\sqrt{D}\int_0^\beta\exp(-\beta^2)d\beta+B$$

$$=A'\int_0^{x/2\sqrt{Dt}}\exp(-\beta^2)d\beta+B \tag{7-23}$$

根据高斯误差积分

$$\int_0^\infty\exp(-\beta^2)d\beta=\frac{\sqrt{\pi}}{2} \tag{7-24}$$

应用初始条件,$t=0$时,$x>0$,则$C=C_1$,$\beta=\infty$

$$x<0,则\ C=C_2,\beta=-\infty$$

于是从式(7-23)可得

$$C_1=A'\frac{\sqrt{\pi}}{2}+B \tag{7-25}$$

$$C_2=-A'\frac{\sqrt{\pi}}{2}+B \tag{7-26}$$

由上两式可求出

$$A'=-\frac{C_2-C_1}{2}\cdot\frac{2}{\sqrt{\pi}} \tag{7-27}$$

$$B = \frac{C_2 + C_1}{2} \tag{7-28}$$

将式(7-27)、式(7-28)代入式(7-23)，得

$$C = \frac{C_2 + C_1}{2} - \frac{C_2 - C_1}{2} \frac{2}{\sqrt{\pi}} \int_0^{x/2\sqrt{Dt}} \exp(-\beta^2)\,\mathrm{d}\beta$$

$$= \frac{C_2 + C_1}{2} - \frac{C_2 - C_1}{2} \mathrm{erf}\left(\frac{x}{2\sqrt{Dt}}\right) \tag{7-29}$$

该式表明了在扩散过程中，扩散耦沿纵向各点在各个时间的浓度分布。假设 B 金属棒的初始浓度 $C_1 = 0$，则式(7-29)可写成：

$$C = \frac{C_2}{2}\left[1 - \mathrm{erf}\left(\frac{x}{2\sqrt{Dt}}\right)\right] \tag{7-30}$$

表 7-1　$\dfrac{x}{2\sqrt{Dt}}$ 与 $\mathrm{erf}\left(\dfrac{x}{2\sqrt{Dt}}\right)$ 的对应值

$\dfrac{x}{2\sqrt{Dt}}$	$\mathrm{erf}\left(\dfrac{x}{2\sqrt{Dt}}\right)$	$\dfrac{x}{2\sqrt{Dt}}$	$\mathrm{erf}\left(\dfrac{x}{2\sqrt{Dt}}\right)$	$\dfrac{x}{2\sqrt{Dt}}$	$\mathrm{erf}\left(\dfrac{x}{2\sqrt{Dt}}\right)$
0.0	0.0000	0.7	0.6778	1.4	0.9523
0.1	0.1125	0.8	0.7421	1.5	0.9661
0.2	0.2227	0.9	0.7969	1.6	0.9763
0.3	0.3286	1.0	0.8247	1.7	0.9838
0.4	0.4284	1.1	0.8802	1.8	0.9891
0.5	0.5205	1.2	0.9103	1.9	0.9928
0.6	0.6039	1.3	0.9340	2.0	0.9953

假设分界面 $x = 0$ 处的浓度恒为 C_0，则 $C_0 = \dfrac{C_2 + C_1}{2}$；当 $C_1 = 0$ 时，则 $C_0 = \dfrac{C_2}{2}$。式(7-30)中 C_2 为已知值，$\mathrm{erf}\left(\dfrac{x}{2\sqrt{Dt}}\right) = \dfrac{2}{\sqrt{\pi}} \int_0^{x/2\sqrt{Dt}} \exp(-\beta^2)\,\mathrm{d}\beta$ 为高斯误差函数，可由专用函数表中查出(见表 7-1)。因此，如能测出式(7-30)中的 x，t 和 C，则可求出 D；如能测出 x，t 和 D，则可求出 C。

2. 半无限大物体中的扩散

设一根很长的纯铁棒，一端被置于渗碳剂中，并加热到高温使保持不变。此时碳只朝一个方向扩散，在 $x = \infty$ 处，$\dfrac{\partial C}{\partial x} = 0$，因此，可看作为半无限大物体

的扩散。由式(7 - 29)可得:

$$C - C_1 = \frac{C_2 - C_1}{2}\left[1 - \text{erf}\left(\frac{x}{2\sqrt{Dt}}\right)\right]$$

$C_0 = (C_2 + C_1)/2$, 故

$$\frac{C - C_1}{C_0 - C_1} = 1 - \text{erf}\left(\frac{x}{2\sqrt{Dt}}\right) \tag{7 - 31}$$

当 $t = 0$ 时, $C_1 = 0$, 故

$$\frac{C}{C_0} = 1 - \text{erf}\left(\frac{x}{2\sqrt{Dt}}\right) \tag{7 - 32}$$

式中 C_0 为已知数, 高斯误差函数 $\text{erf}\left(\frac{x}{2\sqrt{Dt}}\right)$ 可由专用函数表 7 - 1 查出, 如果再通过实验测出 x、t、D 值, 则由上式可求出沿金属棒纵向各点的浓度, 并可绘出如图 7 - 5 中 $C - x$ 之间的关系曲线。

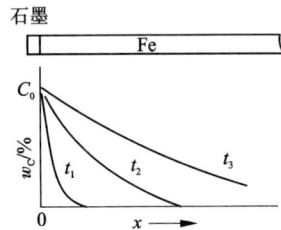

图 7 - 5 渗碳铁棒成分分布

如果用 C/C_0 作纵坐标, $\frac{x}{2\sqrt{Dt}}$ 作横坐标, 则根据式(7 - 32)可以绘出如图 7 - 6 所示的关系曲线。从这些曲线可以找出扩散路程 x、时间 t 和扩散系数 D 三者之间的关系。例如, 假若我们想要找出样品中某一垂直于 x 轴的平面, 其浓度为焊接面上的浓度的一半($C = \frac{1}{2}C_0$), 那么从图上很容易看出, 与 0.5 相对应的值差不多也等于 0.5。此时 $\frac{x}{2\sqrt{Dt}} \approx$ 0.5, 即

$$x \approx \sqrt{Dt}\text{ 或 } x^2 \approx Dt \tag{7 - 33}$$

由上式可见, 如果要使该面上的浓度达到 $\frac{1}{2}C_0$, 那么扩散时间 t 就与这平面距分界面的距离 x 的平方成正比, x 增加一倍, 则所需扩散时间会延长 4 倍。

一般地说

$$x = (\text{常数})\sqrt{t}, \text{ 或 } x^2 = (\text{常数})t \tag{7 - 34}$$

式中的常数按比值 C/C_0 和 D 的数值而定。这个关系式称为"抛物线定则"。此定则具有实用价值, 例如钢铁渗碳时, 我们可以利用它来估计碳浓度分布与渗碳时间及温度(因 D 和温度有关)的关系。

　　根据图 7-6 曲线，如能通过实验确定 C_0 以及在 t 时间距离界面为 x 处的浓度 C，就可以算出扩散系数 D 来。

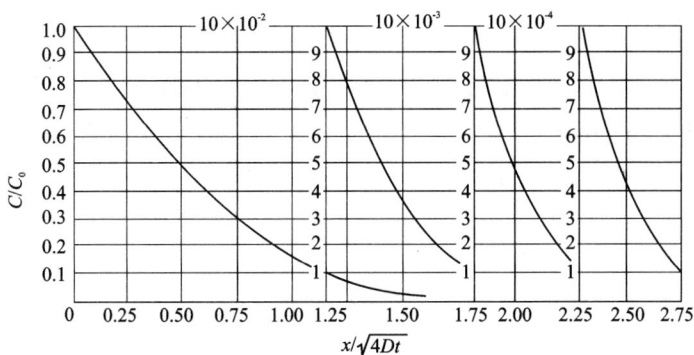

图 7-6　C/C_0 与 $x/\sqrt{4Dt}$ 的关系

7.2　扩散的微观机制

　　多晶体金属中，扩散物质可以沿金属表面、晶界、位错线发生迁移，分别被称为"表面扩散"、"晶界扩散"和"位错扩散"，扩散物质也可以在晶粒点阵内部发生迁移，被称为体扩散，体扩散是固态金属中最基本的扩散途径，人们在这方面做了许多工作，先后提出了原子在点阵中迁移的各种机制，来说明扩散的基本过程。其中三种最基本的扩散机制是交换机制、间隙机制和空位机制。

7.2.1　交换机制

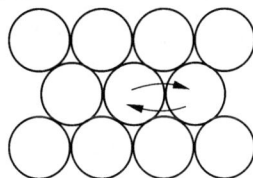

　　交换机制的模型是原子的扩散通过相邻两原子直接交换位置实现的，如图 7-7 所示。由于原子几乎是刚性球体，所以一对原子交换位置时，它们相邻的原子必须退让出适当的空间，这样势必引起交换原子附近的晶格发生强烈的畸

图 7-7　扩散的交换机制

变，需要的扩散激活能很大，对交换机制扩散很不利。而且，在二元合金中，如果是不同类原子交换，这就意味着两种不同原子的扩散系数必须相等，因此，一般来讲，这种扩散机制很难出现。不过，M. F. Millea 却引用该机制解释了金在锗中的扩散。他认为首先是替代式金原子被激发进入间隙位置，和空位形成填隙原子—空位对，接着锗原子进入空位，然后金原子进入锗原子留下的

空位中，交换过程完成。这个模型还被发展用来描述 Pb - Cd 和 Pb - Hg 等金属系统中的扩散。

7.2.2　间隙机制

间隙扩散是原子在点阵的间隙位置间跳跃而导致的扩散。间隙机制发生在间隙式固溶体中，尺寸较小的 C，N，H，B，O 等溶质原子在固溶体中从一个间隙位置跳到其邻近的另一个间隙位置时发生间隙扩散。图 7 - 8 为间隙原子在面心立方固溶体的(100)面上，从一个八面体间隙位置 1 跳跃到邻近的一个八面体间隙位置 2 中，其中需要克服一个势垒 $G_2 - G_1 = \Delta G$，所以只有能量大于 G_2 的间隙原子才能进行跃迁，如图 7 - 8(b)所示。

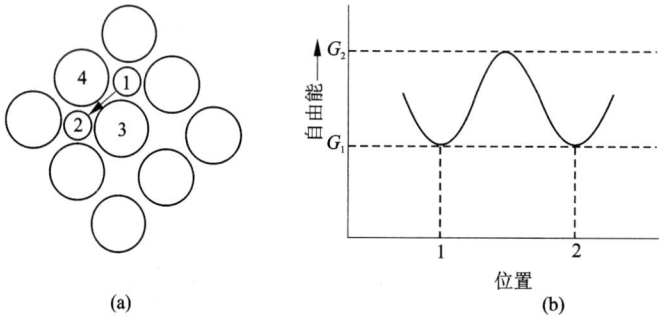

图 7 - 8　间隙原子跃迁时所需能量示意图

根据 Maxwell - Boltzman 分布定律，在 N 个间隙原子中，在温度 T 时，自由能大于 G_2 的数目 n_2 为：

$$n_2 = N\exp\left(\frac{-G_2}{kT}\right) \qquad (7-35)$$

自由能等于 G_1 或大于 G_1 小于 G_2 的间隙原子数为：

$$n_1 = N\exp\left(\frac{-G_1}{kT}\right) \qquad (7-36)$$

由于 G_1 是处于平衡位置的最低自由能状态，所以间隙原子跳跃的几率 P 为：

$$P = \frac{n_2}{n_1} = \exp\left(\frac{-(G_2 - G_1)}{kT}\right) = \exp\left(\frac{-\Delta G}{kT}\right) \qquad (7-37)$$

因为　　　　　　　　$\Delta G = \Delta H - T\Delta S = \Delta E - T\Delta S$

所以　　　　　　　　$P = \exp\left(\frac{\Delta S}{k}\right) \cdot \exp\left(\frac{-\Delta E}{kT}\right) \qquad (7-38)$

在单位时间内每个原子跃迁的频率 f 为：

$$f = P \cdot Z \cdot \nu = Z \cdot \nu \cdot \exp\left(\frac{\Delta S}{k}\right) \cdot \exp\left(\frac{-\Delta E}{kT}\right) \qquad (7-39)$$

式中 Z 为配位数，ν 为振动频率。

如果扩散原子在三维空间内跃迁，每跳跃一步的距离为 d，则

$$D = \frac{1}{6} f d^2 \qquad (7-40)$$

将式（7-39）代入式（7-40），得

$$D = \frac{1}{6} d^2 Z \cdot \nu \cdot \exp\left(\frac{\Delta S}{k}\right) \cdot \exp\left(\frac{-\Delta E}{kT}\right) = D_0 \exp\left(\frac{-\Delta E}{kT}\right) \qquad (7-41)$$

式中 D 为间隙固溶体中溶质原子的扩散系数，D_0 为原子跃迁常数，ΔE 为原子跃迁激活能，即间隙原子完成跃迁时所需增加的内能。

7.2.3　空位机制

在绝对温度零度以上的任何温度下，晶格中总会存在一些空位，空位在晶格中的紊乱分布可以使熵增加。如果一个原子落在空位旁边，它就可能跳进空位中，如图 7-9 所示，使这原子原来的位置变成空位，另外的邻近原子也可能占据

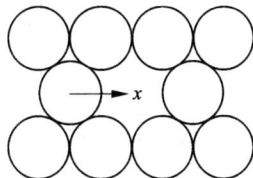

图 7-9　空位扩散机制

这个新形成的空位，使空位继续运动，这就是空位扩散机制。在置换式固溶体中，由于溶剂原子与溶质原子半径相差不大，很难进行间隙扩散，主要就依靠原子和空位的交换位置来进行扩散。

空位是热平衡的点缺陷，不同温度下存在不同的空位平衡浓度 C_V，温度越高，空位越多，借助空位扩散的合金，温度越高越有利于扩散。如在 220 ℃ 的铜，每立方厘米中只有 2×10^3 个空位，而接近熔点的铜（1000 ℃），每立方厘米中就有 5×10^{18} 个空位。空位平衡浓度 C_V 为：

$$C_V = \exp\left(\frac{\Delta S_V}{k}\right) \cdot \exp\left(\frac{-\Delta E_V}{kT}\right) \qquad (7-42)$$

若晶体中原子的配位数为 Z，在空位浓度 C_V 的情况下，每个原子在单位时间内跃迁的频率为：

$$f = \nu \cdot Z \cdot P \cdot C_V \qquad (7-43)$$

式中 P 为原子跃迁进入空位的几率。

置换原子跃入空位引起的体系自由能变化为：

$$\Delta G = \Delta E - T\Delta S$$

可以跃入空位的原子的几率为：

$$P = \exp\left(\frac{\Delta S}{k}\right) \cdot \exp\left(\frac{-\Delta E}{kT}\right) \tag{7-44}$$

将式(7-42)、式(7-43)和式(7-44)代入式(7-40),得

$$
\begin{aligned}
D &= \frac{1}{6}\nu \cdot Z \cdot P \cdot C_V \cdot d^2 \\
&= \frac{1}{6}\nu \cdot Z \cdot d^2 \cdot \exp\left(\frac{\Delta S + \Delta S_V}{k}\right) \cdot \exp\left(\frac{-(\Delta E + \Delta E_V)}{kT}\right) \\
&= D_0 \exp\left(\frac{-(\Delta E + \Delta E_V)}{kT}\right) \tag{7-45}
\end{aligned}
$$

由上式可知,置换固溶体中空位扩散所需的能量包括空位形成能 ΔE_V 和原子跃迁激活能 ΔE 两部分,所以其数值比间隙式溶质的大得多。若用摩尔原子扩散激活能 Q 代替式(7-41)中的 ΔE 和式(7-45)中的 $\Delta E + \Delta E_V$,则两式可统一写为:

$$D = D_0 \exp\left(\frac{-Q}{RT}\right) \tag{7-46}$$

表7-2列出了一些扩散系统的扩散常数 D_0 和扩散激活能 Q 的数值。

给定的物质原子在该物质点阵中的迁移称为"自扩散",自扩散实质就是空位在点阵中迁移的结果。如果点阵中有化学性能相近的两种原子,则两种原子跃入空位中的难易程度几乎一样,在这种情况下,空位运动将同等地使这两种原子发生扩散。相反,如果某一种原子跳进空位比另一种原子快得多,则空位的存在只能使前者扩散,而后者则差不多固定。

表7-2 某些扩散系数 D_0 和 Q 的近似值

扩散元素	基体金属	$D_0/(10^{-5} \mathrm{m^2 \cdot s^{-1}})$	$Q/(10^3 \mathrm{J \cdot mol^{-1}})$
C	γ - Fe	2.0	140
N	γ - Fe	0.33	144
C	α - Fe	0.20	84
N	α - Fe	0.46	75
Fe	α - Fe	19	239
Fe	γ - Fe	1.9	270
Ni	γ - Fe	4.4	283
Mn	γ - Fe	5.7	277
Cu	Al	0.84	136
Zn	Cu	2.1	171
Ag	Ag(晶内扩散)	7.2	190
Ag	Ag(晶界扩散)	1.4	90

7.2.4　其他扩散机制

除以上三种主要扩散机制外，还有环形换位机制和挤列（crowdion）机制。环形换位机制认为在同一平面上距离相等的几个原子可以同时轮换位置来进行扩散。用此机制计算的扩散激活能比较接近实验值，但是，该机制不能解释置换式固溶体合金进行互扩散时出现的 Kirkendall 效应，与 Kirkendall 实验结果不符。挤列机制是设想体心立方金属在 <111> 方向的 $(n-1)$ 个原子位置上被挤入了 n 个原子，形成一个集体，此集体被命名为"挤列"，"挤列"作为一个整体沿对角线运动就构成扩散。碱金属 K、Na 等原子的压缩性较大，出现这种扩散机制是可能的。对于碱金属利用此机制计算出来的激活能与实验值比较接近。

表 7 - 3　铜自扩散激活能计算值和实验值的比较

扩散机制	缺陷形成能 ΔE_V /(kJ·mol^{-1})	缺陷移动能 ΔE_m /(kJ·mol^{-1})	扩散激活能 Q /(kJ·mol^{-1})
两原子交换机制	—	1005	1005
四原子环形换位机制	—	380	380
空位机制	126.6	96.4	221
	87.3	57.8	146
	96.4	96.4	193
间隙机制	873	48.1	927
		19.3	898
	481.4	19.3	501
实验值	—	—	193

综上所述，在间隙式固溶体中则为间隙式扩散机制，在置换式固溶体中起主导作用的是空位扩散机制，空位机制所需激活能较小（表 7 - 3），与实验值较接近，表明实现这种扩散机制的几率较大。

7.3　扩散系数

7.3.1　扩散系数的测定方法

在扩散第一、二定律的表达式中，均出现了扩散系数 D，它是决定扩散过程的重要物理量。扩散系数的测定方法有多种。通常自扩散系数可以由示踪剂法、动力法等方法测定；化学扩散系数可以由容量法、电导法、固态电池电势法等方法测定。其他的各种扩散系数均可以由特定条件下的理论模型与相应的实验数据经过计算而得到。

示踪剂Au*薄层

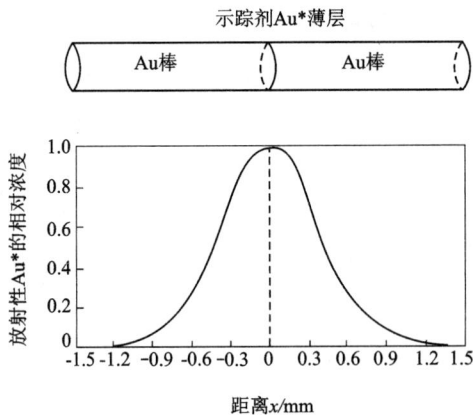

图7-10　利用示踪剂法测定金的自扩散系数 D^*

示踪剂法可测定自扩散系数。该方法是采用放射性或稳定的同位素作为示踪原子来测定自扩散系数。把金属或非金属示踪原子涂覆在晶体表面，在一定条件下将其加热到某一温度保温，然后确定在晶体中示踪原子的浓度分布。如将放射性的 Au^* 涂覆在两根金棒之间，然后将它们加热到 920 ℃ 保温 100 h。实验结果如图 7-10 所示，示踪原子的浓度分布应该为：

$$C = K\exp\left(-\frac{x^2}{4D^* t} \right)$$

或
$$\ln C = \frac{-x^2}{4D^* t} + 常数 \tag{7-47}$$

可以采用该式分析实验数据从
而求得金的自扩散系数 D_{Au}^*。如果
以 $\ln C$ 对 x^2 作图，应该得到斜率为
$-\dfrac{1}{4D^*t}$ 的直线。根据图 7 - 10 中的
部分有关数据作出 $\ln C$ 与 x^2 的关系
曲线（如图 7 - 11），其斜率 k 为：

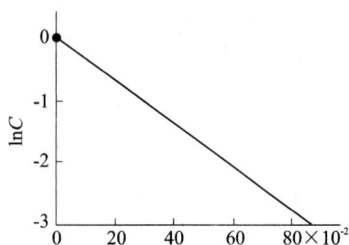

图 7 - 11　示踪剂 Au* 的 $\ln C - x^2$ 关系曲线

$$k = \frac{\Delta(\ln C)}{\Delta(x^2)} = -\frac{1}{4D^*t}$$

$$(7 - 48)$$

扩散时间 t 为 100 h，代入式（7 - 48），可以求得 Au 的自扩散系数 D_{Au}^* 为：

$$D_{Au}^* = 2 \times 10^{-13}\ (\text{m}^2/\text{s}) \tag{7 - 49}$$

应当指出，$\ln C$ 与 x^2 为直线关系时，晶体中质点的扩散机理为晶格扩散。
如果扩散机理为晶界扩散时，则 $\ln C$ 与 x 为直线关系，其表达式为：

$$\ln C = -\left[\frac{\sqrt{2}}{(\pi D_L t)^{\frac{1}{4}}(\delta D_b/D_L)^{\frac{1}{2}}} \right] x + 常数 \tag{7 - 50}$$

式中 D_L 和 D_b 分别为晶格扩散系数与晶界扩散系数。

如果要测定氧化物等材料中的非金属原子的自扩散系数，还可采用气氛
法。将材料置于含有示踪原子的非金属原子气氛中，加热到某一温度，由于气
体数量远远大于试样质量，因此在示踪原子扩散时，可以认为示踪剂在试样表
面的浓度不变。于是，扩散的示踪原子浓度分布如式（7 - 51）：

$$C = C_0\left[1 - \text{erf}\left(\frac{x}{2\sqrt{Dt}} \right) \right] \tag{7 - 51}$$

用上述方法测定扩散系数时并没有考虑到气氛压力对扩散系数值的影响，
严格意义上这样测定的扩散系数不够理想；但是从实际应用的观点，所测定的
数据对于研究材料的传质特点仍有重要的意义。对于温度和压力对自扩散系数
影响的初步研究表明，加压时自扩散系数 D_p^* 与不加压时的自扩散系数 D^* 有
如下关系：

$$D_P^* = D^* \exp\left(-\frac{p\Delta V_f + p\Delta V_m}{RT} \right) \tag{7 - 52}$$

式中，p 为所加压力；ΔV_f 为每摩尔缺陷形成时所增加的晶体体积；ΔV_m 为每摩
尔缺陷位移时所增加的晶体体积。实验表明，Pb 在多晶体 Pb 中的扩散系数随
压力 p 的增大而下降。

　　除了应用示踪法测定自扩散系数外，还可以通过试样由一个平衡状态到另一个平衡状态发生质量的变化或电导率变化的动力学数据来确定化学扩散系数 D。化学扩散系数 D 反映在晶体中存在浓度梯度时质点的扩散特征。其他各类扩散系数均可以由相应的实验方法、数据与理论模型算出。

7.3.2　影响扩散系数的因素

1. 温度的影响

　　扩散系数强烈地依赖于温度，由式(7-46)可见，D 与 T 成指数关系，随温度的升高，扩散系数急剧增大。这是因为：①温度升高，借助热起伏，获得足够能量而越过势垒进行扩散的原子的几率增大；②温度升高空位浓度增大，有利于扩散。

　　对式(7-46)取对数，得到下面的线性方程：

$$\ln D = \ln D_0 - \frac{Q}{R} \cdot \frac{1}{T} \tag{7-53}$$

　　图7-12是用图解法表示在半对数坐标中扩散系数的对数 $\ln D$ 与温度的倒数 $1/T$ 呈直线关系。图中截距为 $\ln D_0$，斜率 $\mathrm{tg}\ \alpha = Q/R$，所以测出直线斜率之后就可求出 Q 值。例如在工业上渗碳时采用不同的渗碳温度，渗碳速度就不相同，如在 927 ℃ 和 1027 ℃ 渗碳，碳在 $\gamma - \mathrm{Fe}$ 中的扩散系数分别为：

$$D_{1200\,\mathrm{K}} = 2.0 \times 10^{-5} \exp\left(\frac{-140 \times 10^3 \times 0.239}{2 \times 1200}\right) = 1.76 \times 10^{-11}\,(\mathrm{m^2 \cdot s^{-1}}) \tag{7-54}$$

$$D_{1300\,\mathrm{K}} = 2.0 \times 10^{-5} \exp\left(\frac{-140 \times 10^3 \times 0.239}{2 \times 1300}\right) = 5.15 \times 10^{-11}\,(\mathrm{m^2 \cdot s^{-1}}) \tag{7-55}$$

　　可见渗碳温度提高 100 ℃，扩散系数约增加 3 倍，即渗碳速度加快了 3 倍。所以生产上各种受扩散控制的过程，首先要考虑温度的重要影响。

2. 晶体缺陷的影响

　　原子沿线缺陷(位错)和面缺陷(晶界和自由表面等)的扩散速率远比沿晶内的体扩散速率大，通常把沿这些缺陷所进行的扩散称为"短路扩散"。

　　(1)沿面缺陷的扩散

　　由于在晶界和自由表面附近，原子的规则排列受到不同程度的破坏，点阵畸变严重，空位密度和空位的迁移率均比晶内高，因此在这些面缺陷处，扩散激活能较低，借助空位扩散机制的扩散就容易进行。

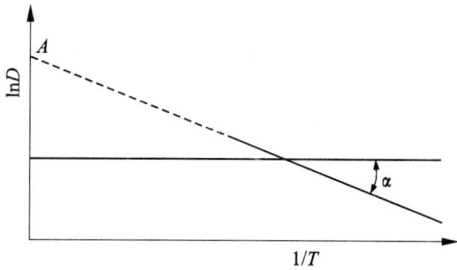

图 7 – 12　半对数坐标上扩散系数
与温度的线性关系

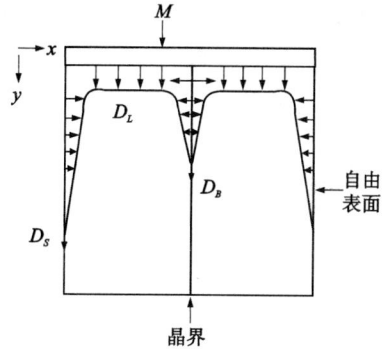

图 7 – 13　双晶体中的扩散

如图 7 – 13 所示，设想在垂直于双晶体晶界的外表面上镀一层扩散物质 M（或同位素示踪原子），然后在较高温度使其扩散。结果发现，物质 M 扩散到晶格去的深度要比扩散到晶界和外表面的小得多（图中箭头表示扩散方向，箭头所指的线是等浓度线）。

实验发现，钍在钨丝中的晶界扩散系数 D_B 和体扩散系数 D_L 分别为：

$$D_B = 0.74\exp(-90000/RT) \tag{7 – 56}$$
$$D_L = 1.0\exp(-120000/RT) \tag{7 – 57}$$

可知：$D_B \gg D_L$，而且钍在晶界上的扩散激活能也比在晶格中的小得多。

由于晶界扩散激活能远比体扩散的低，因此在温度降低时，D_B 比 D_L 减小得慢一些，相对高温而言，晶界扩散的贡献就显得更加重要，该规律对所有金属和合金均适用。

图 7 – 14 表示了单晶银和多晶银的自扩散系数与温度的关系。在 700 ℃以下，多晶银的自扩散系数要比单晶银的大，而且，随温度的继续下降，两者的差别继续增大。这种差别就是由于多晶银中包含晶

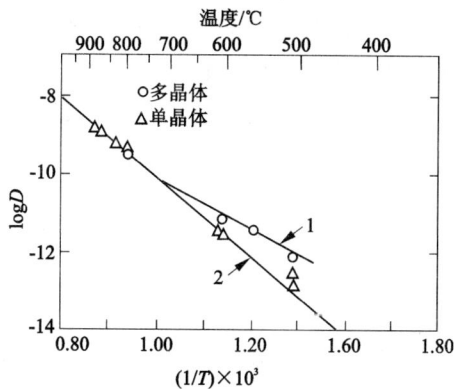

图 7 – 14　多晶银和单晶银的扩散系数与 $1/T$ 的关系

界扩散引起的。图中直线1（多晶银）的斜率约为直线2（单晶银）的斜率的1/2，这表明晶界扩散激活能约为体扩散激活能的一半。

　　图7-15表明在银中沿自由表面、晶界和晶粒内部的自扩散系数与温度的关系。图7-16表明了锌在不同晶粒尺寸的黄铜中的扩散系数，由这些图可以知道：

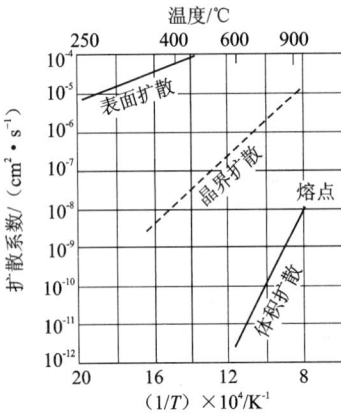

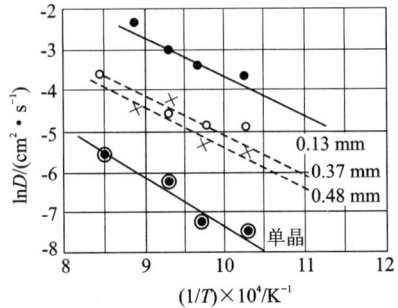

图7-15　银的自扩散系数与温度的关系　　　图7-16　锌在不同晶粒大小的黄铜中的扩散

　　①表面扩散比晶界扩散快，比体扩散更快。但在多晶体金属中，除少数情况外，自由表面的扩散并不重要，而晶界扩散也只有在晶粒很细的情况下才会对整个扩散作比较大的贡献。

　　②扩散与固溶体的晶粒大小有关，晶粒越细则扩散系数越大。但是只有当扩散的激活能很大，而且沿晶界的扩散比体扩散强烈时，晶粒大小的影响才比较明显。如果体扩散容易进行（如碳和氮等原子在γ-Fe中的扩散），则晶粒大小的影响就不明显。

　　（2）沿线缺陷的扩散

　　晶体中的位错会使其周围的原子离开平衡位置，点阵发生畸变，尤其是刃型位错线的存在，好像一根具有一定空隙度的管道，如果扩散元素沿位错管道迁移，所需要的激活能较小（约为体扩散激活能的1/2），所以扩散速率较高。但是由于位错线所占横截面相对晶粒的横截面来说是很小的，所以在高温下，位错对晶体总扩散的贡献并不大，只有在较低温度下才显出其重要性。例如过饱和固溶体在较低温度分解时，沿位错管道的扩散就起重要作用，沉淀相往往在位错上优先形核，而且溶质会较快地沿位错管道扩散到沉淀相上去，使其迅速长大。冷变形会增加金属材料的界面和位错密度，也会加速扩散过程的进行。实验发现，未经过变形的钽片在渗碳介质中于 1 900 ℃保持 12 h，其表面上所形成的渗碳层厚度小于 0.01 mm，同样的钽片经过 75% 变形后，经过 1 h 的渗碳就能形成厚度为 0.6 mm 的渗碳层，渗碳速度提高了 720 多倍。当然，其中除了位错作用外，界面增加及残余应力也会加速扩散过程的进行。

3. 晶体结构的影响

晶体结构对扩散的影响主要表现在两方面：

①在具有同素异构转变的金属中，扩散系数随晶体结构的改变会有明显的变化。例如 $\alpha - Fe$ 的自扩散系数为：

$$D_\alpha = 5.8\exp(-59700/RT) \qquad (7-58)$$

$\gamma - Fe$ 的自扩散系数为：

$$D_\gamma = 0.58\exp(-67900/RT) \qquad (7-59)$$

因此，$D_\alpha / D_\gamma = 10\exp\left(\dfrac{4100}{T}\right) \gg 1$

在转变点（$T = 1183$ K）时，$D_\alpha / D_\gamma = 280$，即 $\alpha - Fe$ 的自扩散系数是 $\gamma - Fe$ 的 280 倍。

间隙式溶质原子 N 在 $\alpha - Fe$ 中的扩散系数是在 $\gamma - Fe$ 中的 2000 倍；Mo、W、Cr 等置换式溶质原子在 $\alpha - Fe$ 中的扩散速率也远比在 $\gamma - Fe$ 中快。同样温度下，锌在体心立方点阵的 $\beta -$ 黄铜中的扩散系数也超过在面心立方点阵的 $\alpha -$ 黄铜中的扩散系数。产生上述情况的原因可能与原子排列的致密度有关，因为体心立方点阵的致密度比面心立方点阵低，原子移动时需要克服原子间的结合力小，所需要的扩散激活能相对较低。另外，原子密度小，空位形成能也小，故扩散系数大。

②晶体的各向异性对扩散系数也有影响，因为沿晶轴各个方向原子间距不一样，故各方向的扩散系数也不相同。例如具有菱方结构的铋有明显方向性，

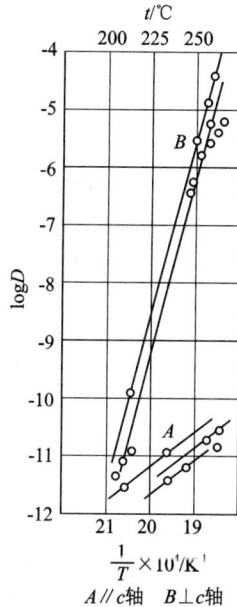

图 7 - 17　铋的自扩散系数的各向异性

平行和垂直于 c 轴的自扩散系数相差约 1000 倍。如图 7 - 17 所示，在 265 ℃ 时，沿 c 轴方向上的自扩散系数（A 线）只约为垂直该方向上的自扩散系数（B

线)的 $1/10^6$。密排六方晶系的锌也具有方向性,平行于[0001]方向上的扩散系数小于垂直方向上的扩散系数。平行于底面的 $D=0.13\exp(-21800/RT)$,垂直于底面的 $D=0.58\exp(-24800/RT)$。因为平行[0001]方向上的扩散,原子要通过原子排列最密的(0001)面,所以要困难一些,但这种异向性随温度的升高逐渐减小。

4. 固溶体类型的影响

在不同类型的固溶体中,其溶质原子的扩散激活能 Q 互不相同,间隙原子的扩散激活能比置换式原子的扩散激活能小得多。如 C,H,N 在 $\alpha-Fe$ 中形成间隙式固溶体,Q 小而扩散快;相反,Al,Cr 在 Fe 中形成置换式固溶体,Q 大而扩散慢。所以钢件在表面化学热处理时,欲获得相同的表面浓度,则渗碳、渗氮所需时间远比渗铝、渗铬短。

5. 扩散元素性质的影响

扩散元素的性质与溶剂金属的性质差别越悬殊,则扩散系数越大。这里讲的差别是指在元素周期表中的相对位置、溶质在溶剂金属中的固溶度极限、溶质和溶剂金属的熔点以及原子尺寸等。通常溶解度越小的元素,扩散越容易进行。

6. 扩散组元浓度的影响

为了便于求解菲克第二定律,把扩散系数认为是与浓度无关的常数,但在许多固溶体合金中,溶质的扩散系数随浓度的增加而增加。图 7-18 表示某些元素在铜中的扩散系数与浓度的关系。图 7-19 表示 C 在 $\gamma-Fe$ 中的扩散系数与浓度的关系,可以看出随着 C 浓度的增加,C 的扩散系数增加。从图 7-20 可以看出:凡溶质元素能使合金熔点降低的(或引起液相线下降的)均能使扩散系数增加;反之,使扩散系数降低。

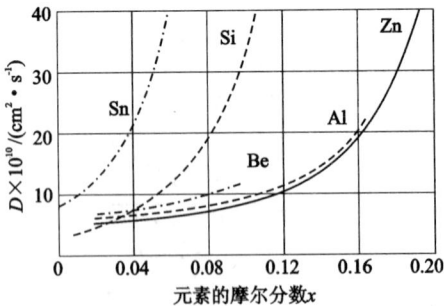

图 7-18　某些元素在铜中的扩散系数与其浓度的关系

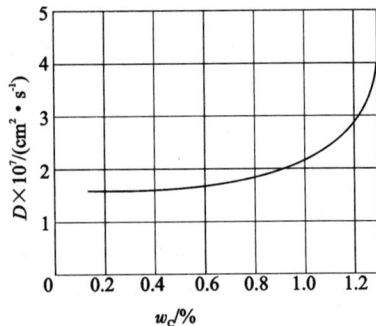

图 7-19　碳在 $\gamma-Fe$ 中扩散系数与其浓度的关系

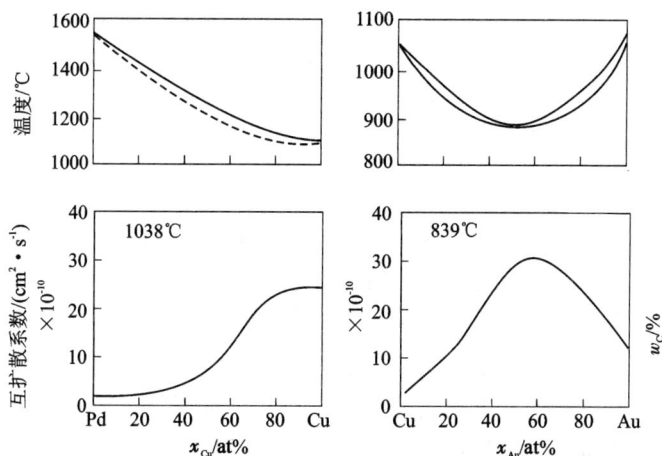

图7-20　无限固溶体相图以及互扩散系数与成分的关系

7. 第三元素(或杂质)的影响

第三元素对二元合金中组元扩散的影响是比较复杂的。如在碳钢中加入4%的Co可使碳在γ-Fe中的扩散速率增加一倍;加入3%Mo或W,则使其减小一半。不过Mo对碳在γ-Fe中扩散的影响还与温度有关,当温度低于1100℃时,扩散速率减慢;高于1100℃时则加速。Mn和Ni对C在γ-Fe中的扩散无影响。在Al-Mg合金中加入2.7%Zn,可使Mg在Al中扩散速率减半。由此可见,第三元素影响是比较复杂的,尚未得出规律性。但是,合金元素对C在γ-Fe中的扩散系数影响与C和合金元素的亲和力有关。如图7-21所示,大体有三种情况:

①形成碳化物元素,如W,Mo,Cr等。由于它们与C的亲和力较强,能强烈阻碍C的扩散,从而降低碳的扩散系数。

②形成不稳定碳化物,如Mn等,它们对C的扩散影响不大。

③不形成碳化物而溶于固溶体中的元

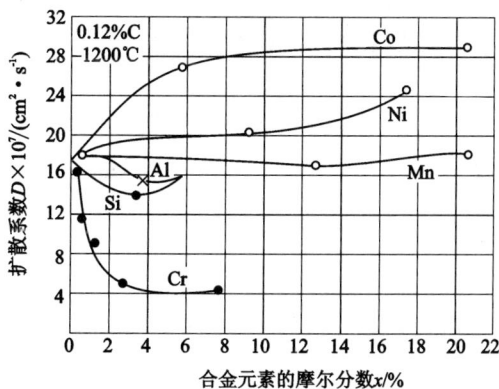

图7-21　合金元素对碳在γ-Fe中的扩散系数的影响

素影响各不相同，如 Co，Ni 等能提高 C 的扩散系数；而 Si 则降低 C 的扩散系数。

7.4　扩散的热力学分析

　　前面讨论的菲克定律所涉及的都是高浓度向低浓度扩散过程的浓度梯度问题，实际情况并非都是如此。许多情况下还存在低浓度向高浓度的扩散过程。人们把前者称为"顺扩散"，把后者称为"逆扩散"（或称为"上坡扩散"）。

　　从热力学来看，在等温等压条件下，不管浓度梯度如何，决定组元原子扩散的流向是化学势。当浓度梯度的方向与化学势梯度方向一致时，溶质原子就会从高浓度地区向低浓度地区迁移，产生所谓"顺扩散"，能使成分趋向均匀，铸锭均匀化退火就是产生这种形式的扩散。但是，当浓度梯度方向与化学势梯度方向不一致时，例如在共析分解和过饱和固溶体的分解过程中，同类原子的聚集可显著降低系统自由能，此时的溶质原子就会朝浓度梯度相反的方向迁移，即从低浓度地区向高浓度地区进行所谓"逆扩散"，使合金成分发生区域性的不均匀。此时菲克第一定律应写成为：

$$J = -M \frac{\partial \mu}{\partial x} \tag{7-60}$$

　　式中 μ 为扩散组元的化学势，M 为一比例系数，它是 μ 的函数，与成分、温度和应力等有关。

7.4.1　扩散驱动力

　　固溶体中溶质原子扩散的驱动力主要取决于系统中组元的化学势梯度。不管浓度梯度是正是负，只要化学势梯度达到零，扩散通量就会等于零，扩散就会停止。

　　设 C_i 为组元 i 的体积浓度，n_i 为组元的摩尔数，ρ 为组元 i 的摩尔质量。

因为
$$C_i = \rho n_i \tag{7-61}$$

所以
$$\partial C_i = \rho \partial n_i$$

即
$$\partial n_i = \frac{\partial C_i}{\rho} \tag{7-62}$$

在等温等压条件下 i 组元的化学势表达式为：

$$\mu_i = \left(\frac{\partial G}{\partial n_i} \right)_{T,P,n_j} \tag{7-63}$$

式中 G 为系统自由能，n_j 为除组元 i 外其余各组元的摩尔数，将式（7-62）代

入式(7 - 63)，得

$$\mu_i = \rho \frac{\partial G}{\partial C_i}$$

上式两边对 x 取偏导数，得

$$\frac{\partial \mu_i}{\partial x} = \rho \frac{\partial^2 G}{\partial C_i \partial x} \tag{7 - 64}$$

将式(7 - 64)代入式(7 - 60)并去掉下标，得

$$J = - M\rho \frac{\partial^2 G}{\partial C^2} \cdot \frac{\partial C}{\partial x} \tag{7 - 65}$$

与菲克第一定律(7 - 1)比较，可见

$$D = M\rho \frac{\partial^2 G}{\partial C^2} \tag{7 - 66}$$

式中 M 与 D 的正负号是一致的，由式(7 - 66)可得以下重要结论：

① 当 $\frac{\partial^2 G}{\partial C^2} > 0$ 时，J 与 $\frac{\partial C}{\partial x}$ 的方向相反，即产生顺扩散，与菲克定律一致。

② 当 $\frac{\partial^2 G}{\partial C^2} < 0$ 时，J 与 $\frac{\partial C}{\partial x}$ 的方向一致，即产生逆扩散，与菲克定律相反。

因此，式(7 - 66)比式(7 - 1)更具有普遍性。

7.4.2　上坡扩散

　　上坡扩散属于低浓度向高浓度的扩散过程，扩散结果会使固溶体合金分解为合金元素含量高和合金元素含量低的两种成分不同、结构相同的组织状态，这种现象可用热力学分析。如图 7 - 22 所示的非均匀系的自由能 - 成分曲线图中，整条曲线是由两条凹形曲线段和一条凸形曲线段所组成。

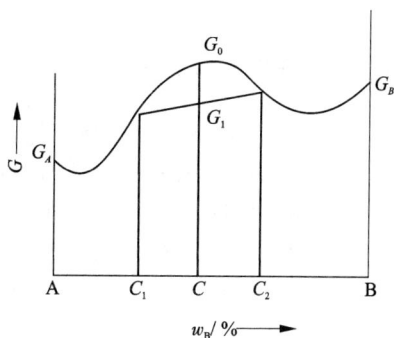

图 7 - 22　非均匀系的自由能 - 成分曲线

　　如前所述，凹形曲线部分 $\frac{\partial^2 G}{\partial C^2} > 0$，在这个范围内进行的扩散是顺扩散，固溶体成分均匀化时，自由能处于最低状态。而 C_1 至 C_2 成分范围的固溶体合金，其成分自由能曲线为凸形，$\frac{\partial^2 G}{\partial C^2} < 0$，成分不同的 C_1，C_2 两相的平均自由能 G_1 低于成分均一的 C 合金的自由能 G_0。所以，成分为 C 的合金分解成两个成

分不同的部分，使自由能降低，在这种情况下所进行的扩散是逆扩散。可见，$\dfrac{\partial^2 G}{\partial C^2}$ 也是判断扩散方向的依据。

除上述热力学条件外，还有以下因素可促使产生逆扩散：

①如图 7-23 所示，固溶体合金在弹性弯曲时，上部受到拉应力使点阵常数增大，而下部受到压应力使点阵常数缩小。在这种弯曲应力作用下，大原子○就会移向上部受拉区，小原子●移向下部受压区，从而出现上坡扩散，即因弹性应力的作用而产生逆扩散。

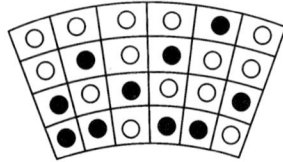

图 7-23　在弯曲应力作用下发生上坡扩散

②各种晶体缺陷都会造成晶体的内应力和能量分布的不均匀，如多晶体中的晶界能都比晶内高。当它吸附一些异类原子时，会使其能量降低，使溶质原子易于移向晶界，而发生上坡扩散。在刃型位错应力场作用下，溶质原子常常被吸引而扩散到位错周围形成 Cottrell 气团，也是上坡扩散。

7.5　固溶体中的扩散

7.5.1　固溶体中的自扩散

在固态金属中溶剂原子的运动，除了原子在其平衡位置附近作振动外，它还会从一个平衡位置到另一个平衡位置迁移，所以，所谓的平衡位置只能看作亚稳定的位置，当具备一定条件时，溶剂原子就会发生迁移，这种溶剂原子的自身迁移，称为"自扩散"。即使点阵中有异类原子，这种情况依然存在，这种现象可利用放射性同位素示踪原子测量。

7.5.2　固溶体中的互扩散——Kirkendall 效应

Kirkendall 效应是固溶体合金中互扩散的典型实例。在置换式固溶体中，当合金浓度比较高，溶质和溶剂原子大小相近，相互间以置换方式溶解，它们的迁移率具有相同的数量级，在扩散过程中，溶质原子和溶剂原子同时发生扩散，这种扩散形式称为"互扩散"。

互扩散机制要比碳在铁中的间隙型自扩散机制复杂得多，人们曾经对置换互扩散机制作过多种描述，如换位扩散，环形扩散和空位扩散等。通过试验证明，在几种扩散机制中比较接近实际情况的是空位扩散。

互扩散在固溶体合金中是一种普遍的现象，最初是 E. D. Kirkendall 在 α - 黄铜 - 铜扩散耦中发现的。如图 7 - 24 所示，在 α - 黄铜上嵌着很细的几条钼丝作为标记，然后再在 α - 黄铜上镀铜，使钼丝包裹在 α - 黄铜和铜中间。在 785 ℃保温不同的时间后，

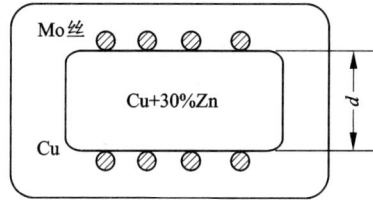

图 7 - 24　Kirkendall 实验

两边的钼丝都向内移动了一段距离：保温 1 d 移动 0.0015 cm；保温 6 d 移动 0.0036 cm；保温 13 d 移动 0.0056 cm。移动量与保温时间的平方根成正比。

如果铜和锌的扩散系数相等，铜向黄铜扩散和锌向纯铜扩散的原子数相等，由于锌原子尺寸大于铜，扩散以后外围铜的点阵常数增大，内部黄铜的点阵常数减小，这样也会使钼丝向内移动，即钼丝标记发生漂移。但是，经计算出的这种原子大小差异而引起的标记漂移仅仅是实验值的十分之一。显然，点阵常数的变化不是引起钼丝移动的主要原因，这一实验结果只能说明，扩散过程中锌的向外扩散通量大于铜的向内扩散通量，扩散系数 $D_{Zn} > D_{Cu}$，此现象称为 Kirkendall 效应。后来，在 Cu - Au，Cu - Ni，Cu - Sn，Ni - Au，Ag - Au 和 Ag - Zn 合金系的扩散中都发现有 Kirkendall 效应。

A. D. Smigelskas 和 Kirkendall 的实验还发现，在分界面附近的黄铜一侧会出现一些宏观的疏孔，而且是出现在失去原子的一侧。他们认为在黄铜中的铜、锌互扩散中，由于锌与空位的交换比铜容易，所以，在扩散过程中由铜进入到黄铜的空位数大于经黄铜进入到铜中的空位数。当黄铜中的空位超过平衡浓度之后，就会在某些原子面上聚集形成位错环或使刃位错攀移使晶体发生体积收缩，从而就会在界面附近形成了附加应力。在这种应力作用下，由于空位的部分聚集而形成了疏松。从以上的事实有力地证明了：在置换固溶体中，扩散的主要机制是空位扩散。

7.6　反应扩散

7.6.1　反应扩散的概念

前面讨论的是纯金属和单相固溶体中的扩散，在扩散过程中不发生化学反应，不生成第二相。但在某些具有有限固溶度的合金系中，如果渗入元素的浓度超过了固溶度极限，则除通过扩散形成端际固溶体外，还会通过化学反应形成新的第二相。这种通过扩散而形成新相的现象，称为"反应扩散"。

由反应扩散所形成的相，可对照相应的相图来分析。例如，纯铁在 520 ℃ 渗氮时，由 Fe – N 相图(图 7 – 25)可以看出，若工件表面氮的浓度超过 8%，则表层会形成 ε 相，它是以 Fe_3N 为基的固溶体。其浓度由表面向里逐渐降低，大约降低到 6.3% 就会出现 γ' 相，这是一种以 Fe_4N 为基的固溶体，再向内则是含氮的 α 固溶体，最内层才是纯铁。纯铁渗氮过程中，表面渗氮层的浓度变化见图 7 – 26，由图可见，在相区之间氮的浓度是突变的，不存在两相区，其原因是由于二元系的扩散层中若是有两相平衡共存的区域，则每种组元的化学势，在该区域中各点都相等，即 $\dfrac{\mathrm{d}\mu_i}{\mathrm{d}x}=0$，这样，在该区域中没有扩散的驱动力，就无法进行扩散。同理，三元系的扩散层中不可能有三相共存的区域，但可以有两相区。

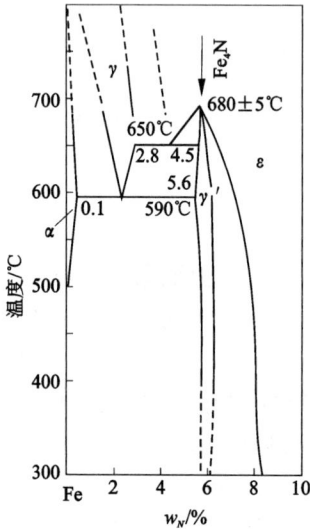

图 7 – 25　Fe – N 相图

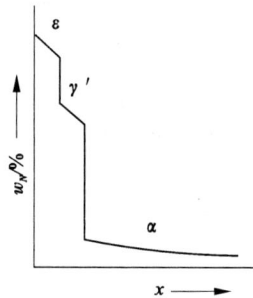

图 7 – 26　纯铁渗氮层的浓度变化

7.6.2　反应扩散的速率

反应扩散是物质化学反应的过程。反应扩散速度是由原子在化合物层中的扩散速度和界面生成化合物层的反应速度两个因素决定的。若原子在化合物层的扩散速度小于界面生成化合物层的反应速度，则反应扩散速度受原子在化合物层的扩散速度因素所控制。在这种情况下，化合物层厚度与时间呈抛物线关系。

$$x^2 = K't \qquad\qquad (7-67)$$

其中 x 是化合物层的厚度；t 为时间；K' 为常数。

反之,若界面生成化合物的反应速度小于原子在化合物层中的扩散速度,则生成化合物的反应速度就成为控制因素,化合物层厚度呈线性生长规律。

$$x = Kt \qquad\qquad (7-68)$$

实际上,在反应扩散初始阶段,由于化合物层很薄,浓度梯度很大,扩散通量较大。这时反应扩散速度受生成化合物的反应速度所控制,化合物层的厚度与时间成直线关系。随着化合物层厚度的增加,浓度梯度减小,扩散速度减慢,此时,化合物层厚度与时间的关系逐渐由直线关系变成抛物线关系。所以在反应过程中,两者是互相依存的。

7.7　离子晶体中的扩散

多数离子晶体中扩散是按空位机制进行的。一般情况下,尺寸较大的阴离子需要有阴离子空位存在时才能移动,尺寸较小的阳离子也需要有阳离子空位存在时才能扩散。但也有例外,即某些致密度较小的离子晶体中阴离子的扩散也可按间隙机制进行。例如,在 CaF_2 中,阴离子的扩散就是按间隙机制进行的。

在离子型晶体材料中,影响扩散的缺陷主要来自两个方面,即本征点缺陷和掺杂点缺陷。

本征点缺陷包含肖脱基(Schottky)缺陷和弗兰克耳(Frenkel)缺陷。在离子晶体中形成点缺陷要比在金属晶体中复杂些,因为任何局部区域都必须达到电荷平衡。这种形成点缺陷时要保持的电荷平衡可以通过两种途径来实现。一种是当形成了一个阳离子空位时其邻近可以形成一个阴离子空位,这一对阳离子空位和阴离子空位的复合体便是肖脱基缺陷。另外一种保持电中性的途径是当产生一个阳离子空位时可在附近形成一个间隙阳离子,这一对离子空位和间隙离子的复合体便是弗兰克尔缺陷。

离子晶体中通常允许掺入一些置换型杂质,但其条件是要保持电中性。这种掺杂可用相似的阴离子代替基体中的阴离子来实现,也可以通过相似的阳离子代替基体的阳离子来实现,但就目前所知后者较为普遍。当阳离子杂质所具有的电荷与基体阳离子不同时,这种置换就制造出另外的缺陷。例如,当一个 Ca^{2+} 置换 NaCl 晶体中的一个 Na^+ 时,如果相邻的一个 Na^+ 阳离子位置是空位,就能保持电中性。这种情况相当于一个 Ca^{2+} 置换两个 Na^+ 而只占据了一个结点位置。于是,这种杂质的掺入就导致形成了阳离子空位。

通常,由本征点缺陷引起的扩散与温度的关系类似于金属中的自扩散,由掺杂点缺陷引起的扩散与温度的关系类似于金属中间隙溶质的扩散。例如,纯

NaCl 中阳离子 Na⁺ 的扩散率与金属中的自扩散率相差不大，因为在 NaCl 中肖脱基缺陷比较容易形成。而在非常纯且具有固定化学比的金属氧化物中，因本征点缺陷的形成能很高，致使只有在很高温度时才有足够的浓度引起明显的扩散。

在中等温度时，少量杂质便可大大加速扩散。例如，在 NaCl 晶体中掺入微量的 Cd^{2+} 便是这种情况的典型例子。图 7-27 示出了 NaCl 中溶有少量 $CdCl_2$ 时，Na^+ 的扩散系数随温度的变化。高温时，与肖脱基缺陷有关的 Na^+ 空位数大大高于与 Cd^{2+} 有关的空位数，所以本征扩散占优势。低温时，由于存在

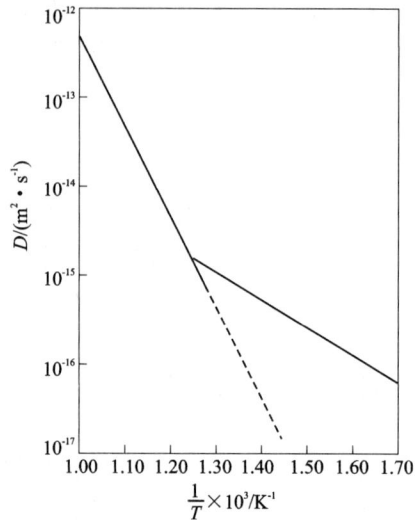

图 7-27　当 NaCl 中溶有少量 CdCl₂ 时，Na⁺ 的扩散系数随温度的变化

Cd^{2+} 离子而造成的空位促使了 Na^+ 离子的扩散，因而图中表现出在低温时扩散系数随温度的降低较为缓慢。图中所示虚线代表的是没有 Cd^{2+} 存在时 Na^+ 扩散系数随温度的变化。

7.8　非晶体中的扩散

7.8.1　长链聚合物中的扩散

长链聚合物的分子尺寸较大，分子内部以很强的共价键结合，而分子之间的结合较弱。对于这类材料，由于分子尺寸太大而使扩散显得很迟缓，特别是随着聚合度的提高，扩散速率降低。

外来分子在聚合物中的扩散从工艺角度来看是比较重要的，因为这涉及到聚合物所呈现的渗透和吸收等特性。在渗透时，较小的外来分子扩散通过聚合物。通常小分子的扩散要比大分子的扩散快得多，并且只有那些可溶但又基本上不与聚合物起化学反应的原子和分子容易扩散。扩散的通道几乎总是聚合物内的非晶区。扩散速率不仅取决于扩散物质，而且还与聚合物的形态有关。当外来分子被聚合物吸收时，较小的外来分子进入聚合物引起化学反应，这两种情况均会使聚合物的力学性能和化学性能发生改变。

7.8.2　无机玻璃中的扩散

在硅酸盐无机玻璃中，硅原子和邻近的氧原子之间的结合非常牢固，因而即使在高温下，它们也只有较小的扩散系数，实际上在这种情况下能够进行扩散移动的是 SiO_4 单元。硅酸盐的一个重要特点是网络中有一些相当大的孔洞，因而像氢和氦那样的小原子可以很容易地在其内部进行扩散。此外，由于这类原子相对于玻璃的化学组成来说是惰性的，这进一步地增加了它们的扩散速率。钠和钾离子由于尺寸较小，也比较容易扩散穿过玻璃。但它们的扩散速率要明显地低于氢和氦，其主要原因是这些阳离子要受到 Si – O 网络中氧原子周围的静电吸引。然而，与硅原子所处的状态相比，这种相互作用还是比较弱的。

7.9　材料中扩散问题的几个实例

7.9.1　粉体材料的烧结

烧结是把金属粉末或非金属粉末（如玻璃粉）先用高压压制成形，然后在真空或保护气体中加热到熔点以下的温度，使这些粉末互相结合成块。这些被烧结后的粉末块的密度和强度与原来金属差不多，可以作为工件或材料用。粉末冶金烧结常用来制造磁性材料、外形复杂工件、难熔金属材料（如钨、钼、铌等）的工件或者制造碳化物为基的硬质合金等。构成合金的组元熔点差别很大或者在液态下不能混合时，亦可采用这种方法制备，如 W – Cu，W – Ag 合金等。

从热力学角度，烧结而导致材料致密化的基本驱动力是表面、界面的减少而使系统表面能、界面能下降，从动力学角度，要通过各种复杂的扩散传质过程。

烧结一般可以分为两个过程：首先是粉末颗粒间的结合，在这个过程中，颗粒间的点接触转变为面接触，当这个过程发展到某一程度时，颗粒间的空隙使逐渐封闭起来，并且趋向于变成球形；第二个过程是疏孔变圆，并且逐渐缩小，结果使样品体积收缩，密度和强度提高。烧结不能归结于单一的物理过程，它是几种机制作用的结果，根据烧结的条件不同，这些机制中的某一个则更加重要。在这部分里，我们简要地讨论单组元粉末烧结时的两个过程，即颗粒的结合和疏孔的收缩过程。

1. 颗粒的结合

为研究烧结问题，常常设计一
些简化的实验以便于从理论上处
理，比如把一些单组元的直径相等
的球形粉末或圆柱形金属丝烧结，
来探讨烧结机制。G. C. Kuczynski
考虑滞性和范性流动、体扩散、表
面扩散和蒸发—凝结四种机制，从

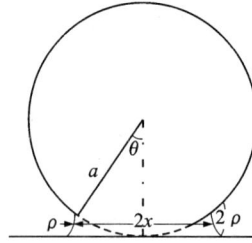

图 7 – 28　球形颗粒和平面烧结后的横截面

理论上推导了烧结时一个球体和一个平面接触面积的增长速率：图 7 – 28 中 a
表示球形颗粒的半径，x 表示接触面半径，ρ 表示烧结后连接颈的曲率半径，结
果由式（7 – 69）表示：

$$x^n = At \qquad\qquad (7 - 69)$$

M. F. Ashby 认为即使在单组元材料烧结时，至少有六种机制可能同时作
用，引起物质流向连接颈，并使它长大，有些机制使疏孔收缩，材料密度增加，
驱动这些机制的作用力都是表面张力。这六种机制见表 7 – 4。

表 7 – 4　六种烧结机制及物质的输送途径

机　制	物质来源	输送途径
表面扩散	表面	原子沿表面到达颈部
点阵扩散	表面	表面原子通过点阵扩散到颈部
蒸汽输送	表面	表面原子蒸发而后在颈部凝聚
晶界扩散	晶界	晶界原子沿晶界扩散到颈部
点阵扩散	晶界	晶界原子通过点阵扩散到颈部
点阵扩散	位错	位错上的原子通过点阵扩散到颈部

颈部成长率（烧结率）是这六种机制作用的总贡献。后三种机制还可以使
样品密度上升，使颗粒的中心靠近，这时物质必需从分隔颗粒的晶界或颈中的
位错中输送出去。M. F. Ashby 把烧结过程分为三个阶段：开始是附着阶段，当
两颗粒接触时，由于原子间作用力把它们拉在一起，发生弹性形变，形成连接
颈。中间阶段，当烧结温度 T 上升到材料熔点 T_m 的 1/4 后（即 $T \geqslant 0.25T_m$），颈
的成长将被扩散控制，扩散很快消除开始阶段产生的接触应力，此后扩散流由
表面曲率之差或曲率梯度来推动。末了阶段随着颈部的长大，驱动各种机制的

表面曲率差变小, 在中间阶段, 驱动力使疏孔中的物质重新分布, 而在这个末了阶段中, 驱动力已经大大减弱, 剩下的驱动力把分隔两颗粒的晶界上的物质通过扩散流向疏孔, 这阶段只有物质从晶界通过晶界的扩散和通过点阵的扩散两种机制是重要的。

　　2. 疏孔体积的收缩

　　烧结过程中, 样品的许多性质会发生变化, 与密度直接有关的是疏孔的变化。G. C. Kuczynski 认为在曲率半径为 r 的表面下, 过剩空位浓度大约为:

$$\Delta C = \frac{\gamma \delta^3 c_0}{kTr} \qquad (7-70)$$

式中 γ 为材料的表面张力, δ 为原子间距, c_0 为平面表面下的空位平衡浓度, k 为玻尔兹曼常量, T 为绝对温度。样品中产生空位浓度梯度, 这些过剩的空位将迁移到最近邻的晶界, 通过晶界扩散到曲率较小的表面而消失。整个过程中, 晶界扩散是快的, 因此反应速率将被空位到晶界之间的体扩散所控制。根据这样的设想, 疏孔半径 r 和烧结时间 t 之间的关系为:

$$r^3 = r_0^3 - \frac{3\gamma \delta^3 D}{kT}t \qquad (7-71)$$

式中 r_0 为开始时疏孔半径, D 为空位体扩散系数。对铜样品在 1000 K 烧结时, $D = 2.5 \times 10^{-9} \mathrm{cm^2 \cdot s^{-1}}$, $\gamma = 1.43 \mathrm{\ N \cdot m^{-1}}$, $\delta = 2.56 \times 10^{-8} \mathrm{cm}$, 于是使一个半径为 $1.1 \times 10^{-3} \mathrm{cm}$ 的疏孔消失所需的时间约为 280 h, 这和实验值相接近, 通常烧结只需要几小时完成, 是因为实际样品中, 疏孔半径一般只有几个微米或稍大一点, 而比这计算所用的数值小。

7.9.2　渗碳

　　为提高低碳钢或纯铁的表面硬度和耐磨性, 可对其进行表面渗碳处理。此处理过程是将钢件放在渗碳剂中加热到高温 (900 ~ 950 ℃), 使碳原子向钢件深处迁移, 从而形成一定厚度的扩散层。因此扩散是渗碳的基本过程。

　　设想将一纯铁放在气体渗碳介质中, 加热到 927 ℃ 进行渗碳处理, 如图 7-29(a) 所示。从 Fe-C 相图可以看出, 在该温度下碳在 γ-Fe 中的最大溶解度为 1.3%, 在渗碳的最初阶段, 纯铁表层吸收碳原子后立即达到饱和浓度, 而内部的含碳量几乎为零。显然这属于半无限大物体中的非稳态扩散问题。经过一段时间渗碳, 碳原子不断地向纯铁内部深入, 距表层不同距离处含碳量分布如图 7-29(b) 所示。

　　设在 927 ℃ (1200 K) 时, $D \cong 1.5 \times 10^{-7} \mathrm{cm^2 \cdot s^{-1}}$, 渗碳时间为 10 h ($3.6 \times 10^4$ s)。

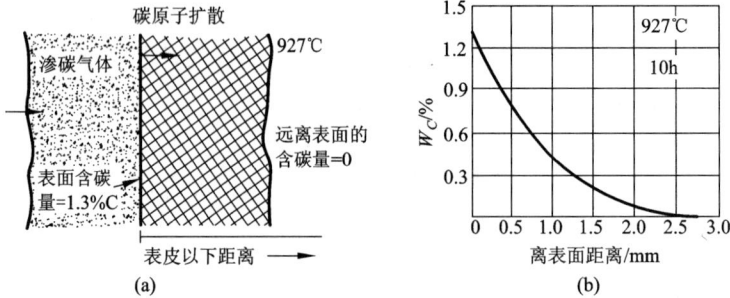

图 7 - 29　纯铁渗碳以及渗碳层浓度分布

则

$$\frac{x}{2\sqrt{Dt}} = \frac{x}{2\sqrt{1.5 \times 3.6 \times 10^{-3}}} = 6.8x \qquad (7-72)$$

利用式(7 - 72)和表 7 - 1 中有关数据可以算出沿纯铁表面向内每隔 0.4 mm 间距的各点碳浓度值(表 7 - 5),并可以绘出如图 7 - 29(b)所示的经过 927 ℃渗碳 10 h 后的沿纯铁表层向内的碳浓度分布曲线。

由于 D 值是随碳浓度的增加而增大,不是一个常数,所以计算曲线与实验略有出入。但这样的近似值在实际生产中是很有指导意义的。

表 7 - 5　经过 927 ℃渗碳 10 h 后沿纯铁表面每隔 0.4 mm 各点的碳浓度值

离表面距离/mm	$\dfrac{x}{2\sqrt{Dt}} = 6.8x$	$\dfrac{C}{C_0}$	碳浓度 $C = 1.3 \times \dfrac{C}{C_0}$/%
0.0	0.000	1.000	1.30
0.4	0.272	0.700	0.91
0.8	0.544	0.442	0.57
1.2	0.816	0.248	0.32
1.6	1.088	0.124	0.16
2.0	1.360	0.054	0.07
2.4	1.632	0.021	0.03
2.8	1.904	0.007	0.01
3.2	2.176	0.002	0.00

注:表中 C_0 相当于在该温度下碳在 γ - Fe 中最大溶解度值(即 1.3%)。

7.9.3　铸锭的均匀化

固溶体合金在非平衡结晶时,往往会出现不同程度的枝晶偏析,从而损害合金的性能。为克服此缺点,工业上常常将铸锭(或铸件)加热到高温使之通过扩散而达到成分的均匀化。

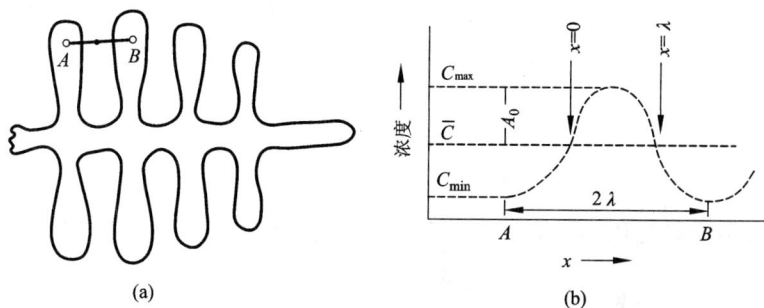

图 7 - 30　铸锭中的枝晶偏析(a)及枝晶二次轴之间的溶质原子浓度分布(b)

在具有枝晶偏析的铸锭中,沿一横截二次枝晶轴的直线上[图 7 - 30(a)中的 AB 线]的溶质原子浓度变化,大致呈如图 7 - 30(b)所示的正弦波形状,在 x 轴上各点的初始浓度可用下述方程描述:

$$C_x = \overline{C} + A_0 \sin \frac{\pi x}{\lambda} \qquad (7 - 73)$$

式中 A_0 为铸态合金中原始成分偏析的振幅,它代表溶质原子浓度最高值 C_{max} 与平均值 $\overline{C}$ 之差,即 $A_0 = C_{max} - \overline{C}$。$\lambda$ 为溶质原子浓度最高点与最低点之间的距离,即枝晶二次轴之间距离的一半。在均匀化退火时,由于溶质原子从高浓度区域流向低浓度区域,因此正弦波的振幅会逐渐减小,但波长 λ 不变。这时可得到两个边界条件:

$$C(x = 0, t) = \overline{C} \qquad (7 - 74)$$

$$\frac{dC}{dx}(x = \frac{\lambda}{2}, t) = 0 \qquad (7 - 75)$$

式(7 - 74)说明在 $x = 0$ 时,浓度保持常数 $\overline{C}$。式(7 - 75)说明在 $x = \frac{\lambda}{2}$ 的位置时,正处于正弦波的峰值,所以 $\frac{dC}{dx} = 0$。利用式(7 - 73)作为初始条件,式(7 - 74)和(7 - 75)作为边界条件,可以求出菲克第二定律的解为:

$$C(x,t) = \overline{C} + A_0 \sin\left(\frac{\pi x}{\lambda}\right) \exp\left(\frac{-\pi^2 Dt}{\lambda^2}\right)$$

$$C(x,t) - \overline{C} = A_0 \sin\left(\frac{\pi x}{\lambda}\right) \exp\left(\frac{-\pi^2 Dt}{\lambda^2}\right) \qquad (7-76)$$

由于只考虑 $x = \dfrac{\lambda}{2}$ 处的函数最大值，此时 $\sin\left(\dfrac{\pi x}{\lambda}\right) = 1$，因此

$$C\left(\frac{\lambda}{2}, t\right) - \overline{C} = A_0 \exp\left(\frac{-\pi^2 Dt}{\lambda^2}\right) \qquad (7-77)$$

因为 $A_0 = C_{max} - \overline{C}$

所以　　　　　　　$$\exp\left(\frac{-\pi^2 Dt}{\lambda^2}\right) = \frac{C\left(\dfrac{\lambda}{2}, t\right) - \overline{C}}{C_{max} - \overline{C}} \qquad (7-78)$$

如果铸锭经过均匀化退火后，成分偏析的振幅要求降低到 1%，则

$$\frac{C\left(\dfrac{\lambda}{2}, t\right) - \overline{C}}{C_{max} - \overline{C}} = \frac{1}{100}$$

$$\exp\left(\frac{-\pi^2 Dt}{\lambda^2}\right) = \frac{1}{100}$$

$$\exp\left(\frac{\pi^2 Dt}{\lambda^2}\right) = 100 \qquad (7-79)$$

对式(7-79)取对数，可算出要使铸锭中成分偏析的振幅降低到 1% 所需退火时间 t 为

$$t = 0.467 \frac{\lambda^2}{D} \qquad (7-80)$$

由式(7-80)得到以下重要物理概念：

①在给定温度下，铸锭均匀化退火所需时间与 λ 的平方成正比。若能用快速凝固法使铸锭二次枝晶轴间距缩小 4 倍，则退火时间可缩短 16 倍。在均匀化退火时，锻件之所以比铸件更容易达到成分均匀化，就是由于锻件经锻造后，枝晶被破碎，缩短了高浓度与低浓度的间距 λ 而造成的。

②均匀化退火所需时间与扩散系数成反比，而扩散系数又强烈地依赖于温度。温度升高，扩散系数急剧增大，均匀化退火时间可大大缩短，因此在不产生过烧的前提下，提高铸锭均热温度是有利的。

7.9.4　金属表面的氧化

金属的高温氧化实验指出，氧化层厚度与时间之间常存在着抛物线关系（图7-31），这种关系也可用扩散过程来解释。如图7-31所示，氧化层外表

面的金属原子浓度为 C_0，而金属表面的浓度为 C_m，假设两者之间的浓度差 ΔC 为一恒定值，显然这是一种稳态扩散，现只考虑金属原子的迁移，则按照菲克第一定律，在 $\mathrm{d}t$ 时间内通过厚度为 x 的氧化层单位面积的金属原子的质量 $\mathrm{d}m$ 为

$$\mathrm{d}m = -D\frac{\Delta C}{x}\mathrm{d}t \qquad (7-81)$$

因为氧化膜厚度的增加(即 $\mathrm{d}x$)是由于金属表面的原子通过膜扩散到膜的外表面与氧发生反应，所以 $\mathrm{d}m$ 和 $\mathrm{d}x$ 有一定的比例关系，令 $\mathrm{d}x = K\mathrm{d}m$，则式 7-81 可写为

$$\mathrm{d}x = -D'\frac{\Delta C}{x}\mathrm{d}t$$

$$x\mathrm{d}x = -D'\Delta C\mathrm{d}t \qquad (7-82)$$

式中 $D' = KD$，当 D 为常数时 KD 也是常数，对式 $(7-82)$ 积分，得

$$\int_0^x x\mathrm{d}x = -D'\Delta C\int \mathrm{d}t$$

$$x^2 = -2D'\Delta Ct$$

$$x^2 = K't \qquad (7-83)$$

式中 K' 为正值，因为前面的负号与浓度差 ΔC 的负号抵消。由式 $(7-83)$ 可以看出，氧化物厚度与氧化时间的平方根成正比，即它们之间存在如图 7-31(b) 所示的抛物线关系。

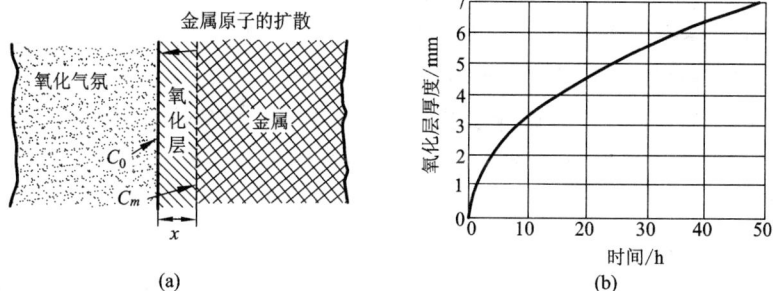

图 7-31　包含扩散的金属氧化过程

习　题

1. 利用表 7-1 中铜在铝中的扩散数据，计算在 477 ℃ 和 497 ℃ 加热时，

铜在铝中的扩散系数。设有一 Al – Cu 合金铸锭，内部存在枝晶偏析，其二次晶轴之间的距离为 0.01 cm，试计算该铸锭在上述两温度均匀化退火时使成分偏析的振幅降低到 1% 所需要的保温时间。

2. 碳在奥氏体中的扩散系数可近似用下式计算：

$$D = 0.2\exp\left(\frac{-138 \times 10^3}{RT}\right)cm^2 \cdot s^{-1}$$

(1) 试计算在 927 ℃ 时碳在奥氏体中的扩散系数；

(2) 在该温度要使试样的 1 mm 和 2 mm 深处的碳浓度达到 0.5%，需要多久时间？

(3) 在一给定时间内要使碳的渗入深度增加一倍，需要多高的扩散退火温度？

3. 设有一盛氢的钢容器，容器里面的压力为 10 大气压而容器外面为真空。在 10 大气压下氢在钢内壁的溶解度为 $10^{-2}g \cdot cm^{-3}$。氢在钢中的扩散系数为 $10^{-5}cm^2 \cdot s^{-1}$，试计算通过 1 mm 厚容器壁的氢扩散通量。

4. 870 ℃ 渗碳与 927 ℃ 渗碳比较，其优点是热处理后产品晶粒细小。

(1) 试计算上述两种温度下碳在 γ – Fe 中的扩散系数。已知 $D_0 = 2.0 \times 10^{-5}m^2 \cdot s^{-1}$，$Q = 140 \times 10^3 J \cdot mol^{-1}$。

(2) 870 ℃ 渗碳需用多长时间才能获得 927 ℃ 渗碳 10 h 的渗碳厚度(不同温度下碳在 γ – Fe 中溶解度的差别可忽略不计)？

(3) 若渗层厚度测至碳含量为 0.3% 处，试问 870 ℃ 渗碳 10 h 所达到的渗层厚度为 927 ℃ 渗碳相同时间所得厚度的百分之几？

5. 作为一种经济措施，可以设想用纯铅代替铅锡合金制作对铁进行钎焊的焊料。这种办法是否适用？原因何在？

6. 试从以下几方面讨论锌在以铜为基的固溶体中的均匀化问题。

(1) 在有限时间内能否使不均匀性完全消失？为什么？

(2) 已知锌在铜中扩散时 $D_0 = 2.1 \times 10^{-5}m^2 \cdot s^{-1}$，$Q = 171 \times 10^3 J \cdot mol^{-1}$，求 815 ℃ 锌在铜中的扩散系数。

(3) 若锌的最大成分偏差为 5%，含锌量最低区与最高区的距离为 0.1 mm，试用式(7 – 61)计算 815 ℃ 均匀化退火使最大成分偏差降至 0.1% Zn 所需要的时间。

(4) 铸造合金均匀化退火前冷加工对均匀化过程有无影响？是加速还是减缓？为什么？

第 8 章 材料的变形与断裂

　　材料在力的作用下要产生变形。外力较小时产生弹性变形，外力较大时产生塑性变形，而当外力过大时会发生断裂。正如我们在图 8 − 1 所示低碳钢在单向拉伸的应力 − 应变曲线上看到的那样，金属在断裂前经历了弹性变形阶段和塑性变形阶段。两种变形的共同特点都是试样伸长、横截面面积减小，而它们之间的区别在于当外力去除后，前者能完全回复到原来的状态，后者则留下永久变形。图中 σ_e、σ_s 和 σ_b 分别为材料的弹性极限、屈服强度和抗拉强度。

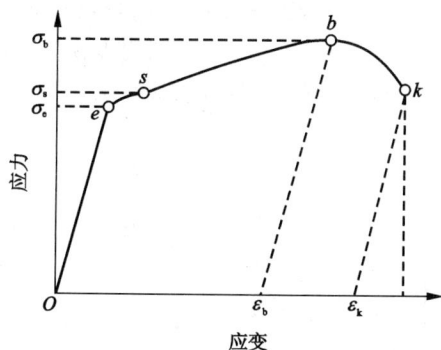

图 8 − 1　低碳钢在拉伸时的应力 − 应变曲线

　　掌握材料在力的作用下表现出的种种行为规律，对指导材料按预定的目标进行成型、加工有重要的实践意义；而搞清材料变形的机理，对提高材料的变形抗力，即强化材料有重要的理论价值。

8.1　材料的弹性变形

8.1.1　广义虎克定律及弹性常数

　　金属材料、陶瓷材料及部分高分子材料，在较小负荷下首先发生的是弹性变形。弹性变形的微观机理是：在外力作用下，晶体中的原子沿受力方向偏离平衡位置，但并没有摆脱周围原子的束缚；而高分子材料的键长和键角的变化都很微小。这样,当外力去除后原子间的相互作用力有将原子拉回原位而使变形消失的能力。在弹性变形范围内,其应力与应变之间符合线性关系,即满足虎克(Hooke R.)定律。

在三轴应力作用下,各向异性弹性体的应力应变关系,即广义胡克定律可用矩阵形式表示为

$$\begin{pmatrix}\sigma_{xx}\\\sigma_{yy}\\\sigma_{zz}\\\tau_{xy}\\\tau_{yz}\\\tau_{zx}\end{pmatrix}=\begin{pmatrix}C_{11}&C_{12}&C_{13}&C_{14}&C_{15}&C_{16}\\C_{21}&C_{22}&C_{23}&C_{24}&C_{25}&C_{26}\\C_{31}&C_{32}&C_{33}&C_{34}&C_{35}&C_{36}\\C_{41}&C_{42}&C_{43}&C_{44}&C_{45}&C_{46}\\C_{51}&C_{52}&C_{53}&C_{54}&C_{55}&C_{56}\\C_{61}&C_{62}&C_{63}&C_{64}&C_{65}&C_{66}\end{pmatrix}\begin{pmatrix}\varepsilon_{xx}\\\varepsilon_{yy}\\\varepsilon_{zz}\\\gamma_{xy}\\\gamma_{yz}\\\gamma_{zx}\end{pmatrix} \tag{8-1}$$

式中:正应力 σ_{xx}、σ_{yy}、σ_{zz} 和剪应力 τ_{xy}、τ_{yz}、τ_{zx} 分量代表作用在弹性体内某一点的应力状态,ε_{xx}、ε_{yy}、ε_{zz} 和 γ_{xy}、γ_{yz}、γ_{zx} 分别代表物体由此产生的弹性正应变(长度的改变)和剪应变(两坐标轴间夹角的改变)。C_{ij} 为弹性系数,或称刚度系数。上式也可写成另一种形式,即

$$\begin{pmatrix}\varepsilon_{xx}\\\varepsilon_{yy}\\\varepsilon_{zz}\\\gamma_{xy}\\\gamma_{yz}\\\gamma_{zx}\end{pmatrix}=\begin{pmatrix}S_{11}&S_{12}&S_{13}&S_{14}&S_{15}&S_{16}\\S_{21}&S_{22}&S_{23}&S_{24}&S_{25}&S_{26}\\S_{31}&S_{32}&S_{33}&S_{34}&S_{35}&S_{36}\\S_{41}&S_{42}&S_{43}&S_{44}&S_{45}&S_{46}\\S_{51}&S_{52}&S_{53}&S_{54}&S_{55}&S_{56}\\S_{61}&S_{62}&S_{63}&S_{64}&S_{65}&S_{66}\end{pmatrix}\begin{pmatrix}\sigma_{xx}\\\sigma_{yy}\\\sigma_{zz}\\\tau_{xy}\\\tau_{yz}\\\tau_{zx}\end{pmatrix} \tag{8-2}$$

式中:S_{ij} 为比例系数,也称柔度系数。由式(8-1)和式(8-2)可见,弹性系数和柔度系数各有36个。在固体物理中可以证明 $S_{ij}=S_{ji}(C_{ij}=C_{ji})$。因此,在36个比例系数中,只有21个是独立的。事实上如果材料具有3个互相垂直的对称轴,则独立系数可减至9个,正交晶系的单晶体就是这种情形。六方晶系的独立系数是5个。对于常见的具有高对称性的立方晶系来说,独立的弹性系数只有3个,即 S_{11}、S_{12} 和 S_{44}(C_{ij} 也是如此)。在各向同性弹性体中还存在另一个关系,即

$$S_{44}=2(S_{11}-S_{12}) \tag{8-3}$$

这样,立方晶系各向同性的弹性体就只有2个独立的弹性柔度 S_{11}、S_{12}。若定义

$$E=\frac{1}{S_{11}},\ \gamma=-\frac{S_{11}}{S_{12}},\ \mu=\frac{1}{2(S_{11}-S_{12})} \tag{8-4}$$

则由此得到虎克定律的工程应用形式，即

$$\varepsilon_x = \frac{1}{E}\left[\sigma_x - \nu(\sigma_y + \sigma_z)\right]$$

$$\varepsilon_y = \frac{1}{E}\left[\sigma_y - \nu(\sigma_x + \sigma_z)\right]$$

$$\varepsilon_z = \frac{1}{E}\left[\sigma_z - \nu(\sigma_x + \sigma_y)\right]$$

$$\gamma_{xy} = \frac{1}{\mu}\tau_{xy} \tag{8-5}$$

$$\gamma_{yz} = \frac{1}{\mu}\tau_{yz}$$

$$\gamma_{zx} = \frac{1}{\mu}\tau_{zx}$$

式中：E 为宏观弹性模量；ν 为泊松比；μ（或 G）为切变弹性模量，表 8 - 1 列出了几种典型材料的弹性参数值。另外还定义 $K = \sigma/(\Delta V/V_0)$ 为压缩模量或体弹性模量，式中：σ 为水静压力；V_0 为弹性压缩体的原始体积；ΔV 为其体积变化。这是 4 个描述材料弹性的参数，它们中只有 2 个是独立的，它们之间存在以下关系：

$$\mu = \frac{E}{2(1+\nu)} = G$$

$$K = \frac{E}{3(1-2\nu)} \tag{8-6}$$

在这些参数中，最常用的是弹性模量 E，它表示使原子偏离平衡位置或使键长、键角产生变化的难易程度，反映了原子间结合力的大小。与其他一些表征原子间结合能量的参数（如熔点、汽化热和德拜特征温度等）的变化趋势相一致，对合金化及组织结构的改变并不敏感。但不同类型材料的弹性模量间又有着较大的差异（见表 8 - 1），金属材料的弹性模量比陶瓷材料小几倍，而比高分子材料大几十倍甚至上百倍。陶瓷材料弹性模量较高的原因主要是由其原子键合的特点决定的。对于共价键晶体，由于其化合键的方向性，使晶体拥有较高的抗晶格畸变和阻碍位错运动的能力；对于离子晶体，尽管键的方向性并不明显，但滑移不仅要受到密排面和密排方向的限制，而且还要受到静电作用力的制约，因此实际可动滑移系较少，故弹性模量较高。

表 8－1　一些材料的弹性参数

材料	E/MPa	G/MPa	泊松比 ν	材料	E/MPa	G/MPa	泊松比 ν
铸铁	110	51	0.17	金	78	27	0.44
钢	207～215	82	0.26～0.33	Al_2O_3陶瓷	373	120	0.23
铜	110～125	44～46	0.35～0.36	有机玻璃	4	1.5	0.35
铝	70～72	25～26	0.33～0.34	橡胶	0.1	0.03	0.42
镍	200～215	80	0.30～0.31	尼龙	2.8		0.4
钨	360	130	0.35				

8.1.2　弹性的不完整性

上面讨论的弹性变形，通常只考虑应力和应变的关系，而不太考虑时间的影响，即把物体看作理想弹性体来处理。但是，多数工程上应用的材料为多晶体甚至为非晶态，其内部存在各种类型的缺陷和组织不均匀性，在弹性变形时，可能出现加载线与卸载线不重合，应变的发展跟不上应力的变化等有别于理想弹性变形特点的现象，称之为弹性的不完整性。

弹性不完整性的现象包括包申格效应、弹性后效、弹性滞后和循环韧性等。

1. 包申格效应

材料经预先加载产生少量塑性变形（小于4%），而后同向加载则 σ_e 升高，反向加载则 σ_e 下降。这种现象称之为包申格效应。它是多晶体金属材料的普遍现象。

包申格效应对于承受应变疲劳的工件是很重要的，因为在应变疲劳中，每一周期都产生塑性变形，在反向加载时，σ_e 下降，显示出循环软化现象。

2. 弹性后效

一些实际晶体，在加载或卸载时，应变不是瞬时达到其平衡值，而是通过一种弛豫过程来完成其变化。这种在弹性极限 σ_e 范围内，应变滞后于外加应力，并和时间有关的现象称为弹性后效或滞弹性。

图 8－2 为弹性后效示意图。图中 Oa 为弹性应变，是瞬时产生的；$a'b$ 是在应力作用下逐渐产生的弹性应变，称为滞弹性应变；$bc=Oa$，是在应力去除时瞬间消失的弹性应变；$c'd=a'b$，是在去除应力后随着时间的延长逐渐消失的滞弹性应变。

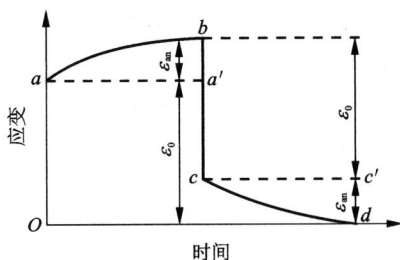

图 8 - 2 恒应力下的应变弛豫

3. 弹性滞后

由于应变落后于应力，在 $\sigma - \varepsilon$ 曲线上使加载线与卸载线不重合而形成一封闭回线，称之为弹性滞后，如图 8 - 3 所示。

弹性滞后，表明加载时消耗于材料的变形功大于卸载时材料恢复所释放的变形功，多余的部分被材料内部所消耗，称之为内耗，其大小即用弹性滞后环的面积度量。

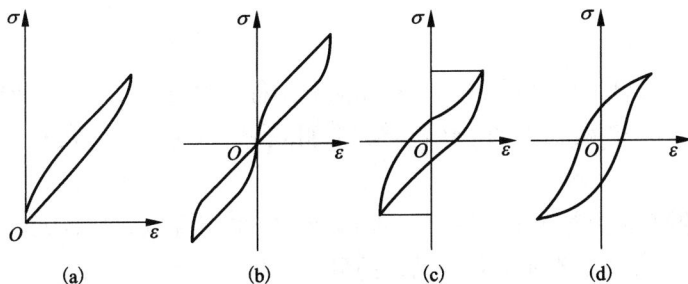

图 8 - 3 弹性滞后(环)与循环韧性

(a)单向加载弹性滞后(环)；(b)交变加载(加载速度慢)弹性滞后；
(c)交变加载(加载速度快)弹性滞后；(d)交变加载塑性滞后(环)

8.2 单晶体金属的塑性变形

8.2.1 单晶体的滑移

1. 滑移的显微观察

由大量位错移动而导致晶体的一部分相对于另一部分，沿着一定晶面和晶向作相对的移动，就是单晶体金属的塑性变形——滑移。

滑移变形是不均匀的，常集中在一部分晶面上，而处于各滑移带之间的晶体没有产生滑移，如图8-4。首先是在晶体表面出现细滑移线，后来由滑移线发展成滑移带，而且，滑移线的数目随应变程度的增大而增多，它们之间的距离则在缩短。

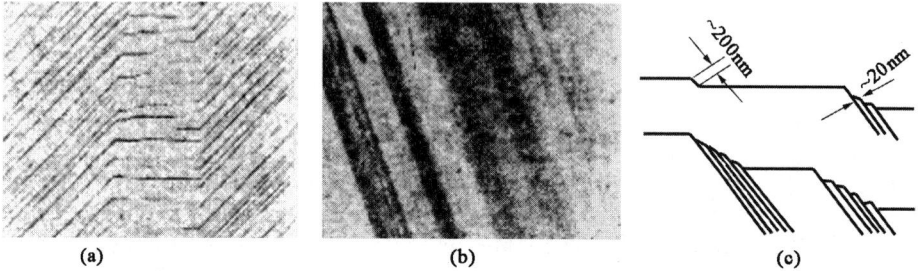

图8-4 铝单晶体抛光后拉伸，表面出现的滑移带

(a)×100；(b)×12500；(c)滑移带示意图

2. 滑移系统

在滑移的情形下，特定的晶面和晶向分别称为滑移面和滑移方向。一个滑移面和位于这个滑移面上的一个滑移方向组成一个滑移系统，用$\{hkl\}\langle uvw\rangle$来表示。

晶体的滑移系统首先取决于晶体结构，但也与温度、合金元素有关。表8-2给出了在常温、常压下各种晶体的滑移系统。

从表8-1可以看出，对面心立方、体心立方和密排六方三种晶体来说，滑移面往往是密排面，滑移方向是最密排方向，如面心立方(fcc)晶体的滑移系统中$\{111\}$面和$<110>$方向分别是密排面和密排方向。因为位错在晶体中运动所受的阻力可用派-纳力表示为

$$\tau = \frac{2G}{1-\nu}\exp\left[-\frac{2\pi a}{(1-\nu)b}\right] \qquad (8-7)$$

式中：b为柏氏矢量；G为切变模量；ν为泊松比；a为滑移面的面间距。

可见在密排面上沿着密排方向进行滑移时派-纳力最小。

表 8 – 2   几种常见金属晶体的滑移系统和临界分切应力

晶体结构	金属	滑移面	滑移方向	临界分切应力 /($MN \cdot m^{-2}$)
fcc	Ag	$\{111\}$	$<110>$	0.37
	Al	$\{111\}$ (20 ℃)	$<110>$	0.79
	Al	$\{100\}$ (>450 ℃)	$<110>$	
	Cu	$\{111\}$	$<110>$	0.98
	Ni	$\{111\}$	$<110>$	5.68
hcp	Mg	(0001)	$<11\bar{2}0>$	0.39 ~ 0.50
	Mg	$\{10\bar{1}0\}$ (>225 ℃)	$<11\bar{2}0>$	40.7
	Be	$\{0001\}$	$<11\bar{2}0>$	1.38
	Be	$\{10\bar{1}0\}$	$<11\bar{2}0>$	52.4
	Co	$\{0001\}$	$<11\bar{2}0>$	0.64 ~ 0.69
	α – Ti	(0001), $\{10\bar{1}0\}$ (20 ℃)	$<11\bar{2}0>$	—
	α – Ti	$\{10\bar{1}0\}$ (高温)	$<11\bar{2}0>$	12.8
	Zr	$\{10\bar{1}0\}$	$<11\bar{2}0>$	0.64 ~ 0.69
bcc	Fe	$\{110\}$, $\{112\}$, $\{123\}$	$<111>$	27.6
	Mo	$\{110\}$, $\{112\}$, $\{123\}$	$<111>$	96.5
	Nb	$\{110\}$	$<111>$	33.8
	Ta	$\{110\}$	$<111>$	41.4
	W	$\{110\}$, $\{112\}$	$<111>$	—

　　面心立方晶体有 4 个不同取向的 $\{111\}$ 面，每个面上有 3 个密排方向，因而面心立方晶体中共有 4×3 = 12 个晶体学等价的滑移系统，如图 8 – 5。随着温度的升高等条件的变化，滑移面可能增加或改变，但滑移方向始终不变，滑移系也因此可能增多。例如铝(Al)在高温下还可能出现 $\{001\}[110]$ 滑移系统。

　　密排六方(hcp)晶体的滑移方向恒为 $<11\bar{2}0>$，滑移面为(0001)或棱柱面 $\{10\bar{1}0\}$、棱锥面 $\{10\bar{1}1\}$，其滑移系统与 c/a 比值有关。对于 c/a 值比较大的晶体，如 Zn、Cd，其密排面为(0001)，滑移系统为(0001) $<11\bar{2}0>$，由于晶体中滑移面只有一个，此面上有 3 个 $<11\bar{2}0>$ 晶向，故一共有 3 个等价的滑移系统；对于 c/a 值比较小的晶体如 Mg,Ti,Zr 等，滑移面除了(0001)面，还有 $\{10\bar{1}0\}$ 和 $\{10\bar{1}1\}$，因为这些面的原子密度相差不多。当滑移面为 $\{10\bar{1}0\}$ 时，晶体中滑移面共有 3 个，每个滑移面上有一个 <11$\bar{2}$0> 晶向，故滑移系数目为 3×1＝3 个。当滑移面为斜面{10$\bar{1}$1}时，此时滑移面共有 6 个，每个滑移面上有一个 <11$\bar{2}$0>，故滑移系数目为 6×1＝6 个。由于 hcp 金属滑移系数目较少，密排六方金属的塑性通常都不太好。hcp 晶体的可能滑移系见图 8－6。

　　体心立方(bcc)晶体的滑移系统比较特殊，可能有{110}、{112}、{123}等滑移面，取决于具体的晶体和温度条件，如果三组滑移面都能启动，滑移方向不变，均为 <111>，则潜在的滑移系数目为 48 个。

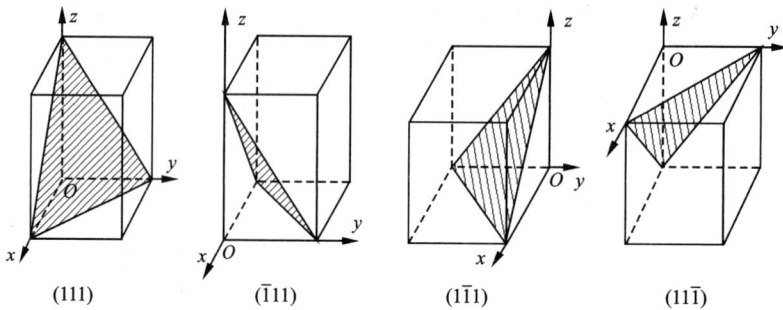

(111)　　　　　($\bar{1}$11)　　　　　(1$\bar{1}$1)　　　　　(11$\bar{1}$)

图 8－5　面心立方(fcc)晶体的滑移系

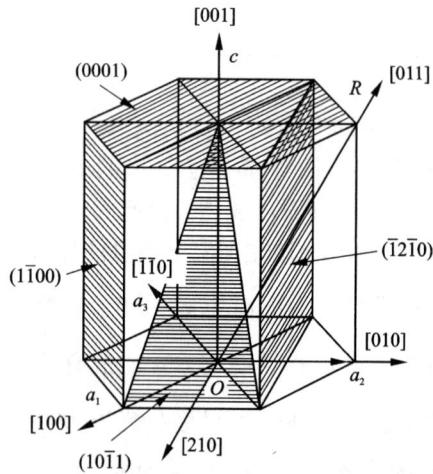

图 8－6　密排六方(hcp)晶体的滑移系

3. Schmid 定律

由于滑移是晶体沿着滑移面和滑移方向的剪切过程，决定晶体能否开始滑移的应力一定是作用在滑移面上沿着滑移方向的剪应力，或称为分切应力。

Schmid 用同种材料但不同取向的单晶体试棒进行拉伸试验，结果发现不同试棒的取向因子不同，但开始滑移的分切应力都相同，等于一个确定的值。通常把给定滑移系上开始产生滑移所需分切应力称为临界分切应力 τ_c，也就是说晶体开始滑移所需的分切应力是：

$$\tau = \sigma \times \mu = \tau_c \tag{8-8}$$

τ_c 就称为临界分切应力，它是个材料常数。上式就称为 Schmid（施密德）定律。它可以表述为：当作用在滑移面上沿着滑移方向的分切应力达到临界值 τ_c 时晶体便开始滑移。

对于一根正断面积为 A 的单晶体试棒进行拉伸试验，如图 8-7 所示。假定拉力 F 与滑移面的法线 n 的夹角为 ϕ，F 和滑移方向 b 的夹角为 λ，则滑移面的面积为 $Q = A/\cos\phi$，作用在滑移面上的正应力为：

$$\sigma = \frac{F}{Q} = \frac{F}{A}\cos\phi \tag{8-9}$$

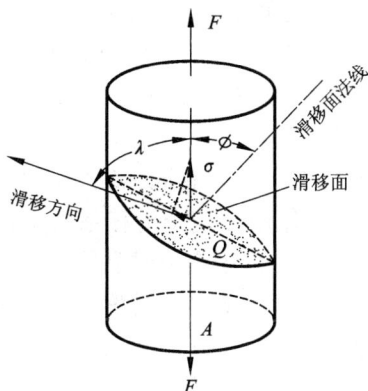

图 8-7　外力在滑移方向上的分切应力

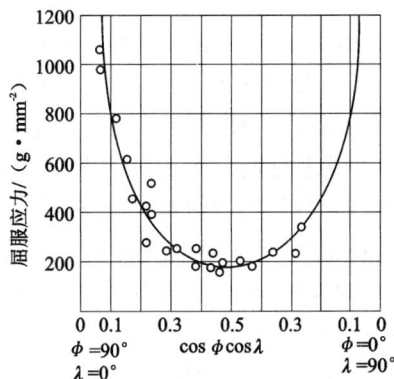

图 8-8　拉伸时 Mg 单晶体的取向因子与屈服应力的关系

由图 8-7 很容易求得作用在滑移面上沿滑移方向的分切应力为：

$$\tau = \frac{F\cos\lambda}{A/\cos\phi} = \frac{F}{A}\cos\lambda\cos\phi = \sigma\cos\lambda\cos\phi \tag{8-10}$$

式(8 – 10)中，$\sigma = \dfrac{F}{A}$ 为拉伸应力，$\mu = \cos \lambda \cos \phi$ 称为取向因子或者 Schmid 因子，显然取向因子越大，分切应力越大。

对于任一给定的 ϕ 值，取向因子的最大值出现在 $\lambda = 90° - \phi$ 时，即当 $\phi = 45°$ 时（λ 也为 45°），取向因子有最大值 1/2，此时，得到最大分切应力。最大分切应力正好落在与外力轴成 45°角的晶面以及与外力轴成 45°角的滑移方向上。故单晶体的屈服强度随取向因子而改变，当 $\phi = 45°$ 时，取向因子达到最大值，产生拉伸变形的屈服应力最小；当 $\phi = 90°$ 或 0° 时，$\sigma_s = \infty$，晶体不能沿该滑移面产生滑移。

Schmid 实验的结果如图 8 – 8。从图 8 – 8 中可以看出，实验点近似位于双曲线 $\sigma \times \mu =$ 常数上。按照 Schmid 定律，单晶体没有确定的屈服极限 σ_y，因为晶体开始塑性变形时，τ_c 是一定的，因而拉应力 σ_y 并不是一个常数，它取决于单晶体的位向。

晶体中有些滑移系与外力的取向接近 45°角，μ 值较大，处于易滑移的位向，将 μ 值大的位向称为软取向；通常是软取向的滑移系首先滑移，有些滑移系与外力取向偏离 45°很远，μ 值很小，难于滑移，μ 值小的位向称为硬取向。

如果晶体滑移面原来是处于其法线与外力轴夹角接近 45°的位向，经滑移和转动后，此夹角就会转动，越来越远离 45°的位向，从而使滑移变得越来越困难，称为几何硬化；有些晶体部分经滑移和转动后，原来角度远离 45°的晶面将转到接近 45°，使滑移变得容易进行，称为几何软化。

如果晶体有几个等价的滑移系统，那么它们的 τ_c 一定相同，在加载时首先发生滑移的滑移系必定为 μ 最大的系统，因为作用在这个滑移系的 τ 最大（$\tau = \sigma \times \mu$），滑移系处于最有利的位置而优先开动。由于变形时晶体转动的结果，有两组或几组滑移面同时转到有利位向，如果两个或多个滑移系统具有相同的取向因子 μ 值，滑移时一定会有两个或多个滑移系统同时开动，使滑移可能在两组或更多的滑移面上同时或交替地进行。把只有一个滑移系统的滑移称为单滑移，具有两个或多个滑移系统的滑移分别称为双滑移和多滑移，如果发生双滑移或多滑移，会在晶体表面出现交叉形的滑移痕迹，即交叉形的滑移带，如图 8 – 9、图 8 – 10 所示。

4. 交滑移

交滑移是指两个或多个滑移面共同沿着一个滑移方向的滑移。交滑移的实质是螺位错在不改变滑移方向的情况下，从一个滑移面滑到与另外一个滑移面的交线处，转到另一个滑移面的过程。

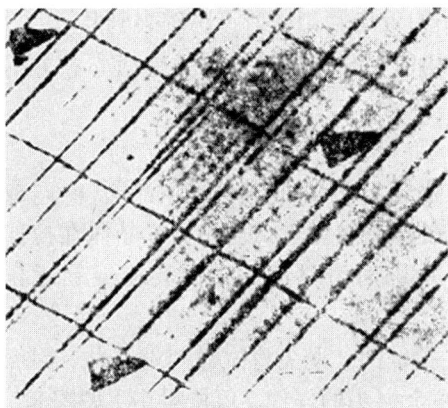

图 8 – 9 铝在双滑移时产生的交叉滑移带

图 8 – 10 奥氏体钢中的交叉滑移带

交滑移是纯螺位错的运动。当螺位错分解为扩展位错时，要想发生交滑移，必须先束集为全螺位错，此过程与层错能有关(层错能越低，越难束集，难以发生交滑移)，还可因热激活而得到促进。Cu 不易交滑移，无波纹状滑移带，Al 易交滑移，产生波纹状滑移带，如图 8 – 11、图 8 – 12 所示。

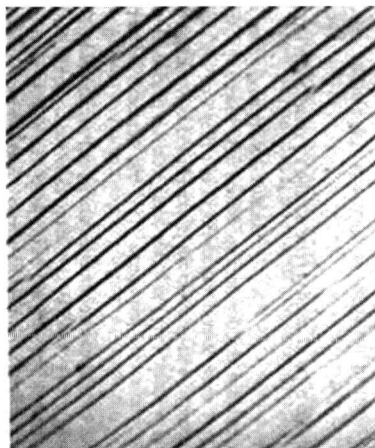

图 8 – 11 铜的平行滑移带

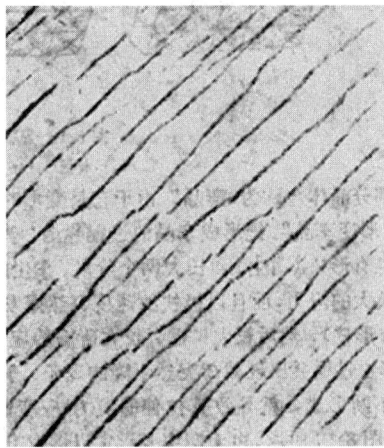

图 8 – 12 铝的波纹状滑移带

　　单晶体具有等价的滑移系统时，利用 Schmid 定律可以确定在给定方向加载时滑移首先沿哪个和哪些系统进行，是单滑移、双滑移或多滑移。讨论这个问题的最好方法是在学习了晶体 X 射线衍射以后利用极射投影图来判断。

　　表 8 - 2 中给出了某些金属的临界分切应力 τ_c，值得注意的是面心立方的 τ_c 比体心立方的 τ_c 低十几倍。

　　5. 滑移过程中晶体的转动

　　以上讨论的都是自由滑移，其特点是晶轴 a，b，c 和其他任何晶向 $[uvw]$ 或晶面 (hkl) 在空间的方位保持不变。但是在通常的力学试验中，单晶体在拉伸时滑移方向力图转向（或趋近）拉伸轴，压缩时滑移面则力图转向或趋近压缩面。

　　晶体在滑移的同时伴随转动，例如在拉伸时，夹头将试样两端夹住，因而在拉伸过程中试样的轴心必须始终沿着两个夹头的连线，保持对中，如图 8 - 13。这样，试样在拉伸过程中一边滑移，一边转动，晶体中不仅滑移面在转动，而且滑移方向也改变位向，如图 8 - 14。

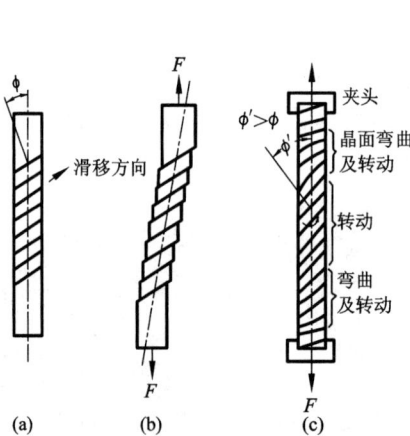

图 8 - 13　单晶体拉伸变形过程　　　　图 8 - 14　单晶体旋转示意图

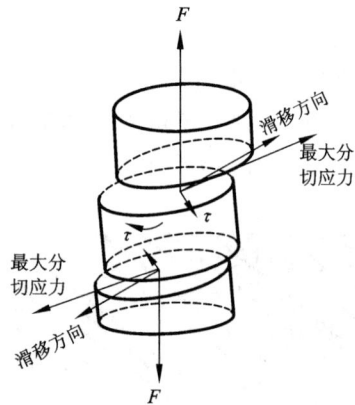

　　而单晶体在滑移过程中由于晶体内部结构的变化，主要是位错的密度、分布和性质等的变化，继续维持滑移需要的切应力 τ 随切变量 γ 的变化而不断增加，这种现象称为物理硬化，合金硬化与不同金属和温度、合金元素等因素有关，在单晶体的硬化过程中，不同的阶段样品表面形貌也不同，有关硬化的知识在本书另有详细讨论。整个硬化过程的特点可以由位错理论加以解释。

　　在压缩时，压头将试样的两个端面紧紧压住，这两个面（称为压缩面）在空间的方位不能改变,试样在压缩过程中也必须一边滑移,一边转动,晶体的滑移面,力图转至与压力方向垂直的位置,如图 8 – 15。

对于多晶体来说,由于晶界、缺陷、杂质等的约束作用,各个晶粒滑移过程中也有转动,这也是形成织构的原因之一。

晶体滑移的结果是在试样表面产生滑移线和滑移带,但是还会出现其他次生现象。在理想的情况下,晶面在滑移前后,始终是平面,滑移的结果在试样表面出现滑移线和滑移带。但是由于局部区域的微观缺陷、杂质等的阻碍作用,滑移面可能发生弯曲,各种弯曲的晶面可以近似地认为是由一系列位向相差很小的平面组成。晶面弯曲后,晶面进一步的滑移就很困难。

同样的,晶体转动时由于局部区域存在杂质和各种缺陷,这些区域的转动会受到阻碍,晶体转动不可能均匀,其转动的角度远小于没有杂质和缺陷的区域。转动角度不同的区域就存在位向差,在显微镜下存在反差(衬度),这种转角较小的带状区域称为形变带。

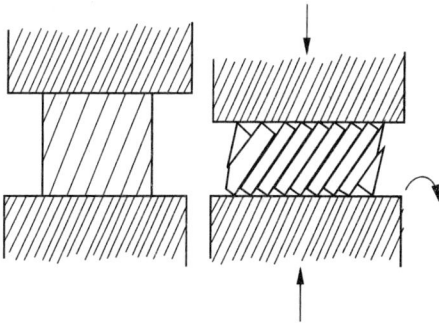

图 8 – 15 压缩时晶体转动示意图

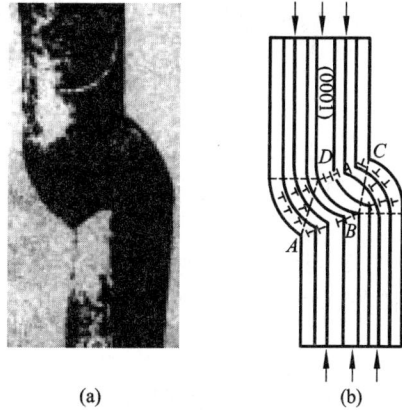

图 8 – 16 单晶体镉被压缩时的扭折
(a) 扭折状态;(b) 扭折时位错示意图

8.2.2 扭折

基面近似平行于压力方向的 Zn(或 Cd)单晶体在压缩实验时会发生弯折现象,滑移和转动仅发生在一个狭窄的带状区域,这个带状区域就称为弯折带,如图 8 – 16 所示。弯折带可以看成是一种特殊的形变带,所有的转动都集中在带内,带外各个部分既不滑动,也不转动。扭折是不均匀塑性变形的一种形式,它是在滑移和孪生难以实现,或者在变形受到某种约束时才出现的。

8.2.3 孪生

1. 孪生过程

金属塑性变形的另外一种重要形式是孪生。孪生变形与滑移比较具有不同的特点。晶体在切应力作用下发生孪生变形时，晶体的一部分沿一定的晶面（称为孪生面）和一定的晶向（称为孪生方向）相对于另一部分晶体作均匀的切变。在切变区域内，与孪生面平行的每一层原子移动的距离不是原子间距的整数倍，位移的大小与离开孪生面的距离成正比，结果使相邻两部分晶体的取向不同，恰好以孪生面为对称面形成镜像对称。如图 8 – 17 所示为晶体经过滑移和孪生后晶体外形的变化情况。

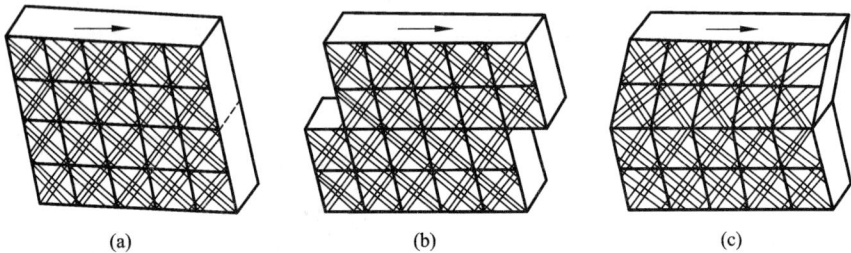

(a)   (b)   (c)

图 8 – 17　晶体的塑性变形

(a)没有变形时；(b)滑移；(c)孪生

通常把这两部分晶体合称为孪晶。由于它是变形的时候产生的，称为形变孪晶，把形成孪晶的过程称为孪生，如图 8 – 18，图 8 – 19 分别为 Zn 和 Mg 的孪晶。

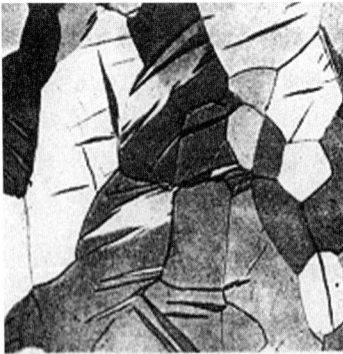

图 8 –18　Zn 拉伸时产生的形变孪晶，×100

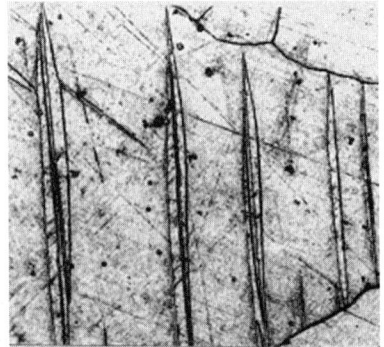

图 8 – 19　Mg 的孪晶，×100

　　孪生也是形核（萌生）和长大的过程。孪生的形核一般需要较大的应力，而且是以极快的速度突然爆发，形成孪晶薄片（形核）；然后长大扩展，长大所需的应力较小，孪生过程因此出现载荷突然下降的现象。在孪生变形时，孪晶不断形成，导致其拉伸应力－应变曲线呈现锯齿状。由于孪生变形常常以爆发方式形成，其生成速度接近声速，常伴随发出响声。

　　晶体经过孪生变形以后，会使抛光的表面产生浮凸，显示出变形的痕迹。这种变形的痕迹由于孪晶的两部分晶体的取向不同，抛光、侵蚀后在显微镜下仍然可以观察到明显的衬度。这与滑移变形时在表面产生的滑移线不同，滑移线经抛光后消失，经过侵蚀后在显微镜下观察也没有衬度。

　　一般地说，对称性低、滑移系少的密排六方金属比较容易产生孪生变形。体心立方金属在室温时只有在冲击载荷下才能产生孪生变形，当滑移面的临界切应力显著提高时，在一般变形速率下也可以引起孪生变形。面心立方金属的对称性高，滑移系多，容易滑移，因此孪生一般比较难于发生，但在特殊条件下也能产生孪生现象。

　　2. 孪生的晶体学

　　晶体的孪晶面和孪生方向与晶体结构有关。如 fcc 晶体的孪生系为 $\{111\}<112>$，bcc 晶体的孪生系为 $\{112\}<111>$，hcp 晶体的孪生系为 $\{10\bar{1}2\}<\bar{1}011>$，面心正方的孪生系为 $\{101\}<10\bar{1}>$。

　　孪生时原子一般都平行于孪生面沿孪生方向运动。为了反映原子的运动方向和距离，将原子投影到一个包含孪生方向并垂直于孪生面的平面上，这个平面称为切变面。以面心立方晶体为例，如果在某种外力下，孪生系统是 $(111)[11\bar{2}]$，那么切变面就是 $(\bar{1}10)$。将所有的原子都投影到 $(\bar{1}10)$ 面上就得到图 8 – 20。

　　晶体发生孪生变形时，变形区域内作均匀的切变，与孪晶面平行的各层晶面的相对位移是一定的，即每一层 (111) 面都相对于相邻的晶面原子沿 $[11\bar{2}]$ 方向移动了一个距离，这个距离是 $[11\bar{2}]$ 晶体方向的原子间距的分数倍，在这里是 $\frac{1}{6}d_{[11\bar{2}]}$，如果以孪晶面 AB 为基准面，则第一层 (111) 面 CD 移动 $\frac{1}{6}d_{[11\bar{2}]}$，第二层 (111) 面移动了 $\frac{2}{6}d_{[11\bar{2}]}$，第三层移动了 $\frac{3}{6}d_{[11\bar{2}]}$，依此类推。显然，各层晶面位移的大小与晶面离开孪晶面 AB 的距离成正比，而相邻两个晶面的相对位移是一定的，均为 $\frac{1}{6}d_{[11\bar{2}]}$。可以看出，晶体已经变形部分和未变形部分以孪晶面 AB 为分界面形成了镜像对称。

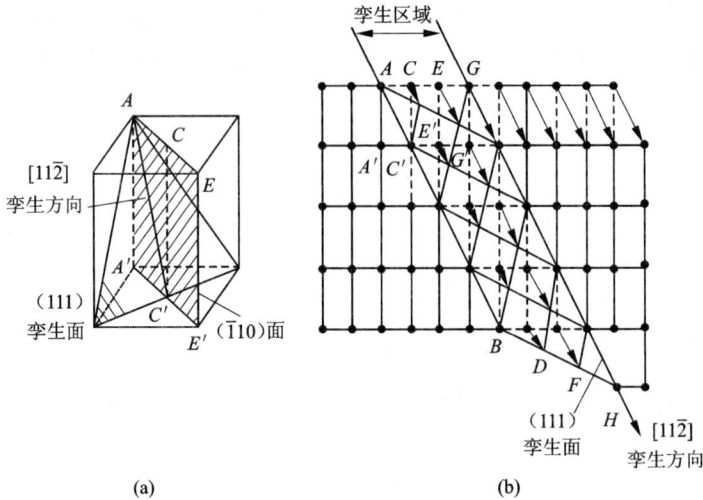

图 8-20 面心立方晶体孪生变形示意图

(a)孪生面和孪生方向;(b)孪生变形时原子的移动

我们知道,面心立方晶体(111)面的堆垛顺序是 $ABCABCABC\cdots$,如果从第六层 C 层原子开始每一层(111)都相对移动 $\frac{1}{6}d_{[11\overline{2}]}$ 的距离,即 $\sqrt{6}a/6$,则每层原子顺序占据前一层原子的位置,即从第六层原子开始,A 占据原 C 层原子位置,B 占据原 A 层原子位置,C 占据原 B 层原子位置……则上述堆垛顺序变为 $ABCABABCA\cdots$,便可以形成一层以(111)为对称面的孪晶结构。

晶体中孪晶形成的过程可以用不全位错理论来解释。变形孪晶也是通过位错的运动来实现的,可看作是部分位错滑过孪晶面一侧的切变区中各层晶面而进行的。肖克莱不全位错的柏氏矢量为 $\frac{a}{6}<112>$,该例中孪生时原子在(111)面沿 $[11\overline{2}]$ 晶向移动 $\frac{1}{6}d_{[11\overline{2}]}$ 距离,实质就是一个肖克莱不全位错的移动。

3. 滑移与孪生的比较

相同方面:

①从宏观上看,两者都是在剪应力作用下发生的均匀剪切变形。

②从微观上看,两者都是晶体塑性变形的基本方式,是晶体的一部分相对另一部分沿一定晶向和晶面平移。

③两者都不改变晶体结构,从图可以看出,基体和孪晶也都是 fcc 结构。

④从变形机制方面来看,两者都是晶体中位错运动的结果。

不同方面:

①滑移不改变位向,即晶体中已滑移部分和未滑移部分的位向相同;孪生则改变位向,孪晶面两侧晶体的位向不同,呈镜面对称,孪晶与基体的位向关系是确定的;孪晶侵蚀后有明显的衬度,经抛光与侵蚀后仍能重现。可以根据这个特点来区分变形带和孪晶。

②滑移时原子的位移是沿滑移方向的原子间距的整数倍,而且在一个滑移面上的总位移往往很大,相邻滑移线之间的距离达到几百埃以上,相邻滑移带之间的距离更大,滑移只发生在滑移线处,滑移线之间、滑移带之间的区域没有变形,故滑移变形是不均匀分布的;孪生是一部分晶体沿孪晶面相对于另一部分晶体作切变,切变时原子移动的距离是孪生方向原子间距的分数倍,如 fcc 晶体孪生时,原子的位移只有孪生方向的原子间距($\frac{1}{2}d_{[11\bar{2}]}$)的三分之一,对 bcc 晶体为 $\frac{1}{6}d_{[111]}$,平行于孪晶面的同一层原子的位移均相同,孪生比滑移变形更均匀。

③滑移有确定的临界分切应力,滑移过程比较平缓,相应的拉伸曲线光滑、连续;孪生则没有实验证据证明是否存在确定的临界分切应力,孪晶的萌生一般需要较大的应力,孪晶核心大多是在晶体局部高应力区形成,以爆发方式形成,生成速率较快。长大所需的应力较小,其拉伸曲线呈锯齿状。Sn、Cd 等单晶体的变形孪晶形成时会发出响声。

④晶体的对称度越低,越容易发生孪晶。形变孪晶常见于密排六方和体心立方晶体(密排六方金属很容易产生孪生变形),如在 $\alpha-U$(底心正交结构),Zr,Zn,Cd(hcp 结构)和 Sb(菱方结构)等金属中往往观察到大量粗大孪晶,面心立方晶体中很难发生孪生;此外变形温度越低,加载速率越高(如冲击载荷),也越容易发生孪晶。

⑤滑移时只要晶体有足够的塑性,切变可以为任意值,因此滑移对晶体的塑性变形有很大贡献;孪生时的切变是一个确定值(由晶体结构确定),一般比较小,本身对金属塑性变形的贡献不大,但形成的孪晶改变了晶体的位向,可以诱发新的滑移系开动,间接对塑性变形有贡献,但是如果某种晶体主要变形方式为孪生,则它往往比较脆。

⑥滑移是全位错运动的结果,而孪生则是部分位错运动的结果。

8.3 多晶体的塑性变形

以下我们将在单晶体塑性变形的基础上讨论多晶体塑性变形的特点。

8.3.1　晶粒边界

在纯金属凝固的内容中，我们知道多晶体材料是由许多取向不同的小单晶体的晶粒组成的。晶粒与晶粒之间的过渡区称为晶粒边界或简称为晶界。在第3章中我们知道了在晶界上不仅有大量的位错，还有许多点缺陷，如空位和间隙原子。此外杂质原子和某些沉淀相也往往优先分布在晶界。作为晶粒与晶粒之间的过渡层，晶界的厚度往往只有几个或十几个原子间距。这样薄层的晶界在多晶体的塑性变形中起着重要作用。

为了研究晶界的力学行为，将多晶体的铁试样分别在室温和高温下进行拉伸试验。这些试样的晶界都近似垂直于试验轴。试验结果发现，在室温下拉伸时，靠近晶界的试样的直径变化很小，远离晶界的试样的直径显著减小；在高温下拉伸时情况恰好相

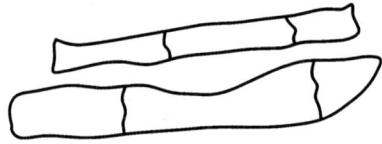

图 8 – 21　室温下多晶体铁经
拉伸后晶界处呈竹节状

反，晶界附近试样显著变小，远离晶界的试样的直径变化很小，如图 8 – 21 为室温拉伸后试样的变形情况。

这个试验表明，低温或者是室温，晶界很强而晶粒本身很弱；高温下正好相反。这样就必然存在着一个温度，在这个温度下晶界和晶粒本身强度相等，这个温度称为等强温度。

8.3.2　晶界对多晶体塑性变形的影响

晶界在多晶体的塑性变形中大体上有如下方面的作用。

1. 协调作用

多晶体在塑性变形时各个晶粒都要通过滑移或孪生而变形。但是由于多晶体是一个整体，各个晶粒的变形不能是任意的，而必须相互协调，否则在晶界处就会开裂。晶界正是起着协调相邻晶粒的变形的作用。由于协调变形的要求，在晶界处变形必须连续，也就是两个相邻晶粒在晶界处的变形必须相同。

2. 晶界阻滞、障碍效应

90% 以上的晶界是大角度晶界，其结构复杂，由约几个纳米厚的原子排列紊乱的区域与原子排列较整齐的区域交替相间而成，这种晶界本身使滑移受阻而不易直接传到相邻晶粒。多晶体中，不同位向晶粒的滑移系取向不相同，滑移不能从一个晶粒直接延续到另一晶粒中，如图 8 – 22 为 Mg 合金变形时位错在晶界被阻止的情况。

在低温和室温下变形时，由于晶界强度比晶粒强，因此滑移主要集中在晶粒内部，而不太可能穿过晶界而在相邻晶粒内进行，滑移的传递，必须激发相邻晶粒的位错源，可见晶界限制了滑移。另一方面由于晶界内大量缺陷产生的应力场，使晶粒内部（特别是靠近晶界的区域）滑移更加困难，或者说需要更高的外加应力才能滑移，这就是晶界的阻碍作用。因此由于取向差效应及晶界阻滞效应，多晶体的变形抗力比单晶体大，变形更不均匀。其中，取向差效应是多晶体加工硬化更主要的原因，一般说来，晶界阻滞效应只在变形早期较重要。hcp 系的多晶体金属与单晶体比较，前者具有明显的晶界阻滞效应和极高的加工硬化率，而在立方晶系金属中，多晶和单晶试样的应力–应变曲线就没有那么大的差别。

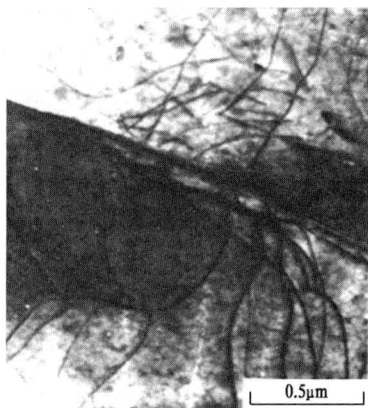

图 8 – 22　Mg 合金变形时位错在晶界被阻止

图 8 – 23　铝合金在第二相周围变形时产生断晶

3. 高温弱化作用

在高温下变形时，由于晶界比晶粒弱，除了晶粒内滑移外，相邻两个晶粒还会沿着晶界发生相对滑动，称为晶界滑动。晶界滑动也会造成晶体宏观塑性变形，但变形量往往小于滑移和孪生引起的塑性变形。

晶界滑动往往伴随晶界迁移。所谓晶界迁移就是一个晶粒内的原子通过扩散向另一个晶粒定向移动，造成晶界从一个位置迁移到另一个位置。

4. 裂纹产生作用

由于晶界阻碍滑移，在晶界处往往产生应力集中，同时由于杂质和脆性第二相往往优先分布在晶界，使晶界变脆。这样一来，在变形过程中裂纹往往在晶界产生；此外由于晶界处缺陷很多，原子处于能量较高的不稳定状态，在腐蚀介质作用下，晶界往往优先被腐蚀（所谓的晶间腐蚀），形成微裂纹。如

图8-23为铝合金在第二相周围变形时产生断晶的现象。

8.3.3　多晶体塑性变形的微观特点

与单晶体的塑性变形相比，多晶体的塑性变形有三个突出的微观特点，也就是多方式、多滑移和不均匀。

1. 多方式

多晶体的塑性变形除了滑移和孪生之外，还有晶界滑动和迁移，以及点缺陷的定向扩散。

滑移和孪生是在室温和低温下塑性变形的重要方式，这时外加应力超过晶体的屈服极限。晶界滑动和迁移是高温下的塑性变形方式之一，此时外加应力往往低于该温度下的屈服极限。例如高温合金经常进行的蠕变试验就是在高温下远低于屈服极限的外应力作用下的长时间力学试验，此时试样会发生随时间不断增加的缓慢塑性变形（蠕变），其微观变形方式主要就是晶界滑动和迁移。

如果试样温度非常高，而外加应力非常低，则还可能出现由于点阵缺陷的定向扩散而引起的塑性变形，也称为扩散蠕变。在这种情况下，由于温度很高，间隙原子和空位等点缺陷的迁移率很大，在外加应力作用下它们将发生定向扩散：间隙原子运动到与拉应力垂直的晶面之间，使晶体沿拉应力方向膨胀，或者是空位运动到与压应力垂直的晶面上，使晶体沿压应力方向收缩。

由上可见，多晶体可能有四种微观的塑性变形方式，而变形温度和应力决定了哪一种变形方式占主导地位。

2. 多滑移

与单晶体不同，多晶体塑性变形时开动的滑移系不仅仅取决于外加应力，还取决于协调变形的要求。由于晶界阻滞效应及取向差效应，变形从某个晶粒开始以后，不可能从一个晶粒直接延续到另一个晶粒之中，但多晶体作为一个连续的整体，每个晶粒处于其他晶粒的包围之中，为了维持多晶体的完整性，即在晶界处既不出现裂纹，也不发生原子的堆积，不允许各个晶粒在任一滑移系中自由变形，否则必将造成晶界开裂。为使每一晶粒与邻近晶粒产生协调变形，理论分析表明：每一个晶粒至少需要5个滑移系同时开动。实验观察也证明，多滑移是多晶体塑性变形时的一个普遍现象。由于fcc和bcc金属能满足5个以上独立滑移系的条件，塑性通常较好；而hcp金属独立滑移系少，塑性通常不好。

3. 各晶粒变形的不同时性和不均匀性

与单晶体相比，多晶体的塑性变形更加不均匀。除了更多滑移系统的多滑移之外，由于晶界的约束作用，晶粒中心区的滑移量也大于边缘区域（晶界附近的区域)。在晶体发生转动时,中心区的转动角度也大于边缘区,因此多晶体变形后的组织中会出现更多、更明显的滑移带、形变带和晶面弯曲,也会形成更多的晶体缺陷。

橘皮组织是不均匀变形的典型例子,所谓橘皮组织,就是金属经过冷加工以后自由表面(外表面)凹凸不平,好像橘子皮一样。其形成的原因就是因为晶粒中心的滑移量大,因而表面滑移台阶高,而边缘区滑移量小,因而滑移台阶低。这种橘皮组织严重影响产品的外观和零件之间的相互配合。显然晶粒越粗大,橘皮组织越严重,故为了尽量消除或减轻橘皮组织,应尽量采用细晶粒材料。

晶粒大小对晶体的变形行为有很大的影响,一般在室温下晶粒越小,材料屈服极限 σ_y 就越高,硬度也越高,但是在高温下晶界在应力作用下会产生粘滞性流动,发生晶粒沿晶界的相对滑动;另外,还可能产生"扩散蠕变",所以,细晶粒组织的高温强度反而较低。

8.4 单相固溶体合金塑性变形特点

固溶体合金中的溶质原子,无论是以置换方式或间隙方式溶入基体金属,都会对金属的塑性变形产生影响。主要表现是使合金变形抗力提高,应力 - 应变曲线升高,变形能力(塑性)下降,产生所谓的固溶强化,从而使固溶体合金的塑性变形表现出与纯金属塑性变形不同的特点。

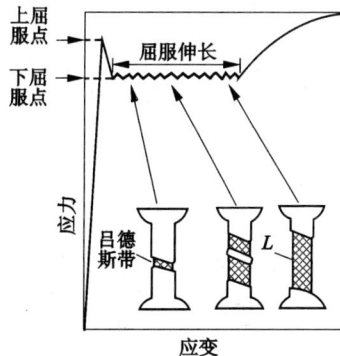

图 8 - 24 退火低碳钢的明显屈服现象及吕德斯带的形成和扩展示意图

8.4.1 屈服现象

金属的应力 - 应变曲线中可以分为弹性变形区,应力 - 应变曲线呈直线关系,符合虎克定律;超过弹性极限后进入塑性变形区。低碳钢的拉伸曲线如图 8 - 24 所示,它首先是弹性变形区,然后是一个特别的流动区,其特点是有一个明显的屈服点。当应力低于某一临界值(上屈服点 σ_{su}),只有弹性变形。而应力超过上屈服极限 σ_{su},突然发生显著的塑性变形,而且使试样继续变形所需要的应力迅速减少到下屈服极限 σ_{sl}。只要外加应力维持在恒定的下屈服极限 σ_{sl},试样就能继续伸长,直到抛物线硬化开始,试样才发生明显的硬化。这种具有明确的屈服(明确的弹性 -

塑性变形分界点)和塑性流动的现象称为明显屈服。

实验表明,明显屈服现象和材料的纯度以及试验温度有关。例如非常纯的 $\alpha - Fe$ 在拉伸时并没有明显屈服现象,但只要 $\alpha - Fe$ 中含有微量杂质(间隙式杂质,如 0.04% 的 C 或 N),就会出现明显屈服现象。随着温度升高,屈服极限急剧降低,明显屈服现象也消失。

屈服点现象最初是在低碳钢(C% 小于 0.01)中发现的。在适当条件下,上屈服点与下屈服点的差别可以达到 10% ~ 20%,屈服伸长可以超过 10%。后来发现屈服现象是普遍存在的。在许多金属与合金中,如多晶体的 Mo、Ti 和 Al 合金以及单晶体的 Cd、Zn、$\alpha -$ 黄铜、$\beta -$ 黄铜等,只要这些金属材料中含有适量的溶质原子能够钉扎住位错,就可以发生屈服现象。一般来说,置换式溶质原子的作用比间隙式溶质原子的作用要弱。在体心立方金属中,由于间隙式原子 C、N 等与位错的交互作用最强烈,它们的屈服现象比面心立方和密排六方金属更显著。

对于屈服现象有不同的解释,一种观点认为与金属中微量的溶质原子有关。溶质原子与位错的应力场发生弹性交互作用,形成气团钉扎位错运动,必须在更大的应力作用下才能产生新的位错或使位错脱钉,表现为上屈服点;一旦脱钉,使位错继续运动的应力就不需开始时那么大,故应力值下降到下屈服点,试样继续伸长,应力保持为定值或有微小的波动。

另一种观点认为与位错运动的增殖有关。试样在变形时的应变速率 $\varepsilon' \propto \rho_m b v$,其中,$\varepsilon'$ 为应变速率,可通过试验机人为控制成固定不变的速度;ρ_m 为位错密度;b 为柏氏矢量。

而位错运动速度
$$v = (\tau / \tau_0)^{m'} \tag{8 - 11}$$
其中,τ_0 为位错作单位速度运动时所需的应力;m' 为应力敏感指数;τ 为外加有效应力。

开始变形时,ρ_m 低,欲使应变速率固定,需要较大的 v 值,故需要较高的应力 τ,表现为上屈服点;一旦塑性变形开始后,位错迅速增殖,ρ_m 增加,必然导致 v 的突然下降(为保持应变速率固定),所以所需的应力 τ 突然下降,产生了屈服现象。

是否产生屈服点现象还与材料的 m' 值有关,m' 小的材料,如 Ge、Si、LiF、Fe 等出现显著的上、下屈服点。

8.4.2　应变时效

与明显屈服点现象密切相关的还有流动带和应变时效现象。流动带又称为吕德斯带(Lüders band)。它是光滑的体心立方金属试样在拉伸后表面出现的斜线，大致与拉伸方向成45°角，如图8－25。

　　其形成原因是由于体心立方晶体在发生屈服延伸阶段，变形很不均匀。例如在单向拉伸时，往往在夹持端附近首先发生塑性变形，一旦开始变形，由于产生屈服现象，该区继续塑性流动，直到显著硬化，引起相邻区域应力集中并开始塑性变形。于是塑性流动从最初的变形区转移到相邻区，依此类推。可见整个变形过程是依次在各区进行的，而不是在试样各处同时发生。这样一来，相邻变形区域之间出现边界，这个边界就是流动线，吕德斯带会造成拉伸和深冲过程中工件表面不平整。

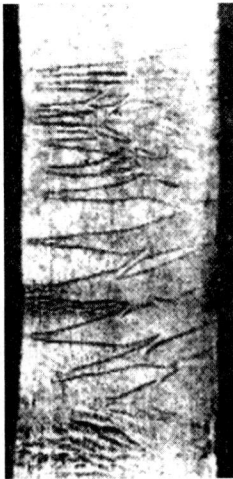

图8－25　由于吕德斯带所造成的
铝合金板材表面不平整

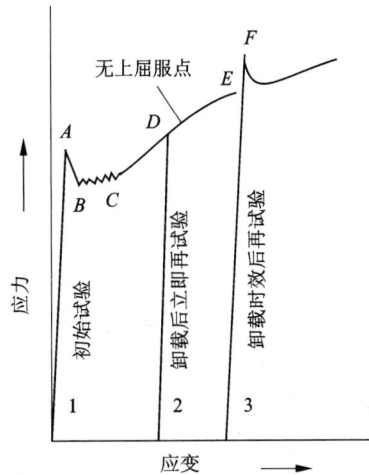

图8－26　显示低碳钢应变
时效的应力－应变曲线

　　必须注意，吕德斯带与滑移带是不同的。吕德斯带往往是许多晶粒协调变形而产生的，而各个晶粒内部仍然按照各自的滑移系进行滑移。

　　将低碳钢试样拉伸，产生少量预塑性变形后卸载，然后马上重新加载，试样不发生屈服现象，但若产生一定量的塑性变形后卸载，在室温停留几天或在低温（如150 ℃）时效几小时后再进行拉伸，此时屈服点现象重新出现，并且上屈服点升高，这种现象即应变时效，如图8－26。

　　应变时效原因主要与溶质原子与位错的相互作用有关。试样在外加应力作用下使位错摆脱溶质原子的钉扎，表现为屈服，若卸载后马上加载，溶质原子来不及重新聚集在位错周围钉扎，故没有屈服现象，而在室温长期停留或低温时效期间，溶质原子 C、N 又聚集到位错线周围重新形成气团对位错钉扎。

由于屈服现象引起吕德斯带,造成工件表面不平整。解决这个问题可以加入少量能夺取固溶体合金中的溶质原子,使之形成稳定化合物的元素,或在板材深冲之前进行比屈服伸长范围稍大的预变形(约 0.5% ~ 2% 的变形度),使位错挣脱溶质原子气团的钉扎,然后尽快进行深冲。

8.5 复相合金的塑性变形

复相合金一般在固溶体基体上分布有一种或几种其他相,可能是金属间化合物,也可能是另一种固溶体,统称为第二相。复相合金的主要变形方式仍然是滑移和孪生,但由于合金中第二相的种类、数量、大小、形状、分布特点及与基体界面结合的不同,它们对基体的作用区别很大,对塑性变形的影响也很复杂。通常按第二相粒子的尺寸将合金分成两大类:如果第二相粒子尺寸与基体晶粒尺寸属同一数量级,称为聚合型;如果第二相粒子十分细小,并且弥散地分布在基体晶粒内,称为弥散分布型。下面根据第二相的不同情况,讨论合金的塑性变形特点。

①如果聚合型两相合金中两个相都具有塑性,第二相的尺寸大小、变形能力与基体相差不大,则合金的变形决定于两相的体积分数,例如两相黄铜的组织。这种合金中的变形通常是在较软的一相中首先变形,随着变形量增加,应力集中导致较硬的相也开始变形。变形情况还与第二相的体积分数有关,当第二相数量很少时,变形主要在软的基体相中进行,当第二相的体积分数增加到30%时,第二相的变形与基体的变形接近。此时合金的塑性是两个组成相变形能力的平均值,其强度随硬相的增多而增加。可以用混合律来计算合金的变形行为。即如果塑性变形过程中两相应变相等,则合金产生一定应变的平均流变应力 σ_a 为:

$$\sigma_a = f_1\sigma_1 + f_2\sigma_2 \qquad\qquad (8-12)$$

其中 f_1、f_2 为两个相的体积分数,且 $f_1 + f_2 = 1$,σ_1、σ_2 为两个相在此应变时的流变应力。

若合金在塑性变形过程中两相应力相同,则对合金施加一定应力时,平均应变为:

$$\varepsilon_a = f_1\varepsilon_1 + f_2\varepsilon_2 \qquad\qquad (8-13)$$

其中 f_1、f_2 为两个相的体积分数;ε_1、ε_2 为此应力下两相的应变。

②如果两相合金中两相一个是塑性相,而另一个是硬脆相时,合金的塑性变形基本上只在塑性好的固溶体基体上进行,硬而脆的第二相几乎不变形,合金的变形能力(塑性)及第二相的强化作用与第二相的形状、大小、分布特点及数量有关。合金的机械性能主要取决于硬脆相的存在情况。

　　第二相粗大或呈大针状，变形只在基体中进行，外加应力很大时，第二相容易破碎，在第二相周围产生裂纹，如图8－27所示，合金的强度、塑性都不会很高。

　　如果第二相连续分布在固溶体的晶界上，例如铜及铜合金中含有微量脆性 Bi 呈薄膜状分布在晶界，镍合金中的 S 与 Ni 形成脆性 Ni_3S_2，薄膜状分布

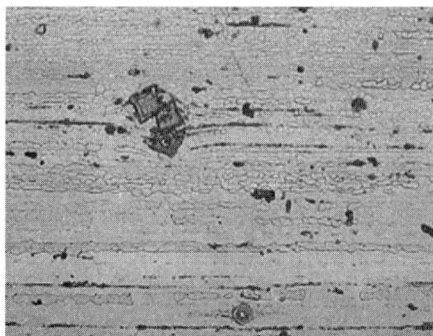

图 8－27　铝合金变形时在第二相周围产生裂纹

在晶界，高碳钢中含有的碳化物呈网状分布在晶界，使合金的基体完全被脆性相割裂，合金很脆，几乎不能进行塑性变形。

　　这些情况对合金的变形十分有害。可以通过加入某些微量元素，使脆性相变成高熔点化合物，分布到晶内或不连续分布在晶界，以降低脆性。例如在铜中加入微量稀土，在镍中加入微量的镁，都能起到降低脆性相的危害作用。如果某些复相合金在铸态下不可避免存在分布不均匀的粗大的化合物，例如高速钢铸锭中的碳化物，这种复相合金铸锭必须经过热加工，如锻造，将粗大的化合物破碎后才能具有较高的室温塑性。

　　③如果两相合金中的第二相是均匀、弥散分布在固溶体基体上，就是弥散分布型复相合金，例如经过淬火、时效的硬铝，经过球化退火的9CrSi 钢。这类合金中均匀、弥散分布的第二相通过与位错的作用等机制能够产生显著的强化作用，使合金获得良好的综合力学性能，强度很高，塑性也好。这类合金的塑性变形主要在基体相中进行。

8.6　金属冷加工后的组织与性能的变化

　　由于多滑移和变形的不均匀性，金属在塑性变形后会出现一系列性能和组织上的变化，包括产生内应力、出现加工硬化、形成纤维组织和流线（即杂质和第二相择优分布）、择优取向（织构）以及其他物理、化学性能的变化。

8.6.1　金属塑性变形后的组织变化

　　金属冷加工后组织的变化主要是晶粒内出现大量的滑移带，进行了孪生变形的金属还出现孪晶带，晶粒被压扁、拉长，形成纤维组织和带状组织。

1. 纤维组织和流线

冷加工不仅使紊乱取向的多晶材料变成具有择优取向的材料，而且将晶粒拉长，使材料中的不溶杂质、第二相（沉淀相）和各种缺陷如气孔、缩松等发生变形。由于晶粒、杂质、第二相、缺陷沿着金属的主变形方向被拉长成纤维状，故称为纤维组织，如图 8-28。一些非金属夹杂

图 8-28 铝合金经过轧制变形后的纤维组织，×100

物，例如为了改善钢的切削加工性能而加入的 S，与 Mn 作用就会形成 MnS 夹杂物。高温时 MnS 具有一定的塑性，在热加工时沿加工方向伸长，形成连续的纤维组织；在冷加工时由于硫化物和一切非金属夹杂物一样很脆，被轧碎，或是形成断续的纤维组织，一些金属氢化物在冷加工时也与此类似。金属夹杂物在加工中也可能会形成连续的纤维组织。如果将冷加工后的金属进行腐蚀，那么沿着纤维方向就会出现一些平行的条纹，称为流线。流线有时候用肉眼和低倍放大镜就可以看到，有时候则需要用金相显微镜观察。在个别情况下流线很粗大，在断口和粗磨光的表面上用肉眼就能直接看到。由于流线总是平行于主变形方向，因此根据流向可以推断金属的加工过程。

多相合金在加工时会形成一定的带状结构，这是由于各相分布不可能绝对均匀，它们塑性变形的能力也各不相同。例如，碳钢中就往往发生碳的偏析，因而有些地方渗碳体多，有些地方铁素体多，在加工时这两个相就被拉长，形成铁素体和渗碳体交替分布的带状结构，在腐蚀后就出现黑色条带（渗碳体）和白色条带（铁素体）。

固溶体合金若存在成分偏析，在加工时也会出现带状组织。

金属中的空穴，包括金属在凝固时形成的气孔和缩松等在加工时也会被拉长，当加工率很大，温度足够高时，这些孔穴可能被压紧或焊合。如果加工率不够大或温度不够高，这些孔穴就形成发状裂纹。

总之，由于实际金属中不可避免地存在各种杂质、第二相、成分偏析和铸造缺陷，在进一步加工时形成带状组织和纤维组织是一个非常普遍的现象。

形成纤维组织后金属纵向纤维方向的强度高于横向强度。这是因为在横断面上杂质、第二相、缺陷等脆性低强度组元的截面面积小，而在纵断面（平行于

纤维方向的断面）低强度组元的截面面积很大。在一般情况下这种各向异性对零件的实际使用影响不大，但是当零件承受很大的载荷、承受冲击或交变载荷时，就可能出现零件断裂的危险。使纤维组织和流线与载荷的作用面垂直，可以改善零件的受力，如起重机吊钩用轧制的棒材机械加工后的流线由于与载荷方向平行，容易突然破坏，而用轧制后的棒材锻造后的流线分布与载荷方向垂直，就可以改善受载情况。

　　2. 金属变形时的亚结构变化

　　显微组织中由于位错密度的变化会出现胞状组织。金属晶体的塑性变形过程就是位错不断增殖和运动的过程。随着冷变形程度的增加，位错密度逐渐增高。金属变形之前，位错密度一般为 $10^7 cm^{-3}$，当变形程度很大时，位错密度可增加到 $10^{11} \sim 10^{12} cm^{-3}$。在层错能高的金属中（如 Al，Fe 等），扩展位错较窄，领先位错易于通过束集发生交滑移，因此在变形过程中产生的位错容易通过交互作用聚集而形成位错缠结，此时位错经过相互作用后缠结在一起，包围着一块位错很少的晶体而形成"胞状组织"。胞状组织的形成与下列因素有关：

　　（1）变形量

　　变形量越大，胞状组织的数量增多，尺寸减小，跨越胞壁的平均取向差也逐渐增加。

　　（2）材料类型

　　层错能高的金属当变形程度较高时，出现明显的胞状组织；低层错能金属，不易形成位错缠结，冷变形后的胞状组织不明显，如图 8 - 29。

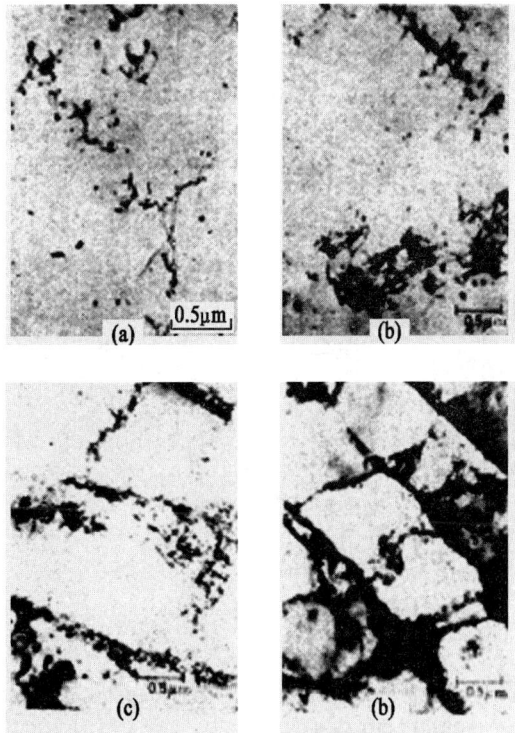

图 8 - 29　α - Fe 在冷变形时金属中的
位错缠结和胞状组织的发展过程
（a）应变 1%；（b）应变 3.5%；
（c）应变 9%；（d）应变 20%

8.6.2　加工硬化

1. 加工硬化现象

加工硬化又称为应变硬化，一般来说金属经冷加工变形后，其强度、硬度增加、塑性降低，是材料重要力学行为之一，具有较大的实际意义。金属在冷加工过程中，要不断地塑性变形，就需要不断增加外应力。这表明金属对塑性变形的抗力是随变形量的增加而增加。这种流变应力随应变的增加而增加的现象就是加工硬化。

无论单晶体还是多晶体，其应变硬化行为都可以用硬化曲线来表示。所谓硬化曲线就是晶体变形时流变应力和应变的关系曲线。只是单晶体和多晶体硬化曲线的含义有本质区别。对于单晶体，流变应力指作用在滑移面上，沿着滑移方向的剪切应力 τ，而应变是剪切应变 γ，所以单晶体的硬化曲线就是 $\tau - \gamma$ 曲线。对于多晶体的应变是在主流动方向（主要变形方向）的变形量，流变应力是引起这个应变的应力，例如多晶体在拉伸时的硬化曲线就是拉应力 σ 和拉伸应变 ε 的关系曲线，即常见的 $\sigma - \varepsilon$ 拉伸曲线。如图 8-30 为低层错能的 fcc 单晶体（如 Cu，Ag，Au 等）的典型加工硬化曲线。

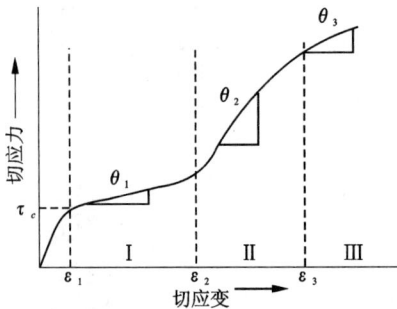

图 8-30　典型的 fcc
单晶体的加工硬化曲线

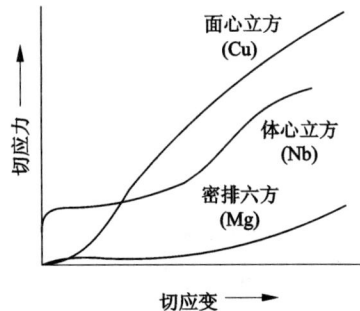

图 8-31　几种典型金属
单晶体的拉伸曲线图

图中 $\tau - \theta$ 曲线的斜率 $\theta = d\tau / d\varepsilon$ 称为"加工硬化速率"，单晶体的典型加工硬化曲线明显可分为三个阶段：

Ⅰ（易滑移阶段）：仅在一个滑移系中发生单滑移，位错移动和增殖所遇到的阻力很小，故 θ_1 很低，约为 $10^{-4}G$ 数量级。这时位错能够移动较远的距离而不受到阻碍，因此大多数位错可以运动出晶体表面，滑移线细长，分布较均匀。易滑移阶段的长短与晶体的取向和纯度有关。

Ⅱ(线性硬化阶段)：由于位错滑移可能在几组相交的滑移面上发生多系滑移，运动中的位错彼此交截，出现面角位错或形成割阶或位错交截后形成位错缠结，所有这些原因使位错的运动困难，因此加工硬化率急剧增加，使 θ_2 远大于 θ_1，并接近于常数，约为 $G/100 \sim G/300$。此阶段的滑移线较短，其平均长度随应变的增加而减少。

Ⅲ(抛物线硬化阶段)：应力 – 应变曲线变为抛物线，θ_3 随应变增加而降低。

这时应力已经足够高，可以使塞积在障碍物前的领先螺型位错产生交滑移。交滑移是螺位错运动中遇到阻碍，经过束集等作用，从一个滑移面改变到与原滑移面相交的另外一个滑移面上运动的过程。室温下的应力 – 应变曲线第二阶段很短甚至没有，而第三阶段开始得较早；此外层错能、晶体结构类型、杂质含量、晶界等对晶体的加工硬化都有影响。一般层错能越低，越难束集，越难以发生交滑移。如 Al 单晶体的层错能高，因而它的扩展位错窄，在滑移中容易产生交滑移，形成波纹状滑移带，位错因为绕开障碍物，继续运动，使加工硬化率下降。这个阶段可以看到许多碎断的滑移带，滑移带的两端出现交滑移的痕迹，显微组织中出现胞状组织。交滑移还可因热激活而得到促进。

体心立方晶体单晶体在合适的纯度、位向、应变速率和变形温度下也可以看到上述三个阶段的加工硬化特征，而密排六方的单晶体的滑移系少，位错的交截作用弱，加工硬化率小，没有明显的三个阶段的特征，如图 8 – 31 为几种典型金属单晶体的拉伸曲线；多晶体由于晶界的影响，其应力 – 应变曲线没有易滑移阶段，加工硬化率也明显高于单晶体的，多晶体中细小晶粒的加工硬化率一般大于粗晶粒金属；而合金比纯金属的加工硬化率要高，溶质原子的加入，在大多数情况下增大加工硬化率。

2. 实际晶体的硬化行为

下面我们简单地归纳一下某些典型晶体，特别是面心立方金属和体心立方金属的应变硬化特点。

1)多晶体面心立方金属的变形硬化特点：屈服极限比较低，往往低于其他晶体；硬化速率比较高，往往高于其他晶体；延伸率高，也就是塑性好。面心立方金属不发生脆性解理断裂。

面心立方金属的应力 – 应变曲线可以划分为四个区，如图 8 – 30 所示。这四个区是：①为弹性变形区，应力 – 应变曲线呈直线关系，符合虎克定律；②为易滑移过渡区，硬化速率不断减小；③为线性硬化区，应变硬化速率保持恒定值；④为抛物线硬化区，这时应力与应变呈抛物线关系，硬化速率不断减小。

人们认为，易滑移过渡区是由于试样内部晶粒度和亚结构不同，因而变形不均匀造成的。线性硬化区主要是多滑移引起的，而抛物线硬化区与交滑移密切相关，交滑移使应力暂时松弛，因而硬化速率减小。至于各段曲线的长短则与具体金属有关，特别是与金属的塑性有关。

2) 体心立方金属的硬化特点：体心立方晶体的拉伸曲线如图 8 - 24 所示。它除了有弹性变形区、抛物线硬化区以外，还有一个特别的流动区，其特点是有一个明显的屈服点。当应力低于某一临界值（上屈服点 σ_{su}），只有弹性变形。而应力超过上屈服极限 σ_{su}，突然发生显著的塑性变形，而且使试样继续变形所需的应力迅速减小到下屈服极限 σ_{sl}。只要外加应力维持在恒定的下屈服极限 σ_{sl}，试样就能继续伸长，直到第三阶段开始，试样才发生明显的硬化。

在生产实际中应变硬化往往是由各种冷加工引起，金属经过冷加工以后，强度性能会提高，塑性降低。

影响应变硬化的因素主要有变形温度、变形速度、晶粒度、合金元素等。一般温度越高，屈服极限越低，硬化速率越小。增加变形速度相当于降低温度，在普通拉伸实验范围内变形速度对拉伸曲线没有多大影响，但是在高速变形时，例如金属的爆炸成形可以使钢材的屈服极限提高一倍，硬度显著增加，延伸率减少 50%，脆性转变温度升高，材料变脆。晶粒越细，屈服极限及硬度越高，对于面心立方金属和密排六方金属，晶粒越细，硬化越快；对于体心立方晶体，硬化曲线的形状主要取决于间隙式杂质元素。合金元素使材料屈服极限和硬化速率提高，延长硬化阶段，也容易使金属变脆。合金元素的效果取决于它的数量、形态和分布。一般来说，弥散分布的细小沉淀相强化效果最大，固溶强化次之，形成粗大的沉淀相时，强化效果最差。间隙式元素主要影响体心立方晶体的硬化行为。

加工硬化对材料的强度、加工成形、切削加工等均有重要影响，在生产实际中有许多实际应用。

8.6.3　变形后金属中的残余应力

冷加工会引起点阵畸变和晶格扭曲，与此相应，晶体内储存了一定的畸变能（弹性能）。实验结果表明，在冷加工过程中消耗在塑性变形过程中的功有 5% 是以畸变能的形式储存在晶体内部，其余 95% 变成热消失。晶体内部贮能的大小与很多因素有关，如变形温度、变形量、晶粒度等。变形温度越低，形变量越大，晶粒细，储能越大。但是随着变形量的增加，储能的增加越来越小，最后达到一个极限值，一般为几焦/摩尔到几十焦/摩尔。

晶体中既然存在着一定的畸变能，相应的就有一定的内应力。内应力就是在晶体内各部分之间的相互作用力。根据作用力与反作用力的关系，晶体内一部分受拉应力，另一部分就经受同样大小的压应力。因此从整个晶体看，内应力是相互平衡的，晶体整体并没有合成的应力。由于内应力是在卸载后仍然保留在晶体内部的应力，故又叫残余应力。根据内应力作用的范围，可以将它分成两类，一类是宏观应力，又称第一类内应力。它是在比较大的范围内相互平衡的拉应力和压应力，例如在整个试样或零件的横断面上存在的应力。它是由金属材料（或零件）各个部分（如表面和心部）的宏观形变不均匀而引起的。另一类是微观内应力，它是在晶粒甚至晶胞范围相互平衡的拉应力和压应力（第二类内应力和第三类内应力）。

　　一般来说，产生内应力的原因是不均匀变形，而引起不均匀变形的因素则有许多，例如冷加工、冷却不均匀、温度不均匀、形变不均匀，以及局部相变等。

　　冷加工既可以引起宏观内应力，也可以造成微观内应力。金属在冷加工中的储能和内应力对金属的加工、热处理和使用性能都有重大影响。总的来说由于内部储能和形成的内应力，金属在热力学上处于不稳定状态，它可以造成以下几方面影响：

　　①微观内应力是产生加工硬化的主要原因，内应力也可能叠加在加工应力上，使材料在加工时开裂。这是冷加工过程中往往需要多次退火的原因。

　　②拉应力叠加在工作应力上，使工件尺寸不稳定，零件在使用时过早产生断裂破坏或产生过量的塑性变形。

　　③塑性变形时产生大量空位和位错，其周围产生了点阵畸变和应力场，产生的储能和内应力可以加速退火过程。

　　④储能和内应力使金属在化学上不稳定，因而容易被腐蚀，这种由于应力作用而加速腐蚀的现象称为应力腐蚀。黄铜最为典型，加工以后由于内应力存在，于春季或潮湿环境下发生应力腐蚀开裂。

　　⑤表面预先存在的压应力对防止断裂有益。在生产实际中为了防止金属脆性断裂，特别是为了防止疲劳断裂，可以预先进行表面喷丸处理。喷丸处理就是用铁丸喷射到金属表面，造成表面压痕，因而表面承受压应力作用。由于试样和零件的断裂往往是表面裂纹在拉应力作用下向里层扩展的结果，表面压应力可以防止断裂。

8.6.4　多晶体材料的织构（择优取向）

　　在一般情况下，多晶体内部各个晶粒在空间的取向是任意的，各个晶粒之间没有一定的位向关系，是一种紊乱、无规分布。但是金属在冷加工以后，各个晶粒的位向就有一定的关系，例如某些晶面或晶向彼此平行，且都平行于零

件的某一外部参考方向，如挤压棒的轴向、板材面等。这样的一种多晶体中位
向不同的晶粒取向变成大体一致，就称为择优取向，简称织构。由冷加工产生
的织构，称为加工织构或形变织构。前面讨论单晶体的塑性变形可以知道，在
加工过程中每个晶粒都沿一定滑移方向在滑移面上滑移，并按一定规律转动，
使滑移方向趋向于主应变方向，或使滑移面趋向于压缩面。因此，当变形量足
够大时，所有晶体的滑移方向和滑移面都将和参考方向或参考平面平行，这就
形成了织构。

　　加工织构可以按照加工方法进一步分为深冲织构、拉伸织构、挤压织构、
锻造织构、轧制织构等。也可以按照零件的外形，将加工织构分为丝织构和板
织构。丝织构是拉丝时或挤压时各个晶粒的某一晶向转向与拉伸方向平行，各
晶粒有一个或几个共同的晶向平行于棒材、丝材、线材等的轴向，可以用与线
轴平行的晶向 $<uvw>$ 表示。板织构为轧制时，各个晶粒有一个或几个共同的
晶面平行于板的表面（板面），并且还有一个或几个共同的晶向平行于轧制方
向，用与轧面平行的晶面 $\{hkl\}$ 和与轧向平行的晶向 $<uvw>$ 表示，记为
$\{hkl\}<uvw>$。

　　织构会引起金属各向异性，但各向异性的程度取决于金属种类和织构程
度。对立方金属来说，由于对称程度高，各向异性不显著，尤其是物理性质几
乎是各向同性的，仅力学性质有差别。

　　对六方结构和低对称度的金属来说，由于滑移面少，织构引起的各向异性
相当显著。例如锆棒在冷轧97%以后，纵向的延伸率为4%，断面收缩率为
60%，而横向的延伸率只有1%，断面收缩率只有8%，但两个方向的强度性能
相差不大。

　　织构引起的金属各向异性在很多情形下对金属的加工和使用带来麻烦。深
冲金属杯子可能产生制耳。实践中发现，冷轧的黄铜板在深冲时会得到杯口凹
凸不平的杯子，这种现象称为制耳。通常在3004铝合金饮料罐的冲压成形中
控制制耳的形成有重要实际意义。

　　制耳的形成原因也在于冷轧板材有织构。深冲杯子时在平行于板面的各个
方向上都作用着同样大小的拉力，由于织构引起的各向异性，与轧向或横向成
45°角的方向上塑性较大，在这个方向上拉应力能够引起大量的晶粒滑移，从宏
观上看，沿着这些方向的板坯伸长最多，因而形成制耳，图8-32所示铝板的
冲压制耳。形成织构后需要将杯子的口剪平，另外杯子各部分厚薄必然不均
匀，同时还使杯子具有各向异性。因此在生产中应该设法控制织构以避免或减
轻深冲时产生制耳现象。

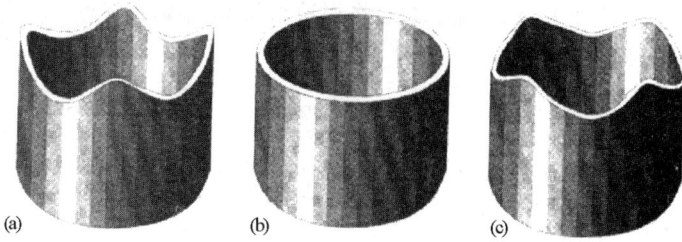

图 8 − 32　铝板的冲压制耳

　　但有的情况下织构的各向异性也有好处，这时要设法获得某种织构，利用其各向异性。一个典型例子就是变压器用的硅钢片的生产。实验发现，Fe − 3% Si 合金单晶体的磁化率具有各向异性，沿 < 100 > 方向磁化率最大。在生产中希望制备具有 {011} < 100 > 织构(也称高斯织构)的多晶硅钢片，只要将这种板材沿轧制方向即 < 100 > 方向做成长条，然后堆垛成芯棒或拼成矩形铁筐，就能大大减少磁滞损失，从而显著提高变压器的功率；而用于精密电子电容器的高压电子铝箔也希望获得更多的 {001} < 100 > 织构；应用于汽车、机械等部门，要求优越的超深冲压性能的无间隙原子钢也希望获得很强的冷轧 {111} 纤维面织构。从而利用其各向异性，大幅度地提高钢板的深冲压性能；对不可热处理强化的铝合金如 5456 合金，可以通过冷变形产生加工硬化来强化合金，而冷加工中的中间再结晶退火和最终回复退火的结合可以控制织构，进而调整合金板的各个方向的强度。

　　因此人们希望能够根据需要控制织构。控制织构的一种方法是控制加工和热处理制度，得到只有轻微织构的加工组织和得到细晶粒的再结晶组织；还可以改变轧板的生产工艺，例如在生产中制造用于深冲的低碳钢板材时，可以采用多方向交叉轧制以及相应退火的方法来减少制耳的形成。

　　晶体的塑性变形超过一定值之后就会断裂。断裂的方式和特点与金属的成分、晶体结构和组织(包括各相的结构、数量、大小、形状和分布)、晶粒度、织构、晶体缺陷等内部因素，以及外部因素如温度、应力状态、加载速度、加载方式、介质环境等有关，有关知识可参考相关文献。

8.7　陶瓷材料的塑性变形

　　陶瓷材料具有强度高、重量轻、耐高温、耐磨损、耐腐蚀等一系列优点，作为结构材料，特别是高温结构材料极具潜力；但由于陶瓷材料的塑、韧性差，在一定程度上限制了它的应用。本节将讨论陶瓷材料变形特点。

1. 陶瓷晶体变形特点

陶瓷晶体一般由共价键和离子键结合，在室温静拉伸时，除少数几个具有简单晶体结构的晶体如 KCl、MgO 外，一般陶瓷晶体结构复杂，难以变形，在室温下没有塑性，如图 8-33 所示。即弹性变形阶段结束后，立即发生脆性断

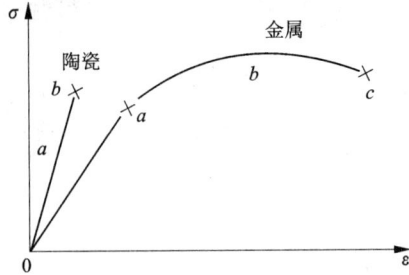

图 8-33 金属材料与陶瓷材料的应力-应变曲线

裂，这与金属材料具有本质差异。和金属材料相比，陶瓷晶体变形具有如下特点：

①陶瓷晶体的弹性模量比金属大得多，常高出几倍。这是由其原子键合特点决定的，共价键晶体的键具有方向性和饱和性，只有少数几个原子的电子参与键合，其键长和键角都不能改变，位错运动穿过晶体时必须破坏这种强的局部键，使晶体具有较高的抗晶格畸变和阻碍位错运动的能力。依据派-纳力公式，派-纳力与位错宽度成指数关系，位错宽度越大，派-纳力越小。共价键结合的晶体，位错宽度只有 $1\sim2b$，而金属键结合的金属晶体的位错宽度为 $5\sim10b$，使共价键陶瓷具有比金属高得多的硬度和弹性模量。

离子键晶体的键虽然没有方向性和饱和性，但当位错沿着水平方向运动时，将受到同类离子的巨大斥力，滑移不仅要受到密排面和密排方向的限制，而且要受到静电作用力的限制，而沿 45°方向运动时变形容易一些，使得变形具有方向性，因此实际可移动滑移系较少，弹性模量也较高。

陶瓷晶体的变形除与结合键的特性有关外，还与晶体的滑移系少，位错的柏氏矢量大有关，特别是多晶体变形时要求有五个以上的独立滑移系，要求每个晶粒都能自由改变形状以调整相邻晶粒之间的变形而不至于在晶粒之间产生空隙或裂缝的条件更难于满足。就 NaCl 单晶体而言有 6 个滑移系，而在多晶体中只有两个独立的滑移系，所以离子键结合的单晶体具有一定的塑性，而几乎所有的离子键多晶体都是脆性的。

②陶瓷晶体的弹性模量，不仅与结合键有关，还与其相的种类、分布及气孔率有关，而金属材料的弹性模量是一个组织不敏感参数。

③陶瓷的压缩强度高于抗拉强度约一个数量级。如图 8-34 为烧结紧密的 Al_2O_3 多晶体在拉伸和压缩时的应力-应变曲线，拉伸时在 280 MPa 应力下就脆性断裂，压缩时强度高一些，压缩断裂应力为 2100 MPa。而金属的抗拉强度

和压缩强度一般相等。这是由于陶瓷中总是存在微裂纹,拉伸时裂纹达到临界尺寸就失稳扩展立即断裂,而压缩时裂纹或者闭合或者呈稳态缓慢扩展,使压缩强度提高。陶瓷的压缩强度一般为拉伸强度的 15 倍。裂纹在拉伸时达到临界尺寸就失稳扩展立即断裂,其抗拉强度由晶体中的最大裂纹尺寸决定;而压缩时裂纹要么闭合,要么呈稳态缓慢扩展,并转向于压缩轴的平行方向,其压缩强度由晶体中裂纹的平均尺寸决定。

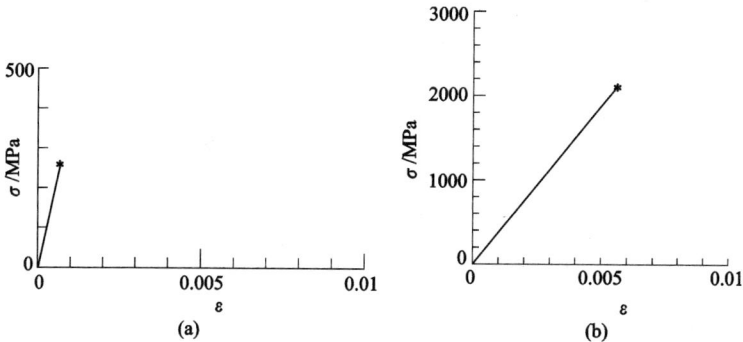

图 8 - 34　Al₂O₃ 的断裂强度

(a)拉伸断裂应力 280 MPa;(b)压缩断裂应力 2100 MPa

④陶瓷晶体的理论屈服强度很高,一般在 $E/30$,但理论屈服强度和实际断裂强度相差 1~3 个数量级。引起陶瓷实际抗拉强度较低的原因是陶瓷粉末烧结中难以避免的显微空隙,冷却或热循环时由于热应力产生的显微裂纹,或腐蚀等原因造成的微裂纹,使得陶瓷晶体和玻璃一样先天就具有微裂纹,这些微裂纹的长度至少和陶瓷晶粒是同一数量级。在这些裂纹尖端引起很高的应力集中,裂纹尖端的最大应力可达到理论断裂强度或理论屈服强度(因陶瓷晶体中可动位错少,位错运动又困难,所以一旦达到屈服强度就断裂了),因而使陶瓷晶体的抗拉强度远低于理论屈服强度。

⑤和金属材料相比,陶瓷晶体在高温下具有良好的抗蠕变性能,而且在高温下也具有一定塑性,如图 8 - 35 所示。

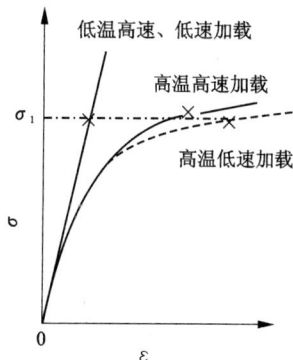

图 8 - 35　陶瓷材料的应力 – 应变曲线

2. 玻璃的变形

玻璃的变形与晶体陶瓷不同，表现为各向同性的粘滞性流动。分子链等原子团在应力作用下相互运动引起变形，这些原子团之间的引力即为变形阻力。流变阻力与玻璃的黏度 η 有关，黏度 η 的大小又与温度有关。

$$\eta = \eta_0 \exp(+ Q_\eta / RT) \qquad (8-14)$$

式中：　Q_η——粘滞变形的激活能；

　　　　η_0——常数。

需要注意的是，Q_η 前为正号，所以，随温度的升高，η 总是减小的。温度和成分对玻璃黏度的影响见图 8-36。可见，利用改变玻璃组分，如加入 Na_2O 等变质剂会打破网络结构，使原子团易于运动，降低玻璃的黏度。

在玻璃生产中也利用产生表面残余应力的办法使玻璃韧化，韧化的方法是将玻璃加热到退火温度，然后快速冷却，玻璃表面收缩变硬而内部仍很软，流动性很好，将玻璃变形，使表面的拉应力松弛，当玻璃心部冷却

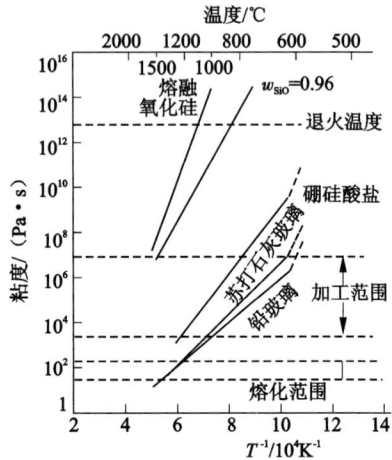

图 8-36　温度与成分对玻璃黏度的影响

和收缩时，表层已刚硬，在表面产生残余压应力。因为一般的玻璃多因表面微裂纹引起破裂，而韧化玻璃使表面微裂纹在附加压应力下不易萌生和扩展，因而不易破裂。

8.8　聚合物的变形

聚合物材料具有已知材料中可变范围最宽的变形性质，包括从液体、软橡胶到刚性固体。热塑性塑料如果是简单结构且为 100% 的无定型态，在玻璃化温度 T_g 以下发生弹性变形，而在 T_g 以上发生粘滞性流动；而在结晶程度为 100% 的极端情况下，热塑性塑料的变形特性与金属相似；一般的商用塑料由于结晶度与交联度的不同，其变形强烈地依赖于温度和时间，表现为粘弹性，即介于弹性材料和黏性流体之间。

聚合物的变形行为与其结构特点有关。聚合物由大分子链构成，这种大分子链一般都具有柔性(但柔性链易引起黏性流动，可采用适当交联保证弹性)，

除了整个分子的相对运动外，还可实现分子不同链段之间的相对运动，这种分子的运动也依赖于温度和时间，具有明显的松弛特性，引起了聚合物变形的一系列特点。

8.8.1　热塑性聚合物的变形

1. 热塑性聚合物的应力 - 应变曲线

图 8 - 37 给出了一条聚合物的典型应力 - 应变曲线。σ_L，σ_y，σ_b 分别称为比例极限、屈服强度和断裂强度。

当 $\sigma < \sigma_L$ 时，应力与应变呈线性关系，主要是由键长和键角的变化引起的弹性变形。

当 $\sigma > \sigma_L$ 后，链段发生可恢复的运动，产生可恢复的变形，同时应力 - 应变曲线偏离线性关系。

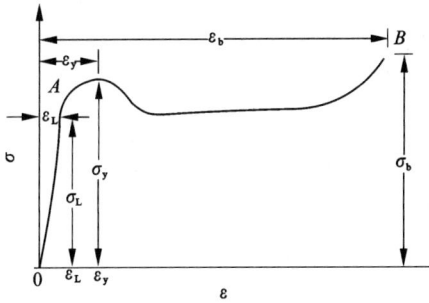

图 8 - 37　聚合物的典型应力 - 应变曲线

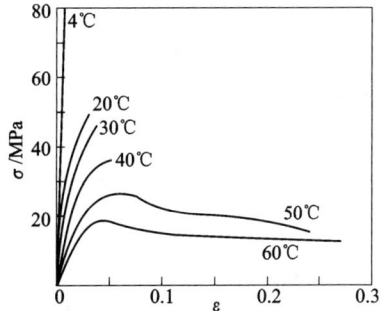

图 8 - 38　温度对有机玻璃
拉伸应力 - 应变的影响

当 $\sigma > \sigma_y$ 时，聚合物屈服，同时出现应变软化，即应力随应变的增加而减小，随后出现应力平台，即应力不变而应变持续增加，最后出现应变强化，导致材料断裂。屈服后产生的是塑性变形，即外力去除后，留有永久变形。

由于聚合物具有粘弹性，其应力 - 应变行为受温度、应变速率的影响很大。图 8 - 38 给出了有机玻璃在室温附近几十度温度范围内的一组应力 - 应变曲线。可见，随温度的上升，有机玻璃的弹性模量、屈服强度和断裂强度下降，延性增加。在 4 ℃，有机玻璃是典型的刚而脆的材料，而在 66 ℃，已变成典型的刚而韧的材料。一般来说，材料在玻璃化温度 T_g 以下只发生弹性变形，而在 T_g 以上由于分子键的破坏，塑料分子的变形呈粘弹性，即由弹性变形和黏性流动组成。需要注意的是，粘弹性也是弹性变形，外力去除后，变形可以立即恢复原状,但与金属弹性变形不同的是,粘弹性变形量可以很大,与应力也没有线性关系。

应变速率对应力－应变行为的影响是,增加应变速率相当于降低温度。

2. 屈服与冷拉

由上述聚合物的应力－应变曲线可知,聚合物的模量和强度比金属材料低得多,屈服应变和断裂伸长比金属高得多;聚合物屈服后出现应变软化;聚合物屈服应力强烈地依赖温度和应变速率。

有些聚合物在屈服后能产生很大的塑性变形,其本质与金属也有很大不同。图 8－39 是玻璃态高聚物在 $T_b - T_g$ 之间和部分结晶高聚物在 $T_g - T_m$ 之间的典型拉伸应力－应变曲线及试样形状的变化过程(T_b 为脆化温度,T_g 为玻璃化温度,T_m 为熔点)。可见,在拉伸初始阶段,试样工作段被均匀拉伸,为弹性变形;变形量更大,开始屈服,塑料的屈服点难以测定,一般以应力－应变曲线上的最大点作为屈服强度,对应屈服点的应变量一般在 5% ~ 10%,比金属的屈服点的变形量大得多。超过屈服点后,工作段局部区域出现缩颈,继续拉伸时,缩颈区和未缩颈区的截面都基本保持不变,但缩颈不断沿试样扩展,直到整个工作段均匀变细后,才再度被均匀拉伸至断裂。如果试样在拉断前卸载,或试样因被拉断而自动卸载,则拉伸中产生的大变形除少量可恢复外,大部分变形将保留下来,这样一个拉伸过程称为冷拉。

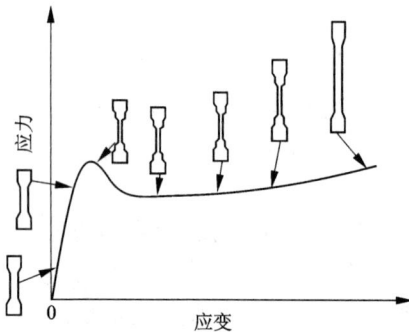

图 8－39 冷拉过程的应力－应变曲线
和试样形状变形示意图

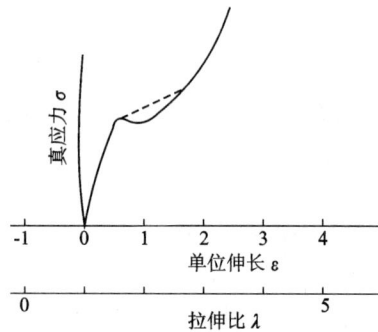

图 8－40 高聚物冷拉过程的
真应力－应变曲线

在开始出现颈缩后,继续变形时颈缩沿着整个试样扩大,说明原颈缩处出现加工硬化。实验证明这是由于变形时塑料中的大分子发生了沿外力方向的定向排列,由于键(主要是共价键)的定向排列,产生应变硬化,与金属中由于位错增殖和位错之间交互作用而导致的加工硬化行为不同。

玻璃态聚合物冷拉后残留的变形,表面上看是不可恢复的塑性变形,但只要把试样加热到 T_g 以上,形变基本上全部能恢复,这说明冷拉中产生的形变属于高弹性范畴,这种在外力作用下被迫产生的高弹性称为强迫高弹性。强迫高弹性产生的原因是在外力作用下,原来被冻结的链段得以克服摩擦阻力而运动,使分子链发生高度取向而产生大变形。

部分结晶高聚物冷拉后残留的变形大部分必须在温度升高到 T_m 以上才能恢复。这是因为结晶聚合物的冷拉过程伴随着晶片的取向、结晶的破坏和再结晶等。取向导致的硬化使缩颈能沿试样扩展而不断裂。取向的晶片在 T_m 以下是热力学稳定的。

聚合物冷拉成颈缩过程的真应力 – 真应变曲线见图 8 – 40。聚合物的冷拉变形目前已成为制备高模量和高强度纤维的重要工艺。

聚合物的屈服塑性变形是以剪切滑移的方式进行的。滑移变形可局限于某一局部区域,形成剪切带。剪切带是具有高剪切应变的薄层,双折射度很高,说明剪切带内的分子链高度取向。剪切带通常发生于材料的缺陷或裂缝处,或应力集中引起的高应力区。而在结晶相中,除了滑移以外,剪切屈服还可通过孪生和马氏体转变的方式进行。

对于某些不容易结晶、玻璃化温度较高的塑料和聚合物,如聚苯乙烯、聚碳酸酯等在室温下玻璃态拉伸时,开始变形时就不是均匀的,而是局部的,出现肉眼可见的微细凹槽,类似于微小的裂纹,厚度在 100 nm 左右,而横向长度约几个微米,这些微细凹槽因能发生光线反射和散射看上去银光闪闪,故称之为银纹。银纹处

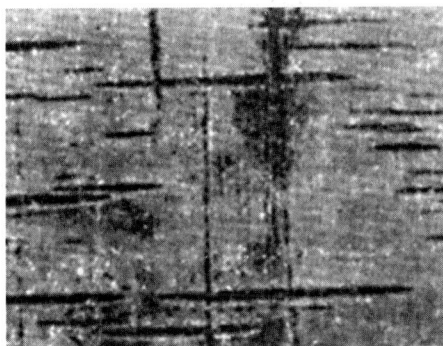

图 8 – 41 高聚物玻璃表面的有序银纹

有明显的体积膨胀,通常起源于试样表面并和拉伸轴垂直。见图 8 – 41。

银纹不同于裂纹,裂纹的两个张开面之间完全是空的,而银纹面之间由高度取向的纤维束和空穴状区域组成的,是裂纹将要萌生的早期阶段,银纹仍具有一定强度,在随后的变形过程中这些空穴区域逐渐演变为裂纹。银纹的形成是由于材料在张应力作用下局部屈服和冷拉造成的,产生银纹的应力一般只有材料屈服强度的一半左右,在多向应力为压应力时不易形成银纹。

8.8.2　热固性塑料的变形

热固性塑料是刚硬的三维网络结构，分子不易运动，在拉伸时表现出脆性金属或陶瓷一样的变形特性。但是，在压应力下它们仍能发生大量的塑性变形。

图 8 - 42 为环氧树脂在室温下单向拉伸和压缩时的应力 - 应变曲线。环氧树脂的玻璃化温度为 100 ℃，这种交联作用很强的聚合物，在室温下为刚硬的玻璃态，在拉伸时好像典型的脆性材料。而压缩时则易剪切屈服，并有大量的变形，而且屈服之后出现应变软化，应变软化具体表现为在屈服之后真应力下降。由于在压应力下是不会发生颈缩的，真应力的下降不是产生了颈缩造成的，因此这是材料本身固有的软化特性。

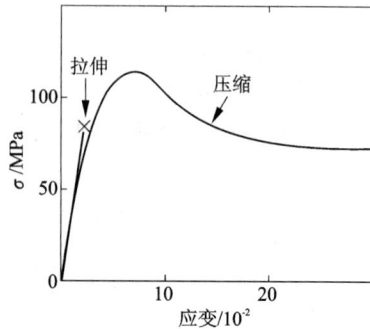

图 8 - 42　环氧树脂在室温下
拉伸和压缩时的应力 - 应变曲线

在一般情况下，玻璃态聚合物如聚苯乙烯产生剪切带，变形主要集中在剪切带内。剪切带随着变形量加大而增多，一旦在小区域开始剪切变形，周围未变形区域有较低的流变应力，变形可在此剪切带内一直进行下去，当然也有新的剪切带不断产生，因此由于剪切带的形成而发生应变软化。但是环氧树脂剪切屈服的过程是均匀的，试样均匀变形而无任何局部集中也能发生应变软化，其理论解释可参考有关文献。

8.9　晶体的断裂

如前所述，当对晶体材料进行拉伸时，随着载荷的增加，材料在经历了弹性变形、或多或少的塑性变形后，最终以断裂结束。

8.9.1　断裂的分类

断裂过程包括裂纹的形成和扩展。从不同的角度，断裂有不同的分类方法。

1)按断裂前材料发生塑性变形的大小分类，可分为脆性断裂和韧性(或延性)断裂。

①脆性断裂。材料断裂前没有宏观塑性变形或塑性变形很小，即断裂应变很小。脆性断裂由于突发性强、预兆不易被人们所察觉而最具危害性。

②韧性断裂。材料断裂前有明显的塑性变形，即断裂应变较大。

在工程上，人们常常对脆性及韧性的含义加以界定：一般规定若该材料的光滑拉伸试样的断面收缩率小于 5% 时为脆性断裂；大于 5% 时为韧性断裂。

2）按断裂路径分类，一般可分为穿晶断裂、沿晶断裂和混合断裂。

①穿晶断裂。裂纹穿过晶粒内部而延伸的断裂。

②沿晶断裂。裂纹沿晶粒边界扩展的断裂。

③混合断裂。同一裂纹体中的裂纹既可能发生穿晶，也可能发生沿晶扩展，呈混合状，从而成为混合断裂。

一般说来，穿晶断裂可以是韧性的，也可以是脆性的，这主要取决于晶体材料本身的塑性变形能力、外部环境条件及力学约束条件。沿晶断裂主要是由于杂质元素的晶界偏聚或其他原因弱化了晶界使晶界强度低于晶内强度所引起的，在大多数情况下，沿晶断裂是脆性的，但是也有晶界相发生塑性变形而表现出韧性的情况。

3）按断口形貌分类，可分为解理断裂（对应解理断口）、准解理断裂（对应准解理断口）、沿晶断裂（对应沿晶断口）、纯剪切断裂及微孔聚集型断裂（对应韧窝断口）。在大多数情况下，断裂面显示混合断口，宏观断口的不同区域显示不同的微观断口形貌。

4）按断裂原因分类，可分为过载断裂、疲劳断裂、蠕变断裂、环境断裂等。

①过载断裂。这是由于载荷不断增大或工作载荷突然增加从而导致试样断裂，按加载速率可分为静载断裂和动载断裂（如冲击、爆破）。

②疲劳断裂。这是在变动载荷作用下，材料经过一定的循环周次后裂纹生核、扩展而引起的断裂。

③蠕变断裂。这是在中高温条件下加恒定应力，经过一定时间的变形后导致材料的断裂。

④环境断裂。如应力腐蚀、氢致开裂、液态金属脆性等。

外部因素如受力状态、形变温度、形变速率、试样几何条件等会对材料的断裂有重要影响。

8.9.2　理论断裂强度和实际断裂强度

在完整晶体中，原子处于各自的平衡位置时，晶体的能量最低。而当晶体承受拉应力时，原子将偏离原来的平衡位置，使相邻原子间产生吸引力或排斥力。图 8-43 为原子间作用力与位移(x)之间的关系曲线，纵坐标正向为引力、

负向为斥力，并可将这种正弦函数关系表示为

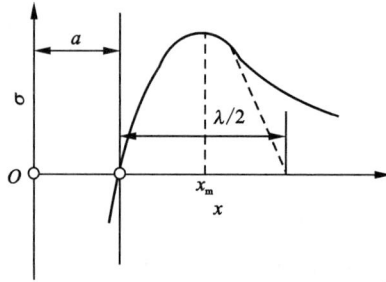

图 8 - 43　原子间作用力与原子间位移的关系

$$\sigma = \sigma_m \sin 2\pi x / \lambda \tag{8-15}$$

式中：σ_m 为晶体的最大结合力，对应着晶体的理论断裂强度；λ 为正弦波的波长。当 x 很小时，$\sin 2\pi x/\lambda \approx 2\pi x/\lambda$，且晶体处于弹性变形范围，应满足虎克定律，即 $\sigma = E\varepsilon = Ex/a$，将这些条件一并代入式（8 - 15）得

$$\lambda = 2\pi a \sigma_m / E \tag{8-16}$$

另外，晶体断裂时会增加两个新表面，此时外力在单位面积上所做的功近似为

$$\int_0^{\lambda/2} (\sigma_m \sin 2\pi x/\lambda) \cdot dx = \lambda \sigma_m / \pi = 2\gamma \tag{8-17}$$

将式（9 - 16）代入式（9 - 17）得到

$$\sigma_m = (E\gamma/a)^{1/2} \tag{8-18}$$

式中：γ 为晶体的单位表面能；a 为平衡位置原子的平均距离。如以 $\gamma = 1.0$ J/m^2，$a = 3.0 \times 10^{-8}$ cm 代入上式可算出 $\sigma_m \approx \dfrac{E}{10}$。实验发现，发生断裂的实际应力比理论断裂强度 σ_m 低 2～3 个数量级，只有毫无缺陷的晶须才有可能接近其理论断裂强度。

　　为了解释实际材料的断裂强度和理论强度的差异，格里菲斯（Griffith P. ）于 1920 年提出了实际晶体中原本存在着一些微裂纹的设想，裂纹的产生可能有以下原因：①材料或制品在加工和运输时，由于划痕、刀伤、受压或垂击而产生的表面微裂纹；②材料内部硬质颗粒周围、晶界交汇处等位置都会产生微裂纹。裂纹前沿存在应力集中，从而使材料的断裂强度大大降低。

　　如图 8 - 44（a）所示，假设一晶体薄板中存在一个长度为 2c 的穿透型裂纹，在均匀张应力 σ 作用下，裂纹面为自由表面，不受力，而应力都集中在裂纹两端局部地区，且超过平均应力 σ。经计算，由于裂纹的形成，使每单位厚度晶

体所释放的弹性能为

$$U_E = -\pi c^2 \sigma^2 / E \qquad (8-19)$$

每单位厚度裂纹两侧表面的表面能为

$$U_s = 4c\gamma \qquad (8-20)$$

如图 8-44(b)所示,裂纹扩展时,弹性能(U_E)随裂纹长度加长而降低,表面能(U_s)则增加,总能量应为两项之和,呈现出先增加后降低的变化趋势,并存在一能量极值,该极值所对应的裂纹长度为临界裂纹长度,裂纹长度大于此值时,系统总能量降低,裂纹可自发扩展,因此,极值处的应力即裂纹扩展出现脆性断裂的临界应力,用 σ_c 表示,按照数学上求极值的方法,可求出

$$\sigma_c = (2E\gamma / \pi c)^{1/2} \qquad (8-21)$$

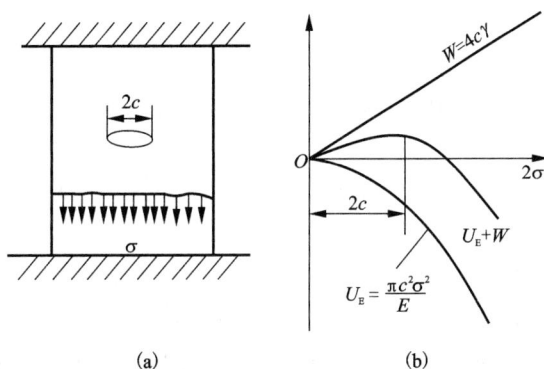

图 8-44　Griffith 裂纹及裂纹能量与长度的关系

(a)Griffith 裂纹;(b)裂纹能量与裂纹长度的关系

将有裂纹存在的断裂强度公式(8-21)和理论断裂强度(8-18)对比可求出

$$\sigma_m / \sigma_c = (\pi c / 2a)^{1/2} \approx (c/a)^{1/2} \qquad (8-22)$$

式(8-22)也可以这样来理解:裂纹在其两端引起了应力集中,将外加应力放大 $(c/a)^{1/2}$ 倍,使局部地区达到理论强度而导致断裂。假设 $a \approx 2 \times 10^{-8}$ cm,裂纹长度 c 为 2×14^{-4} cm,代式(8-22)中即可使断裂强度降为理论值的百分之一。式(8-22)表明,晶体中原来存在的裂纹长度(c)越大,强度降低越多,σ_c 越小。

Griffith 理论很好地解释了脆性材料的实际断裂强度远小于理论值的原因,该理论是否对塑性材料也适用呢? 严格说来,金属中不存在纯粹的脆性断裂。一些表观上看来是脆性断裂,实质上是半脆性断裂,因为其裂纹的成核和传播

过程还是和局部区域的范性形变息息相关的。由于格里菲斯理论没有考虑塑性形变的问题，因此，对它需要作适当的修正和补充，才能说明金属中的问题。

奥罗万(Orowan)首先提出金属中裂纹扩展时，裂纹尖端由于应力集中，裂尖局部区域内会发生塑性形变。塑性形变所消耗的能量成为裂纹扩展所消耗的能量的一部分。因此，他提出格里菲斯公式中的表面能除了包括弹性表面能之外，还应当包括裂尖发生塑性变形消耗的塑性功 P。因此式(8-21)应当修正为

$$\sigma_c = \left[E(2\gamma + P)/\pi c \right]^{1/2} \qquad (8-23)$$

对于金属塑性材料，P 往往比 γ 大 3 个数量级，是裂纹扩展的主要阻力。因此，金属的断裂强度要高得多。

习 题

1. 解释下列名词：滑移、滑移系、孪生、屈服、应变时效、加工硬化、织构。

2. 已知体心立方的滑移方向为 $<111>$，在一定的条件下滑移面是 $\{112\}$，这时体心立方晶体的滑移系数目是多少？

3. 如果沿 fcc 晶体的 $[110]$ 方向拉伸，写出可能启动的滑移系。

4. 写出 fcc 金属在室温下所有可能的滑移系。

5. 将直径为 5 mm 的铜单晶圆棒沿其轴向 $[123]$ 拉伸，若铜棒在 60 kN 的外力下开始屈服，试求其临界分切应力。

6. 证明取向因子的最大值为 0.5。

7. 分析典型的 fcc 单晶体加工硬化曲线，比较它与多晶体加工硬化曲线的区别。

8. 屈服现象的实质是什么？吕德斯带与屈服现象有何关系？如何防止吕德斯带的出现？

9. 讨论金属中内应力的基本特点、成因和对金属加工、使用的影响。

10. 实践表明，高度冷轧的镁板在深冲时往往会裂开，试分析原因。

11. 分析 Zn，α-Fe，Cu 几种金属塑性不同的原因。

12. 陶瓷材料的变形与金属材料的变形有何不同？

13. 高分子材料的变形有何特点？

14. 分析为什么细化晶粒既可以提高金属强度，又可以提高金属的塑性。

15. 讨论金属的应变硬化现象对金属加工、使用行为的影响。

16. 总结影响金属强度的因素。

17. 为什么过饱和固溶体经过适当时效处理后，其强度比它的室温平衡组织强度要高？什么合金具有明显的时效强化效果？把固溶处理后的合金冷加工一定量后再进行时效，冷加工对合金的时效有何影响？

18. 已知一个铜单晶体试样的两个外表面分别是(001)和(111)。分析当此单晶体在室温下滑移时在上述每个表面上可能出现的滑移线彼此成的角度。

第9章　回复和再结晶

9.1　概述

从第8章中我们已经知道，经塑性变形后的金属发生组织改变和产生了大量晶体缺陷，同时，变形金属中还储存了相当数量的弹性畸变能，因此冷加工金属的组织和性能处于亚稳定状态。室温下，原子扩散能力低，这种亚稳状态可一直维持下去。如果把冷变形金属进行加热，就会发生组织结构和性能的变化。根据加热温度的不同，将发生回复、再结晶及晶粒长大过程。经塑性变形后的金属再进行加热的过程称之为"退火"。

图9－1是回复、再结晶、晶粒长大三个阶段组织变化情况示意图。在回复阶段，从光学显微镜下观察的组织几乎没有变化，晶粒仍是冷变形后的纤维状；在再结晶阶段，首先是出现新的无畸变的核心，然后逐渐消耗周围的变形基体而长大，直到变形组织完全改组为新的、无畸变的细等轴晶粒为止。晶粒长大阶段，是在界面能的驱动下，再结晶的新晶粒互相吞并而长大，以获得在该温度下更为稳定的晶粒尺寸的过程。

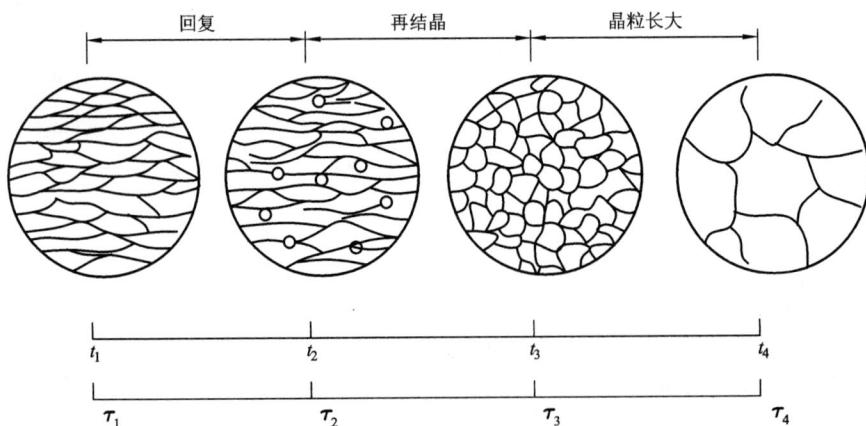

图9－1　冷变形金属退火时晶粒形状和大小的变化

　　金属在塑性变形时所消耗的大量能量，除绝大部分转化为热以外，尚有一小部分以储能的形式保留在金属之中。储能的主要形式是与点阵畸变和晶体缺陷相联系的畸变能。储能是回复和再结晶的驱动力，在回复和再结晶阶段全部释放出来。按材料种类的不同，储能释放曲线有如图 9-2 所示的 A、B、C 三种形式。其中 A 代表纯金属，B、C 分别代表不纯的金属和合金。其共同特点是每一曲线都出现一高峰，这个高峰出现的位置对应于再结晶开始的温度，在此之前，只发生回复。在回复阶段，A 型曲线储能释放少，C 型曲线储能释放多，B 型曲线则介于二者之间，这种差别是由于杂质原子和合金元素阻碍再结晶的形核和长大，推迟再结晶过程，从而使不纯金属和合金中的储能在再结晶开始以前能通过回复而较多地释放出来。

　　图 9-3 是回复、再结晶、晶粒长大三个阶段的金属性能变化示意图。由图可以看出，电阻率在回复阶段已有明显下降，到再结晶开始时下降更快，最后恢复到变形前的电阻。

　　强度与硬度在回复阶段下降不多，到再结晶开始后，硬度急剧下降。不过，这种硬度降低的规律因金属种类不同而异，有的金属在回复阶段硬度反而有所增加，这些将在后面讨论。

　　内应力在回复阶段也明显降低。宏观内应力在回复时可以全部或大部被消除；而微观内应力在回复时部分消除，若要全部消除，必须加热到再结晶温度以上。

　　材料的密度随退火温度升高而逐渐增加。

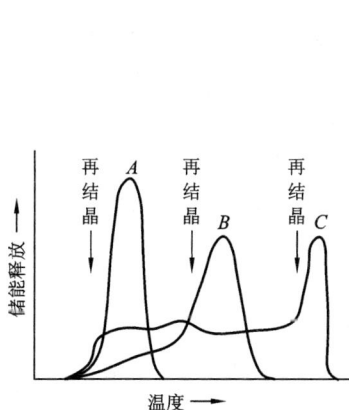

图 9-2　冷变形材料退火时储能的释放　　　图 9-3　冷变形金属退火时某些性能的变化

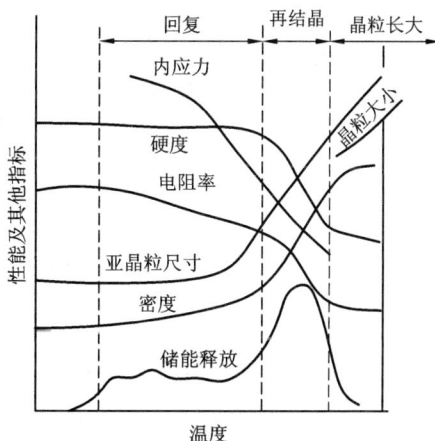

9.2 冷变形金属的回复

9.2.1 回复动力学

所谓回复是指冷变形金属加热时,在新的无畸变晶粒出现之前,所产生的亚结构与性能变化的过程。回复动力学主要研究冷变形结束后,材料的性能向变形前回复的速率问题。

图9-4是同一变形程度的多晶体铁在不同温度退火时,屈服应力的回复动力学曲线。定义 R 为回复时已恢复的加工硬化,如式(9-1)所示。

$$R = \frac{\sigma_m - \sigma_r}{\sigma_m - \sigma_0} \tag{9-1}$$

式中 σ_m, σ_r, σ_0 分别表示变形后、回复后及完全退火的屈服应力。$(1-R)$ 则为剩余硬化分数,显然,R 越大,即 $(1-R)$ 越小,表示回复阶段性能恢复程度愈大。

从图9-4的回复动力学曲线可以看出以下几个特点:①回复过程没有孕育期;②在一定温度下,初期的回复速率很大,以后逐渐变慢,直到最后回复速率为零;③每一温度的回复程度都有一极限值,退火温度愈高,这个极限值也愈高,而达到此极限值所需时间则愈短。

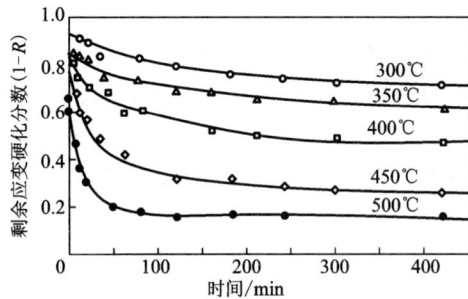

图9-4 同一变形程度的多晶体铁在不同温度退火时,屈服应力的回复动力学曲线

上述回复动力学特征可以用一方程式来描述。设 P 为冷变形后在回复阶段发生变化的某种性能,P_0 为变形前该性能的值,ΔP 为加工硬化造成的该性能的增量。

$$P - P_0 = \Delta P$$

这个增量与晶体中晶体缺陷(空位、位错等)的体积浓度 C_P 成正比:

$$P - P_0 = \Delta P = KC_p \tag{9-2}$$

在某一温度进行等温回复过程中,晶体缺陷的体积浓度将发生变化,伴随着性能 P 也发生变化。它们随时间的变化率为:

$$\frac{\mathrm{d}(P-P_0)}{\mathrm{d}t} = K\frac{\mathrm{d}C_P}{\mathrm{d}t} \tag{9-3}$$

缺陷的运动(变化)是一个热激活的过程,假定其激活能为 Q,按照化学动力学的方法:

$$\frac{\mathrm{d}C_P}{\mathrm{d}t} = -AC_P\exp\left(-\frac{Q}{RT}\right)$$

则

$$\frac{\mathrm{d}(P-P_0)}{\mathrm{d}t} = -KC_PA\exp\left(-\frac{Q}{RT}\right)$$

将式(9-2)代入得:

$$\frac{\mathrm{d}(P-P_0)}{P-P_0} = -A\exp\left(-\frac{Q}{RT}\right)\mathrm{d}t$$

积分得:

$$\ln(P-P_0) = -A\exp\left(-\frac{Q}{RT}\right)t + C \tag{9-4}$$

式中 A、C 为常数,此式表示回复阶段性能随时间而衰减,并遵从指数规律。

假若在不同温度下回复退火,让性能都达到同一 P 值时,所需时间显然是不同的。测量出几个温度下回复到相同 P 值所需的时间,利用式(9-4)并取对数,可得:

$$\ln t = 常数 + \frac{Q}{RT} \tag{9-5}$$

从 $\ln t - \frac{1}{T}$ 关系可求出激活能,利用对激活能值的分析可以推断回复的机制。

9.2.2　回复过程的组织变化与回复机制

虽然在光学显微镜下看不到回复过程中组织的明显变化,但从透射电镜下观察到的亚结构却发生了重要变化。了解亚结构变化也是研究回复机制的重要方面。回复时亚结构的变化主要有以下几种情况:

1. 多边形化

如图9-5所示,金属塑性变形后,滑移面上塞积的同号刃位错沿原滑移面成水平排列[图9-5(a)]。高温回复时,通过图9-5(c)所示的滑移和攀移使位错变成沿垂直滑移面的排列,形成所谓的位错墙[图9-5(b)]。每组位错墙均以小角度晶界分割晶粒成为亚晶,这一过程为位错的多边形化。为了降低界面能,小角度亚晶界有合并为大位向差亚晶界的趋势。首先,亚晶部分合并成Y形结点,再通过结点的移动使分岔消失形成大亚晶。值得注意的是这类亚晶结构稳定不易迁移,阻碍以后的再结晶过程,不能成为再结晶的核心。

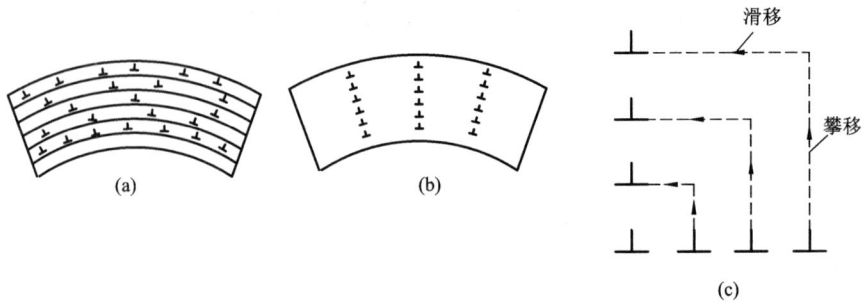

图 9-5 多边形化时位错的移动和排列图标

(a)回复前位错的分布;(b)回复后的多边形化;(c)刃位错的滑移和攀移

上述多边形化过程一般是当晶体受弯曲变形后,在较高温度下回复退火才发生的,而且只在产生单滑移的单晶体中,多边形化过程才最为典型。在多晶体中,产生多系滑移的情况下,也可能发生多边形化,不过此时易形成胞状组织,多边形化不那么明显、典型。

2. 胞状组织的规整化

金属经塑性变形后存在胞状组织,其胞壁位错密度很高。在回复过程中,这种变形后的胞状组织将发生变化。图 9-6 是这种变化的示意图。在回复初期,首先是过剩空位消失,变形胞状组织内的位错被吸引到胞壁,并与胞壁中的异号位错互相抵消,使位错密度降低,而且位错变得较平直、较规整,如图 9-6(b)所示。当回复继续时,胞内变得几乎无位错,胞壁中的位错缠结逐渐形成能量较低的位错网,胞壁变薄,且更清晰,单胞也有所长大,如图 9-6(c)所示。此时,胞状组织实际上就是亚晶粒。回复再继续进行,亚晶粒继续长大,亚晶界上有更多的位错按低能态的位错网络排列,如图 9-6(d)所示。

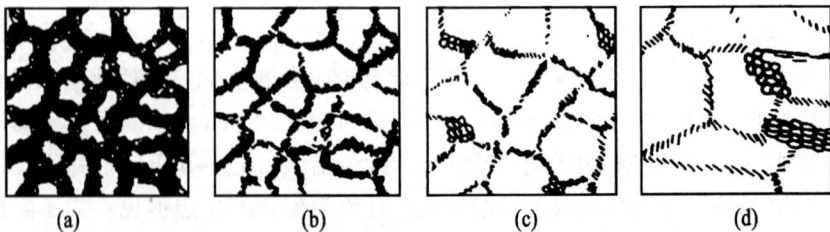

图 9-6 冷变形多晶体金属在回复阶段亚组织的变化

3. 亚晶粒的合并

电镜观察发现，许多金属(如 Cu，Al，Zr 等)在回复阶段相邻的两亚晶粒会相互合并而长大。图 9 – 7 示意地描述了这种合并过程，它可能是通过位错的攀移和位错壁的消失，从而导致亚晶转动来完成的。合并之后，原来的亚晶界消失，两个亚晶的取向趋于一致。

根据对回复过程中亚组织变化的观察，以及对回复过程激活能的测定分析，一般认为回复是空位和位错通过热激活改变了它们的组态分布和数量的过程。在低温范围内回复主要是空位的运动；在中等温度范围内的回复是位错重新滑移和交滑移；在较高温度范围的回复则包括了攀移在内的位错运动和多边形化。表 9 – 1 综合概括了各种回复机制。

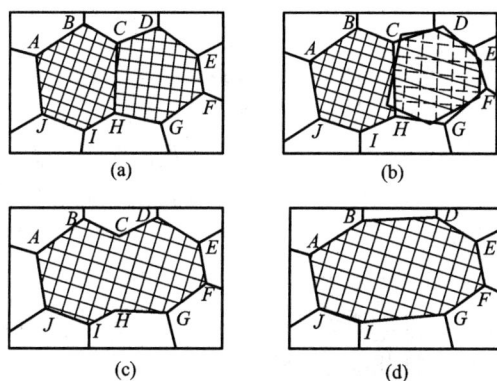

图 9 – 7　亚晶粒合并示意图

(a)合并前的亚晶粒结构；(b)开始合并，一个亚晶粒在转动；
(c)刚合并后的亚晶粒结构；(d)某些亚晶界迁移后的最终亚晶粒结构

表 9 – 1　回复机制

温　度	回复机制
低　温	1. 点缺陷移至晶界或位错处而消失 2. 点缺陷合并
中等温度	1. 缠结中的位错重新排列构成亚晶 2. 异号位错在热激活作用下相互吸引而抵消 3. 亚晶粒长大
较高温度	1. 位错攀移和位错环缩小 2. 亚晶粒合并 3. 多边形化

应当指出,这种温度范围的划分是相对的,各种回复机制也没有严格的温度界线。

9.3　冷变形金属的再结晶

冷变形后的金属加热到一定温度后,在原来的变形组织中产生了无畸变的新晶粒,而且性能恢复到变形以前完全软化的状态,这个过程称之为"再结晶"。就像图9-2和图9-3所示的那样,再结晶的驱动力也是冷变形时所产生的储能。再结晶虽然也是形核、长大过程,但再结晶在转变前后晶体结构和化学成分不发生变化,其本质不同于第10章中将要论述的固态相变。

9.3.1　再结晶的形核

有关再结晶晶核形成的机制是一个比较复杂的问题,过去,人们曾根据经典的均匀形核理论来研究再结晶形核,并用传统热力学方法来估算再结晶时的晶核临界尺寸,但结果发现晶核半径太大,与观测结果不符。根据透射电镜的一些观测结果,现在一般认为再结晶形核是通过现存界面的移动来实现的。具体的形核机制有以下两种:

1. 亚晶粒聚合、粗化的形核机制

对于高层错能金属,可以通过相邻亚晶粒的合并来实现,即相邻亚晶粒某些边界上的位错,通过攀移和滑移,转移到这两个亚晶外边的亚晶界上去,而使这两个亚晶之间的亚晶界消失,合并成一个大的亚晶。同时,通过原子扩散和相邻亚晶转动,使两个亚晶的取向变为一致。如图9-8(a~c)所示。由于合并后的较大亚晶的晶界上吸收了更多的位错,它逐渐转化为易动性大的大角度晶界,这种亚晶就成为再结晶晶核。

对于低层错能金属,再结晶形核可能是直接通过亚晶界的迁移来实现的。变形后的亚晶组织中,有些位错密度很高,同号位错过剩量大的亚晶界与它相邻的亚晶取向差就比较大,退火时,这种亚晶界易于迁移,亚晶界迁移过程中清除并吸收其扫过区域相邻亚晶的位错,使亚晶界获得更多位错,与相邻亚晶取向差进一步增大,最终成为一个大角度晶界,便于成为再结晶晶核。如图9-8(d~f)所示。这种形核机制一般在变形程度比较大时发生,变形量愈大,愈有利于再结晶按这种机制形核。

2. 原有晶界弓出的形核机制

由于多晶体变形具有不均匀性,变形大的晶粒位错密度高,变形小的晶粒位错密度低,当两晶粒边界(大角度晶界)在形变储能的驱动下,向高密度位错

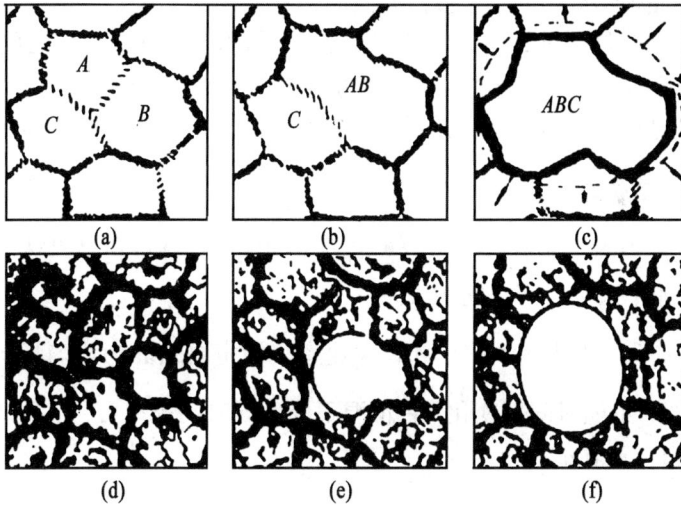

图9-8 再结晶的形核机制(示意图)

(a~c)高层错能金属中A、B、C三个亚晶粒合并成一个核心的过程;
(d~f)低层错能金属中局部位错密度很高的亚晶界发生迁移,逐渐长大为核心的过程

晶粒移动时,晶界扫掠过的区域位错密度降低,能量释放。这块无应变的小区域尺寸达到一定值时就成为了再结晶核心。如图9-9所示,AB为两个不同位错密度区的边界(大角度晶界),两区域的单位体积自由能差为ΔG_V。若AB向高密度位错晶粒(Ⅱ)弓出ΔV的体积,形成无畸变新晶核,相应增加晶界面积ΔA。这一过程体系的自

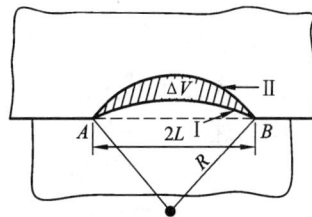

图9-9 大角度晶界弓出形核示意图

由能变化为$\Delta G = -\Delta G_V \cdot \Delta V + \gamma \cdot \Delta A$,由此导出形核过程自发进行的热力学条件为:

$$\Delta G_V < -\gamma \Delta A / \Delta V \qquad (9-6)$$

其中γ为晶核单位面积的界面能。如果假定晶核为球形,则$\Delta A / \Delta V = 2/R$($R$为球半径),晶界弓出的能量条件变成:

$$\Delta G_V < -2\gamma / R \qquad (9-7)$$

显然,球半径的最小值为$R_{min} = L$,此时晶界弓出的最大阻力为$2\gamma/L$。此后,晶核继续长大时,体系自由能下降,过程自发进行。因此,$R = L$为再结晶

的临界晶核尺寸,晶界弓成半球形之前的一段时间为再结晶形核的孕育期。

再结晶晶核形成之后,晶核借界面的移动向周围畸变区长大,这个界面移动的驱动力仍然是储能,即无畸变新晶粒与周围畸变的旧晶粒之间的应变能差。当各个新晶粒彼此接触,原来变形的旧晶粒全部消失时,再结晶过程即告完成,此时的晶粒大小即为"再结晶的初始晶粒度"。

9.3.2 再结晶动力学

再结晶动力学是研究再结晶过程的速率问题。即建立再结晶体积分数和形核率、长大速率以及时间之间的关系。

用 $\dot{N}$ 和 G 分别表示形核率和长大速率。假定再结晶为均匀形核,晶核为球形,$\dot{N}$ 和 G 不随时间而变化,在恒温下经不同时间退火后,已再结晶的体积分数 X_r 可用下式表示:

$$X_r = 1 - \exp\left(-\frac{\pi}{3}\dot{N}G^3\tau^3\right) \tag{9-8}$$

式中 τ 为退火保温时间。此式称为"Johnson – Mehl(约翰逊 – 梅厄)方程",它是描述一般成核、长大的固态相变和液体金属结晶的相变动力学公式。

用式(9-8)计算铝的等温再结晶动力学曲线与实验结果基本相符,见图9-10。由图可见,再结晶过程有一孕育期,其转变速率开始时很慢,随后迅速增加。必须指出,约翰逊-梅厄方程虽然可以表示再结晶体积分数与时间的一般规律,但是,方程式推导过程的很多假设与实际的再结晶过

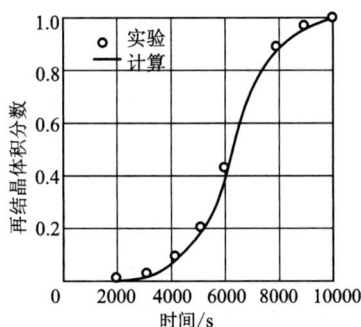

图9-10 铝在350 ℃的等温再结晶动力学曲线

程不完全符合。例如,再结晶的形核率并不是常数,而是随时间改变的。因此,用式(9-8)描述再结晶动力学并不严格。Avrami(阿弗瑞米)提出了如下修正公式:

$$X_r = 1 - \exp(-kt^n) \tag{9-9}$$

式中 n、k 均为系数,可由实验确定,此方程称为"阿弗瑞米方程",较约翰逊 – 梅厄方程更为适用。

一切影响形核率和长大速率的因素都会影响再结晶速率。主要的影响因素

包括：

①变形程度增加，则 $\dot{N}$ 和 G 增大，再结晶孕育期和整个再结晶过程的时间都缩短。

②退火温度升高，$\dot{N}$ 和 G 增大，所以，再结晶速率加快。

③溶解于合金中的杂质或合金元素，一般都降低再结晶速率。因为它们会降低 $\dot{N}$ 和 G。

④第二相对再结晶动力学的影响较为复杂。当第二相很粗大时，会提高再结晶速率；当第二相极细小时，会降低再结晶速率。

⑤再结晶前的回复过程会使储能减小，$\dot{N}$ 降低，再结晶速率减慢。

⑥变形金属的原始晶粒粗大，再结晶时 $\dot{N}$ 低，再结晶速率较慢。

9.3.3 再结晶温度

再结晶温度是金属的一个重要特性，具有重要实际意义。但是，再结晶温度并不是一个确定的物理常数，它随许多因素而改变。同时，再结晶还有开始发生的温度和完成的温度之分，一般工程上所说的再结晶温度是指完成再结晶的温度。

一般把再结晶温度定义为：经过严重冷变形的金属保温 1 h 再结晶完成 95% 所对应的温度。

原苏联学者 A. A. Бочвар 指出，对于工业纯的金属，其起始再结晶温度与熔点之间存在下列关系：

$$T_{再} = (0.3 \sim 0.4) T_{熔} \tag{9-10}$$

式中温度是指绝对温度。但此式不适用于合金和高纯（纯度高于 99.99%）金属。

表 9 – 2 列出了一些金属和合金的再结晶起始温度。

影响再结晶温度的因素主要有以下几点：

①变形程度：随着冷变形程度增加，储能增多，也提高了 $\dot{N}$ 和 G，所以再结晶温度降低。但冷变形使金属储能的增加有一个上限，因此，冷变形增加到一定程度以后，对再结晶温度的影响也有一极限。

②杂质及合金元素：在金属中溶入微量合金元素可显著提高再结晶温度。表 9 – 2 的数据也表明，金属纯度不同，再结晶温度相差很大。如果溶质与溶剂原子的尺寸差别大、价电子数相差大，则溶质原子与晶体缺陷的结合能大，能

更有效地阻碍这些缺陷运动，并延续亚晶在加热时的形成和长大，从而显著地提高再结晶温度。

表9-2　某些金属和合金的再结晶起始温度近似值

材　　料	$T_{再}/℃$	材　　料	$T_{再}/℃$
铜（99.999%）	120	蒙乃尔合金	600
无氧铜	200	电解铁	400
Cu-5Zn	320	低碳钢	540
Cu-5Al	290	镁（99.99%）	65
Cu-2Be	370	镁合金	230
铝（99.999%）	80	锌	10
铝（99.0%）	290	锡	-3
铝合金	320	铅	-3
镍（99.99%）	370	高纯钨	1200~1300
镍（99.4%）	600	含有孔隙的钨	1600~2300

③第二相粒子：弥散的第二相粒子也能提高再结晶温度，弥散度愈大效果愈好。在烧结铝中加入 5% 的 Al_2O_3，可使再结晶温度提高到 500 ℃。Al_2O_3 或 ZrO_2 能显著提高铜的再结晶温度，弥散的稀土氧化物能提高 W、Mo 的再结晶温度。这些都在实际中获得应用。应当指出，如果第二相数量不多而且弥散度不大时，有可能使再结晶温度降低。

④原始晶粒大小：原始晶粒越细小，冷变形时加工硬化率大、储能高，而且晶界往往是再结晶形核的有利地区，所以 $\dot{N}$ 和 G 增加，再结晶温度较低。

⑤加热时间和加热速度：在一定范围内延长加热时间可降低再结晶温度。当加热速度十分缓慢时，变形金属在加热过程中有足够的时间进行回复，使点阵畸变程度降低，储能减少，从而使再结晶的驱动力减小，再结晶温度上升。但是，极快速度加热能使再结晶温度升高，因为再结晶过程需要时间，快速加热时的升温过程中，在各温度停留的时间都很短，来不及进行再结晶形核和核心长大，所以需要加热到更高的温度才能够再结晶。

9.3.4　再结晶后的晶粒大小及再结晶全图

金属材料的性能与晶粒大小密切相关，所以，控制再结晶后的晶粒尺寸是材料生产中的一个重要问题。

运用式(9-8)可以证明再结晶后晶粒尺寸 d 与 G 和 $\dot{N}$ 之间存在下列关系:

$$d = 常数 \times \left[\frac{G}{\dot{N}}\right]^{\frac{1}{4}} \qquad (9-11)$$

上式表明,通过增加 $\dot{N}$ 和减小 G 可以得到细小的再结晶晶粒。所有能够使 $G/\dot{N}$ 值发生变化的因素都可能引起再结晶晶粒大小的变化。

大量实验表明,再结晶晶粒大小与预先冷变形度之间存在图 9-11 所示的关系。由图可见,当变形程度很小时(图中 ab 段),金属材料的晶粒仍保持原来大小,不发生再结晶。当变形程度增加到一定值时(相当于图中的 c 点),畸变能已足以引起再结晶,但由于变形程度还不够大。$G/\dot{N}$ 值很大,因此得到特别粗大的晶粒。通常把对应于再结晶后得到特别粗大晶粒的变形程度称为"临界变形度"。一般金属的临界变形度约在 2% ~ 10% 范围内。金属材料在压力加工过程中,应当避免加工到临界变形度,以免产生粗大的晶粒。但有时为了某种目的,需要获得粗大晶粒甚至于单晶时,则可以利用临界变形度加工。当变形量超过临界变形度之后,随着变形度增加,再结晶晶粒变细,这是由于 $G/\dot{N}$ 值减小的结果。对于某些合金,当变形程度很大时,会发生反常的晶粒长大(见后面叙述),而得到特别粗大的晶粒,一般情况下没有图 9-11 中的 de 线段。

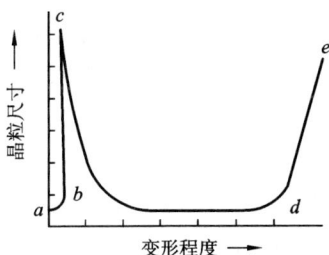

图 9-11　变形程度与再结晶
　　　　晶粒大小的关系

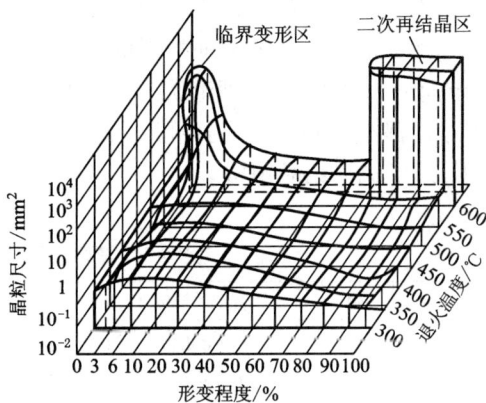

图 9-12　铝的再结晶全图

另外，当金属的原始晶粒细小及有微量溶质原子存在时，$G/\dot{N}$ 的比值均可减小，再结晶后可得到细小的晶粒。提高退火温度，所得到的晶粒会愈粗大。严格控制退火保温时间和提高加热速度，可防止再结晶晶粒长大。

将变形程度、退火温度与再结晶后晶粒大小的关系(保温时间一定)表示在一个立体图上，就构成了所谓"再结晶全图"。图 9 - 12 为铝的再结晶全图。由此可以看出晶粒度的两个极大值，一个对应临界变形度，第二个对应大变形、高温退火时的二次再结晶(见 9.4.2 节)。再结晶全图是制定金属变形和退火工艺规程的重要参考依据。

9.3.5 再结晶织构

前面已经讨论过，多晶体金属经过大变形量的加工后可能产生变形织构。具有变形织构的金属经过再结晶退火后，织构也难以完全消除，有时还可能出现新的"再结晶织构"(或称"退火织构")。再结晶织构的位向可能和原来的变形织构相同，也可能不同，但和原织构往往具有一定的取向关系。

某些金属板材的再结晶织构见表 9 - 3。当金属板材中重叠出现几种织构时，其方向性将会减弱。

关于再结晶织构的形成机理，目前有两种不同的观点。一种是"定向生长理论"，这种理论认为在变形基体中早已存在不同取向的晶核(即回复阶段形成的亚晶)，其中只有那些取向有利的晶核其晶界才能获得最快的迁移速率。例如面心立方金属，只有当两个晶粒的位向差为 30°~40°时，其界面移动速率最快。而其他取向的晶核生长速度太慢，在竞争生长中最终被淘汰。其结果是长大速率大的晶核长成取向接近的再结晶晶粒，即形成了再结晶织构。另一种是"定向形核理论"，该理论认为由于变形基体中已具有很强的择优取向，再结晶形核时晶核本身也具有择优取向，这些择优取向的晶核长大后必然具有择优取向，即形成再结晶织构。

表 9 - 3 某些金属板材的再结晶织构

金　属	晶体结构	再结晶织构
Al	面心立方	$(110)[112],(100)[001],(7,12,22)[845]$
Cu	面心立方	$(100)[001],(122)[212]$
Au	面心立方	$(100)[001]$
Ag	面心立方	$(110)[112],(311)[112]$
α - Fe	体心立方	$(100)[011],(111)[112],(112)[1\bar{1}0]$

　　近年来,透射电镜选区衍射的实验结果表明定向生长机制是起主导作用的。当然,并不是说定向形核在再结晶织构中不会发生,特别是再结晶织构是保持原变形织构的情况下,定向形核是很可能存在的。不过,定向形核以后,若要最终形成再结晶织构,定向生长仍然是不可少的。因此有人提出了定向形核和择优生长的综合理论。

　　织构引起金属材料各向异性,其利弊影响和控制方法在 8.5.4 节已有讨论。

9.3.6　退火孪晶

　　面心立方金属和合金(如铜、黄铜、铝及不锈钢等)经加工及再结晶退火以后,常常会出现很清晰的孪晶组织,称为"退火孪晶"。孪晶中横贯整个晶粒而互相平行的分界面为孪晶面{111},它为两边的晶体所共有,这种孪晶界称为"共格孪晶界"。孪晶带在晶内终止处的端面属于非共格孪晶界。

　　一般认为,退火孪晶是由于新晶粒界面在推进过程中由于某些原因(如热应力等)而出现堆垛层错造成的。例如由 $ABCABC\cdots$ 的堆垛顺序变为 $ABCAB\bar{C}BACBA\cdots$,这样就出现了一个共格的孪晶界 $\bar{C}$,并随后在晶界角处形成退火孪晶,这种退火孪晶通过大角度晶界的移动而长大。在长大过程中,如果原子在 (111) 界面上又发生错堆,变成了

图 9 – 13　H68 黄铜的退火孪晶

$\cdots CBACB\bar{A}BCABC\cdots$,又恢复到了原来的堆垛顺序,这样又产生了一个共格孪晶界 $\bar{A}$,最终的原子堆垛顺序为 $ABCAB\bar{C}BACBACB\bar{A}BCABC\cdots$,在 $\bar{C}$、$\bar{A}$ 之间便构成了孪晶带。

　　显然,退火孪晶的形成与层错能有关。铜和铜合金的层错能低,故容易形成退火孪晶,图 9 – 13 为 H68 黄铜的退火孪晶。反之,铝的层错能高,就难以出现退火孪晶。

　　近年来,在体心立方金属中也发现了退火孪晶,但晶体学关系较为复杂。

9.4　晶粒长大

　　金属在再结晶刚完成时,一般得到的是细小的等轴晶粒。如果继续保温或

提高退火温度，就会发生晶粒相互吞并而长大的现象，即"晶粒长大过程"。晶粒长大通常有正常长大(亦称均匀长大)和反常长大(亦称非均匀长大或二次再结晶)两种方式。

9.4.1　正常晶粒长大

正常晶粒长大是金属材料再结晶完成后继续加热或保温过程中，在界面曲率驱动力的作用下，相邻晶粒相互吞食的过程，长大后的晶粒大小相对较均匀，故称"均匀长大"。

1. 晶粒长大的驱动力

晶粒长大是一个界面迁移过程，引起晶界迁移的驱动力则是界面能和界面曲率。为了说明这个问题，把问题简化，假设有一楔形双晶体，其形状如图 9－14 所示，晶界面为一圆柱面，其曲率半径为 R，楔形角为 α，晶界面单位面积的表面张力(表面能)为 σ，则单位厚度的晶界面上的表面能 E 为：

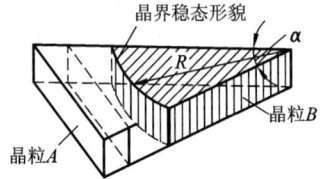

图 9－14　楔形双晶体界面的迁移

$$E = \sigma R \alpha \qquad (9-12)$$

如果界面向曲率中心方向移动，必然引起晶界面积减小，降低界面能。此时移动界面所引起的界面能变化，可看成类似于力×距离＝功的关系，那么，移动单位距离所引起界面能的变化就相当于作用在此界面上的力 F：

$$F = \frac{dE}{dR} = \sigma \alpha \qquad (9-13)$$

由此式可以推算出作用在单位界面上的力 P：

$$P = \frac{F}{R\alpha} = \frac{\sigma}{R} \qquad (9-14)$$

在实际的多晶体中晶界形状当然不是简单的圆柱面，曲率也比较复杂。对三维空间的任意曲面可以用两个主曲率半径表示。主曲率半径的求法是通过此曲面的法线作两个相互垂直的平面，此两平面与曲面相交成两条曲线，这两条曲线的曲率半径就是两个主曲率半径 R_1 与 R_2，可以证明：

$$P = \sigma \left(\frac{1}{R_1} + \frac{1}{R_2} \right)$$

如果空间曲面为一球面时，即 $R_1 = R_2$，那么：

$$P = \frac{2\sigma}{R} \qquad (9-15)$$

由式(9-15)可知，晶界迁移的驱动力与其曲线率半径 R 成反比，而与界面的表面张力(表面能)成正比。从晶界的曲率半径考虑，晶界的移动总是指向曲率中心。

2. 晶粒的稳定形貌

在相同体积情况下，球形晶粒的晶界面积最小，总的界面能最低，但如果晶粒呈球形，会出现堆砌的空隙。所以实际晶粒的平衡形貌，如图 9-15，呈十四面体。根据这个模型，相邻两晶界的两面角应为 120°，会于一点的四条棱线，各向的夹角应为 109°28′。如对图 9-15 作一截面垂直于一棱，则形成一等边六角形网络(如图 9-16)，这和实际观察到的一些单相合金的平衡组织很接近。如取相邻三晶粒，如图 9-17 所示，由作用于 O 点的张力平衡可得到：

$$\gamma_{1-2} + \gamma_{2-3}\cos \phi_2 + \gamma_{3-1}\cos \phi_1 = 0 \tag{9-16}$$

或　　　　$$\gamma_{1-2}/\sin \phi_3 = \gamma_{2-3}\sin \phi_1 = \gamma_{3-1}\sin \phi_2 \tag{9-17}$$

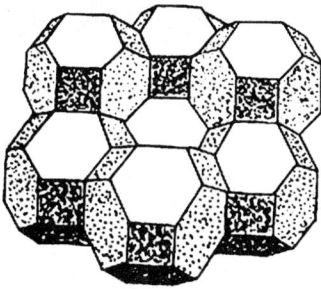

图 9-15　晶粒的平衡形状

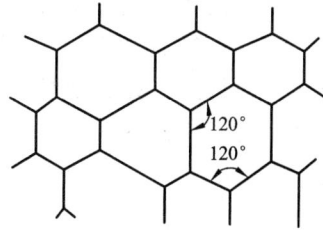

图 9-16　二维晶粒的稳定形状

比界面能通常为常数，故 $\phi_1 = \phi_2 = \phi_3 = 120°$，因此平衡组织中晶粒的稳定形貌应为等边六角形，其晶界为直线且夹角为 120°。

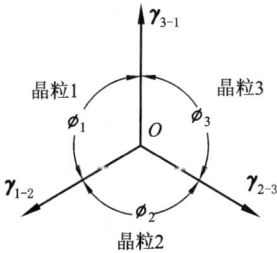

图 9-17　三晶粒交汇处表面张力
与界面角的关系

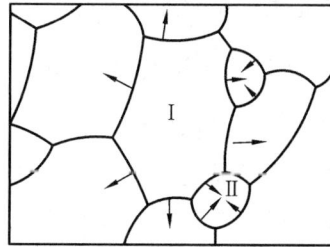

图 9-18　晶粒长大示意图
(箭头为晶界移动方向)

实际的二维晶粒如图 9-18 所示，较大的晶粒往往是六边以上，如晶粒 Ⅰ，较小的晶粒往往是少于六边，如晶粒 Ⅱ。为保证界面张力平衡，晶界角应为120°，故小晶粒的界面必定向外凸，大晶粒的界面必定向内凹。晶界迁移时，向曲率中心移动，如图 9-18 箭头所示，其结果必然是大晶粒吞食小晶粒而长大。

3. 影响晶粒长大的因素

晶粒长大是通过晶界迁移实现的，所以影响晶界迁移的因素都会影响晶粒长大。

①温度。晶界的迁移是热激活过程，晶粒的长大速度正比于 $\exp(-Q/RT)$，因此温度越高晶粒长大速度越快。一定温度下，晶粒长到极限尺寸后就不再长大，但提高温度后晶粒将继续长大。

②杂质与合金元素。杂质及合金元素溶入基体后能阻碍晶界运动，特别是晶界偏聚显著的元素。一般认为杂质原子被吸附在晶界可使晶界能下降，从而降低了界面移动的驱动力，使晶界不易移动。

③第二相质点。弥散分布的第二相粒子阻碍晶界的移动，使晶粒长大受到抑制。当晶界能所提供的晶界移动驱动力正好等于分散相粒子对晶界移动所施的约束力时，正常晶粒长大停止。此时晶粒的平均直径称为极限的晶粒平均直径，以 $\bar{D}_{\lim}$ 表示。可以证明：

$$\bar{D}_{\lim} = 4r/3f \qquad (9-18)$$

式中 r 为分散相粒子半径，f 为分散相粒子的体积分数。由式 (9-18) 可知，第二相粒子越细小，数量越多，阻碍晶粒长大能力越强。

④相邻晶粒的位向差。晶界的界面能与相邻晶粒的位向差有关，小角度晶界界面能低，故界面移动的驱动力小，晶界移动速度低。所以大角度晶界的迁移率总是大于小角度晶界的迁移率。

9.4.2 反常晶粒长大(二次再结晶)

某些金属材料经过严重变形之后，在较高温度退火时会出现"反常长大"现象。即在再结晶完成后的晶粒中，有少数晶粒优先长大，成为特别粗大的晶粒。这种晶粒的反常长大现象，在很多文献中称为"二次再结晶"。二次再结晶并不存在重新形核的过程，实际上只是在一次再结晶晶粒长大过程中某些局部区域的晶粒产生了优先长大。

发生反常晶粒长大的条件是正常晶粒长大过程被分散相粒子、织构等强烈阻碍，使能够长大的晶粒数目较少，晶粒大小相差悬殊。晶粒尺寸相差越大、

大晶粒吞并小晶粒的条件
越有利，大晶粒的长大速
度也会越来越快，最后形
成晶粒大小极不均匀的组
织。如图 9 – 19 所示。

　　当合金中含有弥散的
夹杂物或第二相粒子时，
第二相粒子对晶界的钉扎
作用使晶粒长大受到阻碍。
但是这些质点在整个合金
中的分布可能存在不均匀

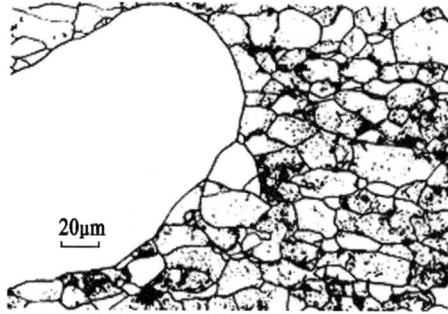

图 9 – 19　高纯 Fe – 3%Si 箔材于
1200 ℃真空退火所产生的二次再结晶现象

现象；另外，高温加热时也可能发生质点聚集或溶解于基体中的现象。如果温
度适当，那些摆脱第二相质点约束的少数晶粒，获得优先长大的机会。但是大
多数晶粒的晶界仍被第二相质点所阻碍而不能移动，这样就为反常长大，即二
次再结晶创造了条件。对 Fe – 3% Si 软磁材料的研究表明，合金中的 MnS 质点
正是起着这样的作用。

　　另一种情况是金属经强烈变形出现变形织构以后，经退火获得再结晶织构
组织。由于这种组织中大多数晶粒取向相近，晶界的迁移率很小，应该形成晶
粒较细的稳定组织。但是，这种组织中也可能存在少数非主流织构取向的晶
粒，它们的晶界迁移比较容易，在随后的加热过程中将优先长大而出现二次再
结晶。

　　二次再结晶产生粗大的组织，降低了材料的室温力学性能，并使板带材表
面粗糙不平，故在大多数情况下它是有害的，应当避免。但是在某些特殊情况
下，例如在硅钢片生产中，可以利用二次再结晶使之获得有优良磁导率的粗大
晶粒并具有高斯织构或立方织构的组织。

9.5　热加工过程的回复与再结晶

　　通常把再结晶温度以上的加工称为"热加工"。把低于再结晶温度又是室
温下的加工称为"冷加工"。在再结晶温度以下，而高于室温的加工称为"温加
工"。铅、锡的再结晶温度低于室温，因此铅和锡在室温下的加工属于热加工。
钨的起始再结晶温度约 1200 ℃，因此在 1000 ℃拉制钨丝属于温加工。由此可
见，再结晶温度是区分冷、热加工的分界线。

　　热加工不仅改变了金属的形状，而且对金属的微观组织结构产生影响，从

而使材料性能发生改变。热加工时由于温度很高，金属在变形的同时将发生回复和再结晶，同时发生加工硬化和软化两个相反的过程。这种在热变形时由温度和外力联合作用下发生的回复和再结晶过程称为"动态回复"和"动态再结晶"。在热加工完毕(或中断)去除应力后的冷却过程中也可能发生回复以及在热变形基体上经过一定孕育期后，重新形成再结晶核心并长大的再结晶过程，这类回复和再结晶的变化规律与前面讨论的冷变形金属再加热发生的回复和再结晶过程一样，都称之为静态回复和静态再结晶。还有一种情况是热加工一旦完成或者中断，已形成的动态再结晶的核心或正在长大的晶粒保留下来，如果此时金属的温度仍高于再结晶温度，则这些保留下来的晶核和晶粒也可能会继续长大，而且不需要孕育期。这一过程称为"亚动态再结晶"。

9.5.1 动态回复

对层错能高的金属，如铝、α-铁、铁素体钢以及一些密排六方结构金属(Zn、Sn、Mg 等)，由于交滑移容易进行，在热变形中动态回复是其软化的主要方式。这类金属热加工时的应力-应变曲线具有图9-20所示的特点。

曲线分三个阶段，第一阶段是微应变阶段，曲线很快上升，斜率很大。表明有很强的加工硬化作用。

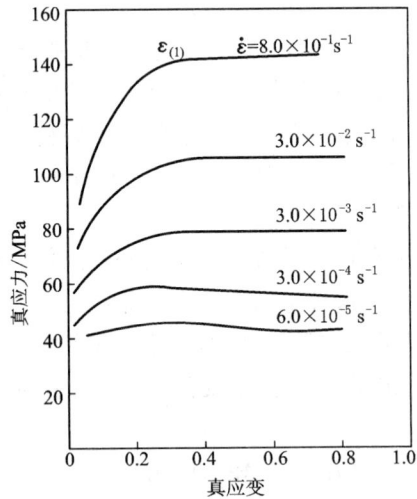

图9-20 动态回复的应力-应变曲线(流变曲线)

第二阶段曲线斜率逐渐减小，加工硬化率逐渐降低。表明已发生动态回复，加工硬化部分地被动态回复引起的软化所抵消。

第三阶段曲线接近为一水平线，加工硬化率趋于零，称稳态流变阶段，加工硬化作用几乎完全被动态回复软化作用所抵消，在恒应力下可持续变形。这也表明变形过程产生的位错密度的增加已被回复过程引起的位错密度减少所抵消。

动态回复所产生的亚晶粒尺寸与稳态变形应力成反比，并随变形温度升高和变形速率降低而增大。当亚晶粒增大时，亚晶粒内部和亚晶界上的位错密度都会降低，亚晶界上的位错也从无序状态变为较规整的排列，使胞状亚晶粒的轮廓更为清晰。

动态回复引起的软化过程是通过刃位错的攀移、螺位错的交滑移，使异号位错相互抵消，位错密度降低的结果。层错能高是决定动态回复进行得充分的关键。因为层错能高的金属，其扩展位错的宽度窄，容易发生交滑移和攀移。此外，层错能高，位错容易从节点和位错网中解脱出来，促使其与异号位错相抵消。

动态回复的组织具有比再结晶组织更高的强度，因此可作为强化材料的一种途径，如建筑用铝镁合金采用热挤压法保留动态回复组织可提高使用强度。

如果加入的溶质原子降低了层错能，使扩展位错变宽，交滑移和攀移变得困难，动态回复过程将受到阻碍，动态再结晶倾向增加。

9.5.2　动态再结晶

对于低层错能金属，如铜、黄铜、镍、$\gamma - Fe$、不锈钢等，由于它们的扩展位错很宽，难于从节点和位错网中解脱出来，也难于通过交滑移和攀移而与异号位错相互抵消，动态回复过程进行得很慢，亚组织中位错密度较高，剩余的储能足以引起再结晶，因此这类金属在热加工时，有利于发生动态再结晶。

发生动态再结晶的金属在热加工时的应力 - 应变曲线具有图 9 - 21 的特征。

图中曲线 1 表示在高应变速率下的变形，曲线的变化也可分为三段，第 I 阶段是尚未发生动态再结晶的加工硬化阶段。第 II 阶段是发生部分动态再结晶阶段，此时应变达到发生动态再结晶所要求的临界变形值。随着应变增加，曲线斜率减小。应变升至最大值后，曲线开始下降，这表明动态再结晶在逐渐加剧。第 III 阶段是完全动态再结晶阶段，加工

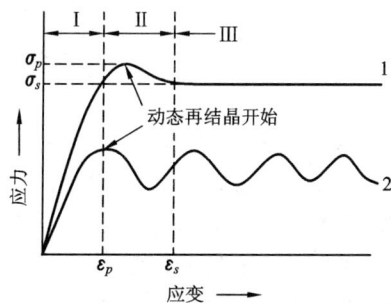

图 9 - 21　低层错能金属在热加工温度的应力 - 应变曲线(示意图)
1—连续的快速动态再结晶；
2—反复的动态再结晶

硬化和动态再结晶软化已达到平衡，曲线接近水平，流变应力接近恒定值，达到稳态变形。

曲线 2 代表低应变速率下的变形，曲线后面出现波浪形，这是由于反复出现动态再结晶 - 变形 - 动态再结晶这种软化 - 硬化多次交替进行的结果。

实验观察证明，现存的晶界往往是动态再结晶的主要形核之处。和静态再结晶相似，动态再结晶也是通过新的大角度晶界形成和迁移的方式进行的。在稳态变形阶段，经动态再结晶形成的晶粒是等轴的，晶界呈锯齿状，但等轴晶内存在

被缠结位错所分割的亚晶粒。因为动态再结晶时,在晶核长大的同时变形还在继续,因而形成的新晶粒内有一定程度的应变,故出现缠结位错的亚结构。

此外,在动态再结晶时,当晶粒刚发生有限的长大,而持续的变形所积累的储能又可能足以触发另一次再结晶,动态再结晶将重复产生。

显然,动态再结晶后的组织与退火时静态再结晶所得到的完全无畸变的等轴晶明显不同,因此,产生了动态再结晶的金属材料,若其晶粒大小与静态再结晶材料相同,则强度和硬度值比后者高。

动态再结晶的晶粒大小主要取决于热加工的流变能力 σ:

$$\sigma \propto d^{-n} \qquad\qquad (9-19)$$

式中 n 为常数,在 $0.5 \sim 1$ 之间。可见 σ 愈大,d 值愈小。因此,要想用热加工来细化晶粒,必须在高流变应力下进行动态再结晶。此外,提高变形速率或降低变形温度也有利于在动态再结晶后获得细晶粒。

习　题

1. 室温下枪弹击穿一铜板和铅板,试分析长期保持后二板弹孔周围组织的变化及原因。

2. 试讨论金属的堆垛层错能对冷变形组织、静态回复、动态回复、静态再结晶和动态再结晶的影响。

3. 固溶体中溶入合金元素之后常会减小再结晶形核率,但固溶体型合金的再结晶晶粒并不粗大,为什么?

4. 试比较去应力退火过程与动态回复过程位错运动有何不同。从显微组织上如何区分动、静态回复和动、静态再结晶?

5. 讨论在回复和再结晶阶段空位和位错的变化对金属的组织和性能所带来的影响。

6. 举例说明织构的利弊及控制织构的方法。

7. 在生产中常常需要通过某些转变过程来控制金属的晶粒度。为了适应这一要求,希望建立一些计算晶粒度的公式。若令 d 代表转变完成后晶粒中心之间的距离,并假定试样中转变量达 95% 作为转变完成的标准,则根据约翰逊－梅厄方程,应符合下式

$$d = 常数 (G/\dot{N})^{1/4}$$

式中,$\dot{N}$ 为形核率;G 为生长率。设晶粒为立方体,试求上式中的常数。

8. 一楔形板坯经过冷轧后得到厚度均匀的板材(图 9-23),若将该板材加

热到再结晶温度以上退火后，整个板材均发生再结晶。试问该板材的晶粒大小是否均匀？为什么？假若该板材加热到略高于再结晶温度退火，试问再结晶先从哪一端开始？为什么？

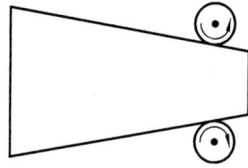

图 9 – 23

9. 如果把再结晶温度定义为 1 h 内能够有 95% 的体积发生转变的温度，它应该是形核率 $\dot{N}$ 和生长率 G 的函数。$\dot{N}$ 与 G 都服从阿弗瑞米方程：

$$\dot{N} = N_0 \exp(-Q_N/kT)$$

$$G = G_0 \exp(-Q_G/kT)$$

试由方程 $t_{0.95} = \left[\dfrac{2.85}{\dot{N}G}\right]^{1/4}$ 导出再结晶温度计算公式，式中只包含 N_0，G_0，Q_G，Q_N 等项，$t_{0.95}$ 代表完成再结晶所需时间。

10. 今有工业纯钛、铝、铅等几种铸锭，试问应如何选择它们的开坯轧制温度？开坯后，如果将它们在室温(20 ℃)再进行轧制，它们的塑性孰好孰差？为什么？这些金属在室温下是否都可以连续轧制下去？如果不能，又应采取什么措施才能使之轧成很薄的带材？

注：(1) 钛的熔点为 1672 ℃，在 883 ℃ 以下为密排六方结构，在 883 ℃ 以上为体心立方结构；

(2) 铝的熔点为 660.37 ℃，面心立方结构；

(3) 铅的熔点为 327.502 ℃，面心立方结构。

11. 由几个刃型位错组成亚晶界，亚晶界取向差为 0.057°。设在多边化前位错间无交互作用，试问形成亚晶后，畸变能是原来的多少倍？由此说明回复对再结晶有何影响？

12. 已知锌单晶体的回复激活能为 20000 J·mol^{-1}，在 -50 ℃ 温度去除 2% 的加工硬化需要 13 d；若要求在 5 min 内去除同样的加工硬化需要将温度提高多少？

13. 已知含 $w_{Zn} = 0.30$ 的黄铜在 400 ℃ 的恒温下完成再结晶需要 1 h，而在 390 ℃ 完成再结晶需要 2 h，试计算在 420 ℃ 恒温下完成再结晶需要多少时间？

14. 纯锆在 553 ℃ 和 627 ℃ 等温退火至完成再结晶分别需要 40 h 和 1 h，试求此材料的再结晶激活能。

15. Fe – Si 钢(w_{Si} 为 0.03)中，测量得到 MnS 粒子的直径为 0.4 μm，每平方毫米内的粒子数为 2×10^5 个。计算 MnS 对这种钢正常热处理时奥氏体晶粒长大的影响(即计算奥氏体晶粒尺寸)。

第 10 章 固态相变

固体中的相变是材料科学中的一个重要课题。了解和掌握固态材料相变的特点与规律，掌握适当的控制相变过程的方法以获得预期的组织结构，从而使之具有所需性能，对于研制新材料以及充分发挥现有材料的潜力都是非常重要的。

10.1 固态相变概述

10.1.1 固态相变的分类

固态相变种类繁多，可以从不同角度对其进行分类，这里仅介绍几种常见的分类。

1. 按热力学分类

根据热力学函数的不同改变，可把单元系的相变分为一级相变和二级相变等。在发生一级相变时，两相的化学势相等但化学势的一级偏微商不等，即

$$\mu_1 = \mu_2$$

$$\left(\frac{\partial \mu_1}{\partial T}\right)_P \neq \left(\frac{\partial \mu_2}{\partial T}\right)_P$$

$$\left(\frac{\partial \mu_1}{\partial P}\right)_T \neq \left(\frac{\partial \mu_2}{\partial P}\right)_T$$

已知

$$\left(\frac{\partial \mu}{\partial T}\right)_P = -S$$

$$\left(\frac{\partial \mu}{\partial P}\right)_T = V$$

因此在发生一级相变时，熵及体积会发生不连续的变化，即有相变潜热和体积的改变。单元系的凝固、熔化和升华以及同素异构转变等都属于一级相变。

在发生二级相变时，除两相的化学势相等外，其一级偏微商也相等，但二级偏微商则不等，即

$$\mu_1 = \mu_2$$

$$\left(\frac{\partial \mu_1}{\partial T}\right)_P = \left(\frac{\partial \mu_2}{\partial T}\right)_P$$

$$\left(\frac{\partial \mu_1}{\partial P}\right)_T = \left(\frac{\partial \mu_2}{\partial P}\right)_T$$

$$\left(\frac{\partial^2 \mu_1}{\partial T^2}\right)_P \neq \left(\frac{\partial^2 \mu_2}{\partial T^2}\right)_P$$

$$\left(\frac{\partial^2 \mu_1}{\partial P^2}\right)_T \neq \left(\frac{\partial^2 \mu_2}{\partial P^2}\right)_T$$

$$\frac{\partial^2 \mu_1}{\partial T \partial P} \neq \frac{\partial^2 \mu_2}{\partial T \partial P}$$

已知

$$\left(\frac{\partial \mu}{\partial T}\right)_P = -S$$

$$\left(\frac{\partial \mu}{\partial P}\right)_T = V$$

$$\left(\frac{\partial^2 \mu}{\partial T^2}\right)_P = -\left(\frac{\partial S}{\partial T}\right)_P = -\frac{1}{T}\left(\frac{\partial H}{\partial T}\right)_P = -\frac{C_P}{T}$$

$$\left(\frac{\partial^2 \mu}{\partial P^2}\right)_T = \frac{V}{V}\left(\frac{\partial V}{\partial P}\right)_T = VK$$

$$\left(\frac{\partial^2 \mu}{\partial T \partial P}\right) = \left(\frac{\partial V}{\partial T}\right)_P = \frac{V}{V}\left(\frac{\partial V}{\partial T}\right)_P = V\alpha$$

上式中 $K = \frac{1}{V}\left(\frac{\partial V}{\partial P}\right)_T$ 为等温压缩系数，$\alpha = \frac{1}{V}\left(\frac{\partial V}{\partial T}\right)_P$ 为等压膨胀系数，可见在这种相变时，$S_1 = S_2$，$V_1 = V_2$，$C_{P1} \neq C_{P2}$，$K_1 \neq K_2$，$\alpha_1 \neq \alpha_2$。即在二级相变时，无相变潜热及体积的改变，只有热容量、压缩系数和膨胀系数的不连续变化。金属与合金中的磁性转变、导体 – 超导体转变，以及部分合金的无序 – 有序转变属于二级相变，三级以上相变则很少见到。

2. 按原子迁移情况分类

按相变过程中原子迁移情况可将固态相变分为扩散型相变和非扩散型相变。

相变依靠原子（或离子）的扩散来进行的称为扩散型相变。温度足够高，原子（或离子）活动能力足够强时，才能发生扩散型相变。对于合金来说，相变的结果可以改变相的成分，例如，脱溶沉淀、调幅分解、共析转变等。

非扩散型相变时，原子（或离子）仅作有规则的迁移使点阵发生改组。迁移时，相邻原子相对移动距离不超过原子间距，相邻原子的相对位置保持不变。马氏体转变即为非扩散型相变。

固态相变不一定都属于单纯的扩散型相变或非扩散型相变。例如贝氏体相变过程中既有原子的扩散，也具有非扩散型相变的特征。

3. 按相变方式分类

相变过程一般要经历成分或结构的起伏，根据起伏发生范围及程度的不同，可将其分为两类。一类是在很小范围内发生原子相当激烈的重排，另一类则是在很大范围内原子发生轻微的重排。由前一类起伏形成新相核心，然后向周围母相中以长大方式进行的相变称为形核 - 长大型相变。由于新相核心形成后与母相间产生了相界面，因而引入了不连续的区域。从这个意义上来说，这种相变是非均匀的、不连续的，因此有人将其称为非均匀或不连续相变。当相变的起始状态和最终状态之间存在一系列连续状态时，可以由上述的后一种起伏连续地长大成新相，这种相变称为连续型相变。本章后面将要讨论的调幅分解是这种相变的典型例子。

表 10 - 1 中列举了某些重要固态相变类型及其特征。

表 10 - 1　几种固态相变的特征

类　型	特　　征
同素异构转变	当温度或压力改变时，或者在冲击波和严重冷加工的作用下，金属或合金发生晶体结构的改变，但成分不变。
脱溶转变	在固溶度随温度下降而减小的合金中，经高温淬火所固定下来的过饱和固溶体，在适当条件下会发生第二相的脱溶过程，并于不同阶段形成偏聚区、亚稳相和稳定的第二相等。
调幅分解	具有固溶体混合间隙的合金，当 $\alpha \rightarrow \alpha_1 + \alpha_2$ 时，它不需要形核而自发地分解为晶体结构相同但成分不同的两相。
共析转变	单相固溶体于冷却时在某一温度发生一等温可逆反应，转变成两个（二元系）或三个（三元系）密切混合的、结构不同的新相。
马氏体转变	是一种无扩散型相变，它是通过切变由一种晶体结构转变为另一种晶体结构，而不需原子作长距离迁移，无成分变化，在转变过程中，其转变动力学及转变产物的形态，受应变能所控制，表面有浮凸，新旧相之间具有共格或半共格界面，并保持严格的位向关系。
贝氏体转变	同时具有无扩散型和扩散型转变的特征，为非层状组织，表面有浮凸，但成分发生改变，转变速率远比马氏体缓慢。
块型转变	相变时晶体结构改变，但成分没有（或很少）改变，相界附近原子以互不协作方式通过非共格界面作短程快速迁移，界面移动速率很快，相变产物呈块型。在 Cu - Zn, Cu - Al, Ag - Zn, Ag - Al, Fe - Cr, Fe - Ni 等合金中有这种转变。
有序 - 无序转变	具有一定成分范围的合金，在高温时，其晶体结构中的原子呈无序排列，而在低温时，则呈有序排列。这种转变随温度的升高和下降是可逆的。

10.1.2　固态相变的特点

大多数固态相变与结晶过程一样，是通过形核和长大完成的，固态相变的驱动力同样是新相和母相的自由能之差。由于新相和母相都是固体，所以表现出有别于液体结晶的一系列特点。

1. 相界面和界面能

固态相变时，新相与母相的界面是不同晶体的界面。按界面上原子的排列特点和匹配程度，可分为共格、半共格（部分共格）、非共格三种界面。界面结构对相变时的形核、长大过程以及相变后的组织形态都有很大影响。

固 – 固两相界面能远比液 – 固两相界面能高，其中一部分是形成新相界面时，因同类键、异类键的结合强度和数量变化引起的化学能，另一部分是由界面原子的不匹配产生的点阵畸变能。界面能依共格界面、半共格界面和非共格界面的顺序而递增。

2. 相变阻力

固态相变时，通常新、旧两相的质量体积不同，新相形成时要受到母相的约束，使其不能自由胀缩而产生应变，结果导致应变能的额外增加。应变能的大小除与新、旧两相质量体积差有关外，还与新相的几何形状有关。因此，固态相变时相变阻力除界面能一项外，还增加了一项应变能，而液态结晶时其相变阻力仅含表面能一项。

3. 惯析面和位向关系

固态相变时新相往往沿母相的一定晶面优先形成，该晶面被称为惯析面。在铁基合金和一些有色合金中都可看到沿惯析面析出的新相。例如在 Al – Cu 合金的脱溶过程中，$\theta'(CuAl_2)$ 相往往优先沿基体的 $\{100\}$ 晶面呈片状析出，该晶面即为 θ' 相的惯析面。

固态相变过程中，为了减少界面能，相邻接的新、旧两晶体之间的晶面和相对晶向往往形成一定的晶体学关系。例如，面心立方奥氏体向体心立方铁素体转变时，两者之间便存在着 $\{111\}_\gamma // \{110\}_\alpha$，$<\bar{1}01>_\gamma // <11\bar{1}>_\alpha$ 的晶体学关系。新、旧两相的界面结构与其晶体学关系相关联。当界面为共格或半共格时，新、旧两相间必有一定的晶体学位向关系。如果两相之间没有确定的晶体学位向关系，则其界面一定是非共格界面。

4. 晶体缺陷在相变中的作用

固态相变时母相中的晶体缺陷对相变起着促进作用。晶界、位错、层错、空位等缺陷往往是新相形核的有利位置。这是由于在缺陷处存在晶格畸变，自由能较高,因而晶核容易在这些地方形成。

5. 过渡相

过渡相是指成分或结构,或两者都处于新、旧相之间的一种亚稳相。固态相变的一个很重要的特点就是容易先析出亚稳相,然后再向平衡相过渡。也有一些固态相变可能由于动力学条件的限制,始终都是亚稳相的形成过程,而不产生平衡相。

10.1.3 固态相变的热力学条件

判断在恒温恒压下相变趋势的准则是衡量两相的体积自由能差 ΔG_V($\Delta G_V = G_\beta - G_\alpha$)。式中 G_α 代表原始相(即母相)的吉布斯自由能,G_β 代表生成相(即新相)的吉布斯自由能。各个相的自由能均随温度的升高而降低,但由于各个相的熵值大小以及熵值随温度而变化的剧烈程度不一样,它们的自由能 – 温度关系曲线可能相交于一点(图 10 – 1)。在交点处,$G_\alpha = G_\beta$,$\Delta G_V = 0$,因而两相处于平衡状态,可以同时共存。此温度称为理论转变温度,亦即两相平衡的转变温度(T_0)。只有当温度低于 T_0(即产生一定的过冷),使 $G_\alpha > G_\beta$,ΔG_V 为负值后,在热力学上才获得 α 相全部转变为 β 相的可能性,但转变的速率还决定于动力学因素,在动力学因素极其不利的情况下,某些固态相变的速率甚至可以慢到难以觉察的程度。ΔG_V 为相变的驱动力,由此可见,相变必需有一定的过冷,过冷度越大,则 ΔG_V 越大,对相变越有利。

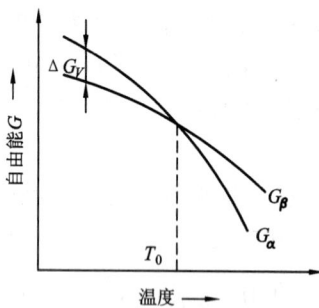

图 10 – 1 各相的自由能与温度的关系

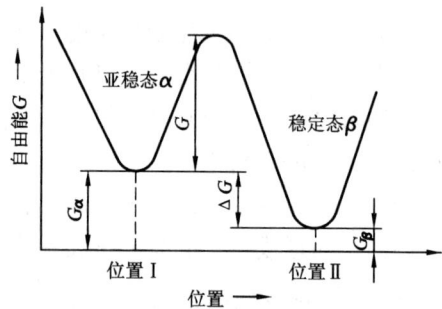

图 10 – 2 存在于亚稳状态与稳定状态之间的势垒

在讨论相的不稳定性时,必须区别三种不同的稳定程度。例如在 T_0 以上,$G_\alpha < G_\beta$,则相对于 β 相来说,α 相是稳定的。在 T_0 以下,$G_\alpha > G_\beta$,倘若状态 I(α 相)和状态 II(β 相)之间存在一能垒(图 10 – 2),则此时的 α 相是亚稳定的,从热力学来看,α 相有可能转变为 β 相,但必须获得一种能克服势垒的激

活能 Q，才可能使这种转变得以实现。倘若两种状态之间不存在势垒，则 α 相是不稳定的，不需要激活能就可以立即转变为 β 相。事实上后一情况（即不稳定相）很少存在，所以在描述相变时所涉及的相，或者是稳定的，或者是亚稳定的。不稳定性一词通常是指亚稳定，而非指不稳定。

10. 1. 4　固态相变的形核

如同液态金属结晶一样，大多数固态相变也要经历形核与长大两个过程。形核有均匀形核和不均匀形核两种方式。

1. 均匀形核

严格说来，在宏观上均匀的母相中，总存在一些微观的不均匀性和差别，如能量、组态、成分和密度的差别等。如果母相中某些微小区域的组态、成分和密度与新相的组态、成分和密度相近似，则在这些区域中就可能形成新相胚芽（或晶胚），当这些胚芽大至一定尺寸时，就可作为稳定的晶核而长大。

固态转变时由于新相与母相的比容不同，会产生应变能。所以当讨论固态转变的热力学条件时，应当把应变能包括进去。因此在固态相变时形成半径为 r 的球形晶胚所引起系统自由能的变化（ΔG）为：

$$\Delta G = \frac{4}{3}\pi r^3 (\Delta G_V + \Delta G_\varepsilon) + 4\pi r^2 \sigma \qquad (10-1)$$

式中：ΔG_V——形成单位体积晶胚时的自由能变化，它常为负值；

ΔG_ε——形成单位体积晶胚时所产生的应变能；

σ——晶胚与基体之间交界面的单位面积界面能。

将公式（10-1）中 ΔG 与 r 之间的函数关系作图，则得到图 10-3 中曲线。令 $\frac{\partial(\Delta G)}{\partial r} = 0$，则可求出晶核的临界半径 r_k 以及与之相对应的自由能改变量的临界值 ΔG_k，即

$$r_k = -\frac{2\sigma}{\Delta G_V + \Delta G_\varepsilon} \qquad (10-2)$$

$$\Delta G_k = \frac{16\pi\sigma^3}{3(\Delta G_V + \Delta G_\varepsilon)^2} \qquad (10-3)$$

由图 10-3 可见，只有当晶胚尺寸大于 r_k 时，晶胚的长大才会使系统自由能降低，因此，只有这种晶胚才可作为稳定的晶核而长大。

与液态金属结晶不同，在固态相变的临界晶核尺寸和形核的公式中，分母多了一项 ΔG_ε，它的符号与 ΔG_V 相反，使分母的绝对值减小，从而使 r_k 和 ΔG_k 相应地增大，这就说明，当 ΔG_V 一定时，固态相变比液-固相变要困难些，所要求的过冷度更大。例如，锡的同素异构转变（即 $\beta - \text{Sn} \Leftrightarrow \alpha - \text{Sn}$）温度为

18 ℃，但是，当 β – Sn 转变为 α – Sn
时，体积却发生很大的膨胀(约 27%)，
应变能很高。因此这种转变只有在很大
的过冷度下($\Delta T = 40 \sim 50$ ℃)，α – Sn
晶核才能自发地形成。

　　液 – 固相变时晶核一般为球形，因
为界面能是晶核形状的主要控制因素。
固态相变时体积应变能和界面能的共同
作用决定了新相的形状。当新相与母相
保持弹性联系的情况下，对于相同体积
的晶核，当新相呈碟状时应变能最小，
呈球形时应变能最大，呈针状时次之。
但是对于体积相等的新相来说，碟状的

图 10 – 3　新相晶胚形成时
自由能的改变量与晶核半径的关系

表面积比球状和针状的表面积都大，因此，应变能和界面能对新相形状的影响
是互相矛盾的，究竟哪一个起支配作用，则需要根据具体情况来分析。一般说
来，界面能大而应变能小的新相常呈球状，应变能大而界面能小的新相常呈碟
状或片状，当这两个因素的作用相近时，新相往往呈针状。

　　下面讨论均匀形核时的形核率 $\dot{N}$，它可用下式表示：

$$\dot{N} = N\nu\exp\left(\frac{-\Delta G_k}{kT}\right)\exp\left(\frac{-\Delta G_A}{kT}\right) \qquad (10-4)$$

式中：N 为单位体积母相中的原子数；ν 为原子振动频率；ΔG_k 为形核功；ΔG_A
为扩散激活能；k 为玻尔兹曼常数；T 为绝对温度。

　　由于在固态转变时的形核功比结晶时的大，所以式(10 – 4)中右边第一个
指数因子将减小。另外，固态扩散的激活能要比液态的大几个数量级，故式
(10 – 4)中右边第二个指数因子也将显著减小。这样，两项乘起来，就使固态
相变的形核率远比相似条件下金属结晶的形核率小得多。利用此概念就可解释
在固态下为什么可以用激冷的方法来抑制其相变，并使激冷后的合金长期处于
亚稳状态而不发生可察觉的变化。

　　2. 非均匀形核

　　在固态转变中除少数情况(如过饱和固溶体中 GP 区的脱溶)外，大多数是
采取非均匀形核方式，即晶核常常优先在缺陷处(如晶界、夹杂物分界面、亚晶
界、滑移带、位错、层错等)形成。这是因为这些非平衡缺陷都提高了系统的自
由能，新相依附它们形核时，可使形核功有所下降。

　　与液态金属凝固时的非均匀形核相类似，并考虑固态相变时应变能的影

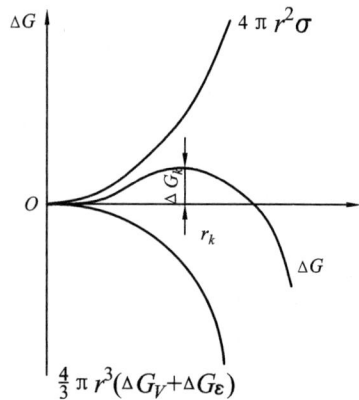

响,可以推导出,β 相在 α 相与夹杂物 S 界面上形核(图 10-4)时的形核功 ΔG_H 为:

$$\Delta G_H = \frac{16\pi\sigma_{\alpha\beta}^3}{3(\Delta G_V + \Delta G_\varepsilon)^2} \times \frac{(2 - 3\cos\theta + \cos^3\theta)}{4}$$

$$= \Delta G_k \times \frac{(2 - 3\cos\theta + \cos^3\theta)}{4} \quad (10-5)$$

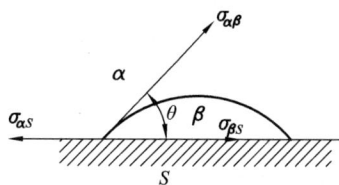

图 10-4 β 晶核在 α 相与夹杂物的界面上形成示意图

可见,ΔG_H 与晶核在基底(夹杂物或晶界)表面上的润湿角 θ 有密切的关系。当 $\theta = 0°$ 时,$\Delta G_H = 0$;当 $\theta = 180°$ 时,$\Delta G_H = \Delta G_k$。通常情况是 $0° < \theta < 180°$,即

$$\frac{(2 - 3\cos\theta + \cos^3\theta)}{4} = \frac{(2 + \cos\theta)(1 - \cos\theta)^2}{4} < 1$$

故

$$\Delta G_H < \Delta G_k$$

可见,在夹杂物表面上形核总比均匀形核容易,θ 愈小则愈有利于非均匀形核。

Cahn 讨论了在位错线上非共格形核时(ΔG_ε 可忽略)系统自由能的变化(ΔG)。假定沿单位长度位错上形成圆柱形新相晶核,则 ΔG 与晶核半径 r 的关系为

$$\Delta G = -A\ln r + 2\pi r\sigma + \pi r^2 \Delta G_V \quad (10-6)$$

式中 A 为 $Gb^2/[4\pi(1-\nu)]$(对于刃型位错)或为 $Gb^2/4\pi$(对于螺型位错),而 G 是切变弹性模量,ν 是泊松比,b 是柏氏矢量的模,σ 和 ΔG_V 分别代表新相单位面积界面能和两相体积自由能差。令 $\frac{\partial \Delta G}{\partial r} = 0$,可得出晶核临界半径 r_k 为

$$r_k = \frac{\sigma}{2\Delta G_V}\left[1 \pm \sqrt{1 + \frac{2A\Delta G_V}{\pi\sigma^2}}\right] \quad (10-7)$$

式(10-6)中第一项为形核后位错消失而释放的应变能,当溶质原子偏聚在位错线上形核时,位错的弹性应变能总是得到松弛故为负值。第三项中的 ΔG_V 也是负值,所以从热力学观点来分析,在位错线上形成新相晶核是有利的。把 ΔG 对 r 作关系曲线,当 $\left|\frac{2A\Delta G_V}{\pi\sigma^2}\right| < 1$,即 $|\Delta G_V|$ 小而 σ 大时,此时也存在一晶核临界半径,但对应于临界半径的形核功比均匀形核的为小。当 $\left|\frac{2A\Delta G_V}{\pi\sigma^2}\right| > 1$,即 $|\Delta G_V|$ 大而 σ 小时,不存在临界晶核,即没有形核势垒,此时在位错线上的任何尺寸的原子集团都可能成为晶核,如果不受扩散的限制,则脱溶可以自发地进行。

一般说来，位错形核与晶界形核的难易程度差不多，如果利用塑性变形来增加晶粒内部的位错密度，则可减弱晶界的影响，从而可促进新相在晶粒内部的位错钱上形核，以避免由于晶界局部脱溶对合金性能带来的不利影响。

空位和空位群对新相的形核也有促进作用。当固溶体从高温急冷下来，除保留过饱和的溶质原子之外，还会保留大量的过剩空位，这些空位既能加速溶质原子扩散，又为新相形核提供有利位置（因空位聚集后可转化为位错环而有利于溶质原子的偏聚和形核）。另一方面，位错、晶界等晶体缺陷都是过剩空位的陷阱。由于空位扩散较快，在高温急冷过程中部分空位逸散到晶界上，使晶界附近形成一个低空位浓度区，当该区域空位浓度达不到脱溶相析出要求时，会在晶界两侧形成无脱溶相析出的区域，通常称之为无沉淀析出带。

10.1.5　新相的长大

按照相变类型的不同，可把新相的长大分为扩散式和无扩散式两大类。

扩散式长大是通过母相中的原子迁移到新相中，使界面发生移动而进行的。对于无成分变化的扩散型相变（如同素异构转变、有序 – 无序转变、再结晶、晶粒长大等），新相的长大主要依赖于母相中靠近相界面的原子作短程扩散，跨越相界面，进入新相中，使界面向母相中推进来实现的（此过程称为界面反应）。此时的长大速率主要受控于界面反应，故称为"界面控制的长大"。对于有成分变

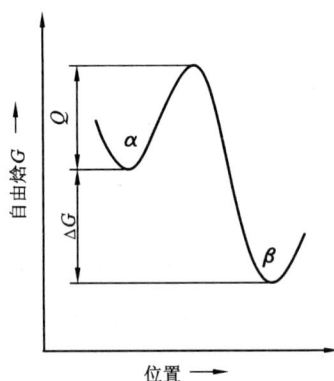

图 10 – 5　原子在 α 相和 β 相中的自由能

化的扩散型相变（如过饱和固溶体的分解），新相的长大需要溶质原子从远离相界的地区扩散到相界处，而且界面的移动速率（即长大速率）主要受控于溶质原子长程扩散时的扩散速率，故称为"扩散控制的长大"。

1. 受界面控制的新相长大

若新相 β 和 α 母相成分相同，自由能差为 ΔG，原子由 α 相进入 β 相的激活能为 Q，由 β 相返回 α 相的激活能为 $Q + \Delta G$（图 10 – 5）。设原子振动频率为 ν，则由 α 相移动到 β 相以及由 β 相返回 α 相的频率分别为：

$$\nu_{\alpha \to \beta} = \nu \exp(-Q/kT) \qquad (10-8)$$

$$\nu_{\beta \to \alpha} = \nu \exp[-(Q + \Delta G)/kT] \qquad (10-9)$$

设单层原子的厚度为 δ，在单位时间内界面迁移速度应为

$$u = \delta(\nu_{\alpha \to \beta} - \nu_{\beta \to \alpha}) = \delta \nu \exp(-Q/kT)\left[1 - \exp(-\Delta G/kT)\right] \quad (10-10)$$

过冷度较小时，ΔG 很小，温度较高，此时 $\Delta G \ll kT$。

$$\exp(-\Delta G/kT) \approx 1 - \Delta G/kT$$

于是

$$u = \frac{\delta \nu \Delta G}{kT} \exp(-Q/kT) \quad (10-11)$$

式 $(10-11)$ 表明：过冷度较小时，新相长大速度 u 与驱动力 ΔG 成正比。

过冷度较大时，$\Delta G \gg kT$，$\exp(-\Delta G/kT)$ 项可忽略不计，式 $(10-10)$ 可简化为：

$$u = \delta \nu \exp(-Q/kT) \quad (10-12)$$

在这种情况下，长大速度随温度下降而单调下降。

建立式 $(10-10)$ 时未详细提及相界面过程，非共格界面在 $3 \sim 4$ 个原子层范围内原子无规排列、比较松散，其自由能（界面能）比新相和母相都高。这意味着相界与新相的自由能差最大，因而相界处的原子参与点阵重构形成新相的热力学驱动力最大。从动力学来看，与新相邻接的相界原子只需做少量位移便可成为新相阵点。这种位移虽然散漫无序，但大体上也应依层次进行。相界处的原子依次向新相移动必然拖动母相原子进入相界，从而表现为相界面向母相迁移，晶核长大。在以上推导新相长大速度公式时只考虑新相和母相的原子跳动，而未考虑界面原子的位移只是为了简化。

2. 受扩散控制的新相长大

成分不同于母相的新相长大通常受扩散控制，以脱溶沉淀为例，若过饱和 α 相的初始溶质含量为 C_0，达到平衡时，新相 β 溶质含量为 C_β，α 相溶质含量为 C_α^e，$\alpha - \beta$ 界面处 α 相的溶质含量为 C_α。由于 $C_\alpha < C_0$，所以在母相中将产生浓度梯度 $\frac{\partial C}{\partial X}$。根据扩散第一定律，可求得在 dt 时间内，由母相通过单位面积界面进入 β 相中的溶质原子数为 $D_\alpha(\partial C/\partial X) \cdot dt$。与此同时，$\beta$ 相向 α 相内推进了 dx 距离，净输运给 β 相的溶质原子数为 $(C_\beta - C_\alpha)dx$。这两个过程的溶质原子净迁移量应是相等的。于是有：

$$D_\alpha(\partial C/\partial X)dt = (C_\beta - C_\alpha)dx$$

由此得长大速率

$$u = \frac{dx}{dt} = \frac{D_\alpha}{C_\beta - C_\alpha}\frac{\partial C}{\partial X} \quad (10-13)$$

对于图 $10-6$ 所示的溶质浓度分布情况，其浓度梯度 $\frac{\partial C}{\partial X} \approx \frac{\Delta C}{L}$，其中 $\Delta C = C_0 - C_\alpha$，$L$ 为有效扩散距离，将此关系式代入 $(10-13)$ 得：

$$u = \frac{dx}{dt} = \frac{(C_0 - C_\alpha)}{(C_\beta - C_\alpha)} \cdot \frac{D_a}{L}$$

$$(10-14)$$

随着新相 β 的长大，需要的溶质原子数增加，因此 L 将随时间的增长而增大。在一级近似条件下，取 $L = \sqrt{D_\alpha t}$，将此式代入式 $(10-14)$ 得：

$$u = \frac{dx}{dt} = \frac{C_0 - C_\alpha}{C_\beta - C_\alpha} \sqrt{\frac{D_a}{t}}$$

$$(10-15)$$

由式 $(10-15)$ 积分得出新相线性尺寸 x 与时间 t 的关系为：

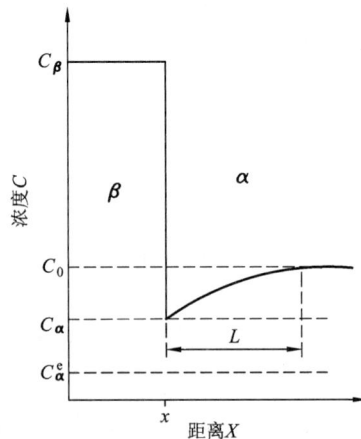

图 10-6　新相长大过程中的溶质浓度分布

$$x = \frac{2(C_0 - C_\alpha)}{C_\beta - C_\alpha} \sqrt{D_\alpha t} \qquad (10-16)$$

当 α 相的体扩散系数 D_α 为常数时，新相的大小与时间的平方根成正比。

无扩散式新相长大是在过冷度很大，原子难于扩散的情况下发生的，其主要特征是：大量原子协作移位，而移动距离小于原子间距，在原来点阵中是相邻的原子，经转变成新相后，这些原子仍保持相邻关系。这种方式的长大速率极快，长大的激活能几乎接近于零。马氏体转变就是属于这种类型。

10.1.6　相变动力学

相变动力学通常是讨论相变的速率问题，即描述在恒温下相变量与时间的关系。

相变动力学决定于新相的形核率和长大速率，假设相变系统在某一温度发生 $\alpha \rightarrow \beta$ 的转变，新相是均匀形核并且形核率和长大速率均为常数，经 t 时间之后，转变量 $f(t)$ 可用下式描述：

$$f(t) = 1 - \exp\left(-\frac{\pi}{3} \dot{N} u^3 t^4\right) \qquad (10-17)$$

上式常称为 Johnson-Mehl 方程。图 10-7(a) 系针对式 $(10-17)$ 中不同的 u 和 $\dot{N}$ 值(实际上是针对不同的温度)而绘出的转变体积分数与时间的关系曲线，即相变动力学曲线。这些曲线均呈 S 形，具有形核和长大过程的所有相变均有此特征。

如果把图 10 - 7(a)中的实验数据改绘成时间 - 温度 - 转变量的关系曲线就得到一般常用的"等温转变图",亦称"TTT图"[见图 10 - 7(b)]。由于该图中的曲线常呈"C"形或"S"形,所以又称为"C 曲线"或"S曲线"。由这些曲线可以清楚地看出:①某相过冷到临界点以下某一温度保温时,相变是何时开始,何时转变终止,这些数据为制订热处理工艺提供了依据;②相变速率最初是随着温度的降低而逐渐增快,达到一最大值后(对应于鼻点)逐渐减慢。

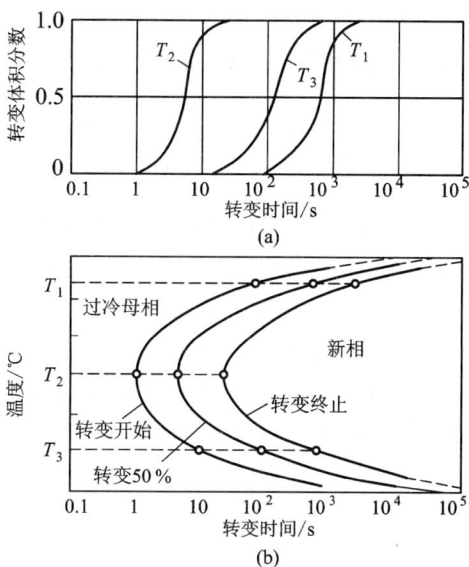

图 10 - 7 相变动力学曲线(a)及等温转变图(b)

但是,还应当指出,固态相变时尽管长大速率可看作常数,但由于固态相变往往是在晶界和其他分界面上优先形核,而不是任意形核,所以形核率不是常数,转变量与温度、时间的关系遵守 Avrami 经验方程式:

$$f(t) = 1 - \exp(-Kt^n) \qquad (10-18)$$

式中 K 和 n 均为系数。K 决定于温度以及原始相的成分和晶粒大小等,n 决定于相变类型(见表 10 - 2)。大多数固态相变的实验数据均与 Avrami 方程式符合得较好。

表 10 - 2 用于 Avrami 方程式中的 n 值

相 变 类 型		n 值
胞状转变(包括共析转变和不连续脱溶等)	以恒定速率形核	4
	仅在开始转变时形核	3
	在晶粒的棱上形核	2
	在晶界上形核	1
过饱和固溶体脱溶	质点由小尺寸长大	
	①以恒定速率形核	2.5
	②仅在开始转变时形核	1.5
	针状物增厚	1
	片状物增厚	0.5

10.2　过饱和固溶体的脱溶

　　脱溶是重要的固态相变之一，脱溶的必要条件是固溶体的溶解度随温度的降低而减小，如图 10 - 8 所示，把合金 x_0 加热到固溶体溶解度曲线以上的温度（如 T_1），保温足够的时间使第二相充分地溶解而得到单相固溶体。然后使固溶体冷却，如果冷却速度足够大，则这种单相固溶体可以被保留到室温，形成过饱和固溶体。这种处理为"固溶处理"，也称为"淬火"。

　　由淬火所固定的过饱和固溶体在室温是亚稳定的，当温度高到足以引起合金中的组元发生扩散及重新分布时，它将发生脱溶反应，并导致第二相质点的析出，这样一个过程称为"时效过程"。

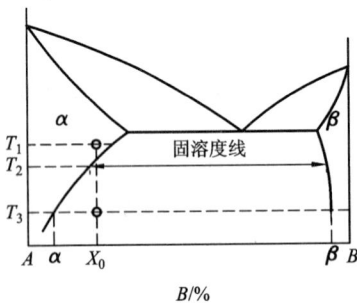

图 10 - 8　有固溶度变化的相图

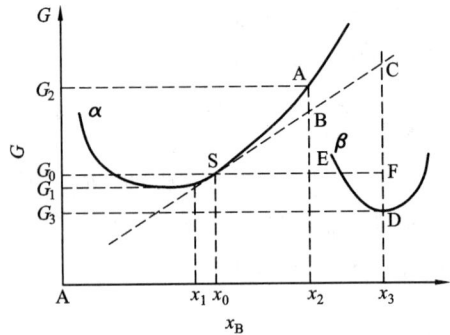

图 10 - 9　确定脱溶初期自由能变化的示意图

10.2.1　脱溶的驱动力

　　脱溶时系统自由能的变化可用式（10 - 1）表示。式中化学自由能 ΔG_V 一项是负值，它的大小与温度和成分有关，它是脱溶的驱动力，$|\Delta G_V|$ 越大则脱溶物的形核功和临界晶核半径越小，脱溶越容易进行。

　　图 10 - 9 系淬火至固溶线以下某一温度的 α 固溶体的自由能 - 成分关系曲线。

　　x_0 合金以单相 α 存在时，其每摩尔的自由能为 G_0。若该合金析出少量成分为 x_2 的脱溶物，则与此相对应的 α 基体成分将变为 x_1，其自由能为 G_1。若忽略界面能和应变能的影响，则脱溶物的自由能对应于 A 点的 G_2。脱溶物形成时引起的系统自由能变化：

$$\Delta G' = G(\text{脱溶}) - G(\text{原始}) = (n_1 G_1 + n_2 G_2) - (n_1 + n_2) G_0 \quad (10-19)$$

式中 $\Delta G'$ 代表脱溶物形成时所引起整个系统自由能的变化，n_2 为脱溶物的摩尔数，n_1 为脱溶后的 α 基体的摩尔数。设所有脱溶物和整个基体各自的成分是均匀的，则根据杠杆定律可写成：

$$\frac{n_1}{n_2} = \frac{x_2 - x_0}{x_0 - x_1} \quad (10-20)$$

把式(10-19)和式(10-20)两式综合起来，则得

$$\Delta G' = n_2 \left[G_2 - G_0 - (x_2 - x_0) \frac{G_0 - G_1}{x_0 - x_1} \right] \quad (10-21)$$

在形核的一瞬间，所形成脱溶物的量很少，此时 $n_1 \gg n_2$，x_1 接近 x_0，由图 10-9 可知有下列近似关系：

$$\frac{G_0 - G_1}{x_0 - x_1} = \left(\frac{\mathrm{d}G}{\mathrm{d}x} \right)_{x_0} \quad (10-22)$$

将式(10-22)代入式(10-21)得：

$$\Delta G' = n_2 \left[G_2 - G_0 - (x_2 - x_0) \left(\frac{\mathrm{d}G}{\mathrm{d}x} \right)_{x_0} \right] \quad (10-23)$$

由图 10-9 可见 $G_2 - G_0 = AE$，$(x_2 - x_0) \left(\frac{\mathrm{d}G}{\mathrm{d}x} \right)_{x_0} = BE$，故 $\Delta G' = n_2(AE - BE) = n_2 AB$，由于 AB 为正值，所以 $\Delta G'$ 为正，脱溶时没有驱动力，从热力学来分析，这样的脱溶是不能发生的。现在再假定脱溶物是另一种结构和成分均与 α 基体不同的新相，即成分相当于 x_3 的 β 相，其自由能为 G_3。仿照前面类似方法，可计算出 β 相析出时的 $\Delta G' = n_3 DC$，由于 DC 位于 x_0 合金的切线的下面，系一负值，故脱溶时具有一定的驱动力，从热力学来看，此时析出 β 相是可能的。

10.2.2　脱溶顺序

脱溶过程受溶质扩散控制，在沉淀过程中可能形成一系列亚稳相(过渡相)。图 10-10(a)是 Al-Cu 合金富铝角的相图，考虑成分为 4.5% Cu 的合金，将其加热到约 550 ℃保温一段时间后，急速冷却到室温可得到过饱和固溶体 α_0。然后在较低温度下时效，随着时效时间的延长脱溶相将按以下顺序出现：

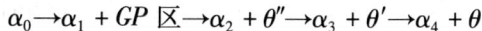

$$\alpha_0 \rightarrow \alpha_1 + GP \ \text{区} \rightarrow \alpha_2 + \theta'' \rightarrow \alpha_3 + \theta' \rightarrow \alpha_4 + \theta$$

其中 α_1，α_2，α_3，α_4 分别是与 GP 区，θ''，θ' 和 θ 相平衡的固溶体 α 相。

1. GP 区

GP 区是溶质原子(Cu)的偏聚区，Al 基体的 <100> 方向弹性模量最小，因

而 Cu 原子在基体 α 相的｛100｝面上偏聚。GP 区的晶体结构与基体相同并与基体共格，无明显界面。Al – Cu 合金中 GP 区的形状是碟形薄片，直径约 8 nm（随时效温度升高而增大），厚度仅 0.3 ~ 0.6 nm，它们均匀分布在 α 基体相中。这种富 Cu 的原子偏聚区是 1938 年由 Guinier A. 和 Preston G. D. 各自独立用 X 射线衍射法发现的，故称 GP 区。

2. θ″相

随着时效时间的延长，将析出亚稳相 θ″，其厚度为 2 ~ 10 nm，直径为 30 ~ 150 nm，成分接近于 CuAl₂，具有正方点阵，$a = b = 0.404$ nm，$c = 0.768$ nm。θ″ 可能通过 GP 区溶解重新形核而生成，也可能由 GP 区原位转化生成，它是以 ｛100｝$_α$ 为惯析面的共格盘状沉淀物，与母相的取向关系为：$(001)_{θ″} // (001)_α$，$[100]_{θ″} // [100]_α$。为了保持共格，在界面区域将产生很大的点阵畸变，这种共格应变是导致合金强化的重要原因。

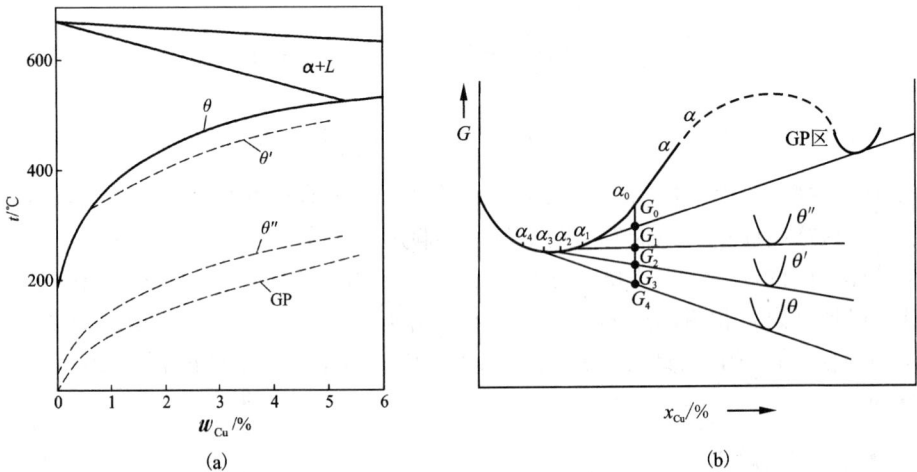

图 10 – 10　Al – Cu 合金富 Al 角相图(a)和各析出相的自由能 – 成分曲线示意图(b)

3. θ′相

随着时效时间的延长或时效温度的升高，将析出亚稳相 θ′。它是在光学显微镜下便可观察到的沉淀相，同样具有正方点阵，$a = b = 0.404$ nm，$c = 0.580$ nm，成分近似 CuAl₂，与母相的取向关系和 θ″ 相同。θ′ 与基体半共格，时效过程中优先在位错等缺陷处形核。

4. θ相

经更长时间或更高温度时效将析出平衡相 θ。θ 相的成分为 CuAl₂，为正方点阵, $a = b = 0.606$ nm, $c = 0.487$ nm, 与基体形成非共格界面。

从图 10 - 10(b) 所示 GP 区以及各种相的自由能 - 成分图可以看出, 其自由能按如下顺序降低:

$$G_0 \rightarrow G_1 \rightarrow G_2 \rightarrow G_3 \rightarrow G_4$$

虽然析出平衡相 θ 时能量降低最多, 即驱动力最大, 但由 GP 区和过渡相的结构看出, 形成 GP 区或过渡相核心具有低的界面能和弹性应变能, 要求较低的形核功, 所以先于平衡相析出。从自由能 - 成分曲线看出, 不是任何成分的母相在任何温度下都可以有上述完整析出序列。只有当合金是在 GP 区固溶线以下的温度时效时, 才可能获得 GP 区和过渡脱溶物的完整析出序列。例如, 当时效是在 θ'' 固溶线以上但低于 θ' 固溶线的温度下进行, 如图 10 - 10 所示, 首先脱溶的将是 θ', 它在位错线上非均匀形核。如果时效是在 θ' 固溶线以上进行, 那么唯一可能的脱溶物就是 θ, 它要在晶界上形核和长大。再者, 如果含有 GP 区的合金被加热到 GP 区固溶线以上, GP 区将会溶解, 这称为回归。

图 10 - 11 系 Al - Cu 合金分别在 130 ℃ 和 190 ℃ 时效时的硬度变化曲线, 由图可见, 恒温时效时, 硬度的峰值和达到峰值的速率均随溶质浓度的增加而增高。还可看出, 过饱和度较低的合金(2% ~ 3% Cu)无论在 130 ℃ 或 190 ℃, 均只出现一个时效峰, 对应于时效峰值的强化相为 θ' 相。而过饱和度高的合金(> 4% Cu)在 130 ℃ 时效时, 则出现两个时效峰, 第一个时效峰对应于 GP 区强化相。第二个时效峰则主要对应于 θ'' 强化相。当 θ'' 相逐渐被 θ' 相所代替时, 则发生过时效, 硬度又开始下降。

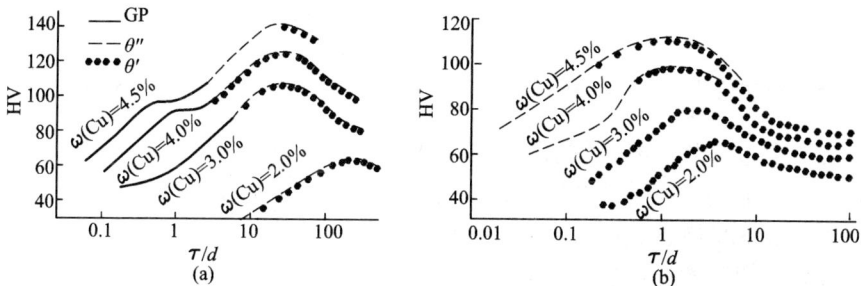

图 10 - 11　Al - Cu 合金在 130℃(a)和 190℃(b)时效处理时硬度及脱溶物的变化

低温时效虽然获得的硬度峰值高, 但要达到峰值则需很长的时效时间。为了使工业合金热处理有好的经济效果, 应在合理的处理时间内获得要求的性能。一些高强度时效硬化合金采用双级时效工艺: 先在 GP 区固溶线以下较低温度时效, 以获得高弥散分布的 GP 区; 然后在较高温度下时效, 这时已析出的 GP

区作为非均匀形核的位置,可获得比单纯在较高温度时效弥散得多的脱溶产物分布,使在较短时间获得较好的硬化效果。

前面已经谈过,在 Al – Cu 合金中强化效果最好的是完全与母相共格的相,在 Al – Ag、Al – Zn – Mg 等合金系统中,由于不出现完全共格的过渡相(见表 10 – 3),则以部分共格的过渡相(即 γ' 或 η')强化效果最好。表 10 – 3 列出了一些代表性合金的脱溶序列。

表 10 – 3　　在某些合金中观察到的脱溶顺序

合金系统		脱　溶　顺　序
铝合金	Al – Ag	GP 区(球状)$\rightarrow\gamma'$(片状)$\rightarrow\gamma$(Ag$_2$Al)
	Al – Cu	GP 区(碟状)$\rightarrow\theta''$(蝶状)$\rightarrow\theta'\rightarrow\theta$(CuAl$_2$)
	Al – Mg – Zn	GP 区(球状)$\rightarrow\eta'$(片状)$\rightarrow\eta$(MgZn$_2$)
	Al – Mg – Si	GP 区(棒状)$\rightarrow\beta'\rightarrow\beta$(Mg$_2$Si)
	Al – Mg – Cu	GP 区(棒状或球状)$\rightarrow S'\rightarrow S$(Al$_2$CuMg)
铜合金	Cu – Be	GP 区(碟状)$\rightarrow\gamma'\rightarrow\gamma$(CuBe)
	Cu – Co	GP 区(球状)$\rightarrow\beta$(C$_0$)
铁合金	Fe – C	ε 一碳化物(碟状)$\rightarrow$Fe$_3$C(板条状)
	Fe – N	α''(碟状)$\rightarrow$Fe$_4$N
镍合金	Ni – Cr – Ti – Al	γ'(立方形)$\rightarrow\gamma$[Ni$_3$(Ti, Al)]

10.2.3　空位在脱溶过程中的作用

在获得过饱和固溶体(高温快速冷却到室温)的同时会获得过饱和浓度的空位。空位加快了原子扩散速率,加速形核过程。事实上,按低温形成 GP 区的速率估算的扩散系数比从高温数据外推所得的扩散系数大几个数量级,这一差异间接说明了空位的加速扩散作用。另外,同一合金经不同固溶处理温度淬火至低温同一温度保温,固溶处理温度最高合金(相应最大过饱和空位)的初始转变速率最大。若固溶处理后合金在脱溶温度以上某一中间温度停留(使空位浓度减小),这会使以后的转变速率降低。

晶体中的缺陷如位错和界面等是超额空位的阱,由于空位的扩散比较快,在淬火形成过饱和固溶体时晶界(位错)附近空位不可避免地部分逸散到晶界(位错)上,使晶界附近有一个低空位浓度区,如图 10 – 12(a)所示。因为在一定的脱溶温度下,要使形核成为现实,需要相应的临界空位过饱和浓度 x_v^c,晶

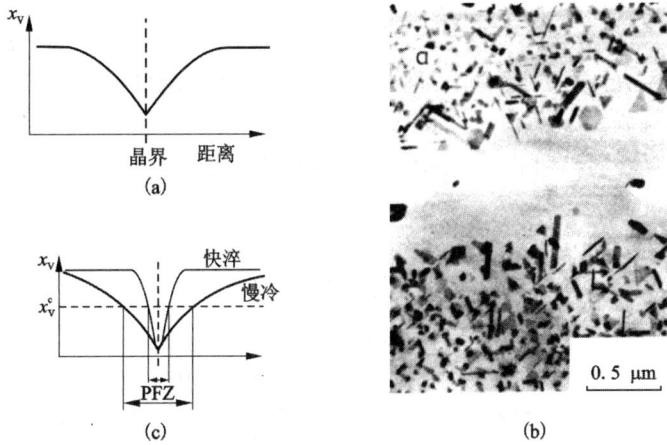

图 10 – 12　在快速冷却过程中由于空位向晶界散逸而形成 PFZ

(a)晶界附近的空位浓度分布；(b)Al – Ge 合金中的 PFZ(G. Lorimer,1978)；

(c)PFZ 宽度与临界空位浓度及冷速间的关系

界附近空位浓度比 x_v^c 低的区域不出现脱溶，相应在晶界附近出现一个无脱溶物区域[precipitation free zone，PFZ，如图 10 – 12(b)所示]。PFZ 的宽度由空位浓度分布确定，晶界附近的低空位浓度区域越宽阔，PFZ 的宽度越大。例如，从固溶温度冷却越慢，散逸到晶界的空位越多，低空位浓度区越宽阔，所得PFZ 也越宽；相反，冷却速率越快，PFZ 越窄，如图 10 – 12(c)所示。

　　此外，在从固溶温度冷却的过程中，晶界析出物的形核和长大是造成晶界附近PFZ 的另一个原因。这是由于析出的高溶质原子浓度新相吸收了晶界附近的溶质原子，使晶界附近的基体过饱和度减低，在随后的脱溶分解过程中形成了 PFZ。图10 – 13是 Al – 4Zn – 3Mg 合金在 150℃，24h 时效后晶界附近 PFZ 的电镜照片。

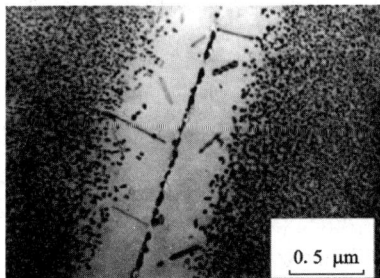

图 10 – 13　Al – 4Zn – 3Mg 合金晶界析出的平衡相及 PFZ

10.2.4　脱溶方式及显微组织的变化

脱溶反应有两种方式：连续脱溶；不连续脱溶。现分述于后。

1. 连续脱溶

其特点是在脱溶过程中，固溶体基体的浓度和点阵常数发生连续的变化。这种方式又可分为两类：

(1)普遍脱溶

即在整个固溶体基体中普遍地发生脱溶现象，并析出均匀分布的沉淀物。当沉淀物的相结构和点阵常数与母相相近时，沉淀相与母相可能形成共格或半共格界面，并与母相保持一定的取向关系。当沉淀相与母相完全共格时，沉淀相呈圆盘状或片状、针状析出；当沉淀相与母相的结构相差很大时，它们之间的界面不共格，沉淀相一般呈等轴状或球状析出，与母相无一定取向关系。

(2)局部脱溶

即在普遍脱溶之前，较早地在晶界、亚晶界、滑移带、夹杂物的分界面以及其他点阵缺陷处择优形核。

局部脱溶是在过冷度较小的条件下发生的。随着过冷度的增加(即降低时效温度)，脱溶驱动力增大，晶界和其他缺陷处将失去形核的优越性，晶内也可形核，这样就有利于普遍脱溶。因此，降低人工时效温度，或采用先低温后高温的分级时效规程，均可抑制局部脱溶而促进普遍脱溶。

2. 不连续脱溶

典型的不连续脱溶组织如图 10 – 14(b)所示，其特点是过饱和固溶体首先在晶界上按下述反应进行脱溶：

过饱和固溶体(α)→α'+β，β 相是晶体结构和成分均不同于母相的平衡相，α'相的结构与母相相同，但成分与母相不同。从而形成由 α'相和 β 相构成的胞状组织[图 10 –14(a)]，并向晶内长大。胞状组织与基体的分界面是非共格的(相当于大角度晶界)，沿此分界面两侧的 α'相和 α 相，位向互不相同，固溶度和点阵常数的差别也很大，呈不连续变化，不连续脱溶，因此而得名。由于这种脱溶方式通常是从晶界开始，所以也叫做"晶界反应"。

在不连续脱溶时，片层胞状组织的长大，主要是借助于溶质原子沿分界面扩散而沉淀在新相晶核上面，因此，在长大过程中必然表现为分界面向一个晶粒内部推进。当推进到一定程度后，又可能产生新的分枝，形成位向不同的新胞状组织。如果晶粒内部同时发生了普遍脱溶，则由于过饱和度降低，胞状组织的长大速率会减慢，甚至于停止。

不连续脱溶反应已在许多合金系(如 Cu – Be, Cu – Ti, Cu – Sn, Cu – In,

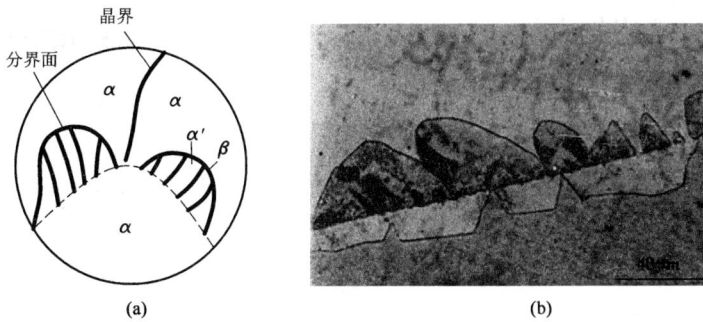

图 10 - 14　不连续脱溶

(a)不连续脱溶示意图;(b)Cu - 3at% Ag 合金在 377 ℃时效时的不连续脱溶, ×1000

Cu - Mg, Cu - Sb, Cu - Cd, Cu - Ag, Al - Ag, Mg - Al - Zn, Pb - Sn, Cu - Ni - Co, Fe - W, Fe - Mo 等)中发现过。一般认为不连续脱溶所形成的粗大沉淀物对强化不利,会削弱晶界,应当尽量避免。但是,近年来有些文献指出,适当地控制不连续脱溶反应可获得类似定向排列的复合材料,与定向凝固的共晶合金相比较,前者的片状组织可以细化至原来的 $10^{-1} \sim 10^{-2}$,从而得到更好的机械性能和磁学性能。

　　在同一合金中,不连续脱溶和连续脱溶可同时发生。合金在脱溶时显微组织的变化,可能有不同的形式,其示意图如图 10 - 15 所示。

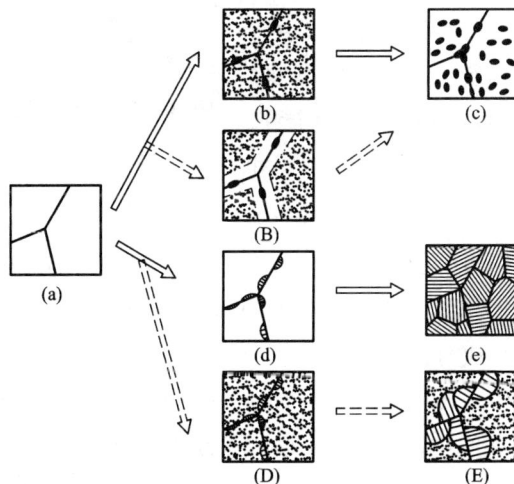

图 10 - 15　合金脱溶时显微组织变化的示意图

（a）→（b）→（c）
（a）→（B）→（c）｝代表连续脱溶时显微组织的变化,（B）显示晶界出现无沉淀带。

（a）→（d）→（e）　代表不连续脱溶时显微组织的变化。

（a）→（D）→（E）　代表同时发生连续与不连续脱溶时显微组织的变化。

10.2.5　调幅分解

1. 调幅分解的热力学条件

固溶体脱溶的另一种方式是不形核的自发分解,可结合图 10-16 来阐明这一转变的热力学条件及其特点。该系合金的主要特征是在相图中存在着固溶体混合间隙。凝固后的 α 固溶体在随后冷却过程中还可能发生 $\alpha \to (\alpha_1 + \alpha_2)$ 的转变,α_1 和 α_2 与 α 的成分互不相同,但晶体结构则是一致的。图 10-16(b)代表 T_1 温度时合金的化学自由能与成分的关系曲线,位于公切线 $a'b'$ 以上的 $a'c'd'b'$ 曲线表示合金淬火至 T_1 温度而仍能保持单相固溶体状态时的自由能变化,由于 $c'd'$ 曲线向下弯,所以在此范围内,$\partial^2 G/\partial c^2 < 0$,但 $a'c'$ 和 $d'b'$ 两曲线向上弯,因而在此范围内,$\partial^2 G/\partial c^2 > 0$。图中 c' 和

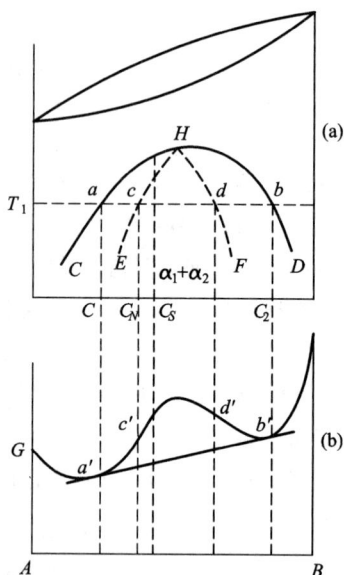

图 10-16　合金相图(a)及在 T_1 时的自由能-成分关系曲线(b)

d' 是曲线的转折点,在此两点上,$\partial^2 G/\partial c^2 = 0$。如果和图 10-16(a)的相图联系起来看,则这两点相当于图 10-16(a)中通过 T_0 水平线和通过 c' 及 d' 两点的垂直线的交点(即 c 和 d 点)。这样的交点称为旋点(spinodal point)。当合金的温度改变时,自由能-成分曲线也发生变化。因此,旋点的位置也跟着移动,其移动的轨迹线[图 10-16(a)中虚线 EH 和 FH]称为旋点曲线(spinodal curve)。

成分位于旋点曲线中间的合金(如 C_S)发生任何小的成分起伏,都使自由能降低,不存在热力学势垒,合金可自发地分解为两相,不需经历形核阶段,分解速率极快。此时溶质原子的扩散不是使浓度梯度减小,而是使之增加。

成分位于固溶曲线与旋点曲线之间的合金(如 C_N),成分发生任何小的起

伏都会引起自由能升高,只有当成分起伏足够大时才能导致自由能减少。不能发生调幅分解,必须依靠外部供给能量以克服形核势垒,相变才能进行,这种转变包含着形核和长大两过程。

由此可见,在该系合金中存在着两种不同的分解方式:①在固溶线与旋点曲线之间的合金,发生经典的包括形核和长大方式的脱溶;②在旋点曲线中间的合金,发生不形核的自发分解。

2. 调幅结构与性能

由不形核自发分解所得到的显微组织如图 10 - 17 所示,它由极细的、交替地均匀混合的两相所构成,通常称之为调幅结构。其特征是其中的两相仅成分不同而晶体结构相同,它们周期地有规则地排列着,在分解初期处于完全共格状态,没有明显的分界面。这种组织的粗细程度可用调幅结构的成分波长 λ 来度量,一般在 5 ~ 100 nm 范围。不少金属材料(如 Cu - Ni - Fe, Cu - Ni - Sn, Al - Zn, Au - Ni, Pt - Au, Fe - Ni - Al, Fe - Cr - Co 等)和无机玻璃中出现这种组织。

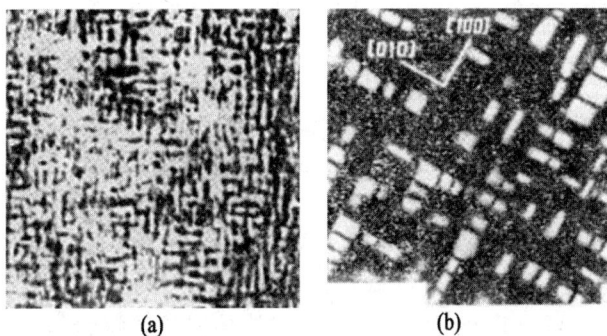

(a)　　　　　　　　　(b)

图 10 - 17　Cu - Ni - Fe 合金中的调幅结构(电镜照片)

3. 调幅分解与形核长大分解的比较

脱溶过程中形核长大方式的分解和调幅分解时的成分变化差异示于图 10 - 18 中。图 10 - 18(b)表示固溶体本身存在着范围较大而差别较小的成分起伏,溶质原子浓度的分布模型类似于正弦波。由于此时成分的任何起伏使系统自由能下降,而且,溶质原子是沿着使浓度梯度增加的方向发生迁移(即上坡扩散),因而相邻区域的浓度差别逐渐增大,最终形成溶质原子贫化区和富化区(其成分相当于图 10 - 18 中的 C_1 和 C_2)交替规则排列的两相混合物,

即所谓调幅结构。图 10 – 18
(a)代表经典的形核和长大
方式的脱溶，首先是在某些
区域形成富溶质原子的新相
晶核(其成分相当于 C_2)，在
晶核与基体之间的界面上存
在着成分和结构的不连续
性，然后新相晶核通过降低
基体中的浓度梯度的扩散方
式，不断地获得溶质原子的

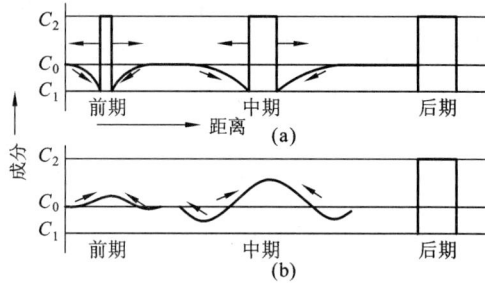

图 10 – 18　包括形核—长大的脱溶(a)
和调幅分解(b)的机制说明图

供应而长大。可见两种脱溶方式及成分的变化是完全不相同的。表 10 – 4 对这
两种脱溶方式进行了总结对比。

表 10 – 4　调幅分解和形核长大方式分解的对比

脱溶类型	自由能 – 成分曲线特点	条件	形核特点	新相成分与结构	界面特点	扩散方式	转变速率
调幅分解	凸	自发起伏	非形核	成分变化，结构不变	宽泛	上坡	高
形核长大	凹	过冷度，临界形核功	形核	成分、结构改变	明晰	下坡	低

　　调幅分解可使永磁合金(Fe – Ni – Al、Fe – Cr – Co 等)获得对磁性最有利
的组织(即具有一定取向的棒状铁磁性脱溶相嵌入到弱磁性或非铁磁性基体
中)，使磁性能提高。此外，利用含硼硅酸盐熔体的调幅分解还可以制造多微
孔石英玻璃，熔体冷却至分离温度以下，调幅分解为富 SiO_2 相和富 B_2O_3 碱性
氧化物相，其中后者溶于酸，故能借助合适的溶剂将其溶解掉，从而留下完全
穿透的多微孔玻璃。

10.2.6　脱溶物粗化——Ostwald 熟化

　　在脱溶后期，脱溶相为平衡相，尽管其成分与相对量已接近平衡态的数
值，但由于分散细小的颗粒使系统有很高的界面能。为了减小总的界面能，高
密度的细小脱溶物倾向于粗化成具有较小总界面、低密度分布的较大颗粒，即
发生颗粒的粗化。Ostwald 首先研究了颗粒粗化问题，文献中把这种颗粒粗化
称为 Ostwald 粗化或 Ostwald 熟化。

在任一沉淀硬化试样中，因形核与长大速度的不同，脱溶物总会存在一个尺寸范围。考虑图 10 – 19 所示分散在 α 相中的两个相邻、但大小不同（$r_1 > r_2$）的球形 β 脱溶相颗粒。由于吉布斯 – 汤姆逊效应，与小颗粒处于亚平衡的 α 相浓度 $C(r_2)$ 将明显高于与大颗粒处于亚平衡的 α 相浓度 $C(r_1)$、该浓度差将引起在 α 相中小颗粒周围的溶质原子向大颗粒周围扩散。扩散一旦发生后，原有的亚平衡被破坏。为了维持脱溶相与基体界面处的浓度平衡，必将发生小颗粒的溶解变小和大颗粒的不断长大，最终导致颗粒粗化。

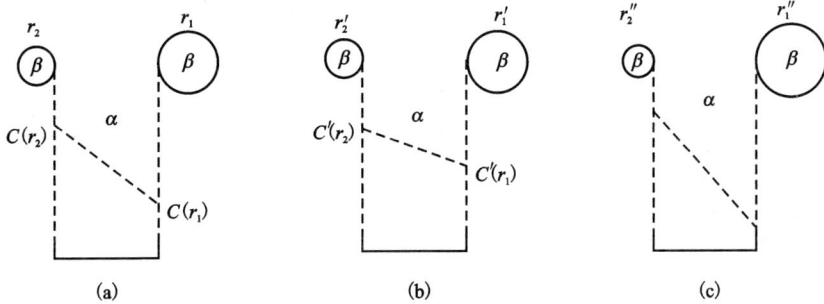

图 10 – 19　颗粒粗化示意图

（a）亚平衡 I；（b）亚平衡破坏；（c）亚平衡 II

为估算脱溶颗粒粗化速度，考虑一半径为 r 的球形 β 脱溶颗粒。设 β 相具有固定成分 C_β，与其平衡的母相 α 成分为 $C_\alpha(r)$，远离析出相的母相成分为 $C_0 \approx C_\alpha(\bar{r})$，$C_\alpha(\bar{r})$ 为与平均粒子半径 $\bar{r}$ 所对应的基体浓度。当 β 相颗粒以速度 $\dfrac{\mathrm{d}r}{\mathrm{d}t}$ 长大时，单位时间内吸收的溶质量为 $\dfrac{\mathrm{d}r}{\mathrm{d}t} \cdot 4\pi r^2 [C_\beta - C_\alpha(r)]$。很明显，这些溶质原子需要通过基体中的扩散来提供。令 ρ 为包围该颗粒某一球面的曲率半径，通过该面流向脱溶颗粒的溶质通量为 $4\pi\rho^2 D \dfrac{\mathrm{d}C}{\mathrm{d}\rho}$。

令

$$\frac{\mathrm{d}r}{\mathrm{d}t} 4\pi r^2 [C_\beta - C_\alpha(r)] = 4\pi\rho^2 D \frac{\mathrm{d}C}{\mathrm{d}\rho}$$

整理后得

$$\frac{\mathrm{d}\rho}{\rho^2} = \frac{D\mathrm{d}C}{\dfrac{\mathrm{d}r}{\mathrm{d}t} \cdot r^2 [C_\beta - C_\alpha(r)]} \tag{10 – 24}$$

式中，左端 ρ 的积分限是从 r 到 ∞，右端 C 的积分限从 $C_\alpha(r)$ 到 $C_\alpha(\bar{r})$，积分后

得

$$\frac{\mathrm{d}r}{\mathrm{d}t} = \frac{D[\,C_\alpha(\bar{r}) - C_\alpha(r)\,]}{r[\,C_\beta - C_\alpha(r)\,]} \tag{10-25}$$

对于稀溶体,吉布斯 – 汤姆逊方程为

$$C_\alpha(r) = C_\alpha(\infty)\left(1 + \frac{2\sigma V_m}{RTr}\right) \tag{10-26}$$

式中 $C_\alpha(\infty)$ 是粒子曲率半径为∞时界面处母相的浓度;σ 是界面能;R 是气体常数;V_m 为摩尔体积。将式(10 – 26)代入式(10 – 25),并取 $C_\beta - C_\alpha(r) \approx C_\beta - C_\alpha(\infty)$ 得

$$\frac{\mathrm{d}r}{\mathrm{d}t} = \frac{2D\sigma V_m C_\alpha(\infty)}{[\,C_\beta - C_\alpha(\infty)\,]RT}\frac{1}{r}\left(\frac{1}{\bar{r}} - \frac{1}{F}\right) \tag{10-27}$$

将式(10 – 27)中的 $\dfrac{\mathrm{d}r}{\mathrm{d}t}$ 与 r 之间的关系作图,可以更直观地看出两者之间的关系,见图 10 – 20。

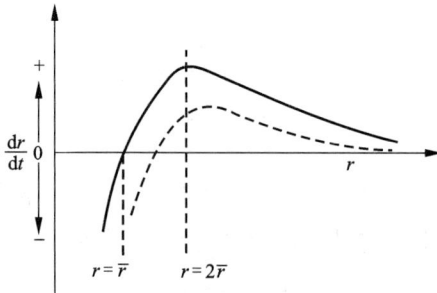

图 10 – 20　粒子粗化速度和粒子半径的关系

当 $r = \bar{r}$ 时,$\dfrac{\mathrm{d}r}{\mathrm{d}t} = 0$,这种尺寸的颗粒既不长大,也不溶解。

当 $r < \bar{r}$ 时,$\dfrac{\mathrm{d}r}{\mathrm{d}t} < 0$,小颗粒溶解,且颗粒愈小,溶解速度愈快。

当 $r > \bar{r}$ 时,$\dfrac{\mathrm{d}r}{\mathrm{d}t} > 0$,大颗粒长大,在 $\bar{r} < r < 2\bar{r}$ 的尺寸范围内,颗粒尺寸愈大,长大速度愈快。$r = 2\bar{r}$ 时颗粒长大速度最大。当 $r > 2\bar{r}$ 时,颗粒虽然继续长大,但长大速度逐渐减慢。

随着颗粒粗化的进行,$\bar{r}$ 逐渐增大,各种尺寸颗粒的粗化速度都相应降低,此时 $\dfrac{\mathrm{d}r}{\mathrm{d}t}$ 与 r 之间的关系如图 10 – 20 中的虚线所示。

$\bar{r}$ 随时间的变化规律可通过如下处理得到

$$\frac{\mathrm{d}\bar{r}}{\mathrm{d}t} \approx \left(\frac{\mathrm{d}r}{\mathrm{d}t}\right)_{max} = \frac{D\sigma V_m C_\alpha(\infty)}{2[C_\beta - C_\alpha(\infty)]RT(\bar{r})^2} \qquad (10-28)$$

积分后得

$$(\bar{r_t})^3 - (\bar{r_0})^3 = \frac{3}{2}\frac{D\sigma V_m C_\alpha(\infty)}{[C_\beta - C_\alpha(\infty)]RT}t \qquad (10-29)$$

式中，$\bar{r_t}$ 为 t 时刻粒子的平均半径；$\bar{r_0}$ 为初始时平均半径。由式(10-29)知，脱溶相的平均半径 $\bar{r_t}$ 随着 $t^{\frac{1}{3}}$ 的关系增大，并与 σ、$C_\alpha(\infty)$ 的立方根成正比。由此可以看出，共格界面的脱溶颗粒要比非共格脱溶颗粒粗化慢，降低溶质在基体中的溶解度也会使颗粒粗化速度减慢。

10.3　共析转变

10.3.1　Fe-C 合金中的共析转变

共析转变类似于共晶转变，但它是从固溶体母相中以相互协作的方式生长为结构、成分均不同于母相的两个新固相。一般表达式可写为：

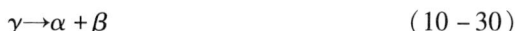

$$\gamma \rightarrow \alpha + \beta \qquad (10-30)$$

其中 α 和 β 相在共析组织中呈片状交替分布，并且在 α 和 β 晶体之间的公共界面上往往存在某种择优位向关系。

由于这种转变是在固态下进行的，原子扩散缓慢，因此共析转变速度比共晶转变低，需要有很大的过冷度，甚至可以完全被抑制。

可发生共析转变的材料很多，其中研究最多的是 Fe-C 合金。当 $w_C = 0.77\%$ 的奥氏体冷却到 A_1 温度以下时，奥氏体相对于铁素体(α)和渗碳体(Fe$_3$C)同时呈过饱和状态，而发生共析转变，即

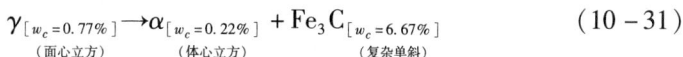

$$\gamma_{[w_c=0.77\%]} \xrightarrow{} \alpha_{[w_c=0.22\%]} + \mathrm{Fe_3C}_{[w_c=6.67\%]} \qquad (10-31)$$
$$\text{(面心立方)} \qquad \text{(体心立方)} \qquad \text{(复杂单斜)}$$

形成铁素体、渗碳体交替分布的片层状共析组织，由于其经抛光、侵蚀后在光学显微镜下的形态而得名珠光体。

珠光体的形成包含两个同时进行的过程：一个是碳的扩散；另一个是晶体点阵重构。片层方向大致相同的区域称为珠光体团，一个奥氏体晶粒内可以形成若干珠光体团，珠光体团中相邻两片渗碳体(或铁素体)的中心距称为珠光体的片间距 S_0(图 10-21)，其大小主要取决于形成温度。在连续冷却条件下，冷却速度越快，则过冷度越大，片间距越小，S_0 可用下列经验公式估算：

$$S_0 = \frac{8.02}{\Delta T} \times 10^3 \, \text{nm} \qquad\qquad (10-32)$$

高温转变形成的珠光体片间距大约在 150~450 nm 之间，在光学显微镜下便可显示珠光体的片层；较低温度形成的珠光体片层间距在 80~150 nm 之间，称为索氏体；在更低温度形成的极细片状珠光体片间距为 30~80 nm 左右，称为托氏体(又称屈氏体)，托氏体中的片层只有在电子显微镜下才能观察到。

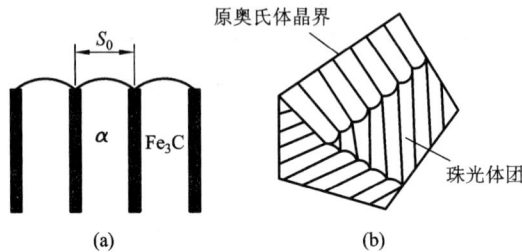

图 10-21　片状珠光体的片层间距和珠光体团示意图

(a)珠光体的片层间距;(b)珠光体团

10.3.2　珠光体的形成过程

1. 形核

共析转变的形核过程中，两个新生相中必然有一个领先形核。实验结果指出，珠光体几乎都是在晶界形核。由于奥氏体晶界常富集碳，有利于 Fe_3C 的形成，领先相很可能是 Fe_3C，此时 Fe_3C/γ 界面处碳随之贫化，又促使 α 相形成；这样相互协作形成的 $Fe_3C+\alpha$ 便构成了珠光体的晶核。其形核过程可如图 10-22 所示。

许多实验测定表明，由于界面能的因素，新相和母相之间存在着一定的晶体学取向关系。

$$(111)_\gamma /\!/ (110)_\alpha /\!/ \approx (001)_{Fe_3C}, \qquad [110]_\gamma /\!/ [111]_\alpha /\!/ [010]_{Fe_3C}$$

这一结果证实，珠光体形核确实存在协作关系。

2. 长大

珠光体核心一旦形成，与铁素体相接的奥氏体碳浓度 $C_{\gamma-\alpha}$ 较高，与 Fe_3C 相接的奥氏体碳浓度 $C_{\gamma-Fe_3C}$ 较低，奥氏体内部存在的碳浓度梯度将促使碳从高碳区向低碳区扩散，从而导致铁素体前沿奥氏体的碳浓度降低($<C_{\gamma-\alpha}$)，渗碳体前沿奥氏体的碳浓度升高($>C_{\gamma-Fe_3C}$)。在铁素体前沿的奥氏体将析出铁素体，使其碳浓度增高到平衡浓度 $C_{\gamma-\alpha}$；在渗碳体前沿的奥氏体将析出渗碳体，

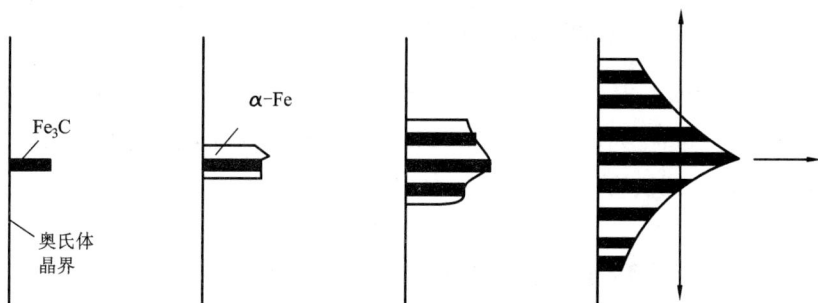

图 10 - 22　共析转变形核和长大示意图

使其碳含量降低到平衡浓度 $C_{\gamma-Fe_3C}$。这样在奥氏体中重新出现了碳浓度差，又会引起碳的扩散。扩散的不断进行促使珠光体不断长大（图 10 - 23），直到过冷奥氏体全部转变成珠光体为止。

当合金在共析温度以下长期保温时，片层状组织将转变为球状共析组织，即其中的一个相（如 Fe - C 合金系中的 Fe_3C）球化，这种球化的驱动力与沉淀相的球化一样，也是界面能的减少。

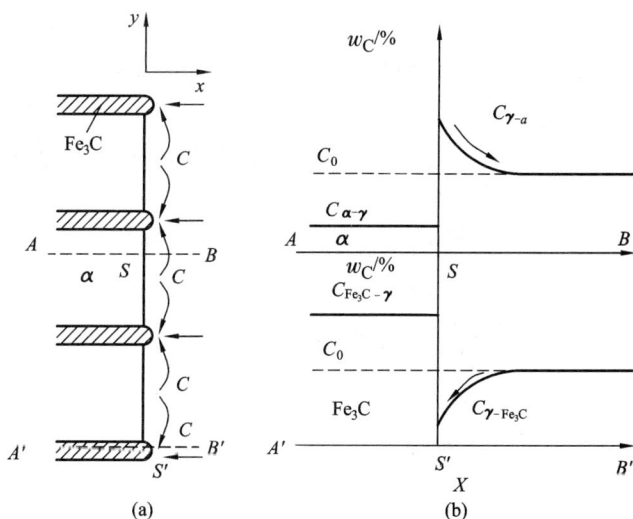

图 10 - 23　形成片状珠光体时碳的扩散示意图
（a）珠光体界面前沿碳的传输过程；（b）珠光体界面附近的碳浓度分布

10.3.3 珠光体的组织特点及力学性能

根据渗碳体的形状,钢中珠光体分为两种:一种是片状珠光体,由铁素体和渗碳体片层相间排列而成(图 10 - 24);另一种是粒状珠光体(图 10 - 25),其中渗碳体呈颗粒状均匀分布在铁素体基体上。

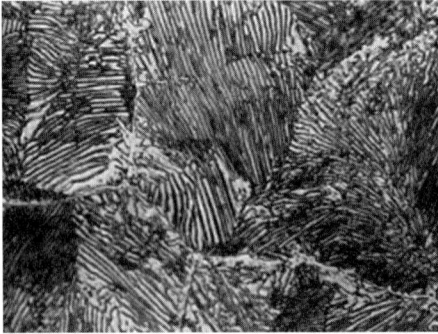 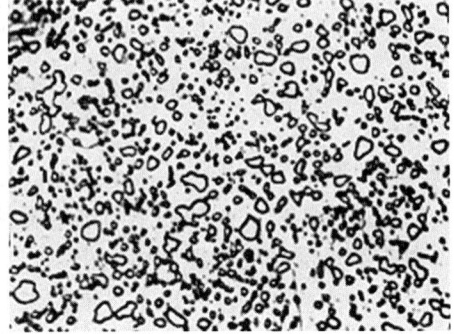

图 10 - 24 片状珠光体,×500   图 10 - 25 粒状珠光体,×500

由于珠光体的基体相是铁素体,较软、易变形,主要依靠渗碳体片分布其中来强化。渗碳体的强化作用不仅仅是依靠本身的高硬度,同时还依靠铁素体与渗碳体的相界面增大位错运动的阻力。珠光体片层间距较大时,相界总面积较小,因而强化作用也较小。同时较厚的渗碳体片不易变形,易脆裂,致使塑性和韧性降低;当珠光体片层间距较小时,相界总面积增大,强化作用显著,而且渗碳体片越薄,越容易随同铁素体一起变形而不脆裂。因此细片状珠光体(索氏体、托氏体)不但强度、硬度高,而且塑性、韧性也较好。渗碳体的形状对于珠光体的力学性能也有重要影响,在相同硬度下,粒状珠光体比片状珠光体的综合力学性能优越得多。

10.3.4 有色合金中的共析转变

1. 钛合金中的共析转变

纯钛在 882 ℃以上是体心立方结构,称为 β 钛;在此温度以下是密排六方结构,其 c/a 值约为 1.587,称为 α 钛。工业上应用的钛合金可分为:纯钛、α 钛合金、β 钛合金以及($\alpha + \beta$)钛合金四类。不少钛合金都存在共析转变。

图 10 - 26 所示为 Ti - Cr 合金相图。由其相图可知在 667 ℃ 左右存在一个共析转变：

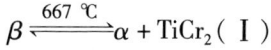

$$\beta \xrightleftharpoons{667\,℃} \alpha + TiCr_2(\text{I})$$

其共析成分为 14% Cr。在共析温度时，Cr 在 α - Ti 中的固溶度为 0.5% Cr。金属间化合物 $TiCr_2(\text{I})$ 是面心立方结构，点阵常数 a 为 0.6943 nm。当 Cr 含量达到 7% ~ 8% 时，在淬火条件下，β 相可保留到室温，获得 β 型 Ti - Cr 合金。Ti - Cr 合金的珠光体形貌如图 10 - 27 所示。可以是非片层状组织，也可以是片层状和非片层状的混合物。

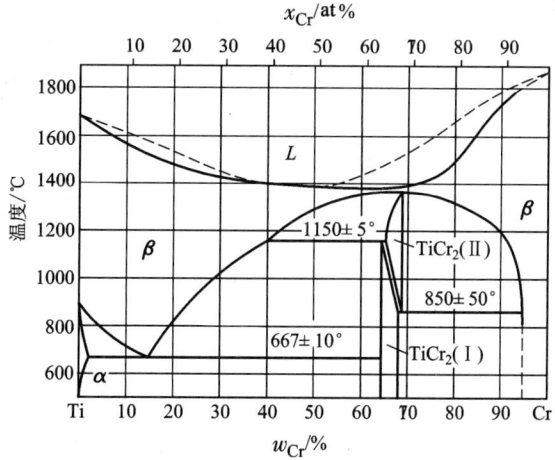

图 10 - 26　Ti - Cr 合金相图

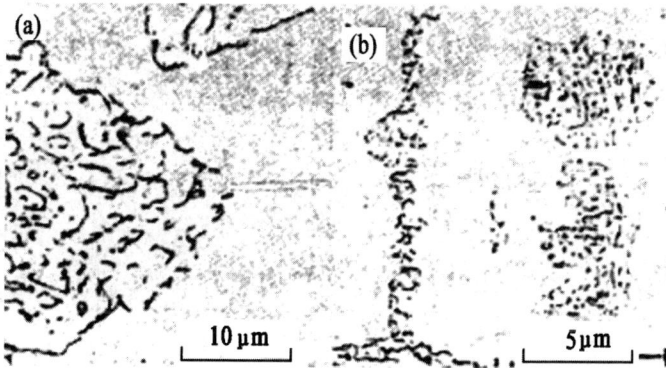

图 10 - 27　Ti - 17% Cr 合金共析转变产物金相组织(650 ℃等温 8 h)

（a）非片层珠光体，×2000；（b）非片层和片层状珠光体混合物，×500

2. 铜合金中的共析转变

在铜合金中，Cu - Al，Cu - Sn，Cu - Be 系均存在共析转变。对于 Cu - Al 合金，其富铜端的相图如图 10 - 28 所示，在 565 ℃ 存在一个共析转变：

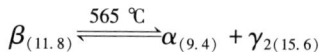

$$\beta_{(11.8)} \xrightleftharpoons{565\,℃} \alpha_{(9.4)} + \gamma_{2(15.6)}$$

β 相具有体心立方结构，γ_2 相是面心立方结构。其共析产物的光学金相组

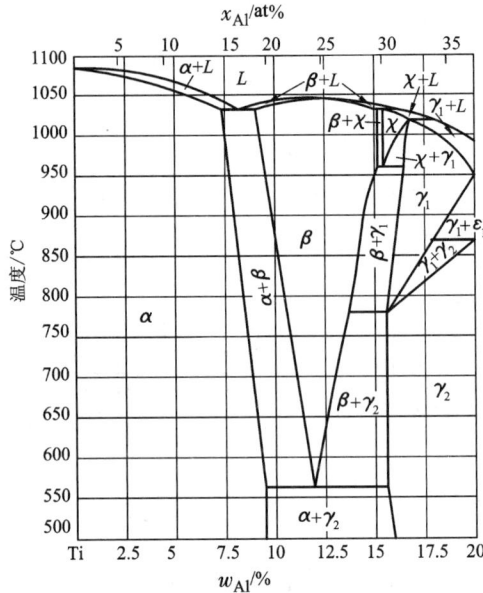

图 10 - 28　Cu - Al 相图富铜端

织 类 似 于 钢 中 的 珠 光 体，如图 10 - 29 所示。

在 Cu - Sn 合金中，有两个共析转变，分别为：

①共析温度为 586 ℃：

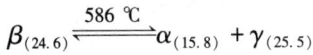

$$\beta_{(24.6)} \xrightleftharpoons[]{586 ℃} \alpha_{(15.8)} + \gamma_{(25.5)}$$

②共析温度为 520 ℃：

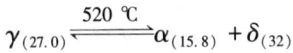

$$\gamma_{(27.0)} \xrightleftharpoons[]{520 ℃} \alpha_{(15.8)} + \delta_{(32)}$$

在 Cu - Be 合金中的共析转变是

图 10 - 29　Cu - 11.8％Al 合金

在 800 ℃固溶处理后炉冷的共析产物

（其中白色为 α 相，黑色为 γ_2 相）

$$\beta_{(6.0)} \xrightleftharpoons[]{575 ℃} \alpha_{(1.4)} + \gamma_{(11.5)}$$

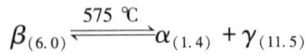

β 相为体心立方结构；γ 相是 CuBe 金属间化合物，具有面心立方结构。

在 Cu - Zn 合金中，有序的 β' 相具有体心立方结构，在体心位置为 Zn 原子，在 8 个顶角位置是 Cu 原子。250 ℃长时间等温可发生共析转变，形成 α + γ 的共析产物。

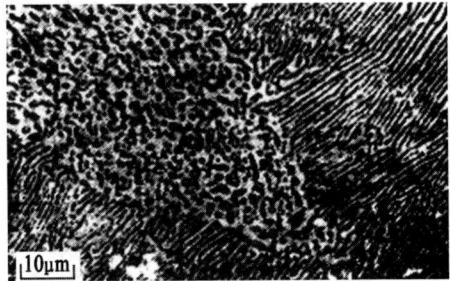

10.4 马氏体转变

马氏体最初只是指钢从奥氏体相区淬火后得到的组织,以纪念德国冶金学家马丁(Martens. A.)而命名。由奥氏体向马氏体的相变过程称为马氏体转变,由于这种相变发生在很大过冷状态下,相变过程中不发生碳原子的扩散,铁原子之间的相邻关系也保持不变,故称切变型无扩散相变。后来又陆续发现,在一些有色金属及许多合金中甚至在一些非金属化合物中都存在具有上述特征的相变,因而现在已把具有这种转变特征的相变统称为马氏体转变,其转变产物统称为马氏体。

10.4.1 马氏体转变的特点

和扩散型形核 – 长大方式的相变相比,马氏体转变具有以下一些特点:

1. 马氏体转变的无扩散性

马氏体转变的无扩散性早在 20 世纪 40 年代就已从实验上得到证实。一个极有力的证据是马氏体转变可以在相当低的温度范围内进行,并且转变速度极快。例如,Fe – C 和 Fe – Ni 合金,在 –20 ~ –196 ℃之间每一片马氏体的形成时间约为 $5 \times 10^{-5} \sim 5 \times 10^{-7}$s,显然,在这样低的温度下原子已几乎不能扩散,依靠原子扩散实现快速转变是不可能的。

2. 表面浮凸与切变共格

早在 20 世纪初就已发现,当预先抛光试样发生马氏体转变后,会在抛光表面出现浮凸,即马氏体形成时和它相交的试样表面发生倾动,一边凹陷,一边凸起(见图 10 – 30)。在显微镜光线照射下,浮凸两边呈现明显的山阴与山阳。

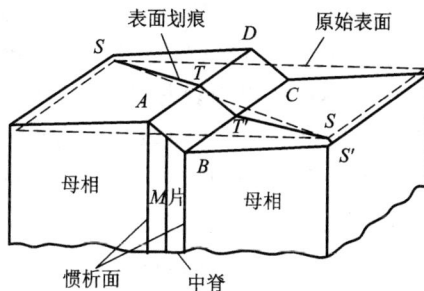

图 10 – 30 马氏体形成时引起的表面倾动

倘若在原抛光面上刻一直线划痕(图 10 – 30 中的虚线),发生马氏体转变之后,由于表面倾动直线划痕产生位移被折成几段折线($S\,T\,T'\,S'$),并且这些折线在母相与马氏体的界面处保持连续。这一实验结果表明,马氏体转变是以切变方式进行的,并且相变过程中母相和马氏体界面未发生畸变,保持着切变共格关系。

3. 惯析面及位向关系

马氏体转变时，马氏体总是在母相的一定晶面开始形成，这一定晶面称为惯析面。马氏体长大时，惯析面就成为两相的交界面。因为马氏体转变是以共格切变方式进行的，所以惯析面为近似的不畸变平面，即惯析面在相变过程中既不发生应变，也不发生转动。

不同材料马氏体转变时具有不同的惯析面。钢中已测出的惯析面有 $\{111\}_\gamma$、$\{225\}_\gamma$、$\{259\}_\gamma$。在有色合金中，惯析面通常为高指数面。例如，Cu－Zn 合金中马氏体的惯析面为 $\{2\ 11\ 12\}_\beta$，钛合金中马氏体的惯析面为 $\{344\}_{\beta1}$，Cu－Sn 合金中 β' 马氏体的惯析面为 $\{133\}_\beta$。

由于马氏体转变时新相和母相始终保持切变共格性，因此马氏体转变后的新相和母相之间通常存在着一定的晶体学位向关系。如对于铁基合金的 $\gamma \rightarrow \alpha'$ 马氏体转变，已观察到的位向关系有三种，即：

K－S 关系，$\{111\}_\gamma /\!/ \{011\}_{\alpha'}$，$[101]_\gamma /\!/ [111]_{\alpha'}$；

西山关系，$\{111\}_\gamma /\!/ \{110\}_{\alpha'}$，$[211]_\gamma /\!/ [110]_{\alpha'}$；

G－T 关系，$\{111\}_\gamma /\!/ \{110\}_{\alpha'}$，差 $1°$，$[211]_\gamma /\!/ [110]_{\alpha'}$，差 $2°$。

4. 马氏体转变的可逆性

马氏体转变具有可逆性，对于某些合金，冷却时高温母相转变为马氏体，重新加热时已形成的马氏体又可以逆转变为高温母相。冷却时的马氏体转变及重新加热时马氏体的逆转变通常都是在一个温度范围内完成的。冷却时马氏体开始形成温度记为 M_s，转变终了温度记为 M_f。逆转变时开始温度记为 A_s，终了温度记为 A_f。通常，A_s 温度要比 M_s 温度高。

5. 马氏体的显微形貌与亚结构

在铁基合金中，通常可以观察到两种不同的马氏体形貌，一种为板条马氏体，另一种为片状马氏体(亦称透镜状马氏体)。板条马氏体组织的示意图及其光学显微形貌如图 10－31(a) 和(b)所示。一个原始奥氏体晶粒可以形成几个位向不同的晶区，一个晶区内又可以包含几个平行的板条束，每一个板条束内又包括很多近乎平行排列的细长马氏体板条。每一个板条为一个单晶体，宽度约 $0.025 \sim 2.2\ \mu m$ 之间，密集的板条之间通常由残余奥氏体隔开。而每个板条内通常又有非常高的位错密度，其数量级约为 $(0.3 \sim 0.9) \times 10^{12} cm^{-2}$。

图 10－31(c) 和(d)是典型的片状马氏体形貌示意图及其光学显微形貌。片状马氏体在光学显微镜下呈针状或竹叶状，马氏体相互不平行，片状马氏体在大小上存在着明显差异，较大的片不仅长度长，宽度也宽。此外还可看到，马氏体片之间具有明显的角度，这是和板条马氏体截然不同的。在平行于透镜片状马氏体长轴的中部，有一根或两根平行的直纹，称之为"中脊"。片状马氏体

的亚结构为成叠的孪晶，所以透镜片状马氏体又称孪晶马氏体。在铁基合金中这些孪晶很细，需在电镜下才能观察到，但在 Au – Cd 及 In – Tl 等合金中，马氏体中的孪晶较宽，在光学显微镜下就可看到。

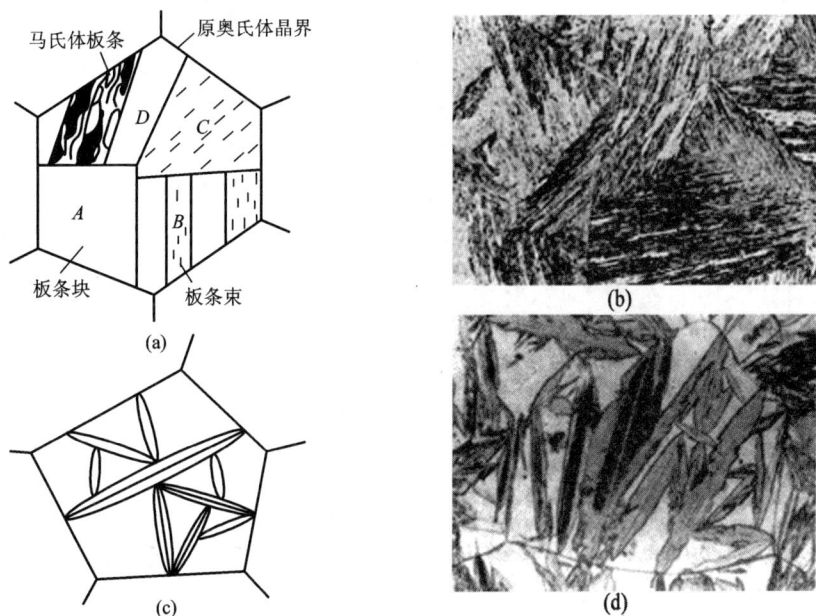

图 10 – 31　马氏体的显微形貌示意图及其光学显微形貌
(a)板条状马氏体示意图；(b)0.03C – 2Mn 钢中的板条状马氏体组织；
(c)片状马氏体示意图；(d)Fe – 32Ni 合金中的片状马氏体组织

10.4.2　马氏体转变热力学

1. **转变驱动力与转变温度**

和其他相变一样，马氏体转变的驱动力也是新相与母相的自由能之差。同一成分合金的马氏体与母相的自由能随温度的变化如图 10 – 32 所示。图中 T_0 是两相热力学平衡温度，在该温度下马氏体自由能 G^M 与母相自由能 G^A 相等。若以 $\Delta G^{A \to M}$ 表示在其他温度下马氏体与母相的自由能之差，则有

$$\Delta G^{A \to M} = G^M - G^A$$

当 $\Delta G^{A \to M} > 0$ 时，马氏体的自由能高于母相自由能，不会发生母相向马氏体的转变。$\Delta G^{A \to M} < 0$ 时，马氏体比母相稳定，母相有向马氏体转变的趋势，故 $\Delta G^{A \to M}$ 为母相向马氏体转变的驱动力。由图 10 – 32 还可看到，马氏体转变的开

始温度 M_s 是处于 T_0 以下的某一温度。这表明，只有当温度达到 M_s 以下时，才有足够的驱动力促使马氏体转变发生。在 $M_s \sim T_0$ 之间的温度，尽管有一定的驱动力，但还不足以使相变发生。马氏体重新加热时的逆转变可采用类似的方法处理。以 $\Delta G^{M \to A}$ 表示母相与马氏体的自由能之差，当 $T > T_0$ 时 $\Delta G^{M \to A} < 0$，即有逆转变的驱动力，当温度达 A_s 以上时其驱动力便可大到促使马氏体发生逆转变。这种必须在低于或高于平衡温度 T_0 的温度下才开始转变的现象称为热滞现象。

　　为什么马氏体转变必须在比较大的过冷度下才能发生呢？这是因为马氏体转变将引起形状和体积的变化，从而产生很高的应变能。只有相变驱动力大到足以克服因高应变能所造成的相变阻力，新相才有生长的机会。

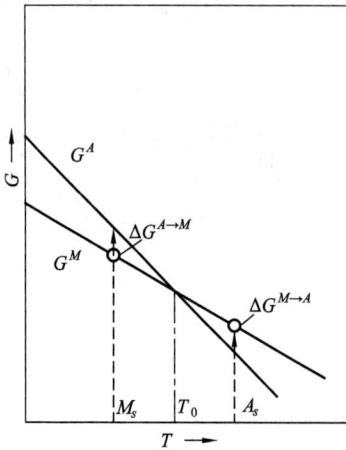

图 10-32　母相和马氏体的自由能
与温度的关系示意图

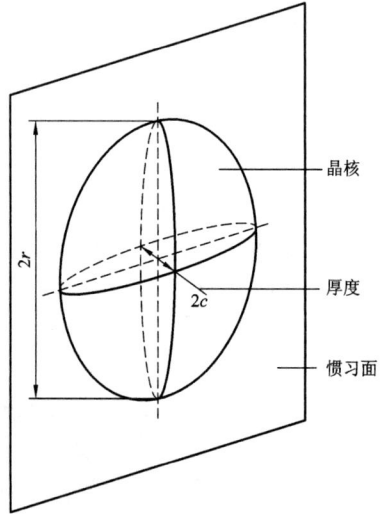

图 10-33　马氏体核心模型

2. 马氏体的形核

　　设马氏体核心为凸透镜状，其半径为 r，中心厚度为 $2c$，而且 $r \gg c$（见图 10-33），则此时核心的近似体积为 $\frac{4}{3}\pi r^2 c$，表面积为 $2\pi r^2$。按照均匀形核的经典理论，形核时系统自由能的变化 ΔG 应为：

$$\Delta G = \frac{4}{3}\pi r^2 c \Delta G_v + 2\pi r^2 \sigma + \frac{4}{3}\pi r^2 c\left(A \times \frac{c}{r}\right) \qquad (10-33)$$

式中 ΔG_v 为单位体积自由能差，σ 为单位面积表面能，$A \times \frac{c}{r}$ 为单位体积应变能（A 为弹性应变能因素），令

$$\frac{\partial(\Delta G)}{\partial r} = 0$$

$$\frac{\partial(\Delta G)}{\partial c} = 0$$

由此可求出临界晶核的 r_K，c_K 和与之相对应的形核功 ΔG_K

$$r_K = \frac{4A\sigma}{(\Delta G_v)^2}; \; c_K = \frac{-2\sigma}{\Delta G_v} \qquad (10-34)$$

$$\Delta G_K = \frac{32\pi A^2 \sigma^3}{3(\Delta G_v)^4} \qquad (10-35)$$

Cohen 把 Fe–30at% Ni 合金（M_s 点为 233 K）的有关数值代入（10–34）、（10–35）式得出 $r_K = 49$ nm，$c_K = 2.2$ nm，$\Delta G_K = 5.44 \times 10^8 \text{J} \cdot \text{mol}^{-1}$。很显然在 233 K 这样低的温度要支付这么大的热激活能是不可能的。因此，即使对可观测形核孕育期的等温马氏体转变，经典的形核理论也不适合于马氏体的形核。

　　因此，人们意识到马氏体的均匀形核是不可能的。若晶核在缺陷处形成，则形核势垒 ΔG_K 以及晶核的临界尺寸都可以减小。在某些特定条件下，非均匀形核甚至可以是无势垒的。当面心立方母相转变成六方马氏体时，转变可通过在母相中若干适当间距的位错分解成由层错隔开的不全位错的运动来实现。层错能与温度有关，在 T_0 以下时为正值，因此造成无势垒形核。此外，位错的应变场在一定的情况下能够与马氏体晶粒的应变场产生有利的交互作用，从而降低形核势垒。

10.4.3　马氏体转变动力学

　　马氏体转变按其动力学特征不同可分为以下几类：

　　1. 变温转变

　　前面已经谈过，奥氏体只有过冷到 M_s 以下才会发生马氏体转变，温度降至 M_f 转变即停止。所谓变温转变是指在 M_s 以下，马氏体的转变量随温度的连续降低而不断增加，当温度保持不变时，转变不再进行，随后再降低温度，转变又重新开始。

　　这种转变又可分为以下两种情况：

　　（1）变温形核，恒温瞬时长大

　　Fe–Ni，Fe–Ni–C 合金属于这种情况。马氏体的形成实质上只取决于形核，一定温度下马氏体的核心数目是一定的，温度降低，马氏体形核数才增加，

而马氏体核心一旦形成，在一定温度下瞬时即可长大到最后尺寸。当第一批马氏体长大到极限尺寸后，即行停止。若要继续发生马氏体转变，就必须再次降低温度，可见这种马氏体转变是变温式的。马氏体的量由形核率以及每一片马氏体的极限尺寸所决定，而与生长速率无关，这种马氏体转变是在比较大的过冷度下发生的，驱动力比较大，所以一旦形核，便可迅速长大(长大线速度约为10^5 cm/s，相当于音速的三分之一)。

　　一些 M_s 温度低于 0 ℃的合金冷至 M_s 以下某一温度 M_b 时，会在瞬间(约几分之一秒)爆发式地形成大量马氏体。这种马氏体是由于先形成的高速生长的马氏体具有激发另一片马氏体形成的作用，称"自催化效应"，因而产生了连锁反应。

　　(2)变温形核，变温长大

　　Au – Cd，Cu – Al 合金属于这种情况。其特点是马氏体的量随温度的下降而增多，马氏体核心一旦形成，就立刻成长到一定大小，但并不是它们的最后尺寸。当温度再降低时，除继续产生新的核心外，已经形成的马氏体只要分界面上的共格关系未受到破坏，它还会继续伸长和加厚，变温长大的原因是由于这种马氏体转变是在比较小的过冷度下开始的，驱动力较小，不足以提供一片马氏体充分成长所需要的应变能和其他非化学的能量，因此长大到一定程度后即停止。如果温度再下降，驱动力有所增加，那么马氏体片又获得继续长大的能力，表现出热弹性平衡的特征。

　　2. 恒温转变

　　实验发现有些合金(如 Fe – Ni – Mn、马氏体时效钢、锰铜钢、高速钢、U – Cr 合金、β – U 等)，当急冷到低于 M_s 的某一温度保温时，马氏体的量将继续随时间增加而增多，即发生了马氏体的恒温转变。这种在恒温保持时所形成的马氏体称为恒温马氏体。图

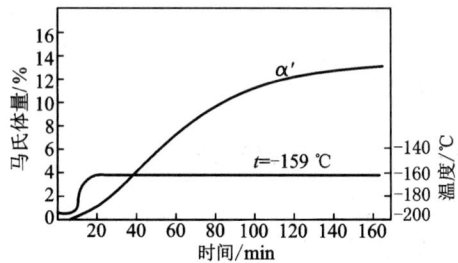

图 10 – 34　锰铜钢的恒温转变

10 – 34 是锰铜钢(0.7% C、6.5% Mn、2% Cu)恒温马氏体转变动力学曲线，图中一条曲线(标以 t = – 159 ℃)表示温度与时间的关系，另一曲线(标以 α')表示马氏体量与时间的关系。由图可见，将合金自奥氏体状态急冷到液氮(– 196 ℃)几乎可以完全阻止发生相变，而得到 100% 的奥氏体。然后，把样品升温到 – 159 ℃，并在此温度等温停留，结果观察到奥氏体在恒温下转变为马氏体，马氏体量随时间而逐渐增多(如图中 α' 曲线所示)。图 10 – 35 是 Fe – Ni – Mn

合金马氏体转变的时间 – 温度 –
转变量的关系曲线（TTT 曲线），
曲线具有 C 曲线的特征。由图可
见，马氏体的等温转变有明显的
孕育期，表明转变需要通过热激
活才能形核。通常这种转变都不
能进行到底，完成一定的转变量
后便停止了。某些合金可以兼有
恒温和变温的马氏体转变。要研
究恒温转变的基本性质，最好是
在没有变温马氏体存在的情况下进行。

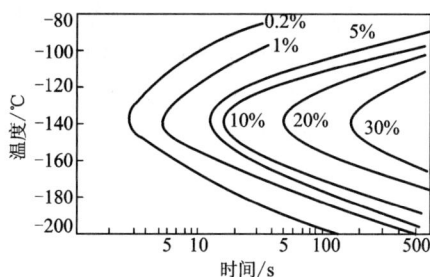

图 10 – 35　镍锰钢（23.2% Ni、3.62% Mn、
0.06% C）的马氏体恒温转变曲线

10.4.4　马氏体转变晶体学

马氏体转变不但包括微观的点阵改组及特定的晶体学关系（如惯析面和取
向关系等），而且还产生了由于宏观变形所引起的表面浮凸，一个正确的马氏
体转变机制应当能完满地解释所有这些变化，然而到目前为止，还没有哪一种
机制能完全做到这一点。下面对一些代表性的马氏体转变机制进行简单介绍。

1. Bain 模型

1924 年 E. C. Bain
提出了一个由奥氏体面
心立方晶胞转变为马氏
体的体心正方晶胞的模
型。图 10 – 36（a）表示
两个面心立方晶胞以公
有的（010）面相连接。
位于此（010）面中心的
原子同时也位于该图所
示的正方晶胞的体心上。
这个正方晶胞是一个
$c/a = \sqrt{2}/1$ 的体心正方晶
胞［见图 10 – 36（b）］。
Bain 提出，如果这个晶
胞沿 $(x_3)_M$ 方向收缩

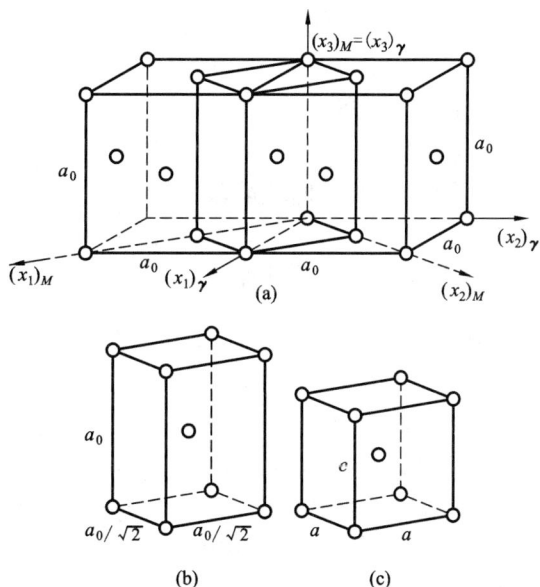

图 10 – 36　贝茵模型示意图

18%，而沿$(x_1)_M$和$(x_2)_M$方向膨胀12%，就可得到与Fe-C合金的点阵常数相符合的正方马氏体晶胞[见图10-36(c)]。这种通过沿晶轴膨胀、收缩的方法把一种晶格转变为另一种晶格的简单畸变称为"贝茵畸变"。

按照这种机制进行转变，奥氏体与马氏体之间应当存在以下点阵对应关系（或称为贝茵对应关系）：

$$[100]_M \rightarrow [1\bar{1}0]_\gamma$$
$$[010]_M \rightarrow [110]_\gamma$$
$$[001]_M \rightarrow [001]_\gamma$$
$$[112]_M \rightarrow [101]_\gamma$$

贝茵机制虽然能比较清晰地说明在马氏体转变过程中只需原子作小量位移，就可获得晶体结构的改组，但是，它不能解释宏观切变所引起的浮凸以及不畸变平面（即惯析面）的存在等。而且，由这种机制所引导出来的点阵对应关系也与实验结果不符。因此，这种理论是不完善的。

2. G-T机制

1949年A. Greninger和A. R. Troiano仔细地研究了Fe-22Ni-0.8C合金单晶马氏体转变的晶体学关系，在此基础上提出一个"两次切变"的马氏体转变机制（简称为G-T机制）。如图10-37所示，首先沿接近于$\{259\}_\gamma$的惯析面上发生第一次均匀切变，产生全部的宏观变形，在表面形成浮凸。但此阶段的转变产物还不是马氏体，而是复杂的三菱结构，不过它有一组晶面其间距及原子排

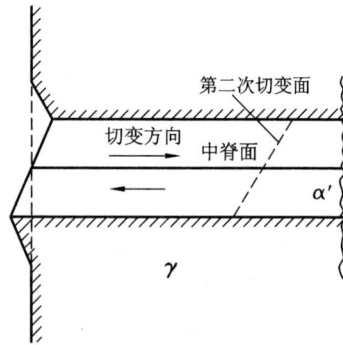

图 10-37　马氏体转变的 G-T 机制

列和马氏体的$(112)_{\alpha'}$相同；第二次切变在$(112)_{\alpha'}$晶面沿$[11\bar{1}]_{\alpha'}$方向进行，此切变被限制在三菱点阵范围内，并且是宏观不均匀的切变，切变时只发生点阵改组而不改变第一次切变所形成的浮凸。经过这次切变之后，再作微小的调整，就可使点阵转变成体心正方的马氏体结构。

G-T机制比以前提出的机制较为完善，它既可说明马氏体转变时结构的变化和取向关系，又联系了惯析面和浮凸效应，但不能解释碳钢（<1.4%C）马氏体转变的取向关系。

3. 晶体学表象理论

1953年M. S. Wechsler, T. A. Read和D. S. Lieberman等人提出了马氏体转

变的表象晶体学理论。该理论只是描述转变初始与终了的晶体学状态，而不涉及转变过程中原子的实际迁移过程。

表象理论把马氏体转变的整个变形看成三种变形的组合。

①基于 Bain 机制的晶格变形，使母相的点阵改造为马氏体所需要的晶体结构，并引起转变区域宏观的形状变化，在晶体表面产生浮凸现象。

②晶格不变切变。这种切变是在保持第一个动作所产生的新点阵不再改变的前提下，通过马氏体内部微区中的滑移或孪生来实现的，常称之为"点阵不变应变"，由此可得到不畸变平面。

③晶格的整体刚性转动。这种转动使不畸变平面恢复到原始的位置，从而得到既不旋转又无畸变的惯析面。图 10 – 38 是按这种机制进行马氏体转变的示意图。

表象理论可以比较准确地描述更多的合金系（包括黑色和有色合金）中马氏体转变的主要特征，由数学物理方法计算得来的相变晶体学关系与实测的比较接近。

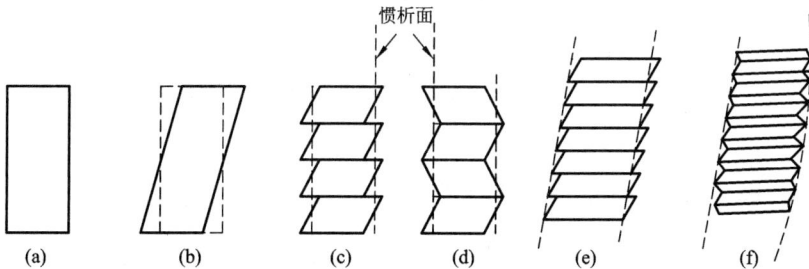

图 10 – 38　通过两次切变形成马氏体片的示意图

（a）原始状态；（b）宏观的均匀切变；（c）通过滑移而实现的点阵不变应变；
（d）通过孪生而实现的点阵不变应变；（e）包含有滑移的马氏体片；（f）包含有孪生的马氏体

10.4.5　热弹性马氏体和马氏体转变的可逆性

当马氏体形成时由于新旧两相的比容不同以及在界面要保持共格联系，马氏体片和基体之间处于一种应变状态。对于那些马氏体转变热滞值小、新旧相间比容变化小的合金（如 Au – Cd, In – Tl 等），在一定温度下，马氏体片长大到一定尺寸后，其弹性应变能已增加到与化学自由能相等，此时马氏体片的长大便暂时停止，达到一种热弹性平衡状态。不过，此时相变所产生的应力尚未超过母相的屈服点，没有在母相基体内引起塑性变形，因此共格联系未被破坏。如果再继续降低温度或施加一外应力，则相变又获得了驱动力，马氏体片重新长大。但是，达到一种新的平衡状态后长大又暂时停止。反之，如果升高温度或取消外应力，则转变就向相反的方向进行，即马氏体逆转变为奥氏体，马氏体片就缩小，甚至完全消失。在这种情况下，只要马氏体界面上的共格性未被破坏，则马氏体片可随着驱动力的改变而反复发生长大或缩小。具有这种特征的马氏体称为"热弹性马氏体"。

具有热弹性马氏体转变的合金会产生"超弹性"和"形状记忆效应"。

如果把这种合金在 M_s 以上温度施压应力时，通常会诱发马氏体转变，所得马氏体称为应力诱发马氏体，并产生宏观应变，一旦取消应力，这种马氏体又会逆变为奥氏体，应变完全恢复。这种现象称为"超弹性"。具有超弹性的合金在应力作用下的可恢复应变是普通金属的几十倍甚至上百倍，在工业上有广泛用途。

如果将这种具有热弹性转变的合金在一定条件下施加外力或将其冷却到该合金的 M_s 点(或 M_f 点)以下并使之发生形状改变，如果再将这种合金加热到高温相状态(即 A_s 点以上)使马氏体发生逆转变，此时合金又会自动地恢复到变形前的形状。这种现象称为"形状记忆效应"。

目前已发现数十种合金具有形状记忆效应，而且形状记忆合金已在航空、能量转变、医疗器械、电子仪器、机械量具等方面得到应用。这种新材料的产生和发展是以热弹性马氏体转变作为理论基础的。

10.4.6　非金属材料中的马氏体转变

在无机和有机化合物、矿物质、陶瓷以及水泥的一些晶态化合物中也有切变型转变，部分实例列于表 10 – 5 中。

在无机非金属材料研究中最早使用"马氏体转变"一词的是在陶瓷领域。1963 年 Wolten 根据 ZrO_2 中正方相 $t \to$ 单斜相 m 的转变具有变温、无扩散及热滞的特征，建议将这种转变称为马氏体转变。之后又发现，ZrO_2 中的 $t \to m$ 相变还表现出表面浮凸及相变可逆的特点，近年来陶瓷界对于"马氏体转变"一词已经普遍接受，并对含 ZrO_2 陶瓷中的马氏体转变进行了大量研究。同时在利用马氏体转变来改善陶瓷韧性方面取得很大进展。

在 ZrO_2 中加入某些稳定正方相 t 的氧化物，如 CaO，Y_2O_3，CeO_2 等，使其高温 t 相能在室温下保持。当这类陶瓷受力出现裂纹扩展时，裂纹尖端处在拉应力作用下会发生 $t \to m$ 马氏体转变。由于这种相变会吸收部分断裂能量，因而使陶瓷呈现出较高的强度和韧性。根据这一原理，现已开发出三种增韧的 ZrO_2 陶瓷：含有立方相及正方相的部分稳定氧化锆(PSZ)；仅含正方相的多晶体氧化锆(TZP)；在其他陶瓷(如 Al_2O_3)基础上弥散分布增韧氧化锆的复合型陶瓷。

表 10 - 5　具有点阵切变型转变的非金属

化合物种类		化合物分子式	切变型转变
无机化合物	碱金属卤化物和卤砂	MX、NH_4X	NaCl 立方⇔CsCl 立方
	硝酸盐	$RbNO_3$	NaCl 立方⇔菱形 CsCl 正交
		KNO_3、$TlNO_3$、$AgNO_3$	正交⇔菱形
	硫化物	MnS	闪锌矿型⇔NaCl 立方
			纤锌矿型⇔NaCl 立方
		ZnS	闪锌矿型⇔纤锌矿型
		BaS	NaCl 型⇔CsCl 型
矿物质	辉石链硅酸盐	顽辉石($MgSiO_3$)	正交⇔单斜
		硅辉石($CaSiO_3$)	单斜⇔三斜
		铁硅酸盐($FeSiO_3$)	正交⇔单斜
	硅石	石英	三角⇔六角
		鳞石英	六角与纤锌矿有联系的结构
		方晶石	立方⇔四方与闪锌矿有联系的结构
陶瓷	氮化硼	BN	纤锌矿型⇔石墨型
	碳	C	纤锌矿型⇔石墨
	二氧化锆	ZrO_2	四方⇔单斜
有机化合物	链型聚合物	聚乙烯$(CH_2-CH_2)n$	正交⇔单斜
水泥	二钙硅酸盐水泥	$2CaO·SiO_2$	三角⇔正交⇔单斜

除含 ZrO_2 陶瓷中的马氏体转变外，现已确认在一些其他无机非金属材料中也存在马氏体转变。例如，压电材料 $PbTiO_3$，$BaTiO_3$ 及 $K(Ta, Nb)O_3$ 等钙钛氧化物高温顺电性立方相→低温铁电性正方相的转变，高温超导体 $YBaCu_2O_{7-x}$ 高温顺电相→超导立方相的转变均为马氏体转变。

此外，在某些晶态聚合物材料中会出现同素异构转变。例如，在 PTFE(聚四氟乙烯)中，满足没有或弱热激活条件的转变，可以认为是一种无扩散型转变或马氏体转变。这种聚合物晶化分子链平行于 c 轴。原子沿这些链排列成螺旋结构，沿 c 轴的周期在 α 构型中是 13 个 C_2F_4 单元，而在 β 构型中是 15 个 C_2F_4 单元。α 螺旋构型→β 螺旋构型的转变出现在 19 ℃附近。在转变过程中，螺旋构型的弛豫并不会导致分子在 c 轴方向上的比长度增加。而分子直径的增加，致使 a 轴方向的点阵参数增大，使其比体积增加约 10%。如果那些分子已经经塑性变形而取向排列，则观察到的形状变化可能会增加。对这一转变所作的分析可得到这样的结论，即 PTFE 转变是通过自由体积切变引起的无扩散转变。

由结晶蛋白质构成的生物材料在完成其生命功能的过程中也经历一些马氏体转变。例如，在 T4 细菌噬菌体中尾翼鞘的收缩可被描述为一种不可逆应变诱发马氏体转变，而在细菌的鞭毛中的多形态转变似乎是应力辅助的马氏体转变，并具有形态记忆效应。

10.5　贝氏体转变

贝氏体转变是由 Bain E. C. 等人在研究钢中奥氏体分解反应时所确认的不同于珠光体转变的一种相变，转变组织则称为贝氏体。

10.5.1　贝氏体转变的特点

1. 贝氏体转变包括形核与长大两个过程

贝氏体是 α 相($\alpha - Fe$) + Fe_3C 的两相组织，转变的化学反应式与珠光体转变一样：

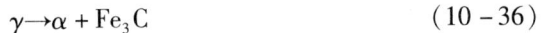

$$\gamma \rightarrow \alpha + Fe_3C \tag{10-36}$$

但是，贝氏体转变的温度低于珠光体转变，因而过冷度 ΔT 大，所以贝氏体转变的驱动力 ΔG_v 较大。

贝氏体转变也是一个形核和长大的过程。转变通常需要一定的孕育期，在孕育期内，由于碳在奥氏体中重新分布，造成浓度起伏，随着过冷度增大，奥氏体成分越来越不均匀，进而形成富碳区和贫碳区，在含碳较低的部位首先形成铁素体晶核。铁素体形核后，当浓度起伏合适且晶核尺寸超过临界尺寸时便开始长大，在其长大的同时，过饱和的碳从铁素体向奥氏体中扩散，并于铁素体板条之间或在铁素体内部沉淀析出碳化物。

2. 贝氏体转变是通过切变方式进行的

贝氏体转变发生时在试样抛光表面上显示出与马氏体相变类似的浮凸效应。同时贝氏体中铁素体与奥氏体保持共格联系并在特定晶面上析出。例如，在中、高碳钢里，上贝氏体中铁素体的惯析面近于 $\{111\}_\gamma$，而下贝氏体的惯析面近于 $\{225\}_\gamma$，分别与低碳马氏体和高碳马氏体的惯析面相同。

此外，贝氏体中铁素体与母相奥氏体保持严格的晶体取向关系。例如，共析钢在 350～450 ℃ 之间形成的上贝氏体中，铁素体与奥氏体间存在西山关系：$(111)_\gamma // (110)_\alpha$，$[211]_\gamma // [110]_\alpha$。所有这些转变特征都和马氏体转变类似。

3. 贝氏体转变的不完全性

与上述问题密切相关的是贝氏体转变的不完全现象。某些合金钢中，在珠光体转变 C 曲线与贝氏体转变 C 曲线完全分离的温度区间保温，过冷奥氏体完全不能转变成贝氏体，转变量为零。这个温度区的下限最高温度定义为 B_s。在 B_s 以下的一定温度范围内保温，通常等温转变到一定程度即行停止。贝氏体转变的不完全度，随等温温度的降低而减小。

10.5.2　贝氏体的类型与组织形态

贝氏体有多种形态，最常见的是上贝氏体和下贝氏体，有时还可以见到粒状贝氏体、无碳化物贝氏体、准贝氏体、柱状贝氏体及反常贝氏体等。

1. 上贝氏体($B_上$)

钢中典型的上贝氏体由成簇分布的平行条状铁素体和条间存在的不连续条状渗碳体所组成。其形成温度较高，多在奥氏体晶界成核，自晶界的一侧或两侧向晶内长大，光学显微镜下呈羽毛状特征(图 10 – 39)。随钢中碳含量的增加，条状铁素体变薄，位错密度升高，渗碳体的数量增加，渗碳体形态依次由颗粒状变为链珠状、短杆状，直至不连续条状。典型上贝氏体中铁素体的惯析面为 $\{111\}_\gamma$，转变产生的浮凸具有多重起伏特征。

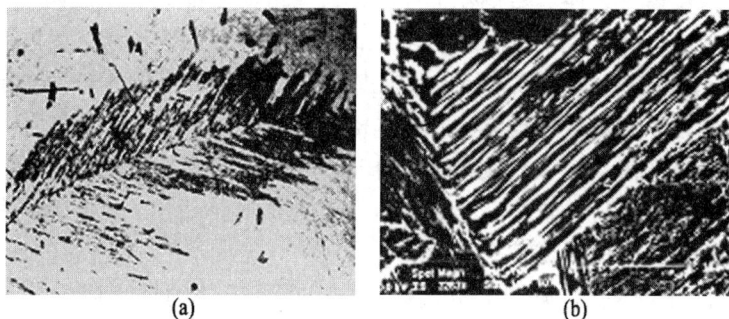

图 10 – 39　典型上贝氏体

(a)光学显微组织照片，×500；(b)扫描电镜形貌

2. 下贝氏体($B_下$)

典型下贝氏体的基本特征是针状或片状铁素体内分布呈一定角度排列的 ε – 碳化物，各下贝氏体之间都有一定的交角，在光学显微镜下观察，下贝氏体呈黑色针状，如图 10 – 40 所示。下贝氏体成核部位既可在奥氏体晶界，也可在奥氏体晶粒内部。下贝氏体的立体形貌呈透镜片状，亚结构也是高密度位错，

未发现孪晶亚结构。下贝氏体形成时产生表面浮凸与上贝氏体不同，呈"V"或"∧"形。

3. 其他类型贝氏体

①粒状贝氏体。一般是在稍高于上贝氏体的形成温度下形成的，这一组织多在低、中碳合金钢中出现，它是由条状铁素体与岛状物组成。岛状物由富碳奥氏体或其转变产物组成，多数情况下为马氏体和奥氏体，故称 M – A 岛。

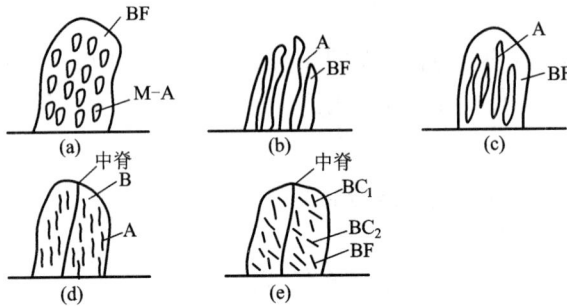

图 10 – 40　贝氏体组织形态示意图

(a)粒状贝氏体；(b)无碳化物贝氏体；(c)准上贝氏体；(d)准下贝氏体；(e)特殊下贝氏体

②无碳化物贝氏体。是钢在上贝氏体转变区的上部温度范围内形成的，试样表面浮凸多呈"∧"形，这种组织多在低、中碳合金钢中出现，在奥氏体晶界形核，最终成长为一组大致平行的铁素体条，板条尺寸及间距较宽，条间夹有富碳奥氏体，其晶体学特征与上贝氏体相同。

③准上贝氏体。由条状铁素体和条间的残余奥氏体薄膜组成，主要在低、中碳低合金钢中出现，加入一定量的 Si 可控制渗碳体析出，使贝氏体中的铁素体条间的残余奥氏体保留下来。

④准下贝氏体。与典型下贝氏体不同，在贝氏体的铁素体内按一定角度(与板条轴线方向呈 20°夹角)排列着残余奥氏体。准下贝氏体的铁素体条内可观察到许多亚板条。它常在中、高碳并含有 Si 的钢中出现，而且在等温时间较短时容易见到。

⑤特殊下贝氏体。若延长等温时间，准下贝氏体中的残余奥氏体将析出 ε – 碳化物，进一步延长等温时间会使 ε – 碳化物转变成 $Fe_3C(BC_1)$，它们分布在与贝氏体中的铁素体条轴线约呈 20°角的方向上，表明 BC_1 源于奥氏体。在贝氏体中的铁素体内还有与轴线呈 50° ~ 60°角的 $Fe_3C(BC_2)$。

以上这些贝氏体的形貌示意图如图 10 – 40 所示。此外还有所谓反常贝氏体及柱状贝氏体。前者出现在过共析钢中，以渗碳体为领先相。后者出现在高碳合金钢中，铁素体呈柱状，铁素体中的碳化物规则排列。

10.5.3　贝氏体转变的机制

贝氏体转变具有形核长大及类似马氏体切变的双重特征，但究竟哪一个在相变过程中占主导地位长期以来一直是人们争论的问题。一些人支持扩散控制的反应模式，认为贝氏体反应是一种非片层共析反应，贝氏体就是一种非片层状的珠光体。这些人认为贝氏中铁素体的长大是台阶沿 α/γ 界面的运动，而这种台阶运动受控于碳原子的扩散。

另一种观点认为，贝氏体是按切变机制形成的。其主要依据是贝氏体和马氏体之间在形态上及晶体学方面有很多相似之处。然而，仅由这些相似之处还不能得出贝氏体转变机制肯定是切变的结论。同样，从非片层共析反应的观点出发，也不能很好地解释这些类似性。

10.5.4　贝氏体的性能

贝氏体的性能主要取决于其组织形态。贝氏体混合组织中铁素体、渗碳体及其他相的相对含量、形态、大小和分布以及与位错的交互作用等会影响贝氏体的性能。

通常上贝氏体形成温度较高，铁素体晶粒与碳化物颗粒较粗大，且碳化物呈短杆状平行地分布于铁素体板条之间。铁素体和碳化物分布有明显的方向性。这种组织形态使铁素体条间易产生脆断，因此上贝氏体强度较低、韧性也较差。

下贝氏体中铁素体针细小且分布较均匀，铁素体内位错密度较高而且弥散分布着细小的 ε - 碳化物，这种组织状态使得下贝氏体不仅强度高，而且韧性好，具有良好的综合力学性能。

10.6　块型转变

块型转变最初是在 Cu - Zn 合金中发现的。当 Zn 含量为 38% 的 Cu - Zn 合金由 β 相区快速冷过 $(\alpha + \beta)$ 相区时，β 相可以转变成其成分与之完全相同的块形 α 相，这种块形 α 相在 β 相晶界处形核，并很快进入周围 β 相中，通常这种相呈不规则外形，因而称这种转变为"块型"转变。块型转变是一种介于马氏体转变和长程扩散型转变之间的中间型转变。块型转变的 CCT 曲线示意图如图 10 - 41 所示，由此可知块型转变是一种中温转变。块型转变的基本特征是：①无成分变化，这一特点与马氏体型无扩散相变相同；②界面迁移速率比一般体积扩散型相变的界面迁移速率高得多；③具有不规则晶界的非等轴的块型形貌。

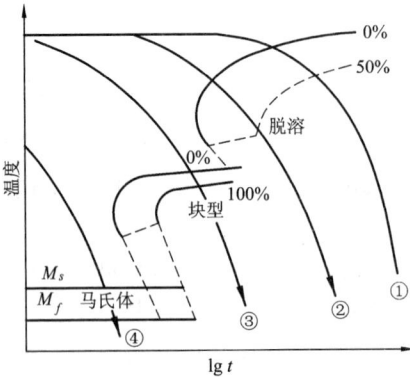

图 10-41　块型转变在 CCT
曲线中的位置示意图

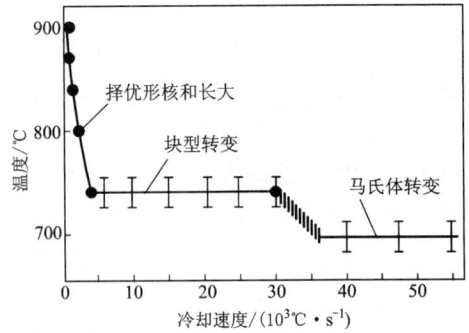

图 10-42　冷却速度对纯铁相
变临界点的影响

10.6.1　纯金属中的块型转变

在许多纯金属中，如 Fe，Ti，Zr，Co 等，均存在块型转变。以纯铁为例，块型铁素体的形貌不同于长程扩散形成的等轴铁素体，而是呈不规则的块形。拜贝（Bibby M. J.）等在高纯铁中，在 0～55000 ℃/s 的冷速之间，测定了冷却速度对相变临界点的影响，结果如图 10-42 所示。随着冷却速度增加到 5000 ℃/s，相变临界点不断下降。当冷却速度超过 5000 ℃/s，直到 30000 ℃/s 时，相变临界点稳定在 740 ℃，出现第一个"平台"，这时发生块型转变。当冷却速度大于 35000 ℃/s 之后，相变临界点稳定在 700 ℃左右，出现第二个"平台"，对应于纯铁的马氏体转变。这个实验结果表明块型转变与马氏体转变是不同类型的转变。

在超纯的铁中，从铁原子在晶体点阵改组时的行为来看，肯定不同于马氏体型转变的切变机制，因为 M_s 点在 700 ℃，而块型转变在 740 ℃。同时，也不同于等轴铁素体的长程扩散机制，因为长程扩散型的多晶型转变的临界点与冷却速度有关。由此推测块型转变可能属于一种短程扩散的界面控制型转变，例如界面刃位错的攀移或空位扩散，也可能是界面位错的"攀移–滑移"复合机制。

10.6.2　二元合金置换式固溶体中的块型转变

在 Fe – Ni、Fe – Mn、Fe – Cr、Cu – Zn、Cu – Ge、Ag – Al、Ti – Au、Ti – Ag

等许多二元合金置换式
固溶体中,均发现有块型
转变。以 Fe – Ni 合金为
例,不同 Ni 含量的 Fe –
Ni 合金的转变温度与冷
却速度的关系如图 10 –
43 所示。图中第一个温
度"平台"所对应的转变
就是块型转变;第二个温
度"平台"所对应的是马
氏体转变。随着 Ni 含量

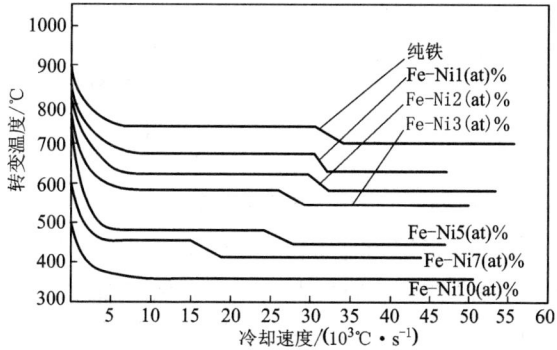

图 10 – 43　Fe – Ni 合金转变温度与冷却速度的关系

的增加,块型转变的临界点降低。块型转变的临界点均比马氏体点(M_s)高约
50 ℃。当 Ni 含量为 10at% 时,块型转变的温度"平台"消失,只有马氏体转变
的"平台"。表明 Ni 原子严重阻碍这种转变的进行。

10.6.3　块型转变机制

块型转变虽有无扩散型相变的某些特征,但这种相变与马氏体相变却有着
本质区别。马氏体相变时,母相 β 是以原子在滑移面上协同运动切变成 α 相,
而块型转变是以非共格界面的热激活迁移来完成的,母相中的原子向新相中的
迁移不是"阵列式"的一致行为,在这一点上块型转变与单相合金的再结晶以及
纯金属的重结晶类似。

自从钢中发现块型转变以来,它和贝氏体转变的密切关系引起了人们越来
越大的兴趣。在中温温度范围,纯铁中有块型转变,而钢中有贝氏体转变。两
种相变在非常接近的合金系中(仅有的差别是碳含量)处于同一温度范围,它们
的亲缘关系应该比那些在不同温度范围的相变(如低温的马氏体转变及高温的
共析分解)更密切。从界面位错的"攀移 – 滑移"长大模型来看,在攀移速度与
滑移速度相近的温度范围(中温转变温度的上部),出现块形铁素体是必然的。
随着过冷度的增加,由块形特征连续地转化为条片状的贝氏体铁素体也是必然
的。因此,有人推断,钢中的贝氏体转变在本质上是纯铁中块型转变受碳原子
影响的变种。

10.7 有序－无序转变

固溶体中一种原子的最近邻为异类原子的结构，叫做有序结构。由无序结构变到有序结构是一个原子交换位置的过程，称之为有序化转变。有序化的推动力是固溶体中原子混合能参量 E_m，即要求

$$E_m = E_{AB} - \frac{1}{2}(E_{AA} + E_{BB}) < 0 \qquad (10-37)$$

式中：E_{AB}、E_{AA}、E_{BB} 分别表示 AB、AA、BB 原子间交互作用能。

要达到稳定的有序化，必须是异类原子间的吸引力大于同类原子间的吸引力，以便降低系统的自由能。有序化的阻力是组态熵，升温使其对自由能下降的贡献($-T\Delta S$)增加，当达到某个临界温度以后，紊乱无序的固溶体更为稳定。

10.7.1 有序度参量

为了定量描述在不同温度下固溶体的有序化程度，引入短程有序度 σ 和长程有序度 ω。

1. 长程有序

以体心立方 AB 型合金为例，可将此点阵划分为两个亚点阵，一个亚点阵是由 8 个角隅点构成的简单立方点阵，称为 α 点阵；另一个点阵是由体心点构成的简单立方点阵，称为 β 点阵(图 10 - 44)。α 与 β 点阵的阵点数是相等的，若 A 原子全部占据 α 点阵，则 B 原子必然也全部占据 β 点阵。此时完全有序，A 原子在 α 点阵出现的几率 p 为 1，B 原子

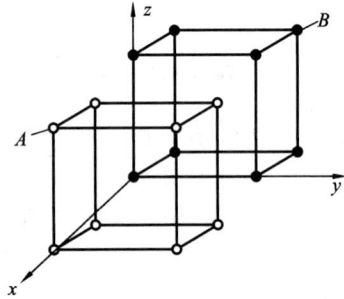

图 10 - 44　由 A，B 原子构成的 α，β 亚点阵示意图

在 α 点阵出现的几率 $1-p=0$；而完全无序时，A 原子在 α 点阵出现的几率是 0.5，B 原子在 α 点阵上出现的几率也是 0.5。定义长程有序度 ω 在完全有序时等于 1，在完全无序时等于 0。即

$$\omega = 2p - 1 \qquad (10-38)$$

如果合金的成分不是 1∶1 而是 $m∶n$ 时，则

$$\omega = \frac{p_\alpha - x_A}{1 - x_A} = \frac{p_\beta - x_B}{1 - x_B} \qquad (10-39)$$

式中：$x_A = m/(m+n)$，$x_B = n/(m+n)$；p_α 为 A 原子在 α 点阵出现的几率；p_β

为 B 原子在 β 点阵出现的几率。

2. 短程有序

若从一个原子的近邻对出发，可引出短程有序的概念。仍以 AB 型合金为例，在一个 A 原子的周围出现 B 原子的几率为 q，在完全无序的情况下应该是 0.5，几率大于 0.5 表示出现了一定的短程有序。可将短程有序度定义为：

$$\sigma = 2q - 1 \qquad (10-40)$$

对于 $A_m B_n$ 型合金，则有：

$$\sigma = \frac{q - q_u}{q_m - q_u} \qquad (10-41)$$

式中：q_u 为完全无序时的 q；q_m 为最大有序时的 q。

"长程"与"短程"是相对的，一般把有序区域尺寸约达到 10^4 个原子，并可在 X 射线衍射谱上获得超结构线条时的有序状态叫做长程有序态。因此，长程有序的固溶体又称为超结构或超点阵。任何 $E_{AB} < \frac{1}{2}(E_{AA} + E_{BB})$ 的固溶体都有可能短程有序，但要获得完全长程有序结构，则仅限于特定的化学成分比，例如 AB、A_3B 等。尽管有序固溶体的成分类似金属间化合物，但它仍是一种固溶体。

图 10-45 示意地表示了 CuZn 和 Cu_3Au 的长程有序度 ω 及短程有序度 σ 随温度变化的关系。T_c 是有序 - 无序转变的临界温度。升温时，CuZn 合金中的 ω 及 σ 连续减小，并非在 T_c 突然下降，属于二级相变；而 CuZn 合金中，当温度升高至 T_c 前，ω 及 σ 只有稍许减少，温度达到 T_c 时突然降至 0。属于一级相变。

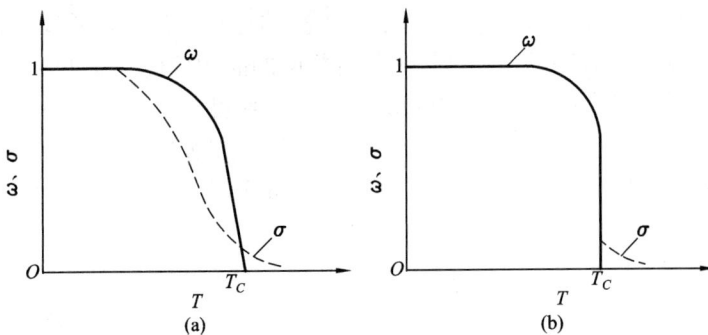

图 10-45　有序度随温度的变化

(a) CuZn；(b) Cu_3Au

10.7.2　有序化过程

有序化过程需要原子的迁移。与脱溶沉淀和共析转变不同，有序化不引起宏观的成分改变，仅仅是邻近亚点阵上原子的换位。

如图 10-46 所示，发生有序化时，在固溶体内部一些原子率先克服形核热垒，与邻近亚点阵上的原子交换位置，形成有序排列的微小区域，称为有序畴。然后依靠畴界的推移，有序畴向无序区扩展，一直长到与其他正在生长的有序畴相遇。若它们之间是反相的，即 A 原子与 B 原子占据的亚点阵在各自的有序区域中恰好相反，则把这两个有序畴的交界面称为反相畴界。反相畴界是内界面的一种，具有畴界能，其数值与畴的取向有关。随着转变的继续进行，有些畴缩小消失，有些畴继续长大，从而使系统的自由能进一步下降。

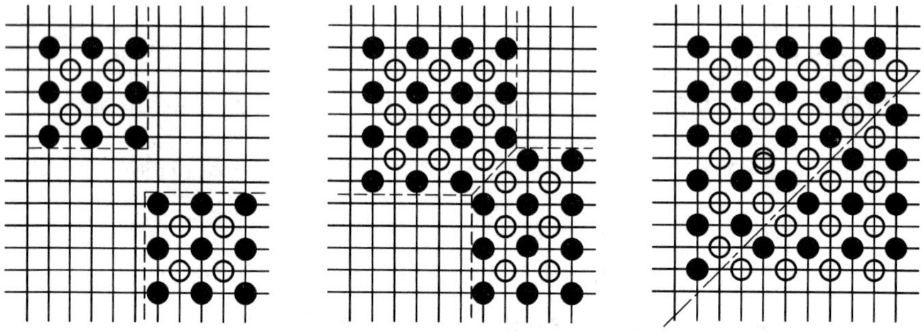

图 10-46　A、B 原子各占据不同亚点阵形成的有序区长大相遇时，构成反相畴界(虚线)
●A 原子　　　○B 原子

无序→有序转变时即使在 T_C 以下相当小的过冷，有序相形核的激活能也是很小的。这是因有序晶核和基体不仅有相同的晶体结构，而且通常两者还具有相同的化学成分，因此有序相的形成不会产生较大的界面能与应变能。据此，可以认为无序→有序转变往往是均匀形核。在过冷度较小时，形核率较小，有序畴的平均尺寸较大。通常，随过冷度的增大，形核率增大，有序畴的平均尺寸减小。

在有序化速度方面，不同类型的有序化转变有着明显的差异。例如，CuZn 的 $\beta \to \beta'$ 转变为二级相变，有序化速度相当快，以致用淬火的方法也几乎得不到无序的 bcc 结构。与此相反，Cu_3Au 的有序化却进行得相当缓慢，一般需几个小时才能完成。这是因为该合金的有序化是以形核与长大的方式发生，并且反相畴界的形成也阻碍有序化的进行。

习 题

1. 扩散型相变包括哪些种类?

2. 说明下列名词或概念的物理意义:

(1) 一级相变和二级相变;(2) 共格和非共格界面;(3) 失配度;(4) 过冷度;(5) 临界形核功;(6) 脱溶;(7) 形核长大;(8) 调幅分解;(9) 亚稳相和平衡相;(10) 等温转变曲线;(11) 连续冷却转变曲线;(12) 共析转变;(13) 先共析转变;(14) 珠光体转变;(15) 贝氏体转变;(16) 胞状转变;(17) 颗粒粗化;(18) 惯析面;(19) 魏氏组织;(20) 长程有序;(21) 短程有序;(22) 反相畴界。

3. 固态相变与液-固相变在形核、长大规律方面有何特点? 分析这些特点对所形成的组织产生的影响。

4. 下式表示含 n 个原子的晶胚形成时所引起系统自由能的变化。

$$\Delta G = -bn(\Delta G_V - E_s) + an^{2/3}\sigma_{\alpha/\beta}$$

式中:ΔG_V——形成单位体积晶胚时的自由能变化;

$\sigma_{\alpha/\beta}$——界面能;

E_s——应变能;

a,b——系数,其数值由晶胚的形状决定。

试求晶胚为球形时,a 和 b 的值。若 ΔG_V,$\sigma_{\alpha/\beta}$,E_s 均为常数,试导出球状晶核的形核功 ΔG^*。

5. 固态相变时,假设新相晶胚为球形,且单个原子的体积自由能变化 ΔG_V $=200\Delta T/T_c(\mathrm{J/cm}^3)$,临界转变温度 $T_c=1000$ K,应变能 $E_s=4$ J/cm^3,共格界面能 $\sigma_{共格}=40$ erg/cm^2,非共格界面能 $\sigma_{非共格}=400$ erg/cm^2,计算:

(1) $\Delta T=50$ ℃时临界形核功 $\Delta G^*_{共格}/\Delta G^*_{非共格}$之比;

(2) 若 $\Delta G^*_{共格}=\Delta G^*_{非共格}$时的 ΔT。

6. Al-Cu 合金的亚平衡相图如图 10-10 所示,试指出经过固溶处理的 Al-4%Cu 合金在 400 ℃和 100 ℃温度时效时的脱溶贯序;并解释为什么稳定相一般不会首先形成。

7. 脱溶分解与调幅(spinodal)分解在形成析出相时最主要的区别是什么?

8. 若金属 B 溶入面心立方金属 A 中,试问合金有序化的成分更可能是 A_3B 还是 A_2B? 试用 20 个 A 原子和 B 原子作出原子在面心立方金属(111)面上的排列图形。

9. 含碳质量分数 $w_C = 0.003$ 及 $w_C = 0.012$ 的 $\phi 5$ mm 碳钢试样，都经过 860 ℃加热淬火，试说明淬火后所得到的组织形态、精细结构及成分。若将两种钢在 860 ℃加热淬火后，将试样进行回火，则回火过程中组织结构会如何变化？

10. 试分析脱溶析出球形第二相时，粒子粗化的驱动力。

11. β 相在 α 相基体上借助于 γ 相非均匀形核，假设界面能 $\sigma_{\alpha\beta}$，$\sigma_{\alpha\gamma}$，$\sigma_{\beta\gamma}$ 互相相等，试证明：

（1）当形成单球冠形 β 核心时［见图 10-48(a)］，所需的临界形核功是均匀形核的一半；

（2）当形成双球冠形 β 核心时［见图 10-48(b)］，临界形核功是均匀形核的 5/16。

图 10-48

12. 假定在 Al(FCC，原子最大间距为 0.3 nm) 基固溶体中，空位的平衡浓度 (n/N) 在 550 ℃时为 2×10^{-4}，而在 130 ℃时可以忽略不计。

（1）如果所有空位都构成 GP 区的核心，求单位体积中的核心数目；

（2）计算这些核心的平衡距离。

13. 已知 Fe-0.4%C 合金奥氏体(γ)在 500 ℃时 $\frac{\partial^2 G}{\partial C^2} > 0$，判断此合金在 500 ℃时：

（1）发生下列反应的可能性：$\gamma \rightarrow \gamma'$（富碳）$+ \gamma''$（贫碳）；

（2）发生先共析铁素体析出反应 $\gamma \rightarrow \alpha + \gamma'$（$\gamma'$碳浓度比 γ 更高）时，碳原子扩散的方式是上坡扩散还是正常扩散？说明理由，并作示意图表示。

14. 试比较贝氏体转变与珠光体转变、马氏体转变的异同。

15. 称马氏体转变的惯析面为不畸变平面的含义是什么？如何证明马氏体转变的惯析面为不畸变平面？

第 11 章　材料的电子结构与物理性能

11.1　固体电子理论简介

11.1.1　经典自由电子论

金属的导电和导热性的本质，很早就被人们研究。1897 年汤姆森（Thomson）发现电子后，1900 年德鲁特（Drude）首先提出了经典的自由电子气模型来解释金属的导电现象。他假定电子在金属中的运动就像理想气体中的粒子一样，电子与电子之间、电子与金属离子之间的相互作用都可以忽略不计，较好地解释了金属的导电现象。后来，1904 年洛仑兹（Lorentz）又对德鲁特的模型作了进一步讨论，引进了平衡时不同电子速度的统计分布，但是用的是麦克斯韦（Maxwell）—玻尔兹曼（Boltzmann）分布（M – D 分布），这是一种高温下适用的经典统计。从该模型出发，可以导出表征金属导电率和导热率关系的魏德曼（Wiedemann） – 弗兰兹（Franz）定律：

$$\frac{\kappa}{\sigma} = \frac{3}{2}\left(\frac{k_B}{e}\right)^2 T = LT \qquad (11 - 1)$$

式中：κ 为热导率，σ 为电导率，k_B 为玻尔兹曼常数，e 为电子的电量，T 为绝对温度，L 为洛仑兹常数，仅由基本常数决定，与具体金属无关，计算结果为 $L = 2.43 \times 10^{-8} \mathrm{J \cdot \Omega \cdot s^{-1} \cdot K^{-2}}$）。表 11 – 1 列出了一些金属的洛仑兹常数，其值与理论值接近，但并不完全相同。原因在于模型过于简单，更为精确的理论分析表明，L 应与具体金属有关。此外，该自由电子气模型不能说明电导率随温度变化、传导电子的磁化率等事实，更不能解释比热的观察结果。经典电子理论遇到了挑战。

表 11 –1　室温下一些金属的洛仑兹常数及导热率

元　素	Na	Cu	Ag	Au	Al	Cd	Ni	Fe
$\kappa/(\mathrm{J \cdot m^{-1} \cdot K^{-1} \cdot s^{-1}})$	138	393	419	297	209	100	59	67
$L/\times 10^{-8}(\mathrm{J \cdot \Omega \cdot s^{-1} \cdot K^{-2}})$	2.18	2.26	2.34	2.47	1.97	2.64	1.55	2.30

11.1.2　量子自由电子论

量子力学建立以后，人们意识到到必须用量子力学的理论来解释金属中电子的行为。1928 年索末菲（Sommerfeld）在量子力学的基础上重新考虑了自由电子模型，根据金属元素的电负性较小，电离能较低和晶体的许多电子过程仅与外层电子有关等试验现象提出下面的假设：

①晶体是由大量电子及原子核组成的多粒子系统，可将晶体看作是由外层价电子及离子实（内层电子与原子核构成）组成的系统；

②金属内部的势场是恒定的，金属中的价电子在这个平均势场中相互独立地运动；

③每一个电子的运动由薛定谔（Schödinger）方程描述；

电子气服从量子的费米（Feimi） - 狄拉克（Dirac）分布（F - D 分布）。

根据该量子自由电子模型，外层价电子可以挣脱原子核的束缚在由正离子形成的势场中自由地运动，成为"自由电子"或称"离域电子"。金属晶体就是由这些在三维空间运动、离域范围很大的电子与正离子胶合在一起形成的。按这种自由电子模型，电子间的相互作用可以忽略。价电子是在金属的恒定势场中运动，其薛定谔方程为：

$$\hat{H}\psi(\boldsymbol{r}) = E\psi(\boldsymbol{r}) \tag{11-2}$$

式中：$\psi(\boldsymbol{r})$是电子的波函数，E 是电子总能量，$\hat{H}$ 为哈密顿算符，在索末菲自由电子模型中

$$\hat{H} = -\frac{\hbar^2}{2m}\nabla^2 + V(\boldsymbol{r}) \tag{11-3}$$

式中：m 为电子有效质量，$\hbar$ 为普朗克常数，∇^2 为拉普拉斯算符；价电子在恒定的势场中运动，则 $V(\boldsymbol{r}) = V$，V 为任意常数。由式（11 - 2）和式（11 - 3），可求出自由电子的态密度函数 $[N(E)]$。

$$N(E) = 4\pi V(2m/\hbar)^{3/2}E^{1/2} \tag{11-4}$$

再考虑自由电子服从 F - D 分布，即在热平衡时，电子占据能量 E 的状态的几率为：

$$f(E) = \frac{1}{\exp\left(\dfrac{E - E_F}{k_B T}\right) + 1} \tag{11-5}$$

式中：k_B 是玻尔兹曼常数，T 为绝对温度，E_F 为费米能。由式（11 - 5），在 $T = 0$ K时，有

$$E < E_F \qquad f(E) = 1$$
$$E > E_F \qquad f(E) = 0$$
$$E = E_F \qquad f(E) = 1/2$$

由 $f(E)$ 的特性可以看出，能量 E_F 起着限制电子运动范围的作用，是热力学温度为零（0 K）时固体内电子的最大能量。也就是说，只有在 0 K 时，电子才能完全按能量最低原理充满整个低能级。当 $T > 0$ K 时，如 $k_B T = E - E_F$，有 $f(E) = 0.27$。可见，在一般温度下固

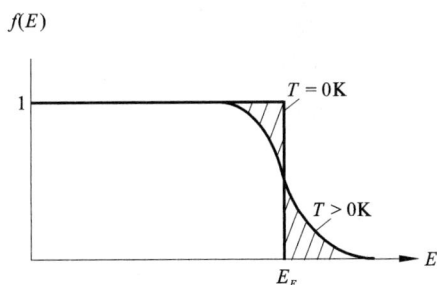

图 11 - 1　$f(E) - E$ 的关系曲线

体中的电子在能级上的分布是：绝大部分较低能级被电子充满；但当一部分较高能级还未被充满时，就有电子处在更高的能级上了。图 11 - 1 是根据式 (11.5) 示意地绘出的 F - D 分布的关系图，从中可以看出，$T > 0$ K 时，一部分能量低于 E_F 的电子获得了大小为 $k_B T$ 量级的能量而跃迁到能量高于 E_F 的状态中去。

本质上 E_F 是系统中电子的化学势，也可以说是 0 K 时电子填充的最高能级。能量等于费米能 E_F 的等能面称为费米面。显然，自由电子的等能面是球面。

从自由电子的态密度函数 (11 - 4) 出发，并考虑式 (11 - 5) 给出的自由电子的分布，可求出电子的平均动能 ($\bar{E}$)。

$$\bar{E} = \frac{3}{5} E_F^0 \Big[1 + \frac{5\pi^2}{12} \Big(\frac{k_B T}{E_F^0} \Big)^2 \Big] \qquad (11 - 6)$$

以上是现代金属电子理论基本要点（详见有关参考书）。这个模型不但能导出魏德曼 - 弗兰兹定律，而且解释了比热的观察结果，从而解决了经典理论所遇到的困难。索末菲自由电子模型的成功在于正确地运用了费米 - 狄拉克统计分布。但是，该理论却无法解释某些金属（如 Zn, Cd）为什么会有正的霍尔系数 (Hall coefficient)，以及晶体为什么会分成导体、半导体和绝缘体。这表明该金属电子理论模型将实际情况过分地理想化了。由式 (11 - 3) 可知，索末菲自由电子模型只考虑了电子的动能 ($\hat{T}_e = \frac{\hbar^2}{2m} \nabla^2$) 和原子核的恒定的势场 ($V$)，显得过于简单。为此，需要一个更为精确的理论。

11.1.3　能带概念的引入

索末菲自由电子模型中所考虑的电子是自由的，毕竟是一种人为的简化。很明显，对于实际晶体，哈密顿算符 $\hat{H}$ 应包括：电子的动能（$\hat{T}_e$），离子的动能（$\hat{T}_Z$），电子–电子间的相互作用能（$\hat{V}_e$），离子–离子间的相互作用能（$\hat{V}_Z$），电子–离子间的相互作用能（$\hat{V}_{eZ}$），即

$$\hat{H} = \hat{T}_e + \hat{T}_Z + \hat{V}_e + \hat{V}_Z + \hat{V}_{eZ} \tag{11-7}$$

如果晶体由 N 个原子组成，每个原子都有 Z 个电子，那么薛定谔方程（11–2）就包含了 $3(Z+1)N$ 个变量，高达 $10^{22} \sim 10^{24}$ 的数量级。这样的方程无法用一般的方法获得解析解。为此，需对方程做一些近似处理。能带理论作了下面的假设：

①绝热近似。由于离子的质量远大于电子的质量，故离子的运动速度远小于电子的运动速度。可以认为电子的运动受到离子的瞬时位置影响，而离子则是在所有电子的平均场中缓慢移动（极端情况下，可以认为离子是在其平衡位置上不动）。这样一来，数学上就可以把晶体的波函数分解为电子波函数和离子波函数的乘积。通过绝热近似，将多粒子问题简化为多电子问题。

②单电子近似。其实质是通过一自洽电子场的引入，将有相互作用的系统转化为无相互作用的系统。

③周期场近似。由于晶格的周期性结构，可以合理地假设所有电子及离子产生的场都具有周期性。

经过以上三个近似后，晶体系统的多粒子问题就被简化为单电子在周期场中运动的问题了。将自由电子作为在三维势箱中的运动粒子，视自由电子的势能为零，解其 Schödinger 方程，再由势箱的大小和边界条件求得能级分布。再根据能量最低原理、泡利不相容原理（Pauli exclusion principle）和 Hund 规则，将电子分布在相应的能级上。人们发现，与自由电子的连续能谱不同，晶体周期性点阵中的电子的本征能量 E_{nk} 有 n 和 k 两个标记。k 标记电子的动量，仍为连续值。n 标记周期性的影响，它将连续的能谱切割成带状，每个带内能量仍是连续变化，而不同的能带以 n 为区别，如图 11–2(a) 所示。

很明显，只有电子能量处在能带内的电子才可能出现，两个能带之间的能量区域不可能有电子出现。每个能带内的能量随 k 呈周期性变化，所以只需要在一个最小的周期内表示。这一最小区域称为第一布里渊区（fist Brillouin zone，简称 FBZ），见图 11–2(c)。习惯上，人们用"扩展能区图"来表示这种 E_{nk}–k 的关系，如图 11–2(b) 所示。

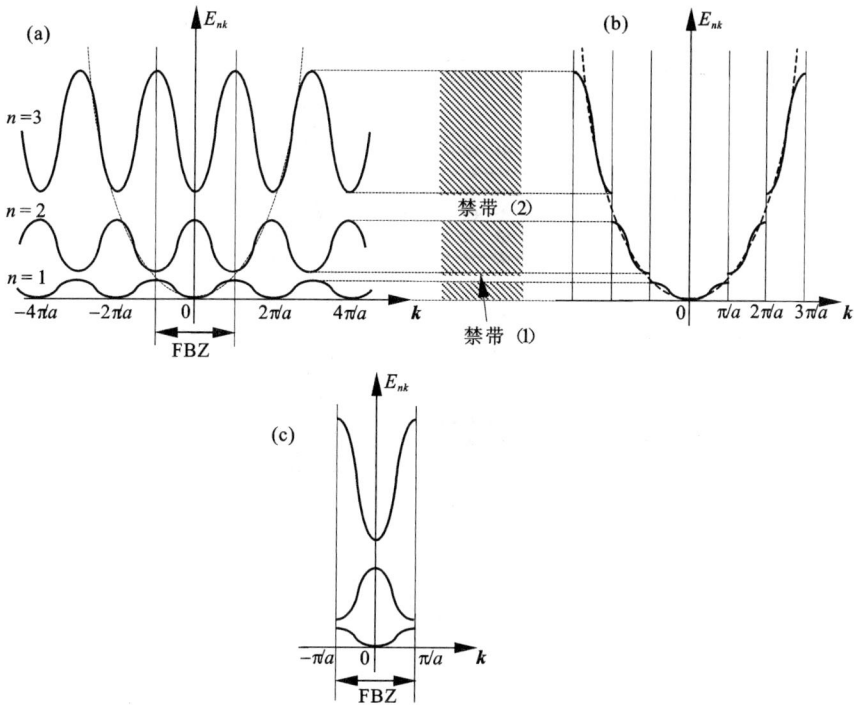

图 11 - 2　一维晶格的能带结构示意图(阴影部分为允带)

能带论与自由电子论的不同就在于势场 $V(r)$。自由电子论的势场 $V(r)$ 是恒定的,而能带论势场 $V(r)$ 是具有晶格周期性的函数。

下面以钠原子($1s^2 2s^2 2p^6 3s^1$)为例,形象地讨论能级分裂为能带的原理。如图 11 - 3 所示,当一个钠原子单独存在时,它的各能级是分立的,即 1s、2s 能级分别有 2 个电子,2p 能级有 6 个电子,3s 能级有 1 个电子;设想两个钠原子相互靠近,这时上述各能级上的电子将增加一倍;当 N 个钠原子相互靠近组成晶体时,1s、2s 能级分别有 2N 个电子,2p 能级有 6N 个电子,3s 能级有 N 个电子,此时组成了能带。显然,对于由 N 个钠原子组成的固体,3s 能带没有充满。

图 11 - 4 给出了钠原子理想的能带结构图。图中横坐标为原子间距,纵坐标为电子能量,d_0 为钠原子在其晶体中的平衡间距。当原子间的距离增大时,原子的相互作用减弱,随着原子间距增加,各原子可视为孤立原子;原子间的距离减小时,原子的相互作用增强,当原子间距为平衡间距 d_0 时,外层电子

(3s)的能级分裂为能带。

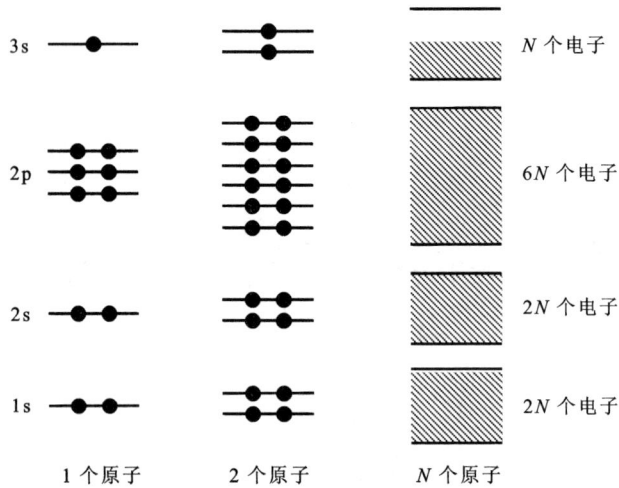

图 11 - 3　钠原子中电子能级转化为能带示意图

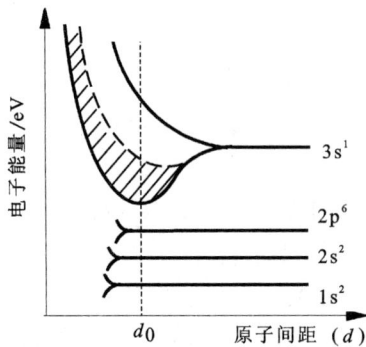

图 11 - 4　简化 Na 原子能带结构示意图

　　能带理论的建立为半导体理论的发展奠定了基础，并从而引发了 20 世纪 40 年代以来固体物理学的爆炸式的发明浪潮。今天，根据不同的晶体组成，已发展出十分复杂、庞大的能带计算方法；能带论是决定晶态固体的许多物理性质如电学、磁学和光学性质等的重要依据。

11.2 材料的电学性能

11.2.1 固体的导电性

用能带理论可以解释晶体为什么会有导体、绝缘体和半导体之分。晶体（材料）的导电性与其能带结构和电子对能带的填充状况有关。晶体中的电子按能量最小原理，从能量最低的 1s 能带开始填充，能带内每个能级可以填充自旋相反的两个电子。1s 能带填满以后，电子依照由高到低的顺序填充在各能带中的能级上，直至晶体中的所有电子全部填完为止。下面是能带理论中几个常用的名词：

满带——能带内每一个能级都为两个电子填满的能带。满带电子不形成宏观电流。量子理论认为，参与形成宏观电流的电子必须改变其能量。假如某一满带电子 A 的能量增加，则它必须跃迁到同一能带的较高能级。由于是满带，该较高能级必须有一个电子 B 离开，而电子 B 的去处只能是电子 A 空下的能级，两者的运动方向相反。因而电子 A 和 B 对宏观电流的贡献互相抵消。满带电子改变能量的方式是能级互换，互换的结果是各自产生的宏观电流相互抵消。无外电场时是如此，有外电场时也是如此。所以，满带电子对宏观电流没有贡献。

价带——由价电子能级分裂形成的能带。价带可以是满带，也可以是未填满的能带。

空带——能带内每个能级都没有填充电子的能带。空带中不存在电子，不能导电。

导带——部分充满电子的能带。导带也是价带。在未填满的电子能带，电子集中在能带下部的能级上，因而留下一些空能级。在外电场的作用下，电子只要从外电场得到很小的能量，就能使其获得定向加速度从下部的能级向上部的空能级转移。另一方面，这些以定向加速度运动的电子必然会受到晶格缺陷的散射而失去能量，并从上部能级向下部能级转移。这种从外电场获得能量，再通过散射失去能量的交替反复进行的过程，在宏观上表现为电子得到一定的平均定向速度而形成宏观电流。所以，对未填满的电子的能带，能带中的电子在外电场的作用下将对宏观电流作出贡献。

禁带——相邻能带之间的能量间隙（因为电子不可能填入此能量），又称能隙。最高满带与空带间的能隙间隔称为禁带宽度，记为 E_g，是电学材料的基本参数之一。

空带和满带重叠组成导带。空带与导带相隔很近，在外电场的作用下，部分电子跃入空带，空带有了电子变成导带；原来的满带少了电子，或者说产生了空穴，也成为导带能导电，称为空穴导电。

铜原子的外层电子结构为 $3d^{10}4s^1$，只有一个价电子，为 4s 态。铜晶体的 4s 能带有 N 个能级，能容纳 $2N$ 个电子。但 N 个价电子只填充了 4s 能带的下半部分，即价带只有半满，如图 11-5(a) 所示。所以，铜的价带是导带，在外电场中容易产生电流，故铜是导体。同理，与铜外层电子结构相似的银和金也是导体。

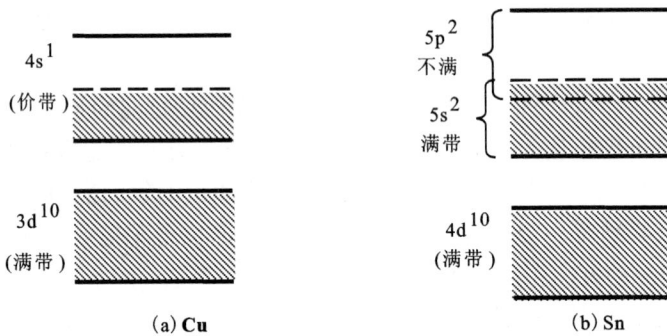

图 11-5 Cu 和 Sn 的能带示意图

锡原子的电子结构为 $4d^{10}5s^25p^2$。虽然锡晶体的 $2N$ 个价电子正好填满 5s 价带[见图 11-5(b)]，但 5s 价带与相邻的 5p 能带有一部分交叠。交叠部分以上是空能级，所以锡也是导体。

导体在外电场的作用下能导电，是费米能级附近 kT 量级范围的电子参与导电，这时电子的能量分布和运动速度将发生改变。导带中的电子受电场作用，有可能在所在能带中的不同能级间改变其能量分布状况，因而导电。满带中的能带已填满，电子的能量分布固定，无法改变，因而不能导电。空带中不存在电子，也不能导电。

导体的能带结构特征是具有导带。绝缘体的能带结构特征是只有满带和空带，且能量最高的满带(满带顶)和能量最低的空带(空带底)之间的能隙也即满带顶与空带底之间的能隙较宽，$E_g > 5$ eV，一般电场条件下，难以将满带电子激发进入空带，即不能形成导带而导电[图 11-7(b)]。半导体的能带特征与绝缘体一样具有满带和空带，但满带顶与空带底之间的能隙较窄，$E_g < 3$ eV，当受到激发时，满带中部分电子可以跃迁到空带中，形成导带而导电[图 11-7(a)]。

11.2.2　半导体

半导体是固体材料中独特的一类。它可以是晶态，也可以是非晶态；可以是由一种元素组成，如硅、锗等，也可以是由两种或两种以上元素组成的化合物半导体，如砷化镓、磷化铟等。一般，半导体具有以下特点：

①高纯半导体具有负的温度系数。

②半导体中含有杂质时，其导电性取决于杂质的浓度。例如，室温下，纯硅的电阻率为 $2.14 \times 10 \ \Omega \cdot cm$，若掺入千万分之一的磷原子，硅的电阻率就下降为 $1 \ \Omega \cdot cm$。

③掺入不同类型的杂质将改变半导体的导电机理。

④用光或高能粒子辐照半导体，可使其电阻率下降。

1. 半导体的键型及晶体结构

重要的晶态半导体大多以共价键结合，具有立方四面体结构。一般可将半导体分为两类。

（1）Ⅳ族元素半导体

此类半导体包括 Si, Ge 和 α - Sn。它们都具有立方四面体结构（或金刚石结构），每个原子与四个原子以共价键结合，键中的电子均

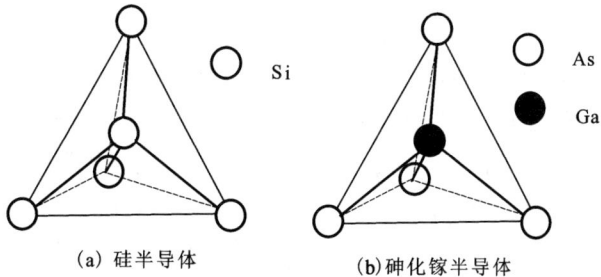

（a）硅半导体　　　　　（b）砷化镓半导体

图 11 - 6　半导体的晶体结构示意

处在 sp^3 杂化轨道上，两两键之间的角为 $109.5°$，构成 CTH 结构，如图 11 - 6（a）所示。该结构的布拉菲点阵是面心立方。

（2）Ⅲ - Ⅴ族和Ⅱ - Ⅶ族化合物半导体

此类半导体包括 GaAs（砷化镓）、GaP（磷化镓）、InP（磷化铟）、InSb（锑化铟）和 ZnS（硫化锌）、CdS（硫化镉）等。此类半导体具有闪锌矿结构。闪锌矿结构与金刚石结构相似，都是立方四面体结构。不同的是金刚石是由同种原子构成，而闪锌矿结构则是由两种原子构成。闪锌矿结构的每一个原子周围都是四个另类原子。图 11 - 6（b）为砷化镓的闪锌矿结构图。在化合物半导体的结合键中，既有共价键的成分也有离子键的成分。表 11 - 2 列出了一些半导体及其特性。

表 11 - 2 一些半导体的性质

半导体		能隙/eV	熔点/K	离子键比例/%
单质	C	5.4	4300	0
	Si	1.11	1685	0
	Ge	0.67	1231	0
化合物	SiC	2.3	3070	18
	GaP	2.25	1750	36
	GaAs	1.43	1510	31
	GaSb	0.70	980	26
	InP	1.35	1330	42
	InAs	0.35	1215	36
	InSn	0.17	798	32

2. 半导体的能带

半导体的能带特征基本与绝缘体相似，二者的差别仅在于价带与空带之间的禁带宽度 E_g 不同(见图 11 - 7)。绝对零度下，半导体的价带是满带，价带之上是空带，但由于禁带较窄，适当的热、光激发就足以使一些价带电子获得能量进入空带，这时，失去电子的价带和得到电子的空带都成了未填满电子的导带，常温下，半导体中已有一些满带电子获得足够的能量，从价带跃迁到空带，使之成为导带。不过，与导体相比，这样的导带的电子浓度要小几个数量级，故称为半导体。

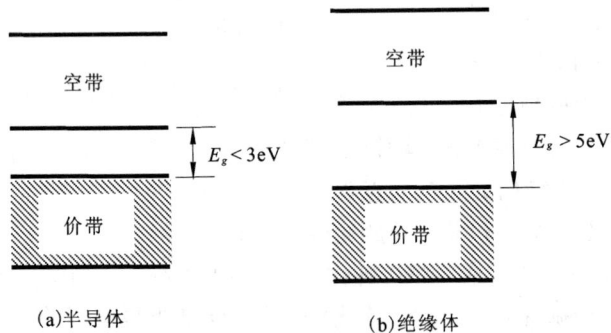

(a)半导体

(b)绝缘体

图 11 -7　半导体和绝缘体的能带示意图

3. 半导体中的杂质——杂质激发

半导体中的杂质是指与组成半导体晶体的原子不同的外来原子。有的杂质是由制备过程中引入的，有的则是人为掺入的。当杂质的浓度大于 $10^{18}\,cm^{-3}$

（相当于 10×10^{-6}）时，对半导体的性能起决定性的作用。我们讨论的杂质是指为改变半导体性能而人为掺入的杂质。

半导体中的杂质可分为间隙式杂质和替代式杂质。如果杂质原子与基质原子的价电子数相同，则称为等价杂质，否则为不等价杂质。

（1）施主杂质（donor）和 N 型半导体

这是硅、锗中的不等价杂质，主要有磷、砷、锑等。杂质原子比基质原子多一个价电子。施主杂质是带正电荷而束缚电子的杂质。下面以 5 价元素磷掺杂到硅中为例，说明施主杂质的作用。

磷在硅中是替代式杂质。替代了硅原子的磷原子与邻近的四个硅原子形成四根共价键，还剩一个价电子。与硅的离子实相比，磷的离子实则多了一个正电荷 e。这个正电荷 e 与多余的价电子间存在库仑作用，形成一个类氢原子的结构：一个正电荷中心束缚着一个电子（见图 11 - 8）。这种束缚是很弱的，只要电子得到少量能量，就能摆脱磷离子实的束缚而成为导电电子。这样，5 价原子在硅中以替代式存在时，可以向导带提供电子而不产生空穴。表 11 - 3 列出由实验测得的硅、锗中的几种施主杂质的电离能。

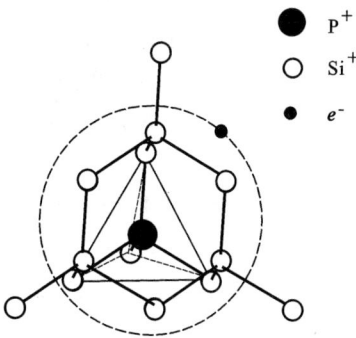

图 11 - 8　施主杂质结构及其
对电子的束缚的示意图

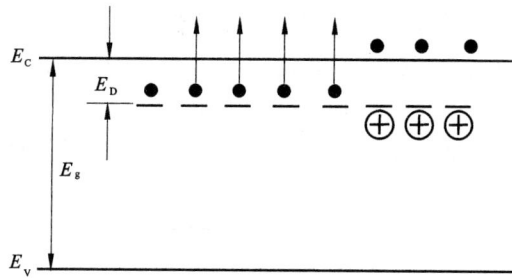

图 11 - 9　施主杂质能级示意图
E_C 为空带底，E_V 为价带顶，E_g 为能隙，E_D 为施主电离能

表 11 - 3　硅、锗半导体的施主杂质的电离能（E_D）

电离能 /eV ＼ 杂质 ＼ 半导体	磷（P）	砷（As）	锑（Sb）
锗（Ge）	0.0126	0.0127	0.0096
硅（Si）	0.044	0.049	0.039

　　被施主杂质束缚着的电子 e^-，只有在获得一定能量才能成为导电电子——导带中的电子。因而，束缚态中的电子能量必然低于导带底 E_C。由于施主杂质对电子的束缚很弱，故束缚态中的电子的能级必然很靠近导带底，如图 11－9 所示。由于施主杂质是孤立存在于硅中，故束缚态中的电子能级必然是孤立能级，用图 11－9 中的短线表示。电子摆脱束缚而成为导电电子的过程成为施主杂质的电离，所需能量 E_D 称为施主电离能。

　　掺有施主杂质的半导体，电子是主要的电流载流子，因而称作电子型半导体或 N 型半导体。

　　（2）受主杂质（acceptor）和 P 型半导体

　　能为半导体的价带提供空穴的杂质称为受主杂质，这种杂质束缚电子后就成为带负电的离子。Ⅲ族元素的原子进入硅、锗、金刚石成为替代式杂质时，就是受主杂质。下面以硼原子掺到硅晶体中的情况为例，说明受主杂质的作用。替代了硅原子的硼原子与邻近的四个硅原子形成共价键时，还缺少一个电子。所以，当硼与硅原子形成完整的四面体键时，必须从邻近的 Si－Si 键上获得一个电子，同时在价带中留下一个空穴 h^+。价带电子填入受主杂质的空能级的过程称为受主电离。此时，硼原子可视为带一个 e 的离子实，它对空穴 h^+ 有一定的束缚作用，图 11－10 给出了受主杂质的结构及受主束缚空穴的示意图。只有被束缚的空穴得到能量 E_A（称为受主电离能），才能摆脱硼离子实的束缚而荷载电流。表 11－4 列出了硅、锗晶体中几种受主杂质的电离能，图 11－11 为受主杂质能级示意图。

　　通常将上述依靠空穴荷载电流的半导体称作空穴型半导体或 P 型半导体。

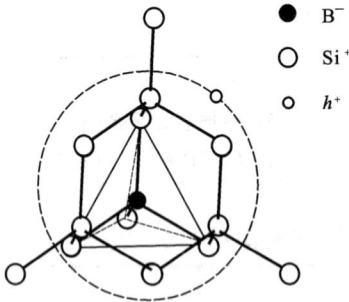

图 11－10　受主杂质的结构及其
对空穴的束缚作用示意

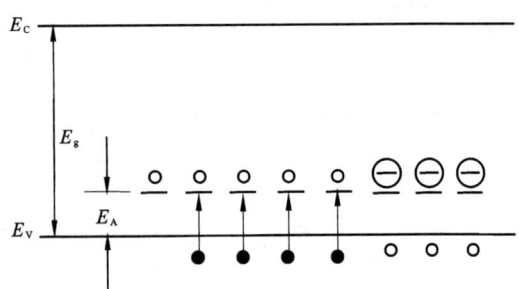

图 11－11　受主杂质能级示意图
E_C 为空带底，E_V 为价带顶，E_g 为能隙，E_A 为受主电离能

表 11 - 4　硅、锗半导体的受主杂质的电离能(E_A)

电离能/eV　　杂质 半导体	硼(B)	铝(Al)	镓(Ga)	铟(In)
锗(Ge)	0.01	0.01	0.011	0.011
硅(Si)	0.045	0.057	0.065	0.16

4. 半导体中的载流子

(1)平衡载流子

半导体中的电子(记为 e^-)及价带中的空穴(记为 h^+)均可荷载电流,统称为载流子。在一定温度下,系统处于热平衡时半导体中的载流子称作平衡载流子。平衡载流子是依靠热激发而产生的,价带的电子获得足够的热能而跃迁到导带,成为导电电子,同时在价带产生空穴。这个过程称作本征激发。很明显,由本征激发产生的本征电子浓度(n_0)与本征空穴浓度(p_0)是相等的,即 $n_0 = p_0 = n_i$,n_i 为本征载流子浓度。室温下,$n_i(\mathrm{Ge}) = 2.4 \times 10^{13}\,\mathrm{cm}^{-3}$;$n_i(\mathrm{Si}) = 1.5 \times 10^{10}\,\mathrm{cm}^{-3}$;$n_i(\mathrm{GaAs}) = 1.1 \times 10^7\,\mathrm{cm}^{-3}$。

杂质电离而产生的载流子浓度远大于本征载流子浓度。由于杂质的电离能都很小,所以,室温下杂质几乎全部电离。当随着温度的下降,热能不足以将全部杂质离化,导致施主能级上仍束缚有电子,受主能级上仍然束缚有空穴。这样,载流子浓度比室温下的浓度小,且随温度下降而迅速减小。当温度下降到某一温度 T_f 时,载流子浓度几乎等于零。这种现象称为载流子冻结。一般的冻结温度 $T_f = 100\ \mathrm{K}$。

(2)非平衡载流子

热平衡状态下的半导体,电子、空穴浓度总服从:

$$n_0 \cdot p_0 = n_i^2 \tag{11-8}$$

当有外界作用时,半导体就处于非平衡状态。这时,电子浓度 n 和空穴浓度 p 就不服从上面的关系了。例如,以光子能量 $h\nu > E_g$ 的光束照射半导体,价带电子吸收光子的能量而跃迁到导带,同时在价带中留下空穴。比平衡状态时多出来的那部分载流子,称为非平衡载流子。

非平衡载流子随外界的作用而产生,也随外界作用的撤离而消失。实验证明,外界作用撤离后,半导体不是马上回复到平衡状态,而是逐渐回复的。

均匀半导体内的平衡载流子浓度处处相同,而非平衡载流子浓度却是位置的函数。例如,以均匀光束照射半导体表面,光子在很薄的表面层中被吸收,并产生非平衡载流子；而在内部则不存在非平衡载流子。

11.2.3　电学材料

电学材料主要包括导电材料、电阻材料、电介质材料等。

1. 导电材料

导电材料最主要的性质是良好的导电性，用来制造电力传输电线电缆，传导电信息的导线、引线等，是电子元器件、集成电路应用最广泛的材料。一般金属的电阻随温度的升高而增大，可表示为：

$$R_T = R_{T1}[1 + \alpha_{T1}(T - T_1)] \qquad (11-9)$$

式中 R_T 为任一温度的电阻，R_{T1} 为基准温度下的电阻，α_{T1} 为基准温度下的温度系数。作为导电材料，希望电阻率尽可能的小（$\leqslant 10^{-6}\ \Omega \cdot m$）。常见的导电材料有金属及其合金，如铜及铜合金、铝及铝合金等。表 11-5 给出了常见纯金属的电阻温度系数。

表 11-5　20 ℃时常见纯金属的特性

金属	电阻率 R_{20} /($\mu\Omega \cdot cm$)	电阻温度系数 α_{20} /($\times 10^{-3}K^{-1}$)	密度 ρ /($g \cdot cm^{-3}$)	热膨胀系数 /($\times 10^{-6}K^{-1}$)
Ag	1.62	3.8	10.5	18.9
Cu	1.72	3.93	8.9	16.6
Au	2.40	3.4	19.3	14.2
Al	2.82	3.9	2.7	23.0
Mg	4.34	4.4	1.74	24.3
Mo	4.76	4.7	10.2	5.1
W	5.48	4.5	19.3	4
Zn	6.10	3.7	7.14	33
Co	6.86	6.6	8.8	11
Ni	6.90	6.0	8.9	12.8
Fe	10.0	5.0	7.86	11.7
Pt	10.5	3.0	21.45	8.9
Sn	11.4	4.2	7.35	20
Pb	21.9	3.9	11.37	29.1
Hg	95.8	0.89	13.55	

2. 电阻材料

与导电材料不同, 电阻材料是利用材料对电流的阻碍作用在电路中分压、调压、分流, 以实现调节和分配电能。电阻材料是电子设备中不可缺少的材料。材料的电阻(R)取决于材料的本质和几何尺寸: $R = \rho(L/S)$。式中 L 为长度; S 为截面积; ρ 为与材料有关的常数, 称为电阻率, 在数值上等于长 1 cm、横截面积为 1 cm^2 的导体所具有的的电阻值, 单位为 $\Omega \cdot cm$。

对于薄膜电阻材料来说, 其电阻值(R_s)随膜厚(d)而变化: $R_s = \rho/d$。

电阻材料主要包括绕线电阻材料(贱金属、贵金属电阻合金线)、薄膜电阻材料(碳基薄膜、金属氧化膜、合金膜、金属陶瓷膜、复合电阻薄膜等)和厚膜电阻材料。

11.3　材料的磁学性能

磁性是普遍存在的一种物质属性。任何一种材料都有磁性, 只不过表现形式和程度不同而已。磁的本质是量子力学效应, 磁性与微观粒子的运动规律和物质的微观结构有着深刻的联系。

11.3.1　物质的磁性与原子结构

材料的磁感应强度 B 可表示为:

$$B = \mu_0(H + M) \tag{11-10}$$

式中 H 表示磁场强度, 单位 A/m; M 为磁化强度, 即单位体积的磁矩, 单位 Am^{-1}。μ_0 是真空磁导率, 是一个基本物理常数, 其数值为 $4\pi \times 10^{-7}$ H $\cdot$ m^{-1}。式(11-10)说明将磁性材料置于磁场 H 中时, 材料内部的磁场与真空中的磁场是不同的, 二者的差别取决于材料的磁化率 χ。

$$M = \chi \cdot H \tag{11-11}$$

将式(11-11)代入式(11-10), 得

$$B = \mu_0(1 + \chi)H \tag{11-12}$$

大家知道, 所有材料都是由原子通过化学键结合而成, 原子由原子核和核外电子组成。由原子的量子理论可知, 原子的磁性主要来源于原子中的电子的轨道磁矩和自旋磁矩, 原子核也有磁矩, 但只有电子磁矩的几千分之一, 在很多问题中可以将其忽略不计。

　　原子物理学告诉我们，携带电荷 e 的电子以轨道角动量 l 进行绕核运动时将产生环电流。此环电流产生的磁矩 $\boldsymbol{\mu}_l$ 称为轨道磁矩；而由电子自旋角动量 s 产生的磁矩称为自旋磁矩 $\boldsymbol{\mu}_s$。可以证明：

$$\boldsymbol{\mu}_l = -\frac{e}{2m}l \tag{11-13}$$

$$\boldsymbol{\mu}_s = -\frac{e}{m}s \tag{11-14}$$

式中：m 为电子质量。比值 $-e/2m$ 称为电子轨道运动的悬磁比，$-e/m$ 为电子自旋运动的悬磁比，后者是前者的两倍。

　　对于具有多个电子的实际原子，由于电子轨道运动之间的耦合（即库仑作用）、轨道运动与自旋运动之间的耦合，单个电子的角动量是不守恒的，但原子的总角动量 $\boldsymbol{J}$ 是守恒的。则原子磁矩与总角动量之间仍有：

$$\boldsymbol{\mu}_J = g_J\left(-\frac{e}{2m}\right)\boldsymbol{J} \tag{11-15}$$

g_J 称为朗德因子，对于纯粹轨道运动其值为1，纯粹自旋运动其值为2。下面以最简单的氢原子为例进行说明。

　　通常，氢原子处于基态（$l=0$），只有自旋角动量 s。可以证明，氢原子的电子角动量在磁场方向上的分量为 $h/4\pi$，由于 $g_J=2$，所以氢原子基态磁矩在磁场方向的分量为：

$$\boldsymbol{\mu}_J = -\frac{eh}{4\pi m} \tag{11-16}$$

称为 Bohr 磁子（μ_B），将 e，h，m 等数据代入得 $\mu_B = 9.274 \times 10^{-24} \text{A} \cdot \text{m}^2$。

　　磁矩 μ 是从物质的微观结构来理解的物质的磁性，μ 的单位为 $\text{A} \cdot \text{m}^2$。此外，Bohr 磁子 μ_B 和核磁子 μ_N 也常用来表示磁矩的大小。μ_B 和 μ_N 同样是基本物理常数，其值分别为 $\mu_B = 9.274 \times 10^{-24} \text{A} \cdot \text{m}^2$ 和 $\mu_N = 5.05 \times 10^{-27} \text{A} \cdot \text{m}^2$。

　　多电子原子的磁性有如下特点：

　　①外层充满的原子或离子没有磁矩。因为不同电子的贡献相互抵消，所以 He，Ne 等没有永久磁矩。

　　②最外层只有一个电子的原子具有与 H 原子相同的磁性。如 Li，Na，Ag 等。

　　③过渡金属原子的磁性，轨道磁矩受配位环境影响较大，自旋磁矩受环境影响较小。

11.3.2　物质磁性的分类

当原子通过化学键聚集在一起或组成晶体时，由于成分和结构的不同，原子之间、原子与外磁场之间会发生各种各样的相互作用，使物质显示出多种多样的磁性。物质磁性的多样性用磁化率 χ 来描述。

根据物质磁性的起源、磁化率的大小及其随温度的变化关系，物质的磁性可分为以下五类：

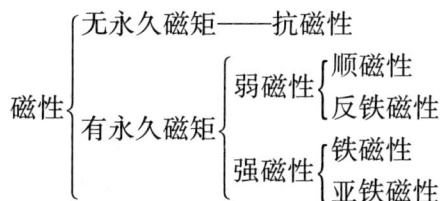

$$\text{磁性}\begin{cases}\text{无永久磁矩——抗磁性}\\\text{有永久磁矩}\begin{cases}\text{弱磁性}\begin{cases}\text{顺磁性}\\\text{反铁磁性}\end{cases}\\\text{强磁性}\begin{cases}\text{铁磁性}\\\text{亚铁磁性}\end{cases}\end{cases}\end{cases}$$

1. 抗磁性

在原子或分子中按结构原理将核外电子排布在不同的原子轨道或分子轨道上。按照 Pauli 不相容原理，占据同一轨道的两个电子自旋必须相反。由同一轨道上两个电子的自旋运动产生的磁矩，具有大小相等方向相反的特点。因而导致了这种配对电子不会出现净磁矩。对于满外层组态的原子，如稀有气体原子，除了总的自旋磁矩为零外，电子对原子核呈球形对称分布，原子的轨道磁矩也等于零。主族元素形成的化合物，如有机化合物，绝大多数为满外层结构，磁矩为零。这些类型的物质在外加磁场中，可诱导出一个净磁偶极矩，其方向与外加磁场相反，称为诱导磁矩。这类磁性称为抗磁性(diamagnetism)。

由自旋相反的成对电子在磁场中产生的诱导磁矩导致的磁化率 $\chi<0$，绝对值非常小，约为 10^{-5}。负号表示磁矩方向与外磁场相反。

抗磁性具有两个显著的特点，一是抗磁性物质的磁化率与温度无关；二是抗磁磁化率具有加和性，化合物的抗磁性可以从组成化合物的原子或官能团的抗磁性相加得到。

2. 顺磁性

如果组成材料的某种原子或原子团具有原子磁矩，且原子磁矩之间不存在相互作用，则在没有外磁场的情况下，由于尤规则的热运动使原子磁矩的取向呈随机分布，其作用相互抵消，表现不出宏观磁性。当有外磁场存在时，原子的磁矩在磁场的作用下尽量地沿磁场方向排列，从而显示出宏观磁性。物质的这种磁性称为顺磁性(paramagnetism)。顺磁性物质的磁化率 $\chi>0$，但数值较小，室温下约为 $10^{-3}\sim10^{-6}$；顺磁磁化率 χ 与温度成反比

$$\chi = \frac{\mu_0 C}{T} \qquad (11-17)$$

式中，C 为居里常数，μ_0 为真空磁导率，T 为温度。

顺磁材料和抗磁材料均为弱磁材料。

3. 铁磁性

人们早就发现，铁、钴、镍及其某些合金在没有外磁场时也有宏观磁性，或即使宏观上不存在磁性但只要加微弱的外磁场就会产生很大的磁化强度。金属铁和金属钴等材料，每个原子的不成对电子数较多，原子磁矩较大，相邻原子磁矩间存在一定的相互作用，使原子磁矩平行排列。只要很小的磁场就能达到饱和磁化，且磁化率 $\chi = 10^1 \sim 10^6$。这种磁性称为铁磁性(ferromagnetism)。

具有铁磁性的元素有 9 种，3 种为 3d 金属 Fe，Co，Ni；6 种为 4f 金属 Gd，Tb，Dy，Ho，Er，Tm，如表 11-6 所示。此外，这些元素组成的合金和另外一些化合物也具有优良的铁磁性。这种强磁性的物质称为铁磁体。

表 11-6　铁磁性元素在元素周期表中的位置

H																	He
L	B											B	C	N	O	F	Ne
Na	Mg											Al	Si	P	S	Cl	Ar
K	Ca	Sc	Ti	V	C	Mn	Fe	Co	Ni	Cu	Zn	Ga	Ge	As	Se	Br	Kr
Rb	Sr	Y	Zr	Nb	Mo	Tc	Ru	Rh	Pd	Ag	Cd	In	Sn	Sb	Te	I	Xe
Se	Ba	La	Hf	Ta	W	Re	Os	Ir	Pt	Au	Hg	Tl	Pb	Bi	Po	At	Rn
Fr	Ra	Ac															

Ce	Pr	Nd	Pm	Sm	Eu	Gd	Tb	Dy	Ho	Er	Tm	Yb	Lu
Th	Pa	U	Np	Pu	Am	Cm	Bk	Cf	Es	Fm	Md	No	Lw

铁磁性物质的磁化率和温度的关系服从 Curie - Weiss 定律，即

$$\chi = \frac{\mu_0 C}{T - T_f} \qquad (13-18)$$

式中，C 为居里常数，T_f 为居里点。当 $T > T_f$ 时，铁磁性将变成顺磁性，当 $T < T_f$ 时，铁磁体发生宏观磁化现象，且温度越低，自发磁化强度越大，直至饱和。永磁体的磁场就是自发磁化产生的。表 11-7 列出了几种常见的铁磁性单质的 T_c 值。

　　铁磁体的另一特征是在外磁场中发生的磁化过程是不可逆的, 即所谓的磁滞效应。

表 11 − 7　常见铁磁性单质的居里温度(T_c)

金属	Fe	Co	Ni	Gd	Tb	Dy	Ho	Er	Tm
T_c/K	1 043	1 396	631	293	219	89	20	20	32

4. 反铁磁性

　　反铁磁性(anti-ferromagnetism)物质的磁化率 χ 为小的正数, 与温度的关系较为复杂, 存在一临界温度 T_N(Neel 温度)。当 $T < T_N$ 时, 呈顺磁性, χ 与温度成正比; $T > T_N$ 时, χ 与温度成反比, 满足(11 − 9)式。

$$\chi = \frac{\mu_0 C}{T + \theta} \tag{11 − 19}$$

式中 θ 为被物质决定的参数。表 11 − 8 列出了一些反铁磁材料的有关参数。

表 11 − 8　一些反铁磁材料及其 T_N 和 θ 值

物质	顺磁离子晶体	T_N/K	θ/K
MnO	面心立方	116	610
FeO	面心立方	198	570
CoO	面心立方	291	330
NiO	面心立方	525	2000
MnS	面心立方	160	528
MnTe	六角层状	307	690
MnF_2	体心四方	67	82

　　按常理, 温度降低晶体的热振动减弱, 原子磁矩更倾向于沿着磁场方向排列, 如像顺磁性和铁磁性物质都会使磁化率增加。但在反铁磁物质中, 由于磁矩间的作用, 相邻原子的磁矩反向平行排列。随着温度的降低, 反铁磁性相互作用增强, 因而磁化率随温度降低而减少。图 11 − 12 是反铁磁晶体 MnF_2 的自旋结构图。Mn^{2+} 离子为体心四方结构, 相当于两个简单四方点阵套构而成。两个四方点阵上的 Mn^{2+} 离子磁矩正好相反。

5. 亚铁磁性

亚铁磁性(Ferrimagnetism)物质的内部磁结构与反磁性结构相同,但正反两个方向排列的磁矩(大小和方向)不等量。具有亚铁磁性的材料是一类非常重要的磁性材料。Fe_3O_4 是典型的亚铁磁性材料,Fe_3O_4 晶胞中有 32 个 O^{-2} 按立方最密堆积排列,每个晶胞中有 8 个 Fe^{3+} 和 8 个 Fe^{2+} 处于八面体间隙,8 个 Fe^{3+} 处于四面体间隙。Fe^{3+} 和 Fe^{2+} 分别具有 d^5 和 d^6 组态,由于 O^{2-} 是弱场配位体,不论四面体配位或八面体配位,都是高自旋状态,具有较大的原子磁矩,但大小并不相等。处于相同多面体间隙中的铁离子的磁矩相互平行,不同多面体铁离子的磁矩相反,如图 11-13 所示。所以 Fe_3O_4 宏观上像铁磁材料一样具有磁性。

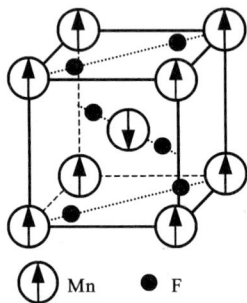

图 11-12 反铁磁体 MnF_2 的自旋结构

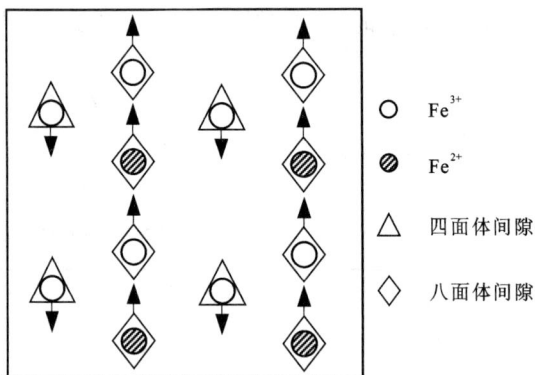

图 11-13 Fe_3O_4 中原子磁矩的排列示意图

综上所述,物质呈抗磁性时,组成该物质的原子或分子不具有永久磁矩,如图 11-14 中(1)图所示;物质呈顺磁性时,其微观结构表现为原子或分子的永久磁矩不为零,但它们之间不存在相互作用,在没有外磁场时原子磁矩的方向呈无规则分布状态,磁化率随温度的升高而下降,如图 11-14 中(2)图所示;当物质呈铁磁性时,原子磁矩间的相互作用使相邻的原子磁矩呈同向平行排列状态,磁化率随温度的变化较为复杂,如图 11-14 中(3)图所示;反铁磁性物质则表现在原子磁矩间的相互作用使得相邻的原子磁矩呈反向平行排列状态,且正反两个方向的磁矩相等;当正反两个方向的磁矩不相等时,则为亚铁磁性,磁化率随温度的升高而增加,如图 11-14 中(4)图所示。

（1）抗磁性　　　　　　　　（2）顺磁性　　　　　　　（3）反铁磁性

（4）(a) 铁磁性和 (b) 亚铁磁性

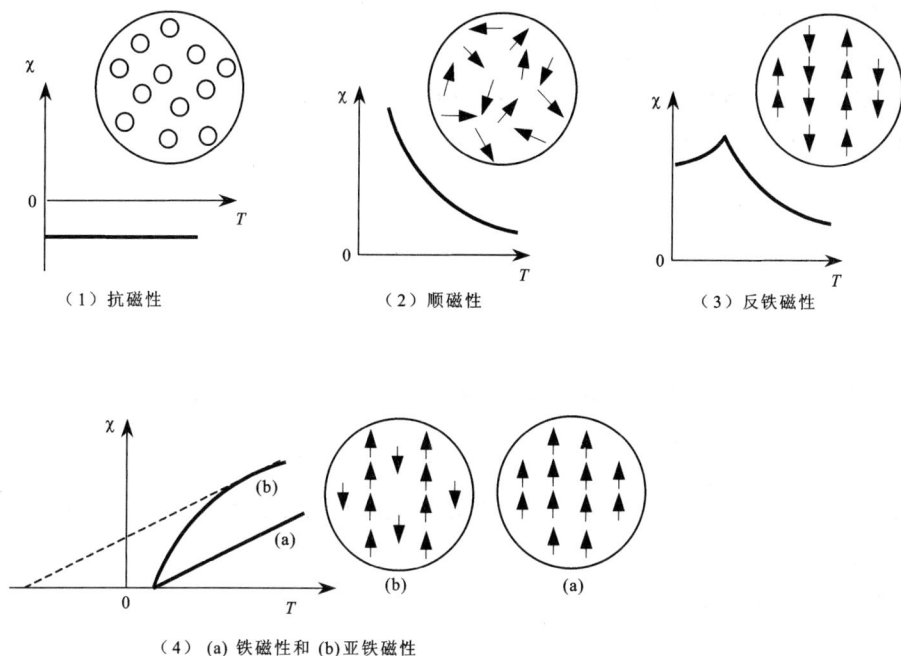

图 11 – 14　各类磁性物质的磁化率和温度的关系及其磁结构示意图

抗磁性物质、顺磁性物质和反铁磁性物质的磁化率都很小，均属于弱磁性物质，当一块永久磁铁靠近时，它们既不被吸引也不被排斥。铁磁性和亚铁磁性物质为强磁性物质，当永久磁铁靠近时，它们会被吸引或排斥。

能够作为磁性材料的强磁性物质的宏观磁性通常具有三个特征：

①高磁化率，其值比弱磁物质可高出百万倍；

②磁化强度与外磁场的关系复杂；

③存在一特殊的临界温度 T_f，当 $T > T_f$ 时强磁性会消失。

11.3.3　磁畴与技术磁化

强磁性物质的高磁化率是其内部的原子磁矩之间的相互作用所致，这种作用的本质是相互作用，称为交换作用。交换作用可以使原子磁矩呈有序排列，称为磁有序。如果磁有序使相邻原子磁矩平行地有序排列，称为铁磁性有序。这种由物质内部的交换作用引起的原子磁矩有序排列称为自发磁化。但是，在实际情况下，同一方向的自发磁化只发生在微小区域内，称为磁畴，其尺寸一般为微米量级。不同磁畴的自发磁化方向不同，因而宏观上不显磁性，但在外场的作用下各磁畴的自发磁化方向趋于一致，导致宏观磁性。

磁畴内的自发磁化表明磁矩之间有强的相互作用使各磁矩趋向平行排列，这种相互作用可用磁畴内的分子场或内磁场来描述。以上假设均被实验结果和量子力学理论所证实。详见有关参考文献。

铁磁体在外磁场下的宏观磁化，称为技术磁化，以别于磁畴内的自发磁化。技术磁化具有不可逆性，即具有磁滞效应。图 11 – 15 给出了典型的磁化曲线（磁滞回线）的示意图，箭头表示磁化路径。H_c 为矫顽力，B_s 为饱和磁化强度，B_r 为剩余

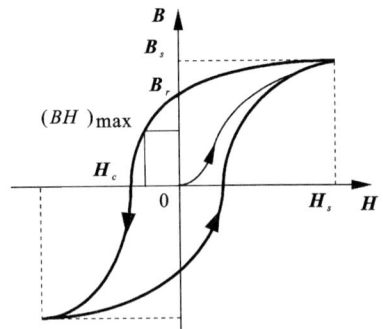

**图 11 – 15 铁磁体的技术
磁化曲线（磁滞回线）**

磁化强度（剩磁）。第 II 象限中磁场强度与磁感应强度乘积的最大值 $(BH)_{max}$ 称为材料的最大磁能积。

技术磁化是以磁畴的自发磁化为基础的。在外磁场的作用下，磁畴的结构和磁畴内磁矩取向发生变化，导致各磁畴的磁化不再相互抵消而产生一个与外磁场方向相同的宏观磁化强度。这个过程有两种机制：①畴壁移动。施加外磁场后，畴壁发生移动，导致自发磁场方向与外磁场一致的磁畴体积扩大，而自发磁化与外磁场方向相反的磁畴体积缩

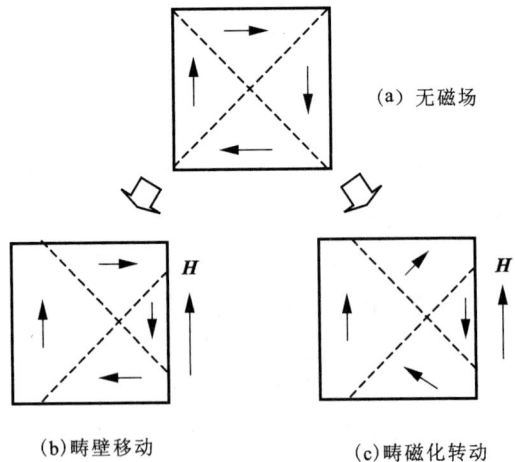

图 11 – 16 技术磁化机制示意图

小。②畴磁化转动。磁畴内自发磁场方向在外场的作用下偏离原来的磁化方向而转向外磁场方向。图 11 – 16 示意地给出了畴壁移动和畴磁化转动。

技术磁化过程大致可分为三个阶段：①当外磁场较弱时，宏观磁化随磁场增长较缓，磁化的主要原因是畴壁的可逆移动；②当外磁场增强时，畴壁的可逆移动逐渐转化为大幅度的不可逆移动使宏观磁化急剧上升；③磁场再增强

时，磁化曲线的上升又变缓，直至饱和，此时磁化的主要机制是畴磁化转动。

显而易见，畴壁移动的有可逆与不可逆两种情况，主要是因为晶体不完整性，即晶体中存在的杂质、缺陷、沉淀相及内应力等造成了对畴壁运动的非均匀性制约所致。不均匀性使得畴壁在不同的位置有不同的能量。无磁场时，畴壁一般处在能量的局域极小处。加弱磁场后，畴壁会在平衡位置作小的移动，去掉磁场后可以复原，这就是可逆磁化。当磁场足够强，使得顺向磁畴的增加造成的能量下降足以抵偿畴壁能时，畴壁才能跨越局域能峰，造成宏观磁化的阶跃式急剧增大，这就是畴壁的不可逆移动。

以上分析表明，矫顽力是能使畴壁移动越过能量局域峰值的磁场相联系的。矫顽力是能使大约一半体积的磁畴反向的磁场强度。因而，铁磁材料的矫顽力与材料的不均匀性直接相联系：材料的不均匀性越强，矫顽力越大，反之越小。利用这一点，可以制备所需的硬磁材料（高矫顽力）和软磁材料（低矫顽力）。

11.3.4　磁性材料

1. 软磁材料

软磁材料是指在外磁场中容易被磁化也容易退磁的材料，起始磁导率高，矫顽力很小（$H_c \approx 1$ A/m）。矫顽力小意味着磁滞回线窄而长，所包围的面积小，在交变磁场中磁滞损耗小。软磁材料可用作电感元件、变压器、镇流器、电动机、发电机、电磁铁的铁芯等。重要的软磁材料有 Fe-Si 合金、Fe-Ni 合金、Fe-Al 合金、Fe-Al-Si 合金、铁氧体（MFe_2O_4）和非晶软磁材料等。

2. 永磁材料

永磁材料是指材料被外磁场磁化后，去掉外磁场仍保持较强剩磁的磁性材料。永磁材料主要用作永磁体，提供稳定的磁场。所以，要求永磁材料具有高的最大磁能积$[(BH)_{max}]$、高的剩磁（B_r）、高的矫顽力（H_c）。典型的永磁材料有析出硬化型永磁材料（AlNiCo, AlNiFe）；稀土永磁材料[$SmCo_5$, $PrCo_5$, Sm_2Co_{17}, $Sm_2(Co, Cu, Fe, Zr)_{17}$, Nd-Fe-B, …]和可加工永磁材料（Fe-Ni-Co, Fe-Co-V, Pt-Co, Mn-Al-C），铁氧体永磁材料以及复合永磁材料。

3. 磁光材料

当光透过磁性物质或被磁性物质反射时，由于存在自发磁化强度而导致光的各向异性，可以观测到特殊的光学现象，如偏振状态发生变化。这种现象叫做磁光效应。应用在该领域的材料主要有稀土-过渡族磁光薄膜（TbFeCo）、氧化物及 MnBi 系磁光薄膜（MnBi, MnBiAl, MnAlGe, MnGaGe）、多层调制磁光薄膜（Pt/Co, Pd/Co）等。

4. 磁致伸缩材料

当磁性材料受到外加磁场的作用时，在磁场方向产生伸长或缩短的现象称为磁致伸缩效应。铁在磁场的作用下会伸长，呈正磁致伸缩；镍在磁场的作用下会缩短，呈负磁致伸缩。当磁致伸缩材料受到交变磁场的作用时，就会产生交变的伸长和缩短，即产生机械振动。磁致伸缩存在逆效应，即磁致伸缩材料受力使长度改变时，其磁场强度也会发生相应的变化。

11.4　材料的光学性能

11.4.1　光和颜色

光是一种电磁波，波长(λ)决定其颜色。波长和频率(ν)的乘积等于光速(c)，$\lambda\nu=c$。

波长的单位为 cm(或 nm)，频率的单位为 s^{-1}。光传播时，1 cm 中的频率数称为波数($\bar{\nu}$)，$\bar{\nu}=\nu/c$，波数的单位为 cm^{-1}。可见光的波长处于 400 nm 到 700 nm 之间。另一方面，光也可以视为是由光子组成的光子流，光子的能量(ε)和光的频率成正比：

$$\varepsilon=h\nu \tag{11-20}$$

式中 h 为普朗克常数，$h=6.626\times10^{-34}$ J·s^{-1}。光子的能量通常用电子伏特(eV)表示，1 eV 相当于 8065.5 cm^{-1}。表 11-9 列出了不同颜色的光所对应的波长(λ)、频率(ν)、波数($\bar{\nu}$)和光子的能量(ε)。

表 11-9　不同颜色的光所对应的波长、频率、波数和光子的能量

颜色	波长/nm	频率/s^{-1}	波数/cm^{-1}	光子能量/eV
红外光	1000	3.0	10.0	1.24
红	700	4.3	14.3	1.77
橙	620	4.8	16.1	2.00
黄	580	5.2	17.2	2.14
绿	530	5.7	18.9	2.34
蓝	470	6.4	21.3	2.64
紫	420	7.1	23.8	2.95
紫外光	300	10.0	33.3	4.15

物体呈现的颜色，是光和物质相互作用所引起的，或是物质内部电子在不同能级跃迁的结果。颜色的起因可归纳为物质对光的选择吸收、物质发射波长不同的电磁波以及光在物质中传播时的反射、透射、偏转、散射等物理过程。

①原子激发和分子振动。属于此类发光机理的有：固体高温加热时的白炽化，如火焰、灯光、弧光等；气态原子或分子激发，如气体激光、闪电、极光等；分子的振动和转动导致的发光，如水和冰显淡蓝色。

②配位场效应下的电子跃迁。在过渡族金属化合物中，由于配位的几何形式不同和配位场的强弱不同，以及 d 轨道和 f 轨道分裂和能级中电子排布的状况不同，电子在能级间跃迁所产生的颜色就不一样。如，Cr_2O_3 呈绿色，将 Cr_2O_3 掺入刚玉(Al_2O_3)中，就会得到红色的红宝石，记为：Al_2O_3：Cr^{+3}。由于 Cr_2O_3 和 Al_2O_3 的结构相似(Cr^{+3} 和 Al^{+3} 位于 O^{-2} 组成的六方点阵的 2/3 八面体间隙中)，当 Cr_2O_3 掺入 Al_2O_3 时，Cr^{+3} 置换 Al^{+3} 时，Cr^{+3} 周围的 6 个氧离子的配位不变，但因为 Cr^{+3} 比 Al^{+3} 略大一点，使其配位场的强弱产生变化，从而导致颜色的改变。

③电子在固体能带间的跃迁。前已叙及，当 N 个原子组成金属时，电子的能级分裂成连续的能带。0 K 下，从最低能级到费米能级都被电子占据，费米能级以上是空的。导带中，填满电子的能级和空的能级间的间隔极小，很小的能量输入就能把 1 个电子推到较高能量的能级上，所以输入的能量几乎全部被吸收，透射率极低；另一方面，处于高能级的电子又能迅速回到低能级，所以金属有很高的光反射率，金属表面有光泽。

此外还有电子在分子轨道间的跃迁，以及物理光学因素(如折射、偏振、散射、干涉、衍射等)都能对物体颜色产生影响。

11.4.2　光辐射原理

1900 年，普朗克(M. Planck)用辐射量子化的假说成功地解释了黑体辐射的分布规律，开启了量子力学的新纪元；随后波尔(N. Bohr)在 1913 年提出了原子中电子运动状态量子化假设。在此基础上，爱因斯坦(A. Einstain)1917 年在重新推导了黑体辐射的普朗克公式的过程中，提出了自发辐射和受激辐射两个重要概念。40 年后，受激辐射的概念在激光技术中得到广泛应用。

1. 受激辐射

光与物质相互作用，特别是这种相互作用中的受激辐射过程是激光物理的基础。通过光照射或注入电流的激发，处在高能状态下的载流子(或粒子)具有一定的寿命，它们将回到低能状态。在高能载流子回到低能状态的过程中，实现发射光子的辐射再合(radiative recombination)，以及向晶格发射声子的非辐射再合(non-radiative recombination)。

(1)自发辐射[图11-17(a)]

处于高能级 E_2 的载流子自发地向低能级 E_1 跃迁,并发射一个能量 $h\nu$ 的光子,这种过程称为自发跃迁。由载流子自发跃迁而发出光子称为自发辐射。自发跃迁过程用爱因斯坦系数 A_{21} 描述。A_{21} 也称为自发跃迁几率,定义为单位时间内 n_2 个高能态载流子中发生自发跃迁的载流子数 dn_{21} 与 n_2 的比值。

$$A_{21} = \left(\frac{dn_{21}}{dt}\right)_{sp} \frac{1}{n_2} \qquad (11-21)$$

式中,$(dn_{21})_{sp}$ 表示由于自发跃迁引起的由 E_2 向 E_1 跃迁的载流子数。A_{21} 只与原子本身性质有关。容易证明,A_{21} 就是载流子在能级 E_2 的平均寿命 τ 的倒数(见习题4)。

(2)受激吸收[图11-17(b)]

处于低能态 E_1 的载流子,在频率为 v 的辐射场作用下,吸收能量为 $h\nu$ 的光子并向 E_2 能态跃迁。这一过程称为受激吸收跃迁,这是一个吸收能量的过程。采用受激吸收跃迁几率 W_{12} 描述这一过程。

$$W_{12} = \left(\frac{dn_{12}}{dt}\right)_{st} \frac{1}{n_1} \qquad (11-22)$$

式中,$(dn_{12})_{st}$ 表示在 n_1 个低能态载流子中发生由 E_1 向 E_2 跃迁的载流子数。

受激跃迁与自发跃迁是本质不同的两个物理过程,反映在跃迁几率上就是 A_{21} 只与原子本身的性质有关;而 W_{12} 不仅与原子性质有关,还与辐射场的单色能量密度 ρ_v 有关,这种关系可唯象地表示为:

$$W_{12} = B_{12}\rho_v \qquad (11-23)$$

式中,比例系数 B_{12} 称为受激吸收跃迁爱因斯坦系数,它只与原子性质有关;ρ_v 为单色能量密度,定义为单位体积内频率处于 v 附近的单位频率间隔中的电磁辐射能量,量纲为 $J \cdot s \cdot m^{-3}$。

(3)受激辐射[图11-17(c)]

受激辐射跃迁就是受激吸收跃迁的逆过程。处于高能态 E_2 的载流子,在频率为 ν 的辐射场作用下,跃迁到低能态 E_1 并辐射出能量为 $h\nu$ 的光子。这种由受激辐射跃迁而发出光子的现象称为受激辐射。受激辐射的跃迁几率为:

$$W_{21} = \left(\frac{dn_{21}}{dt}\right)_{st} \frac{1}{n_2} \qquad (11-24)$$

$$W_{21} = B_{21}\rho_v \qquad (11-25)$$

式中,比例系数 B_{21} 称为受激辐射跃迁爱因斯坦系数,它只与原子性质有关。

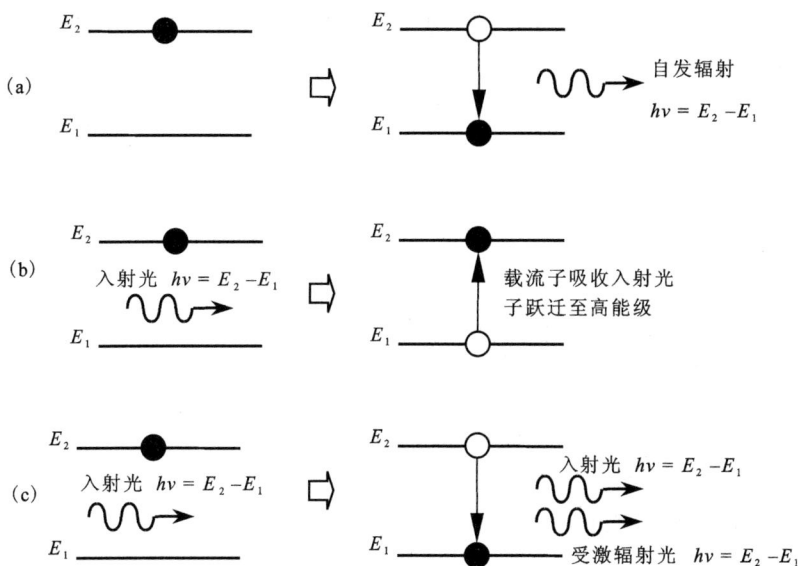

图 11 – 17　光与物质相互作用示意图

(a)自发辐射；(b)受激发吸收；(c)受激辐射

应该指出，当光束照射到固体发光材料时，受激吸收、自发辐射和受激辐射三个过程是同时存在的。受激吸收可导致出现吸收光谱和颜色，自发辐射导致产生荧光或磷光，受激辐射导致产生激光。

(4)受激辐射的相干性

受激辐射是在外辐射场的控制下的发光过程，它与自发辐射的重要区别在于，自发辐射产生非相干光子，而受激辐射产生相干光子。利用量子电动力学可以证明：受激辐射光子和入射光子属于同一光子态，或者说，受激辐射光和入射光具有相同的频率、位相、波矢和偏振。

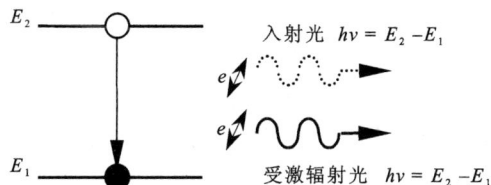

图 11 – 18　受激辐射相干性示意图

($e\nearrow$表示偏振方向)

图 11 – 18 示意地表示了这一点。所以，大量载流子在同一辐射场激发下产生的受激辐射是相干的。受激辐射的这

一重要特性就是激光理论的基础。

（5）爱因斯坦系数的相互关系

T 温度下，辐射场与物质作用的结果应维持温度为 T 的热平衡状态。这种热平衡状态的标志是：

①载流子数按能级分布服从玻尔兹曼分布

$$\frac{n_2}{n_1} = \frac{f_2}{f_1}\exp\left(-\frac{E_2 - E_1}{k_B T}\right) \qquad (11-26)$$

式中，f_1 和 f_2 分别为能级 E_1 和 E_2 的简并度（或统计权重）。

②在热平衡下，n_1 或 n_2 应保持不变，于是有：

$$\left(\frac{\mathrm{d}n_{21}}{\mathrm{d}t}\right)_{sp} + \left(\frac{\mathrm{d}n_{21}}{\mathrm{d}t}\right)_{sp} = \left(\frac{\mathrm{d}n_{12}}{\mathrm{d}t}\right)_{st} \qquad (11-27)$$

或

$$n_2 A_{21} + n_2 B_{21}\rho_v = n_1 B_{12}\rho_v \qquad (11-28)$$

利用式（11-26）和式（11-28）可得：$B_{12}f_1 = B_{21}f_2$，$A_{21} = (8\pi h/c^3) v^3 \cdot B_{21}$，这就是爱因斯坦系数的基本关系。

2. 光的受激辐射放大——激光

激光的本质是光的受激辐射放大，激光的英文缩写 LASER（Light Amplication by Stimulated Emission of Radiation）正是其物理本质的反映。

（1）光放大

光子简并度被定义为处于同一光子态的光子数，记为 $\bar{n}$。很明显，"提高光子简并度"与"光放大"是等同的。激光就是受激辐射产生的光子简并度极高的光。可以证明：

$$\bar{n} = \frac{E}{h\nu} = \frac{W_{21}}{A_{21}} \qquad (11-29)$$

上式中，分子为受激辐射跃迁几率，分母为自发跃迁几率。该式在物理上很容易理解，因为受激辐射产生相干光子，而自发辐射产生非相干光子。这一关系对光谐振腔（或光腔）内每一特定光子态或光波模式都成立。

按照光量子说的观点，激光的模式就是可区分的光子态。如果能使光腔内的某一特定模式（光子态）的 ρ_v 大大增加，而其他所有模式的 ρ_v 很小，就能在这一特定的模式上形成很高的简并度。也就是说，使相干的受激辐射光子集中在某一特定的模式上，而不是均匀分布在所有的模式上。从而达到使特定模式受激辐射放大的目的。这种情形可以通过下面的方法得以实现：

如图 11-19 所示，长方体谐振腔（黑体）充满物质原子；现去掉其侧壁，只保留两个端面。如果端面对光有很高的反射系数，则沿垂直端面的轴向传播的光(相当于特定模式的光)在腔内多次反射不逸出[图 11 – 19(a)],而其他方向的光则很容易逸出腔外[图 11 – 19(b)]。如果轴向传播的光与腔内原子只发生受激辐射,而不被原子所吸收,那么轴向传播光的 ρ_v 就能不断增加,从而在轴向方向获得极高的光子简并度。这就是光放大的基本思想。

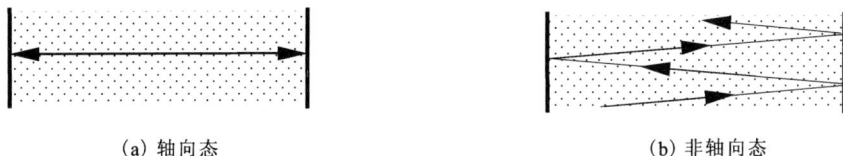

（a）轴向态　　　　　　　　　　　　　　（b）非轴向态

图 11 – 19　光谐振腔的选模作用示意图

(2)实现光放大的条件——集居数反转

在物质处于热平衡状态时,各能级上的粒子数(或集居数)服从玻尔兹曼统计分布

$$\frac{n_2}{n_1} = \exp\left(-\frac{E_2 - E_1}{k_B T} \right) \tag{11 – 30}$$

为了简化,式(11 – 30)中已令 $f_1 = f_2$。

显然,因 $E_2 > E_1$,所以 $n_2 < n_1$,即在热平衡状态下,高能级集居数恒小于低能级集居数,如图 11 – 20 所示。当频率 $\nu = (E_2 - E_1)/h$ 的光通过物质时,受激吸收的光子数 $n_1 W_{12}$ 恒大于受激辐射的光子数 $n_2 W_{21}$。因此,处在热平衡下的物质只能吸收光子。

但是,在一定条件下物质的光吸收可以转化为光放大。这个条件就是 $n_2 > n_1$,称为集居数反转(也可称为粒子数反转)。一般来说,

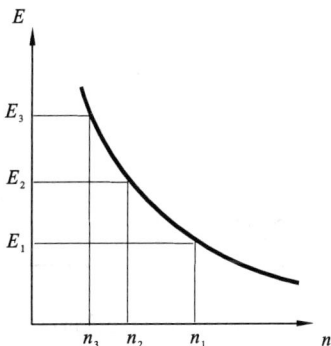

图 11 – 20　热平衡下集居数按能量的玻尔兹曼统计分布

当物质处于热平衡状态时,即它与外界处于能量平衡状态时,集居数反转是不可能的。只有当外界向物质供给能量使之处于非热平衡状态时,集居数反转才可能实现。这种供给能量的过程称为激励(或泵浦)过程。激励(或泵浦)过程是光放大(或激光产生)的必要条件。

（3）激光震荡的阈值条件

光通过有受激辐射和吸收的介质（激光材料）时，如图 11-21 所示，单位长度上光强的增量

$$\frac{\mathrm{d}I(x)}{\mathrm{d}x} = (g - a_0)I(x) \qquad (11-31)$$

式中，g 和 a_0 分别是介质的增益和损耗系数。一般情况下，g 是入射光强 I 的函数。当入射光强足够小时，增益系数 g 与入射光强无关，称为小增益系数，用 g_0 表示。此时，由式（11-31）得：

$$I(x) = I(0)\exp\left[(g_0 - a_0)x\right] \qquad (11-32)$$

上式表明，当 $g_0 > a_0$ 和小信号工作时，$I(x)$ 随在介质中传输距离 x 呈指数增加。所以，激光振荡的条件，即入射光强 $I(0)$ 任意小都能形成确定的光强的条件为 $g_0 > a_0$。其物理意义是：当激活介质的增益不小于损耗时，就能产生激光振荡。而 $g_0 = a_0$ 则称为激光震荡的阈值条件。

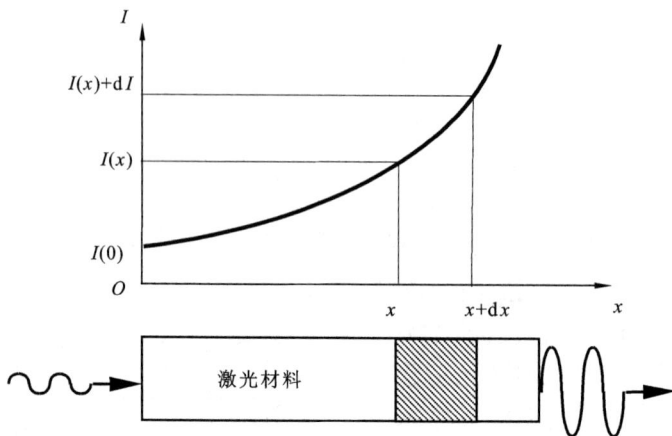

图 11-21　光通过增益介质（激光材料）而放大的示意图

（4）激光的特性

由于激光材料具有受激辐射的本性和谐振腔的选模作用，激光具有极高的光子简并度，所以激光呈现出单色性、相干性、方向性和高亮度的特性，一般称为激光的四性。利用这些特性可获得极高的功率密度。例如，将一个 $10^9\mathrm{W}$ 级的激光脉冲聚焦到直径为 5 μm 的光斑上，所获得的功率密度可达 $10^{15}\mathrm{W}\cdot\mathrm{cm}^{-2}$。

11.4.3　光学材料

1. 固体激光材料

固体激光材料又称固体激光工作物质，它是通过将激活离子掺入基体材料而构成的。固体激光材料的物理、化学和力学性能主要取决于基体材料，但它的光谱特性则主要取决于掺杂物质。对固体激光材料的一般要求可归结于以下几点：

①在激光工作的范围内透明。

②能掺入较高浓度的激活离子，掺入的激活离子具有有效的激励光谱。

③导热率高，热膨胀系数小，化学稳定性好，强度高，耐水性好，易于加工。

④容易生长出大尺寸单晶，制备工艺简单，成本低。

固体激光材料由基体材料和激活离子两部分构成。

(1) 基体材料

激光固体基体材料分为晶体和玻璃两大类。在晶体基体材料中，激活离子处于长程有序的点阵结构中，在晶格场作用下产生的能级分裂和位移也基本相同。因此，晶体激光器振荡阈值较低，易于连续运转。在非晶体基体材料中，激活离子处于长程无序的网络结构中，在晶格场作用下产生的能级分裂和位移也不同。因此，非晶体激光器的泵浦利用率高，且易于制备大尺寸元件。

a) 晶体基体

激光晶体材料可分为掺杂型、自激活型和色心型三种。掺杂型晶体基体主要有蓝宝石(Al_2O_3—Cr^{+3})，钇铝石榴石 YAG($Y_3Al_5O_{12}$—Cr^{3+}、Nd^{3+})，钇镓石榴石 YGG($Y_3Ga_5O_{12}$—Cr^{3+}、Nd^{3+})，氧化镧(La_2O_3—C^3r^+)，氧化钆(Gd_2O_3—Nd^{3+})，氧化铒(Er_2O_3—Ho^{3+}、Tm^{3+})等；自激活晶体基体有 $Nd_xLa_{1-x}P_5O_{14}$，$LiNd_xLa_{1-x}P_4O_{12}$，$KNd_xGd_{1-x}P_4O_{12}$，$Nd_xGd_{1-x}Al_3(BO_3)_4$ 等；色心晶体基体主要由碱金属卤化物的离子缺位捕获电子形成色心，此类基体晶体主要包括：LiF，KF，KCl：Na，KCl：Li 等。

b) 非晶体基体

主要指玻璃。因玻璃中能够均匀掺入高浓度的激活离子，获得高的激光效率，激光玻璃已成为大能量、高功率固体激光器重要的工作物质。在玻璃基体中几乎所有的稀土离子都能实现激光振荡，其中掺钕的激光玻璃性能最佳。掺钕的激光玻璃有有机硅酸盐玻璃、硼酸盐玻璃、磷酸盐玻璃、氟磷玻璃等。

（2）激活离子

作为发光中心的激活离子主要有四类：一类是过渡金属离子，包括 Ti^{3+}，V^{2+}，Cr^{3+}，Co^{2+}，Ni^{2+} 和 Cu^+；二类是 3 价稀土离子，包括 Nd^{3+}，Sm^{3+}，Pr^{3+}，Eu^{3+}，Dy^{3+}，Ho^{3+}，Er^{3+}，Tm^{3+} 和 Yb^{3+}；三类是 2 价稀土离子，其 4f 电子比 3 价稀土离子多一个，使 5d 态能量降低，4f – 5d 跃迁的吸收带处于可见光区，有利于泵浦光的吸收，但此类离子不稳定；四类是锕系离子，U^{3+} 离子能激活基体产生激光，但此类元素大多数具有放射性，不易制备，使用不方便，实用比较困难。

晶体基体常以上面一、二类离子作为激活离子。而对非晶体基体来说，过渡金属离子不易激活，只能用以 Nd^{3+} 为代表的 3 价稀土离子。

2. 变色材料

当受到光、热、电、力等激发源的作用后，可发生颜色变化的材料，称为变色材料。按外界激发源的不同，可将变色材料分为光致变色材料、热致变色材料、电致变色材料和压致变色材料。

（1）光致变色材料

光致变色材料可分为无机光致变色材料和有机光致变色材料两类。无机材料的变色过程大部分为物理光致变色过程，其内部结构变化较少。有机光致变色材料的变色过程除物理光致变色外，还有化学键的裂解、互变异构等与光化学有关的反应。

玻璃中银盐和铜盐的混合物，在阳光的作用下会发生化学反应 $Ag^+ + Cu^+$ ⟶ $Ag + Cu^{2+}$ 而自动变暗，而在低光量时则迅速恢复。

光致变色材料除可用于变色太阳镜外，还可以应用于照射密度的调控和测量、光能转换以及信息记录和储存等方面。

（2）热致变色材料

热致变色材料是指在温度改变时，材料晶体结构的配位数（或配位体几何构型）发生变化而使得颜色改变的材料。

Cu_2HgI_4 是一种可逆地随温度（T）变化而改变颜色的材料：当室温 $< T <$ 70 ℃时，呈红色；70 ℃ $< T <$ 160 ℃时，黑色；160 ℃ $< T <$ 220 ℃时，红色；$T >$ 220 ℃时，呈深红色。

化合物 $[Co(NH_3)_5]Cl_2$ 在加热时颜色也会发生变化：室温 $< T <$ 120 ℃时，为红色；120 ℃ $< T <$ 170 ℃时，紫色；170 ℃ $< T <$ 230 ℃时，天蓝色；$T >$ 220 ℃时，黑色。但颜色的变化是不可逆的。材料加热变色后，再从高温降至低温，仍保持最高温度时的颜色。这种材料可以用来进行特殊的温度测定。

（3）电致变色材料

电致变色材料是指在外加电场作用下能发生颜色可逆变化的材料。无机电致变色材料几乎都是过渡金属氧化物（如 WO_3 体系），在充放电过程中发生氧化还原，出现混合离子态而显色。此外，还有有机电致变色材料。

（4）压致变色材料

颜色随压力变化的现象已在一些材料中发现。因为压力会压缩原子间的间距，增强配位场的强度，从而导致颜色的改变。例如 Cr_2O_3 60% 和 Al_2O_3 的混晶体，加压能导致其颜色从灰色变成红色；SmS 在常压下为黑色，当压力增加到 $6.5 \times 10^8 Pa$ 时，体积突然收缩 12%。这时 Sm^{2+} 的电子组态从 $4f^6$ 变为 $4f^5$ 的 Sm^{3+}，有一个电子进入导带，颜色由黑色变成金色。

3. 非线性光学晶体

在传统的线性光学范围内，一定频率的光作用于某一介质后产生的感应极化矢量将含有全部入射光的基频成分而不含新的频率，相应的光学效应称为线性效应。当强度很强的激光入射到某个介质后，介质中的极化感应矢量除了含有基频的成分以外，还有各基频的谐波和它们的混频，相应的光学效应除了原来的线性效应以外还出现二级、三级等非线性光学效应。

非线性光学晶体是用来产生非线性光学效应的介质，必须是结构上非对称的晶体。利用非线性光学晶体，可以对高强度的激光光源进行调频（倍频、和频、差频）、调相、调偏振方向及光学参量放大处理。

晶体非线性光学效应是入射光和组成晶体的不对称阴离子基团的电子运动相互作用的结果。这些阴离子基团具有以下特点：基团中原子间的结合含有共价键成分；原子间相对位置经过一定的畸变使中心原子（M）相对配位原子产生不对称位移。$BaTiO_3$ 在高于 120 ℃ 时为钙钛矿（perovskite）结构，如图 11 – 22（a）所示，其中的 TiO_6 构成 MO_6 基团。低于 120 ℃ 时 Ti 原子沿 [001] 方向相对氧原子移动 [图 11 – 22（b）]，Ba 原子也沿同向移动，O 原子也偏离正八面体，晶体成为四方结构。四方 $BaTiO_3$ 是非线性光学晶体。一般，MO_6 基团的畸变有三种情况：M 原子沿 [001]（又称 C_4 轴）方向位移，如图 11 – 22（b），M 原子沿 [111]（又称 C_3 轴）方向位移，M 原子沿 [110]（又称 C_2 轴）方向位移。

除了 MO_6 外，目前已发现的氧化物型非线性光学晶体（KH_2PO_4，$LiIO_3$，$NaNO_2$）中，阴离子基团还有 MO_4，MO_3，MO_2 等类型。

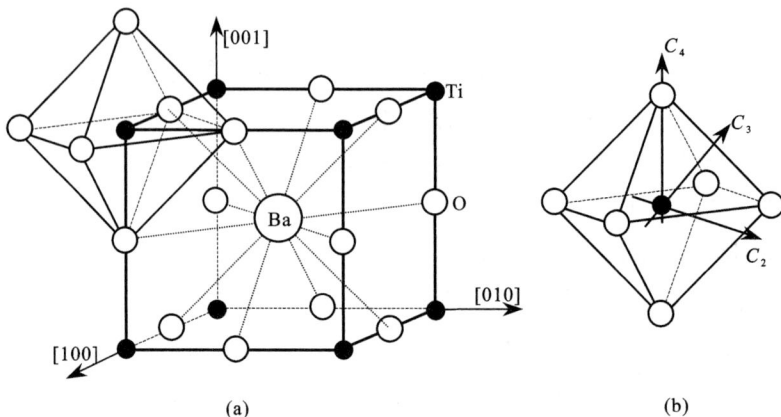

图 11 - 22

(a)具有钙钛矿结构(perovskite)的 $BaTiO_3$ 中的 MO_6 基团示意图;(b)Ti 原子沿 C_3 轴位移

习　题

1. 试从能带结构的特征说明物质的导电性,N 型半导体的形成过程。

2. 说明图 11 -11 受主杂质能级的形成过程。

3. 证明:在自发辐射中,载流子在 E_2 能级的平均寿命(τ_s)为自发跃迁几率(A_{21})的倒数,即 $\tau_s = 1/A_{21}$。

4. 设一对激光能级为 E_1 和 E_2(且 $f_2 = f_1$),相应的频率为 ν,各能级上的粒子数密度分别为 n_1 和 n_2,求:

(1)当 $\nu = 6000$ MHz,$T = 300$ K 时,n_2/n_1 的比值。

(2)当 $\lambda = 0.1$ m,$T = 300$ K 时,n_2/n_1 的比值。

(3)当 $\lambda = 0.1$ m,$n_2/n_1 = 0.5$ 时的温度。

5. 证明当每个模内的平均光子数(光子简并度)大于 1 时,辐射光中受激辐射占优势。

6. 产生波长为 10.6 m 和 9.6 m 的激光的能级差 E 分别是多少电子伏特?

7. 从晶体结构的层面上简述 Cr_2O_3 掺入刚玉(Al_2O_3)时,刚玉颜色改变的原因。

8. 什么是发光材料? 请举例说明。

9. 什么是非线性光学晶体? 它的基本结构特征是什么?

第 12 章 材料的强化和韧化

对于结构材料，最重要的性能指标是强度和韧性。强度是指材料抵抗变形和断裂的能力，而韧性则是材料变形和断裂过程中吸收能量的能力。提高材料的强度和韧性可以节约材料，降低成本，增加材料在使用过程中的可靠性和延长服役寿命，对国民经济和人类社会可持续发展具有重要意义。人们在利用材料的力学性质时，总是希望所使用的材料既有足够的强度，又有较好的韧性，但通常的材料往往二者不可兼得。理解材料强韧化机理，掌握材料强韧化现象的物理本质，是合理运用和发展材料强韧化方法从而挖掘材料性能潜力的基础。

12.1 金属材料的强韧化

从理论上讲，提高金属材料强度有两条途径：第一条是完全消除内部的位错和其他缺陷，使它的强度接近于理论强度。目前虽然能够制出无位错的高强度金属晶须，但实际应用它还存在困难，因为这样获得的高强度是不稳定的，对操作效应和表面情况非常敏感，而且位错一旦产生后，强度就大大下降。因而在生产实践中，主要采用另一条途径来强化金属，即在金属中引入大量的缺陷，以阻碍位错的运动，例如加工硬化、固溶强化、细晶强化、马氏体强化、沉淀强化等。综合运用这些强化手段，也可以从另一方面接近理论强度，例如在铁和钛中可以达到理论强度的 38%。

韧性是断裂过程的能量参量，是材料强度与塑性的综合表现。当不考虑外因时，断裂过程包括裂纹的形核和扩展。通常以裂纹形核和扩展的能量消耗或裂纹扩展抗力来标示材料韧性。

裂纹形核前的塑性形变、裂纹的扩展是与金属组织结构密切相关的，它涉及到位错的运动，位错间的弹性交互作用，位错与溶质原子和沉淀相的弹性交互作用以及组织形态，其中包括基体、沉淀相和晶界的作用等。

12.1.1 金属材料的强化

1. 固溶强化

固溶强化是利用点缺陷对位错运动的阻力使金属基体获得强化的一种方法。具体的方式是通过在金属基体中溶入一种或数种溶质元素形成固溶体而使金属强度、硬度升高。例如,将 Ni 溶入 Cu 的基体中,得到固溶体的强度就高于纯铜的强度。

溶质原子在基体金属晶格中占据的位置可分为填隙式和替代式两种不同方式。碳、氮等填隙式溶质原子嵌入金属基体的晶格间隙中,使晶格产生不对称畸变造成的强化效应以及填隙式原子在基体中与刃位错和螺位错产生弹性交互作用,使金属获得强化。填隙原子对金属强度的影响可用下面的通式表示:

$$\Delta\sigma_{ss} = 2\Delta\tau_{ss} = k_i c_i^n \qquad (12-1)$$

式中,$\Delta\sigma_{ss}$ 为屈服强度增量,$\Delta\tau_{ss}$ 为临界分切应力的增量,k_i 是一个与填隙原子和基体性质相关的常数,c_i 为填隙原子的原子百分数固溶量,n 为指数。

替代式溶质原子在基体晶格中造成的畸变大都是球面对称的,因而强化效果要比填隙式原子小。但在高温下,替代式固溶强化变得较为重要。

这里介绍 Friedel 与 Fleischer 的理论处理。假设在滑移面上杂乱分布着平均间距为 l 的点状障碍(这里指溶质原子),l 的值决定于溶质浓度 C。在切应力 τ 的作用下,位错与这些点状障碍相遇,位错将弯曲成圆弧形,圆弧的半径取决于位错所受作用力和线张力的平衡。图 12-1(a) 是位错被随机分布的点状障碍阻挡示意图,在障碍处位错弯曲的角度为 θ,平衡时障碍对位错的作用力 F 与位错线张力 T 之间有以下关系:

$$F = 2T\sin\left(\frac{\theta}{2}\right)$$

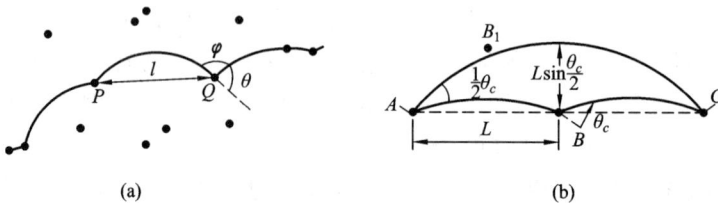

图 12-1　位错被随机分布的点状障碍阻挡示意图(a)及计算 L 值采用的模型(b)

随着 τ 的增大,θ 达到一临界值 θ_c(F 也增大到峰值 F_m),障碍挡不住位错的运动了,此时所对应的切应力就是晶体的屈服应力 τ_c。

$$\tau_c = \frac{F_m}{Lb} = \frac{2T}{Lb}\sin\left(\frac{\theta_c}{2}\right) \qquad (12-2)$$

这里的 L 为位错线上障碍的平均间距,b 为柏氏矢量的模。注意 L 的数值和 l 不一定相同,L 的值是和位错柔韧度(决定于 θ_c 的数值)有关的。当位错能够弯过很大的角度时(F_m 很强),L 应接近于 l;但当障碍较弱,θ_c 很小的情况下,L 将大于 l。设位错为一系列间距为 L 的障碍所阻,通过严格的计算,可以得到临界切应力的表示式：

$$\tau_c = \frac{F_m^{3/2}}{b^3} \left(\frac{c}{\mu} \right)^{1/2} \qquad (12-3)$$

式 $(12-3)$ 可以解释实验所得到的 τ_c 与 $c^{1/2}$ 的正比关系。上述的计算没有考虑热激活的效应，由于热激活的效应，τ_c 将随温度的上升而下降。

在金属基体中固溶的溶质原子除可提高金属强度之外，还会影响金属塑性。钢中马氏体组织充分利用了间隙原子的固溶强化作用。当马氏体间隙溶碳量增至 0.4% 时其硬度猛升到 60 HRC，塑性指标 ψ 低到 10%，继续提高含碳量，如碳含量为 1.2%，硬度为 68 HRC，而 ψ 则低于 5%。可见随着固溶 C 原子的增加，在提高强度的同时塑性损失较大。

另一方面，Ni 添加到 $\alpha-Fe$ 中形成固溶体，已成为改善塑性的主要手段。Ni 改善塑性的原因是促进交滑移，特别是基体金属在低温下易于发生交滑移。另外加入 Pt，Rh，Ir 和 Re 也改善塑性。其中 Pt 的作用尤具吸引力，它不但改善塑性，也有相当大的强化效应。关于 Pt 等元素的改善塑性的机制还没有确切的解释。而 Si 和 Mn 对铁的塑性损害较大，且固溶量越多，塑性越低。

2. 细晶强化

细化晶粒可以提高金属的强度，其原因在于晶界对位错滑移的阻滞效应。当位错在多晶体中运动时，由于晶界两侧晶粒的取向不同，加之这里杂质原子较多，增大了晶界附近的滑移阻力，因而一侧晶粒中的滑移带不能直接进入第二个晶粒。此外要满足晶界上形变的协调性，需要多个滑移系统同时动作，这同样导致位错不易穿过晶界，而是塞积在晶界处，引起强度的增高。晶粒越细小，晶界越多，位错被阻滞的地方就越多，多晶体的强度就越高，已有大量的实验和理论研究工作证实了这一点。

实验证明在许多金属中屈服强度和晶粒大小的关系满足霍耳 – 配奇（Hall-Petch）关系式

$$\sigma_y = \sigma_i + k_y d^{-1/2} \qquad (12-4)$$

式中，σ_i 和 k_y 是两个和材料有关的常数，d 为晶粒直径。由上式可知，多晶体的强度和晶粒的直径 d 呈 $(-1/2)$ 次方的关系，即晶粒越细，强度越高；多晶体的强度高于单晶体。

20 世纪 80 年代以来，晶粒尺度在 1 ~ 100 nm 间的纳米微晶体材料问世，为细晶强化研究注入了新的活力。

纳米是一种度量单位，1 纳米（nm）等于 10^{-9} 米（m），即十亿分之一米。广义地说，所谓纳米材料，是指微观结构至少在一维方向上受纳米尺度（1 ~ 100 nm）调制的各种固体超细材料，它包括零维的原子团簇（几十个原子的聚集体）

和纳米微粒;一维调制的纳米多层膜;二维调制的纳米微粒膜(涂层)及三维调制的纳米晶体材料等。

由于纳米化出现的小尺寸效应、表面效应、量子尺寸效应及宏观量子隧道效应等特点,从而导致纳米材料的热、磁、光、敏感特性和表面稳定性等不同于常规材料。在力学性质方面也具有一些新特点。

在常规的多晶体(晶粒尺寸大于 100 nm)中,处于晶界核心区域的原子数只占总原子数的一个微不足道的分数(小于 0.01%);但在纳米微晶材料中,情况就大不相同,当不同取向的纳米尺度小晶粒联结在一起,由于晶粒极细小,晶界所占的比例就相应地增大。如果晶粒尺寸为数个纳米,晶界核心区域的原子所占的分数可高达 50%,这样在非晶界核心区域原子密度的明显下降,以及原子近邻配置情况的截然不同,均将对性能产生显著影响。

在纳米尺寸的晶粒范围内 Hall-Petch 关系是否成立引起了人们广泛的关注,有不少实验工作表明,该关系在低于 100 nm 的纳米晶中仍然有效。但理论模拟的结果显示,存在一个临界尺寸 d_c(如图 12-2 所示)。当晶粒的尺寸小于 d_c 时,出现了反 Hall-Petch 效应的现象,即强度随着晶粒尺寸的减小反而降低,此时晶界附近的形变起了主导作用。模拟

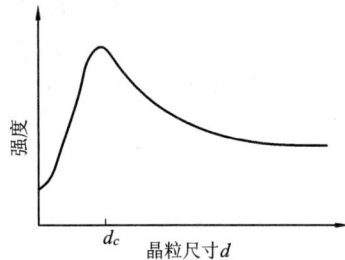

图 12-2　在纳米范围内强度随晶粒尺寸变化的示意图

结果给出的金属的临界尺寸约在十几到二十纳米之间,例如 Cu 的临界尺寸 $d_c \approx 19.3$ nm, Pa 的 $d_c \approx 11.2$ nm。

另外,人们观察到了纳米材料强度远高于常规材料的现象。如粒径为 8nm 的纳米 Fe 的晶体断裂强度比常规 Fe 高 12 倍。同样的,纳米材料硬度较常规材料也有较大增强。如纳米 Cu(6 nm)及 Pd(5~10 nm)比粗晶 Cu(50 μm)及 Pd(100 μm)样品的硬度分别增加了 5 倍和 4 倍,但这些例子不具有普通性。

常温时细晶强化是一种有效的材料强化手段。但在高温时,晶界滑动成为材料形变的重要组成部分,这就导致了在高温下,细晶材料比粗晶材料软,与常温时的细晶强化效应正好相反。因此,为了增加金属材料在高温下的强度,人们尝试了很多办法来增大材料的晶粒尺寸。以镍基高温合金为例,利用定向凝固的方法获得较大晶粒尺寸甚至单晶,减少了晶界对高温强度的不利影响,因而提高了高温下的强度。

3. 第二相粒子强化

对于一般合金来说,第二相粒子强化比固溶强化的效果更为显著。因获得

第二相粒子的工艺不同,第二相粒子强化有不同的名称:①通过相变热处理获得的,称为析出硬化、沉淀强化或时效强化;②通过粉末烧结或内氧化获得的,称为弥散强化。有时也不加区别地混称为分散强化或粒子强化。

　　由于第二相在成分、结构、有序度等方面都不同于基体,因此第二相粒子的强度、体积分数、间距、粒子的形状和分布等都对强化效果有影响。按粒子的大小和形变特性,可将粒子分成两类,一类是不易形变的粒子,包括弥散强化的粒子以及沉淀强化的大尺寸粒子;另一类是易形变的粒子,如沉淀强化的小尺寸粒子。这两类粒子的强化机制因其与位错交互作用不同,而有明显的差异。

　　(1)位错绕过不易形变的粒子

　　位错绕过不易形变粒子时其强化机制如图 12 – 3 所示。图中表明,由于不易形变粒子对位错的斥力足够大,运动位错线在粒子前受阻、弯曲。随着外加切应力的增加,迫使位

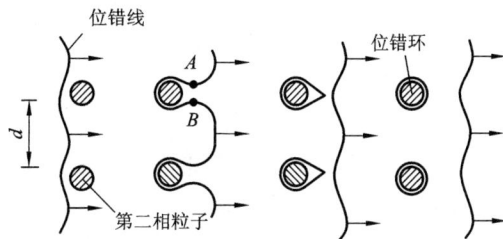

图 12 – 3　位错绕过第二相粒子

错以继续弯曲的方式向前运动,直到在 A、B 处相遇。由于位错线的方向在 A 和 B 处是相反的,所以互相抵消,留下一个围绕粒子的位错环,实现位错增殖。其余的位错线绕过粒子,恢复原态,继续向前滑移。这种绕过机制,最初是由奥罗万(Orowan)于 1948 年提出的,通常称为奥罗万机制。

　　使位错线继续运动的临界切应力的大小取决于绕过粒子障碍时的最小曲率半径 $\frac{d}{2}$,因此,使位错线通过粒子所需的临界切应力为 $\Delta\tau = (T/b) \times \frac{d}{2}$,$T$ 为位错的线张力。由于 $T \approx \frac{1}{2}Gb^2$,$b$ 为柏氏矢量的模,经简化得 $\Delta\tau \approx \frac{Gb}{d}$。较复杂的分析,可得:

$$\Delta\tau \propto \frac{Gbf^{1/2}}{r}\ln\left(\frac{2r}{r_0}\right) \approx \alpha f^{1/2}r^{-1} \qquad (12-5)$$

式中,常数 α 对刃型位错是 0.093,对螺型位错是 0.14;f 是粒子的体积分数。显然,粒子半径 r 或粒子间距 d 减小,强化效应增大;反之,强化减弱。而当粒子尺寸一定时,体积分数 f 越大,强化效果亦越好,并按 $f^{1/2}$ 变化。

　　还需指出,由于位错每绕过粒子一次,就留下一个位错环,位错环的存在,使粒子间距减小,则后续位错绕过粒子更加困难,致使流变应力迅速提高。

　　含有非共格的沉淀相或弥散相粒子的合金的屈服强度均可以用上述的机制

来解释，实验结果也基本上符合理论的预期。表 12-1 列出了对于含 Si，Al，Be 的内氧化铜合金单晶体实测出的 τ 和根据式(12-5)计算出的 τ，它们在绝对值上符合得也很好，特别是 77 K 的数据。

表 12-1   内氧化铜合金临界切应力实验值与理论值的比较

合金	粒子大小 /nm	粒子间距 /nm	20 ℃		77 K	
			τ(计算值) /10 MPa	τ(实验值) /10 MPa	τ(计算值) /10 MPa	τ(实验值) /10 MPa
0.3% Si	48.5	300	3.08	2.5	3.3	3.4
0.25% Al	10	90	10.5	6.4	11.2	8.0
0.34% Be	7.6	45	19.4	11.2	20.7	15.7

(2)位错切过易形变粒子

图 12-4(a)给出了位错切过粒子的显微照片，图(b)为示意图。切过粒子引起强化的机制可以分为两类。

第一类是短程交互作用(位错与颗粒交互作用间距小于 $10b$，b 为柏氏矢量的模)，其中主要包括：

①位错切过粒子形成新的表面积 A，增加了界面能。理论计算指出，为克服界面能，应增加的临界切应力为：

$$\Delta\tau = \frac{1.1}{\sqrt{\alpha}}\frac{\sigma^{3/2}f^{1/2}}{Gb^2}r^{1/2} \tag{12-6}$$

式中，α 是位错线张力的函数，等于 $a\ln\left(\dfrac{d}{r_0}\right)$，$a$ 是一个系数，对刃型位错，a 取 0.16，对螺型位错，a 取 0.24；σ 是界面能；其他符号同前。

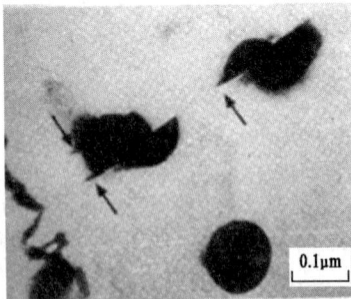

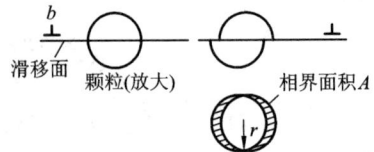

(a)   (b)

图 12-4   位错切过第二相粒子

(a) Ni-19% Cr-6% Al 合金中位错切过 Ni$_3$Al 粒子的透射电子显微像；(b)示意图

②位错扫过有序结构时会形成错排面或叫做反相畴，如图 12 – 5 所示，从而产生反相畴界能。对共格析出物，一般共格界面能为 $(10 \sim 30) \times 10^{-7} \mathrm{J} \cdot \mathrm{cm}^{-2}$，而反相畴界面能 σ_A 为 $(100 \sim 300) \times 10^{-7} \mathrm{J} \cdot \mathrm{cm}^{-2}$。由于形成反相畴界所增加的临界切应力值为：

$$\Delta\tau = 0.28 \frac{\sigma_A^{3/2} f^{1/3}}{\sqrt{G}b^2} \cdot r^{1/2} \qquad (12-7)$$

③粒子与基体的滑移面不重合时，会产生割阶，以及粒子的派 – 纳力 $\tau_{\mathrm{P-N}}$ 高于基体等，都会引起临界切应力增加。

总之，短程交互作用对强化的贡献，主要与相界能、畴界能、粒子体积分数和粒子半径有关。在合金的相界能、畴界能一定的情况下，综合式 $(12-6)$、$(12-7)$，强化效果与体积分数及粒子半径的关系，大约为 $\Delta\tau_{\text{短}} \propto f^{1/3 \sim 1/2} \cdot r^{1/2}$。也就是说，增大粒子尺寸或增大体积分数，都有利于提高可形变粒子的短程强化效果。

第二类是长程交互作用（作用距

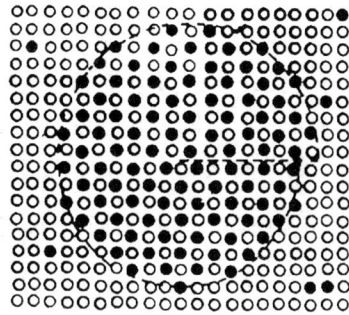

图 12 – 5　在 Ni(○) Al(●) 基体中，全位错切割有序 Ni₃Al 粒子产生反相畴界

离大于 $10b$）。由于粒子与基体的点阵不同（至少是点阵常数不同），导致共格界面失配，从而造成应力场。当位错靠近一个粒子时，位错应力场与粒子在基体中造成的应力场之间的相互作用而引起的临界切应力的增量为：

$$\Delta\tau_{\text{长}} = \left[\frac{2.74E^3 \varepsilon^3 b}{\pi T(1+\nu)^3} \right]^{1/2} f^{5/6} r^{1/2} \qquad (12-8)$$

式中，E 为杨氏模量；T 为位错线张力；ν 为泊松比；ε 是错配度 δ 的函数；其他符号同前。

综合短程和长程相互作用，切过机制对强化的贡献大致按 $\Delta\tau_{\text{切}} \propto f^{1/2 \sim 5/6} \cdot r^{1/2}$ 关系变化，由此可见，对于位错切过粒子的情况：

① 当粒子的体积分数 f 一定时，粒子尺寸越大，强化效果越显著，并按 $r^{1/2}$ 变化。

② 当粒子尺寸一定时，体积分数 f 越大，强化效果越高，并按 $f^{1/2 \sim 5/6}$ 变化。

（3）粒子半径最佳值

综合考虑切过、绕过两种机制，可以估算出第二相粒子强化的最佳粒子半径。当位错绕过粒子形成位错圈时由式 $(12-5)$ 决定，$\Delta\tau_{\text{绕}} \approx \alpha f^{1/2} r^{-1}$，$\Delta\tau_{\text{绕}}$ 与粒子半径的关系如图 12 – 6 中曲线 A 所示。从理论上讲，随质点半径 r 减小，$\Delta\tau_{绕}$ 增加，直到理论临界切应力。

而当位错线切过粒子时，由前面的分析可知，屈服应力增量可表示为 $\Delta\tau_{切} = \beta f^n r^{1/2}$，其变化规律如图 12 – 6 中曲线 B 所示。图

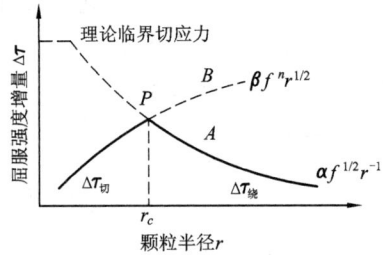

图 12 – 6　粒子强化效果与粒子半径的关系

中实线，是优先发生的过程，可以看出，当粒子较小时，位错以切割粒子的方式(所需临界切应力较低)移动。随着 r 增加，强化效果增大，此时位错线不再切过粒子，而采取绕过粒子的方式移动，因为绕过粒子所需的临界切应力比切过粒子所需的低。随着粒子的长大，强化效果降低。

图中两条曲线交点 P 处强度增量达到最大值，与之对应的是最佳粒子半径 r_c。可以粗略地对 r_c 进行估算。对于绕过机制有 $\Delta\tau_{绕} \approx \dfrac{Gb}{d}$；对于切过机制，相距为 d 的粒子对位错的阻力 $F = \tau bd$，若仅考虑粒子被切过时表面能的增加，有 $\Delta U = 2rb\sigma_s$，所以有：

$$\Delta\tau_{切} = \frac{2r_c\sigma_s}{bd} = \frac{Gb}{d}$$

则

$$r_c = \frac{Gb^2}{2\sigma_s} \tag{12 – 9}$$

上式的最佳粒子半径 r_c 是按化学强化估计的，σ_s 为表面能。如果是层错强化、有序强化等为主要控制因素，则 σ_s 分别为层错能差或有序畴的界面能，这样求得的最佳粒子半径 $r_c = 0.01 \sim 0.1\ \mu m$，尺寸大于 $0.1\ \mu m$ 的第二相，一般是难以切过的，这与实验结果相符。

由此可见可通过控制粒子的体积分数 f 和粒子半径 r，即控制位错与粒子交互作用的机制，来获得最佳强度。

综上所述，我们对于第二相粒子强化的基本轮廓已经有所了解。由此我们可以对时效合金在时效过程中强度的变化作如下的解释：最初合金的强度相当于过饱和固溶体，开始阶段的沉淀相和基体共格，而且尺寸很小，因而位错可以切过沉淀相，而且对温度也比较敏感，在此阶段屈服应力决定于切过沉淀相所需要的应力，包括共格应力、沉淀相的内部结构和相界面的效应等。当沉淀相体积含量 f 增加，切割粒子所需要的应力加大。终于，位错绕过粒子所需要

的应力会小于切割粒子，从此以后，Orowan 绕过机制起作用，屈服应力将随粒子间距的增加而减小。

4. 形变强化

金属材料大量形变以后强度就会提高，具有加工硬化的性能，即形变后流变应力得到提高。自从位错理论提出以后，就开始了对形变强化的位错机制的探索。

粗略地说，形变强化是因为金属在塑性变形过程中位错密度不断增加，使弹性应力场不断增大，位错间的交互作用不断增强，因而位错的运动越来越困难。具体地说，引起金属加工硬化的机制有位错的塞积、位错的交割（形成不易或不能滑移的割阶或形成复杂的位错缠结）、位错的反应（形成不能滑移的固定位错）、易开动的位错源不断消耗等。

形变使试样的位错密度得到提高，从而使流变应力明显地表现出和位错密度有依赖关系，即流变应力 τ 与位错密度 ρ 之间符合培莱 – 赫许（Bailey – Hirsch）关系

$$\tau = \tau_0 + \alpha\mu b\rho^{1/2} \qquad (12 - 10)$$

这里 α 为一系数，μ 为切变模量，b 为位错的强度。从式中可以看出流变应力和位错密度呈 1/2 次方的关系，这可以用位错间的相互作用来解释，位错之间如何相互作用有很多不同的机制，但得出的结果均为 1/2 次方的关系。我们可以用量纲分析的方法得到这个结论。晶体的流变应力 τ 应该和材料的切变模量 μ、位错强度 b 及位错密度 ρ 有关。μ 与 τ 的量纲相同，b 具有长度量纲 $[L]$，而 ρ 的量纲为 $[L^{-2}]$，所以这些量的无量纲关系式应具有如下形式

$$\frac{\tau}{\mu} = \alpha(b^2\rho)^n \qquad (12 - 11)$$

等式的两侧都是纯数，α、n 为两个常数。在切应力作用下，单位长度位错所受作用力等于 τb；而位错间的交互作用，不管它具体机制如何，总应该正比于 b^2，由此可以推断 $\tau \propto b$。这样，式（12 – 11）中的常数 $n = 1/2$，就可以得到 $\tau = \alpha\mu b\rho^{1/2}$ 的关系。所以培莱 – 赫许关系是位错相互作用的必然结果。

在生产实际中，形变强化有不利方面，也有有利方面。

不利方面是：①由于金属在加工过程中塑性变形抗力不断增加，金属的冷加工需要消耗更多的功率；②由于形变强化使金属变脆，因而在冷加工过程中需要进行多次中间退火，使金属软化，才能够继续加工而不致裂开；③有的金属（如铼）尽管某些使用性能很好，但由于解决不了加工问题，其应用受到很大限制。

有利方面是：①有些加工方法要求金属必须有一定的加工硬化。例如，在

用金属板材冲压成杯子时，只有板材发生硬化，才能使塑性变形不断进行直至最后冲压成杯，金属的拉伸过程(如拉丝)也要求金属线材在模口处能迅速硬化。②可以通过冷加工控制产品的最后性能。例如，某些不锈钢冷轧后的强度可以提高一倍以上。冷拉的钢丝绳不仅强度高，而且表面光洁。对于工业上广泛应用的铜导线，由于要求导电性好，不允许加合金元素，加工硬化是提高其强度的唯一办法。

形变硬化虽能提高金属的强度性能，但它并不是工业上广泛应用的强化方法。这是因为它受到两个限制。第一，使用温度不能太高，否则由于退火效应，金属会软化；第二，由于硬化会引起金属脆化，对于本来就很脆的金属，一般不宜利用应变硬化来提高强度性能。

12.1.2　金属材料的韧化

历史上，各种工程结构，如桥梁、船艇、飞机、电站设备、压力容器、输气管道等，都曾出现过不少重大的脆性断裂事故。这些在宏观应力低于材料屈服强度下发生的脆断事故促使人们认识到在传统的强度设计思想下，片面追求提高金属材料强度，而忽视韧性的做法是片面的。为了满足高新技术发展的需求，对于金属材料不仅要设法提高其强度，而且也需要提高其韧性。

1. 韧化原理

断裂韧性是材料在外加负荷作用下从变形到断裂全过程吸收能量的能力，所吸收的能量愈大，则断裂韧性愈高。因此，所有增加断裂过程中能量消耗的措施都可以提高断裂韧性。同时，断裂韧性是材料的一项力学性能指标，是材料的成分和组织结构在应力和其他外界条件作用下的表现。因此，在外界条件不变时，只有通过工艺改变材料的成分和组织结构，材料的断裂韧性才能提高。

(1)沿晶断裂与晶粒度

由于晶界两边的晶粒取向不同，因而晶界是原子排列紊乱的区域，其位错结构比较复杂。当变形由一个晶粒横过晶界达到邻近晶粒时，穿过复杂位错结构的晶界比较困难，而穿过后，滑移方向要改变，这种形变过程要消耗较大的能量，因而起了强化和韧化的作用。晶粒愈小，则晶界面积愈大，这种强化和韧化作用也愈大。因此，细化晶粒是达到既强化又韧化目的的有效措施，例如，将 E_n24 钢的奥氏体晶粒度由 5～6 级细化到 12～13 级，K_{IC} 值则由 141 MPa $\cdot$ $m^{1/2}$ 提高到 266 MPa $\cdot$ $m^{1/2}$。

当合金钢处于回火脆性状态时，虽然由于晶界偏聚了杂质，降低了界面能，使断裂易于沿晶进行。但通过晶粒细化，增加了单位体积内晶界面积，则在杂质含量相同的情况下，单位晶界面积偏聚的杂质含量相应减少，从而减小脆性。因此处于回火脆性状态时，细化晶粒对于韧性是有益的。

（2）脆性相

铝合金中含铁、硅的夹杂物和氧化物以及沿晶界析出的粗大平衡相，钢中氧化物、硅酸盐、铝酸盐、硫化物、碳化物、氮化物、金属间化合物等，都较基体为脆，故都是脆性相。这些脆性相因其大小、形态和分布等因素对材料韧性的影响很复杂。

已有一些工作评述了脆性相对金属断裂过程的影响，概括如下：

① 少量的塑性变形若能使脆性相断裂或与基体分开，则会产生裂纹，降低断裂强度，脆性相愈大，则这种降低愈多。

② 晶界沉淀的脆性相，可以阻止晶界区的塑性松弛，起到硬化作用。这种硬化可以通过位错塞积机理在晶界产生裂纹而降低韧性。

③ 晶内脆性相，如排列较密，则可缩短位错塞积距离，使解理断裂不易发生，从而可提高解理断裂强度，也可阻止裂纹伸展，并使裂纹尺寸限于颗粒间距，从而提高解理断裂强度。从宏观应力分析考虑，若脆性相与基体结合较弱，则在缺口下的形变较均匀，减少应力三向性，也可提高韧性。

④ 脆性相也可通过影响晶粒度而间接地影响韧性，脆性相大小对晶粒度有不同的影响。

关于脆性相各种几何学参量对韧性的影响，主要有以下几点：

① 含量（f_V）。一般说来，f_V 愈高，则塑性和韧性越低。

② 大小（D）。D 愈大，韧性下降愈多。

③ 间距（λ）。韧性断裂时，λ 愈大，则韧性愈高，解理断裂时则相反，λ 愈小，韧性反而愈高。

④ 形状。球形时，韧性最高，尖角状时材料的韧性下降较多，夹杂物沿纵向的总长度愈大，则横向韧性愈差。

⑤ 类型。塑性较好而与基体结合又较弱的脆性相（如 MnS，Al_2O_3 等）在形变过程中较早地沿脆性相与基体的界面开裂，塑性较差而与基体结合又较强的脆性相（如钢中 TiC）在形变过程中，应力集中到一定程度可使其发生解理或破碎，使韧性降低。

（3）韧性相

在研究脆性相对于韧性的影响的同时，人们也在研究引入韧性相或韧性部件阻止裂纹伸展从而提高韧性的问题。从裂纹扩展的途径及能量角度分析，韧性相可有如下一些作用：

① 裂纹伸展遇到韧性相，由于韧性相不易解理断裂，而塑性变形又要消耗较大能量，因而裂纹伸展受到阻止。

② 裂纹伸展到韧性相，由于直接前进受阻，被迫改向阻力较小及危害性较小的方向，例如分层，从而松弛能量，提高韧性。

③ 复合结构例如多层板，可以使各组元在平面应力状态下分别承担负荷。平面应力下的断裂韧性比平面应变下的断裂韧性要高。

近年来，人们注意到用奥氏体作为韧性相可提高钢的韧性。如对于 AFC77 不锈钢，通过改变奥氏体化温度来调整残余奥氏体的含量，对 K_{IC} 值有很大影响。在强度基本上不变的情况下，可使 K_{IC} 提高 4 倍左右。对于这种 PH 不锈钢，加入 1% Ni 及调整热处理工艺来控制残余奥氏体含量，可以获得很好的强度和韧性的组合。

对于合金结构钢，少量的残余奥氏体也是 K_{IC} 提高的原因之一。例如，4340 钢通过 1200 ℃ 奥氏体化处理，虽然晶粒粗大，但 K_{IC} 显著提高。原因是一方面这种处理得到条板状马氏体，没有孪生马氏体，另一方面是这种处理后，在马氏体片间有 100～200 Å 的残余奥氏体薄膜。

(4) 基体

裂纹主要在基体中扩展，因而基体的特征显然会影响裂纹伸展途径，从而改变多晶金属材料的断裂韧性。此外，基体的特征还通过工艺影响相变产物及其组织结构，从而间接地影响材料的整体断裂行为。

以钢材为例，奥氏体基体的淬透性，M_s 温度，层错能和强度等特征及其各种转变产物对钢材断裂韧性的影响，可概括归纳如下：

① 细化奥氏体晶粒(d)，从而可细化转变产物，对提高韧性有利。

② 一般地说，转变温度愈低，则回火后的韧性愈高，因而对淬火 – 回火的钢材，要求有足够的淬透性。

③ 先共析铁素体对韧性是不利的，而针状的危害性又大于等轴状的，调整成分和工艺，细化针状铁素体，可以改善韧性。

④ 珠光体片是应力和应变集中点，有利于解理和脆断的形成和伸展，应该设法避免。

⑤ 孪生马氏体的韧性低于条板状马氏体，调整奥氏体的成分，改变奥氏体的 M_s、层错能 U_{SF} 及 σ_S，可以改变马氏体的形貌。

⑥ 上贝氏体类似片层间距较小的珠光体，它们对于韧性是不利的，下贝氏体貌似自回火的条板状马氏体，它的韧性高于孪生马氏体，而低于条板状马氏

体，在条板状马氏体形成之前先形成约 10% ~ 20% 的下贝氏体，由于分割了奥氏体晶粒，对韧性是有益的。

2. 韧化工艺

(1) 熔炼铸造

①成分控制。从材料设计的角度考虑，要求合金成分(包括杂质含量)控制精确，但实际生产中，总希望合金中需要控制的合金元素及杂质含量范围尽可能的宽。从冶炼设备和原材料的实际情况来看，成分波动和存在一定的杂质是不可避免的。如冶炼合金钢时一般使用大量的废钢，废钢中残存的元素的含量对成分控制会带来影响，特别是 Sn，Sb，As 等有害金属杂质，对断裂韧性有重要影响。钢中的磷和硫是难以避免的元素，一般说来，这两种元素对断裂韧性是有害的，磷导致回火脆性和影响交叉滑移，而硫则增加夹杂物颗粒数量，减小夹杂物颗粒间距。从提高韧性出发，提高合金纯度是有效的途径。

②气体和夹杂物。对于材料的韧性来说，控制气体和夹杂物，是冶炼和铸造工艺的重要问题。气体主要是氢、氧、氮，夹杂物主要是氧化物和硫化物等。

氢是有害的气体，可以引起白点和氢脆，材料强度愈高，其危害性愈大。

氮易于引起低碳钢的蓝脆，是一种有害气体；但在普通低合金钢中，若有能形成氮化物的钒存在，则能提高强度；在奥氏体不锈钢中，它能够代替一部分镍，在这种情况下，氮是有益的合金元素。

氧主要以氧化物类型的夹杂物存在，易于使韧性降低。

在钢和许多有色金属合金中，夹杂物是脆性相，一般说来，夹杂物含量愈多，则韧性愈低。

(2) 压力加工

压力加工不仅用来改变金属形状，而且改变金属性能。如依靠压力加工控制晶粒大小和取向，可改变材料韧性。细化晶粒是重要的韧化措施。热加工时，形变和再结晶同时进行，终轧温度和终轧后冷却速度会影响晶粒大小。对钢材而言有以下几条规律：

① 在较低温度，连续而较快地施加大变形量，可以获得细晶；

② 高温停留时间愈长，则奥氏体晶粒愈大；

③ 快速通过 $Ar_3 \sim Ar_1$ 区，可获得较细的铁素体晶粒；

④ 快速冷却，可防止铁素体晶粒长大。

近年来，为了不断提高热轧钢板的强度和韧性，采用愈来愈低的终轧温度，如在 Ar_3 以上、$\gamma + \alpha$ 区及低于 Ar_1 温度连续轧制，由于晶粒细化和位错胞块细小而使韧性提高。此外还发现连续轧制时，终轧温度愈低及变形量大，则板材的｛111｝<110>织构愈强，韧性愈高。

（3）热处理

热处理是改变金属材料结构，从而控制性能的重要工艺，下面以淬火、回火和时效以及形变热处理为例，讨论提高断裂韧性的一些概念和思路。

① 超高温淬火。有研究表明，对于中碳合金结构钢，采用 1200～1255 ℃ 淬火处理，比一般建议的淬火温度高 300 多度。这种超高温奥氏体化处理，虽然使奥氏体晶粒从一般的 7～8 级提高到 1～0 级，但 K_{IC} 却提高 70%～125%。其原因可能是由于合金碳化物完全溶解，减少了第二相在晶界的形核，从而减少了脆性，提高了韧性。

②临界区淬火。当钢加热到 A_{c1}～A_{c3} 临界区，淬火回火后可以得到较好的韧性，这种热处理叫临界区热处理，或部分奥氏体化处理。临界区处理的作用可以从三个方面去分析：

• 组织和晶粒细化：电镜组织观察表明，临界区处理时，在原始奥氏体晶界上形成细小奥氏体晶粒，并且复相区内形成的 α/γ 界面比一般热处理的奥氏体晶界面积大 10～50 倍，较大的晶界及相界面使杂质偏析程度减小。

• 杂质元素在 α 及 γ 晶粒的分配：P(Sn, Sb) 等杂质可富集在 α 晶粒。α 晶粒这种清除杂质的作用，对于降低回火脆性有利。

• 碳化物形态：临界区热处理后的碳化物要比一般热处理的粗大，如 V_4C_3 的沉淀析出可作为回火时形核中心，从而减少晶界碳化物的沉淀。

③回火和时效。钢材的回火是一种时效过程，是过饱和固溶体——马氏体的脱溶沉淀过程。

合金结构钢有两种回火脆性，即高温回火脆性和低温回火脆性。高温回火脆性是由于 Sb, Sn, As, P 等杂质偏聚在奥氏体晶界引起的。因此，选用 Sb, Sn 和 As 低的废钢及降低钢中 P 量，添加抑制回火脆性的合金元素可减少回火脆性倾向。

提高钢的纯度，控制碳化物析出，可减少低温回火脆性。如 Si 含量增加使 Fe_3C 开始形成温度上升，减少了脆化倾向，Mn, Cr 能大量溶于 Fe_3C 中，增加 Fe_3C 的稳定性，增加脆化倾向。

对于铝合金来说，时效组织对合金断裂性能有重大影响，一般获得均匀弥散的共格或半共格沉淀相比较适宜，粗大的非共格沉淀相，如晶界沉淀相，对断裂十分不利。为此，淬火加热温度应尽可能高，保温时间充分，使强化相最大限度地溶入基体，淬火速度要快，以避免在晶界析出第二相。

④ 形变热处理。将压力加工和热处理两种工艺巧妙结合起来的形变热处理可以进一步提高材料的韧性。如使结构钢在亚稳定奥氏体区变形，不仅可提高强度，还可同时提高韧性。通过组织结构研究，人们认识到这种工艺提高强度主要是由于形变增加位错密度和加速合金元素的扩散，因而促进了合金碳化物的沉淀，而塑性的提高也正是由于这种细化弥散的沉淀，降低了奥氏体中的碳及合金元素含量，淬火时形成没有孪生的、界面不规则的细马氏体片，回火时马氏体片间的沉淀物也较小。

12.2　陶瓷材料的增韧

从图 12 – 7 可以看出，陶瓷和玻璃的 K_{IC} 值是相当低的。从断裂力学的观点来看，克服陶瓷的脆性和提高其强度的关键是：①提高陶瓷材料抵抗裂纹扩展的能力；②减缓裂纹尖端的应力集中效应。前者主要是提高陶瓷材料的断裂能，提高断裂能相当于为裂纹扩展设置较高的势垒。后者的关键在于减小材料内部所含裂纹缺陷的尺度。

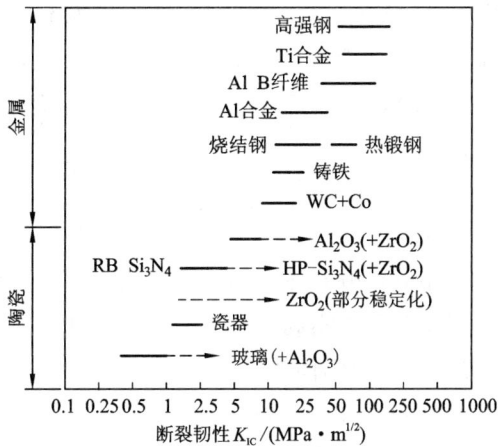

图 12 – 7　各种材料的 K_{IC} 值范围

在过去的 20 年中，人们在陶瓷材料的增韧方面做了大量的工作，通过对材料微结构的控制，成功地提高了断裂韧性和多晶、多相陶瓷的强度。到目前为止人们已经得到强度约 1 GPa，断裂韧性 6 ~ 10 MPa·m$^{1/2}$ 的氮化硅；微粒稳定氧化锆和四方多晶氧化锆的断裂韧性和强度已可分别达到 6 ~ 10 MPa·m$^{1/2}$ 和

0.6 ~ 1 GPa；具有金属韧性的易延展陶瓷(金属的体积百分含量不超过30%)显示出更高的断裂韧性($10 \sim 15$ MPa·$m^{1/2}$)，而利用纤维增强的复合材料则因为其复合结构能在材料发生断裂前吸收大量的断裂功，有更加惊人的韧性，标准的屈服测量结果显示其断裂韧性可以达到$20 \sim 25$ MPa·$m^{1/2}$。所有这些断裂韧性的进步使陶瓷材料增加了许多新的在结构方面的应用。例如，氮化硅在汽车部件(涡轮压缩机转子等)及高温汽轮机上的应用，形变增韧多晶氧化锆及其复合材料在大范围的低温条件下的应用，及纤维状或须状纤维增强的玻璃、玻璃状陶瓷和多晶陶瓷在发动机部件、切割工具、轴承等许多方面上的应用。

陶瓷的增韧机理可分成两大类：

① 在裂纹尖端周围分布着非弹性变形的区域，它们是由于相变或微裂纹或由两者所引起的。

② 由纤维或晶须，或是未破坏的带状第二相等所引起的裂纹桥联。

第一种类型机理的主要例子是相变增韧，其典型例子是氧化锆增韧陶瓷。它主要是由氧化锆在应力诱导下从正方相结构到单斜相结构的转变引起的，在原理上其他可以相变的陶瓷(如氧化铪)亦可实现相变增韧。

裂纹桥联增韧的主要例子是纤维补强陶瓷基复合材料，它能达到至今为止所有陶瓷系统中所能达到的最高韧性(20 MPa·$m^{1/2}$)。最著名的例子是在微晶玻璃基体中用连续的 SiC(Nicalon)纤维以及用化学气相浸渍法制备的 SiC – SiC 复合材料。

12.2.1   相变增韧

传统的观念认为，相变在陶瓷体中引起的内应变终将导致材料的开裂。因此，陶瓷工艺学往往将相变看作不利的因素。然而，部分稳定化 ZrO_2(PSZ)具有比全稳定化 ZrO_2 好得多的力学性能这一事实使人们得到了启发，PSZ 的相变韧化得以受到重视。从而把相变作为陶瓷材料的强韧化手段，并已取得了显著效果。ZrO_2 在 1150 ℃左右发生单斜⇔正方结构的马氏体相变，并伴有 3% ~ 5% 的体积胀缩。当弥散在陶瓷基体中的 ZrO_2 粒子发生相变时，如图 12 – 8 所示，伴随相转变的体积变化受到周围基体的限制，使相变受阻导致相变点温度降低。相变温度降低的程度与 ZrO_2 粒子的尺寸有关，当 ZrO_2 粒子的尺寸小于某一个临界值 D_C 时，马氏体相变点可以低于常温。高温的正方 ZrO_2 相可以保持在室温，表 12 – 2 列出了一些材料系统中 ZrO_2 的 D_C 值。在室温下，当含有正方结构的 ZrO_2 粒子的陶瓷中产生裂纹时，裂纹尖端附近由于应力集中而高于临界值时,裂纹尖端附近的正方 ZrO_2 粒子会因应力诱发而进行马氏体相变。由于相变需消耗大量功,因此正方 ZrO_2 向单斜的 ZrO_2 马氏体转变使裂纹尖端应力松弛,从而阻碍裂纹的进一步扩展。此外,马氏体相变的体积膨胀使周围基体受压,促使其他裂纹闭合。显然,马氏体相变的存在使裂纹扩展从纯脆性变为具有一定塑性。此外,材料系统中相变一般伴随有微裂纹的产生,微裂纹也被作为消耗能量的机理类似于相变,故材料得到韧化。这就是所谓的应力诱发相变和相变韧化,或称相变诱发韧性。当裂纹经过后,裂纹两侧产生一个宽为 W 的相变区(如图 12-9 所示),显然相变区 W 愈宽则增韧效果愈好。ZrO_2 粒子的尺寸愈大则所需的相变诱发外力愈小,因而相变区 W 愈宽。然而,ZrO_2 粒子的尺寸如果超过 D_C,则室温下的 ZrO_2 已经相变为单斜相的粒子,不存在相变增韧的作用。所以从最好的增韧效果出发,ZrO_2 应是尺寸略小于 D_C 的粒子。

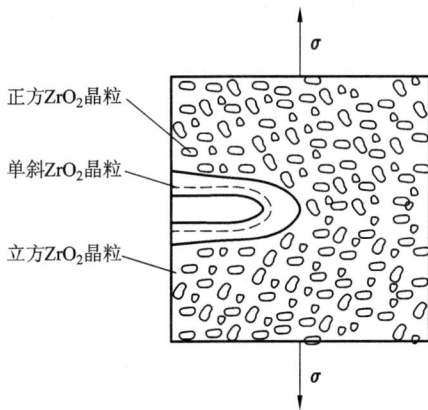

图 12-8　二氧化锆相变韧化示意图

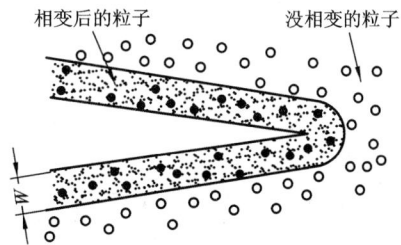

图 12-9　裂纹尖端应力场中的
粒子在应力诱发下发生相变,从而
在裂纹两侧形成相变带

ZrO_2 粒子相变增韧的效果可以从另一个角度去定量计算,相变前后的两相必然存在一个吉布斯自由能差 ΔG_m,而这时相变的自由能是靠裂纹尖端处的应力做功来提供的,因此可以认为,这相当于裂纹扩展能提高了 ΔG_m。这样,相变增韧使材料断裂韧性的增加值 K_{ICT} 可由下式计算

$$K_{ICT} = C_2 \varepsilon_T E (V_p W)^{1/2} \tag{12-12}$$

式中 E 是弹性模量;W 是相变区宽度;ε_T 是相变应变值,为 3%~5%;V_p 是 ZrO_2 的体积分数;C_2 是一个粒子几何形状常数,通常取值为 0.2。

表 12 - 2　室温条件下各种陶瓷中 ZrO_2 粒子的相变临界直径

陶瓷系统	ZrO_2 的体积分数	ZrO_2 的临界直径 $D_C/\mu m$
Al_2O_3	16%	0.52
Al_2O_3	15%	0.3
莫来石	22%	1
尖晶石	17.5%	0.3 ~ 1.0
Si_3N_4	15%	<0.1
$ZrO_2 - MgO$	2%(摩尔分数)	0.32
$ZrO_2 - Y_2O_3$	3.1%(摩尔分数)	0.1 ~ 0.2

12.2.2　裂纹桥联增韧

裂纹桥联是由未断裂带或伴随裂纹生长的两个相近裂纹面之间的摩擦作用而形成的。许多多晶陶瓷,由于在裂纹尖端后面带形桥联过程而被增韧。这些桥约束了裂纹张开位移,因此降低了裂尖处的应力,或在本身变形时吸收了能量。

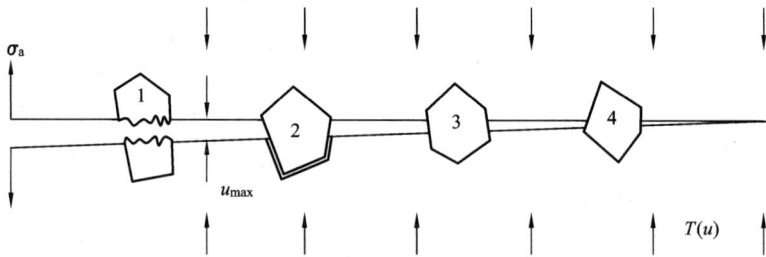

图 12 - 10　裂纹桥联机理

裂纹桥联是一种裂纹尖端尾部效应,是发生在裂纹尖端后方,由某显微结构单元(bridging element,桥联剂)连接裂纹的两个表面并提供一个使两个裂纹面相互靠近的应力 $T(u)$,即闭合力,这样导致应力强度因子 K 随裂纹扩展而增加,如图 12 - 10 所示。这些桥联剂可人为引入,如纤维复合材料,以及延性粒子补强陶瓷,也可以由于局部非均质性而在裂纹扩展时产生(例如弱的或较柔性的晶界区,或由于在工艺过程中所产生的残余应力的变化)。当裂纹扩展遇上桥联剂时,桥联剂有可能穿晶破坏,如图 12 - 10 中第 1 个粒子;也有可能出现互锁现象,即裂纹绕过桥联剂沿晶界发展(裂纹偏转)并形成摩擦桥,如图 12 - 10 中第 2 个粒子;而第 3,4 个粒子形成弹性桥。

因应力强度因子具有可加性,外加应力强度因子 K_A 与裂纹长度决定的断裂韧性 K_{RC} 相平衡:

$$K_A = K_{RC} = K^1 + K^2 = \left[E(J^C + \Delta J^{cb}) \right]^{1/2} \qquad (12-13)$$

式中: K^1——裂纹尖端断裂韧性(受裂纹偏转影响);

$\quad\quad K^2$——由于裂纹尾部桥联产生的平均闭合应力 $T(u)$ 导致的增韧值;

$\quad\quad E$——复合材料的弹性模量;

$\quad\quad J^C$——复合材料裂纹尖端能量耗散率;

$\quad\quad \Delta J^{cb}$——由于裂纹桥联导致的附加能量耗散率。

12.2.3 裂纹偏转和微裂纹增韧

裂纹偏转是指在裂纹扩展过程中当裂纹前端遇上某显微结构单元(或称偏转剂,deflection element)时发生的倾斜和扭转,即裂纹在材料中呈锯齿状的扩展现象,它是一种裂纹尖端效应。发生裂纹偏转的主要原因有:第二相与基体弹性模量的差异、界面效应或热错配产生的内应力的影响,特别是内应力的不均匀性和界面等与裂纹的相互作用。如图 12-11 所示,在主裂纹尖端产生微裂纹时,微裂纹会与主应力轴垂直,随后微裂纹间又可能形成连接。在这种场合下,断裂后可以观察到裂纹的偏转,并使强度和断裂韧性发生变化。裂纹偏转使断裂韧性提高的原因主要是由于裂纹以锯齿状扩展时表面积的增多和应力场分布的变化。脆性多晶材料的晶粒细化使韧性提高,主要是因为沿晶界进行的裂纹扩展的路途变长,使裂纹转向次数增多,使所需的能量增加的结果。

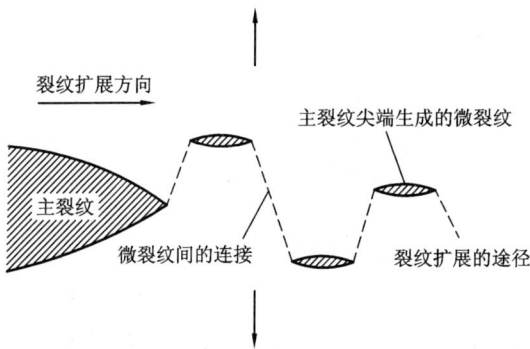

图 12-11 主裂纹与微裂纹的会合而产生偏转

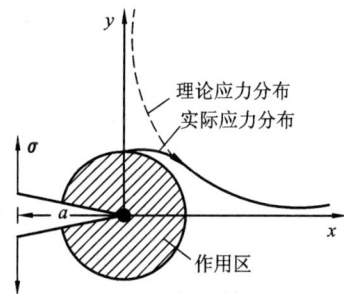

图 12-12 微裂纹区导致的主裂纹前端应力重新分布

ZrO_2 中的陶瓷在由正方相向单斜相转变过程中,相变出现体积膨胀而产生微裂纹。无论是陶瓷冷却过程中产生的 ZrO_2 相变激发微裂纹,还是裂纹扩展过程中在其尖端区域形成的应力诱发 ZrO_2 相变导致的微裂纹,都将起着分散主裂纹尖端能量的作用,从而提高了断裂能,称为微裂纹增韧。图 12 - 12 说明,微裂纹区的存在,使主裂纹尖端处应力分布发生变化,裂纹扩展困难。由此可见,脆性材料中存在的大尺寸裂纹固然对材料断裂强度十分有害,然而微裂纹可以使主裂纹扩展迟缓,对材料起增韧作用。这种微裂纹增韧机制的作用可以从两方面来估算。首先,由于可以认为热膨胀错配应变值($\Delta\alpha\Delta T$)在主裂纹扩展过程中,以粒子断裂或微裂纹方式把这个错配应变值释放出来,作为裂纹尖端应力做功所需的应变值,所以它应计为断裂韧性的提高值 K_{ICC},可以把式(12 - 12)中的改成 $\Delta\alpha\Delta T$ 而得出:

$$K_{ICC} = C_2\Delta\alpha\Delta TE(V_pW)^{1/2} \qquad (12-14)$$

式中 $\Delta\alpha$ 是粒子与基体的线热膨胀系数差;ΔT 是从高温冷到常温的温度差。另一方面由于微裂纹的存在,使裂纹尖端处弹性模量降低为 E_0,使裂纹扩展变缓,也会使断裂韧性值改变。因此,K_{ICC} 的计算式应修正为:

$$K_{ICC} = C_2\Delta\alpha\Delta T(E^2/E_0)(V_pW)^{1/2} \qquad (12-15)$$

12.2.4　耦合增韧效应

人们感兴趣的是将几种增韧补强方式结合起来,取得耦合响应,探索更进一步提高陶瓷材料抗断裂能力的途径。其中晶须补强和相变增韧,晶须补强和基体晶粒桥联是两种较典型的组合。

1. 晶须补强——相变增韧

ZrO_2 增韧复合材料的断裂韧性为:

$$K^C = K^m + \Delta K^T \qquad (12-16)$$

式中:K^m——基体韧性;

ΔK^T——正方 ZrO_2 相变对韧性的贡献。

由式(12 - 16)可知,复合材料的韧性与基体的韧性有密切关系,事实上,除去式(12 - 16)等号右边的第一项 K^m,第二项 ΔK^T 也与基体韧性成正比,因此,提高基体的韧性可以使复合材料的韧性得到大幅度的提高。SiC 晶须补强莫来石陶瓷和含有分散 ZrO_2 粒子的莫来石陶瓷的实验结果也表明了这样的耦合增韧效应。体积分数为 20% SiC(晶须) + 莫来石的韧性为未增韧莫来石的 2 ~ 2.5 倍。体积分数为 10% ~ 15% ZrO_2 的莫来石韧性几乎是莫来石基体的 1.5 倍。体积分数为 20% ZrO_2 的莫来石韧性是莫来石基体的 3.5 倍。晶须补强、ZrO_2 增韧以及它们的组合,具有额外的效应。当 ZrO_2 为正方相时,如测试温度在 M_s 之上,增韧的组合效应比简单的加和效应还要大。

2. 晶须补强——基体晶粒桥联

陶瓷，特别是非立方型陶瓷的断裂抗力由于裂纹尖端后面粒子桥联作用而随晶粒尺寸的增大而增加。另外，改变基体晶粒尺寸并使之形成像晶须一样的晶粒，也能像晶须补强那样，由于桥联效应而使韧性增加。所以，总的复合材料的断裂韧性也是由基体韧性及其显微结构的韧性，特别是由非立方型基体和晶须补强剂的贡献所致。

12.3　高聚物的强韧化

对高分子材料机械强度的研究表明，大分子链的主价键力、分子间力和大分子的柔顺性是决定其机械强度的主要因素。单个大分子无法承受机械力的作用，只有当无数大分子链靠分子间力（氢键力、范德华力）聚集起来，才显示其强度特性。因此，在研究高分子材料的机械性能时，必须充分注意分子间作用力的影响。一般情况下是链段间次价键先断裂，然后应力集中到取向的主链上，导致主链被拉断，最终引起材料的破坏。

实际高聚物材料总是带有许多缺陷或裂缝的，它们分布在材料的各个部分。聚合物材料的强度不仅与分子内和分子间的作用力有关，而且与材料中的缺陷（如裂缝、空穴、气泡、杂质等）有关，缺陷引起应力集中。对材料强度影响最大的是分布在材料表面的裂缝以及分布在材料中最致命的缺陷。

材料有韧性和脆性之分，韧性材料具有高的断裂能，而脆性材料具有低的断裂能。

材料经不同拉伸速度拉伸后所得到的应力－应变曲线如图 12－13，曲线下的面积是材料的冲击韧性值。从应力－应变曲线可知提高材料断裂能的具体途径有二：提高断裂强度和提高断裂形变。拉伸速度增大应力－应变曲线向纵轴靠近，断裂强度增大，伸长率减小，曲线下的总面积减小，即冲击韧性下降。如果提高温度，使试验温度高于玻璃化温度 T_g 则断裂强度下降，断裂伸长率增大。断裂

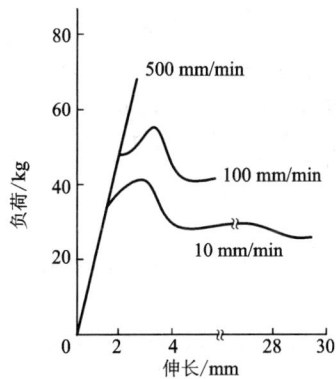

图 12－13　拉伸速度对硬聚氯乙烯的应力－应变曲线的影响

伸长率的大小往往对材料的冲击韧性起着更大的作用，通常材料冲击韧性随着伸长率增大而增大。非晶态高分子链越柔顺，相对分子质量越大，在外力作用下，能将较多的外加动能变为热能（由分子内摩擦产生），则其冲击韧性越高。

例如玻璃纤维增强热固性树脂，就是提高断裂强度、克服脆性的一个典型例子。将塑料与少量橡胶或其他弹性体共混或者采用接枝共聚的方法均可改善塑料的韧性，即提高了塑料的断裂形变和断裂能。例如聚苯乙烯的冲击强度为$12.4 \sim 21.4$ J·m^{-1}，高抗冲聚苯乙烯(HIPS)的冲击强度可提高到$26.7 \sim 427$ J·m^{-1}；硬聚氯乙烯冲击强度为$21.4 \sim 160.2$ J·m^{-1}，而聚氯乙烯共混物 PVC/NBR, PVC/PB/NBR, PVC/CPE 等的冲击强度可提高到$160.2 \sim 1067.6$ J·m^{-1}。

　　影响高聚物实际强度和韧性的因素很多，一类是与材料本身有关的，包括高分子的化学结构、分子量及其分布、交联、结晶、取向、增塑、填充、共混等；另一类是与外界条件有关的，包括温度、湿度、应变速率、流体静压力等。

12.3.1　高分子链结构的影响

1. 化学结构的影响

　　高聚物的强度来源于主链化学键和分子间的相互作用力，所以增加高分子的极性或产生氢键都可使材料强度提高。例如，低压聚乙烯的拉伸强度只有$9 \sim 15$ MPa，聚氯乙烯因有极性基团，拉伸强度达 50 MPa，尼龙有氢键，拉伸强度可高达$60 \sim 83$ MPa(见表 12 − 3)，氢键密度越高，强度越高。但如果极性基团过密，致使阻碍高分子链段的活动性，则冲击强度减小，材料表现为脆性。

表 12 − 3　几种常用塑料的力学性能

材　　料	密度 /(g·cm^{-3})	拉伸模量 /(10^2 MPa)	拉伸强度 /MPa	断裂伸长率 /%	冲击强度 /(J·m^{-1})*
聚乙烯(高密度)	$0.917 \sim 0.932$	$1.7 \sim 2.8$	$9.0 \sim 14.5$	$100 \sim 650$	不断
聚氯乙烯	$1.30 \sim 1.58$	$24 \sim 41$	$41 \sim 52$	$40 \sim 80$	$21 \sim 1070$
尼龙 66	$1.13 \sim 1.15$	−	$76 \sim 83$	$60 \sim 300$	$43 \sim 110$

　　* 试样厚度为 3.2 mm。

　　主链含有芳杂环的高聚物，其强度和模量都比脂肪族主链的高。例如，芳香尼龙的强度和模量比普通尼龙的高，聚苯醚比脂肪族聚醚高，双酚 A 聚碳酸酯比脂肪族聚碳酸酯高。另外，由于这类高聚物的主链刚性大，链段都比较长。温度低于它们的 T_g 时，虽然链段运动被冻结，那些小于链段的运动单元仍具有一定的运动能力，因而它们的脆化温度远远低于玻璃化转变温度，甚至远远低于室温。例如，双酚 A 聚碳酸酯的 $T_g = 170$ ℃，脆化温度 $T_b = -200$ ℃。因此，这类高聚物在很宽的 $T_b \sim T_g$ 范围内都能出现屈服与冷拉，表现出良好的韧性。由于主链含芳杂环的高聚物兼具良好的刚度、强度和韧性，新型的工程塑料大多具有这类主链结构。

2. 分子量的影响

就分子量不同的同系聚合物而言，在分子量较低时，断裂强度随分子量的增加而提高，在分子量较高时，强度对分子量的依赖性逐渐减弱，分子量足够高时，强度实际上与分子量无关(图 12 – 14)。

合成高聚物的分子量都有一定的分散性。如果材料中存在分子量低于临界分子量的低分子组分，则材料的强度会受到明显的影响，在使用中容易出现开裂现象。

高聚物的屈服强度与分子量的关系不大。因此，当材料的断裂强度随分子量的增加而提高时，材料的脆化温度逐渐降低；在相同的温度下，材料的韧性提高。人们制取超高分子量聚乙烯($\overline{M} = 5 \times 10^5 \sim 4 \times 10^6$)的目的之一就是为了提高它的抗冲击性能。它的冲击强度在室温下比普通聚乙烯提高 3 倍多，在 $-40\ ℃$，提高 18 倍之多。

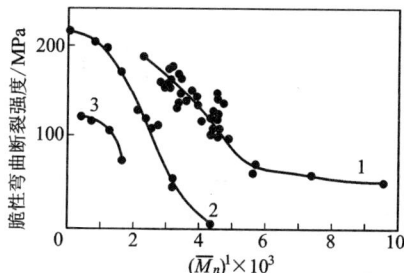

图 12 – 14　聚合物的脆性断裂强度
与分子量的关系(– 196 ℃)

1—聚乙烯；2—聚甲基丙烯酸甲酯；3—聚苯乙烯

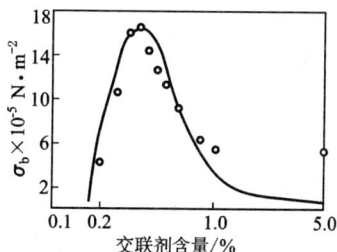

图 12 – 15　丁苯橡胶的拉伸强度
与交联剂含量的关系

3. 交联的影响

适度的交联可有效地增加分子链间的作用力，使高聚物材料的断裂强度提高。对于初始分子量很低的热固性树脂而言，必须通过化学交联，形成三维网络结构才能使之具有技术应用所需的强度和刚度。对于起始分子量很高的橡胶而言，轻度的交联能大幅度提高它的断裂强度，但交联密度过高，强度反而迅速下降(图 12 – 15)。因为交联密度较高时，交联点的分布不均匀，在外力作用下，应力往往集中在少数网链上，促进橡胶断裂。在许多航空橡胶件失效案例中，大量的失效事件是由于橡胶加工中混料不匀，局部过硫化(交联度太高)或贮存不当引起早期过硫化而造成的。

交联对分子量很高的刚性高聚物的断裂强度几乎没有影响，但能提高它们的屈服强度。因此，交联通常使塑料的脆化温度提高。

12.3.2　高分子聚集态结构的影响

　　1. 结晶的影响

　　部分结晶高聚物按其中非晶区在使用条件下处于橡胶态还是玻璃态,可分为韧性塑料和刚性塑料两类。对于韧性塑料,随结晶度的提高,其刚度(或硬度)、强度提高,而韧性下降。表 12 - 4 列出了典型的韧性塑料聚乙烯的力学性能随结晶度的变化。对于刚性塑料,由于非晶区玻璃态的模量与晶态模量的差别比较小,结晶度对刚度的影响是有限的,但会明显降低材料的韧性,甚至强度也有所下降。

表 12 - 4　不同结晶度的聚乙烯的性能

性　　能	结　晶　度			
	65	75	85	95
相对密度	0.91	0.93	0.94	0.96
熔点/℃	105	120	125	130
拉伸强度/MPa	14	18	25	40
伸长率/%	500	300	100	20
冲击强度/$(J \cdot m^{-2})$	54	27	21	16
硬度	130	230	380	700

　　但是,除结晶度外,球晶大小也是影响结晶性高聚物强度与韧性的重要因素,而且在有些情况下,球晶大小的影响超过结晶度的影响。因为,部分结晶高聚物的强度在很大程度上取决于折叠链晶片之间与球晶之间的"连结链"的数目,连结链越多,材料的强度越高。通常,当结晶性高聚物在缓慢冷却中形成大球晶时,尽管折叠链晶片本身的晶体结构比较完善,但晶片之间和球晶之间的"连结链"却比较少,而且晶片之间和球晶边界之间还是"杂质"浓度最高的区域,成为材料中最薄弱的微区,使材料的强度和韧性降低。相反,如果采取适当的工艺措施,例如加入成核剂,使材料中形成均匀的小球晶或微晶,则由于"连结链"数目多,结构均匀,有可能同时获得良好的刚度、强度和韧性。

　　2. 取向的影响

　　取向对材料力学性能最大的影响是使材料呈明显各向异性。取向方向上的强度和模量高于垂直于取向方向上的相应值。由此带来的另一个效果是阻止裂纹沿垂直于分子链的方向扩展。这一点可以以橡皮为例加以说明。如果在橡皮试样上预制一个垂直于拉伸方向的切口,然后进行拉伸,那么试样拉不了多长,切口便向纵深方向很快扩展,不需要很高的应力即可将它拉断。但是,如果先把橡皮拉得很长,使其中的高分子链高度取向,然后再用刀子在横向划一切口,则切口将顺拉伸方向扩大,切口尖端钝化为大圆弧状,拉断该试样所需的应力远远高于预制切口试样的强度。此外,材料在拉伸取向的过程中,能通过链段运动,使局部高应力区发生应力松弛,从而使材料内的应力分布均匀化。这也是取向材料强度较高的原因之一。

取向也能使材料的屈服强度表现出各向异性。但研究表明,取向对屈服强度的影响远低于对断裂强度的影响。因此,当材料的断裂强度随取向程度提高时,材料的脆化温度下降。这样,一些未取向时在室温下表现为脆性的材料,经拉伸取向后可能转变为韧性材料。最典型的一个例子是有机玻璃。未拉伸的普通有机玻璃的 T_b 在室温附近,而双轴拉伸定向有机玻璃 T_b 可低于室温,拉伸度比较高时,可使 T_b 下降到 $-40 \, ℃$。因此,在常温下,双轴拉伸定向有机玻璃不仅强度比普通有机玻璃高,而且韧性也好得多。

当取向程度很高时,高分子链都高度伸展,在外力作用下,在取向方向上继续形变的能力很小(模量和屈服强度都很高),材料又会表现出脆性来。

3. 增塑剂的影响

一般地说,在高聚物中加入增塑剂后,因削弱了高分子之间的相互作用,会导致材料的断裂强度下降。强度的降低值与加入的增塑剂量约成正比。但有些脆性塑料加入增塑剂后强度反而提高。这是因为加入增塑剂后,材料中高分子链段的活动性有所增加。如果增塑材料中产生了裂纹,裂尖应力集中处的高分子链段能通过运动沿应力方向取向,从而使裂尖纯化,降低裂纹扩展速率。

另一方面,加入增塑剂也能降低材料的屈服强度,从而提高材料的韧性。但有些增塑剂可能会抑制高分子链上某些基团的运动,使材料在玻璃态时反而变脆,这种现象称为反增塑现象。

4. 填料的作用

有些填料只起稀释的作用,称为惰性填料。在高聚物中加入这类填料,虽然能降低制品的成本,但材料的强度因此而下降。有些填料则可显著提高材料的强度。例如,天然橡胶中加入20%的胶体炭黑后,拉伸强度由原来的16 MPa提高到26 MPa;丁苯橡胶本身的拉伸强度很低,只有3.5 MPa,几乎没有实用价值,加入炭黑后,拉伸强度可提高到20～25 MPa,与天然橡胶接近;酚醛树脂本身是脆性材料,加入木粉后,冲击强度提高几十倍;环氧、不饱和聚酯等热固性树脂加入玻璃纤维后,强度可以与钢材相媲美而获得玻璃钢之美称。这类能提高高聚物材料强度的填料称为活性填料。它们对高聚物的增强效果既与填料的性质有关,也与填料与高聚物之间的亲和力有关。

关于粉状填料的增强机理,以
炭黑增强(常称补强)橡胶的机理
研究得最多。一般认为,填料粒子
的活性表面能与若干个高分子链相
结合,形成一种交联结构。例如,
以炭黑增强橡胶时,橡胶分子链可
能接枝在炭黑粒子的表面(图 12 -
16)。当其中一根分子链受到应力
时,可通过炭黑颗粒将应力分散传
递到其他分子链上,如果其中一根

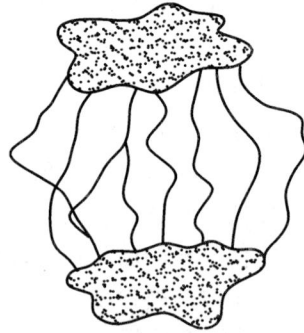

图 12 - 16　炭黑增强橡胶机理示意图

链发生断裂,其他链仍可起作用。粉状填料对橡胶的增强效果较好,而对玻璃
态和结晶性刚性塑料的增强效果较差。

纤维状填料对高聚物的增强作用恰如混凝土中钢筋对水泥的增强作用一
样。在纤维增强高聚物中,纤维是主要的承力组分,而它们本身的强度和刚度
都远远超过被增强的高聚物,所以纤维增强高聚物比纯高聚物能承受高得多的
应力。而且,纤维增强材料断裂时,除了基体和纤维的断裂之外,还包括纤维
从基体中拔出的过程,后者需消耗大量的能量。因此纤维增强材料的冲击韧性
比纯基体的高得多。

5. 共聚和共混的影响

用接枝共聚、嵌段共聚和共混方法获得的高分子合金大多是两相(或多相)
体系。改性的效果与两相的化学组成和结构、两相的分子量、分散相的含量、
粒径、交联度和接枝率等因素有关,也与两相之间的相互作用力有关。
表 12 -5给出了分别用接枝和共混的方法改性聚苯乙烯的效果。由表可见,接
枝的效果比共混的效果好得多。因为接枝共聚物中,两相间的相互作用力较
强,有利于应力传递,从而能加强分散相对连续相性能的影响。

表 12 -5　接枝与共混改性聚苯乙烯的冲击强度比较

聚 合 物	橡胶相力学损耗 $\tan\delta$	冲击强度(缺口) $/(J \cdot m^{-1})$
聚苯乙烯	-	16
聚苯乙烯 +5% 丁苯胶(共混)	0.030	21
聚苯乙烯 +5% 丁苯胶(接枝)	0.080	64
聚苯乙烯 +5% 顺丁胶(共混)	0.045	16
聚苯乙烯 +5% 顺丁胶(接枝)	0.110	53

6. 应力集中的影响

常见的应力集中物可包括裂缝、空隙、缺口、银纹和杂质等，它们是影响高聚物强度与韧性的主要原因之一。裂纹的存在对材料的强度不利，同时材料的强度还与裂缝出现的几率有关。在塑料成型过程中，减少内应力、裂缝、杂质和气泡使结构均一，是提高塑料制品强度的关键。

一般，出现银纹是有害的，它使制品光学透明度降低、抗张强度下降。通常银纹的强度低于均匀部分的强度，所以银纹往往成为断裂裂缝的前奏。但另一方面，银纹能够大量地吸收能量，所以脆性高聚物中银纹越多，其耐冲击强度反而有所提高。根据这一特点，人们可以有意识地制造一些银纹来改善材料的耐冲击性。如橡胶改性的聚苯乙烯和 ABS 塑料都具有十分优异的耐冲击性。

12.3.3　外界条件的影响

由于高聚物是粘弹性材料，其破坏过程也是一个松弛过程，因此温度、应变速率和流体静压力等外界条件对它们的强度和韧性有显著的影响。

高聚物处于脆性状态时($T < T_b$)，其断裂强度受温度的影响不大。温度下降时，强度略有提高。但是，高聚物处于其他状态时，其断裂强度有明显的温度依赖性。图 12－17 给出了非晶态高聚物的断裂强度(以真应力表示)与温度的关系曲线。如图所示，高弹态高聚物的断裂强度随温度的下降而急剧提高，到温度略低于 T_g 时，断裂强度达到最大值。之后，随温度的继续下降，强度又大幅度降低，直到 $T < T_b$ 时，脆性强度又随温度降低而略有提高。

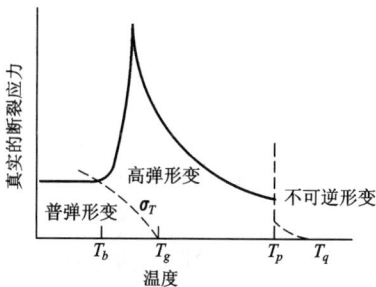

图 12－17　非晶态高聚物的断裂
真应力与温度的关系曲线

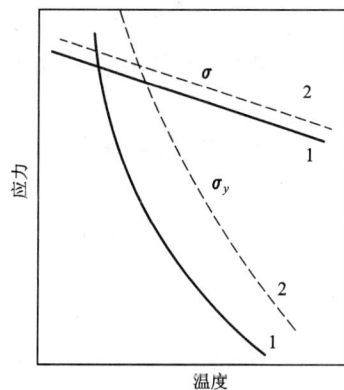

图 12－18　应变速率对脆化温度的影响
(应变速率按曲线序号依次增加)

应变速率对高聚物断裂强度
和韧性的影响，简单地说，应变
速率提高相当于温度下降，即高
聚物的脆性断裂强度随应变速率
的增加略有提高，屈服强度随应
变速率的增加有较大幅度的上
升。其结果，使材料脆化温度随
应变速率的增加而提高（图
12 - 18）。许多高聚物在一定的
温度下慢速拉伸时表现为韧性断
裂，而在快速拉伸时转变为脆性
断裂。航空飞行史上，有一定韧
性的有机玻璃座舱罩因在飞行中
受意外冲击载荷的作用而发生脆
性爆破的事故已有多起。

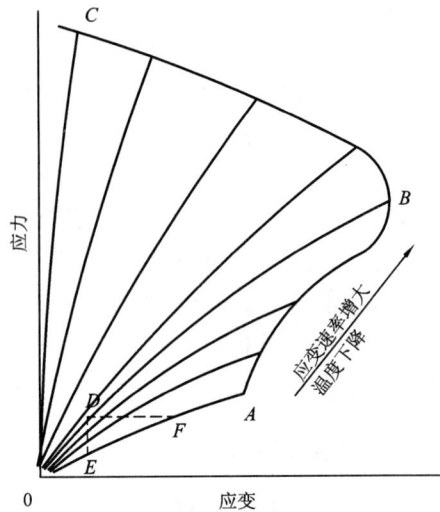

图 12 - 19   温度和应变速率对高聚物
应力 - 应变行为的影响

如果在不同温度和不同应变速率下测定一种高聚物的拉伸应力 - 应变曲
线，将各曲线的断裂点连结起来，则可得到如图 12 - 19 中 ABC 曲线所示的断
裂包络线。假定在某一温度和某一拉伸速率下，使材料的应力 - 应变行为沿
OB 发展到 D，然后维持应力不变，则材料的伸长应变将随时间逐渐增加（蠕
变），直到 F 点断裂。如果在发展到 D 点后，维持应变不变，则材料的应力将
随时间逐渐衰减（应力松弛），直到 E 点断裂。

流体静压力对高聚物强度和韧性的影响与应变速率的影响相当。增加流体
静压力，使材料的强度提高，韧性下降。

12.4 复合材料的强化和韧化

将两种或两种以上不同性质或不同组织的物质，以微观或宏观的形式组合
而成的材料称为复合材料。复合材料以它的优越性能被广泛地应用在航天、航
空、交通运输及日常生活等各个领域。人们熟悉的钢筋混凝土、玻璃钢、金属
陶瓷和橡胶轮胎等均属于复合材料的范畴。复合材料的结构通常是一个基体相
为连续相，而另一增强相是以独立的形态分布于整个连续相中的分散相。与独
立的连续相相比，这种分散相的存在，会使材料的性能发生显著的变化。根据
分散相的种类和特点，复合材料可分为纤维增强复合材料、粒子增强复合材料
和夹层增强复合材料等。这里我们重点介绍纤维复合材料的强化与韧化。

12.4.1　纤维的增强作用

在纤维增强的复合材料中,纤维起着骨架的作用,基体材料仅起着传递力的作用,即利用金属、水泥、橡胶、塑料等基体相的塑性流动,将应力传递给纤维。在纤维增强的复合材料中,材料的强度主要是由纤维的强度、纤维与基体界面的粘接强度以及基体的剪切强度决定的。纤维的长短和纤维在基体相中的排列方式对复合材料的力学性能的影响是不一样的。现在就长纤维且载荷平行于纤维的简单情况予以分析。

在图 12 – 20 所示的纤维强化复合材料中,沿纤维纵向受力时有如下关系:

$$\varepsilon_c = \varepsilon_r = \varepsilon_m \qquad (12-17)$$

所以复合材料的纵向强度可以由混合原理得到:

$$\sigma_c = V_f \sigma_f + (1 - V_f) \sigma_m \qquad (12-18)$$

式中:V_f 是纤维的体积分数,σ_c、σ_f 和 σ_m 分别是复合材料、纤维和基体材料的强度。同理,复合材料的纵向弹性模量也可以由下式计算:

$$E_c = V_f E_f + (1 - V_f) E_m \qquad (12-19)$$

单向纤维排布强化复合材料的横向性能则完全不同。这时复合材料沿横向所承受的应力与纤维中所受的应力以及基体中所受的应力相等,组成材料中强度最低者就成了整体材料的强度,这样的复合不起强化作用。这时复合材料的弹性模量等于:

$$E_c = \frac{E_f E_m}{V_f E_m + (1 - V_f) E_f} \qquad (12-20)$$

为了使复合材料的两方向上都达到强化,可以将纤维交叉布设。

从以上对长纤维复合材料的纵向和横向性能的分析不难理解,对于任何形式的复合材料包括粒子强化复合材料,其强度和弹性模量必定居于以上两种情况之间,也就是说,强度和弹性模量最高不会超过纵向计算的结果,而最低不会低过横向情况的计算结果。

短纤维强化也称为晶须强化,图 12 – 21 给出了短纤维强化时受力的示意图。长度为 $2L_f$ 的纤维在基体中,从纤维两端向内,长 $\mathrm{d}x$ 的纤维上的力平衡为:

$$\pi r_f^2 \mathrm{d}\sigma_f = -2\pi r_f \tau_0 \mathrm{d}x \qquad (12-21)$$

式中:r_f 为纤维的半径;σ_f 为纤维所受的止拉应力;τ_0 为纤维界面上所受的剪切应力。此式称为剪切滞后模型(Shear Lag Theory),它的含义是,在界面剪切应力的作用下,在纤维长度上,从端头向内的变化就等于纤维长度上所受正拉力的提高。也就是,外加载荷可以通过在纤维两端界面处的摩擦力传递给纤维,从而强化材料。显然这里存在着一个纤维临界长度问题,只有当纤维的长度超过这个值时，才可能充分地将载荷传递给纤维，才能强化材料。这个临界长度 L_c 为：

$$L_c = \sigma_f d/2\tau_0 \qquad (12-22)$$

式中：σ_f 为纤维强度；d 为纤维直径；τ_0 为界面处纤维所受剪切应力，通常可以近似地认为 τ_0 等于基体的剪切强度。只要纤维的长度与直径的比大于这个临界值，这样的短纤维的强化效果等于长纤维纵向强化情况；小于临界尺寸的纤维，不能充分强化。但是，σ_f 和 τ_0 的准确值的确定很困难，而且短纤维取向又是多种可能，因此用式(12-22)计算短纤维增强复合材料的强度是不可行的，该式重要的是概念和对机理理解的理论价值。实践中必须对复合材料作一假设，得出强度计算的近似公式，其中被广泛使用的是从剪切滞后模型得出的一个短纤维强化复合材料的强度 σ_c 计算公式：

$$\sigma_c = \sigma_m \left[\frac{V_f(s+4)}{4} + (1-V_f) \right] \qquad (12-23)$$

式中：σ_m 是基体的屈服强度；V_f 是纤维的体积含量分数；s 是纤维的长度与直径比。

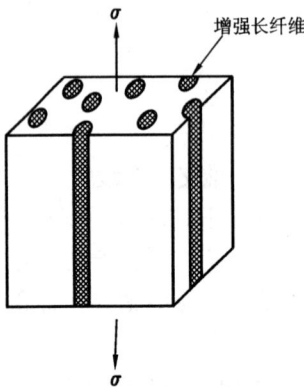

图 12-20　长纤维增强复合材料
沿纵向拉伸(外力 σ 是均匀加
在整个复合材料的受力面上)

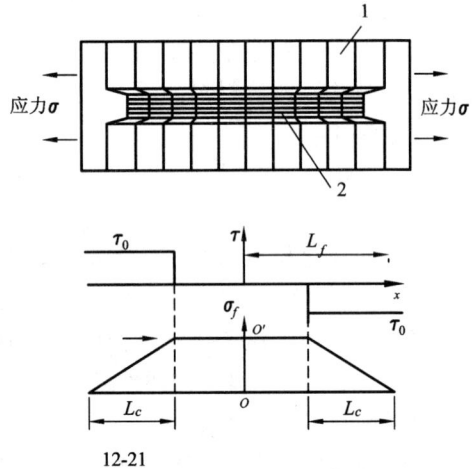

12-21

图 12-21　短纤维强化复合材料的变形模型
1—基体；2—纤维

12.4.2　纤维和晶须的增韧作用

在树脂基或金属基复合材料中，纤维的弹性模量 E_f 远大于基体的弹性模量 E_m，即 E_f/E_m 很高，而陶瓷的 E_f/E_m 很低。所以在陶瓷基复合材料中，纤维增强作用不显著，而在金属基或热塑性塑料基体的材料中，基体的断裂应变大于纤维，在拉伸中通常是纤维先发生断裂，纤维断裂控制着整个复合材料的断裂过程。但是，对于陶瓷复合材料来说，断裂先发生于基体，说明纤维在陶瓷基材料中主要不是起增强作用，而是增韧的作用，克服了单纯材料的固有脆性。为什么纤维和基体两者本身都是脆性的，变成复合材料之后会使材料韧性有很大的改善呢？

　　对典型陶瓷基复合材料断裂行为的研究表明，材料的断裂过程一般为：基体中出现裂纹、纤维与基体发生界面解离（亦称做"脱黏"）、纤维断裂和拔出，如图 12 - 22 所示。纤维增韧的机制有纤维桥联、裂纹偏转（或分岔）和纤维拔出等三种方式。纤维强韧化的效果不仅仅取决于纤维和基体本身的性质，而且还和它们之间性

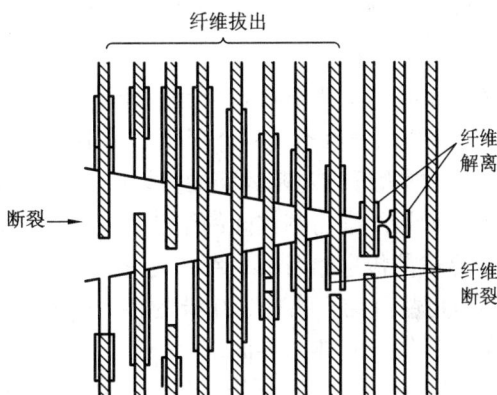

图 12 - 22　陶瓷基复合材料的能量消耗机制

能的对比关系以及界面的结合状态密切相关。因此，要想获得良好的增韧效果，还必须要考虑纤维与基体之间的物理相容性和化学相容性。选材时应尽量选择相容性好的纤维与陶瓷基体的组合，若条件无法满足时，可通过对基体性能进行调整或对纤维表面进行适当的涂层处理等办法来改善相容性。

　　（1）桥联增韧

　　桥联增韧是指当基体出现裂纹后，纤维像"桥梁"一样，牵拉两裂纹面，抵抗外力，阻止裂纹进一步扩展，从而提高材料的韧性和强度，这种机制在前面已经叙述。此外桥联还是高温增韧补强的重要机制之一。

　　（2）裂纹偏转增韧

　　当裂纹尖端遇到弹性模量比基体大的纤维时，裂纹偏离原来的前进方向（或分岔），沿纤维与基体的结合面（引起纤维与基体界面发生解离）或在基体内扩展，这种改变了扩展方向的非平面裂纹具有比平面裂纹更大的表面积和表面能，因而可以吸收更多的断裂功，从而起到增韧的作用。裂纹偏转增韧机制也是高温增韧的一种有效方法。

　　（3）拔出效应

　　拔出效应是指纤维在外力作用下从基体中拔出时，靠界面摩擦吸收断裂功

而增韧。拔出效应不随温度的升高而变化,因此这也是一种有效的高温增韧机制。

库珀(G. A. Cooper)推导出纤维从基体中的拔出功 W_p 为:

$$W_p = V_f \tau D^2 / (12R) \qquad (12-24)$$

式中: V_f ——纤维的体积分数;

　　　　τ ——纤维与基体之间的剪切应力;

　　　　D ——纤维上两个缺陷点之间的平均距离;

　　　　R ——纤维半径。

式(12-24)表明要提高纤维拔出功,可通过增加纤维的体积分数、减小纤维直径(在体积分数不变的情况下,减小纤维直径意味着增大了纤维与基体的界面积)和增大纤维与基体间的剪切应力(即界面结合力或称做界面结合强度)来实现。如果纤维与基体间的结合太弱,稍受力纤维就从基体中拔出,基体无法把外界载荷传递给纤维,纤维不能成为承受载荷的主体,因而强韧化效果差,甚至可能因结合稀松,纤维的存在类似于孔洞,反而会降低强度和韧性;反之如果纤维与基体的界面结合强度过高,则不能发生纤维与基体的界面解离(裂纹偏转的一部分)和纤维的拔出,材料将以灾难性的脆性方式断裂而不是以韧性方式断裂,虽然可以提高强度但不能提高韧性。因此,影响增韧效果最为关键的问题之一是界面强度,界面强度应适中,不能高于纤维的断裂强度。界面脱黏是保证纤维拔出的条件,为使界面脱黏须满足如下关系:

$$E_i / E_f \leqslant 1/4 \qquad (12-25)$$

式中: E_i ——界面断裂能;

　　　　E_f ——纤维的断裂能。

习　题

1. 什么是材料的断裂强度?为什么计算材料强度时首先要分出塑性材料和脆性材料?如何区分脆性材料和塑性材料?是否晶体材料都是脆性材料,非晶体材料都是塑性材料?晶体材料与非晶体材料在力学性能上各有什么特点?

2. 总结影响金属材料强度的冶金因素及提高强度的途径。

3. 总结影响金属材料韧性的冶金因素及提高韧性的途径。

4. 讨论晶粒大小对金属力学性能的影响及控制晶粒大小的方法。

5. 总结影响陶瓷材料韧性的因素及提高韧性的途径。

6. 有一纯金属的强度为 σ_1 ,另一纯金属的强度为 σ_2 ,设这两种金属是无限互溶并形成合金,请示意画出合金随成分变化时强度的变化曲线。

7. 某金属的晶粒直径为 50 μm, 若在晶界萌生位错所需要的应力约为 $G/30$, 晶粒中部有位错源, 问只需要多大的外力就能使晶界萌生位错?

8. 某金属热轧棒中位错密度为 $\rho = 10^8 \mathrm{cm}^{-2}$, 测得屈服强度为 210 MPa, 弹性模量 $G = 75$ GPa, 柏氏矢量 $b = 3 \times 10^{-8}$ cm, 经冷拔后位错密度为 $\rho = 10^{10} \mathrm{cm}^{-2}$, 问冷拔后丝的强度为多少?

9. 为什么过饱和固溶体经恰当时效处理后, 其强度比它的室温平衡组织下的强度要高? 什么样的合金具有明显的时效强度效果? 把固溶化处理后的合金冷加工一定量后再进行时效, 请讨论冷加工的影响。

10. 在塑性金属基体中加入粗颗粒陶瓷硬质点, 陶瓷颗粒的平均直径为 10 μm, 加入颗粒的体积分数 15%, 请用弥散强化机理计算加入粒子对强度提高的贡献量。同时, 由于界面摩擦的作用, 基体还可以把部分载荷传递给粒子, 请用剪切滞后模型计算粒子对强度又有多少贡献。实验表明, 这样的颗粒增强复合材料的强度远大于如上的计算值, 请讨论还可能有哪些原因能使加入的粒子进一步提高材料的强度。

11. 塑料中的增塑剂对塑料的力学性能有何影响?

12. 塑料中的填料和固化剂有何作用?

参考文献

[1] 冯端, 师昌绪, 刘治国. 材料科学导论. 北京: 化学工业出版社, 2002

[2] 李恒德, 师昌绪. 中国材料发展现状及迈入新世纪对策. 济南: 山东科学技术出版社, 2003

[3] 唐仁政. 物理冶金基础. 北京: 冶金工业出版社, 1997

[4] D. R. Askeland and P. P. Phulé. The Science and Engineering of Materials. 4th ed. Thomson Learning. Inc, 2003

[5] 曹明盛. 物理冶金基础. 北京: 冶金工业出版社, 1985

[6] 潘金生, 仝健民, 田民波. 材料科学基础. 北京: 清华大学出版社, 1998

[7] 肖序刚. 晶体结构几何理论(第 2 版). 北京: 高等教育出版社, 1993

[8] 罗谷风. 结晶学导论. 北京: 地质出版社, 1985

[9] 石德珂, 沈莲. 材料科学基础. 西安: 西安交通大学出版社, 1995

[10] 李超. 金属学原理. 哈尔滨: 哈尔滨工业大学出版社, 1996

[11] 陈敬中. 准晶结构及对称新理论. 武汉: 华中理工大学出版社, 1996

[12] 董闻. 准晶体材料. 北京: 国防工业出版社, 1998

[13] [德]V·杰罗德主编, 王佩璇等译. 材料科学与技术丛书: 第 1 卷, 固体结构. 北京: 科学出版社, 1998

[14] 胡德林. 金属学原理. 西安: 西北工业大学出版社, 1995

[15] 毛卫民. 晶体材料的结构. 北京: 冶金工业出版社, 1998

[16] 刘国勋. 金属学原理. 北京: 冶金工业出版社, 1980

[17] C. Hammand. Introduction to crystallography. Oxford: Oxford University Press, 1990

[18] 程天一, 章守华. 快速凝固技术与新型合金. 北京: 宇航出版社, 1991

[19] 李见. 材料科学基础. 北京: 冶金工业出版社, 2000

[20] A. H. Cottrel 著, 葛庭燧译. 晶体中的位错和范性流变. 北京: 科学出版社, 1960

[21] J. Friedel 著, 王煜译. 位错. 北京: 科学出版社, 1984

[22] 胡赓祥, 钱苗根. 金属学. 上海: 上海科学技术出版社, 1980

[23] 卢光熙, 侯增寿. 金属学教程. 上海: 上海科学技术出版社, 1985

[24] 赵品, 谢辅洲, 孙文山. 材料科学基础. 哈尔滨: 哈尔滨工业大学出版社, 1999

[25] D·赫尔, D·J·培根著, 丁树森, 李齐译. 位错导论. 北京: 科学出版社, 1990

[26] 石德珂. 材料科学基础. 北京: 机械工业出版社, 1999

[27] D. King and D. Woodruff. Clean solid surfaces. Amsterdam: Elevier scientific publication company, 1981

[28] Z. Yu, and A. Flodström, Orientation of (11) – surface free energies of crystals, Surface Sci-

ence 401，1998，236

[29] A. Zangwill. Physics at Surfaces. Cambridge：CUP，1989

[30] 闻立时．固体材料界面研究的物理基础．北京：科学出版社，1991

[31] 赵文轸．材料表面工程导论．西安：西安交通大学出版社，1998

[32] 钱苗根等．现代表面技术．北京：机械工业出版社，1994

[33] 孙大明，席光康．固体的表面与界面．合肥：安徽教育出版社，1996

[34] 〔日〕大野笃美著．金属的凝固——理论、实践及应用．北京：机械工业出版社，1990

[35] 胡汉起．金属凝固原理．北京：机械工业出版社，1991

[36] 周尧和，胡壮麒，介万奇．凝固技术．北京：机械工业出版社，1998

[37] 〔美〕J·D·费豪文著，卢光熙，赵子伟译．物理冶金基础．上海：上海科学技术出版社，1980

[38] 戚正风．固态金属中的扩散与相变．北京：机械工业出版社，1998

[39] M. Hillert 著，李清斌译．合金中的扩散性相变与合金热力学．沈阳：辽宁科学技术出版社，1984

[40] 徐祖耀．材料热力学．北京：科学出版社，1999

[41] 徐祖耀，李鹏兴．材料科学导论．上海：上海科学技术出版社，1986

[42] 包永千．金属学基础．北京：冶金工业出版社，1986

[43] 周如松．金属物理．北京：高等教育出版社，1992

[44] 卢光熙，侯增寿．金属学教程．上海：上海科学技术出版社，1984

[45] 师昌绪．材料科学进展．Vol. 4 No. 2，1990

[46] 〔美〕A·G·盖伊，J·J·赫仑著．徐纪楠主译．物理冶金学原理．北京：机械工业出版社，1981

[47] 徐祖耀，李麟．材料热力学．北京：科学出版社，2001

[48] 郝士明．材料热力学．北京：化学工业出版社，2004

[49] 石德珂．材料科学基础（第 2 版）．北京：机械工业出版社，2003

[50] 毛卫民．金属材料的晶体学织构与各向异性．北京：科学出版社，2002

[51] 徐恒钧．材料科学基础．北京：北京工业大学出版社，2001

[52] 肖纪美．合金相与相变（第 2 版）．北京：冶金工业出版社，2004

[53] 徐祖耀．相变原理．北京：科学出版社，2000

[54] 徐祖耀．马氏体相变与马氏体．北京：科学出版社，1980

[55] 冯端等．金属物理学（第 2 卷），相变．北京：科学出版社，1990

[56] 陈景榕，李承基．金属与合金中的固态相变．北京：冶金工业出版社，1997

[57] 徐洲，赵连城．金属固态相变原理．北京：科学出版社，2004

[58] 方鸿生，王家军，杨志刚．贝氏体相变．北京：科学出版社，1999

[59] 余永宁．金属学原理．北京：冶金工业出版社，2000

[60] 〔德〕P·哈森主编，刘治国等译．材料科学与技术丛书（第 5 卷），材料的相变．北京：科学出版社，1998

[61] 刘永铨. 钢的热处理. 北京：冶金工业出版社，1981

[62] 陆佩文. 无机材料科学基础. 武汉：武汉工业大学出版社，1996

[63] 刘智恩. 材料科学基础. 西安：西北工业大学出版社，2000

[64] 徐祖耀. 金属学原理. 上海：上海科学技术出版社，1964

[65] G. A. Chadwick. Metallography of Phase Transformation. London：Butterworths，1972

[66] P. Haasen. Physical Metallurgy. 3rd ed. Cambridge：Cambridge University Press，1996

[67] R. E. Reed Hill and R. Abbaschian. Physical Metallurgy Principles. 3rd ed. Boston： pws-KENT Publishing Company，1991

[68] D. A. Porter and K. E. Easterling. Phase Transformations in Metals and Alloys. 2nd ed. London：Chapman Hall，1992

[69] N. Ashcrof and N. Mermin. Solid State Physics. Holt-richart Winston，1981

[70] 徐婉棠，吴英凯. 固体物理学. 北京：北京师范大学出版社，1990

[71] 周公度. 结构和物性——化学原理的应用(第2版). 北京：高等教育出版社，2001

[72] 李言荣，恽正中. 材料物理学概论. 北京：清华大学出版社，2001

[73] 周炳琨，高以智，陈倜嵘，陈家骅. 激光原理(第4版). 北京：国防工业出版社，2000

[74] 冯端等. 金属物理学(第3卷)，金属力学性质. 北京：科学出版社，1999

[75] 肖纪美. 金属材料的韧性与韧化. 上海：上海科学技术出版社，1982

[76] 赖祖涵. 金属的晶体缺陷与力学性质. 北京：冶金工业出版社，1988

[77] 哈宽富. 金属力学性质的微观理论. 北京：科学出版社，1983

[78] 〔澳大利亚〕M·V·斯温主编，郭景坤等译. 材料科学与技术丛书：第11卷，陶瓷材料的结构与性能. 北京：科学出版社，1998

[79] 褚武扬等. 断裂与环境断裂. 北京：科学出版社，2000

[80] 穆柏春等. 陶瓷材料的强韧化. 北京：冶金工业出版社，2002

[81] I. J. Polmear. Light Alloys. 4th ed. Amsterdam：Elsevier，2006

[82] 胡赓祥，蔡珣，戎咏华. 材料科学基础(第2版). 上海：上海交通大学出版社，2006

图书在版编目(CIP)数据

材料科学基础 / 郑子樵主编. —2版. —长沙：中南
大学出版社，2013.8(2025.1重印)

ISBN 978-7-5487-0948-0

Ⅰ. ①材… Ⅱ. ①郑… Ⅲ. ①材料科学 Ⅳ. ①TB3

中国版本图书馆 CIP 数据核字(2013)第 192401 号

材料科学基础
(第二版)

郑子樵　主编

□**出 版 人**	林绵优		
□**责任编辑**	周兴武		
□**责任印制**	李月腾		
□**出版发行**	中南大学出版社		
	社址：长沙市麓山南路		邮编：410083
	发行科电话：0731-88876770		传真：0731-88710482
□**印　　装**	长沙印通印刷有限公司		

□**开　　本**	730 mm×960 mm 1/16	□**印张** 34.25	□**字数** 666 千字
□**版　　次**	2013 年 8 月第 2 版	□**印次** 2025 年 1 月第 4 次印刷
□**书　　号**	ISBN 978-7-5487-0948-0		
□**定　　价**	85.00 元		